疯狂Java学习路线图（第四版）

说明：

1. 没有背景色覆盖的区域稍有难度，请谨慎尝试。

2. 路线图上背景色与对应教材的封面颜色相同。

3. 已发现不少培训机构抄袭、修改该学习路线图，务请各培训机构保留对路线图的名称、引用说明。

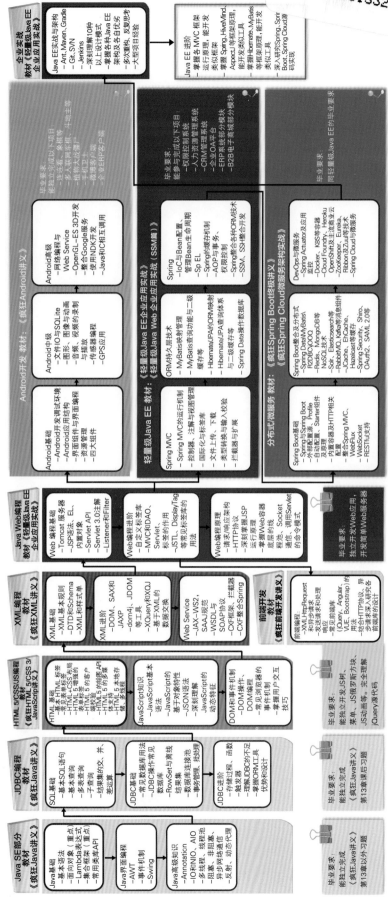

疯狂Java体系

疯狂源自梦想　技术成就辉煌

疯狂Java讲义

Java讲义

（下册）

第6版

李 刚 编著

電子工業出版社·

Publishing House of Electronics Industry

北京·BEIJING

内 容 简 介

本书是《疯狂 Java 讲义》第 6 版的下册，第 6 版保持了前 5 版系统、全面、讲解浅显、细致的特性，全面新增介绍了 Java 12 到 Java 17 的新特性。

《疯狂 Java 讲义》第 6 版深入介绍了 Java 编程的相关方面，上、下册内容覆盖了 Java 的基本语法结构、Java 的面向对象特征、Java 集合框架体系、Java 泛型、异常处理、Java GUI 编程、JDBC 数据库编程、Java 注释、Java 的 IO 流体系、Java 多线程编程、Java 网络通信编程和 Java 反射机制，覆盖了 java.lang、java.util、java.text、java.io 和 java.nio、java.sql、java.awt、javax.swing 包下绝大部分的类和接口。第 6 版重点介绍了 Java 的模块化系统，还详细介绍了 Java 12 到 Java 17 引入的块字符串，instanceof 的模式匹配，增强型 switch 语句、switch 表达式及模式匹配，密封类，Record 类，以及 Java 12 到 Java 17 新增的各种 API 功能。

与前 5 版类似，第 6 版并不单纯地从知识角度来讲解 Java，而是从解决问题的角度来介绍 Java 语言，所以涉及大量实用案例开发：五子棋游戏、梭哈游戏、仿 QQ 的游戏大厅、MySQL 企业管理器、仿 EditPlus 的文本编辑器、多线程、断点下载工具、Spring 框架的 IoC 容器……这些案例既能让读者巩固每章所学的知识，又可以让读者学以致用，激发编程自豪感，进而引爆内心的编程激情。第 6 版相关资料包中包含书中所有示例的代码和《疯狂 Java 实战演义》的所有项目代码，这些项目可以作为本书课后练习题的"非标准答案"。如果读者需要获取关于课后练习题的解决方法、编程思路，可关注"疯狂讲义"微信服务号，加入读者微信群后，与作者及本书庞大的读者群相互交流。

《疯狂 Java 讲义》为所有打算深入掌握 Java 编程的读者而编写，适合各种层次的 Java 学习者和工作者阅读，也适合作为大专院校、培训机构的 Java 教材。

图书在版编目（CIP）数据

疯狂 Java 讲义. 下册 / 李刚编著. —6 版. —北京：电子工业出版社，2023.1
ISBN 978-7-121-44924-6

Ⅰ．①疯… Ⅱ．①李… Ⅲ．①JAVA 语言－程序设计 Ⅳ．①TP312.8

中国国家版本馆 CIP 数据核字（2023）第 015350 号

责任编辑：张月萍
印　　刷：三河市良远印务有限公司
装　　订：三河市良远印务有限公司
出版发行：电子工业出版社
　　　　　北京市海淀区万寿路 173 信箱　　　　邮编：100036
开　　本：850×1168　　1/16　　印张：29.5　　字数：958 千字　　彩插：1
版　　次：2008 年 6 月第 1 版
　　　　　2023 年 1 月第 6 版
印　　次：2023 年 1 月第 1 次印刷
定　　价：119.00 元

凡所购买电子工业出版社图书有缺损问题，请向购买书店调换。若书店售缺，请与本社发行部联系，联系及邮购电话：(010) 88254888，88258888。
质量投诉请发邮件至 zlts@phei.com.cn，盗版侵权举报请发邮件至 dbqq@phei.com.cn。
本书咨询联系方式：(010) 51260888-819，faq@phei.com.cn。

如何学习 Java

——谨以此文献给打算以编程为职业，并愿意为之疯狂的人

经常在网络上看到有人交流如何快速地变成 Java 程序员，然后就会有所谓的大神说，现在要直接学 Spring Boot，我们公司都在用 Spring Boot；然后又有所谓的大神说，不对！现在一定要掌握异步消息机制；然后又有所谓的大神说，不对，学习高并发才是王道；甚至还会有所谓的大神直接跳出来，这些都是"渣渣"，只有学习架构才是王道。

这些所谓的大神互相矛盾的说法，往往让 Java 初学者陷入茫然。

有时候，Java 初学者会被某些培训机构的商业宣传忽悠得头脑发热，这些培训机构的宣传往往天花乱坠："十天精通 Java""三个月成为架构师"……这些宣传宛如新发于硎的镰刀，寒芒闪烁，饥渴难耐地等不及"韭菜们"长大。

也有不少学生、求职者被培训机构那些 9.9 元学 Java、免费学 Java 的视频所吸引，在微信中添加他们的课程顾问后，不知不觉地缴纳了高额培训费，有人甚至走入网贷陷阱。

这些学生、求职者总希望能找到一本既速成又大而全的图书或课程，很希望借助它们的帮助就可以打通自己的"任督二脉"，一跃成为 Java 开发高手。

也有些学生、求职者非常信任项目实战类的图书或视频。他们的想法很单纯：我按照书上的介绍，按图索骥、依葫芦画瓢，应该很快就可以学会 Java 项目开发，很快就能成为一个令人羡慕的 Java 程序员了。

……

凡此种种，不一而足。但最后的结果往往是失败，因为这种学习没有积累、没有根基，在学习过程中困难重重，每天都被一些相同、类似的问题所困扰，起初热情十足，经常上论坛询问，按别人的说法解决问题之后很高兴，既不知道为什么错，也不知道为什么对，只是盲目地抄袭别人的说法。最后的结果有两种：

① 久而久之，热情丧失，最后放弃学习。

② 大部分常见问题都问遍了，最后也可以从事一些重复性开发，但一旦遇到新问题，又将束手无策。

第二种情形在普通程序员的工作中时常出现，笔者多次见到（在网络上）有些程序员抱怨：我做了 2 年多 Java 程序员，月薪还是连 1 万元都不到。笔者偶尔会与他们聊聊工作相关内容，他们会说：我也用 Spring、Spring Boot 啊，我也用了异步消息组件啊……他们一方面觉得很迷惘，不知道提高的路怎么走；一方面也觉得不平衡，为什么我的工资这么低。

面对蓬勃的需求，有些培训机构投其所好，宣称两三个月即可培养出架构师，但这些不过是等不及"韭菜们"长高的镰刀。

另有一些程序员则说要学习开源框架的源代码——这确实是一条不错的学习路径，因为这是直接站在前人肩膀上的方式。

可是问题在于，如果没有扎实的 Java 基础，怎么能真正理解开源框架的源代码？怎么能体会开源框架的优秀设计？如果一个人不愿意花时间去夯实自己的基础，却试图在沙滩上建起楼阁台榭，这难道不是海市蜃楼吗？

这种浮躁气氛流传甚广，不少人一方面抱怨 Java 的基础知识多，一方面却口口声声说要学习开源框架的源代码，这种矛盾可以在同一个人身上"完美"地融合。

很多时候，我们的程序员把 Java 当成一种脚本，而不是一门面向对象的语言。他们习惯了机械化

地按照框架的规范"填写"脚本，却从未思考这些"代码"到底是如何运行的（偏偏还是这些人，他们往往叫嚷着要看框架源代码）。

目前一个广泛流传的说法是：现在都是用 Spring MVC（有些甚至直接说 Spring Boot），不再需要学习 Servlet 了！这个说法就和当年 Hibernate 大行其道时，网络上一群冒充大神的"菜鸟"不断地宣称不需要学习 JDBC 一样可笑。

而事实是，Spring MVC 是基于 Servlet API 的，它只是对 Servlet API 的再封装，如果没有彻底掌握 Servlet，不知道 Servlet 如何运行，不了解 Web 服务器里的网络通信、多线程机制，以及为何一个 Servlet 页面能同时向多个请求者提供服务，我实在无法理解，他们如何理解 Spring MVC 的运行机制，更遑论去学习 Spring MVC 的源代码。

至于那些说"直接用 Spring Boot，就无须学习 Servlet"的人，其实他们连 Spring Boot 是什么都还不知道。

如果真的打算将编程当成职业，那就不应该如此浮躁，而是应该扎扎实实先学好 Java 语言，然后按 Java 本身的学习规律，踏踏实实一步一个脚印地学习，把基本功练扎实了才可获得更大的成功。

实际情况是，有多少程序员真正掌握了 Java 的面向对象，真正掌握了 Java 的多线程、网络通信、反射等内容？有多少 Java 程序员真正理解了类初始化时内存运行过程？又有多少程序员理解 Java 对象从创建到消失的全部细节？有多少程序员真正独立地编写过五子棋、梭哈、桌面弹球这种小游戏？又有多少 Java 程序员敢说：我可以开发 Spring，我可以开发 Tomcat？很多人又会说：这些都是许多人开发出来的！实际情况是：许多开源框架的核心最初完全是由一个人开发的。现在这些优秀程序已经出来了！你，是否深入研究过它们？是否完全掌握了它们？

在学习 Java 时，请先忘记寻找捷径的想法，或许看似最笨的方式，往往才是真正的捷径，本书所附的学习路线图，会真正让你一步一个脚印，踏实走好每一步。

此外，如果要真正掌握 Java，包括后期的 Java EE 相关技术（例如 Spring、MyBatis、Spring Boot、异步消息机制等），请记住笔者的话：绝不要从 IDE（如 IntelliJ IDEA、Eclipse 和 NetBeans）工具开始学习！IDE 工具的功能很强大，初学者很容易上手，但也非常危险，因为 IDE 工具已经为我们做了许多事情，而软件开发者要了解软件开发的全部步骤。

2022-10-30

前　言

2021 年 9 月 14 日，Oracle 如约发布了 Java 17 正式版，并宣布从 Java 17 开始正式免费，Java 迈入新时代。正如 Oracle 之前承诺的，Java 不再基于功能特征来发布新版本，而是改为基于时间来发布新版本：固定每半年发布一个版本，但每 3 年才发布一个长期支持版（LTS），其他所有版本将被称为"功能性版本"。"功能性版本"都只有 6 个月的维护期，相当于技术极客反馈的过渡版，不推荐在企业项目中使用。

因此，Java 17 才是上一个 LTS 版（Java 11）之后最新的 LTS 版。

虽然目前有些企业可能还在使用早期的 Java 8、Java 11，但 Spring Boot 3.0 已经官宣只支持 Java 17，因此建议广大开发者尽快过渡到 Java 17。

为了向广大工作者、学习者介绍最新、最前沿的 Java 知识，在 Java 17 正式发布之前，笔者就已经深入研究过 Java 12 到 Java 17 绝大部分可能新增的功能；当 Java 17 正式发布之后，笔者在第一时间开始了《疯狂 Java 讲义》（第 5 版）的升级：使用 Java 17 改写了全书所有程序，全面介绍了 Java 17 的各种新特性。

在以"疯狂 Java 体系"图书为教材的疯狂软件教育中心，经常有学生询问：为什么叫疯狂 Java 这个名字？也有一些读者通过网络、邮件来询问这个问题。其实这个问题的答案可以在本书第 1 版的前言中找到。疯狂的本质是一种"享受编程"的状态。在一些不了解编程的人看来，编程的人总面对着电脑，在键盘上敲打，这种生活实在太枯燥了。有这种想法的人并未真正了解编程，并未真正走进编程。在外人眼中：程序员不过是在敲打键盘；但在程序员心中：程序员敲出的每个字符，都是程序的一部分。

程序是什么呢？程序是对现实世界的数字化模拟。开发一个程序，实际是创造一个或大或小的"模拟世界"。在这个过程中，程序员享受着"创造"的乐趣，程序员沉醉在他所创造的"模拟世界"里：疯狂地设计、疯狂地编码实现。实现过程不断地遇到问题，然后解决它们；不断地发现程序的缺陷，然后重新设计、修复它们——这个过程本身就是一种享受。一旦完全沉浸到编程世界里，程序员是"物我两忘"的，眼中看到的、心中想到的，只有他正在创造的"模拟世界"。

在学会享受编程之前，编程学习者都应该采用"案例驱动"的方式，学习者需要明白程序的作用是：解决问题——如果你的程序不能解决你自己的问题，如何期望你的程序去解决别人的问题呢？那你的程序的价值何在？知道一个知识点能解决什么问题，才去学这个知识点，而不是盲目学习！因此，本书强调编程实战，强调以项目激发编程兴趣。

仅仅看完这本书，你不会成为高手！在编程领域里，没有所谓的"武林秘籍"，再好的书一定要配合大量练习，否则书里的知识依然属于作者，而读者则仿佛身入宝山而一无所获的笨汉。本书配置了大量高强度的练习题，希望读者强迫自己去完成这些项目。这些练习题的答案可以参考本书相关资料包中《疯狂 Java 实战演义》的配套代码。如果需要获得编程思路和交流，可以关注"疯狂讲义"微信服务号，加群后与广大读者和笔者交流。

在《疯狂 Java 讲义》前 5 版面市的十多年时间里，无数读者已经通过本书步入了 Java 编程世界，而且销量不断攀升，这说明"青山遮不住"，优秀的作品，经过时间的沉淀，往往历久弥新。再次衷心感谢广大读者的支持，你们的认同和支持是笔者坚持创作的最大动力。

《疯狂 Java 讲义》（第 3 版）的优秀，也吸引了中国台湾地区的读者，因此中国台湾地区的出版社成功引进并出版了繁体中文版的《疯狂 Java 讲义》，相信繁体版的《疯狂 Java 讲义》能更好地服务于中国台湾地区的 Java 学习者。

广大读者对疯狂 Java 的肯定、认同、赞誉，既让笔者十分欣慰，也鞭策笔者以更高的热情、更严谨的方式创作图书。时至今日，每次笔者创作或升级图书时，总有一种诚惶诚恐、如履薄冰的感觉，唯恐辜负广大读者的厚爱。

笔者非常欢迎所有热爱编程、愿意推动中国软件业发展的学习者、工作者对本书提出宝贵的意见，非常乐意与大家交流。中国软件业还处于发展阶段，所有热爱编程、愿意推动中国软件业发展的人应该联合起来，共同为中国软件行业贡献自己的绵薄之力。

本书有什么特点

本书并不是一本简单的 Java 入门教材，也不是一本"闭门造车"式的 Java 读物。本书来自笔者十余年的 Java 培训和研发经历，凝结了笔者一万余小时的授课经验，总结了数千名 Java 学员学习过程中的典型错误。

因此，《疯狂 Java 讲义》具有如下三个特点。

1．案例驱动，引爆编程激情

《疯狂 Java 讲义》不是知识点的铺陈，而是致力于将知识点融入实际项目的开发中，所以其中涉及了大量 Java 案例：仿 QQ 的游戏大厅、MySQL 企业管理器、仿 EditPlus 的文本编辑器、多线程、断点下载工具……希望读者通过编写这些程序找到编程的乐趣。

2．再现李刚老师课堂氛围

《疯狂 Java 讲义》的内容是笔者十余年授课经历的总结，知识体系取自疯狂 Java 实战的课程体系。书中内容力求再现笔者的课堂氛围：以浅显的比喻代替乏味的讲解，以疯狂实战代替空洞的理论。

本书中包含了大量"注意""学生提问"部分，这些正是数千名 Java 学员所犯错误的汇总。

3．注释详细，轻松上手

为了降低读者阅读的难度，书中代码的注释非常详细，几乎每两三行代码就有一行注释。不仅如此，本书甚至还把一些简单理论作为注释穿插到代码中，力求让读者能轻松上手。

本书所有程序中的关键代码均以粗体字标出，这是为了帮助读者迅速找到这些程序的关键点。

本书写给谁看

如果你仅仅想对 Java 有所涉猎，那么本书并不适合你；如果你想全面掌握 Java 语言，并使用 Java 来解决问题、开发项目，或者希望以 Java 编程作为你的职业，那么《疯狂 Java 讲义》将非常适合你。希望本书能引爆你内心潜在的编程激情，如果本书能让你产生废寝忘食的感觉，那笔者就非常欣慰了。

2022-10-30

目录 CONTENTS

第 12 章
Swing 编程

本章要点

- ❧ Swing 编程基础
- ❧ Swing 组件的继承层次
- ❧ 常见 Swing 组件的用法
- ❧ 使用 JToolBar 创建工具条
- ❧ 颜色选择对话框和文件浏览对话框
- ❧ Swing 提供的特殊容器
- ❧ Swing 的简化拖放操作
- ❧ 使用 JLayer 装饰组件
- ❧ 开发透明的、不规则形状窗口
- ❧ 开发进度条
- ❧ 开发滑动条
- ❧ 使用 JTree 和 TreeModel 开发树
- ❧ 使用 JTable 和 TableModel 开发表格
- ❧ 使用 JTextPane 组件

使用 Swing 开发图形界面比使用 AWT 更加优秀，因为 Swing 是一种轻量级组件，它采用 100%的 Java 实现，不再依赖于本地平台的图形界面，所以可以在所有平台上保持相同的运行效果，对跨平台支持比较出色。

此外，Swing 提供了比 AWT 更多的图形界面组件，因此可以开发出更美观的图形界面。由于 AWT 需要调用底层平台的 GUI 实现，所以 AWT 只能使用各种平台上 GUI 组件的交集，这大大限制了 AWT 所支持的 GUI 组件。对于 Swing 而言，几乎所有的组件都采用纯 Java 实现，所以无须考虑底层平台是否支持该组件。因此，Swing 可以提供如 JTabbedPane、JDesktopPane、JInternalFrame 等特殊的容器，也可以提供像 JTree、JTable、JSpinner、JSlider 等特殊的 GUI 组件。

此外，Swing 组件采用 MVC（Model-View-Controller，模型－视图－控制器）设计模式，从而可以实现 GUI 组件的显示逻辑和数据逻辑的分离，允许程序员自定义 Render 来改变 GUI 组件的显示外观，提供更大的灵活性。

12.1　Swing 概述

第 11 章已经介绍过 AWT 和 Swing 的关系，因此不难知道：实际使用 Java 开发图形界面程序时，很少使用 AWT 组件，绝大部分时候都是用 Swing 组件开发的。Swing 是由 100%纯 Java 实现的，不再依赖于本地平台的 GUI，因此可以在所有平台上保持相同的界面外观。独立于本地平台的 Swing 组件被称为轻量级组件；而依赖于本地平台的 AWT 组件被称为重量级组件。

由于 Swing 的所有组件完全采用 Java 实现，不再调用本地平台的 GUI，所以导致 Swing 图形界面的显示速度要比 AWT 图形界面的显示速度慢一些，但相对于快速发展的硬件设施而言，这种微小的速度差别无妨大碍。

使用 Swing 开发图形界面有如下几个优势。

➤ Swing 组件不再依赖于本地平台的 GUI，无须采用各种平台上 GUI 组件的交集，因此 Swing 提供了大量图形界面组件，远远超出了 AWT 所提供的图形界面组件集。

➤ Swing 组件不再依赖于本地平台的 GUI，因此不会产生与平台相关的 bug。

➤ Swing 组件在各种平台上运行时可以保证具有相同的图形界面外观。

Swing 提供的这些优势，让 Java 图形界面程序真正实现了 "Write Once, Run Anywhere" 的目标。

此外，Swing 还有如下两个特征。

➤ Swing 组件采用 MVC（Model-View-Controller，模型－视图－控制器）设计模式，其中模型（Model）用于维护组件的各种状态，视图（View）是组件的可视化表现，控制器（Controller）用于控制对各种事件、组件做出怎样的响应。当模型发生改变时，它会通知所有依赖它的视图，视图会根据模型数据来更新自己。Swing 使用 UI 代理来包装视图和控制器，还有另一个模型对象来维护该组件的状态。例如，按钮 JButton 有一个维护其状态信息的模型 ButtonModel 对象。Swing 组件的模型是自动设置的，因此一般都使用 JButton，而无须关心 ButtonModel 对象。因此，Swing 的 MVC 实现也被称为 Model-Delegate（模型－代理）。

提示：

> 对于一些简单的 Swing 组件，通常无须关心它对应的 Model 对象，但对于一些高级的 Swing 组件，例如 JTree、JTable 等，需要维护复杂的数据，这些数据就是由该组件对应的 Model 来维护的。另外，通过创建 Model 类的子类或通过实现适当的接口，可以为组件建立自己的模型，然后用 setModel()方法把模型与组件关联起来。

➤ Swing 在不同的平台上表现一致，并且有能力提供本地平台不支持的显示外观。由于 Swing 组件采用 MVC 模式来维护各组件，所以当组件的外观被改变时，对组件的状态信息（由模型维护）没有任何影响。因此，Swing 可以使用插拔式外观风格（Pluggable Look And Feel，PLAF）

来控制组件外观，使得 Swing 图形界面在同一个平台上运行时能拥有不同的外观，用户可以选择自己喜欢的外观。相比之下，在 AWT 图形界面中，由于控制组件外观的对等类与具体平台相关，因此 AWT 组件总是具有与本地平台相同的外观。

　　Swing 提供了多种独立于各种平台的 LAF（Look And Feel），默认是一种名为 Metal 的 LAF，这种 LAF 吸收了 Macintosh 平台的风格，因此显得比较漂亮。Java 7 则提供了一种名为 Nimbus 的 LAF，这种 LAF 更加漂亮。

　　为了获取当前 JRE 所支持的 LAF，可以借助于 UIManager 的 getInstalledLookAndFeels()方法，如下面的程序所示。

程序清单：codes\ 12\12.1\AllLookAndFeel.java

```
public class AllLookAndFeel
{
    public static void main(String[] args)
    {
        System.out.println("当前系统可用的所有 LAF:");
        for (var info : UIManager.getInstalledLookAndFeels())
        {
            System.out.println(info.getName()
                + "--->" + info);
        }
    }
}
```

> **提示：**
> 除可以使用 Java 默认提供的为数不多的几种 LAF 之外，还有大量的 Java 爱好者提供了各种开源的 LAF，有兴趣的读者可以自行去下载、体验各种 LAF，使用不同的 LAF 可以让 Swing 应用程序更加美观。

12.2　Swing 基本组件的用法

　　前面已经提到，Swing 为所有的 AWT 组件都提供了对应的实现（除 Canvas 组件之外，因为在 Swing 中无须继承 Canvas 组件），通常在 AWT 组件的组件名前添加"J"就变成了对应的 Swing 组件。

▶▶ 12.2.1　Swing 组件层次

　　大部分 Swing 组件都是 JComponent 抽象类的直接或间接子类（并不是全部的 Swing 组件），JComponent 类定义了所有子类组件的通用方法，JComponent 类是 AWT 里 java.awt.Container 类的子类，这也是 AWT 和 Swing 的联系之一。绝大部分 Swing 组件类都继承了 Container 类，所以 Swing 组件都可作为容器使用（JFrame 继承了 Frame 类）。图 12.1 显示了 Swing 组件的继承层次。

　　图 12.1 中展示了 Swing 所提供的绝大部分组件，其中以灰色区域覆盖的组件可以找到与之对应的 AWT 组件；JWindow 与 AWT 中的 Window 相似，代表没有标题的窗口。读者不难发现这些 Swing 组件的类名和对应 AWT 组件的类型也基本一致，只要在原来的 AWT 组件类型前添加"J"即可，但有如下几个例外。

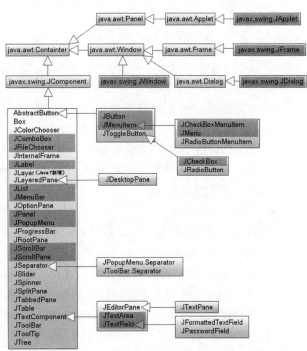

图 12.1　Swing 组件的继承层次

> JComboBox：对应于 AWT 里的 Choice 组件，但比 Choice 组件的功能更丰富。
> JFileChooser：对应于 AWT 里的 FileDialog 组件。
> JScrollBar：对应于 AWT 里的 Scrollbar 组件，注意两个组件类名中 b 字母的大小写差别。
> JCheckBox：对应于 AWT 里的 Checkbox 组件，注意两个组件类名中 b 字母的大小写差别。
> JCheckBoxMenuItem：对应于 AWT 里的 CheckboxMenuItem 组件，注意两个组件类名中 b 字母的大小写差别。

上面的 JCheckBox、JCheckBoxMenuItem 与 Checkbox、CheckboxMenuItem 的差别主要是由早期 Java 命名不太规范造成的。

 注意：

从图 12.1 中可以看出，Swing 中有 4 个组件直接继承了 AWT 组件，而不是从 JComponent 派生的，它们分别是：JFrame、JWindow、JDialog 和 JApplet，它们并不是轻量级组件，而是重量级组件（需要部分委托给运行平台上 GUI 组件的对等体）。

将 Swing 组件按功能来分，又可分为如下几类。
> 顶层容器：JFrame、JApplet、JDialog 和 JWindow。
> 中间容器：JPanel、JScrollPane、JSplitPane、JToolBar 等。
> 特殊容器：在用户界面上具有特殊作用的中间容器，如 JInternalFrame、JRootPane、JLayeredPane 和 JDestopPane 等。
> 基本组件：实现人机交互的组件，如 JButton、JComboBox、JList、JMenu、JSlider 等。
> 不可编辑信息的显示组件：向用户显示不可编辑信息的组件，如 JLabel、JProgressBar 和 JToolTip 等。
> 可编辑信息的显示组件：向用户显示能被编辑的格式化信息的组件，如 JTable、JTextArea 和 JTextField 等。
> 特殊对话框组件：可以直接产生特殊对话框的组件，如 JColorChooser 和 JFileChooser 等。

下面将会详细介绍各种 Swing 组件的用法。

▶▶ 12.2.2　AWT 组件的 Swing 实现

从图 12.1 中可以看出，Swing 为除 Canvas 之外的所有 AWT 组件都提供了相应的实现，Swing 组件比 AWT 组件的功能更加强大。相对于 AWT 组件，Swing 组件具有如下 4 个额外的功能。
> 可以为 Swing 组件设置提示信息。使用 setToolTipText()方法，为组件设置对用户有帮助的提示信息。
> 很多 Swing 组件如按钮、标签、菜单项等，除使用文字之外，还可以使用图标修饰自己。为了允许在 Swing 组件中使用图标，Swing 为 Icon 接口提供了一个实现类：ImageIcon，该实现类代表一个图像图标。
> 支持插拔式外观风格。每个 JComponent 对象都有一个相应的 ComponentUI 对象，为它完成所有的绘画、事件处理、决定尺寸大小等工作。ComponentUI 对象依赖于当前使用的 PLAF，使用 UIManager.setLookAndFeel()方法可以改变图形界面的外观风格。
> 支持设置边框。Swing 组件可以设置一个或多个边框。Swing 中提供了各式各样的边框供用户选用，用户也能建立组合边框或自己设计边框。一种空白边框可以用于增大组件，同时协助布局管理器对容器中的组件进行合理的布局。

每个 Swing 组件都有一个对应的 UI 类，例如，JButton 组件就有一个对应的 ButtonUI 类来作为 UI 代理。每个 Swing 组件的 UI 代理的类名都是将该 Swing 组件类名中的"J"去掉，然后在后面添加 UI 后缀。UI 代理类通常是一个抽象基类，不同的 PLAF 会有不同的 UI 代理实现类。Swing 类库中包含了几套 UI 代理，每套 UI 代理都几乎包含了所有 Swing 组件的 ComponentUI 实现，每套这样的实现都被称为一种 PLAF 实现。以 JButton 为例，其 UI 代理的继承层次如图 12.2 所示。

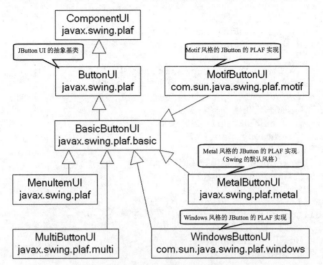

图 12.2　JButton UI 代理的继承层次

如果需要改变程序的外观风格，则可以使用如下代码。

```
try
{
    // 设置使用 Windows 风格
    UIManager.setLookAndFeel("com.sun.java.swing.plaf.windows.WindowsLookAndFeel");
    // 通过更新 f 容器以及 f 容器里所有组件的 UI
    SwingUtilities.updateComponentTreeUI(f);
}
catch (Exception e)
{
    e.printStackTrace();
}
```

下面的程序示范了使用 Swing 组件来创建窗口应用，该窗口里包含了菜单、右键菜单以及基本 AWT 组件的 Swing 实现。

程序清单：codes\12\12.2\SwingComponent.java

```
public class SwingComponent
{
    JFrame f = new JFrame("测试");
    // 定义一个按钮，并为之指定图标
    Icon okIcon = new ImageIcon("ico/ok.png");
    JButton ok = new JButton("确认", okIcon);
    // 定义一个单选钮，初始处于选中状态
    JRadioButton male = new JRadioButton("男", true);
    // 定义一个单选钮，初始处于未选中状态
    JRadioButton female = new JRadioButton("女", false);
    // 定义一个 ButtonGroup，用于将上面两个 JRadioButton 组合在一起
    ButtonGroup bg = new ButtonGroup();
    // 定义一个复选框，初始处于未选中状态。
    JCheckBox married = new JCheckBox("是否已婚？", false);
    String[] colors = new String[] {"红色", "绿色", "蓝色"};
    // 定义一个下拉选择框
    JComboBox<String> colorChooser = new JComboBox<>(colors);
    // 定义一个列表选择框
    JList<String> colorList = new JList<>(colors);
    // 定义一个 8 行、20 列的多行文本域
    JTextArea ta = new JTextArea(8, 20);
    // 定义一个 40 列的单行文本框
    JTextField name = new JTextField(40);
    JMenuBar mb = new JMenuBar();
    JMenu file = new JMenu("文件");
```

```
JMenu edit = new JMenu("编辑");
// 创建"新建"菜单项，并为之指定图标
Icon newIcon = new ImageIcon("ico/new.png");
JMenuItem newItem = new JMenuItem("新建", newIcon);
// 创建"保存"菜单项，并为之指定图标
Icon saveIcon = new ImageIcon("ico/save.png");
JMenuItem saveItem = new JMenuItem("保存", saveIcon);
// 创建"退出"菜单项，并为之指定图标
Icon exitIcon = new ImageIcon("ico/exit.png");
JMenuItem exitItem = new JMenuItem("退出", exitIcon);
JCheckBoxMenuItem autoWrap = new JCheckBoxMenuItem("自动换行");
// 创建"复制"菜单项，并为之指定图标
JMenuItem copyItem = new JMenuItem("复制",
    new ImageIcon("ico/copy.png"));
// 创建"粘贴"菜单项，并为之指定图标
JMenuItem pasteItem = new JMenuItem("粘贴",
    new ImageIcon("ico/paste.png"));
JMenu format = new JMenu("格式");
JMenuItem commentItem = new JMenuItem("注释");
JMenuItem cancelItem = new JMenuItem("取消注释");
// 定义一个右键菜单，用于设置程序风格
JPopupMenu pop = new JPopupMenu();
// 用于组合 3 个风格菜单项的 ButtonGroup
ButtonGroup flavorGroup = new ButtonGroup();
// 创建 5 个单选钮，用于设定程序的外观风格
JRadioButtonMenuItem metalItem = new JRadioButtonMenuItem("Metal 风格", true);
JRadioButtonMenuItem nimbusItem = new JRadioButtonMenuItem("Nimbus 风格");
JRadioButtonMenuItem windowsItem = new JRadioButtonMenuItem("Windows 风格");
JRadioButtonMenuItem classicItem = new JRadioButtonMenuItem("Windows 经典风格");
JRadioButtonMenuItem motifItem = new JRadioButtonMenuItem("Motif 风格");
// -----------------用于执行界面初始化的 init 方法---------------------
public void init()
{
    // 创建一个装载了文本框、按钮的 JPanel
    var bottom = new JPanel();
    bottom.add(name);
    bottom.add(ok);
    f.add(bottom, BorderLayout.SOUTH);
    // 创建一个装载了下拉选择框、三个 JCheckBox 的 JPanel
    var checkPanel = new JPanel();
    checkPanel.add(colorChooser);
    bg.add(male);
    bg.add(female);
    checkPanel.add(male);
    checkPanel.add(female);
    checkPanel.add(married);
    // 创建一个垂直排列组件的 Box，盛装多行文本域 JPanel
    var topLeft = Box.createVerticalBox();
    // 使用 JScrollPane 作为普通组件的 JViewPort
    var taJsp = new JScrollPane(ta);        // ⑤
    topLeft.add(taJsp);
    topLeft.add(checkPanel);
    // 创建一个水平排列组件的 Box，盛装 topLeft、colorList
    var top = Box.createHorizontalBox();
    top.add(topLeft);
    top.add(colorList);
    // 将 top Box 容器添加到窗口的中间
    f.add(top);
    // -----------下面开始组合菜单，并为菜单添加监听器----------
    // 为 newItem 设置快捷键，在设置快捷键时要使用大写字母
    newItem.setAccelerator(KeyStroke.getKeyStroke('N',
        InputEvent.CTRL_DOWN_MASK));     // ①
    newItem.addActionListener(e -> ta.append("用户单击了"新建"菜单\n"));
    // 为 file 菜单添加菜单项
    file.add(newItem);
    file.add(saveItem);
    file.add(exitItem);
    // 为 edit 菜单添加菜单项
    edit.add(autoWrap);
    // 使用 addSeparator 方法添加菜单分隔线
```

```
        edit.addSeparator();
        edit.add(copyItem);
        edit.add(pasteItem);
        // 为 commentItem 组件添加提示信息
        commentItem.setToolTipText("将程序代码注释起来！");
        // 为 format 菜单添加菜单项
        format.add(commentItem);
        format.add(cancelItem);
        // 使用 add(new JMenuItem("-")) 的方式不能添加菜单分隔符
        edit.add(new JMenuItem("-"));
        // 将 format 菜单组合到 edit 菜单中，从而形成二级菜单
        edit.add(format);
        // 将 file、edit 菜单添加到 mb 菜单条中
        mb.add(file);
        mb.add(edit);
        // 为 f 窗口设置菜单条
        f.setJMenuBar(mb);
        // -----------下面开始组合右键菜单，并安装右键菜单----------
        flavorGroup.add(metalItem);
        flavorGroup.add(nimbusItem);
        flavorGroup.add(windowsItem);
        flavorGroup.add(classicItem);
        flavorGroup.add(motifItem);
        pop.add(metalItem);
        pop.add(nimbusItem);
        pop.add(windowsItem);
        pop.add(classicItem);
        pop.add(motifItem);
        // 为 5 个风格菜单创建事件监听器
        ActionListener flavorListener = e -> {
            try
            {
                switch (e.getActionCommand())
                {
                    case "Metal 风格":
                        changeFlavor(1);
                        break;
                    case "Nimbus 风格":
                        changeFlavor(2);
                        break;
                    case "Windows 风格":
                        changeFlavor(3);
                        break;
                    case "Windows 经典风格":
                        changeFlavor(4);
                        break;
                    case "Motif 风格":
                        changeFlavor(5);
                        break;
                }
            }
            catch (Exception ee)
            {
                ee.printStackTrace();
            }
        };
        // 为 5 个风格菜单项添加事件监听器
        metalItem.addActionListener(flavorListener);
        nimbusItem.addActionListener(flavorListener);
        windowsItem.addActionListener(flavorListener);
        classicItem.addActionListener(flavorListener);
        motifItem.addActionListener(flavorListener);
        // 调用该方法即可设置右键菜单，无须使用事件机制
        ta.setComponentPopupMenu(pop);          // ④
        // 设置关闭窗口时，退出程序
        f.setDefaultCloseOperation(JFrame.EXIT_ON_CLOSE);
        f.pack();
        f.setVisible(true);
    }
    // 定义一个方法，用于改变界面风格
```

```java
private void changeFlavor(int flavor) throws Exception
{
    switch (flavor)
    {
        // 设置 Metal 风格
        case 1:
            UIManager.setLookAndFeel(
            "javax.swing.plaf.metal.MetalLookAndFeel");
            break;
        // 设置 Nimbus 风格
        case 2:
            UIManager.setLookAndFeel(
            "javax.swing.plaf.nimbus.NimbusLookAndFeel");
            break;
        // 设置 Windows 风格
        case 3:
            UIManager.setLookAndFeel(
            "com.sun.java.swing.plaf.windows.WindowsLookAndFeel");
            break;
        // 设置 Windows 经典风格
        case 4:
            UIManager.setLookAndFeel(
            "com.sun.java.swing.plaf.windows.WindowsClassicLookAndFeel");
            break;
        // 设置 Motif 风格
        case 5:
            UIManager.setLookAndFeel(
            "com.sun.java.swing.plaf.motif.MotifLookAndFeel");
            break;
    }
    // 更新 f 窗口内顶级容器以及内部所有组件的 UI
    SwingUtilities.updateComponentTreeUI(f.getContentPane());  // ②
    // 更新 mb 菜单条以及内部所有组件的 UI
    SwingUtilities.updateComponentTreeUI(mb);
    // 更新 pop 右键菜单以及内部所有组件的 UI
    SwingUtilities.updateComponentTreeUI(pop);
}
public static void main(String[] args)
{
    // 设置 Swing 窗口使用 Java 风格
    // JFrame.setDefaultLookAndFeelDecorated(true);   // ③
    new SwingComponent().init();
}
```

上面的程序在创建按钮、菜单项时传入了一个 ImageIcon 对象，通过这种方式就可以创建带图标的按钮、菜单项。程序的 init 方法中的粗体字代码用于为 comment 菜单项添加提示信息。运行上面的程序，并通过右键菜单选择"Nimbus LAF"，可以看到如图 12.3 所示的窗口。

从图 12.3 中可以看出，Swing 菜单不允许使用 add(new JMenuItem("-"))的方式来添加菜单分隔符，只能使用 addSeparator()方法来添加菜单分隔符。

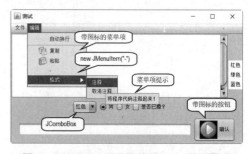

图 12.3　Nimbus 风格的 Swing 图形界面

提示：
Swing 专门为菜单项、工具按钮之间的分隔符提供了一个 JSeparator 类，通常使用 JMenu 或者 JPopupMenu 的 addSeparator()方法来创建并添加 JSeparator 对象，而不是直接使用 JSeparator。实际上，JSeparator 可以用在任何需要使用分隔符的地方。

上面的程序为 newItem 菜单项增加了快捷键，为 Swing 菜单项指定快捷键的方式与为 AWT 菜单项指定快捷键有所不同——在创建 AWT 菜单对象时可以直接传入 KeyShortcut 对象为其指定快捷键；但为 Swing 菜单项指定快捷键时必须通过 setAccelerator(KeyStroke ks)方法来设置（如①号代码所示），其中 KeyStroke 代表一次按键动作,可以直接通过按键对应的字母来指定该按键动作。

提示:
　　为菜单项指定快捷键时应该使用大写字母来代表按键,例如 KeyStroke.getKeyStroke ('N', InputEvent.CTRL_DOWN_MASK)代表"Ctrl+N",但 KeyStroke.getKeyStroke('n', InputEvent. CTRL_DOWN_MASK)则不代表"Ctrl+N"。

　　此外,上面程序中的大段粗体字代码所定义的 changeFlavor()方法用于改变程序外观风格,当用户单击多行文本域里的右键菜单时将会触发该方法,该方法在设置 Swing 组件的外观风格后,再次调用 SwingUtilities 类的 updateComponentTreeUI()方法来更新指定的容器,以及该容器内所有组件的 UI。注意,此处更新的是 JFrame 对象的 getContentPane()方法的返回值,而不是直接更新 JFrame 对象本身(如②号代码所示)。这是因为如果直接更新 JFrame 对象本身,将会导致 JFrame 也被更新,JFrame 是一个特殊的容器,JFrame 依然部分依赖于本地平台的图形组件。尤其是在取消③号代码的注释后,JFrame 将会使用 Java 风格的标题栏和边框,如果强制 JFrame 更新成 Windows 或 Motif 风格,则会导致该窗口失去标题栏和边框。如果通过右键菜单选择程序使用 Motif 风格,则将看到如图 12.4 所示的窗口。

图 12.4　使用 Java 风格的窗口标题、边框、
Motif 显示风格的窗口

提示:
　　JFrame 提供了一个 getContentPane()方法,这个方法用于返回该 JFrame 的顶级容器(即 JRootPane 对象),这个顶级容器中会包含 JFrame 所显示的所有非菜单组件。可以这样理解:所有看似放在 JFrame 中的 Swing 组件,除菜单之外,其实都是放在 JFrame 对应的顶级容器中的,而 JFrame 容器里提供了 getContentPane()方法返回顶级容器。在 Java 5 以前,Java 甚至不允许直接向 JFrame 中添加组件,必须先调用 JFrame 的 getContentPane()方法获得该窗口的顶级容器,然后将所有组件添加到该顶级容器中。在 Java 5 以后,Java 改写了 JFrame 的 add()和 setLayout()等方法,当程序调用 JFrame 的 add()和 setLayout()等方法时,实际上是对 JFrame 的顶级容器进行操作。

　　从程序中④号代码可以看出,为 Swing 组件添加右键菜单无须像 AWT 中那样烦琐,只需要简单地调用 setComponentPopupMenu()方法来设置右键菜单即可,无须编写事件监听器。由此可见,使用 Swing 组件编写图形界面程序更加简单。

　　此外,如果程序希望用户单击窗口右上角的"×"按钮,程序退出,那么也无须使用事件机制,只要调用 setDefaultCloseOperation(JFrame.EXIT_ON_CLOSE)方法即可,Swing 提供的这种方式也是为了简化界面编程。

　　JScrollPane 组件是一个特殊的组件,它不同于 JFrame、JPanel 等普通容器,它甚至不能指定自己的布局管理器,它主要用于为其他的 Swing 组件提供滚动条支持。JScrollPane 通常由普通的 Swing 组件、可选的垂直滚动条、水平滚动条,以及可选的行、列标题组成。

　　简而言之,如果希望让 JTextArea、JTable 等组件能有滚动条支持,那么只要将该组件放入 JScrollPane 中,再将该 JScrollPane 容器添加到窗口中即可。关于 JScrollPane 的详细说明,读者可以参考其 API 文档。

学生提问：为什么单击 Swing 多行文本域时不是弹出像 AWT 多行文本域中那样的右键菜单？

答：这是由 Swing 组件和 AWT 组件的不同实现机制决定的。前面已经指出，AWT 的多行文本域实际上依赖于本地平台的多行文本域。简单地说，当我们在程序中放置一个 AWT 多行文本域，且该程序在 Windows 平台上运行时，该文本域组件将和记事本工具编辑区具有相同的行为方式，因为该文本域组件和记事本工具编辑区的底层实现是一样的。而 Swing 的多行文本域组件则是纯 Java 实现的，它不需要任何本地平台 GUI 的支持，它在任何平台上都具有相同的行为方式，所以 Swing 的多行文本域组件默认是没有右键菜单的，必须由程序员为它显式地分配右键菜单。而且，Swing 提供的 JTextArea 组件默认没有滚动条（AWT 的 TextArea 是否有滚动条则取决于底层平台的实现），为了让该多行文本域具有滚动条，可以将该多行文本域放到 JScrollPane 容器中。

提示：

JScrollPane 对于 JTable 组件尤其重要，通常需要把 JTable 放在 JScrollPane 容器中才可以显示出 JTable 组件的标题栏。

➤➤ 12.2.3 为组件设置边框

调用 JComponent 提供的 setBorder(Border b)方法可以为 Swing 组件设置边框，其中 Border 是 Swing 提供的一个接口，用于代表组件的边框。该接口有数量众多的实现类，如 LineBorder、MatteBorder、BevelBorder 等，这些 Border 实现类都提供了相应的构造器用于创建 Border 对象，一旦获取了 Border 对象，就可以调用 JComponent 的 setBorder(Border b)方法为指定的组件设置边框。

TitledBorder 和 CompoundBorder 比较独特，其中 TitledBorder 的作用并不是为其他组件添加边框，而是为其他边框设置标题，在创建 TitledBorder 对象时需要传入一个已经存在的 Border 对象，新创建的 TitledBorder 对象会为原有的 Border 对象添加标题；而 CompoundBorder 用于组合两个边框，因此在创建 CompoundBorder 对象时需要传入两个 Border 对象，一个用作组件的内边框，一个用作组件的外边框。

此外，Swing 还提供了一个 BorderFactory 静态工厂类，该类提供了大量的静态工厂方法用于返回 Border 实例，这些静态方法的参数与各 Border 实现类的构造器参数基本一致。

提示：

Border 不仅提供了上面所提到的一些 Border 实现类，而且还提供了 MetalBorders.ool-BarBorder、MetalBorders.TextFieldBorder 等 Border 实现类，这些实现类用作 Swing 组件的默认边框，通常程序中无须使用这些系统边框。

为 Swing 组件添加边框可按如下步骤进行。

① 使用 BorderFactory 或者 XxxBorder 创建 XxxBorder 实例。

② 调用 Swing 组件的 setBorder(Border b)方法为该组件设置边框。

图 12.5 显示了系统可用边框之间的继承层次。

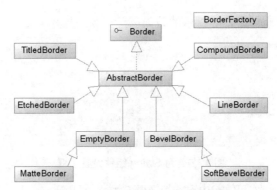

图 12.5　系统可用边框之间的继承层次

下面的例子程序示范了为 Panel 容器分别添加如图 12.5 所示的几种边框。

程序清单：codes\12\12.2\BorderTest.java

```java
public class BorderTest
{
    private JFrame jf = new JFrame("测试边框");
    public void init()
    {
        jf.setLayout(new GridLayout(2, 4));
        // 使用静态工厂方法创建 BevelBorder
        Border bb = BorderFactory.createBevelBorder(
            BevelBorder.RAISED, Color.RED, Color.GREEN,
            Color.BLUE, Color.GRAY);
        jf.add(getPanelWithBorder(bb, "BevelBorder"));
        // 使用静态工厂方法创建 LineBorder
        Border lb = BorderFactory.createLineBorder(Color.ORANGE, 10);
        jf.add(getPanelWithBorder(lb, "LineBorder"));
        // 使用静态工厂方法创建 EmptyBorder，EmptyBorder 就是在组件四周留空
        Border eb = BorderFactory.createEmptyBorder(20, 5, 10, 30);
        jf.add(getPanelWithBorder(eb, "EmptyBorder"));
        // 使用静态工厂方法创建 EtchedBorder
        Border etb = BorderFactory.createEtchedBorder(EtchedBorder.RAISED,
            Color.RED, Color.GREEN);
        jf.add(getPanelWithBorder(etb, "EtchedBorder"));
        // 直接创建 TitledBorder，TitledBorder 就是为原有的边框增加标题
        var tb = new TitledBorder(lb, "测试标题",
            TitledBorder.LEFT, TitledBorder.BOTTOM,
            new Font("StSong", Font.BOLD, 18), Color.BLUE);
        jf.add(getPanelWithBorder(tb, "TitledBorder"));
        // 直接创建 MatteBorder，MatteBorder 是 EmptyBorder 的子类
        // 它可以指定留空区域的颜色或背景，此处是指定颜色
        var mb = new MatteBorder(20, 5, 10, 30, Color.GREEN);
        jf.add(getPanelWithBorder(mb, "MatteBorder"));
        // 直接创建 CompoundBorder，CompoundBorder 将两个边框组合成新边框
        var cb = new CompoundBorder(new LineBorder(
            Color.RED, 8), tb);
        jf.add(getPanelWithBorder(cb, "CompoundBorder"));
        jf.pack();
        jf.setVisible(true);
    }
    public static void main(String[] args)
    {
        new BorderTest().init();
    }
    public JPanel getPanelWithBorder(Border b, String BorderName)
    {
        var p = new JPanel();
        p.add(new JLabel(BorderName));
        // 为 Panel 组件设置边框
        p.setBorder(b);
        return p;
    }
}
```

运行上面的程序，会看到如图 12.6 所示的效果。

图 12.6　为 Swing 组件设置边框

➤➤ 12.2.4　Swing 组件的双缓冲和键盘驱动

此外，Swing 组件还有如下两个功能。

➢ 所有的 Swing 组件默认都启用了双缓冲绘图技术。

➢ 所有的 Swing 组件都提供了简单的键盘驱动。

Swing 组件默认启用了双缓冲绘图技术，使用双缓冲技术能改进频繁重绘 GUI 组件的显示效果（避免闪烁现象）。JComponent 组件默认启用了双缓冲，不需要自己实现双缓冲。如果想关闭双缓冲，则可以在组件上调用 setDoubleBuffered(false)方法。第 11 章介绍五子棋游戏时已经提到 Swing 组件的双缓冲技术，而且可以使用 JPanel 代替第 11 章所有示例程序中的 Canvas 画布组件，从而解决运行那些示例程序时的"闪烁"现象。

JComponent 类提供了 getInputMap()和 getActionMap()两个方法，其中 getInputMap()返回一个 InputMap 对象，该对象用于将 KeyStroke 对象（代表键盘或其他类似于输入设备的一次输入事件）和名称关联；getActionMap()返回一个 ActionMap 对象，该对象用于将指定名称和 Action（Action 接口是 ActionListener 接口的子接口，可作为一个事件监听器使用）关联，从而可以允许用户通过键盘操作来替代鼠标驱动 GUI 上的 Swing 组件，相当于为 GUI 组件提供快捷键。其典型的用法如下：

```
// 将键盘事件和一个 aCommand 对象关联
component.getInputMap().put(aKeyStroke, aCommand);
// 将 aCommand 对象和 anAction 事件响应关联
component.getActionMap().put(aCommmand, anAction);
```

下面的程序实现了这样一个功能：用户在单行文本框内输入内容，当输入完成后，单击后面的"发送"按钮，即可将文本框的内容添加到一个多行文本域中；或者输入完成后，在文本框内按"Ctrl+Enter"快捷键，也可以将文本框的内容添加到一个多行文本域中。

程序清单：codes\12\12.2\BindKeyTest.java

```java
public class BindKeyTest
{
    JFrame jf = new JFrame("测试键盘绑定");
    JTextArea jta = new JTextArea(5, 30);
    JButton jb = new JButton("发送");
    JTextField jtf = new JTextField(15);
    public void init()
    {
        jf.add(jta);
        var jp = new JPanel();
        jp.add(jtf);
        jp.add(jb);
        jf.add(jp, BorderLayout.SOUTH);
        // 发送消息的 Action，Action 是 ActionListener 的子接口
        Action sendMsg = new AbstractAction()
        {
            public void actionPerformed(ActionEvent e)
            {
                jta.append(jtf.getText() + "\n");
                jtf.setText("");
            }
        };
```

```
        // 添加事件监听器
        jb.addActionListener(sendMsg);
        // 将"Ctrl+Enter"快捷键和"send"关联
        jtf.getInputMap().put(KeyStroke.getKeyStroke('\n',
            java.awt.event.InputEvent.CTRL_DOWN_MASK), "send");
        // 将"send"和 sendMsg Action 关联
        jtf.getActionMap().put("send", sendMsg);
        jf.pack();
        jf.setVisible(true);
    }
    public static void main(String[] args)
    {
        new BindKeyTest().init();
    }
}
```

上面程序中的粗体字代码示范了如何利用键盘事件来驱动 Swing 组件，采用这种键盘事件机制，无须为 Swing 组件绑定键盘监听器，从而可以复用按钮单击事件的事件监听器，程序十分简洁。

▶▶ 12.2.5　使用 JToolBar 创建工具条

Swing 提供了 JToolBar 类来创建工具条，在创建 JToolBar 对象时可以指定如下两个参数。

➤ name：该参数指定该工具条的名称。

➤ orientation：该参数指定该工具条的方向。

在创建了 JToolBar 对象之后，JToolBar 对象还提供了如下几个常用方法。

➤ JButton add(Action a)：通过 Action 对象为 JToolBar 添加对应的工具按钮。

➤ void addSeparator(Dimension size)：向工具条中添加指定大小的分隔符，Java 允许不指定 size 参数，则添加一个默认大小的分隔符。

➤ void setFloatable(boolean b)：设置工具条是否可浮动，即该工具条是否可以被拖动。

➤ void setMargin(Insets m)：设置工具条和工具按钮之间的页边距。

➤ void setOrientation(int o)：设置工具条的方向。

➤ void setRollover(boolean rollover)：设置工具条的 rollover 状态。

上面的大多数方法都比较容易理解，比较难以理解的是 add(Action a)方法，系统如何为工具条添加 Action 对应的按钮呢？

Action 接口是 ActionListener 接口的子接口，它除包含 ActionListener 接口的 actionPerformed()方法之外，还包含 name 和 icon 两个属性，其中 name 用于指定按钮或菜单项中的文本，icon 则用于指定按钮或菜单项中的图标。也就是说，Action 不仅可作为事件监听器使用，而且可被转换成按钮或菜单项。

值得指出的是，Action 本身并不是按钮，也不是菜单项，只是当把 Action 对象添加到某些容器（也可直接使用 Action 来创建按钮）如菜单和工具栏中时，这些容器会为该 Action 对象创建对应的组件（菜单项和按钮）。也就是说，这些容器需要负责完成如下事情。

➤ 创建一个适用于该容器的组件（例如，在工具栏中创建一个工具按钮）。

➤ 从 Action 对象中获得对应的属性来设置该组件（例如，通过 name 来设置文本，通过 icon 来设置图标）。

➤ 检查 Action 对象的初始状态，确定它是否处于激活状态，并根据该 Action 的状态来决定其对应的所有组件的行为。只有处于激活状态的 Action 所对应的 Swing 组件才可以响应用户动作。

➤ 通过 Action 对象为对应的组件注册事件监听器，系统将为该 Action 所创建的所有组件注册同一个事件监听器（事件处理器就是 Action 对象里的 actionPerformed()方法）。

例如，程序中有一个菜单项、一个工具按钮以及一个普通按钮都需要完成某个"复制"动作，程序就可以将该"复制"动作定义成 Action，并为之指定 name 和 icon 属性，然后通过该 Action 来创建菜单项、工具按钮和普通按钮，就可以让这三个组件具有相同的功能。还有一个"粘贴"按钮也大致相似，而且"粘贴"组件默认不可用，只有当"复制"组件被触发后，且剪贴板中有内容时才可用。

程序清单：codes\12\12.2\JToolBarTest.java

```
public class JToolBarTest
{
```

```java
JFrame jf = new JFrame("测试工具条");
JTextArea jta = new JTextArea(6, 35);
JToolBar jtb = new JToolBar();
JMenuBar jmb = new JMenuBar();
JMenu edit = new JMenu("编辑");
// 获取系统剪贴板
Clipboard clipboard = Toolkit.getDefaultToolkit()
    .getSystemClipboard();
// 创建"粘贴"Action，该 Action 用于创建菜单项、工具按钮和普通按钮
Action pasteAction = new AbstractAction("粘贴",
    new ImageIcon("ico/paste.png"))
{
    public void actionPerformed(ActionEvent e)
    {
        // 如果剪贴板中包含 stringFlavor 内容
        if (clipboard.isDataFlavorAvailable(DataFlavor.stringFlavor))
        {
            try
            {
                // 取出剪贴板中的 stringFlavor 内容
                var content = (String) clipboard.getData(DataFlavor.stringFlavor);
                // 将选中内容替换成剪贴板中的内容
                jta.replaceRange(content, jta.getSelectionStart(),
                    jta.getSelectionEnd());
            }
            catch (Exception ee)
            {
                ee.printStackTrace();
            }
        }
    }
};
// 创建"复制"Action
Action copyAction = new AbstractAction("复制",
    new ImageIcon("ico/copy.png"))
{
    public void actionPerformed(ActionEvent e)
    {
        var contents = new StringSelection(jta.getSelectedText());
        // 将 StringSelection 对象放入剪贴板中
        clipboard.setContents(contents, null);
        // 如果剪贴板中包含 stringFlavor 内容
        if (clipboard.isDataFlavorAvailable(DataFlavor.stringFlavor))
        {
            // 将 pasteAction 激活
            pasteAction.setEnabled(true);
        }
    }
};
public void init()
{
    // pasteAction 默认处于未激活状态
    pasteAction.setEnabled(false);    // ①
    jf.add(new JScrollPane(jta));
    // 以 Action 创建按钮，并将该按钮添加到 Panel 中
    var copyBn = new JButton(copyAction);
    var pasteBn = new JButton(pasteAction);
    var jp = new JPanel();
    jp.add(copyBn);
    jp.add(pasteBn);
    jf.add(jp, BorderLayout.SOUTH);
    // 向工具条中添加 Action 对象，该对象将会被转换成工具按钮
    jtb.add(copyAction);
    jtb.addSeparator();
    jtb.add(pasteAction);
    // 向菜单中添加 Action 对象，该对象将会被转换成菜单项
    edit.add(copyAction);
    edit.add(pasteAction);
    // 将 edit 菜单添加到菜单条中
    jmb.add(edit);
```

```
        jf.setJMenuBar(jmb);
        // 设置工具条和工具按钮之间的页边距
        jtb.setMargin(new Insets(20, 10, 5, 30));    // ②
        // 向窗口中添加工具条
        jf.add(jtb, BorderLayout.NORTH);
        jf.setDefaultCloseOperation(JFrame.EXIT_ON_CLOSE);
        jf.pack();
        jf.setVisible(true);
    }
    public static void main(String[] args)
    {
        new JToolBarTest().init();
    }
}
```

图 12.7　使用 Action 创建按钮、
工具按钮和菜单项

上面程序中创建了 pasteAction、copyAction 两个 Action，然后根据这两个 Action 分别创建了按钮、工具按钮、菜单项组件（程序中粗体字代码部分），开始时 pasteAction 处于未激活状态，则该 Action 对应的按钮、工具按钮、菜单项都处于不可用状态。运行上面的程序，会看到如图 12.7 所示的界面。

图 12.7 显示了工具条被拖动后的效果，这是因为工具条默认处于浮动状态。此外，程序中②号粗体字代码设置了工具条和工具按钮之间的页边距，所以可以看到工具条在工具按钮周围保留了一些空白区域。

▶▶ 12.2.6　使用 JColorChooser 和 JFileChooser

JColorChooser 用于创建颜色选择对话框。该类的用法非常简单，该类主要提供了如下两个静态方法。

➤ showDialog(Component component, String title, Color initialColor)：显示一个模式的颜色选择对话框，该方法返回用户所选的颜色。其中，component 指定该对话框的 parent 组件，title 指定该对话框的标题。大部分时候都使用该方法来让用户选择颜色。

➤ createDialog(Component c, String title, boolean modal, JColorChooser chooserPane, ActionListener okListener, ActionListener cancelListener)：该方法返回一个对话框，该对话框内包含指定的颜色选择器。该方法可以指定该对话框是模式的还是非模式的（通过 modal 参数指定），还可以指定该对话框内"确定"按钮的事件监听器（通过 okListener 参数指定）和"取消"按钮的事件监听器（通过 cancelListener 参数指定）。

Java 7 为 JColorChooser 增加了一个 HSV 标签页，允许用户通过 HSV 模式来选择颜色。

下面的程序改写了第 11 章的 HandDraw 程序，改为使用 JPanel 作为绘图组件，而且使用 JColorChooser 来弹出颜色选择对话框。

程序清单：codes\12\12.2\HandDraw.java

```
public class HandDraw
{
    // 画图区的宽度
    private final int AREA_WIDTH = 500;
    // 画图区的高度
    private final int AREA_HEIGHT = 400;
    // 下面的preX、preY保存了上一次鼠标拖动事件点的鼠标坐标
    private int preX = -1;
    private int preY = -1;
    // 定义一个右键菜单，用于设置画笔颜色
    JPopupMenu pop = new JPopupMenu();
    JMenuItem chooseColor = new JMenuItem("选择颜色");
    // 定义一个BufferedImage对象
    BufferedImage image = new BufferedImage(AREA_WIDTH,
        AREA_HEIGHT, BufferedImage.TYPE_INT_RGB);
```

```
        // 获取 image 对象的 Graphics
        Graphics g = image.getGraphics();
        private JFrame f = new JFrame("简单手绘程序");
        private DrawCanvas drawArea = new DrawCanvas();
        // 用于保存画笔颜色
        private Color foreColor = new Color(255, 0, 0);
        public void init()
        {
            chooseColor.addActionListener(ae) -> {
                // 下面的代码直接弹出一个模式的颜色选择对话框，并返回用户选择的颜色
                // foreColor = JColorChooser.showDialog(f,
                //     "选择画笔颜色", foreColor);     // ①
                // 下面的代码则弹出一个非模式的颜色选择对话框
                // 并可以分别为 "确定" 按钮、"取消" 按钮指定事件监听器
                final var colorPane = new JColorChooser(foreColor);
                var jd = JColorChooser.createDialog(f, "选择画笔颜色",
                    false, colorPane, e->foreColor = colorPane.getColor(), null);
                jd.setVisible(true);
            });
            // 将菜单项组合成右键菜单
            pop.add(chooseColor);
            // 将右键菜单添加到 drawArea 对象中
            drawArea.setComponentPopupMenu(pop);
            // 将 image 对象的背景色填充成白色
            g.fillRect(0, 0, AREA_WIDTH, AREA_HEIGHT);
            drawArea.setPreferredSize(new Dimension(AREA_WIDTH, AREA_HEIGHT));
            // 监听鼠标移动动作
            drawArea.addMouseMotionListener(new MouseMotionAdapter()
            {
                // 实现按下鼠标键并拖动的事件处理器
                public void mouseDragged(MouseEvent e)
                {
                    // 如果 preX 和 preY 都大于 0
                    if (preX > 0 && preY > 0)
                    {
                        // 设置当前颜色
                        g.setColor(foreColor);
                        // 绘制从上一次鼠标拖动事件点到本次鼠标拖动事件点的线段
                        g.drawLine(preX, preY, e.getX(), e.getY());
                    }
                    // 将当前鼠标事件点的 X、Y 坐标保存起来
                    preX = e.getX();
                    preY = e.getY();
                    // 重绘 drawArea 对象
                    drawArea.repaint();
                }
            });
            // 监听鼠标事件
            drawArea.addMouseListener(new MouseAdapter()
            {
                // 实现鼠标键松开的事件处理器
                public void mouseReleased(MouseEvent e)
                {
                    // 当松开鼠标键时，把上一次鼠标拖动事件点的 X、Y 坐标都设为-1
                    preX = -1;
                    preY = -1;
                }
            });
            f.add(drawArea);
            f.setDefaultCloseOperation(JFrame.EXIT_ON_CLOSE);
            f.pack();
            f.setVisible(true);
        }
        public static void main(String[] args)
        {
            new HandDraw().init();
        }
        // 让画图区继承 JPanel 类
        class DrawCanvas extends JPanel
        {
```

```
    // 重写 JPanel 的 paint 方法，实现绘画
    public void paint(Graphics g)
    {
        // 将 image 绘制到该组件上
        g.drawImage(image, 0, 0, null);
    }
}
```

上面的程序分别使用了两种方式来弹出颜色选择对话框,其中①号粗体字代码可弹出一个模式的颜色选择对话框,并直接返回用户选择的颜色。这种方式简单明了,编程简单。

如果程序有更多额外的需要,则使用程序中接下来的粗体字代码,弹出一个非模式的颜色选择对话框(允许程序设定),并为"确定"按钮指定了事件监听器,而"取消"按钮的事件监听器为 null(也可以为该按钮指定事件监听器)。Swing 的颜色选择对话框如图 12.8 所示。

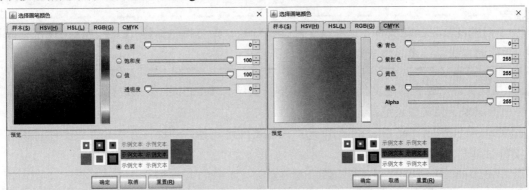

图 12.8　Swing 的颜色选择对话框

从图 12.8 中可以看出,Swing 的颜色选择对话框提供了 5 种方式来选择颜色,图中显示了 HSV 方式、CMYK 方式的颜色选择器。此外,该颜色选择器还可以使用 RGB、HSL 方式来选择颜色。

> **提示:**
> 学习过本书第 1 版的读者应该知道,在 Java 6 中,JColorChooser 只提供了 3 种颜色选择方式,在图 12.8 中看到的 HSV、CMYK 两种颜色选择方式都是新增的。

JFileChooser 的功能与 AWT 中 FileDialog 的功能基本相似,也用于生成"打开文件""保存文件"对话框;与 FileDialog 不同的是,JFileChooser 无须依赖于本地平台的 GUI,它由 100%纯 Java 实现,在所有平台上具有完全相同的行为,并可以在所有平台上具有相同的外观风格。

为了调用 JFileChooser 来打开一个文件对话框,必须先创建该对话框的实例,JFileChooser 提供了多个构造器来创建 JFileChooser 对象,它的构造器总共包含两个参数。

➤ currentDirectory:指定所创建的文件对话框的当前路径,该参数既可以是一个 String 类型的路径,也可以是一个 File 对象所代表的路径。

➤ FileSystemView:用于指定基于该文件系统外观来创建文件对话框,如果没有指定该参数,则默认以当前文件系统外观来创建文件对话框。

JFileChooser 并不是 JDialog 的子类,所以不能使用 setVisible(true)方法来显示该文件对话框,而是调用 showXxxDialog()方法来显示文件对话框。

使用 JFileChooser 来创建文件对话框并允许用户选择文件的步骤如下。

① 采用构造器创建一个 JFileChooser 对象,该 JFileChooser 对象无须指定 parent 组件,这意味着可以在多个窗口中共用该 JFileChooser 对象。在创建 JFileChooser 对象时可以指定初始化路径,如下面的代码所示。

```
// 以当前路径创建文件选择器
var chooser = new JFileChooser(".");
```

② 调用 JFileChooser 的一系列可选的方法对 JFileChooser 执行初始化操作。JFileChooser 大致有如

下几个常用方法。

> setSelectedFile/setSelectedFiles：指定该文件选择器默认选择的文件（也可以默认选择多个文件）。

```
// 默认选择当前路径下的123.jpg文件
chooser.setSelectedFile(new File("123.jpg"));
```

> setMultiSelectionEnabled(boolean b)：在默认情况下，该文件选择器只能选择一个文件，通过调用该方法可以设置允许选择多个文件（设置参数值为 true 即可）。
> setFileSelectionMode(int mode)：在默认情况下，该文件选择器只能选择文件，通过调用该方法可以设置允许选择文件、路径、文件与路径，设置参数值为 JFileChooser. FILES_ONLY、JFileChooser.DIRECTORIES_ONLY、JFileChooser.FILES_AND_DIRECTORIES。

```
// 设置既可选择文件，也可选择路径
chooser.setFileSelectionMode(JFileChooser.FILES_AND_DIRECTORIES);
```

> **提示：**   JFileChooser 还提供了一些改变对话框标题、改变按钮标签、改变按钮的提示文本等功能的方法，读者应该查阅 API 文档来了解它们。

③ 如果让文件对话框实现文件过滤功能，则需要结合 FileFilter 类来进行文件过滤。JFileChooser 提供了两个方法来安装文件过滤器。

> addChoosableFileFilter(FileFilter filter)：添加文件过滤器。通过该方法允许该文件对话框有多个文件过滤器。

```
// 为文件对话框添加一个文件过滤器
chooser.addChoosableFileFilter(filter);
```

> setFileFilter(FileFilter filter)：设置文件过滤器。一旦调用了该方法，该文件对话框将只有一个文件过滤器。

④ 如果需要改变文件对话框中文件的视图外观，则可以结合 FileView 类来实现。

⑤ 调用 showXxxDialog 方法可以打开文件对话框，通常如下三个方法可用。

> int showDialog(Component parent, String approveButtonText)：弹出文件对话框，该对话框的标题、"同意"按钮的文本（默认是"保存"或"取消"按钮）由 approveButtonText 来指定。
> int showOpenDialog(Component parent)：弹出文件对话框，该对话框具有默认标题，"同意"按钮的文本是"打开"。
> int showSaveDialog(Component parent)：弹出文件对话框，该对话框具有默认标题，"同意"按钮的文本是"保存"。

当用户单击"同意"或"取消"按钮，或者直接关闭文件对话框时，才可以关闭该文件对话框。在关闭该对话框时返回一个 int 类型的值，其可以是 JFileChooser.APPROVE_OPTION、JFileChooser.CANCEL_OPTION 或 JFileChooser. ERROR_OPTION。如果希望获得用户选择的文件，则通常应该先判断对话框的返回值是否为 JFileChooser.APPROVE_OPTION，该选项表明用户单击了"打开"或者"保存"按钮。

⑥ JFileChooser 提供了如下两个方法来获取用户选择的文件或文件集。

> File getSelectedFile()：返回用户选择的文件。
> File[] getSelectedFiles()：返回用户选择的多个文件。

按照上面的步骤，就可以正常地创建一个"打开文件"或"保存文件"对话框，整个过程非常简单。如果要使用 FileFilter 类来进行文件过滤，或者使用 FileView 类来改变文件的视图风格，则有一点麻烦。

先看使用 FileFilter 类来进行文件过滤。Java 在 java.io 包下提供了一个 FileFilter 接口，该接口主要用于作为 File 类的 listFiles(FileFilter)方法的参数，它也是一个进行文件过滤的接口。但此处需要使用位于 javax.swing.filechooser 包下的 FileFilter 抽象类，该抽象类包含如下两个抽象方法。

> boolean accept(File f)：判断该过滤器是否接受给定的文件，只有被该过滤器接受的文件才可以在对应的文件对话框中显示出来。

➤ String getDescription()：返回该过滤器的描述性文本。

如果程序要使用 FileFilter 类进行文件过滤，则通常需要扩展该 FileFilter 类，并重写该类的两个抽象方法。在重写 accept()方法时就可以指定自己的业务规则，指定该文件过滤器可以接受哪些文件。例如，如下代码：

```
public boolean accept(File f)
{
    // 如果该文件是路径，则接受该文件
    if (f.isDirectory()) return true;
    // 只接受以.gif 作为后缀的文件
    if (name.endsWith(".gif"))
    {
        return true;
    }
    return false
}
```

在默认情况下，JFileChooser 总会在文件对话框的"文件类型"下拉列表中增加"所有文件"选项，但可以调用 JFileChooser 的 setAcceptAllFileFilterUsed(false)方法来取消显示该选项。

再看使用 FileView 类来改变文件对话框中文件的视图风格。FileView 类也是一个抽象类，通常程序需要扩展该抽象类，并有选择性地重写它所包含的如下几个抽象方法。

➤ String getDescription(File f)：返回指定文件的描述。

➤ Icon getIcon(File f)：返回指定文件在 JFileChooser 对话框中的图标。

➤ String getName(File f)：返回指定文件的文件名。

➤ String getTypeDescription(File f)：返回指定文件所属文件类型的描述文本。

➤ Boolean isTraversable(File f)：当该文件是路径时，返回该路径是否是可遍历的。

与重写 FileFilter 的抽象方法类似的是，重写上面这些方法实际上就是为文件选择器指定自定义的外观风格。通常可以通过重写 getIcon()方法来改变文件对话框中的文件图标。

下面的程序是一个简单的图片查看工具程序，该程序综合运用了上面介绍的各知识点。

程序清单：codes\12\12.2\ImageViewer.java

```
public class ImageViewer
{
    // 定义图片预览组件的大小
    final int PREVIEW_SIZE = 100;
    JFrame jf = new JFrame("简单图片查看器");
    JMenuBar menuBar = new JMenuBar();
    // 该 label 用于显示图片
    JLabel label = new JLabel();
    // 以当前路径创建文件选择器
    JFileChooser chooser = new JFileChooser(".");
    JLabel accessory = new JLabel();
    // 定义文件过滤器
    ExtensionFileFilter filter = new ExtensionFileFilter();
    public void init()
    {
        // --------下面开始初始化 JFileChooser 的相关属性--------
        // 创建一个 FileFilter
        filter.addExtension("jpg");
        filter.addExtension("jpeg");
        filter.addExtension("gif");
        filter.addExtension("png");
        filter.setDescription("图片文件(*.jpg,*.jpeg,*.gif,*.png)");
        chooser.addChoosableFileFilter(filter);
        // 禁止"文件类型"下拉列表中显示"所有文件"选项
        chooser.setAcceptAllFileFilterUsed(false);   // ①
        // 为文件选择器指定自定义的 FileView 对象
        chooser.setFileView(new FileIconView(filter));
        // 为文件选择器指定一个预览图片的附件
        chooser.setAccessory(accessory);        // ②
        // 设置预览图片组件的大小和边框
```

```
            accessory.setPreferredSize(new Dimension(PREVIEW_SIZE, PREVIEW_SIZE));
            accessory.setBorder(BorderFactory.createEtchedBorder());
            // 用于检测被选择文件的改变事件
            chooser.addPropertyChangeListener(event -> {
                // JFileChooser 的被选择文件已经发生了改变
                if (event.getPropertyName() ==
                    JFileChooser.SELECTED_FILE_CHANGED_PROPERTY)
                {
                    // 获取用户选择的新文件
                    var f = (File) event.getNewValue();
                    if (f == null)
                    {
                        accessory.setIcon(null);
                        return;
                    }
                    // 将所选文件读入 ImageIcon 对象中
                    var icon = new ImageIcon(f.getPath());
                    // 如果图片太大，则缩小它
                    if (icon.getIconWidth() > PREVIEW_SIZE)
                    {
                        icon = new ImageIcon(icon.getImage().getScaledInstance
                            (PREVIEW_SIZE, -1, Image.SCALE_DEFAULT));
                    }
                    // 改变 accessory Label 的图标
                    accessory.setIcon(icon);
                }
            });
            // ------下面的代码开始为该窗口安装菜单------
            var menu = new JMenu("文件");
            menuBar.add(menu);
            var openItem = new JMenuItem("打开");
            menu.add(openItem);
            // 单击 openItem 菜单项，显示"打开文件"对话框
            openItem.addActionListener(event -> {
                // 设置文件对话框的当前路径
                // chooser.setCurrentDirectory(new File("."));
                // 显示文件对话框
                int result = chooser.showDialog(jf, "打开图片文件");
                // 如果用户选择了 APPROVE（同意）按钮，也就是打开、保存的等效按钮
                if (result == JFileChooser.APPROVE_OPTION)
                {
                    String name = chooser.getSelectedFile().getPath();
                    // 显示指定图片
                    label.setIcon(new ImageIcon(name));
                }
            });
            var exitItem = new JMenuItem("Exit");
            menu.add(exitItem);
            // 为退出菜单绑定事件监听器
            exitItem.addActionListener(event -> System.exit(0));
            jf.setJMenuBar(menuBar);
            // 添加用于显示图片的 JLabel 组件
            jf.add(new JScrollPane(label));
            jf.pack();
            jf.setVisible(true);
    }
    public static void main(String[] args)
    {
        new ImageViewer().init();
    }
}
// 创建 FileFilter 的子类，用于实现文件过滤功能
class ExtensionFileFilter extends FileFilter
{
    private String description;
    private ArrayList<String> extensions = new ArrayList<>();
    // 自定义方法，用于添加文件扩展名
    public void addExtension(String extension)
    {
        if (!extension.startsWith("."))
```

```java
{
        extension = "." + extension;
        extensions.add(extension.toLowerCase());
    }
}
// 用于设置该文件过滤器的描述文本
public void setDescription(String aDescription)
{
    description = aDescription;
}
// 继承 FileFilter 类必须实现的抽象方法，返回该文件过滤器的描述文本
public String getDescription()
{
    return description;
}
// 继承 FileFilter 类必须实现的抽象方法，判断该文件过滤器是否接受该文件
public boolean accept(File f)
{
    // 如果该文件是路径，则接受该文件
    if (f.isDirectory()) return true;
    // 将文件名转为小写的（全部转为小写后比较，用于忽略文件名大小写）
    String name = f.getName().toLowerCase();
    // 遍历所有可接受的扩展名，如果扩展名相同，则该文件可被接受
    for (var extension : extensions)
    {
        if (name.endsWith(extension))
        {
            return true;
        }
    }
    return false;
    }
}
// 自定义一个 FileView 类，用于为指定类型的文件或文件夹设置图标
class FileIconView extends FileView
{
    private FileFilter filter;
    public FileIconView(FileFilter filter)
    {
        this.filter = filter;
    }
    // 重写该方法，为文件夹、文件设置图标
    public Icon getIcon(File f)
    {
        if (!f.isDirectory() && filter.accept(f))
        {
            return new ImageIcon("ico/pict.png");
        }
        else if (f.isDirectory())
        {
            // 获取所有根路径
            File[] fList = File.listRoots();
            for (var tmp : fList)
            {
                // 如果该路径是根路径
                if (tmp.equals(f))
                {
                    return new ImageIcon("ico/dsk.png");
                }
            }
            return new ImageIcon("ico/folder.png");
        }
        // 使用默认图标
        else
        {
            return null;
        }
    }
}
```

上面程序中的第二段粗体字代码用于为"打开"菜单项指定事件监听器，当用户单击该菜单项时，程序打开文件对话框，并将用户打开的图片文件使用 Label 在当前窗口显示出来。

第三段粗体字代码用于重写 FileFilter 类的 accept()方法，该方法根据文件的扩展名来决定是否接受该文件，其要求是，当该文件的扩展名等于该文件过滤器的 extensions 集合的某一项元素时，该文件是可接受的。程序中①号代码禁用了 JFileChooser 中的"所有文件"选项，从而让用户只能看到图片文件。

第四段粗体字代码用于重写 FileView 类的 getIcon()方法，该方法决定 JFileChooser 对话框中文件、文件夹的图标——如果是图标文件，就返回 pict.png 图标；如果是根文件夹，就返回 dsk.png 图标；而如果是普通文件夹，则返回 folder.png 图标。

运行上面的程序，单击"打开"菜单项，将看到如图 12.9 所示的对话框。

上面程序中的②号代码还使用了 JFileChooser 类的 setAccessory(JComponent newAccessory)方法为该文件对话框指定附件，附件将会被显示在文件对话框的右上角，如图 12.9 所示。该附件可以是任何 Swing 组件（甚至可以使用容器），本程序中使用一个 JLabel 组件作为该附件组件，该 JLabel 用于显示用户所选图片文件的预览效果。该功能的实现很简单——当用户选择

图 12.9　文件对话框

的图片发生改变时，以用户所选文件创建 ImageIcon，并将该 ImageIcon 设置成该 Label 的图标即可。

为了实现当用户选择的图片发生改变时，附件组件的 icon 随之发生改变的功能，必须为 JFileChooser 添加事件监听器，该事件监听器负责监听该对话框中用户所选文件的变化。JComponent 类中提供了一个 addPropertyChangeListener 方法，该方法可以为该 JFileChooser 添加一个属性监听器，用于监听用户所选文件的变化。程序中第一段粗体字代码实现了当用户选择的文件发生改变时的事件处理器。

▶▶ 12.2.7　使用 JOptionPane

通过 JOptionPane 可以非常方便地创建一些简单的对话框，Swing 已经为这些对话框添加了相应的组件，不需要程序员手动添加组件。JOptionPane 提供了如下 4 个方法来创建对话框。

- ➤ showMessageDialog()(showInternalMessageDialog())：消息对话框，告知用户某事已发生，用户只能单击"确定"按钮，类似于 JavaScript 的 alert 函数。
- ➤ showConfirmDialog()(showInternalConfirmDialog())：确认对话框，向用户确认某个问题，用户可以选择 yes、no、cancel 等选项，类似于 JavaScript 的 comfirm()函数。该方法返回用户单击了哪个按钮。
- ➤ showInputDialog()(showInternalInputDialog())：输入对话框，按提示要求输入某些信息，类似于 JavaScript 的 prompt 函数。该方法返回用户输入的字符串。
- ➤ showOptionDialog()(showInternalOptionDialog())：选项对话框，允许使用自定义选项，可以取代 showConfirmDialog()方法所产生的对话框，只是用起来更复杂。

JOptionPane 产生的所有对话框都是模式对话框，在用户完成与对话框的交互之前，showXxxDialog()方法将一直阻塞当前线程。

JOptionPane 所产生的对话框总是具有如图 12.10 所示的布局。

图 12.10　JOptionPane 产生的对话框的布局

上面这些方法都提供了相应的 showInternalXxxDialog 版本，这种方法以 InternalFrame 的方式打开对话框。关于什么是 InternalFrame 方式，请参考下一节关于 JInternalFrame 的介绍。

下面就图 12.10 中所示的 4 个区域分别进行介绍。

1. 输入区

如果所创建的对话框无须接收用户输入，则输入区不存在。输入区组件可以是普通文本框组件，也可以是下拉列表框组件。

如果在调用上面的 showInternalXxxDialog()方法时指定了一个数组类型的 selectionValues 参数，则输入区包含一个下拉列表框组件。

2. 图标区

对话框左上角的图标会随所创建的对话框中包含的消息类型的不同而不同，JOptionPane 可以提供如下 5 种消息类型。

➢ ERROR_MESSAGE：错误消息，其图标是一个红色的 X 图标，如图 12.10 所示。
➢ INFORMATION_MESSAGE：普通消息，其默认图标是蓝色的感叹号。
➢ WARNING_MESSAGE：警告消息，其默认图标是黄色的感叹号。
➢ QUESTION_MESSAGE：问题消息，其默认图标是绿色的问号。
➢ PLAIN_MESSAGE：普通消息，没有默认图标。

实际上，JOptionPane 的所有 showXxxDialog()方法都可以提供一个可选的 icon 参数，用于指定该对话框的图标。

提示：
在调用 showXxxDialog()方法时还可以指定一个可选的 title 参数，该参数指定所创建的对话框的标题。

3. 消息区

不管是哪种对话框，其消息区总是存在的，消息区的内容通过 message 参数来指定，根据 message 参数的类型的不同，消息区显示的内容也是不同的。该 message 参数可以是如下几种类型。

➢ String 类型：系统将该字符串对象包装成 JLabel 对象，然后显示在对话框中。
➢ Icon：该 Icon 被包装成 JLabel 后作为对话框的消息。
➢ Component：将该 Component 在对话框的消息区中显示出来。
➢ Object[]：对象数组被解释为纵向排列的一系列 message 对象，每个 message 对象根据其实际类型又可以是字符串、图标、组件、对象数组等。
➢ 其他类型：系统调用该对象的 toString()方法返回一个字符串，并将该字符串对象包装成 JLabel 对象，然后显示在对话框中。

大部分时候，对话框的消息区中都是普通字符串，但使用 Component 作为消息区组件则更加灵活，因为该 Component 参数几乎可以是任何对象，从而可以让对话框的消息区包含任何内容。

提示：
如果用户希望消息区中的普通字符串能换行，则可以使用 "\n" 字符来实现换行。

4. 按钮区

对话框底部的按钮区也是一定存在的，但其中所包含的按钮则会随对话框的类型、选项的类型而改变。对于调用 showInputDialog()和 showMessageDialog()方法得到的对话框，底部总是包含"确定"和"取消"两个标准按钮。

对于 showConfirmDialog()方法所产生的确认对话框，则可以指定一个整数类型的 optionType 参数，该参数可以取如下几个值。

➢ DEFAULT_OPTION：按钮区只包含一个"确定"按钮。
➢ YES_NO_OPTION：按钮区包含"是"和"否"两个按钮。
➢ YES_NO_CANCEL_OPTION：按钮区包含"是"、"否"和"取消"三个按钮。
➢ OK_CANCEL_OPTION：按钮区包含"确定"和"取消"两个按钮。

如果使用 showOptionDialog()方法来创建选项对话框，则可以通过指定一个 Object[]类型的 options 参数来设置按钮区能使用的选项按钮。与前面的 message 参数类似的是，options 数组的数组元素可以是如下几种类型。

- ➤ String 类型：使用该字符串来创建一个 JButton，并将其显示在按钮区。
- ➤ Icon：使用该 Icon 来创建一个 JButton，并将其显示在按钮区。
- ➤ Component：直接将该组件显示在按钮区。
- ➤ 其他类型：系统调用该对象的 toString()方法返回一个字符串，使用该字符串来创建一个 JButton，并将其显示在按钮区。

当用户与对话框交互结束后，不同类型对话框的返回值如下。

- ➤ showMessageDialog()：无返回值。
- ➤ showInputDialog()：返回用户输入或选择的字符串。
- ➤ showConfirmDialog()：返回一个整数代表用户选择的选项。
- ➤ showOptionDialog()：返回一个整数代表用户选择的选项。如果用户选择第一项，则返回 0；如果选择第二项，则返回 1，依此类推。

对于 showConfirmDialog()方法所产生的对话框，有如下几个返回值。

- ➤ YES_OPTION：用户单击了"是"按钮后返回。
- ➤ NO_OPTION：用户单击了"否"按钮后返回。
- ➤ CANCEL_OPTION：用户单击了"取消"按钮后返回。
- ➤ OK_OPTION：用户单击了"确定"按钮后返回。
- ➤ CLOSED_OPTION：用户单击了对话框右上角的"×"按钮后返回。

> **提示：** 对于 showOptionDialog()方法所产生的对话框，也可能返回一个 CLOSED_OPTION 值，当用户单击了对话框右上角的"×"按钮后将返回该值。

下面的程序允许使用 JOptionPane 来弹出各种对话框。

程序清单：codes\12\12.2\JOptionPaneTest.java

```java
public class JOptionPaneTest
{
    JFrame jf = new JFrame("测试 JOptionPane");
    // 定义 6 个面板，分别用于定义对话框的几种选项
    private ButtonPanel messagePanel;
    private ButtonPanel messageTypePanel;
    private ButtonPanel msgPanel;
    private ButtonPanel confirmPanel;
    private ButtonPanel optionsPanel;
    private ButtonPanel inputPanel;
    private String messageString = "消息区内容";
    private Icon messageIcon = new ImageIcon("ico/heart.png");
    private Object messageObject = new Date();
    private Component messageComponent = new JButton("组件消息");
    private JButton msgBn = new JButton("消息对话框");
    private JButton confrimBn = new JButton("确认对话框");
    private JButton inputBn = new JButton("输入对话框");
    private JButton optionBn = new JButton("选项对话框");
    public void init()
    {
        var top = new JPanel();
        top.setBorder(new TitledBorder(new EtchedBorder(),
            "对话框的通用选项", TitledBorder.CENTER, TitledBorder.TOP));
        top.setLayout(new GridLayout(1, 2));
        // 消息类型 Panel，该 Panel 中的选项决定对话框的图标
        messageTypePanel = new ButtonPanel("选择消息的类型",
            new String[] {"ERROR_MESSAGE", "INFORMATION_MESSAGE",
                "WARNING_MESSAGE", "QUESTION_MESSAGE", "PLAIN_MESSAGE"});
```

```
        // 消息内容类型 Panel，该 Panel 中的选项决定对话框消息区的内容
        messagePanel = new ButtonPanel("选择消息内容的类型",
        new String[] {"字符串消息", "图标消息", "组件消息",
            "普通对象消息", "Object[]消息"});
        top.add(messageTypePanel);
        top.add(messagePanel);
        var bottom = new JPanel();
        bottom.setBorder(new TitledBorder(new EtchedBorder(),
            "弹出不同的对话框", TitledBorder.CENTER, TitledBorder.TOP));
        bottom.setLayout(new GridLayout(1, 4));
        // 创建用于弹出消息对话框的 Panel
        msgPanel = new ButtonPanel("消息对话框", null);
        msgBn.addActionListener(new ShowAction());
        msgPanel.add(msgBn);
        // 创建用于弹出确认对话框的 Panel
        confirmPanel = new ButtonPanel("确认对话框",
            new String[] {"DEFAULT_OPTION", "YES_NO_OPTION",
                "YES_NO_CANCEL_OPTION","OK_CANCEL_OPTION"});
        confrimBn.addActionListener(new ShowAction());
        confrimPanel.add(confrimBn);
        // 创建用于弹出输入对话框的 Panel
        inputPanel = new ButtonPanel("输入对话框",
            new String[] {"单行文本框","下拉列表选择框"});
        inputBn.addActionListener(new ShowAction());
        inputPanel.add(inputBn);
        // 创建用于弹出选项对话框的 Panel
        optionsPanel = new ButtonPanel("选项对话框",
            new String[] {"字符串选项", "图标选项", "对象选项"});
        optionBn.addActionListener(new ShowAction());
        optionsPanel.add(optionBn);
        bottom.add(msgPanel);
        bottom.add(confirmPanel);
        bottom.add(inputPanel);
        bottom.add(optionsPanel);
        var box = new Box(BoxLayout.Y_AXIS);
        box.add(top);
        box.add(bottom);
        jf.add(box);
        jf.setDefaultCloseOperation(JFrame.EXIT_ON_CLOSE);
        jf.pack();
        jf.setVisible(true);
    }
    // 根据用户的选择返回选项类型
    private int getOptionType()
    {
        switch (confirmPanel.getSelection())
        {
            case "DEFAULT_OPTION":
                return JOptionPane.DEFAULT_OPTION;
            case "YES_NO_OPTION":
                return JOptionPane.YES_NO_OPTION;
            case "YES_NO_CANCEL_OPTION":
                return JOptionPane.YES_NO_CANCEL_OPTION;
            default:
                return JOptionPane.OK_CANCEL_OPTION;
        }
    }
    // 根据用户的选择返回消息
    private Object getMessage()
    {
        switch (messagePanel.getSelection())
        {
            case "字符串消息":
                return messageString;
            case "图标消息":
                return messageIcon;
            case "组件消息":
                return messageComponent;
            case "普通对象消息":
                return messageObject;
```

```
            default:
                return new Object[] {messageString, messageIcon,
                    messageObject, messageComponent};
        }
    }
    // 根据用户的选择返回消息类型（决定图标区的图标）
    private int getDialogType()
    {
        switch (messageTypePanel.getSelection())
        {
            case "ERROR_MESSAGE":
                return JOptionPane.ERROR_MESSAGE;
            case "INFORMATION_MESSAGE":
                return JOptionPane.INFORMATION_MESSAGE;
            case "WARNING_MESSAGE":
                return JOptionPane.WARNING_MESSAGE;
            case "QUESTION_MESSAGE":
                return JOptionPane.QUESTION_MESSAGE;
            default:
                return JOptionPane.PLAIN_MESSAGE;
        }
    }
    private Object[] getOptions()
    {
        switch (optionsPanel.getSelection())
        {
            case "字符串选项":
                return new String[] {"a", "b", "c", "d"};
            case "图标选项":
                return new Icon[] {new ImageIcon("ico/1.gif"),
                    new ImageIcon("ico/2.gif"),
                    new ImageIcon("ico/3.gif"),
                    new ImageIcon("ico/4.gif")};
            default:
                return new Object[] {new Date(), new Date(), new Date()};
        }
    }
    // 为各按钮定义事件监听器
    private class ShowAction implements ActionListener
    {
        public void actionPerformed(ActionEvent event)
        {
            switch (event.getActionCommand())
            {
                case "确认对话框":
                    JOptionPane.showConfirmDialog(jf, getMessage(),
                        "确认对话框", getOptionType(), getDialogType());
                    break;
                case "输入对话框":
                    if (inputPanel.getSelection().equals("单行文本框"))
                    {
                        JOptionPane.showInputDialog(jf, getMessage(),
                            "输入对话框", getDialogType());
                    }
                    else
                    {
                        JOptionPane.showInputDialog(jf, getMessage(),
                            "输入对话框", getDialogType(), null,
                            new String[] {"轻量级 Java EE 企业应用实战",
                                "疯狂 Java 讲义"}, "疯狂 Java 讲义");
                    }
                    break;
                case "消息对话框":
                    JOptionPane.showMessageDialog(jf,getMessage(),
                        "消息对话框", getDialogType());
                    break;
                case "选项对话框":
                    JOptionPane.showOptionDialog(jf, getMessage(),
                        "选项对话框", getOptionType(), getDialogType(),
                        null, getOptions(), "a");
```

```
                                      break;
                    }
                }
            }
            public static void main(String[] args)
            {
                new JOptionPaneTest().init();
            }
        }
        // 定义一个 JPanel 类扩展类，该类的对象包含多个纵向排列的
        // JRadioButton 控件，且 Panel 扩展类可以指定一个字符串作为 TitledBorder
        class ButtonPanel extends JPanel
        {
            private ButtonGroup group;
            public ButtonPanel(String title, String[] options)
            {
                setBorder(BorderFactory.createTitledBorder(BorderFactory
                    .createEtchedBorder(), title));
                setLayout(new BoxLayout(this, BoxLayout.Y_AXIS));
                group = new ButtonGroup();
                for (var i = 0; options != null && i < options.length; i++)
                {
                    var b = new JRadioButton(options[i]);
                    b.setActionCommand(options[i]);
                    add(b);
                    group.add(b);
                    b.setSelected(i == 0);
                }
            }
            // 定义一个方法，用于返回用户选择的选项
            public String getSelection()
            {
                return group.getSelection().getActionCommand();
            }
        }
```

运行上面的程序，会看到如图 12.11 所示的窗口。

图 12.11 已经非常清楚地显示了 JOptionPane 所支持的 4 种对话框，以及所有对话框的通用选项、每个对话框的特定选项。如果用户选择 "INFORMATION_MESSAGE" 和 "图标消息"，然后打开 "下拉列表选择框" 的输入对话框，则将打开如图 12.12 所示的对话框。

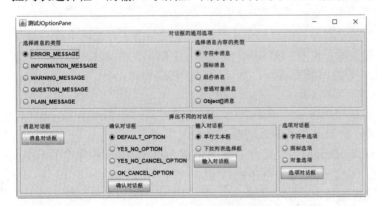

图 12.11　测试对话框的窗口

图 12.12　对话框实例

读者可以通过运行上面的程序来查看 JOptionPane 所创建的各种对话框。

12.3　Swing 中的特殊容器

Swing 提供了一些具有特殊功能的容器，这些特殊容器可以用于创建一些更复杂的用户界面。下面将依次介绍这些特殊容器。

▶▶ 12.3.1　使用 JSplitPane

JSplitPane 用于创建一个分割面板，它可以将一个组件（通常是一个容器）分割成两个部分，并提供一个分割条，用户可以拖动该分割条来调整两个部分的大小。图 12.13 显示了分割面板效果，图中所示的窗口先被分成左右两块，其中左边一块又被分为上下两块。

从图 12.13 中可以看出，分割面板的实质是一个特殊容器，该容器只能容纳两个组件，而且分割面板又分为上下分割、左右分割两种情形，所以创建分割面板的代码非常简单，如下面的代码所示。

```
new JSplitPane(方向, 左/上组件, 右/下组件)
```

此外，在创建分割面板时可以指定一个 newContinuousLayout 参数，该参数指定该分割面板是否支持"连续布局"——如果分割面板支持连续布局，则用户拖动分割条时两边的组件将会不断调整大小；如果不支持连续布局，则拖动分割条时两边的组件不会调整大小，而是只看到一条虚拟的分割条在移动，如图 12.14 所示。

图 12.13　分割面板效果

图 12.14　不支持连续布局的虚拟分割条

JSplitPane 默认关闭连续布局特性，因为使用连续布局需要不断重绘两边的组件，因此运行效率很低。如果需要打开指定 JSplitPane 面板的连续布局特性，则可以使用如下代码：

```
// 打开 JSplitPane 的连续布局特性
jsp.setContinuousLayout(true);
```

此外，正如从图 12.13 中所看到的，上下分割面板的分割条中还有两个三角箭头，这两个箭头被称为"一触即展"键，当用户单击某个三角箭头时，将看到箭头所指的组件慢慢缩小到没有，而另一个组件则扩大到占据整个面板。如果需要打开"一触即展"特性，则使用如下代码即可：

```
// 打开"一触即展"特性
jsp.setOneTouchExpandable(true);
```

JSplitPane 分割面板还有如下几个可用方法来设置该面板的相关特性。

➤ setDividerLocation(double proportionalLocation)：设置分割条的位置为 JSplitPane 的某个百分比。
➤ setDividerLocation(int location)：通过像素值设置分割条的位置。
➤ setDividerSize(int newSize)：通过像素值设置分割条的大小。
➤ setLeftComponent(Component comp)/setTopComponent(Component comp)：将指定组件放置到分割面板的左边或者上边。
➤ setRightComponent(Component comp)/setBottomComponent(Component comp)：将指定组件放置到分割面板的右边或者下边。

下面的程序简单示范了 JSplitPane 的用法。

程序清单：codes\12\12.3\SplitPaneTest.java

```
public class SplitPaneTest
{
```

```
    Book[] books = new Book[] {
        new Book("疯狂 Java 讲义", new ImageIcon("ico/java.png"),
            "国内关于 Java 编程最全面的图书\n 看得懂，学得会"),
        new Book("轻量级 Java EE 企业应用实战", new ImageIcon("ico/ee.png"),
            "SSH 整合开发的经典图书，值得拥有"),
        new Book("疯狂 Android 讲义", new ImageIcon("ico/android.png"),
            "全面介绍 Android 平台应用程序\n 开发的各方面知识")
    };
    JFrame jf = new JFrame("测试 JSplitPane");
    JList<Book> bookList = new JList<>(books);
    JLabel bookCover = new JLabel();
    JTextArea bookDesc = new JTextArea();
    public void init()
    {
        // 为三个组件设置最佳大小
        bookList.setPreferredSize(new Dimension(150, 300));
        bookCover.setPreferredSize(new Dimension(300, 150));
        bookDesc.setPreferredSize(new Dimension(300, 150));
        // 为下拉列表添加事件监听器
        bookList.addListSelectionListener(event -> {
            var book = (Book) bookList.getSelectedValue();
            bookCover.setIcon(book.getIco());
            bookDesc.setText(book.getDesc());
        });
        // 创建一个垂直的分割面板
        // 将 bookCover 放在上边，将 bookDesc 放在下边，支持连续布局
        var left = new JSplitPane(JSplitPane.VERTICAL_SPLIT,
            true, bookCover, new JScrollPane(bookDesc));
        // 打开"一触即展"特性
        left.setOneTouchExpandable(true);
        // 下面的代码设置分割条的大小
        // left.setDividerSize(50);
        // 设置该分割面板根据所包含组件的最佳大小来调整布局
        left.resetToPreferredSizes();
        // 创建一个水平的分割面板
        // 将 left 组件放在左边，将 bookList 组件放在右边
        var content = new JSplitPane(JSplitPane.HORIZONTAL_SPLIT,
            left, bookList);
        jf.add(content);
        jf.setDefaultCloseOperation(JFrame.EXIT_ON_CLOSE);
        jf.pack();
        jf.setVisible(true);
    }
    public static void main(String[] args)
    {
        new SplitPaneTest().init();
    }
}
```

上面程序中的粗体字代码创建了两个 JSplitPane，其中一个支持连续布局，另一个不支持连续布局。运行上面的程序，将可看到如图 12.13 所示的界面。

▶▶ 12.3.2 使用 JTabbedPane

使用 JTabbedPane 可以很方便地在窗口上放置多个标签页，每个标签页都相当于获得了一个与外部容器具有相同大小的组件摆放区域。通过这种方式，就可以在一个容器里放置更多的组件。例如，右击桌面上的"我的电脑"图标，在弹出的快捷菜单中单击"属性"菜单项，就可以看到一个"系统属性"对话框，这个对话框中包含了 7 个标签页。

如果需要使用 JTabbedPane 在窗口上创建标签页，则可以按如下步骤进行。

① 创建一个 JTabbedPane 对象，JTabbedPane 提供了几个重载的构造器，这些构造器中一共包含如下两个参数。

➢ tabPlacement：该参数指定标签页标题的放置位置。例如，在上面提到的"系统属性"对话框中，将标签页标题放在了窗口顶部。Swing 支持将标签页标题放在窗口的 4 个方位：TOP（顶部）、

LEFT（左边）、BOTTOM（底部）和 RIGHT（右边）。

➤ tabLayoutPolicy：指定标签页标题的布局策略。当窗口中一行不足以摆放所有的标签页标题时，Swing 有两种处理方式——将标签页标题换行（JTabbedPane.WRAP_TAB_LAYOUT）排列，或者使用滚动条来控制标签页标题的显示（SCROLL_TAB_LAYOUT）。

> **提示：**
> 即使在创建 JTabbedPane 时没有指定这两个参数，程序也可以在后面改变 JTabbedPane 的这两个属性。例如，通过 setTabLayoutPolicy()方法改变标签页标题的布局策略；使用 setTabPlacement()方法设置标签页标题的放置位置。

例如，下面的代码创建一个 JTabbedPane 对象，该 JTabbedPane 的标签页标题位于窗口左边，当窗口中一行不能摆放所有的标签页标题时，JTabbedPane 将采用换行方式来排列标签页标题。

```
var tabPane = new JTabbedPane(JTabbedPane.LEFT,
    JTabbedPane.WRAP_TAB_LAYOUT);
```

② 调用 JTabbedPane 对象的 addTab()、insertTab()、setComponentAt()、removeTabAt()方法来添加、插入、修改和删除标签页。其中，addTab()方法总是在最前面添加标签页，而 insertTab()、setComponentAt()、removeTabAt()方法都可以使用一个 index 参数，表示在指定位置插入标签页、修改指定位置的标签页、删除指定位置的标签页。

在添加标签页时，可以指定该标签页的标题（title）、图标（icon），以及该标签页的组件（component）和提示信息（tip），这 4 个参数都可以是 null；如果某个参数是 null，则对应的内容为空。

不管通过添加、插入、修改哪种操作来改变 JTabbedPane 中的标签页，都是传入一个 Component 组件作为标签页。也就是说，如果希望在某个标签页内放置更多的组件，则必须先将这些组件放置到一个容器（如 JPanel）中，然后将该容器设置为 JTabbedPane 指定位置的组件。

> **注意：**
> 不要使用 JTabbedPane 的 add()方法来添加组件，该方法是 JTabbedPane 重写的 Containner 容器中的 add()方法，如果使用该 add()方法来添加标签页，那么每次添加的标签页都会直接覆盖原有的标签页。

③ 如果需要让某个标签页显示出来，则可以通过调用 JTabbedPane 的 setSelectedIndex()方法来实现。例如如下代码：

```
// 设置第三个标签页处于显示状态
tabPane.setSelectedIndex(2);
// 设置最后一个标签页处于显示状态
tabPane.setSelectedIndex(tabPanel.getTabCount() - 1);
```

④ 正如从上面的代码中所看到的，程序还可通过 JTabbedPane 提供的一系列方法来操作其相关属性。例如，有如下几个常用方法。

➤ setDisabledIconAt(int index, Icon disabledIcon)：将指定位置的禁用图标设置为 icon，该图标也可以是 null，表示不使用禁用图标。

➤ setEnabledAt(int index, boolean enabled)：设置是否启用指定位置的标签页。

➤ setForegroundAt(int index, Color foreground)：设置指定位置标签页的前景色为 foreground。该颜色可以是 null，这时将使用该 JTabbedPane 的前景色作为此标签页的前景色。

➤ setIconAt(int index, Icon icon)：设置指定位置标签页的图标。

➤ setTitleAt(int index, String title)：设置指定位置标签页的标题为 title，该 title 可以是 null，表示设置该标签页的标题为空。

➤ setToolTipTextAt(int index, String toolTipText)：设置指定位置标签页的提示文本。

实际上，Swing 也为这些 setter 方法提供了对应的 getter 方法，用于返回这些属性的值。

⑤ 如果程序需要监听用户单击标签页的事件，例如，只有当用户单击某个标签页时才载入其内容，

则可以使用 ChangeListener 监听器来监听 JTabbedPane 对象。例如如下代码：

```
tabPane.addChangeListener(listener);
```

当用户单击标签页时，系统将把该事件封装成 ChangeEvent 对象，并作为参数来触发 ChangeListener 中的 stateChanged 事件处理器方法。

下面的程序定义了具有5个标签页的JTabbedPane面板，该程序可以让用户选择标签布局策略、标签位置。

程序清单：codes\12\12.3\JTabbedPaneTest.java

```java
public class JTabbedPaneTest
{
    JFrame jf = new JFrame("测试 Tab 页面");
    // 创建一个标签页的标签放在左边，采用换行布局策略的 JTabbedPane
    JTabbedPane tabbedPane = new JTabbedPane(JTabbedPane.LEFT,
        JTabbedPane.WRAP_TAB_LAYOUT);
    ImageIcon icon = new ImageIcon("ico/close.gif");
    String[] layouts = {"换行布局", "滚动条布局"};
    String[] positions = {"左边", "顶部", "右边", "底部"};
    Map<String, String> books = new LinkedHashMap<>();
    public void init()
    {
        books.put("疯狂 Java 讲义", "java.png");
        books.put("轻量级 Java EE 企业应用实战", "ee.png");
        books.put("疯狂 Ajax 讲义", "ajax.png");
        books.put("疯狂 Android 讲义", "android.png");
        books.put("经典 Java EE 企业应用实战", "classic.png");
        var tip = "可看到本书的封面照片";
        // 向 JTabbedPane 中添加 5 个标签页，指定了标题、图标和提示信息
        // 但该标签页的组件为 null
        for (var bookName : books.keySet())
        {
            tabbedPane.addTab(bookName, icon, null, tip);
        }
        jf.add(tabbedPane, BorderLayout.CENTER);
        // 为 JTabbedPane 添加事件监听器
        tabbedPane.addChangeListener(event -> {
            // 如果被选择的组件依然是空
            if (tabbedPane.getSelectedComponent() == null)
            {
                // 获取所选标签页
                int n = tabbedPane.getSelectedIndex();
                // 为指定标签页加载内容
                loadTab(n);
            }
        });
        // 系统默认选择第一页，加载第一页内容
        loadTab(0);
        tabbedPane.setPreferredSize(new Dimension(500, 300));
        // 增加控制标签布局、标签位置的单选钮
        var buttonPanel = new JPanel();
        var action = new ChangeAction();
        buttonPanel.add(new ButtonPanel(action,
            "选择标签布局策略", layouts));
        buttonPanel.add (new ButtonPanel(action,
            "选择标签位置", positions));
        jf.add(buttonPanel, BorderLayout.SOUTH);
        jf.setDefaultCloseOperation(JFrame.EXIT_ON_CLOSE);
        jf.pack();
        jf.setVisible(true);
    }
    // 为指定标签页加载内容
    private void loadTab(int n)
    {
        String title = tabbedPane.getTitleAt(n);
        // 根据标签页的标题获取对应的图书封面
        var bookImage = new ImageIcon("ico/"
            + books.get(title));
        tabbedPane.setComponentAt(n, new JLabel(bookImage));
```

31

```
            // 改变标签页的图标
            tabbedPane.setIconAt(n, new ImageIcon("ico/open.gif"));
        }
    // 定义改变标签页的布局策略、放置位置的监听器
    class ChangeAction implements ActionListener
    {
        public void actionPerformed(ActionEvent event)
        {
            var source = (JRadioButton) event.getSource();
            String selection = source.getActionCommand();
            // 设置标签页的标题布局策略
            if (selection.equals(layouts[0]))
            {
                tabbedPane.setTabLayoutPolicy(JTabbedPane.WRAP_TAB_LAYOUT);
            }
            else if (selection.equals(layouts[1]))
            {
                tabbedPane.setTabLayoutPolicy(JTabbedPane.SCROLL_TAB_LAYOUT);
            }
            // 设置标签页的标题放置位置
            else if (selection.equals(positions[0]))
            {
                tabbedPane.setTabPlacement(JTabbedPane.LEFT);
            }
            else if (selection.equals(positions[1]))
            {
                tabbedPane.setTabPlacement(JTabbedPane.TOP);
            }
            else if (selection.equals(positions[2]))
            {
                tabbedPane.setTabPlacement(JTabbedPane.RIGHT);
            }
            else if (selection.equals(positions[3]))
            {
                tabbedPane.setTabPlacement(JTabbedPane.BOTTOM);
            }
        }
    }
    public static void main(String[] args)
    {
        new JTabbedPaneTest().init();
    }
}
// 定义一个 JPanel 类扩展类，该类的对象包含多个纵向排列的 JRadioButton 控件
// 且 JPanel 扩展类可以指定一个字符串作为 TitledBorder
class ButtonPanel extends JPanel
{
    private ButtonGroup group;
    public ButtonPanel(JTabbedPaneTest.ChangeAction action,
        String title, String[] labels)
    {
        setBorder(BorderFactory.createTitledBorder(BorderFactory
            .createEtchedBorder(), title));
        setLayout(new BoxLayout(this, BoxLayout.X_AXIS));
        group = new ButtonGroup();
        for (var i = 0; labels!= null && i < labels.length; i++)
        {
            var b = new JRadioButton(labels[i]);
            b.setActionCommand(labels[i]);
            add(b);
            // 添加事件监听器
            b.addActionListener(action);
            group.add(b);
            b.setSelected(i == 0);
        }
    }
}
```

上面程序中的粗体字代码是操作 JTabbedPane 各种属性的代码，这些代码完成了向 JTabbedPane 中

添加标签页、改变标签页的图标等操作。程序运行后，会看到如图 12.15 所示的标签页效果。

如果选择滚动条布局，并选择将标签放在底部，则将看到如图 12.16 所示的标签页效果。

图 12.15　标签页效果一

图 12.16　标签页效果二

▶▶ 12.3.3　使用 JLayeredPane、JDesktopPane 和 JInternalFrame

JLayeredPane 是一个代表有层次深度的容器，它允许组件在需要时相互重叠。当向 JLayeredPane 容器中添加组件时，需要为该组件指定一个深度索引，其中深度索引较大的层里的组件位于其他层的组件之上。

JLayeredPane 还根据容器的层次深度将其分成几个内置的层，程序只要将组件放入相应的层，就可以更容易地确保组件的正确重叠，无须为组件指定具体的深度索引。JLayeredPane 提供了如下几个静态常量来代表内置的层。

➤ DEFAULT_LAYER：这是大多数标准组件位于的标准层。这是底层。

➤ PALETTE_LAYER：调色板层，其位于标准层之上。该层对于浮动工具栏和调色板很有用，因此可以位于其他组件之上。

➤ MODAL_LAYER：该层用于显示模式对话框。它们将出现在容器中所有工具栏、调色板或标准组件的上面。

➤ POPUP_LAYER：该层用于显示右键菜单，与对话框、工具提示和普通组件关联的弹出式窗口将出现在对应的对话框、工具提示和普通组件之上。

➤ DRAG_LAYER：该层用于放置拖放操作中的组件（关于拖放操作请看下一节内容），该组件位于所有组件之上。一旦拖放操作结束，该组件将被重新分配到其所属的正常层。

> **注意**
>
> 　　每一层都用一个不同的整数表示，可以在调用 add() 的过程中通过 Integer 参数指定组件所在的层，也可以传入上面几个静态常量，它们的值分别为 0，100，200，300，400。

此外，也可以使用 JLayeredPane 的 moveToFront()、moveToBack() 和 setPosition() 方法在组件所在的层中对其进行重定位，还可以使用 setLayer() 方法更改该组件所属的层。

下面的程序简单示范了 JLayeredPane 容器的用法。

程序清单：codes\12\12.3\JLayeredPaneTest.java

```
public class JLayeredPaneTest
{
    JFrame jf = new JFrame("测试 JLayeredPane");
    JLayeredPane layeredPane = new JLayeredPane();
    public void init()
    {
        // 向 layeredPane 中添加三个组件
```

```
    layeredPane.add(new ContentPanel(10, 20, "疯狂 Java 讲义",
        "ico/java.png"), JLayeredPane.MODAL_LAYER);
    layeredPane.add(new ContentPanel(100, 60, "疯狂 Android 讲义",
        "ico/android.png"), JLayeredPane.DEFAULT_LAYER);
    layeredPane.add(new ContentPanel(190, 100,
        "轻量级 Java EE 企业应用实战", "ico/ee.png"), 4);
    layeredPane.setPreferredSize(new Dimension(400, 300));
    layeredPane.setVisible(true);
    jf.add(layeredPane);
    jf.pack();
    jf.setDefaultCloseOperation(JFrame.EXIT_ON_CLOSE);
    jf.setVisible(true);
    }
    public static void main(String[] args)
    {
        new JLayeredPaneTest().init();
    }
}
// 扩展了 JPanel 类，可以直接创建一个放在指定位置
// 且有指定标题、指定图标的 JPanel 对象
class ContentPanel extends JPanel
{
    public ContentPanel(int xPos, int yPos,
        String title, String ico)
    {
        setBorder(BorderFactory.createTitledBorder(
            BorderFactory.createEtchedBorder(), title));
        var label = new JLabel(new ImageIcon(ico));
        add(label);
        setBounds(xPos, yPos, 160, 220);        // ①
    }
}
```

上面程序中的第一段粗体字代码向 JLayeredPane 中添加了三个 Panel 组件，每个 Panel 组件都必须被显式设置大小和位置（程序中①号粗体字代码设置了 Panel 组件的大小和位置），否则该组件不能显示出来。

运行上面的程序，会看到如图 12.17 所示的运行效果。

**注意：**

图 12.17　使用 JLayeredPane 的效果

向 JLayeredPane 中添加组件时，必须显式设置该组件的大小和位置，否则该组件不能显示出来。

JLayeredPane 的子类 JDesktopPane 容器更加常用——很多应用程序都需要启动多个内部窗口来显示信息（典型的如 Eclipse、EditPlus 都使用了这种内部窗口来分别显示每个 Java 源文件），这些内部窗口属于同一个外部窗口，当外部窗口最小化时，这些内部窗口都被隐藏起来。在 Windows 环境中，这种用户界面被称为多文档界面（Multiple Document Interface，MDI）。

使用 Swing 可以非常简单地创建多文档界面。通常，内部窗口有自己的标题栏、标题、图标、三个窗口按钮，并允许拖动改变内部窗口的大小和位置，但内部窗口不能被拖出外部窗口。

提示：

内部窗口与外部窗口在表现方式上的唯一区别是：外部窗口的桌面是实际运行平台的桌面，而内部窗口以外部窗口的指定容器作为桌面。就其实现机制来看，外部窗口和内部窗口则完全不同，外部窗口需要部分依赖于本地平台的 GUI 组件，属于重量级组件；而内部窗口则采用 100% 的 Java 实现，属于轻量级组件。

JDesktopPane 需要和 JInternalFrame 结合使用，其中 JDesktopPane 代表一个虚拟桌面，JInternalFrame

则用于创建内部窗口。使用 JDesktopPane 和 JInternalFrame 创建内部窗口按如下步骤进行即可。

① 创建一个 JDesktopPane 对象。JDesktopPane 类仅提供了一个无参数的构造器，通过该构造器创建 JDesktopPane 对象，该对象代表一个虚拟桌面。

② 使用 JInternalFrame 创建一个内部窗口。创建内部窗口与创建 JFrame 窗口有一些区别，在创建 JInternalFrame 对象时，除可以传入一个字符串作为该内部窗口的标题之外，还可以传入 4 个 boolean 值，用于指定该内部窗口是否允许改变窗口大小、关闭窗口、最大化窗口、最小化窗口。例如，下面的代码可以创建一个内部窗口。

```
// 创建内部窗口
final JInternalFrame iframe = new JInternalFrame("新文档",
    true, // 可改变大小
    true, // 可关闭
    true, // 可最大化
    true); // 可最小化
```

③ 一旦获得了内部窗口，该窗口的用法就和普通窗口的用法基本相似，一样可以指定该窗口的布局管理器，一样可以向窗口内添加组件、改变窗口图标等。关于操作内部窗口具体有哪些方法，请参阅 JInternalFrame 类的 API 文档。

④ 将该内部窗口以合适大小、在合适位置显示出来。与普通窗口类似的是，该窗口默认大小是 0 像素×0 像素，位于(0,0)位置（虚拟桌面的左上角处），并且默认处于隐藏状态，程序可以通过如下代码将内部窗口显示出来。

```
// 同时设置窗口的大小和位置
iframe.reshape(20, 20, 300, 400);
// 使该窗口可见，并尝试选中它
iframe.show();
```

⑤ 将内部窗口添加到 JDesktopPane 容器中，再将 JDesktopPane 容器添加到其他容器中。

> **注意：**
> 外部窗口的 show()方法已经过时了，不再推荐使用。但内部窗口的 show()方法没有过时，该方法不仅可以让内部窗口显示出来，而且可以让该窗口处于选中状态。

> **注意：**
> JDesktopPane 不能独立存在，必须将 JDesktopPane 添加到其他顶级容器中才可以正常使用。

下面的程序示范了如何使用 JDesktopPane 和 JInternalFrame 来创建多文档界面。

程序清单：codes\12\12.3\JInternalFrameTest.java

```
public class JInternalFrameTest
{
    final int DESKTOP_WIDTH = 480;
    final int DESKTOP_HEIGHT = 360;
    final int FRAME_DISTANCE = 30;
    JFrame jf = new JFrame("MDI 界面");
    // 定义一个虚拟桌面
    private MyJDesktopPane desktop = new MyJDesktopPane();
    // 保存下一个内部窗口的坐标点
    private int nextFrameX;
    private int nextFrameY;
    // 定义内部窗口为虚拟桌面的 1/2 大小
    private int width = DESKTOP_WIDTH / 2;
    private int height = DESKTOP_HEIGHT / 2;
    // 为主窗口定义两个菜单
    JMenu fileMenu = new JMenu("文件");
    JMenu windowMenu = new JMenu("窗口");
```

```
        // 定义newAction,用于创建菜单和工具按钮
   Action newAction = new AbstractAction("新建",
        new ImageIcon("ico/new.png"))
   {
        public void actionPerformed(ActionEvent event)
        {
            // 创建内部窗口
            final var iframe = new JInternalFrame("新文档",
                true,  // 可改变大小
                true,  // 可关闭
                true,  // 可最大化
                true); // 可最小化
            iframe.add(new JScrollPane(new JTextArea(8, 40)));
            // 将内部窗口添加到虚拟桌面中
            desktop.add(iframe);
            // 设置内部窗口的原始位置(内部窗口默认大小是 0 像素×0 像素,位于(0,0)位置)
            iframe.reshape(nextFrameX, nextFrameY, width, height);
            // 使该窗口可见,并尝试选中它
            iframe.show();
            // 计算下一个内部窗口的位置
            nextFrameX += FRAME_DISTANCE;
            nextFrameY += FRAME_DISTANCE;
            if (nextFrameX + width > desktop.getWidth()) nextFrameX = 0;
            if (nextFrameY + height > desktop.getHeight()) nextFrameY = 0;
        }
   };
        // 定义exitAction,用于创建菜单和工具按钮
   Action exitAction = new AbstractAction("退出",
        new ImageIcon("ico/exit.png"))
   {
        public void actionPerformed(ActionEvent event)
        {
            System.exit(0);
        }
   };
   public void init()
   {
        // 为窗口安装菜单条和工具条
        var menuBar = new JMenuBar();
        var toolBar = new JToolBar();
        jf.setJMenuBar(menuBar);
        menuBar.add(fileMenu);
        fileMenu.add(newAction);
        fileMenu.add(exitAction);
        toolBar.add(newAction);
        toolBar.add(exitAction);
        menuBar.add(windowMenu);
        var nextItem = new JMenuItem("下一个");
        nextItem.addActionListener(event -> desktop.selectNextWindow());
        windowMenu.add(nextItem);
        var cascadeItem = new JMenuItem("级联");
        cascadeItem.addActionListener(event ->
            // 级联显示窗口,内部窗口的大小是外部窗口的 0.75 倍
            desktop.cascadeWindows(FRAME_DISTANCE, 0.75));
        windowMenu.add(cascadeItem);
        var tileItem = new JMenuItem("平铺");
        // 平铺显示所有内部窗口
        tileItem.addActionListener(event -> desktop.tileWindows());
        windowMenu.add(tileItem);
        final var dragOutlineItem = new JCheckBoxMenuItem("仅显示拖动窗口的轮廓");
        dragOutlineItem.addActionListener(event ->
            // 根据是否选择该菜单项来决定采用哪种拖动模式
            desktop.setDragMode(dragOutlineItem.isSelected()
                ? JDesktopPane.OUTLINE_DRAG_MODE
                : JDesktopPane.LIVE_DRAG_MODE));    // ①
        windowMenu.add(dragOutlineItem);
        desktop.setPreferredSize(new Dimension(480, 360));
```

```
        // 将虚拟桌面添加到顶级 JFrame 容器中
        jf.add(desktop);
        jf.add(toolBar, BorderLayout.NORTH);
        jf.setDefaultCloseOperation(JFrame.EXIT_ON_CLOSE);
        jf.pack();
        jf.setVisible(true);
    }
    public static void main(String[] args)
    {
        new JInternalFrameTest().init();
    }
}
class MyJDesktopPane extends JDesktopPane
{
    // 将所有的窗口以级联方式显示
    // 其中 offset 是两个窗口的位移距离
    // scale 是内部窗口与 JDesktopPane 的大小比例
    public void cascadeWindows(int offset, double scale)
    {
        // 定义级联显示窗口时内部窗口的大小
        var width = (int)(getWidth() * scale);
        var height = (int)(getHeight() * scale);
        // 用于保存级联显示窗口时每个窗口的位置
        var x = 0;
        var y = 0;
        for (var frame : getAllFrames())
        {
            try
            {
                // 取消内部窗口的最大化、最小化
                frame.setMaximum(false);
                frame.setIcon(false);
                // 把窗口重新放置在指定位置
                frame.reshape(x, y, width, height);
                x += offset;
                y += offset;
                // 如果到了虚拟桌面边界
                if (x + width > getWidth()) x = 0;
                if (y + height > getHeight()) y = 0;
            }
            catch (PropertyVetoException e)
            {}
        }
    }
    // 将所有窗口以平铺方式显示
    public void tileWindows()
    {
        // 统计所有窗口
        var frameCount = 0;
        for (var frame : getAllFrames())
        {
            frameCount++;
        }
        // 计算需要多少行、多少列才可以平铺显示所有窗口
        var rows = (int) Math.sqrt(frameCount);
        var cols = frameCount / rows;
        // 需要额外增加到其他列中的窗口
        var extra = frameCount % rows;
        // 计算平铺显示时内部窗口的大小
        var width = getWidth() / cols;
        var height = getHeight() / rows;
        // 用于保存平铺显示窗口时每个窗口在横向、纵向上的索引
        var x = 0;
        var y = 0;
        for (var frame : getAllFrames())
        {
            try
            {
```

```
            // 取消内部窗口的最大化、最小化
            frame.setMaximum(false);
            frame.setIcon(false);
            // 将窗口放在指定位置
            frame.reshape(x * width, y * height, width, height);
            y++;
            // 每排完一列窗口
            if (y == rows)
            {
                // 开始排下一列窗口
                y = 0;
                x++;
                // 如果额外多出的窗口与剩下的列数相等
                // 则后面所有列都需要多排列一个窗口
                if (extra == cols - x)
                {
                    rows++;
                    height = getHeight() / rows;
                }
            }
        }
        catch (PropertyVetoException e)
        {}
    }
}
// 选中下一个非图标窗口
public void selectNextWindow()
{
    JInternalFrame[] frames = getAllFrames();
    for (var i = 0; i < frames.length; i++)
    {
        if (frames[i].isSelected())
        {
            // 找出下一个非最小化的窗口，尝试选中它
            // 如果选中失败，则继续尝试选中下一个窗口
            int next = (i + 1) % frames.length;
            while (next != i)
            {
                // 如果该窗口不是处于最小化状态
                if (!frames[next].isIcon())
                {
                    try
                    {
                        frames[next].setSelected(true);
                        frames[next].toFront();
                        frames[i].toBack();
                        return;
                    }
                    catch (PropertyVetoException e)
                    {}
                }
                next = (next + 1) % frames.length;
            }
        }
    }
}
```

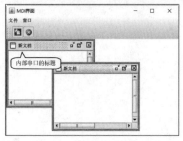

图 12.18　内部窗口的效果

上面程序中的粗体字代码示范了创建 **JDesktopPane** 虚拟桌面，创建 **JInternatFrame** 内部窗口，并将内部窗口添加到虚拟桌面中，再将虚拟桌面添加到顶级 **JFrame** 容器中的过程。

运行上面的程序，会看到如图 12.18 所示的内部窗口的效果。

在默认情况下，当用户拖动窗口时，内部窗口会紧紧跟随鼠标移动，这种操作会导致系统不断重绘虚拟桌面的内部窗口，从而引起性能下降。为了改变这种拖动模式，可以设置当用户

拖动内部窗口时，在虚拟桌面上仅绘出该内部窗口的轮廓。通过调用 JDesktopPane 的 setDragMode()方法来改变内部窗口的拖动模式，该方法接收如下两个参数值。

➤ JDesktopPane.OUTLINE_DRAG_MODE：在拖动过程中仅显示内部窗口的轮廓。

➤ JDesktopPane.LIVE_DRAG_MODE：在拖动过程中显示完整窗口，这是默认选项。

上面程序中①号代码允许用户根据 JCheckBoxMenuItem 的状态来决定窗口采用哪种拖动模式。

读者可能会发现，程序在创建虚拟桌面时并不是直接创建 JDesktopPane 对象的，而是先扩展了 JDesktopPane 类，为该类增加了如下三个方法。

➤ cascadeWindows()：级联显示所有的内部窗口。

➤ tileWindows()：平铺显示所有的内部窗口。

➤ selectNextWindow()：选中当前窗口的下一个窗口。

JDesktopPane 没有提供这三个方法，但这三个方法在 MDI 应用里又是如此常用，以至于开发者总需要自己来扩展 JDesktopPane 类，而不是直接使用该类。这是一个非常有趣的地方——Oracle 似乎认为这些方法太过简单，不屑为之，于是开发者只能自己实现，这给编程带来一些麻烦。

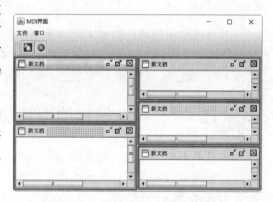

图 12.19　平铺显示所有窗口的效果

级联显示窗口其实很简单，先根据内部窗口与 JDesktopPane 的大小比例计算出每个内部窗口的大小，然后以此重新排列每个窗口，在重排之前让相邻两个窗口在横向、纵向上产生一定的位移即可。

平铺显示窗口相对复杂一点，程序先计算需要几行、几列可以显示所有的窗口，如果还剩下多余（不能整除）的窗口，则依次分布到最后几列中。图 12.19 展示了平铺显示所有窗口的效果。

前面在介绍 JOptionPane 时提到，该类包含了多个重载的 showInternalXxxDialog()方法，这些方法用于弹出内部对话框——当使用这些方法来弹出内部对话框时，通常需要指定一个父组件，这个父组件既可以是虚拟桌面（JDesktopPane 对象），也可以是内部窗口（JInternalFrame 对象）。下面的程序示范了如何弹出内部对话框。

程序清单：codes\12\12.3\InternalDialogTest.java

```java
public class InternalDialogTest
{
    private JFrame jf = new JFrame("测试内部对话框");
    private JDesktopPane desktop = new JDesktopPane();
    private JButton internalBn = new JButton("内部窗口的对话框");
    private JButton deskBn = new JButton("虚拟桌面的对话框");
    // 定义一个内部窗口，该窗口可拖动，但不可最大化、最小化、关闭
    private JInternalFrame iframe = new JInternalFrame("内部窗口");
    public void init()
    {
        // 向内部窗口中添加组件
        iframe.add(new JScrollPane(new JTextArea(8, 40)));
        desktop.setPreferredSize(new Dimension(400, 300));
        // 把虚拟桌面添加到 JFrame 窗口中
        jf.add(desktop);
        // 设置内部窗口的大小、位置
        iframe.reshape(0, 0, 300, 200);
        // 显示并选中内部窗口
        iframe.show();
        desktop.add(iframe);
        var jp = new JPanel();
        deskBn.addActionListener(event ->
            // 弹出内部对话框，以虚拟桌面作为父组件
```

```
        JOptionPane.showInternalMessageDialog(desktop,
            "属于虚拟桌面的对话框"));
    internalBn.addActionListener(event ->
        // 弹出内部对话框, 以内部窗口作为父组件
        JOptionPane.showInternalMessageDialog(iframe,
            "属于内部窗口的对话框"));
    jp.add(deskBn);
    jp.add(internalBn);
    jf.add(jp, BorderLayout.SOUTH);
    jf.pack();
    jf.setVisible(true);
}
public static void main(String[] args)
{
    new InternalDialogTest().init();
}
}
```

上面程序中的两行粗体字代码弹出两个内部对话框, 这两个内部对话框一个以虚拟桌面作为父组件, 一个以内部窗口作为父组件。运行上面的程序, 会看到如图 12.20 所示的内部窗口的对话框。

图 12.20　内部窗口的对话框

12.4　Swing 简化的拖放功能

从 JDK 1.4 开始, Swing 的部分组件提供了默认的拖放支持, 从而能以更简单的方式进行拖放操作。Swing 中支持拖放操作的组件如表 12.1 所示。

表 12.1　支持拖放操作的 Swing 组件

Swing 组件	作为拖放源导出	作为拖放目标接收
JColorChooser	导出颜色对象的本地引用	可接收任何颜色
JFileChooser	导出文件列表	无
JList	导出所选节点的 HTML 描述	无
JTable	导出所选中的行	无
JTree	导出所选节点的 HTML 描述	无
JTextComponent	导出所选文本	接收文本, 其子类 JTextArea 还可接收文件列表, 负责将文件打开

在默认情况下, 表 12.1 中的这些 Swing 组件都没有启动拖放支持, 可以调用这些组件的 setDragEnabled (true)方法来启动拖放支持。下面的程序示范了 Swing 提供的拖放支持。

程序清单: codes\12\12.4\SwingDndSupport.java

```
public class SwingDndSupport
{
    JFrame jf = new JFrame("Swing 的拖放支持");
    JTextArea srcTxt = new JTextArea(8, 30);
    JTextField jtf = new JTextField(34);
    public void init()
    {
        srcTxt.append("Swing 的拖放支持.\n");
        srcTxt.append("将该文本域的内容拖入其他程序.\n");
        // 启动多行文本域和单行文本框的拖放支持
        srcTxt.setDragEnabled(true);
        jtf.setDragEnabled(true);
        jf.add(new JScrollPane(srcTxt));
        jf.add(jtf, BorderLayout.SOUTH);
        jf.setDefaultCloseOperation(JFrame.EXIT_ON_CLOSE);
        jf.pack();
        jf.setVisible(true);
    }
    public static void main(String[] args)
```

```
        {
            new SwingDndSupport().init();
        }
    }
```

上面程序中的两行粗体字代码负责启动多行文本域和单行文本框的拖放支持。运行上面的程序，会看到如图 12.21 所示的界面。

此外，Swing 还提供了一个非常特殊的类：TransferHandler，它可以直接将某个组件的指定属性设置成拖放目标，前提是该组件具有该属性的 setter 方法。例如，JTextArea 类提供了一个 setForeground(Color) 方法，这样即可利用 TransferHandler 将 foreground 定义成拖放目标。代码如下：

图 12.21　启动 Swing 组件的拖放功能

```
// 允许直接将一个 Color 对象拖入该 JTextArea 对象中，并赋给它的 foreground 属性
txt.setTransferHandler(new TransferHandler("foreground"));
```

下面的程序可以直接把颜色选择器面板中的颜色拖放到指定文本域中，用于改变指定文本域的前景色。

程序清单：codes\12\12.4\TransferHandlerTest.java

```
public class TransferHandlerTest
{
    private JFrame jf = new JFrame("测试 TransferHandler");
    JColorChooser chooser = new JColorChooser();
    JTextArea txt = new JTextArea("测试 TransferHandler\n"
        + "直接将上面的颜色拖入以改变文本颜色");
    public void init()
    {
        // 启动颜色选择器面板和文本域的拖放功能
        chooser.setDragEnabled(true);
        txt.setDragEnabled(true);
        jf.add(chooser, BorderLayout.SOUTH);
        // 允许直接将一个 Color 对象拖入该 JTextArea 对象中
        // 并赋给它的 foreground 属性
        txt.setTransferHandler(new TransferHandler("foreground"));
        jf.add(new JScrollPane(txt));
        jf.setDefaultCloseOperation(JFrame.EXIT_ON_CLOSE);
        jf.pack();
        jf.setVisible(true);
    }
    public static void main(String[] args)
    {
        new TransferHandlerTest().init();
    }
}
```

上面程序中的粗体字代码将 JTextArea 的 foreground 属性转换成拖放目标，它可以接收任何 Color 对象。而 JColorChooser 启动拖放功能后可以导出颜色对象的本地引用，从而可以直接将该颜色对象拖给 JTextArea 的 foreground 属性。运行上面的程序，会看到如图 12.22 所示的界面。

从图 12.22 中可以看出，当用户把颜色选择器面板中预览区的颜色拖到上面的多行文本域后，多行文本域的颜色也随之发生改变。

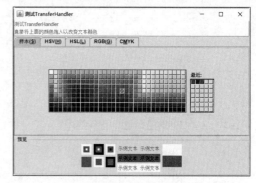

图 12.22　通过拖放操作改变指定文本域的前景色

12.5　Java 7 新增的 Swing 功能

Java 7 提供的重大更新就包括了对 Swing 的更新，对 Swing 的更新除前面介绍的 Nimbus 外观、改进的 JColorChooser 组件之外，还有两个很有用的更新——JLayer 和创建不规则窗口。下面将会详细介

绍这两个知识点。

12.5.1 使用 JLayer 装饰组件

JLayer 的功能是在指定组件上额外地添加一个装饰层，开发者可以在这个装饰层上进行任意绘制（直接重写 paint(Graphics g, JComponent c)方法），这样就可以为指定组件添加任意装饰了。

JLayer 一般总和 LayerUI 一起使用，而 LayerUI 被用来扩展，在扩展 LayerUI 时重写它的 paint(Graphics g, JComponent c)方法，在该方法中绘制的内容会对指定组件进行装饰。

实际上，使用 JLayer 很简单，只要如下两行代码即可。

```
// 创建 LayerUI 对象
LayerUI<JComponent> layerUI = new XxxLayerUI();
// 使用 layerUI 来装饰指定的 JPanel 组件
var layer = new JLayer<JComponent>(panel, layerUI);
```

上面程序中的 XxxLayerUI 就是开发者自己扩展的子类，这个子类会重写 paint(Graphics g, JComponent c)方法来完成“装饰层”的绘制。

上面第二行代码中的 panel 组件就是被装饰组件，接下来把 layer 对象（layer 对象包含了被装饰对象和 LayerUI 对象）添加到指定容器中即可。

下面的程序示范了使用 JLayer 为窗口添加一层“蒙版”效果。

程序清单：codes\12\12.5\JLayerTest.java

```
class FirstLayerUI extends LayerUI<JComponent>
{
    public void paint(Graphics g, JComponent c)
    {
        super.paint(g, c);
        var g2 = (Graphics2D) g.create();
        // 设置透明效果
        g2.setComposite(AlphaComposite.getInstance(
            AlphaComposite.SRC_OVER, .5f));
        // 使用渐变画笔绘图
        g2.setPaint(new GradientPaint(0, 0, Color.RED,
            0, c.getHeight(), Color.BLUE));
        // 绘制一个与被装饰组件具有相同大小的组件
        g2.fillRect(0, 0, c.getWidth(), c.getHeight());        // ①
        g2.dispose();
    }
}
public class JLayerTest
{
    public void init()
    {
        var f = new JFrame("JLayer 测试");
        var p = new JPanel();
        var group = new ButtonGroup();
        JRadioButton radioButton;
        // 创建 3 个 RadioButton，并将它们添加成一组
        p.add(radioButton = new JRadioButton("网络购买", true));
        group.add(radioButton);
        p.add(radioButton = new JRadioButton("书店购买"));
        group.add(radioButton);
        p.add(radioButton = new JRadioButton("图书馆借阅"));
        group.add(radioButton);
        // 添加 4 个 JCheckBox
        p.add(new JCheckBox("疯狂 Java 讲义"));
        p.add(new JCheckBox("疯狂 Android 讲义"));
        p.add(new JCheckBox("疯狂 Ajax 讲义"));
        p.add(new JCheckBox("轻量级 Java EE 企业应用"));
        var orderButton = new JButton("投票");
        p.add(orderButton);
        // 创建 LayerUI 对象
        LayerUI<JComponent> layerUI = new FirstLayerUI();      // ②
        // 使用 layerUI 来装饰指定的 JPanel 组件
```

```
        var layer = new JLayer<JComponent>(p, layerUI);
        // 将装饰后的 JPanel 组件添加到容器中
        f.add(layer);
        f.setSize(300, 170);
        f.setDefaultCloseOperation (JFrame.EXIT_ON_CLOSE);
        f.setVisible (true);
    }
    public static void main(String[] args)
    {
        new JLayerTest().init();
    }
}
```

图 12.23　被装饰的 JPanel

上面程序中开发了一个 FirstLayerUI，它扩展了 LayerUI，在重写 paint(Graphics g, JComponent c)方法时绘制了一个半透明的、与被装饰组件具有相同大小的矩形。接下来在 main 方法中使用这个 LayerUI 来装饰指定的 JPanel 组件，并把 JLayer 添加到 JFrame 容器中，这就达到了对 JPanel 进行包装的效果。运行该程序，可以看到如图 12.23 所示的效果。

由于开发者可以重写 paint(Graphics g, JComponent c)方法，因此将获得对被装饰层的全部控制权——想怎么绘制，就怎么绘制！可见，开发者可以"随心所欲"地对指定组件进行装饰。例如，下面提供的 LayerUI 则可以为被装饰组件添加"模糊"效果。程序如下（程序清单同上）：

```
class BlurLayerUI extends LayerUI<JComponent>
{
    private BufferedImage screenBlurImage;
    private BufferedImageOp operation;
    public BlurLayerUI()
    {
        var ninth = 1.0f / 9.0f;
        // 定义模糊参数
        float[] blurKernel = {
            ninth, ninth, ninth,
            ninth, ninth, ninth,
            ninth, ninth, ninth
        };
        // ConvolveOp 代表进行模糊处理，它将原图片的每一个像素的颜色与周围
        // 像素的颜色进行混合，从而计算出当前像素的颜色值
        operation = new ConvolveOp(
            new Kernel(3, 3, blurKernel),
            ConvolveOp.EDGE_NO_OP, null);
    }
    public void paint(Graphics g, JComponent c)
    {
        var w = c.getWidth();
        var h = c.getHeight();
        // 如果被装饰窗口大小为 0 像素×0 像素，则直接返回
        if (w == 0 || h == 0)
            return;
        // 如果 screenBlurImage 没有初始化，或它的尺寸不对
        if (screenBlurImage == null
            || screenBlurImage.getWidth() != w
            || screenBlurImage.getHeight() != h)
        {
            // 重新创建新的 BufferdImage
            screenBlurImage = new BufferedImage(w,
                h, BufferedImage.TYPE_INT_RGB);
        }
        Graphics2D ig2 = screenBlurImage.createGraphics();
        // 把被装饰组件的界面绘制到当前 screenBlurImage 上
        ig2.setClip(g.getClip());
        super.paint(ig2, c);
        ig2.dispose();
        var g2 = (Graphics2D) g;
```

```
            // 对 JLayer 装饰的组件进行模糊处理
            g2.drawImage(screenBlurImage, operation, 0, 0);
        }
    }
```

上面的程序扩展了 LayerUI，重写了 paint(Graphics g, JComponent c)方法，在重写该方法时也是绘制了一个与被装饰组件具有相同大小的矩形，只是这种绘制添加了模糊效果。

将 JLayerTest.java 中的②号粗体字代码改为使用 BlurLayerUI，再次运行该程序，将可以看到如图 12.24 所示的"毛玻璃"窗口。

此外，还可以为开发者自定义的 LayerUI 增加事件机制，这种事件机制能让装饰层响应用户动作，随着用户动作动态地改变 LayerUI 上的绘制效果。比如下面的 LayerUI 示例，程序通过响应鼠标事件，可以在窗口上添加"探照灯"效果。程序如下（程序清单同上）：

图 12.24　使用 JLayer
装饰的"毛玻璃"窗口

```java
class SpotlightLayerUI extends LayerUI<JComponent>
{
    private boolean active;
    private int cx, cy;
    public void installUI(JComponent c)
    {
        super.installUI(c);
        var layer = (JLayer) c;
        // 设置 JLayer 可以响应鼠标事件和鼠标动作事件
        layer.setLayerEventMask(AWTEvent.MOUSE_EVENT_MASK
            | AWTEvent.MOUSE_MOTION_EVENT_MASK);        // ①
    }
    public void uninstallUI(JComponent c)
    {
        var layer = (JLayer) c;
        // 设置 JLayer 不响应任何事件
        layer.setLayerEventMask(0);
        super.uninstallUI(c);
    }
    public void paint(Graphics g, JComponent c)
    {
        var g2 = (Graphics2D) g.create();
        super.paint(g2, c);
        // 如果处于激活状态
        if (active)
        {
            // 定义一个 cx、cy 位置的点
            Point2D center = new Point2D.Float(cx, cy);
            float radius = 72;
            float[] dist = {0.0f, 1.0f};
            Color[] colors = {Color.YELLOW, Color.BLACK};
            // 以 center 为中心、colors 为颜色数组创建环形渐变
            var p = new RadialGradientPaint(center, radius, dist, colors);
            g2.setPaint(p);
            // 设置渐变效果
            g2.setComposite(AlphaComposite.getInstance(
                AlphaComposite.SRC_OVER, .6f));
            // 绘制矩形
            g2.fillRect(0, 0, c.getWidth(), c.getHeight());
        }
        g2.dispose();
    }
    // 处理鼠标事件的方法
    public void processMouseEvent(MouseEvent e, JLayer layer)
    {
        if (e.getID() == MouseEvent.MOUSE_ENTERED)
            active = true;
        if (e.getID() == MouseEvent.MOUSE_EXITED)
            active = false;
        layer.repaint();
```

```
    }
    // 处理鼠标动作事件的方法
    public void processMouseMotionEvent(MouseEvent e, JLayer layer)
    {
        Point p = SwingUtilities.convertPoint(
            e.getComponent(), e.getPoint(), layer);
        // 获取鼠标动作事件点的坐标
        cx = p.x;
        cy = p.y;
        layer.repaint();
    }
}
```

上面程序中重写了 LayerUI 的 installUI(JComponent c)方法,在重写该方法时控制该组件能响应鼠标事件和鼠标动作事件,如①号粗体字代码所示。接下来程序重写了 processMouseMotionEvent()方法,该方法负责为 LayerUI 上的鼠标事件提供响应——当鼠标指针在界面上移动时,程序会改变 cx、cy 的坐标值,在重写 paint(Graphics g, JComponent c)方法时会在 cx、cy 对应的点绘制一个环形渐变,这就可以充当"探照灯"效果了。将 JLayerTest.java 中的②号粗体字代码改为使用 SpotlightLayerUI,再次运行该程序,即可看到如图 12.25 所示的效果。

既然可以让 LayerUI 上的绘制效果响应鼠标动作,那么也可以在 LayerUI 上绘制"动画"——所谓动画,就是通过计时器控制 LayerUI 上绘制的图形动态地改变。

接下来重写的 LayerUI 使用 Timer 定时地改变 LayerUI 上的绘制,程序绘制了一个旋转中的"齿轮",这个旋转的齿轮可以提醒用户"程序正在处理中"。

图 12.25 窗口上的"探照灯"效果

下面的程序在重写 LayerUI 时绘制了 12 条辐射状的线条,并通过 Timer 来不断地改变这 12 条线条的排列角度,这样就可以形成"转动的齿轮"了。程序提供的 WaitingLayerUI 类的代码如下。

程序清单:codes\12\12.5\WaitingJLayerTest.java

```
class WaitingLayerUI extends LayerUI<JComponent>
{
    private boolean isRunning;
    private Timer timer;
    // 记录转过的角度
    private int angle;          // ①
    public void paint(Graphics g, JComponent c)
    {
        super.paint(g, c);
        int w = c.getWidth();
        int h = c.getHeight();
        // 已经停止运行,直接返回
        if (!isRunning)
            return;
        var g2 = (Graphics2D) g.create();
        Composite urComposite = g2.getComposite();
        g2.setComposite(AlphaComposite.getInstance(
            AlphaComposite.SRC_OVER, .5f));
        // 填充矩形
        g2.fillRect(0, 0, w, h);
        g2.setComposite(urComposite);
        // -----下面的代码开始绘制转动中的"齿轮"----
        // 计算得到宽、高中较小值的 1/5
        var s = Math.min(w, h) / 5;
        var cx = w / 2;
        var cy = h / 2;
        g2.setRenderingHint(RenderingHints.KEY_ANTIALIASING,
            RenderingHints.VALUE_ANTIALIAS_ON);
        // 设置笔触
        g2.setStroke( new BasicStroke(s / 2,
            BasicStroke.CAP_ROUND, BasicStroke.JOIN_ROUND));
        g2.setPaint(Color.BLUE);
```

```
          // 画笔绕被装饰组件的中心转过 angle 度
          g2.rotate(Math.PI * angle / 180, cx, cy);        // ②
          // 循环绘制 12 条线条，形成 "齿轮"
          for (var i = 0; i < 12; i++)
          {
              float scale = (11.0f - (float) i) / 11.0f;
              g2.drawLine(cx + s, cy, cx + s * 2, cy);
              g2.rotate(-Math.PI / 6, cx, cy);
              g2.setComposite(AlphaComposite.getInstance(
                  AlphaComposite.SRC_OVER, scale));
          }
          g2.dispose();
      }
      // 控制等待（齿轮开始转动）的方法
      public void start()
      {
          // 如果已经在运行中，则直接返回
          if (isRunning)
              return;
          isRunning = true;
          // 每隔 0.1 秒重绘一次
          timer = new Timer(100, e -> {
              if (isRunning)
              {
                  // 触发 applyPropertyChange() 方法，让 JLayer 重绘
                  // 在这行代码中，后面的两个参数没有意义
                  firePropertyChange("crazyitFlag", 0, 1);
                  // 角度加 6
                  angle += 6;       // ③
                  // 到达 360 这个角度后再从 0 开始
                  if (angle >= 360)
                      angle = 0;
              }
          });
          timer.start();
      }
      // 控制停止等待（齿轮停止转动）的方法
      public void stop()
      {
          isRunning = false;
          // 最后通知 JLayer 重绘一次，清除曾经绘制的图形
          firePropertyChange("crazyitFlag", 0, 1);
          timer.stop();
      }
      public void applyPropertyChange(PropertyChangeEvent pce,
          JLayer layer)
      {
          // 控制 JLayer 重绘
          if (pce.getPropertyName().equals("crazyitFlag"))
          {
              layer.repaint();
          }
      }
  }
```

上面程序中的①号粗体字代码定义了一个 angle 变量，它负责控制 12 条线条的旋转角度。程序使用 Timer 定时地改变 angle 变量的值（每隔 0.1 秒 angle 加 6），如③号粗体字代码所示。在控制了 angle 角度之后，程序根据该 angle 角度绘制 12 条线条，如②号粗体字代码所示。

在提供了 WaitingLayerUI 之后，接下来使用该 WaitingLayerUI 与使用前面的 UI 没有任何区别，不过程序需要通过特定事件来显示 WaitingLayerUI 的绘制（就是调用它的 start()方法）。下面的程序为按钮添加了事件监听器——当用户单击该按钮时，程序会调用 WaitingLayerUI 对象的 start()方法（程序清单同上）。

```
// 为 orderButton 绑定事件监听器：当单击该按钮时，调用 layerUI 的 start() 方法
orderButton.addActionListener(ae -> {
    layerUI.start();
    // 如果 stopper 计时器已停止，则启动它
    if (!stopper.isRunning())
```

```
    {
        stopper.start();
    }
});
```

此外，上面代码中还用到了 stopper 计时器，它会控制在一段时间（比如 4 秒）之后停止绘制 WaitingLayerUI，因此程序还通过如下代码进行控制（程序清单同上）。

```
// 设置 4 秒之后执行指定动作：调用 layerUI 的 stop()方法
final Timer stopper = new Timer(4000, ae -> layerUI.stop());
// 设置 stopper 计时器只被触发一次
stopper.setRepeats(false);
```

再次运行该程序，可以看到如图 12.26 所示的"动画装饰"效果。

通过上面几个例子可以看出，Swing 提供的 JLayer 为窗口美化带来了无限可能性。只要你想做，比如希望用户完成输入之后，立即在后面显示一个简单的提示按钮（钩表示输入正确，叉表示输入错误）……都可以通过 JLayer 绘制。

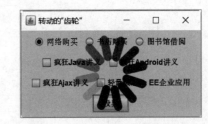

图 12.26　JLayer 生成的"动画装饰"效果

▶▶ 12.5.2　创建透明的、不规则形状窗口

Java 7 为 JFrame 提供了如下两个方法。

➤ setShape(Shape shape)：设置窗口的形状，可以将窗口设置成任意不规则的形状。

➤ setOpacity(float opacity)：设置窗口的透明度，可以将窗口设置成半透明的。当 opacity 为 1.0f 时，该窗口完全不透明。

这两个方法简单、易用，可以直接改变窗口的形状和透明度。此外，如果希望开发出渐变透明的窗口，则可以考虑使用一个渐变透明的 JPanel 来代替 JFrame 的 ContentPane；按照这种思路，还可以开发出有图片背景的窗口。

下面的程序示范了如何开发出透明的、不规则形状窗口。

程序清单：codes\12\12.5\NonRegularWindow.java

```
public class NonRegularWindow extends JFrame
    implements ActionListener
{
    // 定义 4 个窗口
    JFrame transWin = new JFrame("透明窗口");
    JFrame gradientWin = new JFrame("渐变透明窗口");
    JFrame bgWin = new JFrame("背景图片窗口");
    JFrame shapeWin = new JFrame("椭圆形窗口");
    public NonRegularWindow()
    {
        super("不规则窗口测试");
        setLayout(new FlowLayout());
        var transBn = new JButton("透明窗口");
        var gradientBn = new JButton("渐变透明窗口");
        var bgBn = new JButton("背景图片窗口");
        var shapeBn = new JButton("椭圆形窗口");
        // 为 4 个按钮添加事件监听器
        transBn.addActionListener(this);
        gradientBn.addActionListener(this);
        bgBn.addActionListener(this);
        shapeBn.addActionListener(this);
        add(transBn);
        add(gradientBn);
        add(bgBn);
        add(shapeBn);
        //-------设置透明的窗口-------
        transWin.setLayout(new GridBagLayout());
        transWin.setSize(300,200);
        transWin.add(new JButton("透明窗口里的简单按钮"));
```

```
        // 设置透明度为0.65f, 当透明度为1f时, 完全不透明
        transWin.setOpacity(0.65f);
        //-------设置渐变透明的窗口-------
        gradientWin.setBackground(new Color(0,0,0,0));
        gradientWin.setSize(new Dimension(300,200));
        // 使用一个JPanel对象作为渐变透明的背景
        var panel = new JPanel()
        {
            protected void paintComponent(Graphics g)
            {
                if (g instanceof Graphics2D)
                {
                    final var R = 240;
                    final var G = 240;
                    final var B = 240;
                    // 创建一个渐变画笔
                    Paint p = new GradientPaint(0.0f, 0.0f,
                        new Color(R, G, B, 0),
                        0.0f, getHeight(),
                        new Color(R, G, B, 255), true);
                    var g2d = (Graphics2D) g;
                    g2d.setPaint(p);
                    g2d.fillRect(0, 0, getWidth(), getHeight());
                }
            }
        };
        // 使用JPanel对象作为JFrame的contentPane
        gradientWin.setContentPane(panel);
        panel.setLayout(new GridBagLayout());
        gradientWin.add(new JButton("渐变透明窗口里的简单按钮"));
        //-------设置有背景图片的窗口-------
        bgWin.setBackground(new Color(0,0,0,0));
        bgWin.setSize(new Dimension(300,200));
        // 使用一个JPanel对象作为背景图片
        var bgPanel = new JPanel()
        {
            protected void paintComponent(Graphics g)
            {
                try
                {
                    Image bg = ImageIO.read(new File("images/java.png"));
                    // 绘制一张图片作为背景
                    g.drawImage(bg, 0, 0, getWidth(), getHeight(), null);
                }
                catch (IOException ex)
                {
                    ex.printStackTrace();
                }
            }
        };
        // 使用JPanel对象作为JFrame的contentPane
        bgWin.setContentPane(bgPanel);
        bgPanel.setLayout(new GridBagLayout());
        bgWin.add(new JButton("有背景图片窗口里的简单按钮"));
        //-------设置椭圆形窗口-------
        shapeWin.setLayout(new GridBagLayout());
        shapeWin.setUndecorated(true);
        shapeWin.setOpacity(0.7f);
        // 通过为shapeWin添加监听器来设置窗口的形状
        // 当shapeWin窗口的大小被改变时, 程序动态设置该窗口的形状
        shapeWin.addComponentListener(new ComponentAdapter()
        {
            // 当窗口大小被改变时, 椭圆形的大小也会相应地改变
            public void componentResized(ComponentEvent e)
            {
                // 设置窗口的形状
                shapeWin.setShape(new Ellipse2D.Double(0, 0,
                    shapeWin.getWidth(), shapeWin.getHeight()));  // ①
            }
        });
```

```
            shapeWin.setSize(300, 200);
            shapeWin.add(new JButton("椭圆形窗口里的简单按钮"));
            //-------设置主程序的窗口-------
            setDefaultCloseOperation(JFrame.EXIT_ON_CLOSE);
            pack();
            setVisible(true);
        }
    public void actionPerformed(ActionEvent event)
    {
        switch (event.getActionCommand())
        {
            case "透明窗口":
                transWin.setVisible(true);
                break;
            case "渐变透明窗口":
                gradientWin.setVisible(true);
                break;
            case "背景图片窗口":
                bgWin.setVisible(true);
                break;
            case "椭圆形窗口":
                shapeWin.setVisible(true);
                break;
        }
    }
    public static void main(String[] args)
    {
        JFrame.setDefaultLookAndFeelDecorated(true);
        new NonRegularWindow();
    }
}
```

上面程序中的粗体字代码就是设置透明的窗口、渐变透明的窗口、有背景图片的窗口、椭圆形窗口的关键代码；当需要开发不规则形状的窗口时，程序往往会为该窗口实现一个 ComponentListener，该监听器负责监听窗口大小发生改变的事件——当窗口大小发生改变时，程序调用窗口的 setShape()方法来控制窗口的形状，如①号粗体字代码所示。

运行上面的程序，打开透明的窗口和渐变透明的窗口，效果如图 12.27 所示。

打开有背景图片的窗口和椭圆形窗口，效果如图 12.28 所示。

图 12.27　透明的窗口和渐变透明的窗口效果

图 12.28　有背景图片的窗口和椭圆形窗口效果

12.6　使用 JProgressBar、ProgressMonitor 和 BoundedRangeModel 创建进度条

进度条是图形界面中广泛使用的 GUI 组件，当复制一个较大的文件时，操作系统会显示一个进度条，用于标识复制操作完成的比例；当启动 Eclipse 等程序时，因为需要加载较多的资源，故而启动速度较慢，程序也会在启动过程中显示一个进度条，用于表示该软件启动完成的比例……

12.6.1　创建进度条

使用 JProgressBar 可以非常方便地创建进度条。使用 JProgressBar 创建进度条可按如下步骤进行。

① 创建一个 JProgressBar 对象，在创建该对象时可以指定三个参数，用于设置进度条的排列方向

（竖直和水平）、进度条的最大值和最小值；也可以不传入任何参数，而是在后面程序中修改这三个属性。例如，如下代码创建了 JProgressBar 对象。

```
// 创建一个垂直进度条
var bar = new JProgressBar(JProgressBar.VERTICAL);
```

② 调用该对象的常用方法设置进度条的普通属性。JProgressBar 除提供设置排列方向、最大值、最小值的 setter 和 getter 方法之外，还提供了如下三个方法。

➤ setBorderPainted(boolean b)：设置进度条是否使用边框。

➤ setIndeterminate(boolean newValue)：设置进度条的进度是否是不确定的，如果指定一个进度条的进度不确定，则将看到一个滑块在进度条中左右移动。

➤ setStringPainted(boolean newValue)：设置是否在进度条中显示完成比例。

当然，JProgressBar 也为上面三个属性提供了 getter 方法，但这三个 getter 方法通常没有太大的作用。

③ 当程序中工作进度发生改变时，调用 JProgressBar 对象的 setValue() 方法。当进度条的完成进度发生改变时，程序还可以调用进度条对象的如下两个方法。

➤ double getPercentComplete()：返回进度条的完成比例。

➤ String getString()：返回进度字符串的当前值。

下面的程序示范了使用进度条的简单例子。

程序清单：codes\12\12.6\JProgressBarTest.java

```java
public class JProgressBarTest
{
    JFrame frame = new JFrame("测试进度条");
    // 创建一个垂直进度条
    JProgressBar bar = new JProgressBar(JProgressBar.VERTICAL );
    JCheckBox indeterminate = new JCheckBox("不确定进度");
    JCheckBox noBorder = new JCheckBox("不绘制边框");
    public void init()
    {
        var box = new Box(BoxLayout.Y_AXIS);
        box.add(indeterminate);
        box.add(noBorder);
        frame.setLayout(new FlowLayout());
        frame.add(box);
        // 把进度条添加到 JFrame 窗口中
        frame.add(bar);
        // 设置进度的最大值和最小值
        bar.setMinimum(0);
        bar.setMaximum(100);
        // 设置在进度条中绘制完成比例
        bar.setStringPainted(true);
        // 根据该选择框决定是否绘制进度条的边框
        noBorder.addActionListener(event ->
            bar.setBorderPainted(!noBorder.isSelected()));
        indeterminate.addActionListener(event -> {
            // 设置该进度条的进度是否确定
            bar.setIndeterminate(indeterminate.isSelected());
            bar.setStringPainted(!indeterminate.isSelected());
        });
        frame.setDefaultCloseOperation(JFrame.EXIT_ON_CLOSE);
        frame.pack();
        frame.setVisible(true);
        // 采用循环方式来不断改变进度条的完成进度
        for (var i = 0; i <= 100; i++)
        {
            // 改变进度条的完成进度
            bar.setValue(i);
            try
            {
                // 程序暂停 0.1 秒
                Thread.sleep(100);
            }
```

```
            catch (Exception e)
            {
                e.printStackTrace();
            }
        }
    }
    public static void main(String[] args)
    {
        new JProgressBarTest().init();
    }
}
```

上面程序中的第一行粗体字代码创建了一个垂直进度条，并通过方法来设置进度条的外观形式——是否包含边框，是否在进度条中显示完成比例，通过循环来不断改变进度条的 value 属性，该 value 将会自动转换成进度条的完成比例。

运行该程序，将看到如图 12.29 所示的效果。

图 12.29　使用进度条

在上面的程序中，在主程序中使用循环来改变进度条的 value 属性，即修改进度条的完成比例，这是没有任何意义的事情。通常会希望用进度条来检测其他任务的完成情况，而不是在其他任务的执行过程中主动修改进度条的 value 属性，因为其他任务可能根本不知道进度条的存在。此时可以使用一个计时器来不断取得目标任务的完成情况，并根据其完成情况来修改进度条的 value 属性。下面的程序改写了上面的程序，使用 SimulatedTarget 来模拟一个耗时的任务。

程序清单：codes\12\12.6\JProgressBarTest2.java

```
public class JProgressBarTest2
{
    JFrame frame = new JFrame("测试进度条");
    // 创建一个垂直进度条
    JProgressBar bar = new JProgressBar(JProgressBar.VERTICAL);
    JCheckBox indeterminate = new JCheckBox("不确定进度");
    JCheckBox noBorder = new JCheckBox("不绘制边框");
    public void init()
    {
        var box = new Box(BoxLayout.Y_AXIS);
        box.add(indeterminate);
        box.add(noBorder);
        frame.setLayout(new FlowLayout());
        frame.add(box);
        // 把进度条添加到 JFrame 窗口中
        frame.add(bar);
        // 设置在进度条中绘制完成比例
        bar.setStringPainted(true);
        // 根据该选择框决定是否绘制进度条的边框
        noBorder.addActionListener(event ->
            bar.setBorderPainted(!noBorder.isSelected()));
        final var target = new SimulatedActivity(1000);
        // 以启动一条线程的方式来执行一个耗时的任务
        new Thread(target).start();
        // 设置进度条的最大值和最小值
        bar.setMinimum(0);
        // 以总任务量作为进度条的最大值
        bar.setMaximum(target.getAmount());
        var timer = new Timer(300, e -> bar.setValue(target.getCurrent()));
        timer.start();
        indeterminate.addActionListener(event -> {
            // 设置该进度条的进度是否确定
            bar.setIndeterminate(indeterminate.isSelected());
            bar.setStringPainted(!indeterminate.isSelected());
        });
        frame.setDefaultCloseOperation(JFrame.EXIT_ON_CLOSE);
        frame.pack();
        frame.setVisible(true);
    }
    public static void main(String[] args)
    {
```

```
            new JProgressBarTest2().init();
    }
}
// 模拟一个耗时的任务
class SimulatedActivity implements Runnable
{
    // 任务的当前完成量
    private volatile int current;
    // 总任务量
    private int amount;
    public SimulatedActivity(int amount)
    {
        current = 0;
        this.amount = amount;
    }
    public int getAmount()
    {
        return amount;
    }
    public int getCurrent()
    {
        return current;
    }
    // run 方法代表不断完成任务的过程
    public void run()
    {
        while (current < amount)
        {
            try
            {
                Thread.sleep(50);
            }
            catch (InterruptedException e)
            {
            }
            current++;
        }
    }
}
```

上面程序的运行效果与前一个程序的运行效果大致相同,但这个程序中的 JProgressBar 就实用多了,它可以检测并显示 SimulatedTarget 的完成进度。

 提示:
> SimulatedActivity 类实现了 Runnable 接口——这是一个特殊的接口,实现该接口可以实现多线程功能。关于多线程的介绍请参考本书第 16 章的内容。

Swing 组件大都将外观显示和内部数据分离,JProgressBar 也不例外,JProgressBar 组件有一个用于保存其状态数据的 Model 对象,这个对象由 BoundedRangeModel 对象表示,程序在调用 JProgressBar 对象的 setValue()方法时,实际上是设置 BoundedRangeModel 对象的 value 属性。

程序可以修改 BoundedRangeModel 对象的 minimum 属性和 maximum 属性,当该 Model 对象的这两个属性被修改后,它所对应的 JProgressBar 对象的这两个属性也会随之改变,因为 JProgressBar 对象的所有状态数据都是保存在该 Model 对象中的。

程序监听 JProgressBar 完成比例的变化,也是通过为 BoundedRangeModel 提供监听器来实现的。BoundedRangeModel 提供了如下一个方法来添加监听器。

➢ addChangeListener(ChangeListener x):用于监听 JProgressBar 完成比例的变化,每当 JProgressBar 的 value 属性被改变时,系统都会触发 ChangeListener 监听器的 stateChanged()方法。例如,下面的代码为进度条的状态变化添加了一个监听器。

```
// 当 JProgressBar 的完成比例发生变化时会触发该方法
bar.getModel().addChangeListener(ce -> {
    // 对进度变化进行合适的处理
    ...
});
```

▶▶ 12.6.2 使用 ProgressMonitor 创建进度对话框

ProgressMonitor 的用法与 JProgressBar 的用法基本相似，只是使用 ProgressMonitor 可以直接创建一个进度对话框。ProgressMonitor 提供了如下构造器。

> ➤ ProgressMonitor(Component parentComponent, Object message, String note, int min, int max)：该构造器中的 parentComponent 参数用于设置该进度对话框的父组件，message 用于设置该进度对话框的描述信息，note 用于设置该进度对话框的提示文本，min 和 max 用于设置该进度对话框中所包含的进度条的最小值和最大值。

例如，如下代码创建了一个进度对话框。

```
final ProgressMonitor dialog = new ProgressMonitor(null, "等待任务完成",
    "已完成：", 0, target.getAmount());
```

使用上面的代码创建的进度对话框如图 12.30 所示。

如图 12.30 所示，该对话框中包含了一个"取消"按钮，如果程序希望判断用户是否单击了该按钮，则可以通过 ProgressMonitor 的 isCanceled()方法进行判断。

使用 ProgressMonitor 创建的进度对话框中所包含的进度条是非常固定的，程序甚至不能设置该进度条是否包含边框（总是包含边框），不能设置进度不确定，不能改变进度条的方向（总是水平方向）。

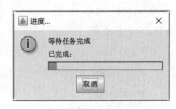

图 12.30 进度对话框

与普通进度条类似的是，进度对话框也不能自动监视目标任务的完成进度，程序通过调用进度对话框的 setProgress()方法来改变进度条的完成比例（该方法类似于 JProgressBar 的 setValue()方法）。

下面的程序同样采用 SimulatedTarget 来模拟一个耗时的任务，并创建了一个进度对话框来监视该任务的完成比例。

程序清单：codes\12\12.6\ProgressMonitorTest.java

```java
public class ProgressMonitorTest
{
    Timer timer;
    public void init()
    {
        final var target = new SimulatedActivity(1000);
        // 以启动一条线程的方式来执行一个耗时的任务
        final var targetThread = new Thread(target);
        targetThread.start();
        final var dialog = new ProgressMonitor(null,
            "等待任务完成", "已完成：", 0, target.getAmount());
        timer = new Timer(300, e -> {
            // 以任务的当前完成量设置进度对话框的完成比例
            dialog.setProgress(target.getCurrent());
            // 如果用户单击了进度对话框中的"取消"按钮
            if (dialog.isCanceled())
            {
                // 停止计时器
                timer.stop();
                // 中断任务的执行线程
                targetThread.interrupt();    // ①
                // 系统退出
                System.exit(0);
            }
        });
        timer.start();
    }
    public static void main(String[] args)
    {
        new ProgressMonitorTest().init();
    }
}
```

上面程序中的粗体字代码创建了一个进度对话框，并创建了一个 Timer 计时器不断询问 SimulatedTarget 任务的完成比例，进而设置进度对话框中进度条的完成比例。而且该计时器还负责监听用户是否单击了进度对话框中的"取消"按钮，如果用户单击了该按钮，则中止执行 SimulatedTarget 任务的线程，并停止计时器，同时退出该程序。运行该程序，会看到如图 12.30 所示的对话框。

提示：

程序中①号代码用于中止线程的执行，读者可以参考第 16 章的内容来理解这行代码。

12.7 使用 JSlider 和 BoundedRangeModel 创建滑动条

JSlider 的用法和 JProgressBar 的用法非常相似，这一点可以从它们共享同一个 Model 类看出来。使用 JSlider 可以创建一个滑动条，这个滑动条同样有最小值、最大值和当前值等属性。JSlider 与 JProgressBar 的主要区别如下：

➢ JSlider 不是采用填充颜色的方式，而是采用滑块的位置来表示该组件的当前值的。

➢ JSlider 允许用户手动改变滑动条的当前值。

➢ JSlider 允许为滑动条指定刻度值，这系列的刻度值既可以是连续的数字，也可以是自定义的刻度值，甚至可以是图标。

使用 JSlider 创建滑动条的步骤如下：

❶ 使用 JSlider 的构造器创建一个 JSlider 对象，JSlider 有多个重载的构造器，但这些构造器总共可以接收如下 4 个参数。

➢ orientation：指定该滑动条的摆放方向，默认是水平摆放的。其可以接收 JSlider.VERTICAL 和 JSlider.HORIZONTAL 两个值。

➢ min：指定该滑动条的最小值，该属性的默认值为 0。

➢ max：指定该滑动条的最大值，该属性的默认值为 100。

➢ value：指定该滑动条的当前值，该属性的默认值为 50。

❷ 调用 JSlider 的如下方法来设置滑动条的外观样式。

➢ setExtent(int extent)：设置滑动条上的保留区，用户拖动滑块时不能超过保留区。例如，最大值为 100 的滑动条，如果设置保留区为 20，则只能将滑块拖动到最大 80。

➢ setInverted(boolean b)：设置是否需要反转滑动条，在滑动条的滑轨上刻度值默认从小到大、从左到右排列。如果设置参数为 true，则排列方向会反转过来。

➢ setLabelTable(Dictionary labels)：为该滑动条指定刻度标签。该方法的参数是 Dictionary 类型，它是一个古老的、抽象集合类，其子类是 Hashtable。传入的 Hashtable 集合对象的 key-value 对为 {Integer value, java.swing.JComponent label} 格式，刻度标签可以是任何组件。

➢ setMajorTickSpacing(int n)：设置主刻度标记的间隔。

➢ setMinorTickSpacing(int n)：设置次刻度标记的间隔。

➢ setPaintLabels(boolean b)：设置是否在滑块上绘制刻度标签。如果没有为该滑动条指定刻度标签，则默认将刻度值作为标签。

➢ setPaintTicks(boolean b)：设置是否在滑块上绘制刻度标记。

➢ setPaintTrack(boolean b)：设置是否为滑块绘制滑轨。

➢ setSnapToTicks(boolean b)：设置滑块是否必须停在滑道的有刻度处。如果设置参数为 true，则滑块只能停在有刻度处；如果用户没有将滑块拖到有刻度处，则系统自动将滑块定位到最近的有刻度处。

❸ 如果程序需要在用户拖动滑块时做出相应的处理，则应为该 JSlider 对象添加事件监听器。JSlider 提供了 addChangeListener() 方法来添加事件监听器，该监听器负责监听滑动值的变化。

④ 将 JSlider 对象添加到其他容器中显示出来。

下面的程序示范了如何使用 JSlider 来创建滑动条。

程序清单：codes\12\12.7\JSliderTest.java

```java
public class JSliderTest
{
    JFrame mainWin = new JFrame("滑动条示范");
    Box sliderBox = new Box(BoxLayout.Y_AXIS);
    JTextField showVal = new JTextField();
    ChangeListener listener;
    public void init()
    {
        // 定义一个监听器，用于监听所有的滑动条
        listener = event -> {
            // 取出滑动条的值，并在文本中显示出来
            var source = (JSlider) event.getSource();
            showVal.setText("当前滑动条的值为: "
                + source.getValue());
        };
        // ----------添加一个普通滑动条------------
        var slider = new JSlider();
        addSlider(slider, "普通滑动条");
        // ----------添加保留区为 30 的滑动条------------
        slider = new JSlider();
        slider.setExtent(30);
        addSlider(slider, "保留区为 30");
        // ---添加带主、次刻度标记的滑动条，并设置其最大值、最小值---
        slider = new JSlider(30, 200);
        // 设置绘制刻度
        slider.setPaintTicks(true);
        // 设置主、次刻度标记的间隔
        slider.setMajorTickSpacing(20);
        slider.setMinorTickSpacing(5);
        addSlider(slider, "有刻度");
        // ----------添加滑块必须停在有刻度处的滑动条------------
        slider = new JSlider();
        // 设置滑块必须停在有刻度处
        slider.setSnapToTicks(true);
        // 设置绘制刻度
        slider.setPaintTicks(true);
        // 设置主、次刻度标记的间隔
        slider.setMajorTickSpacing(20);
        slider.setMinorTickSpacing(5);
        addSlider(slider, "滑块停在有刻度处");
        // ----------添加没有滑轨的滑动条------------
        slider = new JSlider();
        // 设置绘制刻度
        slider.setPaintTicks(true);
        // 设置主、次刻度标记的间隔
        slider.setMajorTickSpacing(20);
        slider.setMinorTickSpacing(5);
        // 设置不绘制滑轨
        slider.setPaintTrack(false);
        addSlider(slider, "无滑轨");
        // ----------添加方向反转的滑动条------------
        slider = new JSlider();
        // 设置绘制刻度
        slider.setPaintTicks(true);
        // 设置主、次刻度标记的间隔
        slider.setMajorTickSpacing(20);
        slider.setMinorTickSpacing(5);
        // 设置方向反转
        slider.setInverted(true);
        addSlider(slider, "方向反转");
        // --------添加绘制默认刻度标签的滑动条--------
        slider = new JSlider();
        // 设置绘制刻度
        slider.setPaintTicks(true);
```

```
        // 设置主、次刻度标记的间隔
        slider.setMajorTickSpacing(20);
        slider.setMinorTickSpacing(5);
        // 设置绘制刻度标签，默认绘制数值刻度标签
        slider.setPaintLabels(true);
        addSlider(slider, "数值刻度标签");
        // ------添加绘制 Label 类型的刻度标签的滑动条------
        slider = new JSlider();
        // 设置绘制刻度
        slider.setPaintTicks(true);
        // 设置主、次刻度标记的间隔
        slider.setMajorTickSpacing(20);
        slider.setMinorTickSpacing(5);
        // 设置绘制刻度标签
        slider.setPaintLabels(true);
        Dictionary<Integer, Component> labelTable = new Hashtable<>();
        labelTable.put(0, new JLabel("A"));
        labelTable.put(20, new JLabel("B"));
        labelTable.put(40, new JLabel("C"));
        labelTable.put(60, new JLabel("D"));
        labelTable.put(80, new JLabel("E"));
        labelTable.put(100, new JLabel("F"));
        // 指定刻度标签，标签是 JLabel
        slider.setLabelTable(labelTable);
        addSlider(slider, "JLable 标签");
        // ------添加绘制 Label 类型的刻度标签的滑动条------
        slider = new JSlider();
        // 设置绘制刻度
        slider.setPaintTicks(true);
        // 设置主、次刻度标记的间隔
        slider.setMajorTickSpacing(20);
        slider.setMinorTickSpacing(5);
        // 设置绘制刻度标签
        slider.setPaintLabels(true);
        labelTable = new Hashtable<Integer, Component>();
        labelTable.put(0, new JLabel(new ImageIcon("ico/0.GIF")));
        labelTable.put(20, new JLabel(new ImageIcon("ico/2.GIF")));
        labelTable.put(40, new JLabel(new ImageIcon("ico/4.GIF")));
        labelTable.put(60, new JLabel(new ImageIcon("ico/6.GIF")));
        labelTable.put(80, new JLabel(new ImageIcon("ico/8.GIF")));
        // 指定刻度标签，标签是 ImageIcon
        slider.setLabelTable(labelTable);
        addSlider(slider, "Icon 标签");
        mainWin.add(sliderBox, BorderLayout.CENTER);
        mainWin.add(showVal, BorderLayout.SOUTH);
        mainWin.setDefaultCloseOperation(JFrame.EXIT_ON_CLOSE);
        mainWin.pack();
        mainWin.setVisible(true);
    }
    // 定义一个方法，用于将滑动条添加到容器中
    public void addSlider(JSlider slider, String description)
    {
        slider.addChangeListener(listener);
        var box = new Box(BoxLayout.X_AXIS);
        box.add(new JLabel(description + ": "));
        box.add(slider);
        sliderBox.add(box);
    }
    public static void main(String[] args)
    {
        new JSliderTest().init();
    }
}
```

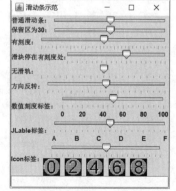

图 12.31　各种滑动条的效果

　　上面的程序向窗口中添加了多个滑动条,程序通过粗体字代码来控制不同滑动条的不同外观。运行上面的程序,会看到如图 12.31 所示的各种滑动条的效果。

　　JSlider 也使用 BoundedRangeModel 作为保存其状态数据的

Model 对象，程序可以直接修改 Model 对象来改变滑动条的状态，但大部分时候程序无须使用该 Model 对象。JSlider 也提供了 addChangeListener()方法来为滑动条添加监听器，无须像 JProgressBar 那样监听它所对应的 Model 对象。

12.8 使用 JSpinner 和 SpinnerModel 创建微调控制器

JSpinner 组件是一个带有两个小箭头的文本框，这个文本框只能接收满足要求的数据，用户既可以通过两个小箭头调整该微调控制器的值，也可以直接在文本框内输入内容作为该微调控制器的值。当用户在该文本框内输入时，如果输入的内容不满足要求，系统将会拒绝用户输入。典型的微调控制器如图 12.32 所示。

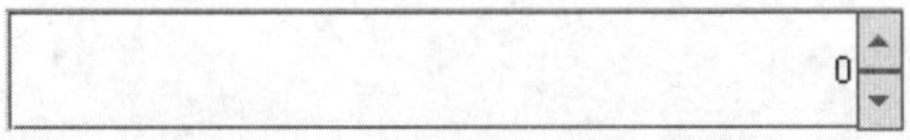

图 12.32 典型的微调控制器

JSpinner 组件常常需要和 SpinnerModel 结合使用，其中 JSpinner 组件控制该组件的外观表现，SpinnerModel 则控制该组件内部的状态数据。

JSpinner 组件的值可以是数值、日期和 List 中的值，Swing 为这三种类型的值提供了 SpinnerNumberModel、SpinnerDateModel 和 SpinnerListModel 三个 SpinnerModel 实现类。此外，JSpinner 组件的值还可以是任意序列，只要这个序列可以通过 previous()、next()获取值即可。在这种情况下，用户必须自行提供 SpinnerModel 实现类。

使用 JSpinner 组件非常简单，JSpinner 提供了如下两个构造器。

➢ JSpinner()：创建一个默认的微调控制器。

➢ JSpinner(SpinnerModel model)：使用指定的 SpinnerModel 来创建微调控制器。

采用第一个构造器创建的默认微调控制器只接收整数值，初始值是 0，对最大值和最小值没有任何限制。每单击一次上、下箭头，该组件里的值就分别加 1 或减 1。

使用 JSpinner 组件的关键在于使用其对应的三个 SpinnerModel，下面依次介绍这三个 SpinnerModel。

➢ SpinnerNumberModel：这是最简单的 SpinnerModel，在创建该 SpinnerModel 时可以指定 4 个参数，即最大值、最小值、初始值和步长，其中步长控制单击上、下箭头时相邻两个值之间的差值。这 4 个参数既可以是整数，也可以是浮点数。

➢ SpinnerDateModel：在创建该 SpinnerModel 时可以指定 4 个参数，即起始时间、结束时间、初始时间和时间差，其中时间差控制单击上、下箭头时相邻两个时间之间的差值。

➢ SpinnerListModel：在创建该 SpinnerModel 时只需要传入一个 List 或者一个数组作为序列值即可。该 List 的集合元素和数组元素可以是任意类型的对象，但由于 JSpinner 组件的文本框只能显示字符串，所以 JSpinner 显示每个对象的 toString()方法的返回值。

提示：

从图 12.32 中可以看出，使用 JSpinner 创建的微调控制器和 ComboBox 有点像（由 Swing 的 JComboBox 提供，ComboBox 既允许通过下拉列表框进行选择，也允许直接输入），区别在于，ComboBox 可以产生一个下拉列表框供用户选择，而 JSpinner 组件只能通过上、下箭头逐项选择。使用 ComboBox 通常必须明确指定下拉列表框中每一项的值，而使用 JSpinner 则只需给定一个范围，并指定步长即可；当然，使用 JSpinner 也可以明确给出每一项的值（就是对应使用 SpinnerListModel）。

为了控制 JSpinner 中值的显示格式，JSpinner 还提供了一个 setEditor()方法。Swing 提供了如下三个特殊的 Editor 来控制值的显示格式。

➢ JSpinner.DateEditor：控制 JSpinner 中日期值的显示格式。

➢ JSpinner.ListEditor：控制 JSpinner 中 List 项的显示格式。

➢ JSpinner.NumberEditor：控制 JSpinner 中数值的显示格式。

下面的程序示范了几种使用 JSpinner 的情形。

程序清单：codes\12\12.8\JSpinnerTest.java

```java
public class JSpinnerTest
{
    final int SPINNER_NUM = 6;
    JFrame mainWin = new JFrame("微调控制器示范");
    Box spinnerBox = new Box(BoxLayout.Y_AXIS);
    JSpinner[] spinners = new JSpinner[SPINNER_NUM];
    JLabel[] valLabels = new JLabel[SPINNER_NUM];
    JButton okBn = new JButton("确定");
    public void init()
    {
        for (int i = 0; i < SPINNER_NUM; i++)
        {
            valLabels[i] = new JLabel();
        }
        // -----------普通 JSpinner-----------
        spinners[0] = new JSpinner();
        addSpinner(spinners[0], "普通", valLabels[0]);
        // ----------指定最小值、最大值、步长的 JSpinner-----------
        // 创建一个 SpinnerNumberModel 对象，指定最小值、最大值和步长
        var numModel = new SpinnerNumberModel(3.4, -1.1, 4.3, 0.1);
        spinners[1] = new JSpinner(numModel);
        addSpinner(spinners[1], "数值范围", valLabels[1]);
        // ----------使用 SpinnerListModel 的 JSpinner------------
        var books = new String[] {
            "轻量级 Java EE 企业应用实战",
            "疯狂 Java 讲义",
            "疯狂 Ajax 讲义"
        };
        // 使用字符串数组创建 SpinnerListModel 对象
        var bookModel = new SpinnerListModel(books);
        // 使用 SpinnerListModel 对象创建 JSpinner 对象
        spinners[2] = new JSpinner(bookModel);
        addSpinner(spinners[2], "字符串序列值", valLabels[2]);
        // ----------使用序列值是 ImageIcon 的 JSpinner------------
        ArrayList<ImageIcon> icons = new ArrayList<>();
        icons.add(new ImageIcon("a.gif"));
        icons.add(new ImageIcon("b.gif"));
        // 使用 ImageIcon 数组创建 SpinnerListModel 对象
        var iconModel = new SpinnerListModel(icons);
        // 使用 SpinnerListModel 对象创建 JSpinner 对象
        spinners[3] = new JSpinner(iconModel);
        addSpinner(spinners[3], "图标序列值", valLabels[3]);
        // ----------使用 SpinnerDateModel 的 JSpinner------------
        // 分别获取起始时间、结束时间、初始时间
        var cal = Calendar.getInstance();
        Date init = cal.getTime();
        cal.add(Calendar.DAY_OF_MONTH, -3);
        Date start = cal.getTime();
        cal.add(Calendar.DAY_OF_MONTH, 8);
        Date end = cal.getTime();
        // 创建一个 SpinnerDateModel 对象，指定起始时间、结束时间和初始时间
        var dateModel = new SpinnerDateModel(init,
            start, end, Calendar.HOUR_OF_DAY);
        // 以 SpinnerDateModel 对象创建 JSpinner
        spinners[4] = new JSpinner(dateModel);
        addSpinner(spinners[4], "时间范围", valLabels[4]);
        // ----------使用 DateEditor 来格式化 JSpinner------------
        dateModel = new SpinnerDateModel();
        spinners[5] = new JSpinner(dateModel);
        // 创建一个 JSpinner.DateEditor 对象，用于对指定的 Spinner 进行格式化
        var editor = new JSpinner.DateEditor(spinners[5], "公元 yyyy 年 MM 月 dd 日 HH 时");
```

```
        // 设置使用 JSpinner.DateEditor 对象进行格式化
        spinners[5].setEditor(editor);
        addSpinner(spinners[5], "使用 DateEditor", valLabels[5]);
        // 为"确定"按钮添加一个事件监听器
        okBn.addActionListener(evt -> {
            // 取出每个微调控制器的值，并将该值用后面的 Label 标签显示出来
            for (var i = 0; i < SPINNER_NUM; i++)
            {
                // 将微调控制器的值通过指定的 JLabel 显示出来
                valLabels[i].setText(spinners[i].getValue().toString());
            }
        });
        var bnPanel = new JPanel();
        bnPanel.add(okBn);
        mainWin.add(spinnerBox, BorderLayout.CENTER);
        mainWin.add(bnPanel, BorderLayout.SOUTH);
        mainWin.setDefaultCloseOperation(JFrame.EXIT_ON_CLOSE);
        mainWin.pack();
        mainWin.setVisible(true);
    }
    // 定义一个方法，用于将滑动条添加到容器中
    public void addSpinner(JSpinner spinner,
        String description, JLabel valLabel)
    {
        var box = new Box(BoxLayout.X_AXIS);
        var desc = new JLabel(description + ": ");
        desc.setPreferredSize(new Dimension(100, 30));
        box.add(desc);
        box.add(spinner);
        valLabel.setPreferredSize(new Dimension(180, 30));
        box.add(valLabel);
        spinnerBox.add(box);
    }
    public static void main(String[] args)
    {
        new JSpinnerTest().init();
    }
}
```

上面的程序创建了 6 个 JSpinner 对象，并将它们添加到窗口中显示出来，程序中的粗体字代码用于控制每个微调控制器的具体行为。

第一个 JSpinner 组件是一个默认的微调控制器，其初始值是 0，步长是 1，只能接收整数值。

第二个 JSpinner 通过 SpinnerNumberModel 来创建，指定了 JSpinner 的最小值为–1.1、最大值为 4.3、初始值为 3.4、步长为 0.1，所以当用户单击该微调控制器的上、下箭头时，微调控制器的值之间的差值是 0.1，并且只能处于–1.1 和 4.3 之间。

第三个 JSpinner 通过 SpinnerListModel 来创建，在创建 SpinnerListModel 对象时指定字符串数组作为多个序列值，所以当用户单击该微调控制器的上、下箭头时，微调控制器的值总是在该字符串数组中选择。

第四个 JSpinner 也是通过 SpinnerListModel 创建的，虽然传给 SpinnerListModel 对象的构造参数是集合元素为 ImageIcon 的 List 对象，但 JSpinner 只能显示字符串内容，所以它会把每个 ImageIcon 对象的 toString()方法的返回值当成微调控制器的多个序列值。

第五个 JSpinner 通过 SpinnerDateModel 来创建，而且指定了起始时间、结束时间和初始时间，所以当用户单击该微调控制器的上、下箭头时，微调控制器中的时间只能处于指定的时间范围之内。这里需要注意的是，SpinnerDateModel 的第四个参数没有太大的作用，它不能控制两个相邻时间之间的差值。当用户在 JSpinner 组件内选中该时间的指定时间范围时，例如年份，则两个相邻时间的时间差就是 1 年。

第六个 JSpinner 使用 JSpinner.DateEditor 来控制微调控制器中日期、时间的显示格式，在创建 JSpinner.DateEditor 对象时需要传入一个日期时间格式字符串（dateFormatPattern），该参数用于控制日

期、时间的显示格式。关于这个格式字符串的定义方式可以
参考 SimpleDateFormat 类的介绍。本例程序中使用"公元 yyyy
年 MM 月 dd 日 HH 时"作为格式字符串。

　　运行上面的程序，会看到如图 12.33 所示的窗口。

　　程序中还提供了一个"确定"按钮，当单击该按钮时，
系统会把每个微调控制器的值通过对应的 JLabel 标签显示出
来，如图 12.33 所示。

图 12.33　JSpinner 组件的用法示范

12.9　使用 JList、JComboBox 创建列表框

　　无论从哪个角度来看，JList 和 JComboBox 都是极其相似的，它们都有一个列表框，只是 JComboBox
的列表框需要以下拉方式显示出来；JList 和 JComboBox 都可以通过调用 setRenderer() 方法来改变列表
项的表现形式。甚至用于维护这两个组件的 Model 都是相似的，JList 使用 ListModel，JComboBox 使用
ComboBoxModel，而 ComboBoxModel 是 ListModel 的子类。

▶▶ 12.9.1　简单列表框

　　如果仅仅希望创建一个简单的列表框（包括 JList 和 JComboBox），则直接使用它们的构造器即可。
它们的构造器都可接收一个对象数组或元素类型任意的 Vector 作为参数，这个对象数组或元素类型任
意的 Vector 中的所有元素都将转换为列表框的列表项。

　　使用 JList 和 JComboBox 来创建简单的列表框非常简单，只需要按如下步骤进行即可。

　　 使用 JList 或者 JComboBox 的构造器创建一个列表框对象，在创建 JList 或 JComboBox 时应该
传入一个 Vector 对象或者 Object[] 数组作为构造器参数，其中使用 JComboBox 创建的列表框必须单击
右边的向下箭头才会出现。

　　② 调用 JList 或 JComboBox 的各种方法来设置列表框的外观行为，其中 JList 可以调用如下几个常
用的方法。

> ➤ addSelectionInterval(int anchor, int lead)：在已经选中列表项的基础上，增加选中从 anchor 到 lead
> 索引范围内的所有列表项。
> ➤ setFixedCellHeight、setFixedCellWidth：设置每个列表项都具有指定的高度和宽度。
> ➤ setLayoutOrientation(int layoutOrientation)：设置列表框的布局方向，该属性可以接收三个值，即
> JList.HORIZONTAL_WRAP、JList.VERTICAL_WRAP 和 JList.VERTICAL（默认），用于指定当
> 列表框的长度不足以显示所有的列表项时，列表框如何排列所有的列表项。
> ➤ setSelectedIndex(int index)：设置默认选择哪一个列表项。
> ➤ setSelectedIndices(int[] indices)：设置默认选择哪一批列表项（多个）。
> ➤ setSelectedValue(Object anObject, boolean shouldScroll)：设置选中哪个列表项的值，第二个参数
> 决定是否滚动到选中项。
> ➤ setSelectionBackground(Color selectionBackground)：设置选中项的背景色。
> ➤ setSelectionForeground(Color selectionForeground)：设置选中项的前景色。
> ➤ setSelectionInterval(int anchor, int lead)：设置选中从 anchor 到 lead 索引范围内的所有列表项。
> ➤ setSelectionMode(int selectionMode)：设置选中模式。其支持如下三个值。
> > • ListSelectionModel.SINGLE_SELECTION：每次只能选择一个列表项。在这种模式下，
> > setSelectionInterval 和 addSelectionInterval 是等效的。
> > • ListSelectionModel.SINGLE_INTERVAL_SELECTION：每次只能选择一个连续区域。在此
> > 模式下，如果需要添加的区域没有与已选择区域相邻或重叠，则不能添加该区域。简而言
> > 之，在这种模式下，每次可以选择多个列表项，但多个列表项必须处于连续状态。

- ListSelectionModel.MULTIPLE_INTERVAL_SELECTION：在此模式下，选择没有任何限制。该模式是默认设置。

➢ setVisibleRowCount(int visibleRowCount)：设置该列表框的可视高度足以显示多少项。

JComboBox 则提供了如下几个常用的方法。

➢ setEditable(boolean aFlag)：设置是否允许直接修改 JComboBox 文本框的值，默认不允许。

➢ setMaximumRowCount(int count)：设置下拉列表框的可视高度可以显示多少个列表项。

➢ setSelectedIndex(int anIndex)：根据索引设置默认选中哪一个列表项。

➢ setSelectedItem(Object anObject)：根据列表项的值设置默认选中哪一个列表项。

提示：

> JComboBox 没有设置选择模式的方法，因为 JComboBox 最多只能选中一项，所以没有必要设置选择模式。

③ 如果需要监听列表框选择项的变化，则可以通过添加对应的监听器来实现。通常 JList 使用 addListSelectionListener()方法添加监听器，而 JComboBox 使用 addItemListener()方法添加监听器。

下面的程序示范了 JList 和 JCombox 的用法，并允许用户通过单选钮来控制 JList 的选项布局、选择模式。当用户选择图书之后，这些图书会在窗口下面的文本域中显示出来。

程序清单：codes\12\12.9\ListTest.java

```java
public class ListTest
{
    private JFrame mainWin = new JFrame("测试列表框");
    String[] books = new String[] {
        "疯狂 Java 讲义",
        "轻量级 Java EE 企业应用实战",
        "疯狂 Android 讲义",
        "疯狂 Ajax 讲义",
        "经典 Java EE 企业应用实战"
    };
    // 用字符串数组来创建一个 JList 对象
    JList<String> bookList = new JList<>(books);
    JComboBox<String> bookSelector;
    // 定义布局选择按钮所在的面板
    JPanel layoutPanel = new JPanel();
    ButtonGroup layoutGroup = new ButtonGroup();
    // 定义选择模式按钮所在的面板
    JPanel selectModePanel = new JPanel();
    ButtonGroup selectModeGroup = new ButtonGroup();
    JTextArea favorite = new JTextArea(4, 40);
    public void init()
    {
        // 设置 JList 的可视高度可同时显示 3 个列表项
        bookList.setVisibleRowCount(3);
        // 默认选中第 3 项到第 5 项（第 1 项的索引是 0）
        bookList.setSelectionInterval(2, 4);
        addLayoutButton("纵向滚动", JList.VERTICAL);
        addLayoutButton("纵向换行", JList.VERTICAL_WRAP);
        addLayoutButton("横向换行", JList.HORIZONTAL_WRAP);
        addSelectModeButton("无限制", ListSelectionModel
            .MULTIPLE_INTERVAL_SELECTION);
        addSelectModeButton("单选", ListSelectionModel
            .SINGLE_SELECTION);
        addSelectModeButton("单范围", ListSelectionModel
            .SINGLE_INTERVAL_SELECTION);
        var listBox = new Box(BoxLayout.Y_AXIS);
        // 将 JList 组件放在 JScrollPane 中，再将该 JScrollPane 添加到 listBox 容器中
        listBox.add(new JScrollPane(bookList));
        // 添加布局选择按钮面板、选择模式按钮面板
        listBox.add(layoutPanel);
```

```
            listBox.add(selectModePanel);
            // 为 JList 添加事件监听器
            bookList.addListSelectionListener(e -> {  // ①
                // 获取用户选择的所有图书
                List<String> books = bookList.getSelectedValuesList();
                favorite.setText("");
                for (var book : books )
                {
                    favorite.append(book + "\n");
                }
            });
            Vector<String> bookCollection = new Vector<>();
            bookCollection.add("疯狂 Java 讲义");
            bookCollection.add("轻量级 Java EE 企业应用实战");
            bookCollection.add("疯狂 Android 讲义");
            bookCollection.add("疯狂 Ajax 讲义");
            bookCollection.add("经典 Java EE 企业应用实战");
            // 用 Vector 对象来创建一个 JComboBox 对象
            bookSelector = new JComboBox<>(bookCollection);
            // 为 JComboBox 添加事件监听器
            bookSelector.addItemListener(e -> {  // ②
                // 获取 JComboBox 所选中的项
                Object book = bookSelector.getSelectedItem();
                favorite.setText(book.toString());
            });
            // 设置可以直接编辑
            bookSelector.setEditable(true);
            // 设置下拉列表框的可视高度可同时显示 4 个列表项
            bookSelector.setMaximumRowCount(4);
            var p = new JPanel();
            p.add(bookSelector);
            var box = new Box(BoxLayout.X_AXIS);
            box.add(listBox);
            box.add(p);
            mainWin.add(box);
            var favoritePanel = new JPanel();
            favoritePanel.setLayout(new BorderLayout());
            favoritePanel.add(new JScrollPane(favorite));
            favoritePanel.add(new JLabel("您喜欢的图书: "),
                BorderLayout.NORTH);
            mainWin.add(favoritePanel, BorderLayout.SOUTH);
            mainWin.setDefaultCloseOperation(JFrame.EXIT_ON_CLOSE);
            mainWin.pack();
            mainWin.setVisible(true);
    }
    private void addLayoutButton(String label, final int orientation)
    {
        layoutPanel.setBorder(new TitledBorder(new EtchedBorder(),
            "确定选项布局"));
        var button = new JRadioButton(label);
        // 把该单选钮添加到 layoutPanel 面板中
        layoutPanel.add(button);
        // 默认选中第一个单选钮
        if (layoutGroup.getButtonCount() == 0)
            button.setSelected(true);
        layoutGroup.add(button);
        button.addActionListener(event ->
            // 改变列表框中列表项的布局方向
            bookList.setLayoutOrientation(orientation));
    }
    private void addSelectModelButton(String label, final int selectModel)
    {
        selectModePanel.setBorder(new TitledBorder(new EtchedBorder(),
            "确定选择模式"));
        var button = new JRadioButton(label);
        // 把该单选钮添加到 selectModePanel 面板中
        selectModePanel.add(button);
```

```
        // 默认选中第一个单选钮
        if (selectModeGroup.getButtonCount() == 0)
        button.setSelected(true);
        selectModeGroup.add(button);
        button.addActionListener(event ->
            // 改变列表框中的选择模式
            bookList.setSelectionMode(selectModel));
    }
    public static void main(String[] args)
    {
        new ListTest().init();
    }
}
```

图 12.34　JList 和 JComboBox 的用法示范

上面程序中的粗体字代码实现了使用字符串数组创建一个 JList 对象，并通过调用一些方法来改变该 JList 的表现外观；使用 Vector 创建一个 JComboBox 对象，并通过调用一些方法来改变该 JComboBox 的表现外观。

程序中①②号粗体字代码分别为 JList 对象和 JComboBox 对象添加事件监听器，当用户改变两个列表框中的选择时，程序会把用户选择的图书显示在下面的文本域内。运行上面的程序，会看到如图 12.34 所示的效果。

从图 12.34 中可以看出，因为 JComboBox 设置了 setEditable(true)，所以可以直接在该组件中输入用户自己喜欢的图书，当输入结束后，输入的图书名会直接显示在窗口下面的文本域内。

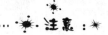 注意：

> JList 默认没有滚动条，必须将其放在 JScrollPane 中才有滚动条，通常总是将 JList 放在 JScrollPane 中使用，所以程序中先将 JList 放到 JScrollPane 容器中，再将该 JScrollPane 添加到窗口中。如果要在 JList 中选中多个选项，则可以使用 Ctrl 或 Shift 辅助键，按住 Ctrl 键才可以在原来选中列表项的基础上增加选中新的列表项；按住 Shift 键可以选中连续区域内的所有列表项。

▶▶ 12.9.2　不强制存储列表项的 ListModel 和 ComboBoxModel

正如前面所提到的，Swing 的绝大部分组件都采用了 MVC 的设计模式，其中 JList 和 JComboBox 只负责组件的外观显示，而组件底层的状态数据维护则由对应的 Model 负责。JList 对应的 Model 是 ListModel 接口，JComboBox 对应的 Model 是 ComboBoxModel 接口，这两个接口负责维护 JList 和 JComboBox 组件里的列表项。其中，ListModel 接口的代码如下：

```
public interface ListModel<E>
{
    // 返回列表项的数量
    int getSize();
    // 返回指定索引处的列表项
    E getElementAt(int index);
    // 为列表项添加一个监听器，当列表项发生变化时将触发该监听器
    void addListDataListener(ListDataListener l);
    // 删除列表项上指定的监听器
    void removeListDataListener(ListDataListener l);
}
```

从上面的接口代码来看，这个 ListModel 不管 JList 里的所有列表项的存储形式，它甚至不强制存储所有的列表项，只要 ListModel 的实现类提供了 getSize() 和 getElementAt() 两个方法，JList 就可以根据该 ListModel 对象来生成列表框。

ComboBoxModel 继承了 ListModel，它增加了"选择项"的概念，选择项代表 JComboBox 显示区域内可见的列表项。ComboBoxModel 为"选择项"提供了两个方法，下面是 ComboBoxModel 接口的代码。

```
public interface ComboBoxModel<E> extends ListModel<E>
{
    // 设置选中"选择项"
    void setSelectedItem(Object anItem);
    // 获取"选择项"的值
    Object getSelectedItem();
}
```

因为 ListModel 不强制存储所有的列表项，因此可以为它创建一个实现类：NumberListModel，这个实现类只需要传入上限（数值）、下限（数值）和步长，程序就可以自动为之实现上面的 getSize()方法和 getElementAt()方法，从而允许直接使用一个数值范围来创建 JList 对象。

实现 getSize()方法的代码如下：

```
public int getSize()
{
    return (int) Math.floor(end.subtract(start)
        .divide(step).doubleValue()) + 1;
}
```

用"（上限–下限）÷步长+1"即可得到该 ListModel 中包含的列表项的数量。

> **注意 :**
> 程序使用 BigDecimal 变量来保存上限、下限和步长，而不是直接使用 double 变量来保存这三个属性，这主要是为了实现对数值的精确计算，所以上面程序中的 end、start 和 step 都是 BigDecimal 类型的变量。

实现 getElementAt()方法也很简单，"下限+步长×索引"就是指定索引处的元素，该方法的具体实现请参考 ListModelTest.java。

下面的程序为 ListModel 提供了 NumberListModel 实现类，并为 ComboBoxModel 提供了 NumberComboBoxModel 实现类，这两个实现类允许程序使用数值范围来创建 JList 和 JComboBox 对象。

程序清单：codes\12\12.9\ListModelTest.java

```
public class ListModelTest
{
    private JFrame mainWin = new JFrame("测试 ListModel");
    // 根据 NumberListModel 对象来创建 JList 对象
    private JList<BigDecimal> numScopeList = new JList<>(
        new NumberListModel(1, 21, 2));
    // 根据 NumberComboBoxModel 对象来创建 JComboBox 对象
    private JComboBox<BigDecimal> numScopeSelector = new JComboBox<>(
        new NumberComboBoxModel(0.1, 1.2, 0.1));
    private JTextField showVal = new JTextField(10);
    public void init()
    {
        // JList 的可视高度可同时显示 4 个列表项
        numScopeList.setVisibleRowCount(4);
        // 默认选中第 3 项到第 5 项（第 1 项的索引是 0）
        numScopeList.setSelectionInterval(2, 4);
        // 设置每个列表项都具有指定的高度和宽度
        numScopeList.setFixedCellHeight(30);
        numScopeList.setFixedCellWidth(90);
        // 为 numScopeList 添加监听器
        numScopeList.addListSelectionListener(e -> {
            // 获取用户选中的所有数值
            List<BigDecimal> nums = numScopeList.getSelectedValuesList();
            showVal.setText("");
            // 把用户选中的数值添加到单行文本框中
            for (var num : nums )
```

```
                    showVal.setText(showVal.getText()
                        + num.toString() + ", ");
                }
        });
        // 设置列表框的可视高度可显示 5 个列表项
        numScopeSelector.setMaximumRowCount(5);
        var box = new Box(BoxLayout.X_AXIS);
        box.add(new JScrollPane(numScopeList));
        var p = new JPanel();
        p.add(numScopeSelector);
        box.add(p);
        // 为 numScopeSelector 添加监听器
        numScopeSelector.addItemListener(e -> {
            // 获取 JComboBox 中所选中的数值
            Object num = numScopeSelector.getSelectedItem();
            showVal.setText(num.toString());
        });
        var bottom = new JPanel();
        bottom.add(new JLabel("您选择的值是: "));
        bottom.add(showVal);
        mainWin.add(box);
        mainWin.add(bottom, BorderLayout.SOUTH);
        mainWin.setDefaultCloseOperation(JFrame.EXIT_ON_CLOSE);
        mainWin.pack();
        mainWin.setVisible(true);
    }
    public static void main(String[] args)
    {
        new ListModelTest().init();
    }
}
class NumberListModel extends AbstractListModel<BigDecimal>
{
    protected BigDecimal start;
    protected BigDecimal end;
    protected BigDecimal step;
    public NumberListModel(double start, double end, double step)
    {
        this.start = BigDecimal.valueOf(start);
        this.end = BigDecimal.valueOf(end);
        this.step = BigDecimal.valueOf(step);
    }
    // 返回列表项的数量
    public int getSize()
    {
        return (int)Math.floor(end.subtract(start)
            .divide(step).doubleValue()) + 1;
    }
    // 返回指定索引处的列表项
    public BigDecimal getElementAt(int index)
    {
        return BigDecimal.valueOf(index).multiply(step).add(start);
    }
}
class NumberComboBoxModel extends NumberListModel
    implements ComboBoxModel<BigDecimal>
{
    // 用于保存用户选中项的索引
    private int selectId = 0;
    public NumberComboBoxModel(double start, double end, double step)
    {
        super(start, end, step);
    }
    // 设置选中"选择项"
    public void setSelectedItem(Object anItem)
    {
        if (anItem instanceof BigDecimal)
        {
            var target = (BigDecimal) anItem;
```

```
            // 根据选中的值来修改选中项的索引
            selectId = target.subtract(super.start).divide(step).intValue();
        }
    }
    // 获取"选择项"的值
    public BigDecimal getSelectedItem()
    {
        // 根据选中项的索引来取得选中项
        return BigDecimal.valueOf(selectId).multiply(step).add(start);
    }
}
```

上面程序中的粗体字代码分别使用 NumberListModel 和 NumberComboBoxModel 创建了 JList 和 JComboBox 对象，在创建这两个列表框时无须指定每个列表项，只需给出数值的上限、下限和步长即可。运行上面的程序，会看到如图 12.35 所示的窗口。

图 12.35 根据数值范围创建的 JList 和 JComboBox

▶▶ 12.9.3 强制存储列表项的 DefaultListModel 和 DefaultComboBoxModel

前面只是介绍了如何创建 JList、JComboBox 对象，当调用 JList 和 JComboBox 的构造器时传入数组或 Vector 作为参数，这些数组元素或集合元素将会作为列表项。在使用 JList 或 JComboBox 时，常常还需要动态地添加、删除列表项。

对于 JComboBox 类，它提供了如下几个方法来添加、插入和删除列表项。

➤ addItem(E anObject)：向 JComboBox 中添加一个列表项。

➤ insertItemAt(E anObject, int index)：向 JComboBox 中指定索引处插入一个列表项。

➤ removeAllItems()：删除 JComboBox 中所有的列表项。

➤ removeItem(E anObject)：删除 JComboBox 中指定的列表项。

➤ removeItemAt(int anIndex)：删除 JComboBox 中指定索引处的列表项。

> 提示：
> 上面这些方法的参数类型是 E，这是由于 Java 7 为 JComboBox、JList、ListModel 都增加了泛型支持，这些接口都有形如 JComboBox<E>、JList<E>、ListModel<E>的泛型声明，因此它们里面的方法可使用 E 作为参数或返回值的类型。

通过这些方法就可以添加、插入和删除 JComboBox 中的列表项，但 JList 并没有提供类似的方法。实际上，对于直接通过数组或 Vector 创建的 JList 对象，很难向该 JList 中添加或删除列表项。如果需要创建一个可以添加、删除列表项的 JList 对象，则应该在创建 JList 时显式使用 DefaultListModel 作为构造参数。因为 DefaultListModel 作为 JList 的 Model，它负责维护 JList 组件的所有列表数据，所以可以通过向 DefaultListModel 中添加、删除元素来实现向 JList 对象中添加、删除列表项。DefaultListModel 提供了如下几个方法来添加、删除元素。

➤ add(int index, E element)：在该 ListModel 的指定位置处添加指定元素。

➤ addElement(E obj)：将指定元素添加到该 ListModel 的末尾。

➤ insertElementAt(E obj, int index)：在该 ListModel 中指定位置处插入指定元素。

➤ remove(int index)：删除该 ListModel 中指定位置处的元素。

➤ removeAllElements()：删除该 ListModel 中所有的元素，并将其大小设置为 0。

➤ removeElement(E obj)：删除该 ListModel 中第一个与参数匹配的元素。

➤ removeElementAt(int index)：删除该 ListModel 中指定索引处的元素。

➤ removeRange(int fromIndex, int toIndex)：删除该 ListModel 中指定范围内的所有元素。

➤ set(int index, E element)：将该 ListModel 中指定索引处的元素替换成指定元素。

➢ setElementAt(E obj, int index)：将该 ListModel 中指定索引处的元素替换成指定元素。

上面这些方法的功能有些是重复的，这是由于 Java 的历史原因造成的。如果通过 DefaultListModel 来创建 JList 组件，则可以通过调用上面这些方法来添加、删除 DefaultListModel 中的元素，从而实现对 JList 中列表项的添加、删除。下面的程序示范了如何向 JList 中添加、删除列表项。

程序清单：codes\12\12.9\DefaultListModelTest.java

```java
public class DefaultListModelTest
{
    private JFrame mainWin = new JFrame("测试 DefaultListModel");
    // 定义一个 JList 对象
    private JList<String> bookList;
    // 定义一个 DefaultListModel 对象
    private DefaultListModel<String> bookModel
        = new DefaultListModel<>();
    private JTextField bookName = new JTextField(20);
    private JButton removeBn = new JButton("删除选中图书");
    private JButton addBn = new JButton("添加指定图书");
    public void init()
    {
        // 向 bookModel 中添加元素
        bookModel.addElement("疯狂 Java 讲义");
        bookModel.addElement("轻量级 Java EE 企业应用实战");
        bookModel.addElement("疯狂 Android 讲义");
        bookModel.addElement("疯狂 Ajax 讲义");
        bookModel.addElement("经典 Java EE 企业应用实战");
        // 根据 DefaultListModel 对象创建一个 JList 对象
        bookList = new JList<>(bookModel);
        // 设置最大可视高度
        bookList.setVisibleRowCount(4);
        // 只能单选
        bookList.setSelectionMode(ListSelectionModel.SINGLE_SELECTION);
        // 为添加按钮添加事件监听器
        addBn.addActionListener(evt -> {
            // 当 bookName 文本框的内容不为空时
            if (!bookName.getText().trim().equals(""))
            {
                // 向 bookModel 中添加一个元素
                // 系统会自动向 JList 中添加对应的列表项
                bookModel.addElement(bookName.getText());
            }
        });
        // 为删除按钮添加事件监听器
        removeBn.addActionListener(evt -> {
            // 如果用户已经选中一项
            if (bookList.getSelectedIndex() >= 0)
            {
                // 从 bookModel 中删除指定索引处的元素
                // 系统会自动删除 JList 对应的列表项
                bookModel.removeElementAt(bookList.getSelectedIndex());
            }
        });
        var p = new JPanel();
        p.add(bookName);
        p.add(addBn);
        p.add(removeBn);
        // 添加 bookList 组件
        mainWin.add(new JScrollPane(bookList));
        // 将 p 面板添加到窗口中
        mainWin.add(p, BorderLayout.SOUTH);
        mainWin.setDefaultCloseOperation(JFrame.EXIT_ON_CLOSE);
        mainWin.pack();
        mainWin.setVisible(true);
    }
    public static void main(String[] args)
```

```
        {
            new DefaultListModelTest().init();
        }
    }
```

上面程序中的粗体字代码通过 DefaultListModel 创建了一个 JList 对象，然后在两个按钮的事件监听器中分别向 DefaultListModel 对象中添加、删除元素，从而实现了向 JList 中添加、删除列表项。运行上面的程序，会看到如图 12.36 所示的窗口。

图 12.36 向 JList 中添加、删除列表项

学生提问：为什么 JComboBox 提供了添加、删除列表项的方法，而 JList 没有提供添加、删除列表项的方法呢？

答：因为直接使用数组、Vector 创建的 JList 和 JComboBox 所对应的 Model 实现类不同。使用数组、Vector 创建的 JComboBox 的 Model 类是 DefaultComboBoxModel，这是一个元素可变的集合类，所以使用数组、Vector 创建的 JComboBox 可以直接添加、删除列表项，因此 JComboxBox 提供了添加、删除列表项的方法；而使用数组、Vector 创建的 JList 所对应的 Model 类分别是 JList$1（JList 的第一个匿名内部类）、JList$2（JList 的第二个匿名内部类），这两个匿名内部类都是元素不可变的集合类，所以使用数组、Vector 创建的 JList 不可以直接添加、删除列表项，因此 JList 没有提供添加、删除列表项的方法。如果想创建列表项可变的 JList 对象，则要显式使用 DefaultListModel 对象作为 Model，而 DefaultListModel 才是元素可变的集合类，可以直接通过修改 DefaultListModel 里的元素来改变 JList 中的列表项。

DefaultListModel 和 DefaultComboBoxModel 是两个强制存储所有列表项的 Model 类，它们使用 Vector 来存储所有的列表项。从 DefaultListModelTest 程序中可以看出，DefaultListModel 的用法和 Vector 的用法非常相似。实际上，DefaultListModel 和 DefaultComboBoxModel 从功能上看，与 Vector 并没有太大的区别。如果要创建列表项可变的 JList 组件，使用 DefaultListModel 作为构造参数即可，读者可以把 DefaultListModel 当成一个特殊的 Vector；如果要创建列表项可变的 JComboBox 组件，当然也可以显式使用 DefaultComboBoxModel 作为参数，但这并不是必需的，因为 JComboBox 默认使用 DefaultComboBoxModel 作为对应的 model 对象。

▶▶ 12.9.4 使用 ListCellRenderer 改变列表项外观

前面程序中的 JList 和 JComboBox 采用的都是简单的字符串列表项，实际上，JList 和 JComboBox 还可以支持图标列表项，如果在创建 JList 或 JComboBox 时传入图标数组，则创建的 JList 和 JComboBox 的列表项就是图标。

如果希望列表项是更复杂的组件，例如，希望像 QQ 程序那样每个列表项既有图标，也有字符串，那么可以通过调用 JList 或 JComboBox 的 setCellRenderer(ListCellRenderer cr)方法来实现，该方法需要接收一个 ListCellRenderer 对象，该对象代表一个列表项绘制器。

ListCellRenderer 是一个接口，该接口里包含一个方法：

```
public Component getListCellRendererComponent(JList list, Object value,
    int index, bolean isSelected, boolean cellHasFocus)
```

上面的 getListCellRendererComponent()方法返回一个 Component 组件，该组件就代表了 JList 或 JComboBox 的每个列表项。

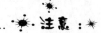 **注意：**

> 自定义绘制 JList 和 JComboBox 的列表项所用的方法相同，所用的列表项绘制器也相同，故本节以 JList 为例。

ListCellRenderer 只是一个接口，它并未强制指定列表项绘制器属于哪种组件，因此可扩展任何组件来实现 ListCellRenderer 接口。通常采用扩展其他容器（如 JPanel）的方式来实现列表项绘制器，在实现列表项绘制器时可通过重写 paintComponent()的方法来改变单元格的外观行为。例如下面的程序，在重写 paintComponent()方法时先绘制好友图像，再绘制好友名字。

程序清单：codes\12\12.9\ListRenderingTest.java

```java
public class ListRenderingTest
{
    private JFrame mainWin = new JFrame("好友列表");
    private String[] friends = new String[] {
        "李清照",
        "苏格拉底",
        "李白",
        "弄玉",
        "虎头"
    };
    // 定义一个 JList 对象
    private JList friendsList = new JList(friends);
    public void init()
    {
        // 设置该 JList 使用 ImageCellRenderer 作为列表项绘制器
        friendsList.setCellRenderer(new ImageCellRenderer());
        mainWin.add(new JScrollPane(friendsList));
        mainWin.setDefaultCloseOperation(JFrame.EXIT_ON_CLOSE);
        mainWin.pack();
        mainWin.setVisible(true);
    }
    public static void main(String[] args)
    {
        new ListRenderingTest().init();
    }
}
class ImageCellRenderer extends JPanel
    implements ListCellRenderer
{
    private ImageIcon icon;
    private String name;
    // 定义绘制单元格时的背景色
    private Color background;
    // 定义绘制单元格时的前景色
    private Color foreground;
    public Component getListCellRendererComponent(JList list,
        Object value, int index,
        boolean isSelected, boolean cellHasFocus)
    {
        icon = new ImageIcon("ico/" + value + ".gif");
        name = value.toString();
        background = isSelected ? list.getSelectionBackground()
            : list.getBackground();
        foreground = isSelected ? list.getSelectionForeground()
```

```
            : list.getForeground();
       // 返回该 JPanel 对象作为列表项绘制器
       return this;
    }
    // 重写 paintComponent()方法，改变 JPanel 的外观
    public void paintComponent(Graphics g)
    {
       int imageWidth = icon.getImage().getWidth(null);
       int imageHeight = icon.getImage().getHeight(null);
       g.setColor(background);
       g.fillRect(0, 0, getWidth(), getHeight());
       g.setColor(foreground);
       // 绘制好友图标
       g.drawImage(icon.getImage(), getWidth() / 2
          - imageWidth / 2, 10, null);
       g.setFont(new Font("SansSerif", Font.BOLD, 18));
       // 绘制好友用户名
       g.drawString(name, getWidth() / 2
          - name.length() * 10, imageHeight + 30 );
    }
    // 通过该方法来设置该 ImageCellRenderer 的最佳大小
    public Dimension getPreferredSize()
    {
       return new Dimension(60, 80);
    }
}
```

上面程序中的第一行粗体字代码显式指定了该 JList 对象使用 ImageCellRenderer 作为列表项绘制器，ImageCellRenderer 重写了 paintComponent()方法来绘制单元格内容。此外，ImageCellRenderer 还重写了 getPreferredSize()方法，该方法返回一个 Dimension 对象，用于描述该列表项绘制器的最佳大小。运行上面的程序，会看到如图 12.37 所示的窗口。

图 12.37　使用 ListCellRenderer 绘制列表项

通过使用自定义的列表项绘制器，可以让 JList 和 JComboBox 的列表项是任意组件，并且可以在该组件上任意添加内容。

12.10　使用 JTree 和 TreeModel 创建树

树也是图形用户界面中使用非常广泛的 GUI 组件，例如，在使用 Windows 资源管理器时，将看到如图 12.38 所示的目录树。该树代表计算机世界里的树，它从自然界中实际的树抽象而来。计算机世界里的树是由一系列具有严格父子关系的节点组成的，每个节点既可以是其上一级节点的子节点，也可以是其下一级节点的父节点，因此同一个节点既可以是父节点，也可以是子节点（类似于一个人，他既是他儿子的父亲，也是他父亲的儿子）。

如果按节点是否包含子节点来分，节点分为如下两种。

➢ 普通节点：包含子节点的节点。

➢ 叶子节点：没有子节点的节点，因此叶子节点不可作为父节点。

如果按节点是否具有唯一的父节点来分，节点又可分为如下两种。

➢ 根节点：没有父节点的节点，根节点不可作为子节点。

➢ 普通节点：具有唯一父节点的节点。

一棵树只能有一个根节点，如果一棵树有多个根节点，那么它就不是一棵树了，而是多棵树的集合，有时也被称为森林。图 12.39 显示了计算机世界里树的一些专业术语。

使用 Swing 里的 Jtree、TreeModel 及其相关的辅助类可以很轻松地开发出计算机世界里的树，如图 12.39 所示。

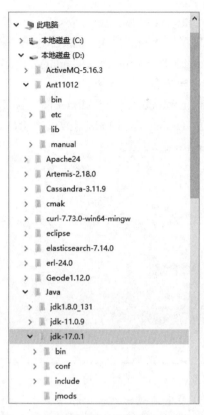

图 12.38　Windows 资源管理器目录树

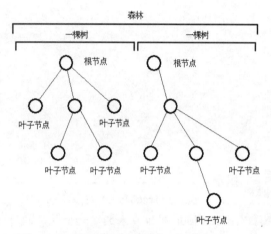

图 12.39　计算机世界里树的示意图

▶▶ 12.10.1　创建树

　　Swing 使用 JTree 对象来代表一棵树（实际上，JTree 可以代表森林，因为在使用 JTree 创建树时可以传入多个根节点），JTree 树中的节点可以使用 TreePath 来标识，该对象封装了当前节点及其所有的父节点。必须指出，只有节点及其所有的父节点才能唯一地标识一个节点；也可以使用行数来标识，如图 12.39 所示，显示区域的每一行都标识一个节点。

　　当一个节点具有子节点时，该节点有两种状态。

　　➤ 展开状态：当父节点处于展开状态时，其子节点是可见的。

　　➤ 折叠状态：当父节点处于折叠状态时，其子节点是不可见的。

　　如果某个节点是可见的，则该节点的父节点（包括直接的、间接的父节点）必须处于展开状态；只要有任意一个父节点处于折叠状态，该节点就是不可见的。

　　如果希望创建一棵树，则直接使用 JTree 的构造器创建 JTree 对象即可。JTree 提供了如下几个常用的构造器。

　　➤ JTree(TreeModel newModel)：使用指定的数据模型创建 JTree 对象，它默认显示根节点。

　　➤ JTree(TreeNode root)：使用 root 作为根节点创建 JTree 对象，它默认显示根节点。

　　➤ JTree(TreeNode root, boolean asksAllowsChildren)：使用 root 作为根节点创建 JTree 对象，它默认显示根节点。asksAllowsChildren 参数控制什么样的节点才算叶子节点——如果该参数为 true，则只有当程序使用 setAllowsChildren(false) 显式设置某个节点不允许添加子节点时（以后也不会拥有子节点），该节点才会被 JTree 当成叶子节点；如果该参数为 false，则只要某个节点当时没有子节点（不管以后是否拥有子节点），该节点就会被 JTree 当成叶子节点。

　　上面的第一个构造器需要显式传入一个 TreeModel 对象，Swing 为 TreeModel 提供了一个 DefaultTreeModel 实现类，通常可先创建 DefaultTreeModel 对象，然后再利用 DefaultTreeModel 来创建 JTree，但通过 DefaultTreeModel 的 API 文档会发现，创建 DefaultTreeModel 对象依然需要传入根节点，所以直接通过根节点创建 JTree 更加简洁。

为了利用根节点来创建 JTree，程序需要创建一个 TreeNode 对象。TreeNode 是一个接口，该接口有一个 MutableTreeNode 子接口，Swing 为该接口提供了默认的实现类：DefaultMutableTreeNode，程序可以通过 DefaultMutableTreeNode 为树创建节点，并通过 DefaultMutableTreeNode 提供的 add()方法建立各节点之间的父子关系，然后调用 JTree 的 JTree(TreeNode root)构造器来创建一棵树。

图 12.40 显示了 JTree 相关类的关系，从该图可以看出 DefaultTreeModel 是 TreeModel 的默认实现类，当程序通过 TreeNode 类创建 JTree 时，其状态数据实际上是由 DefaultTreeModel 对象维护的，因为在创建 JTree 时传入的 TreeNode 对象，实际上传给了 DefaultTreeModel 对象。

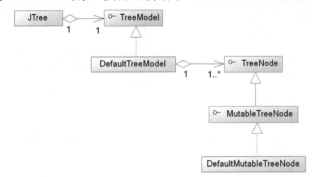

图 12.40　JTree 相关类的关系

提示：

DefaultTreeModel 也提供了 DefaultTreeModel(TreeNode root)构造器，用于接收一个 TreeNode 根节点来创建一个默认的 TreeModel 对象；当程序中通过传入一个根节点来创建 JTree 对象时，实际上是将该节点传入对应的 DefaultTreeModel 对象，并使用该 DefaultTreeModel 对象来创建 JTree 对象的。

下面的程序创建了一棵最简单的 Swing 树。

程序清单：codes\12\12.10\SimpleJTree.java

```java
public class SimpleJTree
{
    JFrame jf = new JFrame("简单树");
    JTree tree;
    DefaultMutableTreeNode root;
    DefaultMutableTreeNode guangdong;
    DefaultMutableTreeNode guangxi;
    DefaultMutableTreeNode foshan;
    DefaultMutableTreeNode shantou;
    DefaultMutableTreeNode guilin;
    DefaultMutableTreeNode nanning;
    public void init()
    {
        // 依次创建树中所有的节点
        root = new DefaultMutableTreeNode("中国");
        guangdong = new DefaultMutableTreeNode("广东");
        guangxi = new DefaultMutableTreeNode("广西");
        foshan = new DefaultMutableTreeNode("佛山");
        shantou = new DefaultMutableTreeNode("汕头");
        guilin = new DefaultMutableTreeNode("桂林");
        nanning = new DefaultMutableTreeNode("南宁");
        // 通过 add()方法建立树节点之间的父子关系
        guangdong.add(foshan);
        guangdong.add(shantou);
        guangxi.add(guilin);
        guangxi.add(nanning);
        root.add(guangdong);
        root.add(guangxi);
        // 以根节点创建树
```

```
    tree = new JTree(root);    // ①
    jf.add(new JScrollPane(tree));
    jf.pack();
    jf.setDefaultCloseOperation(JFrame.EXIT_ON_CLOSE);
    jf.setVisible(true);
}
public static void main(String[] args)
{
    new SimpleJTree().init();
}
}
```

上面程序中的粗体字代码创建了一系列 DefaultMutableTreeNode 对象，并通过 add()方法为这些节点建立了相应的父子关系。程序中①号粗体字代码则以一个根节点创建了一个 JTree 对象。当程序把 JTree 对象添加到其他容器中后，JTree 就会在该容器中绘制出一棵 Swing 树。运行上面的程序，会看到如图 12.41 所示的窗口。

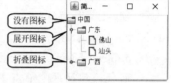

图 12.41　Swing 树的效果

从图 12.41 中可以看出，Swing 树的默认风格是使用一个特殊的图标来表示节点的展开、折叠，而不是使用我们熟悉的 "+" 和 "-" 图标来表示节点的展开、折叠。如果希望使用 "+" 和 "-" 图标来表示节点的展开、折叠，则可以考虑使用 Windows 风格。

从图 12.41 中可以看出，Swing 树默认使用连接线来连接所有的节点，程序可以使用如下代码来强制 JTree 不显示节点之间的连接线。

```
// 没有连接线
tree.putClientProperty("JTree.lineStyle", "None");
```

或者，使用如下代码来强制节点之间只有水平分隔线。

```
// 水平分隔线
tree.putClientProperty("JTree.lineStyle", "Horizontal");
```

图 12.41 中显示的根节点前没有绘制表示节点展开、折叠的特殊图标，如果希望在根节点前也绘制表示节点展开、折叠的特殊图标，则使用如下代码。

```
// 设置是否显示根节点的展开、折叠图标，默认是 false
tree.setShowsRootHandles(true);
```

JTree 甚至允许把整个根节点隐藏起来，可以通过如下代码来隐藏根节点。

```
// 设置根节点是否可见，默认是 true
tree.setRootVisible(false);
```

DefaultMutableTreeNode 是 JTree 默认的树节点，该类提供了大量的方法来访问树中的节点，包括遍历该节点的所有子节点的两个方法。DefaultMutableTreeNode 提供了广度优先遍历和深度优先遍历两种方法。

➤ Enumeration breadthFirstEnumeration()/preorderEnumeration()：按广度优先的顺序遍历以此节点为根的子树，并返回所有节点组成的枚举对象。

➤ Enumeration depthFirstEnumeration()/postorderEnumeration()：按深度优先的顺序遍历以此节点为根的子树，并返回所有节点组成的枚举对象。

提示：
关于树的深度优先遍历和广度优先遍历算法不属于本书的介绍范围，读者可以参考《疯狂 Java 程序员的基本修养》学习有关树的更详细内容。

此外，DefaultMutableTreeNode 也提供了大量的方法来获取指定节点的兄弟节点、父节点、子节点等，常用的有如下几个方法。

➤ DefaultMutableTreeNode getNextSibling()：返回此节点的下一个兄弟节点。

- ➢ TreeNode getParent()：返回此节点的父节点。如果此节点没有父节点，则返回 null。
- ➢ TreeNode[] getPath()：返回从根节点到此节点的所有节点组成的数组。
- ➢ DefaultMutableTreeNode getPreviousSibling()：返回此节点的上一个兄弟节点。
- ➢ TreeNode getRoot()：返回包含此节点的树的根节点。
- ➢ TreeNode getSharedAncestor(DefaultMutableTreeNode aNode)：返回此节点和 aNode 最近的共同祖先节点。
- ➢ int getSiblingCount()：返回此节点的兄弟节点数。
- ➢ boolean isLeaf()：返回该节点是否是叶子节点。
- ➢ boolean isNodeAncestor(TreeNode anotherNode)：判断 anotherNode 是否是当前节点的祖先节点（包括父节点）。
- ➢ boolean isNodeChild(TreeNode aNode)：如果 aNode 是此节点的子节点，则返回 true。
- ➢ boolean isNodeDescendant(DefaultMutableTreeNode anotherNode)：如果 anotherNode 是此节点的后代，包括是此节点本身、此节点的子节点或此节点的子节点的后代，则返回 true。
- ➢ boolean isNodeRelated(DefaultMutableTreeNode aNode)：当 aNode 和当前节点位于同一棵树中时返回 true。
- ➢ boolean isNodeSibling(TreeNode anotherNode)：返回 anotherNode 是否是当前节点的兄弟节点。
- ➢ boolean isRoot()：返回当前节点是否是根节点。
- ➢ Enumeration pathFromAncestorEnumeration(TreeNode ancestor)：返回从指定的祖先节点到当前节点的所有节点组成的枚举对象。

▶▶ 12.10.2 拖动、编辑树节点

JTree 生成的树默认是不可编辑的，不可以添加、删除节点，也不可以改变节点数据。如果想让某个 JTree 对象变成可编辑状态，则可以调用 JTree 的 setEditable(boolean b)方法，传入 true 即可把这棵树变成可编辑的树（可以添加、删除节点，也可以改变节点数据）。

一旦将 JTree 对象设置成可编辑状态，程序就可以为指定的节点添加子节点、兄弟节点，也可以修改、删除指定的节点。

前面提到过，JTree 处理节点有两种方式：一种是根据 TreePath；另一种是根据节点的行号，所有 JTree 显示的节点都有一个唯一的行号（从 0 开始）。只有那些显示出来的节点才有行号，这就带来一个潜在的问题——如果该节点之前的节点被展开、折叠或进行了添加、删除，那么该节点的行号就会发生变化，因此通过行号来识别节点可能有一些不确定的地方；相反，使用 TreePath 来识别节点则会更加稳定。

我们可以使用文件系统来类比 JTree，从图 12.38 中可以看出，实际上所有的文件系统都采用树状结构，比如 Windows 的文件系统是森林，因为 Windows 包含 C、D 等多个根路径，而 UNIX、Linux 的文件系统是一棵树，只有一个根路径。如果直接给出 abc 文件夹（类似于 JTree 中的节点），系统将不能准确地定位该路径；如果给出 D:\xyz\abc，系统就可以准确地定位到该路径，这个 D:\xyz\abc 实际上由三个文件夹组成，即 D:、xyz、abc，其中 D:是该路径的根路径。类似地，TreePath 也采用这种方式来唯一地标识节点。

TreePath 保持着从根节点到指定节点的所有节点，TreePath 由一系列节点组成，而不是单独的一个节点。JTree 的很多方法都用于返回一个 TreePath 对象，当程序得到一个 TreePath 后，可能只需要获取最后一个节点，则可以调用 TreePath 的 getLastPathComponent()方法。例如，如果需要获得 JTree 中被选中的节点，则可以通过如下两行代码来实现。

```
// 获取被选中的节点所在的 TreePath
TreePath path = tree.getSelectionPath();
// 获取指定 TreePath 的最后一个节点
var target = (TreeNode) path.getLastPathComponent();
```

又因为 JTree 经常需要查询被选中的节点，所以它提供了一个 getLastSelectedPathComponent()方法来获取被选中的节点。比如采用下面的代码也可以获取被选中的节点。

```
// 获取被选中的节点
var target = (TreeNode) tree.getLastSelectedPathComponent();
```

可能有读者对上面这行代码感到奇怪，getLastSelectedPathComponent()方法返回的不是 TreeNode 吗？getLastSelectedPathComponent()方法返回的不一定是 TreeNode，该方法的返回值是 Object。因为 Swing 把 JTree 设计得非常复杂，JTree 把所有的状态数据都交给 TreeModel 管理，而 JTree 本身并没有与 TreeNode 发生关联（从图 12.40 中可以看出这一点），只是因为 DefaultTreeModel 需要 TreeNode 而已。如果开发者自己提供一个 TreeModel 实现类，那么这个 TreeModel 实现类完全可以与 TreeNode 没有任何关系。当然，对于大部分 Swing 开发者而言，无须理会 JTree 的这些过于复杂的设计。

如果已经有了从根节点到当前节点的一系列节点所组成的节点数组，则也可以通过 TreePath 提供的构造器将这些节点转换成 TreePath 对象，如下面的代码所示。

```
// 将一个节点数组转换成 TreePath 对象
var tp = new TreePath(nodes);
```

在获取了被选中的节点之后，即可通过 DefaultTreeModel（它是 Swing 为 TreeModel 提供的唯一一个实现类）提供的一系列方法来插入、删除节点。DefaultTreeModel 类有一个非常优秀的设计，当使用 DefaultTreeModel 插入、删除节点后，该 DefaultTreeModel 会自动通知对应的 JTree 重绘所有节点，用户可以立即看到程序所做的修改。

当然，也可以直接通过 TreeNode 提供的方法来添加、删除和修改节点，但通过 TreeNode 改变节点时，程序必须显式调用 JTree 的 updateUI()通知 JTree 重绘所有节点，让用户看到程序所做的修改。

下面的程序实现了添加、修改和删除节点的功能，并允许用户通过拖动将一个节点变成另一个节点的子节点。

程序清单：codes\12\12.10\EditJTree.java

```java
public class EditJTree
{
    JFrame jf;
    JTree tree;
    // 上面的 JTree 对象对应的 model
    DefaultTreeModel model;
    // 定义几个初始节点
    DefaultMutableTreeNode root = new DefaultMutableTreeNode("中国");
    DefaultMutableTreeNode guangdong = new DefaultMutableTreeNode("广东");
    DefaultMutableTreeNode guangxi = new DefaultMutableTreeNode("广西");
    DefaultMutableTreeNode foshan = new DefaultMutableTreeNode("佛山");
    DefaultMutableTreeNode shantou = new DefaultMutableTreeNode("汕头");
    DefaultMutableTreeNode guilin = new DefaultMutableTreeNode("桂林");
    DefaultMutableTreeNode nanning = new DefaultMutableTreeNode("南宁");
    // 定义需要被拖动的 TreePath
    TreePath movePath;
    JButton addSiblingButton = new JButton("添加兄弟节点");
    JButton addChildButton = new JButton("添加子节点");
    JButton deleteButton = new JButton("删除节点");
    JButton editButton = new JButton("编辑当前节点");
    public void init()
    {
        guangdong.add(foshan);
        guangdong.add(shantou);
        guangxi.add(guilin);
        guangxi.add(nanning);
        root.add(guangdong);
        root.add(guangxi);
        jf = new JFrame("可编辑节点的树");
        tree = new JTree(root);
        // 获取 JTree 对应的 TreeModel 对象
```

```
model = (DefaultTreeModel) tree.getModel();
// 设置 JTree 可编辑
tree.setEditable(true);
MouseListener ml = new MouseAdapter()
{
    // 按下鼠标键时获得被拖动的节点
    public void mousePressed(MouseEvent e)
    {
        // 如果需要唯一确定某个节点，则必须通过 TreePath 来获取
        TreePath tp = tree.getPathForLocation(e.getX(), e.getY());
        if (tp != null)
        {
            movePath = tp;
        }
    }
    // 松开鼠标键时获得需要拖到哪个父节点
    public void mouseReleased(MouseEvent e)
    {
        // 根据松开鼠标键时的 TreePath 来获取 TreePath
        TreePath tp = tree.getPathForLocation(e.getX(), e.getY());
        if (tp != null && movePath != null)
        {
            // 阻止向子节点拖动
            if (movePath.isDescendant(tp) && movePath != tp)
            {
                JOptionPane.showMessageDialog(jf,
                    "目标节点是被移动节点的子节点，无法移动！",
                    "非法操作", JOptionPane.ERROR_MESSAGE );
                return;
            }
            // 不是向子节点移动，鼠标键按下、松开的也不是同一个节点
            else if (movePath != tp)
            {
                // add 方法先将该节点从原父节点下删除，再添加到新父节点下
                ((DefaultMutableTreeNode) tp.getLastPathComponent())
                    .add((DefaultMutableTreeNode) movePath
                    .getLastPathComponent());
                movePath = null;
                tree.updateUI();
            }
        }
    }
};
// 为 JTree 添加鼠标监听器
tree.addMouseListener(ml);
var panel = new JPanel();
// 实现添加兄弟节点的监听器
addSiblingButton.addActionListener(event -> {
    // 获取被选中的节点
    var selectedNode = (DefaultMutableTreeNode)
        tree.getLastSelectedPathComponent();
    // 如果节点为空，则直接返回
    if (selectedNode == null) return;
    // 获取该被选中节点的父节点
    var parent = (DefaultMutableTreeNode) selectedNode.getParent();
    // 如果父节点为空，则直接返回
    if (parent == null) return;
    // 创建一个新节点
    var newNode = new DefaultMutableTreeNode("新节点");
    // 获取被选中节点的选中索引
    int selectedIndex = parent.getIndex(selectedNode);
    // 在选中位置插入新节点
    model.insertNodeInto(newNode, parent, selectedIndex + 1);
    // --------下面的代码实现显示新节点（自动展开父节点）-------
    // 获取从根节点到新节点的所有节点
    TreeNode[] nodes = model.getPathToRoot(newNode);
```

```
        // 使用指定的节点数组来创建 TreePath
        var path = new TreePath(nodes);
        // 显示指定的 TreePath
        tree.scrollPathToVisible(path);
    });
    panel.add(addSiblingButton);
    // 实现添加子节点的监听器
    addChildButton.addActionListener(event -> {
        // 获取被选中的节点
        var selectedNode = (DefaultMutableTreeNode)
            tree.getLastSelectedPathComponent();
        // 如果节点为空，则直接返回
        if (selectedNode == null) return;
        // 创建一个新节点
        var newNode = new DefaultMutableTreeNode("新节点");
        // 通过 model 来添加新节点，则无须调用 JTree 的 updateUI 方法
        // model.insertNodeInto(newNode, selectedNode,
        //     selectedNode.getChildCount());
        // 通过节点添加新节点，则需要调用 tree 的 updateUI 方法
        selectedNode.add(newNode);
        // --------下面的代码实现显示新节点（自动展开父节点）-------
        TreeNode[] nodes = model.getPathToRoot(newNode);
        var path = new TreePath(nodes);
        tree.scrollPathToVisible(path);
        tree.updateUI();
    });
    panel.add(addChildButton);
    // 实现删除节点的监听器
    deleteButton.addActionListener(event -> {
        var selectedNode = (DefaultMutableTreeNode)
            tree.getLastSelectedPathComponent();
        if (selectedNode != null && selectedNode.getParent() != null)
        {
            // 删除指定的节点
            model.removeNodeFromParent(selectedNode);
        }
    });
    panel.add(deleteButton);
    // 实现编辑节点的监听器
    editButton.addActionListener(event -> {
        TreePath selectedPath = tree.getSelectionPath();
        if (selectedPath != null)
        {
            // 编辑被选中的节点
            tree.startEditingAtPath(selectedPath);
        }
    });
    panel.add(editButton);
    jf.add(new JScrollPane(tree));
    jf.add(panel, BorderLayout.SOUTH);
    jf.pack();
    jf.setDefaultCloseOperation(JFrame.EXIT_ON_CLOSE);
    jf.setVisible(true);
}
public static void main(String[] args)
{
    new EditJTree().init();
}
}
```

　　上面程序中实现拖动节点也比较容易——当用户按下鼠标键时获取鼠标事件发生位置的树节点，并把该节点赋给 movePath 变量；当用户松开鼠标键时获取鼠标事件发生位置的树节点，作为目标节点需要拖到的父节点，把 movePath 从原来的节点下删除，添加到新的父节点下即可（TreeNode 的 add()方法可以同时完成这两个操作）。程序中的粗体字代码是实现整个程序的关键代码，读者可以结合程序运行效果来研究该代码。运行上面的程序，会看到如图 12.42 所示的效果。

选中图 12.42 所示的某个节点并双击，或者单击"编辑当前节点"按钮，就可以进入该节点的编辑状态，系统启动默认的单元格编辑器来编辑该节点。JTree 的单元格编辑器与 JTable 的单元格编辑器都实现了相同的 CellEditor 接口，本书将在 12.11 节与 JTable 一起介绍如何定制节点编辑器。

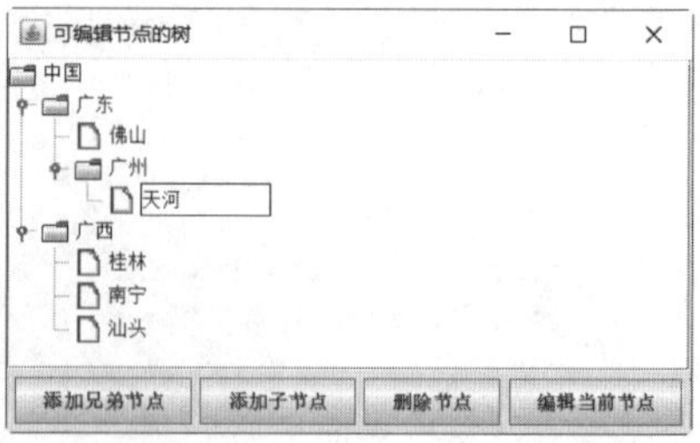

▶▶ 12.10.3 监听节点事件

图 12.42　可以拖动、添加、删除节点的 Swing 树

JTree 专门提供了一个 TreeSelectionModel 对象来保存该 JTree 选中状态的信息。也就是说，JTree 组件背后隐藏了两个 model 对象，其中 TreeModel 用于保存该 JTree 的所有节点数据，TreeSelectionModel 用于保存该 JTree 的所有选中状态的信息。

提示： 对于大部分开发者而言，无须关心 TreeSelectionModel 的存在，程序可以通过 JTree 提供的 getSelectionPath()方法和 getSelectionPaths()方法来获取该 JTree 被选中的 TreePath，但实际上这两个方法的底层实现依然依赖于 TreeSelectionModel，只是普通开发者一般无须关心这些底层细节而已。

程序可以改变 JTree 的选择模式，但必须先获取该 JTree 对应的 TreeSelectionModel 对象，再调用该对象的 setSelectionMode()方法来设置该 JTree 的选择模式。该方法支持如下三个参数。

➤ TreeSelectionModel.CONTINUOUS_TREE_SELECTION：可以连续选中多个 TreePath。

➤ TreeSelectionModel.DISCONTINUOUS_TREE_SELECTION：该选项对于选择没有任何限制。

➤ TreeSelectionModel.SINGLE_TREE_SELECTION：每次只能选择一个 TreePath。

与 JList 操作类似，按下 Ctrl 辅助键，用于增加选中多个 JTree 节点；按下 Shift 辅助键，用于选择连续区域里所有的 JTree 节点。

JTree 提供了如下两个常用的添加监听器的方法。

➤ addTreeExpansionListener(TreeExpansionListener tel)：添加树节点展开/折叠事件的监听器。

➤ addTreeSelectionListener(TreeSelectionListener tsl)：添加树节点选择事件的监听器。

下面的程序设置 JTree 只能选择单个 TreePath，并为节点选择事件添加事件监听器。

程序清单：codes\12\12.10\SelectJTree.java

```java
public class SelectJTree
{
    JFrame jf = new JFrame("监听树的选择事件");
    JTree tree;
    // 定义几个初始节点
    DefaultMutableTreeNode root = new DefaultMutableTreeNode("中国");
    DefaultMutableTreeNode guangdong = new DefaultMutableTreeNode("广东");
    DefaultMutableTreeNode guangxi = new DefaultMutableTreeNode("广西");
    DefaultMutableTreeNode foshan = new DefaultMutableTreeNode("佛山");
    DefaultMutableTreeNode shantou = new DefaultMutableTreeNode("汕头");
    DefaultMutableTreeNode guilin = new DefaultMutableTreeNode("桂林");
    DefaultMutableTreeNode nanning = new DefaultMutableTreeNode("南宁");
    JTextArea eventTxt = new JTextArea(5, 20);
    public void init()
    {
        // 通过 add()方法建立树节点之间的父子关系
        guangdong.add(foshan);
        guangdong.add(shantou);
        guangxi.add(guilin);
        guangxi.add(nanning);
        root.add(guangdong);
        root.add(guangxi);
        // 以根节点创建树
```

```
        tree = new JTree(root);
        // 设置只能选择一个 TreePath
        tree.getSelectionModel().setSelectionMode(
            TreeSelectionModel.SINGLE_TREE_SELECTION);
        // 添加监听树节点选中的事件的监听器
        // 当 JTree 中被选中的节点发生改变时，将触发该方法
        tree.addTreeSelectionListener(e -> {
            if (e.getOldLeadSelectionPath() != null)
                eventTxt.append("原选中的节点路径: "
                + e.getOldLeadSelectionPath().toString() + "\n");
            eventTxt.append("新选中的节点路径: "
                + e.getNewLeadSelectionPath().toString() + "\n");
        });          // 设置是否显示根节点的展开/折叠图标，默认是 false
        tree.setShowsRootHandles(true);
        // 设置根节点是否可见，默认是 true
        tree.setRootVisible(true);
        var box = new Box(BoxLayout.X_AXIS);
        box.add(new JScrollPane(tree));
        box.add(new JScrollPane(eventTxt));
        jf.add(box);
        jf.pack();
        jf.setDefaultCloseOperation(JFrame.EXIT_ON_CLOSE);
        jf.setVisible(true);
    }
    public static void main(String[] args)
    {
        new SelectJTree().init();
    }
}
```

图 12.43　监听树的选择事件

上面程序中的第一段粗体字代码设置了该 JTree 对象采用 SINGLE_TREE_SELECTION 选择模式，即每次只能选择该 JTree 的一个 TreePath。第二段粗体字代码为该 JTree 添加了一个节点选择事件的监听器，当该 JTree 中被选中的节点发生改变时，该监听器就会被触发。运行上面的程序，会看到如图 12.43 所示的效果。

　注意：

不要通过监听鼠标事件来监听所选节点的变化，因为 JTree 中节点的选择完全可以通过键盘来操作，不通过鼠标单击亦可。

▶▶ 12.10.4　使用 DefaultTreeCellRenderer 改变节点外观

对比图 12.38 和图 12.41 所示的两棵树，不难发现图 12.38 所示的树更美观，因为图 12.38 所示的树节点的图标非常丰富，而图 12.41 所示的树节点的图标过于单一。

实际上，JTree 也可以改变树节点的外观，包括改变节点的图标、字体等，甚至可以自由绘制节点的外观。为了改变树节点的外观，可以通过为树指定自己的 CellRenderer 来实现，JTree 默认使用 DefaultTreeCellRenderer 来绘制每个节点。通过查看 API 文档可以发现：DefaultTreeCellRenderer 是 JLabel 的子类，该 JLabel 中包含了该节点的图标和文本。

改变树节点的外观，可以通过如下三种方式。

➢ 使用 DefaultTreeCellRenderer 直接改变节点的外观，这种方式可以改变整棵树所有节点的字体、颜色和图标。

➢ 为 JTree 指定 DefaultTreeCellRenderer 的扩展类对象作为 JTree 的节点绘制器，该绘制器负责为不同的节点使用不同的字体、颜色和图标。通常使用这种方式来改变节点的外观。

➢ 为 JTree 指定一个实现 TreeCellRenderer 接口的节点绘制器，该绘制器可以为不同的节点自由绘制任意内容。这是最复杂但最灵活的节点绘制器。

第一种方式最简单，但灵活性最差，因为它会改变整棵树所有节点的外观。在这种情况下，JTree的所有节点依然使用相同的图标，相当于整体替换了 JTree 中所有节点的默认图标。其实用户指定的节点图标未必就比 JTree 默认的图标美观。

DefaultTreeCellRenderer 提供了如下几个方法来修改节点的外观。

➢ setBackgroundNonSelectionColor(Color newColor)：设置非选中状态下节点的背景颜色。

➢ setBackgroundSelectionColor(Color newColor)：设置选中状态下节点的背景颜色。

➢ setBorderSelectionColor(Color newColor)：设置选中状态下节点的边框颜色。

➢ setClosedIcon(Icon newIcon)：设置处于折叠状态下非叶子节点的图标。

➢ setFont(Font font)：设置节点文本的字体。

➢ setLeafIcon(Icon newIcon)：设置叶子节点的图标。

➢ setOpenIcon(Icon newIcon)：设置处于展开状态下非叶子节点的图标。

➢ setTextNonSelectionColor(Color newColor)：设置绘制非选中状态下节点文本的颜色。

➢ setTextSelectionColor(Color newColor)：设置绘制选中状态下节点文本的颜色。

下面的程序直接使用 DefaultTreeCellRenderer 来改变树节点的外观。

程序清单：codes\12\12.10\ChangeAllCellRender.java

```
public class ChangeAllCellRender
{
    JFrame jf = new JFrame("改变所有节点的外观");
    JTree tree;
    // 定义几个初始节点
    DefaultMutableTreeNode root = new DefaultMutableTreeNode("中国");
    DefaultMutableTreeNode guangdong = new DefaultMutableTreeNode("广东");
    DefaultMutableTreeNode guangxi = new DefaultMutableTreeNode("广西");
    DefaultMutableTreeNode foshan = new DefaultMutableTreeNode("佛山");
    DefaultMutableTreeNode shantou = new DefaultMutableTreeNode("汕头");
    DefaultMutableTreeNode guilin = new DefaultMutableTreeNode("桂林");
    DefaultMutableTreeNode nanning = new DefaultMutableTreeNode("南宁");
    public void init()
    {
        // 通过add()方法建立树节点之间的父子关系
        guangdong.add(foshan);
        guangdong.add(shantou);
        guangxi.add(guilin);
        guangxi.add(nanning);
        root.add(guangdong);
        root.add(guangxi);
        // 以根节点创建树
        tree = new JTree(root);
        // 创建一个 DefaultTreeCellRenderer 对象
        var cellRender = new DefaultTreeCellRenderer();
        // 设置非选中状态下节点的背景颜色
        cellRender.setBackgroundNonSelectionColor(new
            Color(220, 220, 220));
        // 设置选中状态下节点的背景颜色
        cellRender.setBackgroundSelectionColor(new Color(140, 140, 140));
        // 设置选中状态下节点的边框颜色
        cellRender.setBorderSelectionColor(Color.BLACK);
        // 设置处于折叠状态下非叶子节点的图标
        cellRender.setClosedIcon(new ImageIcon("icon/close.gif"));
        // 设置节点文本的字体
        cellRender.setFont(new Font("SansSerif", Font.BOLD, 16));
        // 设置叶子节点的图标
        cellRender.setLeafIcon(new ImageIcon("icon/leaf.png"));
        // 设置处于展开状态下非叶子节点的图标
        cellRender.setOpenIcon(new ImageIcon("icon/open.gif"));
        // 设置绘制非选中状态下节点文本的颜色
        cellRender.setTextNonSelectionColor(new Color(255, 0, 0));
        // 设置绘制选中状态下节点文本的颜色
```

```
        cellRender.setTextSelectionColor(new Color(0, 0, 255));
        tree.setCellRenderer(cellRender);
        // 设置是否显示根节点的展开/折叠图标，默认是 false
        tree.setShowsRootHandles(true);
        // 设置根节点是否可见，默认是 true
        tree.setRootVisible(true);
        jf.add(new JScrollPane(tree));
        jf.pack();
        jf.setDefaultCloseOperation(JFrame.EXIT_ON_CLOSE);
        jf.setVisible(true);
    }
    public static void main(String[] args)
    {
        new ChangeAllCellRender().init();
    }
}
```

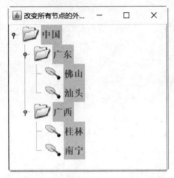

图 12.44　直接使用 DefaultTreeCellRenderer 改变所有节点的外观效果

上面程序中的粗体字代码创建了一个 DefaultTreeCell-Renderer 对象，并通过该对象改变了 JTree 中所有节点的字体、颜色和图标。运行上面的程序，会看到如图 12.44 所示的效果。

从图 12.44 中可以看出，JTree 中所有的节点都被改变了，相当于完全替代了 JTree 中所有节点的默认图标、字体和颜色。但所有的叶子节点依然保持相同的外观，所有的非叶子节点也保持相同的外观。这种改变依然不能满足更复杂的需求，例如，如果需要不同类型的节点呈现出不同的外观，则不能直接使用 DefaultTreeCellRenderer 来改变节点的外观，可以采用扩展 DefaultTreeCellRenderer 的方式来实现该需求。

提示：

不要试图通过 TreeCellRenderer 来改变表示节点展开/折叠的图标，因为该图标是由 Metal 风格决定的。如果需要改变该图标，则可以考虑改变该 JTree 的外观风格。

▶▶ 12.10.5　扩展 DefaultTreeCellRenderer 改变节点外观

DefaultTreeCellRenderer 实现类实现了 TreeCellRenderer 接口，该接口里只有一个用于绘制节点内容的方法：getTreeCellRendererComponent()，该方法负责绘制 JTree 节点。如果读者还记得前面介绍的绘制 JList 的列表项外观的内容，则应该对该方法非常熟悉——与 ListCellRenderer 接口类似的是，getTreeCellRendererComponent()方法返回一个 Component 对象，该对象就是 JTree 的节点组件。

DefaultTreeCellRenderer 类继承了 JLabel，在实现 getTreeCellRendererComponent()方法时返回 this，即返回一个特殊的 JLabel 对象。如果需要根据节点内容来改变节点的外观，则可以再次扩展 DefaultTreeCellRenderer 类，并再次重写它提供的 getTreeCellRendererComponent()方法。

下面的程序模拟了一个数据库对象导航树，程序可以根据节点类型来绘制节点的图标。在本程序中，为了给每个节点指定节点类型，程序不再使用 String 作为节点数据，而是使用 NodeData 来封装节点数据，并重写了 NodeData 的 toString()方法。

注意：

当使用 Object 类型的对象来创建 TreeNode 对象时，DefaultTreeCellRenderer 默认使用该对象的 toString()方法返回的字符串作为该节点的标签。

程序清单：codes\12\12.10\ExtendsDefaultTreeCellRenderer.java

```
public class ExtendsDefaultTreeCellRenderer
{
```

```java
        JFrame jf = new JFrame("根据节点类型定义图标");
        JTree tree;
        // 定义几个初始节点
        DefaultMutableTreeNode root = new DefaultMutableTreeNode(
            new NodeData(DBObjectType.ROOT, "数据库导航"));
        DefaultMutableTreeNode salaryDb = new DefaultMutableTreeNode(
            new NodeData(DBObjectType.DATABASE, "公司工资数据库"));
        DefaultMutableTreeNode customerDb = new DefaultMutableTreeNode(
            new NodeData(DBObjectType.DATABASE, "公司客户数据库"));
        // 定义 salaryDb 的两个子节点
        DefaultMutableTreeNode employee = new DefaultMutableTreeNode(
            new NodeData(DBObjectType.TABLE, "员工表"));
        DefaultMutableTreeNode attend = new DefaultMutableTreeNode(
            new NodeData(DBObjectType.TABLE, "考勤表"));
        // 定义 customerDb 的一个子节点
        DefaultMutableTreeNode contact = new DefaultMutableTreeNode(
            new NodeData(DBObjectType.TABLE, "联系方式表"));
        // 定义 employee 的三个子节点
        DefaultMutableTreeNode id = new DefaultMutableTreeNode(
            new NodeData(DBObjectType.INDEX, "员工 ID"));
        DefaultMutableTreeNode name = new DefaultMutableTreeNode(
            new NodeData(DBObjectType.COLUMN, "姓名"));
        DefaultMutableTreeNode gender = new DefaultMutableTreeNode(
            new NodeData(DBObjectType.COLUMN, "性别"));
        public void init()
        {
            // 通过 add()方法建立树节点之间的父子关系
            root.add(salaryDb);
            root.add(customerDb);
            salaryDb.add(employee);
            salaryDb.add(attend);
            customerDb.add(contact);
            employee.add(id);
            employee.add(name);
            employee.add(gender);
            // 以根节点创建树
            tree = new JTree(root);
            // 设置该 JTree 使用自定义的节点绘制器
            tree.setCellRenderer(new MyRenderer());
            // 设置是否显示根节点的展开/折叠图标，默认是 false
            tree.setShowsRootHandles(true);
            // 设置根节点是否可见，默认是 true
            tree.setRootVisible(true);
            try
            {
                // 设置使用 Windows 风格外观
                UIManager.setLookAndFeel("com.sun.java.swing.plaf."
                    + "windows.WindowsLookAndFeel");
            }
            catch (Exception ex){}
            // 更新 JTree 的 UI 外观
            SwingUtilities.updateComponentTreeUI(tree);
            jf.add(new JScrollPane(tree));
            jf.pack();
            jf.setDefaultCloseOperation(JFrame.EXIT_ON_CLOSE);
            jf.setVisible(true);
        }
        public static void main(String[] args)
        {
            new ExtendsDefaultTreeCellRenderer().init();
        }
}
// 定义一个 NodeData 类，用于封装节点数据
class NodeData
{
    public int nodeType;
    public String nodeData;
    public NodeData(int nodeType, String nodeData)
    {
        this.nodeType = nodeType;
```

```
            this.nodeData = nodeData;
        }
        public String toString()
        {
            return nodeData;
        }
    }
    // 定义一个接口，该接口里包含数据库对象类型的常量
    interface DBObjectType
    {
        int ROOT = 0;
        int DATABASE = 1;
        int TABLE = 2;
        int COLUMN = 3;
        int INDEX = 4;
    }
    class MyRenderer extends DefaultTreeCellRenderer
    {
        // 初始化 5 个图标
        ImageIcon rootIcon = new ImageIcon("icon/root.gif");
        ImageIcon databaseIcon = new ImageIcon("icon/database.gif");
        ImageIcon tableIcon = new ImageIcon("icon/table.gif");
        ImageIcon columnIcon = new ImageIcon("icon/column.gif");
        ImageIcon indexIcon = new ImageIcon("icon/index.gif");
        public Component getTreeCellRendererComponent(JTree tree,
            Object value, boolean sel, boolean expanded,
            boolean leaf, int row, boolean hasFocus)
        {
            // 执行父类默认的节点绘制操作
            super.getTreeCellRendererComponent(tree, value,
                sel, expanded, leaf, row, hasFocus);
            var node = (DefaultMutableTreeNode) value;
            var data = (NodeData) node.getUserObject();
            // 根据数据节点里的 nodeType 数据决定节点图标
            ImageIcon icon = null;
            switch (data.nodeType)
            {
                case DBObjectType.ROOT:
                    icon = rootIcon;
                    break;
                case DBObjectType.DATABASE:
                    icon = databaseIcon;
                    break;
                case DBObjectType.TABLE:
                    icon = tableIcon;
                    break;
                case DBObjectType.COLUMN:
                    icon = columnIcon;
                    break;
                case DBObjectType.INDEX:
                    icon = indexIcon;
                    break;
            }
            // 改变图标
            this.setIcon(icon);
            return this;
        }
    }
}
```

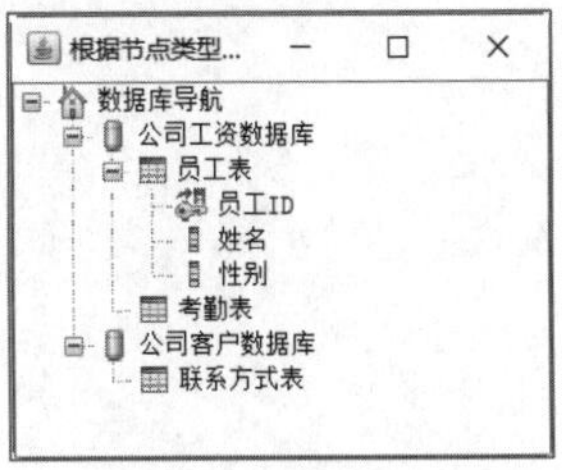

图 12.45　根据节点类型绘制节点的图标

程序中的第一行粗体字代码强制 JTree 使用自定义的节点绘制器：MyRenderer，该节点绘制器继承了 DefaultTreeCellRenderer 类，并重写了 getTreeCellRendererComponent()方法。该节点绘制器在重写该节点时，根据节点的 nodeType 属性改变其图标。运行上面的程序，会看到如图 12.45 所示的效果。

从图 12.45 中可以看出，JTree 中表示节点展开、折叠的图标已经改为了"+"和"-"，这是因为本程序强制 JTree 使用了 Windows

风格外观。

➤➤ 12.10.6 实现 TreeCellRenderer 改变节点外观

实现 TreeCellRenderer 改变节点外观，这是最灵活的方式。程序在实现 TreeCellRenderer 接口时同样需要实现 getTreeCellRendererComponent()方法，该方法可以返回任意类型的组件，该组件将作为 JTree 的节点。通过这种方式可以最大程度地改变 JTree 的节点外观。

与前面实现 ListCellRenderer 接口类似的是，本例程序同样通过扩展 JPanel 来实现 TreeCellRenderer，实现 TreeCellRenderer 的方式与前面实现 ListCellRenderer 的方式基本相似，所以读者将会看到一个完全不同的 JTree。

程序清单：codes\12\12.10\CustomTreeNode.java

```java
public class CustomTreeNode
{
    JFrame jf = new JFrame("定制树的节点");
    JTree tree;
    // 定义几个初始节点
    DefaultMutableTreeNode friends = new DefaultMutableTreeNode("我的好友");
    DefaultMutableTreeNode qingzhao = new DefaultMutableTreeNode("李清照");
    DefaultMutableTreeNode suge = new DefaultMutableTreeNode("苏格拉底");
    DefaultMutableTreeNode libai = new DefaultMutableTreeNode("李白");
    DefaultMutableTreeNode nongyu = new DefaultMutableTreeNode("弄玉");
    DefaultMutableTreeNode hutou = new DefaultMutableTreeNode("虎头");
    public void init()
    {
        // 通过 add()方法建立树节点之间的父子关系
        friends.add(qingzhao);
        friends.add(suge);
        friends.add(libai);
        friends.add(nongyu);
        friends.add(hutou);
        // 以根节点创建树
        tree = new JTree(friends);
        // 设置是否显示根节点的展开/折叠图标，默认是 false
        tree.setShowsRootHandles(true);
        // 设置根节点是否可见，默认是 true
        tree.setRootVisible(true);
        // 设置使用定制的节点绘制器
        tree.setCellRenderer(new ImageCellRenderer());
        jf.add(new JScrollPane(tree));
        jf.pack();
        jf.setDefaultCloseOperation(JFrame.EXIT_ON_CLOSE);
        jf.setVisible(true);
    }
    public static void main(String[] args)
    {
        new CustomTreeNode().init();
    }
}
// 实现自己的节点绘制器
class ImageCellRenderer extends JPanel implements TreeCellRenderer
{
    private ImageIcon icon;
    private String name;
    // 定义绘制单元格时的背景色
    private Color background;
    // 定义绘制单元格时的前景色
    private Color foreground;
    public Component getTreeCellRendererComponent(JTree tree,
        Object value, boolean sel, boolean expanded,
        boolean leaf, int row, boolean hasFocus)
    {
        icon = new ImageIcon("icon/" + value + ".gif");
        name = value.toString();
        background = hasFocus ? new Color(140, 200, 235)
```

```
                : new Color(255, 255, 255);
            foreground = hasFocus ? new Color(255, 255, 3)
                : new Color(0, 0, 0);
            // 返回该 JPanel 对象作为单元格绘制器
            return this;
        }
        // 重写 paintComponent() 方法, 改变 JPanel 的外观
        public void paintComponent(Graphics g)
        {
            int imageWidth = icon.getImage().getWidth(null);
            int imageHeight = icon.getImage().getHeight(null);
            g.setColor(background);
            g.fillRect(0, 0, getWidth(), getHeight());
            g.setColor(foreground);
            // 绘制好友图标
            g.drawImage(icon.getImage(), getWidth() / 2
                - imageWidth / 2, 10, null);
            g.setFont(new Font("SansSerif", Font.BOLD, 18));
            // 绘制好友用户名
            g.drawString(name, getWidth() / 2
                - name.length() * 10, imageHeight + 30);
        }
        // 通过该方法来设置该 ImageCellRenderer 的最佳大小
        public Dimension getPreferredSize()
        {
            return new Dimension(80, 80);
        }
    }
}
```

上面程序中的粗体字代码设置 JTree 对象使用定制的节点绘制器: ImageCellRenderer, 该节点绘制器实现了 TreeCellRenderer 接口的 getTreeCellRendererComponent() 方法, 该方法返回 this, 也就是一个特殊的 JPanel 对象, 这个特殊的 JPanel 对象重写了 paintComponent() 方法, 重新绘制了 JPanel 的外观——根据节点数据来绘制图标和文本。运行上面的程序, 会看到如图 12.46 所示的效果。

这看上去似乎不太像一棵树, 但从每个节点前的连接线、表示节点展开/折叠的图标可以看出, 这依然是一棵树。

图 12.46 自行定制树节点的外观

12.11 使用 JTable 和 TableModel 创建表格

表格也是 GUI 程序中常用的组件, 表格是一个由多行、多列组成的二维显示区。Swing 的 JTable 以及相关类提供了这种表格支持, 通过使用 JTable 以及相关类, 程序既可以使用简单的代码创建表格来显示二维数据, 也可以创建功能丰富的表格, 还可以为表格定制各种显示外观、编辑特性。

▶▶ 12.11.1 创建表格

使用 JTable 来创建表格是一件非常容易的事情, JTable 可以把一个二维数据包装成一个表格, 这个二维数据既可以是二维数组, 也可以是集合元素为 Vector 的 Vector 对象 (Vector 里包含 Vector 形成二维数据)。此外, 为了给该表格的每一列指定列标题, 还需要传入一个一维数据作为列标题, 这个一维数据既可以是一维数组, 也可以是 Vector 对象。下面的程序使用二维数组和一维数组来创建一个简单的表格。

程序清单: codes\12\12.11\SimpleTable.java

```
public class SimpleTable
{
    JFrame jf = new JFrame("简单表格");
    JTable table;
```

```
    // 定义二维数组作为表格数据
    Object[][] tableData =
    {
        new Object[] {"李清照", 29, "女"},
        new Object[] {"苏格拉底", 56, "男"},
        new Object[] {"李白", 35, "男"},
        new Object[] {"弄玉", 18, "女"},
        new Object[] {"虎头", 2, "男"}
    };
    // 定义一维数组作为列标题
    Object[] columnTitle = {"姓名", "年龄", "性别"};
    public void init()
    {
        // 以二维数组和一维数组来创建一个 JTable 对象
        table = new JTable(tableData, columnTitle);
        // 将 JTable 对象放在 JScrollPane 中
        // 并将该 JScrollPane 放在窗口中显示出来
        jf.add(new JScrollPane(table));
        jf.pack();
        jf.setDefaultCloseOperation(JFrame.EXIT_ON_CLOSE);
        jf.setVisible(true);
    }
    public static void main(String[] args)
    {
        new SimpleTable().init();
    }
}
```

上面程序中的粗体字代码创建了两个 Object 数组，其中二维数组作为 JTable 的数据，一维数组作为 JTable 的列标题。在创建二维数组时利用了 JDK 1.5 提供的自动装箱功能——虽然直接指定的数组元素是 int 类型的整数，但系统会将它包装成 Integer 对象。

学生提问：我们指定的表格数据、表格列标题都是 Object 类型的数组，JTable 如何显示这些 Object 对象？

答：在默认情况下，JTable 的表格数据、表格列标题全部是字符串内容，因此 JTable 会使用这些 Object 对象的 toString() 方法的返回值作为表格数据、表格列标题。如果需要特殊对待某些表格数据，例如，把它们当成图标或其他类型的对象来处理，则可以通过特定的 TableModel 或指定自己的单元格绘制器来实现。

在默认情况下，JTable 的所有单元格、列标题显示的都是字符串内容。此外，通常应该将 JTable 对象放在 JScrollPane 容器中，由 JScrollPane 为 JTable 提供 ViewPort。

注意：
通常总是会把 JTable 对象放在 JScrollPane 中显示，使用 JScrollPane 来包装 JTable，不仅可以为 JTable 增加滚动条，而且可以让 JTable 的列标题显示出来；如果不把 JTable 放在 JScrollPane 中显示，则 JTable 默认不会显示列标题。

运行上面的程序，会看到如图 12.47 所示的简单表格。

虽然生成如图 12.47 所示的表格的代码非常简单，但这个表格已经表现出丰富的功能。该表格具有如下几个功能。

➤ 当表格的高度不足以显示所有的数据行时，该表格会自动显示滚动条。

图 12.47　简单表格

> 当把鼠标指针移动到两列之间的分界符上时，鼠标指针会变成可调整大小的形状，表明用户可以自由调整表格列的大小。
> 当在表格列上按下鼠标键并拖动时，可以将表格的整列拖动到其他位置。
> 当单击某一个单元格时，系统会自动选中该单元格所在的行。
> 当双击某一个单元格时，系统会自动进入该单元格的修改状态。

运行 SimpleTable.java 程序，当拖动两列之间的分界线来调整某列的宽度时，将看到该列后面所有列的宽度都会发生相应的改变，但该列前面所有列的宽度都不会发生改变，整个表格的宽度不会发生改变。

JTable 提供了一个 setAutoResizeMode()方法来控制这种调整方式，该方法可以接收如下几个值。

> JTable.AUTO_RESIZE_OFF：关闭 JTable 的自动调整功能，当调整某一列的宽度时，其他列的宽度不会发生改变，只有表格的宽度会随之改变。
> JTable.AUTO_RESIZE_NEXT_COLUMN：只调整下一列的宽度，其他列及表格的宽度不会发生改变。
> JTable.AUTO_RESIZE_SUBSEQUENT_COLUMNS：平均调整当前列后面所有列的宽度，当前列前面所有列及表格的宽度都不会发生改变，这是默认的调整方式。
> JTable.AUTO_RESIZE_LAST_COLUMN：只调整最后一列的宽度，其他列及表格的宽度不会发生改变。
> JTable.AUTO_RESIZE_ALL_COLUMNS：平均调整表格中所有列的宽度，表格的宽度不会发生改变。

JTable 默认采用平均调整当前列后面所有列的宽度的方式，这种方式允许用户从左到右依次调整每一列的宽度，以达到最好的显示效果。

注意

尽量避免使用平均调整表格中所有列的宽度的方式，这种方式将会导致用户调整某一列时，其余所有列都随之发生改变，从而使得用户很难把每一列的宽度都调整到具有最好的显示效果。

如果需要精确控制每一列的宽度，则可通过 TableColumn 对象来实现。JTable 使用 TableColumn 来表示表格中的每一列，JTable 中表格列的所有属性，如最佳宽度、是否可调整宽度、最小宽度和最大宽度等，都被保存在该 TableColumn 中。此外，TableColumn 还允许为该列指定特定的单元格绘制器和单元格编辑器（这些内容将在后面讲解）。TableColumn 具有如下方法。

> setMaxWidth(int maxWidth)：设置该列的最大宽度。如果指定的 maxWidth 小于该列的最小宽度，则 maxWidth 被设置成最小宽度。
> setMinWidth(int minWidth)：设置该列的最小宽度。
> setPreferredWidth(int preferredWidth)：设置该列的最佳宽度。
> setResizable(boolean isResizable)：设置是否可以调整该列的宽度。
> sizeWidthToFit()：调整该列的宽度，以适合其标题单元格的宽度。

在默认情况下，当用户单击 JTable 的任意一个单元格时，系统默认会选中该单元格所在行的整行；也就是说，JTable 表格默认的选择单元是行。当然，也可通过 JTable 提供的 setRowSelectionAllowed()方法来改变这种设置。如果为该方法传入 false 参数，则可以关闭这种每次选择一行的方式。

此外，JTable 还提供了一个 setColumnSelectionAllowed()方法，该方法用于控制选择单元是否是列。如果为该方法传入 true 参数，则当用户单击某个单元格时，系统会选中该单元格所在的列。

如果同时调用 setColumnSelectionAllowed(true)和 setRowSelectionAllowed(true)方法，则该表格的选择单元是单元格。实际上，同时调用这两个方法相当于调用 setCellSelectionEnabled(true)方法。与此相反，如果调用 setCellSelectionEnabled(false)方法，则相当于同时调用 setColumnSelectionAllowed(false)

和 setRowSelectionAllowed (false)方法,即用户无法选中该表格的任何地方。

与 JList、JTree 类似的是,JTable 使用了 ListSelectionModel 来表示该表格的选择状态,程序可以通过 ListSelectionModel 来控制 JTable 的选择模式。JTable 的选择模式有如下三种。

> ListSelectionModel.MULTIPLE_INTERVAL_SELECTION:没有任何限制,可以选择表格中任何表格单元,这是默认的选择模式。通过 Shift 和 Ctrl 辅助键的帮助可以选择多个表格单元。

> ListSelectionModel.SINGLE_INTERVAL_SELECTION:选择单个连续区域,该选项可以选择多个表格单元,但多个表格单元之间必须是连续的。通过 Shift 辅助键的帮助来选择连续区域。

> ListSelectionModel.SINGLE_SELECTION:只能选择单个表格单元。

通常程序通过如下代码来改变 JTable 的选择模式。

```
// 设置该表格只能选择单个表格单元
table.getSelectionModel().setSelectionMode(ListSelectionModel.SINGLE_SELECTION);
```

 注意 :

保存 JTable 选择状态的 model 类就是 ListSelectionModel,这并不是笔误。

下面的程序示范了如何控制每列的宽度、控制表格的宽度调整方式、改变表格的选择单元和表格的选择模式。

程序清单:codes\12\12.11\AdjustingWidth.java

```java
public class AdjustingWidth
{
    JFrame jf = new JFrame("调整表格列宽");
    JMenuBar menuBar = new JMenuBar();
    JMenu adjustModeMenu = new JMenu("调整方式");
    JMenu selectModeMenu = new JMenu("选择方式");
    JMenu selectUnitMenu = new JMenu("选择单元");
    // 定义5个单选钮,用于控制表格的宽度调整方式
    JRadioButtonMenuItem[] adjustModesItem = new JRadioButtonMenuItem[5];
    // 定义3个单选钮,用于控制表格的选择方式
    JRadioButtonMenuItem[] selectModesItem = new JRadioButtonMenuItem[3];
    JCheckBoxMenuItem rowsItem = new JCheckBoxMenuItem("选择行");
    JCheckBoxMenuItem columnsItem = new JCheckBoxMenuItem("选择列");
    JCheckBoxMenuItem cellsItem = new JCheckBoxMenuItem("选择单元格");
    ButtonGroup adjustBg = new ButtonGroup();
    ButtonGroup selectBg = new ButtonGroup();
    // 定义一个int类型的数组,用于保存表格所有的宽度调整方式
    int[] adjustModes = new int[] {
        JTable.AUTO_RESIZE_OFF,
        JTable.AUTO_RESIZE_NEXT_COLUMN,
        JTable.AUTO_RESIZE_SUBSEQUENT_COLUMNS,
        JTable.AUTO_RESIZE_LAST_COLUMN,
        JTable.AUTO_RESIZE_ALL_COLUMNS
    };
    int[] selectModes = new int[] {
        ListSelectionModel.MULTIPLE_INTERVAL_SELECTION,
        ListSelectionModel.SINGLE_INTERVAL_SELECTION,
        ListSelectionModel.SINGLE_SELECTION
    };
    JTable table;
    // 定义二维数组作为表格数据
    Object[][] tableData =
    {
        new Object[]{"李清照", 29, "女"},
        new Object[]{"苏格拉底", 56, "男"},
        new Object[]{"李白", 35, "男"},
        new Object[]{"弄玉", 18, "女"},
        new Object[]{"虎头", 2, "男"}
    };
    // 定义一维数组作为列标题
    Object[] columnTitle = {"姓名", "年龄", "性别"};
```

```
public void init()
{
    // 以二维数组和一维数组来创建一个 JTable 对象
    table = new JTable(tableData, columnTitle);
    // -----------为窗口安装设置表格调整方式的菜单-----------
    adjustModesItem[0] = new JRadioButtonMenuItem("只调整表格");
    adjustModesItem[1] = new JRadioButtonMenuItem("只调整下一列");
    adjustModesItem[2] = new JRadioButtonMenuItem("平均调整余下列");
    adjustModesItem[3] = new JRadioButtonMenuItem("只调整最后一列");
    adjustModesItem[4] = new JRadioButtonMenuItem("平均调整所有列");
    menuBar.add(adjustModeMenu);
    for (var i = 0; i < adjustModesItem.length; i++)
    {
        // 默认选中第三个菜单项，即对应表格默认的宽度调整方式
        if (i == 2)
        {
            adjustModesItem[i].setSelected(true);
        }
        adjustBg.add(adjustModesItem[i]);
        adjustModeMenu.add(adjustModesItem[i]);
        final var index = i;
        // 为设置调整方式的菜单项添加监听器
        adjustModesItem[i].addActionListener(evt -> {
            // 如果当前菜单项处于选中状态，则表格使用对应的调整方式
            if (adjustModesItem[index].isSelected())
            {
                table.setAutoResizeMode(adjustModes[index]);  // ①
            }
        });
    }
    // -----------为窗口安装设置表格选择方式的菜单-----------
    selectModesItem[0] = new JRadioButtonMenuItem("无限制");
    selectModesItem[1] = new JRadioButtonMenuItem("单独的连续区");
    selectModesItem[2] = new JRadioButtonMenuItem("单选");
    menuBar.add(selectModeMenu);
    for (var i = 0; i < selectModesItem.length; i++)
    {
        // 默认选中第一个菜单项，即对应表格默认的选择方式
        if (i == 0)
        {
            selectModesItem[i].setSelected(true);
        }
        selectBg.add(selectModesItem[i]);
        selectModeMenu.add(selectModesItem[i]);
        final var index = i;
        // 为设置选择方式的菜单项添加监听器
        selectModesItem[i].addActionListener(evt -> {
            // 如果当前菜单项处于选中状态，则表格使用对应的选择方式
            if (selectModesItem[index].isSelected())
            {
                table.getSelectionModel().setSelectionMode
                    (selectModes[index]);      // ②
            }
        });
    }
    menuBar.add(selectUnitMenu);
    // -----为窗口安装设置表格选择单元的菜单-----
    rowsItem.setSelected(table.getRowSelectionAllowed());
    columnsItem.setSelected(table.getColumnSelectionAllowed());
    cellsItem.setSelected(table.getCellSelectionEnabled());
    rowsItem.addActionListener(event -> {
        table.clearSelection();
        // 如果该菜单项处于选中状态，则设置表格的选择单元是行
        table.setRowSelectionAllowed(rowsItem.isSelected());
        // 如果"选择行"和"选择列"同时被选中，其实质是选择单元格
        cellsItem.setSelected(table.getCellSelectionEnabled());
    });
    selectUnitMenu.add(rowsItem);
    columnsItem.addActionListener(new ActionListener()
    {
```

```
            public void actionPerformed(ActionEvent event)
            {
                table.clearSelection();
                // 如果该菜单项处于选中状态，则设置表格的选择单元是列
                table.setColumnSelectionAllowed(columnsItem.isSelected());
                // 如果"选择行"和"选择列"同时被选中，其实质是选择单元格
                cellsItem.setSelected(table.getCellSelectionEnabled());
            }
        });
        selectUnitMenu.add(columnsItem);
        cellsItem.addActionListener(event -> {
            table.clearSelection();
            // 如果该菜单项处于选中状态，则设置表格的选择单元是单元格
            table.setCellSelectionEnabled(cellsItem.isSelected());
            // 该选项的改变会同时影响"选择行"和"选择列"两个菜单项
            rowsItem.setSelected(table.getRowSelectionAllowed());
            columnsItem.setSelected(table.getColumnSelectionAllowed());
        });
        selectUnitMenu.add(cellsItem);
        jf.setJMenuBar(menuBar);
        // 分别获取表格的三列，并设置这三列的最小宽度、最佳宽度和最大宽度
        TableColumn nameColumn = table.getColumn(columnTitle[0]);
        nameColumn.setMinWidth(40);
        TableColumn ageColumn = table.getColumn(columnTitle[1]);
        ageColumn.setPreferredWidth(50);
        TableColumn genderColumn = table.getColumn(columnTitle[2]);
        genderColumn.setMaxWidth(50);
        // 将 JTable 对象放在 JScrollPane 中，并将该 JScrollPane 放在窗口中显示出来
        jf.add(new JScrollPane(table));
        jf.pack();
        jf.setDefaultCloseOperation(JFrame.EXIT_ON_CLOSE);
        jf.setVisible(true);
    }
    public static void main(String[] args)
    {
        new AdjustingWidth().init();
    }
}
```

上面程序中的①号粗体字代码根据单选钮菜单项来设置表格的宽度调整方式，②号粗体字代码根据单选钮菜单项来设置表格的选择模式，最后一段粗体字代码通过 JTable 的 getColumn()方法来获取指定列，并分别设置三列的最小宽度、最佳宽度、最大宽度。如果选中"只调整表格"菜单项，并把第一列的宽度调大，则将看到如图 12.48 所示的界面。

上面程序中还有三段粗体字代码，分别用于为三个复选框菜单项添加监听器，根据复选框菜单项的选中状态来决定表格的选择单元。如果程序采用 JTable 默认的选择模式（无限制的选择模式），并设置表格的选择单元是单元格，则可看到如图 12.49 所示的界面。

图 12.48　采用只调整表格宽度的方式

图 12.49　选择多个不连续的单元格

▶▶ 12.11.2　TableModel 和监听器

与 JList、JTree 类似的是，JTable 采用了 TableModel 来保存表格中所有的状态数据；与 ListModel 类似的是，TableModel 也不强制保存该表格中显示的数据。虽然在前面的程序中看到的是直接利用一个二维数组来创建 JTable 对象，但也可以通过 TableModel 对象来创建表格。如果需要使用 TableModel 来创建表格对象，则可以利用 Swing 提供的 AbstractTableModel 抽象类，该抽象类已经实现了 TableModel

接口里的大部分方法，程序只需要为该抽象类实现如下三个抽象方法即可。

➢ getColumnCount()：返回该 TableModel 对象的列数。

➢ getRowCount()：返回该 TableModel 对象的行数。

➢ getValueAt()：返回指定行、指定列的单元格值。

重写这三个方法后，只是告诉 JTable 生成该表格所需的基本信息；如果想指定 JTable 生成表格的列名，还需要重写 getColumnName(int c)方法，该方法返回一个字符串，该字符串将作为第 c+1 列的列名。

在默认情况下，AbstractTableModel 的 boolean isCellEditable(int rowIndex, int columnIndex)方法返回 false，表明该表格的单元格处于不可编辑状态；如果想让用户直接修改单元格的内容，则需要重写该方法，并让该方法返回 true。重写该方法后，只实现了界面上单元格的可编辑；如果需要控制实际的编辑操作，还需要重写该类的 setValueAt(Object aValue, int rowIndex, int columnIndex)方法。

关于 TableModel 的典型应用，就是用于封装 JDBC 编程中的 ResultSet，程序可以利用 TableModel 来封装数据库查询得到的结果集，然后使用 JTable 把该结果集显示出来。还可以允许用户直接编辑表格的单元格，当用户编辑完成后，程序将用户所做的修改写入数据库。

下面的程序简单实现了这种功能——当用户选择了指定的数据表后，程序将显示该数据表中的全部数据，用户可以直接在该表格内修改数据表的记录。

程序清单：codes\12\12.11\TableModelTest.java

```java
public class TableModelTest
{
    JFrame jf = new JFrame("数据表管理工具");
    private JScrollPane scrollPane;
    private ResultSetTableModel model;
    // 用于装载数据表的 JComboBox
    private JComboBox<String> tableNames = new JComboBox<>();
    private JTextArea changeMsg = new JTextArea(4, 80);
    private ResultSet rs;
    private Connection conn;
    private Statement stmt;
    public void init()
    {
        // 为 JComboBox 添加事件监听器，当用户选择某个数据表时，触发该方法
        tableNames.addActionListener(event -> {
            try
            {
                // 如果装载 JTable 的 JScrollPane 不为空
                if (scrollPane != null)
                {
                    // 从主窗口中删除表格
                    jf.remove(scrollPane);
                }
                // 从 JComboBox 中取出用户试图管理的数据表的表名
                var tableName = (String) tableNames.getSelectedItem();
                // 如果结果集不为空，则关闭结果集
                if (rs != null)
                {
                    rs.close();
                }
                var query = "select * from " + tableName;
                // 查询用户选择的数据表
                rs = stmt.executeQuery(query);
                // 使用查询到的 ResultSet 创建 TableModel 对象
                model = new ResultSetTableModel(rs);
                // 为 TableModel 添加事件监听器，监听用户的修改
                model.addTableModelListener(evt -> {
                    int row = evt.getFirstRow();
                    int column = evt.getColumn();
                    changeMsg.append("修改的列:" + column
                        + ",修改的行:" + row + "修改后的值:"
                        + model.getValueAt(row, column));
                });
```

```
                     // 使用 TableModel 创建 JTable，并将对应的表格添加到窗口中
                     var table = new JTable(model);
                     scrollPane = new JScrollPane(table);
                     jf.add(scrollPane, BorderLayout.CENTER);
                     jf.validate();
                 }
                 catch (SQLException e)
                 {
                     e.printStackTrace();
                 }
             });
             var p = new JPanel();
             p.add(tableNames);
             jf.add(p, BorderLayout.NORTH);
             jf.add(new JScrollPane(changeMsg), BorderLayout.SOUTH);
             try
             {
                 // 获取数据库连接
                 conn = getConnection();
                 // 获取数据库的 MetaData 对象
                 DatabaseMetaData meta = conn.getMetaData();
                 // 创建 Statement
                 stmt = conn.createStatement(ResultSet.TYPE_SCROLL_INSENSITIVE,
                     ResultSet.CONCUR_UPDATABLE);
                 // 查询当前数据库的全部数据表
                 ResultSet tables = meta.getTables(null, null, null,
                     new String[] { "TABLE" });
                 // 将全部数据表添加到 JComboBox 中
                 while (tables.next())
                 {
                     tableNames.addItem(tables.getString(3));
                 }
                 tables.close();
             }
             catch (IOException e)
             {
                 e.printStackTrace();
             }
             catch (Exception e)
             {
                 e.printStackTrace();
             }
             jf.addWindowListener(new WindowAdapter()
             {
                 public void windowClosing(WindowEvent event)
                 {
                     try
                     {
                         if (conn != null) conn.close();
                     }
                     catch (SQLException e)
                     {
                         e.printStackTrace();
                     }
                 }
             });
             jf.pack();
             jf.setDefaultCloseOperation(JFrame.EXIT_ON_CLOSE);
             jf.setVisible(true);
         }
         private static Connection getConnection()
             throws SQLException, IOException, ClassNotFoundException
         {
             // 通过加载 conn.ini 文件来获取数据库连接的详细信息
             var props = new Properties();
             var in = new FileInputStream("conn.ini");
             props.load(in);
             in.close();
             var drivers = props.getProperty("jdbc.drivers");
             var url = props.getProperty("jdbc.url");
```

```
            var username = props.getProperty("jdbc.username");
            var password = props.getProperty("jdbc.password");
            // 加载数据库驱动程序
            Class.forName(drivers);
            // 取得数据库连接
            return DriverManager.getConnection(url, username, password);
        }
        public static void main(String[] args)
        {
            new TableModelTest().init();
        }
}
// 扩展 AbstractTableModel，用于将一个 ResultSet 包装成 TableModel
class ResultSetTableModel extends AbstractTableModel   // ①
{
    private ResultSet rs;
    private ResultSetMetaData rsmd;
    // 构造器，初始化 rs 和 rsmd 两个属性
    public ResultSetTableModel(ResultSet aResultSet)
    {
        rs = aResultSet;
        try
        {
            rsmd = rs.getMetaData();
        }
        catch (SQLException e)
        {
            e.printStackTrace();
        }
    }
    // 重写 getColumnName() 方法，用于为该 TableModel 设置列名
    public String getColumnName(int c)
    {
        try
        {
            return rsmd.getColumnName(c + 1);
        }
        catch (SQLException e)
        {
            e.printStackTrace();
            return "";
        }
    }
    // 重写 getColumnCount() 方法，用于设置该 TableModel 的列数
    public int getColumnCount()
    {
        try
        {
            return rsmd.getColumnCount();
        }
        catch (SQLException e)
        {
            e.printStackTrace();
            return 0;
        }
    }
    // 重写 getValueAt() 方法，用于设置该 TableModel 指定单元格的值
    public Object getValueAt(int r, int c)
    {
        try
        {
            rs.absolute(r + 1);
            return rs.getObject(c + 1);
        }
        catch (SQLException e)
        {
            e.printStackTrace();
            return null;
        }
    }
```

```
// 重写getRowCount()方法，用于设置该TableModel的行数
public int getRowCount()
{
    try
    {
        rs.last();
        return rs.getRow();
    }
    catch (SQLException e)
    {
        e.printStackTrace();
        return 0;
    }
}
// 重写isCellEditable()返回true，让每个单元格可编辑
public boolean isCellEditable(int rowIndex, int columnIndex)
{
    return true;
}
// 重写setValueAt()方法，当用户编辑单元格时，将会触发该方法
public void setValueAt(Object aValue, int row, int column)
{
    try
    {
        // 将结果集定位到对应的行数
        rs.absolute(row + 1);
        // 修改单元格对应的值
        rs.updateObject(column + 1, aValue);
        // 提交修改
        rs.updateRow();
        // 触发单元格的修改事件
        fireTableCellUpdated(row, column);
    }
    catch (SQLException evt)
    {
        evt.printStackTrace();
    }
}
}
```

上面程序的关键在于①号粗体字代码所扩展的ResultSetTableModel类，该类继承了AbstractTableModel父类，根据其ResultSet来重写getColumnCount()、getRowCount()和getValueAt()三个方法，从而允许该表格可以将该ResultSet里的所有记录显示出来。此外，该扩展类还重写了isCellEditable()和setValueAt()两个方法——重写前一个方法，实现允许用户编辑单元格的功能；重写后一个方法，实现当用户编辑单元格时将所做的修改同步到数据库的功能。

程序中的粗体字代码使用ResultSet创建了一个TableModel对象，并为该TableModel添加事件监听器，然后使用JTable把该TableModel显示出来。当用户修改该JTable对应表格中单元格的内容时，该监听器会检测到这种修改，并将这种修改信息通过下面的文本域显示出来。

提示：

上面程序中大量使用了JDBC编程中的使用JDBC连接数据库、获取可更新的结果集、ResultSetMetaData、DatabaseMetaData等知识，读者可能一时难以读懂，可以参考本书第13章的内容来阅读本程序。该程序的运行需要底层数据库的支持，所以读者应按第13章的内容正常安装MySQL数据库，并将codes\12\12.11\路径下的mysql.sql脚本导入数据库中，修改conn.ini文件中的数据库连接信息，才可运行该程序。使用JDBC连接数据库还需要加载JDBC驱动程序，所以本章为运行该程序提供了一个run.cmd批处理文件，读者可以通过该文件来运行该程序。不要直接运行该程序，否则可能出现java.lang.ClassNotFoundException:com.mysql.jdbc.Driver异常。

运行上面的程序，会看到如图12.50所示的界面。

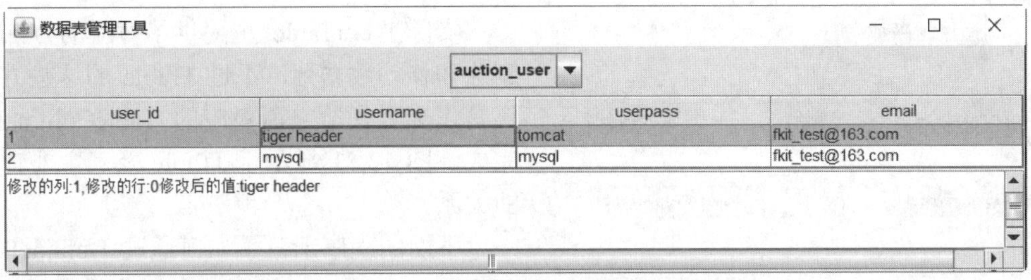

图 12.50 使用 JTable 管理数据表记录

从图 12.50 中可以看出，当修改指定单元格的记录时，添加在 TableModel 上的事件监听器就会被触发。当修改 JTable 单元格中的内容时，底层数据表里的记录也会进行相应的改变。

不仅用户可以扩展 AbstractTableModel 抽象类，Swing 本身也为 AbstractTableModel 提供了一个 DefaultTableModel 实现类，程序可以通过使用 DefaultTableModel 实现类来创建 JTable 对象。通过 DefaultTableModel 对象创建 JTable 对象后，就可以调用它提供的方法来添加数据行、插入数据行、删除数据行和移动数据行。DefaultTableModel 提供了如下几个方法来控制数据行操作。

- addColumn()：该方法用于为 TableModel 添加一列。该方法有三个重载的版本。实际上，该方法只是将原来隐藏的数据列显示出来。
- addRow()：该方法用于为 TableModel 添加一行。该方法有两个重载的版本。
- insertRow()：该方法用于在 TableModel 中的指定位置插入一行。该方法有两个重载的版本。
- removeRow(int row)：该方法用于删除 TableModel 中的指定行。
- moveRow(int start, int end, int to)：该方法用于移动 TableModel 中指定范围的数据行。

通过 DefaultTableModel 提供的这几个方法，程序就可以动态地改变表格中的数据行。

> **提示：**
> Swing 为 TableModel 提供了两个实现类，其中一个是 DefaultTableModel，另一个是 JTable 的匿名内部类。如果直接使用二维数组来创建 JTable 对象，那么维护该 JTable 状态信息的 model 对象就是 JTable 匿名内部类的实例；如果使用 Vector 来创建 JTable 对象，那么维护该 JTable 状态信息的 model 对象就是 DefaultTableModel 实例。

▶▶ 12.11.3 TableColumnModel 和监听器

JTable 使用 TableColumnModel 来保存该表格中所有数据列的状态数据，如果程序需要访问 JTable 的所有列的状态信息，则可以通过获取该 JTable 的 TableColumnModel 来实现。TableColumnModel 提供了如下几个方法来添加、删除和移动数据列。

- addColumn(TableColumn aColumn)：该方法用于为 TableModel 添加一列。该方法主要用于将原来隐藏的数据列显示出来。
- moveColumn(int columnIndex, int newIndex)：该方法用于将指定列移动到其他位置。
- removeColumn(TableColumn column)：该方法用于从 TableModel 中删除指定列。实际上，该方法并未真正删除指定列，只是将该列在 TableColumnModel 中隐藏起来，使之不可见。

 **注意：**
> 当调用 removeColumn()删除指定列之后，调用 TableColumnModel 的 getColumnCount() 方法也会看到返回的列数减少了，看起来很像真正删除了该列。但使用 setValueAt()方法为该列设置值时，依然可以设置成功，这表明这些列依然是存在的。

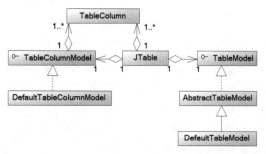

图 12.51　JTable 及其主要辅助类之间的关系

实际上，JTable 也提供了对应的方法来添加、删除和移动数据列，不过 JTable 的这些方法实际上还是需要委托给它所对应的 TableColumnModel 来完成。图 12.51 显示了 JTable 及其主要辅助类之间的关系。

下面的程序示范了如何通过 DefaultTableModel 和 TableColumnModel 动态地改变表格的行、列。

程序清单：codes\12\12.11\DefaultTableModelTest.java

```java
public class DefaultTableModelTest
{
    JFrame mainWin = new JFrame("管理数据行、数据列");
    final int COLUMN_COUNT = 5;
    DefaultTableModel model;
    JTable table;
    // 用于保存隐藏的列的 List 集合
    ArrayList<TableColumn> hiddenColumns = new ArrayList<>();
    public void init()
    {
        model = new DefaultTableModel(COLUMN_COUNT, COLUMN_COUNT);
        for (var i = 0; i < COLUMN_COUNT; i++)
        {
            for (var j = 0; j < COLUMN_COUNT; j++)
            {
                model.setValueAt("老单元格值 " + i + " " + j, i, j);
            }
        }
        table = new JTable(model);
        mainWin.add(new JScrollPane(table), BorderLayout.CENTER);
        // 为窗口安装菜单
        var menuBar = new JMenuBar();
        mainWin.setJMenuBar(menuBar);
        var tableMenu = new JMenu("管理");
        menuBar.add(tableMenu);
        var hideColumnsItem = new JMenuItem("隐藏选中列");
        hideColumnsItem.addActionListener(event -> {
            // 获取所有选中列的索引
            int[] selected = table.getSelectedColumns();
            TableColumnModel columnModel = table.getColumnModel();
            // 依次把每一个选中的列隐藏起来，并使用 List 保存这些列
            for (var i = selected.length - 1; i >= 0; i--)
            {
                TableColumn column = columnModel.getColumn(selected[i]);
                // 隐藏指定的列
                table.removeColumn(column);
                // 把隐藏的列保存起来，确保以后可以显示出来
                hiddenColumns.add(column);
            }
        });
        tableMenu.add(hideColumnsItem);
        var showColumnsItem = new JMenuItem("显示隐藏列");
        showColumnsItem.addActionListener(event -> {
            // 把所有隐藏的列依次显示出来
            for (var tc : hiddenColumns)
            {
                // 依次把所有隐藏的列显示出来
                table.addColumn(tc);
            }
            // 清空保存隐藏的列的 List 集合
            hiddenColumns.clear();
        });
        tableMenu.add(showColumnsItem);
        var addColumnItem = new JMenuItem("插入选中列");
```

```
addColumnItem.addActionListener(event -> {
    // 获取所有选中列的索引
    int[] selected = table.getSelectedColumns();
    TableColumnModel columnModel = table.getColumnModel();
    // 依次把选中的列添加到 JTable 之后
    for (var i = selected.length - 1; i >= 0; i--)
    {
        TableColumn column = columnModel.getColumn(selected[i]);
        table.addColumn(column);
    }
});
tableMenu.add(addColumnItem);
var addRowItem = new JMenuItem("增加行");
addRowItem.addActionListener(event -> {
    // 创建一个 String 数组作为新增行的内容
    var newCells = new String[COLUMN_COUNT];
    for (var i = 0; i < newCells.length; i++)
    {
        newCells[i] = "新单元格值 " + model.getRowCount()
            + " " + i;
    }
    // 向 TableModel 中新增一行
    model.addRow(newCells);
});
tableMenu.add(addRowItem);
var removeRowsItem = new JMenuItem("删除选中行");
removeRowsItem.addActionListener(event -> {
    // 获取所有选中的行
    int[] selected = table.getSelectedRows();
    // 依次删除所有选中的行
    for (var i = selected.length - 1; i >= 0; i--)
    {
        model.removeRow(selected[i]);
    }
});
tableMenu.add(removeRowsItem);
mainWin.pack();
mainWin.setDefaultCloseOperation(JFrame.EXIT_ON_CLOSE);
mainWin.setVisible(true);
}
public static void main(String[] args)
{
    new DefaultTableModelTest().init();
}
}
```

上面程序中的粗体字代码部分就是程序控制隐藏的列、显示隐藏的列、增加数据行和删除数据行的代码。此外，程序还实现了一个功能：当用户选中某个数据列之后，还可以将该数据列添加到该表格的后面——不要忘记了 add() 方法的功能，它只是将已有的数据列显示出来，并不是真正添加数据列。运行上面的程序，会看到如图 12.52 所示的界面。

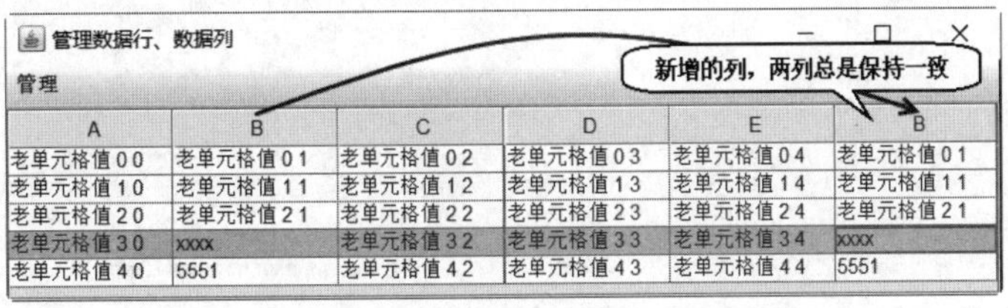

图 12.52　新增数据行、数据列的效果

从图 12.52 中可以看出，虽然程序新增了一列，但新增列的列名依然是 B，如果修改新增列内单元格的值，则可以看到原来的 B 列的值也随之改变。由此可见，addColumn() 方法只是将原有的列显示出来而已。程序还允许新增数据行，当执行 addRows() 方法时需要传入数组或 Vector 参数，该参数中包含的多个数值将作为新增行的数据。

如果程序需要监听 JTable 中列状态的改变，例如，监听列的增加、删除、移动等，则必须使用该

JTable 所对应的 TableColumnModel 对象，该对象提供了一个 addColumnModelListener()方法来添加监听器，该监听器接口里包含如下几个方法。

- ➤ columnAdded(TableColumnModelEvent e)：当向 TableColumnModel 中添加数据列时将会触发该方法。
- ➤ columnMarginChanged(ChangeEvent e)：当由于页边距（Margin）的改变引起列状态变化时将会触发该方法。
- ➤ columnMoved(TableColumnModelEvent e)：当移动 TableColumnModel 中的数据列时将会触发该方法。
- ➤ columnRemoved(TableColumnModelEvent e)：当删除 TableColumnModel 中的数据列时将会触发该方法。
- ➤ columnSelectionChanged(ListSelectionEvent e)：当改变表格的选择模式时将会触发该方法。

但通常表格的数据列需要程序来控制增加、删除，用户操作无法直接为表格增加、删除数据列，所以使用监听器来监听 TableColumnModel 改变的情况比较少见。

▶▶ 12.11.4 实现排序

使用 JTable 实现的表格并没有实现根据指定列排序的功能，但开发者可以利用 AbstractTableModel 类来实现该功能。由于 TableModel 不强制要求保存表格里的数据，只要 TableModel 实现了 getValueAt()、getColumnCount()和 getRowCount()三个方法，JTable 就可以根据该 TableModel 生成表格。因此可以创建一个 SortableTableModel 实现类，它可以将原 TableModel 包装起来，并实现根据指定列排序的功能。

程序创建的 SortableTableModel 实现类会对原 TableModel 进行包装，但它实际上并不保存任何数据，它会把所有的方法实现委托给原 TableModel 完成。SortableTableModel 仅保存原 TableModel 中每行的行索引，当程序对 SortableTableModel 的指定列排序时，实际上仅仅对 SortableTableModel 中的行索引进行排序——这样造成的结果是：SortableTableModel 中数据行的行索引与原 TableModel 中数据行的行索引不一致。所以，对于 TableModel 的那些涉及行索引的方法都需要进行相应的转换。

下面的程序实现了 SortableTableModel 类，并使用该类来实现对表格根据指定列排序的功能。

程序清单：codes\12\12.11\SortTable.java

```java
public class SortTable
{
    JFrame jf = new JFrame("可按列排序的表格");
    // 定义二维数组作为表格数据
    Object[][] tableData =
    {
        new Object[]{"李清照", 29, "女"},
        new Object[]{"苏格拉底", 56, "男"},
        new Object[]{"李白", 35, "男"},
        new Object[]{"弄玉", 18, "女"},
        new Object[]{"虎头", 2, "男"}
    };
    // 定义一维数组作为列标题
    Object[] columnTitle = {"姓名", "年龄", "性别"};
    // 以二维数组和一维数组来创建一个 JTable 对象
    JTable table = new JTable(tableData, columnTitle);
    // 将原表格的 model 包装成新的 SortableTableModel 对象
    SortableTableModel sorterModel = new SortableTableModel(table.getModel());
    public void init()
    {
        // 使用包装后的 SortableTableModel 对象作为 JTable 的 model 对象
        table.setModel(sorterModel);
        // 为每列的列头增加鼠标监听器
        table.getTableHeader().addMouseListener(new MouseAdapter()
        {
            public void mouseClicked(MouseEvent event)      // ①
            {
                // 如果单击次数小于 2，即不是双击，则直接返回
```

```
                if (event.getClickCount() < 2)
                {
                    return;
                }
                // 找出鼠标双击事件所在的列索引
                int tableColumn = table.columnAtPoint(event.getPoint());
                // 将 JTable 中的列索引转换成对应 TableModel 中的列索引
                int modelColumn = table.convertColumnIndexToModel(tableColumn);
                // 根据指定列进行排序
                sorterModel.sort(modelColumn);
            }
        });
        // 将 JTable 对象放在 JScrollPane 中，并将该 JScrollPane 显示出来
        jf.add(new JScrollPane(table));
        jf.pack();
        jf.setDefaultCloseOperation(JFrame.EXIT_ON_CLOSE);
        jf.setVisible(true);
    }
    public static void main(String[] args)
    {
        new SortTable().init();
    }
}
class SortableTableModel extends AbstractTableModel
{
    private TableModel model;
    private int sortColumn;
    private Row[] rows;
    // 将一个已经存在的 TableModel 对象包装成 SortableTableModel 对象
    public SortableTableModel(TableModel m)
    {
        // 将被包装的 TableModel 传入
        model = m;
        rows = new Row[model.getRowCount()];
        // 将原 TableModel 中每行记录的索引使用 rows[]数组保存起来
        for (var i = 0; i < rows.length; i++)
        {
            rows[i] = new Row(i);
        }
    }
    // 实现根据指定列进行排序
    public void sort(int c)
    {
        sortColumn = c;
        java.util.Arrays.sort(rows);
        fireTableDataChanged();
    }
    // 下面三个方法需要访问 model 中的数据，所以涉及本 model 中数据
    // 和被包装 model 中数据的索引转换，程序使用 rows[]数组完成这种转换
    public Object getValueAt(int r, int c)
    {
        return model.getValueAt(rows[r].index, c);
    }
    public boolean isCellEditable(int r, int c)
    {
        return model.isCellEditable(rows[r].index, c);
    }
    public void setValueAt(Object aValue, int r, int c)
    {
        model.setValueAt(aValue, rows[r].index, c);
    }
    // 下面方法的实现把该 model 的方法委托给原包装的 model 来实现
    public int getRowCount()
    {
        return model.getRowCount();
    }
    public int getColumnCount()
    {
        return model.getColumnCount();
    }
```

```
public String getColumnName(int c)
{
    return model.getColumnName(c);
}
public Class getColumnClass(int c)
{
    return model.getColumnClass(c);
}
// 定义一个 Row 类，该类用于封装 JTable 中的一行
// 实际上它并不封装行数据，它只封装行索引
private class Row implements Comparable<Row>
{
    // 该 index 保存着被包装 Model 中每行记录的行索引
    public int index;
    public Row(int index)
    {
        this.index = index;
    }
    // 实现两行之间的大小比较
    public int compareTo(Row other)
    {
        Object a = model.getValueAt(index, sortColumn);
        Object b = model.getValueAt(other.index, sortColumn);
        if (a instanceof Comparable)
        {
            return ((Comparable) a).compareTo(b);
        }
        else
        {
            return a.toString().compareTo(b.toString());
        }
    }
}
}
```

上面的程序是在 SimpleTable 程序的基础上改变而来的，改变的部分就是增加了两行粗体字代码和①号粗体字代码块。其中，两行粗体字代码负责把原 JTable 的 model 对象包装成 SortableTableModel 对象，并设置原 JTable 使用 SortableTableModel 对象作为对应的 model 对象；①号粗体字代码块则用于为该表格的列头增加鼠标监听器：当用鼠标双击指定列时，SortableTableModel 对象根据指定列进行排序。

> **注意：**
> 程序中还使用了 convertColumnIndexToModel()方法把 JTable 中的列索引转换成 TableModel 中的列索引。这是因为 JTable 中的列允许用户随意拖动，因此可能造成 JTable 中的列索引与 TableModel 中的列索引不一致。

运行上面的程序，双击"年龄"列头，将看到如图 12.53 所示的排序效果。

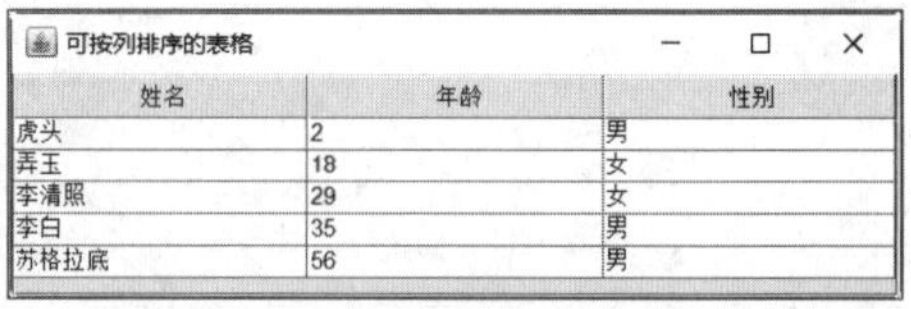

实际上，上面程序的关键在于 SortableTableModel 类，该类使用 rows[]数组来保存原 TableModel 中的行索引。为了让程序可以对 rows[]数组元素根据指定列排序，程序中使用了 Row 类来封装行索引，并实现了 compareTo()方法，该方法实现了根据指定列来比较两行大小的功能，从而允许程序根据指定列对 rows[]数组元素进行排序。

姓名	年龄	性别
虎头	2	男
弄玉	18	女
李清照	29	女
李白	35	男
苏格拉底	56	男

图 12.53　根据"年龄"列排序的效果

▶▶ 12.11.5　绘制单元格内容

前面看到的所有表格的单元格内容都是字符串，实际上表格的单元格内容也可以更复杂。JTable 使用 TableCellRenderer 绘制单元格，Swing 为该接口提供了一个实现类：DefaultTableCellRenderer，该单元格绘制器可以绘制如下三种类型的单元格值（根据其 TableModel 的 getColumnClass()方法来决定该单元格值的类型）。

➤ Icon：默认的单元格绘制器会把该类型的单元格值绘制成该 Icon 对象所代表的图标。

➤ Boolean：默认的单元格绘制器会把该类型的单元格值绘制成复选框。

➤ Object：默认的单元格绘制器在单元格内绘制出该对象的 toString() 方法返回的字符串。

在默认情况下，如果程序直接使用二维数组或 Vector 来创建 JTable，那么程序将会使用 JTable 的匿名内部类或 DefaultTableModel 充当该表格的 model 对象，这两个 TableModel 的 getColumnClass() 方法的返回值都是 Object。这意味着，即使该二维数组中值的类型是 Icon，但由于两个默认的 TableModel 实现类的 getColumnClass() 方法总是返回 Object，所以将导致默认的单元格绘制器把 Icon 值当成 Object 值处理——只是绘制出其 toString() 方法返回的字符串。

为了让默认的单元格绘制器可以将 Icon 类型的值绘制成图标，将 Boolean 类型的值绘制成复选框，在创建 JTable 时所使用的 TableModel 绝不能采用默认的 TableModel，必须采用扩展后的 TableModel 类，如下面的代码所示。

```
// 定义一个 DefaultTableModel 类的子类
class ExtendedTableModel extends DefaultTableModel
{
    ...
    // 重写 getColumnClass() 方法，根据每列的第一个值来返回每列真实的数据类型
    public Class getColumnClass(int c)
    {
        return getValueAt(0, c).getClass();
    }
}
```

在提供了上面的 ExtendedTableModel 类之后，程序应该先创建 ExtendedTableModel 对象，然后再利用该对象来创建 JTable，这样就可以保证 JTable 的 model 对象的 getColumnClass() 方法会返回每列真实的数据类型，默认的单元格绘制器就会将 Icon 类型的单元格值绘制成图标，将 Boolean 类型的单元格值绘制成复选框。

如果希望程序采用自己定制的单元格绘制器，则必须实现自己的单元格绘制器，该单元格绘制器必须实现 TableCellRenderer 接口。与前面的 TreeCellRenderer 接口完全相似，该接口里也只包含一个 getTableCellRendererComponent() 方法，该方法返回的 Component 将会作为指定单元格绘制的组件。

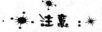
提示：

> Swing 提供了一致的编程模型，不管是 JList、JTree 还是 JTable，它们所使用的单元格绘制器都有一致的编程模型，分别需要扩展 ListCellRenderer、TreeCellRenderer 和 TableCellRenderer，在扩展这三个基类时都需要重写 getXxxCellRendererComponent() 方法，该方法的返回值将作为绘制的组件。

一旦实现了自己的单元格绘制器，还必须将该单元格绘制器安装到指定的 JTable 对象上。为指定的 JTable 对象安装单元格绘制器有如下两种方式。

➤ 局部方式（列级）：调用 TableColumn 的 setCellRenderer() 方法为指定列安装指定的单元格绘制器。

➤ 全局方式（表级）：调用 JTable 的 setDefaultRenderer() 方法为指定的 JTable 对象安装单元格绘制器。setDefaultRenderer() 方法需要传入两个参数，即列类型和单元格绘制器，表明只有指定类型的数据列才会使用该单元格绘制器。

注意：

> 当某一列既符合全局绘制器的规则，又符合局部绘制器的规则时，局部绘制器将会负责绘制该单元格，全局绘制器不会产生任何作用。此外，TableColumn 还包含了一个 setHeaderRenderer() 方法，该方法可以为指定列的列头安装单元格绘制器。

下面的程序提供了一个 ExtendedTableModel 类，该类扩展了 DefaultTableModel，重写了父类的 getColumnClass() 方法，该方法根据每列的第一个值来决定该列的数据类型；程序中还提供了一个定制

的单元格绘制器，它使用图标来形象地表明每个好友的性别。

程序清单：codes\12\12.11\TableCellRendererTest.java

```java
public class TableCellRendererTest
{
    JFrame jf = new JFrame("使用单元格绘制器");
    JTable table;
    // 定义二维数组作为表格数据
    Object[][] tableData =
    {
        new Object[] {"李清照", 29, "女",
            new ImageIcon("icon/3.gif"), true},
        new Object[] {"苏格拉底", 56, "男",
            new ImageIcon("icon/1.gif"), false},
        new Object[] {"李白", 35, "男",
            new ImageIcon("icon/4.gif"), true},
        new Object[] {"弄玉", 18, "女",
            new ImageIcon("icon/2.gif"), true},
        new Object[] {"虎头", 2, "男",
            new ImageIcon("icon/5.gif"), false}
    };
    // 定义一维数组作为列标题
    String[] columnTitle = {"姓名", "年龄", "性别",
        "主头像", "是否中国人"};
    public void init()
    {
        // 以二维数组和一维数组来创建一个 ExtendedTableModel 对象
        var model = new ExtendedTableModel(columnTitle, tableData);
        // 以 ExtendedTableModel 来创建 JTable
        table = new JTable( model);
        table.setRowSelectionAllowed(false);
        table.setRowHeight(40);
        // 获取第 3 列
        TableColumn lastColumn = table.getColumnModel().getColumn(2);
        // 对第 3 列采用自定义的单元格绘制器
        lastColumn.setCellRenderer(new GenderTableCellRenderer());
        // 将 JTable 对象放在 JScrollPane 中，并将该 JScrollPane 显示出来
        jf.add(new JScrollPane(table));
        jf.pack();
        jf.setDefaultCloseOperation(JFrame.EXIT_ON_CLOSE);
        jf.setVisible(true);
    }
    public static void main(String[] args)
    {
        new TableCellRendererTest().init();
    }
}
class ExtendedTableModel extends DefaultTableModel
{
    // 重新提供一个构造器，将该构造器的实现委托给 DefaultTableModel 父类
    public ExtendedTableModel(String[] columnNames, Object[][] cells)
    {
        super(cells, columnNames);
    }
    // 重写 getColumnClass()方法，根据每列的第一个值来返回其真实的数据类型
    public Class getColumnClass(int c)
    {
        return getValueAt(0, c).getClass();
    }
}
// 定义自定义的单元格绘制器
class GenderTableCellRenderer extends JPanel
    implements TableCellRenderer
{
    private String cellValue;
    // 定义图标的宽度和高度
    final int ICON_WIDTH = 23;
    final int ICON_HEIGHT = 21;
```

```
public Component getTableCellRendererComponent(JTable table,
    Object value, boolean isSelected, boolean hasFocus,
    int row, int column)
{
    cellValue = (String) value;
    // 设置在选中状态下绘制边框
    if (hasFocus)
    {
        setBorder(UIManager.getBorder("Table.focusCellHighlightBorder"));
    }
    else
    {
        setBorder(null);
    }
    return this;
}
// 重写paint()方法，负责绘制该单元格内容
public void paint(Graphics g)
{
    // 如果单元格值为"男"或"male"，则绘制一个男性图标
    if (cellValue.equalsIgnoreCase("男")
        || cellValue.equalsIgnoreCase("male"))
    {
        drawImage(g, new ImageIcon("icon/male.gif").getImage());
    }
    // 如果单元格值为"女"或"female"，则绘制一个女性图标
    if (cellValue.equalsIgnoreCase("女")
        || cellValue.equalsIgnoreCase("female"))
    {
        drawImage(g, new ImageIcon("icon/female.gif").getImage());
    }
}
// 绘制图标的方法
private void drawImage(Graphics g, Image image)
{
    g.drawImage(image, (getWidth() - ICON_WIDTH ) / 2,
        (getHeight() - ICON_HEIGHT) / 2, null);
}
}
```

上面程序中没有直接使用二维数组和一维数组来创建 JTable 对象，而是采用了 ExtendedTableModel 对象来创建 JTable 对象（如第一段粗体字代码所示）。ExtendedTableModel 类重写了父类的 getColumnClass() 方法，该方法将会根据每列实际的值来返回该列的数据类型（如第二段粗体字代码所示）。

程序中提供了一个 GenderTableCellRenderer 类，该类实现了 TableCellRenderer 接口，它可以作为单元格绘制器使用。该类继承了 JPanel 容器，在重写 getTableCellRendererComponent()方法时返回 this，这表明它会使用 JPanel 对象作为单元格绘制器。

提示：

读者可以将 ExtendedTableModel 补充得更加完整——主要是将 DefaultTableModel 中的几个构造器重新暴露出来，以后程序中可以使用 ExtendedTableModel 类作为 JTable 的 model 类，这样创建的 JTable 就可以将 Icon 列、Boolean 列分别绘制成图标和复选框。

运行上面的程序，会看到如图 12.54 所示的效果。

▶▶ 12.11.6 编辑单元格内容

如果用户双击 JTable 表格的指定单元格，系统将会开始编辑该单元格的内容。在默认情况下，系统会使用文本框来编辑单元格内容，包括图 12.54 所示表格的图标单元格。与此类似的是，如果用户双击 JTree 的节点，默认也会采用文本框来编辑节点内容。

但如果单元格内容不是文字内容，而是如图 12.54 所示的图标，用户当然不希望使用文本框编辑器来编辑该单元格的内容，因为这种编辑方式非常不直观，用户体验相当差。为了避免这种情况，我们可

以实现自己的单元格编辑器,从而给用户提供更好的操作界面。

实现 JTable 的单元格编辑器应该实现 TableCellEditor 接口,实现 JTree 的节点编辑器需要实现 TreeCellEditor 接口,这两个接口有着非常紧密的联系。它们有一个共同的父接口:CellEditor;而且它们有一个共同的实现类:DefaultCellEditor。关于 TableCellEditor 和 TreeCellEditor 两个接口及其实现类之间的关系如图 12.55 所示。

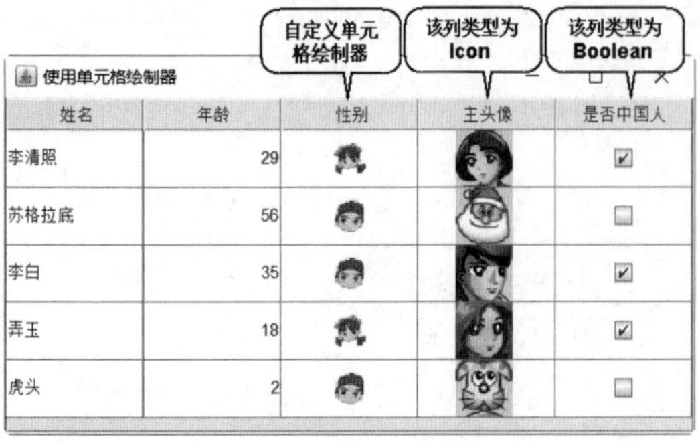

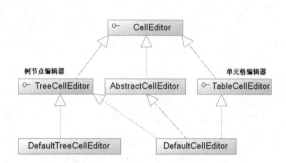

图 12.54　重写 getColumnClass()方法和定制
单元格绘制器的效果

图 12.55　TableCellEditor 和 TreeCellEditor 两个接口
及其实现类之间的关系

从图 12.55 中可以看出,Swing 为 TableCellEditor 提供了 DefaultCellEditor 实现类(其也可作为 TreeCellEditor 的实现类)。DefaultCellEditor 类有三个构造器,它们分别使用文本框、复选框和 JComboBox 作为单元格编辑器,其中使用文本框编辑器是最常见的情形;如果单元格的值是 Boolean 类型,则系统默认使用复选框编辑器(如图 12.54 中最右边一列所示)。这两种情形都是前面见过的情形。如果想指定某列使用 JComboBox 作为单元格编辑器,则需要显式创建 JComboBox 实例,然后以此实例来创建 DefaultCellEditor 编辑器。

实现 TableCellEditor 接口可以开发自己的单元格编辑器,但这种做法比较烦琐;通常会使用扩展 DefaultCellEditor 类的方式,这种方式比较简单。TableCellEditor 接口定义了一个 getTableCellEditor Component()方法,该方法返回一个 Component 对象,该对象就是该单元格的编辑器。

一旦实现了自己的单元格编辑器,就可以为 JTable 对象安装该单元格编辑器。与安装单元格绘制器类似,安装单元格编辑器也有两种方式。

➢ 局部方式(列级):为特定列指定单元格编辑器,通过调用 TableColumn 的 setCellEditor()方法为该列安装单元格编辑器。

➢ 全局方式(表级):调用 JTable 的 setDefaultEditor()方法为该表格安装默认的单元格编辑器。该方法需要两个参数,即列类型和单元格编辑器,这两个参数表明对于指定类型的列使用该单元格编辑器。

与单元格绘制器相似的是,如果有一列同时满足列级单元格编辑器和表级单元格编辑器的要求,那么系统将采用列级单元格编辑器。

下面的程序实现了一个 ImageCellEditor 编辑器,该编辑器由一个不可直接编辑的文本框和一个按钮组成,当用户单击该按钮时,该编辑器弹出一个文件选择器,方便用户选择图标文件。此外,下面的程序还创建了一个基于 JComboBox 的 DefaultCellEditor 类,该编辑器允许用户通过下拉列表来选择图标。

程序清单:codes\12\12.11\TableCellEditorTest.java

```java
public class TableCellEditorTest
{
    JFrame jf = new JFrame("使用单元格编辑器");
    JTable table;
    // 定义二维数组作为表格数据
    Object[][] tableData =
    {
        new Object[] {"李清照", 29, "女", new ImageIcon("icon/3.gif"),
            new ImageIcon("icon/3.gif"), true},
        new Object[] {"苏格拉底", 56, "男", new ImageIcon("icon/1.gif"),
```

```
                    new ImageIcon("icon/1.gif"), false},
        new Object[] {"李白", 35, "男", new ImageIcon("icon/4.gif"),
            new ImageIcon("icon/4.gif"), true},
        new Object[] {"弄玉", 18, "女", new ImageIcon("icon/2.gif"),
            new ImageIcon("icon/2.gif"), true},
        new Object[] {"虎头", 2, "男", new ImageIcon("icon/5.gif"),
            new ImageIcon("icon/5.gif"), false}
    };
    // 定义一维数组作为列标题
    String[] columnTitle = {"姓名", "年龄", "性别", "主头像",
        "次头像", "是否中国人"};
    public void init()
    {
        // 以二维数组和一维数组来创建一个 ExtendedTableModel 对象
        var model = new ExtendedTableModel(columnTitle, tableData);
        // 以 ExtendedTableModel 来创建 JTable
        table = new JTable(model);
        table.setRowSelectionAllowed(false);
        table.setRowHeight(40);
        // 为该表格指定默认的单元格编辑器
        table.setDefaultEditor(ImageIcon.class, new ImageCellEditor());
        // 获取第 5 列
        TableColumn lastColumn = table.getColumnModel().getColumn(4);
        // 创建 JComboBox 对象，并添加多个图标列表项
        JComboBox<ImageIcon> editCombo = new JComboBox<>();
        for (var i = 1; i <= 10; i++)
        {
            editCombo.addItem(new ImageIcon("icon/" + i + ".gif"));
        }
        // 设置第 6 列使用基于 JComboBox 的 DefaultCellEditor
        lastColumn.setCellEditor(new DefaultCellEditor(editCombo));
        // 将 JTable 对象放在 JScrollPane 中，并将该 JScrollPane 放在窗口中显示出来
        jf.add(new JScrollPane(table));
        jf.pack();
        jf.setDefaultCloseOperation(JFrame.EXIT_ON_CLOSE);
        jf.setVisible(true);
    }
    public static void main(String[] args)
    {
        new TableCellEditorTest().init();
    }
}
class ExtendedTableModel extends DefaultTableModel
{
    // 重新提供一个构造器，将该构造器的实现委托给 DefaultTableModel 父类
    public ExtendedTableModel(String[] columnNames, Object[][] cells)
    {
        super(cells, columnNames);
    }
    // 重写 getColumnClass() 方法，根据每列的第一个值返回该列真实的数据类型
    public Class getColumnClass(int c)
    {
        return getValueAt(0, c).getClass();
    }
}
// 扩展 DefaultCellEditor 来实现 TableCellEditor 类
class ImageCellEditor extends DefaultCellEditor
{
    // 定义文件选择器
    private JFileChooser fDialog = new JFileChooser();
    private JTextField field = new JTextField(15);
    private JButton button = new JButton("...");
    public ImageCellEditor()
    {
        // 因为 DefaultCellEditor 没有无参数的构造器
        // 所以这里显式调用父类有参数的构造器
        super(new JTextField());
        initEditor();
```

```
    }
    private void initEditor()
    {
        field.setEditable(false);
        // 为按钮添加监听器，当用户单击该按钮时
        // 将出现一个文件选择器让用户选择图标文件
        button.addActionListener(e -> browse());
        // 为文件选择器安装文件过滤器
        fDialog.addChoosableFileFilter(new FileFilter()
        {
            public boolean accept(File f)
            {
                if (f.isDirectory())
                {
                    return true;
                }
                String extension = Utils.getExtension(f);
                if (extension != null)
                {
                    if (extension.equals(Utils.tiff)
                        || extension.equals(Utils.tif)
                        || extension.equals(Utils.gif)
                        || extension.equals(Utils.jpeg)
                        || extension.equals(Utils.jpg)
                        || extension.equals(Utils.png))
                    {
                        return true;
                    }
                    else
                    {
                        return false;
                    }
                }
                return false;
            }
            public String getDescription()
            {
                return "有效的图片文件";
            }
        });
        fDialog.setAcceptAllFileFilterUsed(false);
    }
    // 重写TableCellEditor接口的getTableCellEditorComponent()方法
    // 该方法返回单元格编辑器，该编辑器是一个JPanel
    // 该容器包含一个文本框和一个按钮
    public Component getTableCellEditorComponent(JTable table,
        Object value, boolean isSelected, int row, int column)  // ①
    {
        this.button.setPreferredSize(new Dimension(20, 20));
        var panel = new JPanel();
        panel.setLayout(new BorderLayout());
        field.setText(value.toString());
        panel.add(this.field, BorderLayout.CENTER);
        panel.add(this.button, BorderLayout.EAST);
        return panel;
    }
    public Object getCellEditorValue()
    {
        return new ImageIcon(field.getText());
    }
    private void browse()
    {
        // 设置、打开文件选择器
        fDialog.setCurrentDirectory(new File("icon"));
        int result = fDialog.showOpenDialog(null);
        // 如果单击了文件选择器的"取消"按钮
        if (result == JFileChooser.CANCEL_OPTION)
        {
            // 取消编辑
```

```
            super.cancelCellEditing();
            return;
        }
        // 如果单击了文件选择器的"确定"按钮
        else
        {
            // 设置 field 的内容
            field.setText("icon/" + fDialog.getSelectedFile().getName());
        }
    }
}
class Utils
{
    public final static String jpeg = "jpeg";
    public final static String jpg = "jpg";
    public final static String gif = "gif";
    public final static String tiff = "tiff";
    public final static String tif = "tif";
    public final static String png = "png";
    // 获取文件扩展名的方法
    public static String getExtension(File f)
    {
        String ext = null;
        String s = f.getName();
        int i = s.lastIndexOf('.');
        if (i > 0 && i < s.length() - 1)
        {
            ext = s.substring(i + 1).toLowerCase();
        }
        return ext;
    }
}
```

上面程序中实现了一个 ImageCellEditor 编辑器，程序中的粗体字代码将该编辑器注册成 ImageIcon 类型的单元格编辑器，如果某一列的数据类型是 ImageIcon，则默认使用该单元格编辑器。ImageCellEditor 扩展了 DefaultCellEditor 基类，重写了 getTableCellEditorComponent()方法返回一个 JPanel，该 JPanel 中包含一个文本框和一个按钮。

此外，程序中的粗体字代码还为最后一列安装了一个基于 JComboBox 的 DefaultCellEditor。

运行上面的程序，双击第 4 列的任意单元格，开始编辑该单元格，将看到如图 12.56 所示的窗口。双击第 5 列的任意单元格，开始编辑该单元格，将看到如图 12.57 所示的窗口。

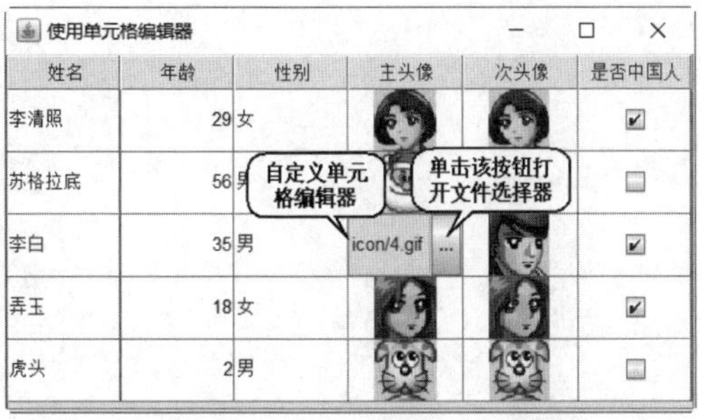

图 12.56　自定义单元格编辑器

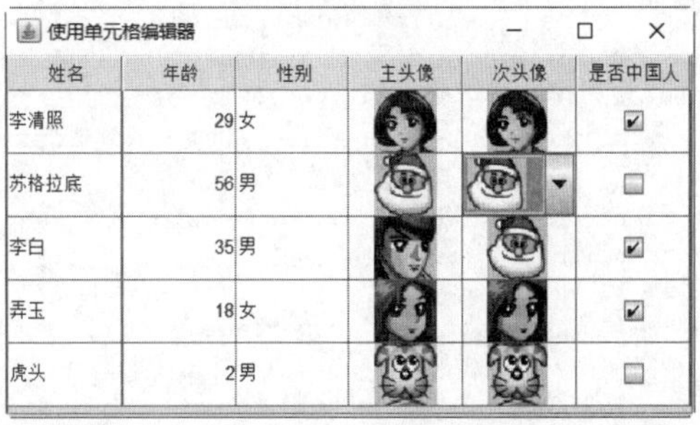

图 12.57　基于 JComboBox 的 DefaultCellEditor

通过图 12.56 和图 12.57 可以看出，如果单元格的值需要从多个枚举值中选择，则使用 DefaultCellEditor 即可。使用自定义的单元格编辑器非常灵活，可以获得单元格编辑器的全部控制权。

12.12　使用 JFormattedTextField 和 JTextPane 创建格式文本

Swing 使用 JTextComponent 作为所有文本输入组件的父类，从图 12.1 中可以看出，Swing 为该类提供了三个子类：JTextArea、JTextField 和 JEditorPane，并为 JEditorPane 提供了一个 JTextPane 子类。JEditorPane 和 JTextPane 是两个典型的格式文本编辑器，也是本节介绍的重点。JTextArea 和 JTextField 是两个常见的文本组件，比较简单，本节不会再次介绍它们。

JTextField 派生了两个子类: JPasswordField 和 JFormattedTextField, 它们代表密码框和格式化文本框。

与其他的 Swing 组件类似, 所有的文本输入组件也都遵循了 MVC 的设计模式, 即每个文本输入组件都有对应的 model 来保存其状态数据; 与其他的 Swing 组件不同的是, 文本输入组件的 model 接口不是 XxxModel 接口, 而是 Document 接口, Document 既包括有格式的文本, 也包括无格式的文本。不同的文本输入组件对应的 Document 不同。

➤➤ 12.12.1 监听 Document 的变化

如果希望检测任何文本输入组件中所输入内容的变化, 则可以通过监听该组件对应的 Document 来实现。JTextComponent 类中提供了一个 getDocument() 方法, 该方法用于获取所有文本输入组件对应的 Document 对象。

Document 提供了一个 addDocumentListener() 方法来为 Document 添加监听器, 该监听器必须实现 DocumentListener 接口, 该接口中提供了如下三个方法。

- ➤ changedUpdate(DocumentEvent e): 当 Document 中的属性或属性集发生变化时触发该方法。
- ➤ insertUpdate(DocumentEvent e): 当向 Document 中插入文本时触发该方法。
- ➤ removeUpdate(DocumentEvent e): 当从 Document 中删除文本时触发该方法。

对于上面的三个方法而言, 如果仅需要检测文本的变化, 则无须实现第一个方法。但 Swing 并没有为 DocumentListener 接口提供适配器(难道是 Oracle 的疏忽), 所以程序依然要为第一个方法提供空实现。

此外, 还可以为文件输入组件添加一个撤销监听器, 这样就允许用户撤销以前所做的修改。添加撤销监听器的方法是 addUndoableEditListener(), 该方法需要接收一个 UndoableEditListener 监听器, 该监听器中包含了 undoableEditHappened() 方法, 当文档中发生了可撤销的编辑操作时将会触发该方法。

下面的程序示范了如何为一个普通文本域的 Document 添加监听器, 当用户在目标文本域中输入、删除文本时, 程序会显示出用户所做的修改。该文本域还支持撤销操作, 当用户按下 "Ctrl+Z" 快捷键时, 该文本域会撤销用户刚刚输入的内容。

程序清单: codes\12\12.12\MonitorText.java

```java
public class MonitorText
{
    JFrame mainWin = new JFrame("监听 Document 对象");
    JTextArea target = new JTextArea(4, 35);
    JTextArea msg = new JTextArea(5, 35);
    JLabel label = new JLabel("文本域的修改信息");
    Document doc = target.getDocument();
    // 保存撤销操作的 List 对象
    LinkedList<UndoableEdit> undoList = new LinkedList<>();
    // 最多允许撤销多少次
    final int UNDO_COUNT = 20;
    public void init()
    {
        msg.setEditable(false);
        // 添加 DocumentListener
        doc.addDocumentListener(new DocumentListener()
        {
            // 当 Document 的属性或属性集发生变化时触发该方法
            public void changedUpdate(DocumentEvent e){}
            // 当向 Document 中插入文本时触发该方法
            public void insertUpdate(DocumentEvent e)
            {
                int offset = e.getOffset();
                int len = e.getLength();
                // 获得插入事件的位置
                msg.append("插入文本的长度: " + len + "\n");
                msg.append("插入文本的起始位置: " + offset + "\n");
                try
                {
                    msg.append("插入文本内容: "
```

```
                    + doc.getText(offset, len) + "\n");
            }
            catch (BadLocationException evt)
            {
                evt.printStackTrace();
            }
        }
        // 当从 Document 中删除文本时触发该方法
        public void removeUpdate(DocumentEvent e)
        {
            int offset = e.getOffset();
            int len = e.getLength();
            // 获得插入事件的位置
            msg.append("删除文本的长度: " + len + "\n");
            msg.append("删除文本的起始位置: " + offset + "\n");
        }
    });
    // 添加可撤销操作的监听器
    doc.addUndoableEditListener(e -> {          // ①
        // 每次发生可撤销操作时都会触发该代码块
        UndoableEdit edit = e.getEdit();
        if (edit.canUndo() && undoList.size() < UNDO_COUNT)
        {
            // 将可撤销操作装入 List 内
            undoList.add(edit);
        }
        // 已经达到最大撤销次数
        else if (edit.canUndo() && undoList.size() >= UNDO_COUNT)
        {
            // 弹出第一个可撤销操作
            undoList.pop();
            // 将可撤销操作装入 List 内
            undoList.add(edit);
        }
    });
    // 为 "Ctrl+Z" 按键添加监听器
    target.addKeyListener(new KeyAdapter()
    {
        public void keyTyped(KeyEvent e)        // ②
        {
            // 如果按键是 "Ctrl + Z"
            if (e.getKeyChar() == 26)
            {
                if (undoList.size() > 0)
                {
                    // 移出最后一个可撤销操作，并取消该操作
                    undoList.removeLast().undo();
                }
            }
        }
    });
    var box = new Box(BoxLayout.Y_AXIS);
    box.add(new JScrollPane(target));
    var panel = new JPanel();
    panel.add(label);
    box.add(panel);
    box.add(new JScrollPane(msg));
    mainWin.add(box);
    mainWin.pack();
    mainWin.setDefaultCloseOperation(JFrame.EXIT_ON_CLOSE);
    mainWin.setVisible(true);
}
public static void main(String[] args) throws Exception
{
    new MonitorText().init();
}
}
```

上面程序中的前两段粗体字代码实现了向 Document 中插入文本、从 Document 中删除文本的事件

处理器，当用户向 Document 中插入文本、从 Document 中删除文本时，程序将会把这些修改信息添加到下面的文本域中。

程序中①号粗体字代码是可撤销操作的事件处理器，当用户在该文本域内进行可撤销操作时，这段代码将会被触发，这段代码把用户刚刚进行的可撤销操作以 List 保存起来，以便在合适的时候撤销用户所做的修改。

程序中②号粗体字代码主要用于为"Ctrl+Z"按键添加按键监听器，当用户按下"Ctrl+Z"快捷键时，程序从保存可撤销操作的 List 中取出最后一个可撤销操作，并撤销该操作的修改。

运行上面的程序，会看到如图 12.58 所示的运行结果。

图 12.58　为 Document 添加监听器

▶▶ 12.12.2　使用 JPasswordField

JPasswordField 是 JTextField 的一个子类，它是 Swing 的 MVC 设计的产品——JPasswordField 和 JTextField 的各种特征几乎完全一样，只是当用户向 JPasswordField 中输入内容时，JPasswordField 并不会显示出用户输入的内容，而是以 echo 字符（通常是星号和黑点）来代替用户输入的所有字符。

JPasswordField 和 JTextField 的用法几乎完全一样，连构造器的个数和参数都完全一样。但是 JPasswordField 多了一个 setEchoChar(Char ch)方法，该方法用于设置该密码框的 echo 字符——当用户在密码框内输入时，输入的每一个字符都会使用该 echo 字符代替。

此外，JPasswordField 重写了 JTextComponent 的 getText()方法，并且不再推荐使用 getText()方法返回密码框的字符串，因为 getText()方法所返回的字符串会一直停留在虚拟机中，直到垃圾回收。这可能导致存在一些安全隐患，所以 JPasswordField 提供了一个 getPassword()方法，该方法返回一个字符数组，而不是字符串，从而提供了更好的安全机制。

　注意 ：

当程序使用完 getPassword()方法返回的字符数组后，应该立即清空该字符数组的内容，以防该数组泄露密码信息。

▶▶ 12.12.3　使用 JFormattedTextField

在有些情况下，程序不希望用户在输入框内随意地输入。例如，程序需要用户输入一个有效的时间，或者需要用户输入一个有效的物品价格，如果用户输入不合理，程序应该阻止用户输入。对于这种需求，通常的做法是为该文本框添加失去焦点的监听器，再添加回车按键的监听器，当该文本框失去焦点时，或者该用户在该文本框内按回车键时，就检测用户输入是否合法。这种做法基本可以解决该问题，但编程比较烦琐！Swing 提供的 JFormattedTextField 可以更优雅地解决该问题。

使用 JFormattedTextField 与使用普通文本行有一个区别——它需要指定一种文本格式，只有当用户的输入满足该格式时，JFormattedTextField 才会接收用户输入。JFormattedTextField 可以使用如下两种类型的格式。

- ➤ JFormattedTextField.AbstractFormatter：该内部类有一个子类 DefaultFormatter，而 DefaultFormatter 又有一个非常实用的 MaskFormatter 子类，允许程序以掩码的形式指定文本格式。
- ➤ Format：主要由 DateFormat 和 NumberFormat 两个格式器组成，这两个格式器可以指定 JFormattedTextField 所能接收的格式字符串。

在创建 JFormattedTextField 对象时可以传入上面任意一个格式器，在成功地创建了 JFormattedTextField 对象之后，JFormattedTextField 对象的用法和普通 TextField 的用法基本相似，一样可以调用 setColumns()方法来设置该文本框的宽度，调用 setFont()方法来设置该文本框内容的字体等。此外，JFormattedTextField 还包含如下 3 个特殊方法。

➤ Object getValue()：获取该格式化文本框里的值。

➤ void setValue(Object obj)：设置该格式化文本框的初始值。

➤ void setFocusLostBehavior(int behavior)：设置该格式化文本框失去焦点时的行为，该方法可以接收如下 4 个值。

  • JFormattedTextField.COMMIT：如果用户输入的内容满足格式器的要求，则该格式化文本框显示的文本变成用户输入的内容，调用 getValue()方法返回的是该文本框内显示的内容；如果用户输入的内容不满足格式器的要求，则该格式化文本框显示的依然是用户输入的内容，但调用 getValue()方法返回的不是该文本框内显示的内容，而是上一个满足要求的值。

  • JFormattedTextField.COMMIT_OR_REVERT：这是默认值。如果用户输入的内容满足格式器的要求，则该格式化文本框显示的文本、getValue()方法返回的都是用户输入的内容；如果用户输入的内容不满足格式器的要求，则该格式化文本框显示的文本、getValue()方法返回的都是上一个满足要求的值。

  • JFormattedTextField.PERSIST：不管用户输入的内容是否满足格式器的要求，该格式化文本框都显示用户输入的内容，getValue()方法返回的都是上一个满足要求的值。

  • JFormattedTextField.REVERT：不管用户输入的内容是否满足格式器的要求，该格式化文本框显示的内容、getValue()方法返回的都是上一个满足要求的值。在这种情况下，不管用户输入什么内容，对该文本框都没有任何影响。

上面 3 个方法中，获取格式化文本框内容的方法返回 Object 类型，而不是 String 类型；与之对应的是，设置格式化文本框初始值的方法需要传入 Object 类型的参数，而不是 String 类型的参数。这都是因为格式化文本框会将文本框内容转换成指定格式对应的对象，而不再是普通字符串。

DefaultFormatter 是一个功能非常强大的格式器，它可以格式化任何类的实例，只要该类包含一个带一个字符串参数的构造器，并提供对应的 toString()方法（该方法的返回值就是传入给构造器字符串参数的值）即可。

例如，URL 类包含一个 URL(String spec)构造器，且 URL 对象的 toString()方法恰好返回刚刚传入的 spec 参数，因此可以使用 DefaultFormatter 来格式化 URL 对象。当格式化文本框失去焦点时，该格式器就会调用带一个字符串参数的构造器来创建新的对象，如果构造器抛出了异常，即表明用户输入无效。

> **注意：**
> DefaultFormatter 格式器默认采用改写方式来处理用户输入，即当用户在格式化文本框内输入时，每输入一个字符就会替换文本框内原来的一个字符。如果想关闭这种改写方式，采用插入方式，则可通过调用它的 setOverwriteMode(false)方法来实现。

MaskFormatter 格式器的功能有点类似于正则表达式，它要求用户在格式化文本框内输入的内容必须匹配一定的掩码格式。例如，若要匹配广州地区的电话号码，则可采用 020-########的格式。这个掩码字符串和正则表达式有一定的区别，因为该掩码字符串只支持如下通配符。

➤ #：代表任何有效数字。

➤ '：转义字符，用于转义具有特殊格式的字符。例如，若想匹配#，则应该写成'#。

➤ U：代表任何字符，将所有小写字母映射为大写。

➤ L：代表任何字符，将所有大写字母映射为小写。

➤ A：代表任何字符或数字。

➤ ?：代表任何字符。

➤ *：可以匹配任何内容。

➤ H：代表任何十六进制字符（0~9、a~f 或 A~F）。

值得指出的是，格式化文本框内的字符串总是和掩码具有相同的格式，连长度也完全相同。如果用户删除了格式化文本框内的字符，那么这些被删除的字符将由占位符替代。默认使用空格作为占位符，当然，也可以调用 MaskFormatter 的 setPlaceholderCharacter()方法来设置该格式器的占位符。例如如下代码：

```
formatter.setPlaceholderCharacter('□');
```

下面的程序示范了关于 JFormattedTextField 的简单用法。

程序清单：codes\12\12.12\JFormattedTextFieldTest.java

```
public class JFormattedTextFieldTest
{
    private JFrame mainWin = new JFrame("测试格式化文本框");
    private JButton okButton = new JButton("确定");
    // 定义用于添加格式化文本框的容器
    private JPanel mainPanel = new JPanel();
    JFormattedTextField[] fields = new JFormattedTextField[6];
    String[] behaviorLabels = new String[] {
        "COMMIT",
        "COMMIT_OR_REVERT",
        "PERSIST",
        "REVERT"
    };
    int[] behaviors = new int[] {
        JFormattedTextField.COMMIT,
        JFormattedTextField.COMMIT_OR_REVERT,
        JFormattedTextField.PERSIST,
        JFormattedTextField.REVERT
    };
    ButtonGroup bg = new ButtonGroup();
    public void init()
    {
        // 添加按钮
        var buttonPanel = new JPanel();
        buttonPanel.add(okButton);
        mainPanel.setLayout(new GridLayout(0, 3));
        mainWin.add(mainPanel, BorderLayout.CENTER);
        // 使用 NumberFormat 的 integerInstance 创建一个 JFormattedTextField 对象
        fields[0] = new JFormattedTextField(NumberFormat
            .getIntegerInstance());
        // 设置初始值
        fields[0].setValue(100);
        addRow("整数格式文本框 :", fields[0]);
        // 使用 NumberFormat 的 currencyInstance 创建一个 JFormattedTextField 对象
        fields[1] = new JFormattedTextField(NumberFormat
            .getCurrencyInstance());
        fields[1].setValue(100.0);
        addRow("货币格式文本框:", fields[1]);
        // 使用默认的日期格式创建一个 JFormattedTextField 对象
        fields[2] = new JFormattedTextField(DateFormat.getDateInstance());
        fields[2].setValue(new Date());
        addRow("默认的日期格式器:", fields[2]);
        // 使用 SHORT 类型的日期格式创建一个 JFormattedTextField 对象
        // 且要求采用严格的日期格式
        DateFormat format = DateFormat.getDateInstance(DateFormat.SHORT);
        // 要求采用严格的日期格式语法
        format.setLenient(false);
        fields[3] = new JFormattedTextField(format);
        fields[3].setValue(new Date());
        addRow("SHORT 类型的日期格式器（语法严格）:", fields[3]);
        try
        {
            // 创建默认的 DefaultFormatter 对象
            var formatter = new DefaultFormatter();
            // 关闭 overwrite 状态
            formatter.setOverwriteMode(false);
            fields[4] = new JFormattedTextField(formatter);
```

```
        // 使用 DefaultFormatter 来格式化 URL
        fields[4].setValue(new URL("http://www.crazyit.org"));
        addRow("URL:", fields[4]);
    }
    catch (MalformedURLException e)
    {
        e.printStackTrace();
    }
    try
    {
        var formatter = new MaskFormatter("020-########");
        // 设置占位符
        formatter.setPlaceholderCharacter('□');
        fields[5] = new JFormattedTextField(formatter);
        // 设置初始值
        fields[5].setValue("020-28309378");
        addRow("电话号码: ", fields[5]);
    }
    catch (ParseException ex)
    {
        ex.printStackTrace();
    }
    var focusLostPanel = new JPanel();
    // 采用循环方式加入失去焦点行为的单选钮
    for (var i = 0; i < behaviorLabels.length; i++)
    {
        final var index = i;
        final var radio = new JRadioButton(behaviorLabels[i]);
        // 默认选中第二个单选钮
        if (i == 1)
        {
            radio.setSelected(true);
        }
        focusLostPanel.add(radio);
        bg.add(radio);
        // 为所有的单选钮添加事件监听器
        radio.addActionListener(e -> {
            // 如果当前该单选钮处于选中状态
            if (radio.isSelected())
            {
                // 设置所有的格式化文本框失去焦点的行为
                for (var j = 0; j < fields.length; j++)
                {
                    fields[j].setFocusLostBehavior(behaviors[index]);
                }
            }
        });
    }
    focusLostPanel.setBorder(new TitledBorder(new EtchedBorder(),
        "请选择焦点失去后的行为"));
    var p = new JPanel();
    p.setLayout(new BorderLayout());
    p.add(focusLostPanel, BorderLayout.NORTH);
    p.add(buttonPanel, BorderLayout.SOUTH);
    mainWin.add(p, BorderLayout.SOUTH);
    mainWin.pack();
    mainWin.setDefaultCloseOperation(JFrame.EXIT_ON_CLOSE);
    mainWin.setVisible(true);
}
// 定义添加一行格式化文本框的方法
private void addRow(String labelText, final JFormattedTextField field)
{
    mainPanel.add(new JLabel(labelText));
    mainPanel.add(field);
    final var valueLabel = new JLabel();
    mainPanel.add(valueLabel);
    // 为"确定"按钮添加事件监听器
    // 当用户单击"确定"按钮时,文本框后显示文本框的值
    okButton.addActionListener(event -> {
```

```
            Object value = field.getValue();
            // 输出格式化文本框的值
            valueLabel.setText(value.toString());
        });
    }
    public static void main(String[] args)
    {
        new JFormattedTextFieldTest().init();
    }
}
```

上面程序添加了 6 个格式化文本框，其中两个是基于 NumberFormat 生成的整数格式器、货币格式器，两个是基于 DateFormat 生成的日期格式器，一个是使用 DefaultFormatter 创建的 URL 格式器，最后一个是使用 MaskFormatter 创建的掩码格式器，程序中的粗体字代码是创建这些格式器的关键代码。

此外，程序还添加了 4 个单选钮，用于控制这些格式化文本框失去焦点后的行为。

运行上面的程序，并选中"COMMIT"行为，将看到如图 12.59 所示的界面。

图 12.59　COMMIT 行为下的格式化文本框

从图 12.59 中可以看出，虽然用户向第一个格式化文本框内输入的内容与该文本框所要求的格式不符，但该文本框依然显示了用户输入的内容，只是后面显示该文本框的 getValue()方法的返回值时看到的依然是 100，即上一个符合格式的值。

大部分时候，使用基于 Format 的格式器，DefaultFormatter 和 MaskFormatter 已经能满足大多数要求；但对于一些特殊的要求，则可以采用扩展 DefaultFormatter 的方式来定义自己的格式器。定义自己的格式器通常需要重写如下两个方法。

➤ Object stringToValue(String string)：根据格式化文本框内的字符串来创建符合指定格式的对象。

➤ String valueToString(Object value)：将符合格式的对象转换成格式化文本框中显示的字符串。

例如，若需要创建一个只能接收 IP 地址的格式化文本框，则可以创建一个自定义的格式化文本框。因为 IP 地址是由 4 个 0~255 的整数表示的，所以程序采用长度为 4 的 byte[]数组来保存 IP 地址。程序可以采用如下方法将用户输入的字符串转换成 byte[]数组。

```
public Object stringToValue(String text) throws ParseException
{
    // 将格式化文本框内的字符串以点号（.）分成 4 节
    String[] nums = text.split("\\.");
    if (nums.length != 4)
    {
        throw new ParseException("IP 地址必须是 4 个整数", 0);
    }
    var a = new byte[4];
    for (var i = 0; i < 4; i++)
    {
        var b = 0;
        try
        {
            b = Integer.parseInt(nums[i]);
        }
        catch (NumberFormatException e)
        {
            throw new ParseException("IP 地址必须是整数", 0);
```

```
    }
    if (b < 0 || b >= 256)
    {
        throw new ParseException("IP 地址值只能在 0~255 之间", 0);
    }
    a[i] = (byte) b;
    }
    return a;
}
```

此外，Swing 还提供了如下两种机制来保证用户输入的有效性。

➢ 输入过滤：输入过滤机制允许程序拦截用户的插入、删除、替换等操作，并改变用户所做的修改。

➢ 输入校验：输入校验机制允许用户离开输入组件时，自动触发校验器——如果用户输入不符合要求，则校验器强制用户重新输入。

输入过滤器需要继承 DocumentFilter 类，程序可以重写该类的如下三个方法来拦截用户的插入、删除和替换等操作。

➢ insertString(DocumentFilter.FilterBypass fb, int offset, String string, AttributeSet attr)：该方法会拦截用户向文档中插入字符串的操作。

➢ remove(DocumentFilter.FilterBypass fb, int offset, int length)：该方法会拦截用户从文档中删除字符串的操作。

➢ replace(DocumentFilter.FilterBypass fb, int offset, int length, String text, AttributeSet attrs)：该方法会拦截用户替换文档中字符串的操作。

为了创建自己的输入校验器，可以通过扩展 InputVerifier 类来实现。实际上，InputVerifier 输入校验器可以被绑定到任何输入组件。InputVerifier 类中包含了一个 verify(JComponent component)方法，当用户在该输入组件内输入完成，且该组件失去焦点时，该方法被调用——如果该方法返回 false，即表明用户输入无效，该输入组件将自动得到焦点。也就是说，如果某个输入组件绑定了 InputVerifier，则用户必须为该组件输入有效内容，否则用户无法离开该组件。

-☀ ·注意 :☀--

有一种情况例外，如果在输入焦点离开了带 InputVerifier 输入校验器的组件后，立即单击某个按钮，则该按钮的事件监听器将会在焦点重新回到原组件之前被触发。

下面的程序示范了如何为格式化文本框添加输入过滤器、输入校验器，程序还自定义了一个 IP 地址格式器，该 IP 地址格式器扩展了 DefaultFormatter 格式器。

程序清单：codes\12\12.12\JFormattedTextFieldTest2.java

```
public class JFormattedTextFieldTest2
{
    private JFrame mainWin = new JFrame("测试格式化文本框");
    private JButton okButton = new JButton("确定");
    // 定义用于添加格式化文本框的容器
    private JPanel mainPanel = new JPanel();
    public void init()
    {
        // 添加按钮
        var buttonPanel = new JPanel();
        buttonPanel.add(okButton);
        mainPanel.setLayout(new GridLayout(0, 3));
        mainWin.add(mainPanel, BorderLayout.CENTER);
        var intField0 = new JFormattedTextField(
            new InternationalFormatter(NumberFormat.getIntegerInstance())
            {
                protected DocumentFilter getDocumentFilter()
                {
                    return new NumberFilter();
                }
```

```
                });
            intField0.setValue(100);
            addRow("只接收数字的文本框", intField0);
            var intField1 = new JFormattedTextField(NumberFormat.getIntegerInstance());
            intField1.setValue(100);
            // 添加输入校验器
            intField1.setInputVerifier(new FormattedTextFieldVerifier());
            addRow("带输入校验器的文本框", intField1);
            // 创建自定义的格式器对象
            IPAddressFormatter ipFormatter = new IPAddressFormatter();
            ipFormatter.setOverwriteMode(false);
            // 以自定义的格式器对象创建格式化文本框
            var ipField = new JFormattedTextField(ipFormatter);
            ipField.setValue(new byte[] {(byte) 192, (byte) 168, 4, 1});
            addRow("IP 地址格式", ipField);
            mainWin.add(buttonPanel, BorderLayout.SOUTH);
            mainWin.pack();
            mainWin.setDefaultCloseOperation(JFrame.EXIT_ON_CLOSE);
            mainWin.setVisible(true);
        }
        // 定义添加一行格式化文本框的方法
        private void addRow(String labelText, final JFormattedTextField field)
        {
            mainPanel.add(new JLabel(labelText));
            mainPanel.add(field);
            final var valueLabel = new JLabel();
            mainPanel.add(valueLabel);
            // 为"确定"按钮添加事件监听器
            // 当用户单击"确定"按钮时，文本框后显示文本框内的值
            okButton.addActionListener(event -> {
                Object value = field.getValue();
                // 如果该值是数组，则使用 Arrays 的 toString() 方法输出数组
                if (value.getClass().isArray())
                {
                    var builder = new StringBuilder();
                    builder.append('{');
                    for (var i = 0; i < Array.getLength(value); i++)
                    {
                        if (i > 0)
                            builder.append(',');
                        builder.append(Array.get(value, i).toString());
                    }
                    builder.append('}');
                    valueLabel.setText(builder.toString());
                }
                else
                {
                    // 输出格式化文本框的值
                    valueLabel.setText(value.toString());
                }
            });
        }
        public static void main(String[] args)
        {
            new JFormattedTextFieldTest2().init();
        }
    }
    // 输入校验器
    class FormattedTextFieldVerifier extends InputVerifier
    {
        // 当输入组件失去焦点时，该方法被触发
        public boolean verify(JComponent component)
        {
            var field = (JFormattedTextField) component;
            // 返回用户输入是否有效
            return field.isEditValid();
        }
    }
```

```
// 数字过滤器
class NumberFilter extends DocumentFilter
{
    public void insertString(FilterBypass fb, int offset,
        String string, AttributeSet attr) throws BadLocationException
    {
        var builder = new StringBuilder(string);
        // 过滤用户输入的所有字符
        filterInt(builder);
        super.insertString(fb, offset, builder.toString(), attr);
    }
    public void replace(FilterBypass fb, int offset, int length,
        String string, AttributeSet attr) throws BadLocationException
    {
        if (string != null)
        {
            var builder = new StringBuilder(string);
            // 过滤用户替换的所有字符
            filterInt(builder);
            string = builder.toString();
        }
        super.replace(fb, offset, length, string, attr);
    }
    // 过滤整数字符，把所有非 0~9 的字符全部删除
    private void filterInt(StringBuilder builder)
    {
        for (var i = builder.length() - 1; i >= 0; i--)
        {
            int cp = builder.codePointAt(i);
            if (cp > '9' || cp < '0')
            {
                builder.deleteCharAt(i);
            }
        }
    }
}
class IPAddressFormatter extends DefaultFormatter
{
    public String valueToString(Object value)
        throws ParseException
    {
        if (!(value instanceof byte[]))
        {
            throw new ParseException("该 IP 地址的值只能是字节数组", 0);
        }
        var a = (byte[]) value;
        if (a.length != 4)
        {
            throw new ParseException("IP 地址必须是 4 个整数", 0);
        }
        var builder = new StringBuilder();
        for (var i = 0; i < 4; i++)
        {
            int b = a[i];
            if (b < 0) b += 256;
                builder.append(String.valueOf(b));
            if (i < 3) builder.append('.');
        }
        return builder.toString();
    }
    public Object stringToValue(String text) throws ParseException
    {
        // 将格式化文本框内的字符串以点号（.）分成 4 节
        String[] nums = text.split("\\.");
        if (nums.length != 4)
        {
            throw new ParseException("IP 地址必须是 4 个整数", 0);
        }
        var a = new byte[4];
        for (var i = 0; i < 4; i++)
```

```
        {
            var b = 0;
            try
            {
                b = Integer.parseInt(nums[i]);
            }
            catch (NumberFormatException e)
            {
                throw new ParseException("IP 地址必须是整数", 0);
            }
            if (b < 0 || b >= 256)
            {
                throw new ParseException("IP 地址值只能在 0~255 之间", 0);
            }
            a[i] = (byte) b;
        }
        return a;
    }
}
```

运行上面的程序，会看到窗口中出现三个格式化文本框，其中第一个格式化文本框只能接收数字，其他字符无法输入到该文本框内；第二个格式化文本框有输入校验器，只有当用户输入的内容符合该文本框的要求时，用户才可以离开该文本框；第三个格式化文本框的格式器是自定义的格式器，它要求用户输入的内容是一个合法的 IP 地址。

▶▶ 12.12.4 使用 JEditorPane

Swing 提供了一个 JEditorPane 类，通过该类可以编辑各种文本内容，包括有格式的文本。在默认情况下，JEditorPane 支持如下三种文本格式。

> ➢ text/plain：纯文本格式，当 JEditorPane 无法识别给定内容的类型时，使用这种文本格式。在这种模式下，文本框的内容是带换行符的无格式文本。
> ➢ text/html：HTML 文本格式。该文本组件仅支持 HTML 3.2 格式，因此对互联网上复杂的网页支持非常有限。
> ➢ text/rtf：RTF（富文本格式）。实际上，JEditorPane 对 RTF 的支持相当有限。

通过上面的介绍不难看出，JEditorPane 类的用途非常有限，使用 JEditorPane 作为纯文本的编辑器，还不如使用 JTextArea；虽然可以使用 JEditorPane 来支持 RTF，但它对这种文本格式的支持相当有限；JEditorPane 唯一可能的用途就是显示自己的 HTML 文档，但前提是该 HTML 文档比较简单，只包含 HTML 3.2 或更早的元素。

JEditorPane 组件支持如下三个方法来加载文本内容。

> ➢ setText()：直接设置 JEditorPane 的文本内容。
> ➢ read()：从输入流中读取 JEditorPane 的文本内容。
> ➢ setPage()：设置 JEditorPane 从哪个 URL 处读取文本内容。在这种情况下，将根据该 URL 来确定内容的类型。

在默认状态下，使用 JEditorPane 加载的文本内容是可编辑的，即使加载的是互联网上的网页也是如此，可以使用 JEditorPane 的 setEditable(false)方法阻止用户编辑该 JEditorPane 中的内容。

当使用 JEditorPane 打开 HTML 页面时，该页面的超链接是活动的，用户可以单击超链接。如果程序想监听用户单击超链接的事件，则必须使用 addHyperlinkListener()方法为 JEditorPane 添加一个 HyperlinkListener 监听器。

从目前的功能来看，JEditorPane 确实没有太大的实用价值，所以本书不打算给出此类的用法示例，有兴趣的读者可以参考本书配套资料中 codes\12\12.12\路径下的 JEditorPaneTest.java 来学习该类的用法。相比之下，该类的子类 JTextPane 则功能丰富多了，下面将详细介绍 JTextPane 类的用法。

▶▶ 12.12.5 使用 JTextPane

使用 EditPlus、Eclipse 等工具就会发现，当在这些工具中输入代码时，如果输入的是程序关键字、类名等，则它们将会自动变色。使用 JTextPane 组件，就可以开发出这种带有语法高亮的编辑器。

JTextPane 使用 StyledDocument 作为它的 model 对象，而 StyledDocument 允许对文档的不同段落分别设置不同的颜色、字体属性。Document 使用 Element 来表示文档的组成部分，Element 可以表示章（chapter）、段落（paragraph）等，在普通文档中，Element 也可以表示一行。为了设置 StyledDocument 中文字的字体、颜色，Swing 提供了 AttributeSet 接口来表示文档的字体、颜色等属性。

Swing 为 StyledDocument 提供了 DefaultStyledDocument 实现类，该实现类就是 JTextPane 的 model 实现类；为 AttributeSet 接口提供了 MutableAttributeSet 子接口，并为该接口提供了 SimpleAttributeSet 实现类，程序通过这些接口和实现类就可以很好地控制 JTextPane 中文字的字体和颜色。

StyledDocument 提供了如下方法来设置文档中局部文字的字体、颜色。

➢ setParagraphAttributes(int offset, int length, AttributeSet s, boolean replace)：设置文档中从 offset 开始，长度为 length 处的文字使用 s 属性（控制字体、颜色等），最后一个参数控制新属性是替换原有属性，还是将新属性累加到原有属性上。

AttributeSet 的常用实现类是 MutableAttributeSet，为了给 MutableAttributeSet 对象设置字体、颜色等属性，Swing 提供了 StyleConstants 工具类，该工具类中大致包含了如下常用的静态方法。

➢ setAlignment(MutableAttributeSet a, int align)：设置文本对齐方式。

➢ setBackground(MutableAttributeSet a, Color fg)：设置背景色。

➢ setBold(MutableAttributeSet a, boolean b)：设置是否使用粗体字。

➢ setFirstLineIndent(MutableAttributeSet a, float i)：设置首行缩进的大小。

➢ setFontFamily(MutableAttributeSet a, String fam)：设置字体。

➢ setFontSize(MutableAttributeSet a, int s)：设置字体大小。

➢ setForeground(MutableAttributeSet a, Color fg)：设置字体前景色。

➢ setItalic(MutableAttributeSet a, boolean b)：设置是否采用斜体字。

➢ setLeftIndent(MutableAttributeSet a, float i)：设置左边缩进的大小。

➢ setLineSpacing(MutableAttributeSet a, float i)：设置行间距。

➢ setRightIndent(MutableAttributeSet a, float i)：设置右边缩进的大小。

➢ setStrikeThrough(MutableAttributeSet a, boolean b)：设置是否为文字添加删除线。

➢ setSubscript(MutableAttributeSet a, boolean b)：设置将指定文字作为下标。

➢ setSuperscript(MutableAttributeSet a, boolean b)：设置将指定文字作为上标。

➢ setUnderline(MutableAttributeSet a, boolean b)：设置是否为文字添加下画线。

> **提示：**
> 上面这些方法用于控制文档中文字的外观样式，如果读者对这些外观样式不是太熟悉，则可以参考 Word 中设置"字体"属性的效果。

图 12.60 显示了 Document 及其相关实现类，以及相关辅助类的类关系图。

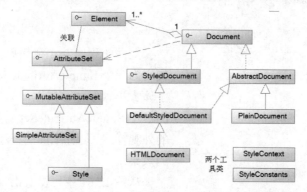

图 12.60　Document 及其相关实现类，以及相关辅助类的类关系图

下面的程序简单地定义了三个 SimpleAttributeSet 对象，并为这三个对象设置了相应的颜色、字体大小、字体等属性，并且使用这三个 SimpleAttributeSet 对象设置了文档中三段文字的外观样式。

程序清单：codes\12\12.12\JTextPaneTest.java

```java
public class JTextPaneTest
{
    JFrame mainWin = new JFrame("测试 JTextPane");
    JTextPane txt = new JTextPane();
    StyledDocument doc = txt.getStyledDocument();
    // 定义三个 SimpleAttributeSet 对象
    SimpleAttributeSet android = new SimpleAttributeSet();
    SimpleAttributeSet java = new SimpleAttributeSet();
    SimpleAttributeSet javaee = new SimpleAttributeSet();
    public void init()
    {
        // 为 android 属性集设置颜色、字体大小、字体和下画线
        StyleConstants.setForeground(android, Color.RED);
        StyleConstants.setFontSize(android, 24);
        StyleConstants.setFontFamily(android, "Dialog");
        StyleConstants.setUnderline(android, true);
        // 为 java 属性集设置颜色、字体大小、字体和粗体字
        StyleConstants.setForeground(java, Color.BLUE);
        StyleConstants.setFontSize(java, 30);
        StyleConstants.setFontFamily(java, "Arial Black");
        StyleConstants.setBold(java, true);
        // 为 javaee 属性集设置颜色、字体大小、斜体字
        StyleConstants.setForeground(javaee, Color.GREEN);
        StyleConstants.setFontSize(javaee, 32);
        StyleConstants.setItalic(javaee, true);
        // 设置不允许编辑
        txt.setEditable(false);
        txt.setText("疯狂 Android 讲义\n"
            + "疯狂 Java 讲义\n" + "轻量级 Java EE 企业应用实战\n");
        // 分别为文档中三段文字设置不同的外观样式
        doc.setCharacterAttributes(0, 12, android, true);
        doc.setCharacterAttributes(12, 12, java, true);
        doc.setCharacterAttributes(24, 30, javaee, true);
        mainWin.add(new JScrollPane(txt), BorderLayout.CENTER);
        // 获取屏幕尺寸
        Dimension screenSize = Toolkit.getDefaultToolkit().getScreenSize();
        int inset = 100;
        // 设置主窗口的大小
        mainWin.setBounds(inset, inset, screenSize.width - inset * 2,
            screenSize.height - inset * 2);
        mainWin.setDefaultCloseOperation(JFrame.EXIT_ON_CLOSE);
        mainWin.setVisible(true);
    }
    public static void main(String[] args)
    {
        new JTextPaneTest().init();
    }
}
```

图 12.61　使用 JTextPane 的效果

上面的程序其实很简单，程序中的第一段粗体字代码为三个 SimpleAttributeSet 对象分别设置了颜色、字体大小、字体等属性，第二段粗体字代码使用前面的三个 SimpleAttributeSet 对象来控制文档中三段文字的外观样式。运行上面的程序，将看到如图 12.61 所示的效果。

从图 12.61 中可以看出，窗口中文字具有丰富的外观样式，而且还可以选中这些文字，表明它们依然是文字，而不是直接绘制上去的图形。

　　如果希望开发出类似于 EditPlus、Eclipse 等工具的代码编辑窗口，程序可以扩展 JTextPane 的子类，为该对象添加按键监听器和文档监听器。当文档内容被修改时，或者用户在该文档内进行按键动作时，程序负责分析该文档的内容，对特殊关键字设置颜色。

　　为了保证具有较好的性能，程序并不总是分析文档中所有的内容，而是只分析文档中被改变的部分。这个要求看似简单，只为文档添加文档监听器即可——当文档内容发生改变时分析被改变部分，并设置其中关键字的颜色。问题是：DocumentListener 监听器中的三个方法不能改变文档本身，所以程序还是必须通过监听按键事件来启动语法分析，DocumentListener 监听器中仅仅记录文档改变部分的位置和长度。

　　此外，程序还提供了一个 SyntaxFormatter 类根据语法文件来设置文档中文字的颜色。

程序清单：codes\12\12.12\MyTextPane.java

```java
public class MyTextPane extends JTextPane
{
    protected StyledDocument doc;
    protected SyntaxFormatter formatter = new SyntaxFormatter("my.stx");
    // 定义该文档的普通文本的外观属性
    private SimpleAttributeSet normalAttr =
        formatter.getNormalAttributeSet();
    private SimpleAttributeSet quotAttr = new SimpleAttributeSet();
    // 保存文档改变的开始位置
    private int docChangeStart = 0;
    // 保存文档改变的长度
    private int docChangeLength = 0;
    public MyTextPane()
    {
        StyleConstants.setForeground(quotAttr,
            new Color(255, 0, 255));
        StyleConstants.setFontSize(quotAttr, 16);
        this.doc = super.getStyledDocument();
        // 设置该文档的页边距
        this.setMargin(new Insets(3, 40, 0, 0));
        // 添加按键监听器，当按键松开时进行语法分析
        this.addKeyListener(new KeyAdapter()
        {
            public void keyReleased(KeyEvent ke)
            {
                syntaxParse();
            }
        });
        // 添加文档监听器
        doc.addDocumentListener(new DocumentListener()
        {
            // 当 Document 的属性或属性集发生变化时触发该方法
            public void changedUpdate(DocumentEvent e){}
            // 当向 Document 中插入文本时触发该方法
            public void insertUpdate(DocumentEvent e)
            {
                docChangeStart = e.getOffset();
                docChangeLength = e.getLength();
            }
            // 当从 Document 中删除文本时触发该方法
            public void removeUpdate(DocumentEvent e){}
        });
    }
    public void syntaxParse()
    {
        try
        {
            // 获取文档的根元素，即文档内的全部内容
            Element root = doc.getDefaultRootElement();
            // 获取文档中光标插入符的位置
            int cursorPos = this.getCaretPosition();
            int line = root.getElementIndex(cursorPos);
            // 获取光标所在位置的行
```

```
        Element para = root.getElement(line);
        // 定义光标所在行的行头在文档中的位置
        int start = para.getStartOffset();
        // 让 start 等于 start 与 docChangeStart 中的较小值
        start = start > docChangeStart ? docChangeStart :start;
        // 定义被修改部分的长度
        int length = para.getEndOffset() - start;
        length = length < docChangeLength ? docChangeLength + 1
            : length;
        // 取出所有可能被修改的字符串
        String s = doc.getText(start, length);
        // 以空格、点号等作为分隔符
        String[] tokens = s.split("\\s+|\\.|\\(|\\)|\\{|\\}|\\[|\\]");
        // 定义当前分析的单词在 s 字符串中的开始位置
        int curStart = 0;
        // 定义单词是否处于引号内
        boolean isQuot = false;
        for (var token : tokens)
        {
            // 找出当前分析的单词在 s 字符串中的位置
            int tokenPos = s.indexOf(token, curStart);
            if (isQuot && (token.endsWith("\"") || token.endsWith("\'")))
            {
                doc.setCharacterAttributes(start + tokenPos,
                    token.length(), quotAttr, false);
                isQuot = false;
            }
            else if (isQuot && !(token.endsWith("\"")
                || token.endsWith("\'")))
            {
                doc.setCharacterAttributes(start + tokenPos,
                    token.length(), quotAttr, false);
            }
            else if ((token.startsWith("\"") || token.startsWith("\'"))
                && (token.endsWith("\"") || token.endsWith("\'")))
            {
                doc.setCharacterAttributes(start + tokenPos,
                    token.length(), quotAttr, false);
            }
            else if ((token.startsWith("\"") || token.startsWith("\'"))
                && !(token.endsWith("\"") || token.endsWith("\'")))
            {
                doc.setCharacterAttributes(start + tokenPos,
                    token.length(), quotAttr, false);
                isQuot = true;
            }
            else
            {
                // 使用格式器对当前单词设置颜色
                formatter.setHighLight(doc, token, start + tokenPos,
                    token.length());
            }
            // 开始分析下一个单词
            curStart = tokenPos + token.length();
        }
    }
    catch (Exception ex)
    {
        ex.printStackTrace();
    }
}
// 重画该组件，设置行号
public void paint(Graphics g)
{
    super.paint(g);
    Element root = doc.getDefaultRootElement();
    // 获得行号
    int line = root.getElementIndex(doc.getLength());
    // 设置颜色
```

```java
        g.setColor(new Color(230, 230, 230));
        // 绘制显示行数的矩形框
        g.fillRect(0, 0, this.getMargin().left - 10, getSize().height);
        // 设置行号的颜色
        g.setColor(new Color(40, 40, 40));
        // 每行绘制一个行号
        for (int count = 0, j = 1; count <= line; count++, j++)
        {
            g.drawString(String.valueOf(j), 3, (int)((count + 1)
                * 1.535 * StyleConstants.getFontSize(normalAttr)));
        }
    }
    public static void main(String[] args)
    {
        var frame = new JFrame("文本编辑器");
        // 使用 MyTextPane
        frame.getContentPane().add(new JScrollPane(new MyTextPane()));
        frame.setDefaultCloseOperation(JFrame.EXIT_ON_CLOSE);
        final var inset = 50;
        Dimension screenSize = Toolkit.getDefaultToolkit().getScreenSize();
        frame.setBounds(inset, inset, screenSize.width - inset * 2,
            screenSize.height - inset * 2);
        frame.setVisible(true);
    }
}
// 定义语法格式器
class SyntaxFormatter
{
    // 用一个 Map 保存关键字和颜色的对应关系
    private Map<SimpleAttributeSet, ArrayList<String>> attMap
        = new HashMap<>();
    // 定义文档的正常文本的外观属性
    SimpleAttributeSet normalAttr = new SimpleAttributeSet();
    public SyntaxFormatter(String syntaxFile)
    {
        // 设置正常文本的颜色、大小
        StyleConstants.setForeground(normalAttr, Color.BLACK);
        StyleConstants.setFontSize(normalAttr, 16);
        // 创建一个 Scanner 对象，负责根据语法文件加载颜色信息
        Scanner scaner = null;
        try
        {
            scaner = new Scanner(new File(syntaxFile));
        }
        catch (FileNotFoundException e)
        {
            throw new RuntimeException("丢失语法文件: "
                + e.getMessage());
        }
        var color = -1;
        ArrayList<String> keywords = new ArrayList<>();
        // 不断读取语法文件的内容行
        while (scaner.hasNextLine())
        {
            String line = scaner.nextLine();
            // 如果当前行以#开头
            if (line.startsWith("#"))
            {
                if (keywords.size() > 0 && color > -1)
                {
                    // 取出当前行的颜色值，并封装成 SimpleAttributeSet 对象
                    var att = new SimpleAttributeSet();
                    StyleConstants.setForeground(att, new Color(color));
                    StyleConstants.setFontSize(att, 16);
                    // 将当前颜色和关键字 List 对应起来
                    attMap.put(att, keywords);
                }
                // 重新创建新的关键字 List，为下一种语法格式做准备
```

```
                keywords = new ArrayList<>();
                color = Integer.parseInt(line.substring(1), 16);
            }
            else
            {
                // 对于普通行，将每行内容添加到关键字 List 中
                if (line.trim().length() > 0)
                {
                    keywords.add(line.trim());
                }
            }
        }
        // 把所有的关键字和颜色对应起来
        if (keywords.size() > 0 && color > -1)
        {
            var att = new SimpleAttributeSet();
            StyleConstants.setForeground(att, new Color(color));
            StyleConstants.setFontSize(att, 16);
            attMap.put(att, keywords);
        }
    }
    // 返回该格式器中正常文本的外观属性
    public SimpleAttributeSet getNormalAttributeSet()
    {
        return normalAttr;
    }
    // 设置语法高亮
    public void setHighLight(StyledDocument doc, String token,
        int start, int length)
    {
        // 保存当前单词对应的外观属性
        SimpleAttributeSet currentAttributeSet = null;
        outer :
        for (var att : attMap.keySet())
        {
            // 取出当前颜色对应的所有关键字
            ArrayList<String> keywords = attMap.get(att);
            // 遍历所有关键字
            for (var keyword : keywords)
            {
                // 如果该关键字与当前单词相同
                if (keyword.equals(token))
                {
                    // 跳出循环，并设置当前单词对应的外观属性
                    currentAttributeSet = att;
                    break outer;
                }
            }
        }
        // 如果当前单词对应的外观属性不为空
        if (currentAttributeSet != null)
        {
            // 设置当前单词的颜色
            doc.setCharacterAttributes(start, length,
                currentAttributeSet, false);
        }
        // 否则使用普通外观来设置该单词
        else
        {
            doc.setCharacterAttributes(start, length, normalAttr, false);
        }
    }
}
```

上面程序中的粗体字代码负责分析当前单词与哪种颜色关键字匹配，并为这段文字设置颜色。其实这段程序为文档中的单词设置颜色并不难，难点在于找出每个单词与哪种颜色关键字匹配，并要标识出该单词在文档中的位置，然后才可以为该单词设置颜色。

运行上面的程序，会看到如图 12.62 所示的带语法高亮的文本编辑器。

上面的程序已经完成了对不同类型的单词进行着色，所以会看到如图 12.62 示的运行界面。如果要进行改进，则可以为该文本编辑器增加括号配对、代码折叠等功能，这些都可以通过 JTextPane 组件来完成。对于此文本编辑器，只要传入不同的语法文件，程序就可以为不同的源代码显示语法高亮。

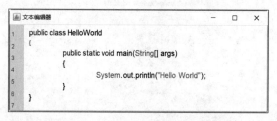

图 12.62　带语法高亮的文本编辑器

 ## 12.13　本章小结

本章与前一章内容的结合性非常强，本章主要介绍了以 AWT 为基础的 Swing 编程知识。本章简要介绍了 Swing 基本组件如对话框、按钮的用法，还详细介绍了 Swing 所提供的特殊容器。此外，本章重点介绍了 Swing 提供的特殊组件：JList、JComboBox、JSpinner、JSlider、JTable、JTree 等，在介绍 JTable、JTree 时深入讲解了 Swing 的 MVC 实现机制，并通过提供自定义的 Render 来改变页面 JTable、JTree 的外观效果。

▶▶ 本章练习

1. 设计俄罗斯方块游戏。
2. 设计仿 ACDSee 的看图程序。
3. 结合 JTree、JList、JSplitPane、JDesktopPane、JInternalFrame、JTextPane 等组件，开发仿 EditPlus 的文字编辑程序界面，可以暂时不提供文字保存、文字打开等功能。

第 13 章
MySQL 数据库与 JDBC 编程

本章要点

- ⬊ 关系数据库和 SQL 语句
- ⬊ DML 语句的语法
- ⬊ DDL 语句的语法
- ⬊ 简单查询语句的语法
- ⬊ 多表连接查询
- ⬊ 子查询
- ⬊ JDBC 数据库编程步骤
- ⬊ 执行 SQL 语句的三种方法
- ⬊ 使用 PreparedStatement 执行 SQL 语句
- ⬊ 使用 CallableStatement 调用存储过程
- ⬊ 使用 ResultSetMetaData 分析结果集元数据
- ⬊ 理解并掌握 RowSet、RowSetFactory
- ⬊ 离线 RowSet
- ⬊ 使用 RowSet 控制分页
- ⬊ 使用 DatabaseMetaData 分析数据库元数据
- ⬊ 事务的基础知识
- ⬊ SQL 语句中的事务控制
- ⬊ JDBC 编程中的事务控制

通过使用 JDBC，Java 程序可以非常方便地操作各种主流数据库，这是 Java 语言的巨大魅力所在。由于 Java 语言的跨平台特性，使用 JDBC 编写的程序不仅可以实现跨数据库，还可以跨平台，具有非常优秀的可移植性。

程序使用 JDBC API 以统一的方式来连接不同的数据库，然后通过 Statement 对象来执行标准的 SQL 语句，并可以获得使用 SQL 语句访问数据库的结果，因此掌握标准的 SQL 语句是学习 JDBC 编程的基础。本章将会简要介绍关系数据库的理论基础，并以 MySQL 数据库为例来讲解标准的 SQL 语句的语法细节，包括基本查询语句、多表连接查询和子查询等。

本章将重点介绍 JDBC 连接数据库的详细步骤，并讲解使用 JDBC 执行 SQL 语句的各种方式，包括使用 CallableStatement 调用存储过程等。本章还会介绍 ResultSetMetaData 和 DatabaseMetaData 这两个接口的用法。事务也是数据库编程中的重要概念，本章不仅会介绍标准 SQL 语句中的事务控制语句，而且会讲解如何利用 JDBC API 进行事务控制。

13.1　JDBC 基础

JDBC 的全称是 Java Database Connectivity，即 Java 数据库连接，它是一种可以执行 SQL 语句的 Java API。程序可通过 JDBC API 连接到关系数据库，并使用结构化查询语言（SQL，数据库标准的查询语言）来完成对数据库的查询、更新。

与其他数据库编程环境相比，JDBC 为数据库开发提供了标准的 API，所以使用 JDBC 开发的数据库应用可以跨平台运行，而且可以跨数据库（如果全部使用标准的 SQL）。也就是说，如果使用 JDBC 开发一个数据库应用，则该应用既可以在 Windows 平台上运行，也可以在 UNIX 等其他平台上运行；既可以使用 MySQL 数据库，也可以使用 Oracle 数据库等，而无须对程序进行任何修改。

▶▶ 13.1.1　JDBC 简介

通过使用 JDBC，就可以使用同一种 API 访问不同的数据库系统。换言之，有了 JDBC API，就不必为访问 Oracle 数据库学习一组 API，为访问 DB2 数据库又学习一组 API……开发人员面向 JDBC API 编写应用程序，然后根据不同的数据库，使用不同的数据库驱动程序即可。

> **提示：**
> 最早的时候，Sun 公司希望自己开发一组 Java API，程序员通过这组 Java API 即可操作所有的数据系统，但后来 Sun 发现这个目标具有不可实现性——因为数据库系统太多了，而且各数据库系统的内部特性又各不相同。再后来 Sun 就制定了一组标准的 API，它们只是接口，没有提供实现类——实现类由各数据库厂商提供实现，这些实现类就是驱动程序。而程序员使用 JDBC 时只要面向标准的 JDBC API 编程即可，当需要在数据库之间切换时，只要更换不同的实现类（即更换数据库驱动程序）就行，这是面向接口编程的典型应用。

Java 语言的各种跨平台特性都采用了相似的结构，因为它们都需要让相同的程序在不同的平台上运行，所以都需要中间的转换程序（为了实现 Java 程序的跨平台性，Java 为不同的操作系统提供了不同的虚拟机）。同样，为了使 JDBC 程序可以跨平台，则需要不同的数据库厂商提供相应的驱动程序。图 13.1 显示了 JDBC 驱动示意图。

正是通过 JDBC 驱动的转换，才使得使用相同的 JDBC API 编写的程序，在不同的数据库系统上运行良好。Sun 公司提供的 JDBC 可以完成以下三

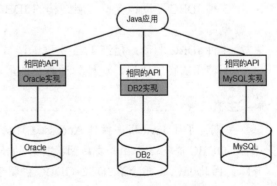

图 13.1　JDBC 驱动示意图

个基本工作。

➤ 建立与数据库的连接。

➤ 执行 SQL 语句。

➤ 获得 SQL 语句的执行结果。

通过 JDBC 的这三个功能，应用程序即可访问、操作数据库系统。

➤➤ 13.1.2 JDBC 驱动程序

数据库驱动程序是 JDBC 程序和数据库之间的转换层，数据库驱动程序负责将 JDBC 调用映射成特定的数据库调用。图 13.2 显示了 JDBC 访问示意图。

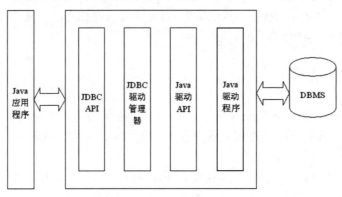

图 13.2　JDBC 访问示意图

大部分数据库系统，例如 Oracle 和 Sybase 等，都有相应的 JDBC 驱动程序，当需要连接某个特定的数据库时，必须有相应的数据库驱动程序。

> **提示：**
> 还有一种名为 ODBC 的技术，其全称是 Open Database Connectivity，即开放数据库连接。ODBC 和 JDBC 很像，严格来说，应该是 JDBC 模仿了 ODBC 的设计。ODBC 也允许应用程序通过一组通用的 API 访问不同的数据库管理系统，从而使得基于 ODBC 的应用程序可以在不同的数据库之间切换。同样，ODBC 也需要各数据库厂商提供相应的驱动程序，而 ODBC 则负责管理这些驱动程序。

JDBC 驱动通常有如下 4 种类型。

➤ 第 1 种 JDBC 驱动：称为 JDBC-ODBC 桥，这种驱动是最早实现的 JDBC 驱动程序，主要目的是快速推广 JDBC。这种驱动将 JDBC API 映射到 ODBC API。这种方式在 Java 8 中已经被删除了。

➤ 第 2 种 JDBC 驱动：直接将 JDBC API 映射成数据库特定的客户端 API。这种驱动包含特定数据库的本地代码，用于访问特定数据库的客户端。

➤ 第 3 种 JDBC 驱动：支持三层结构的 JDBC 访问方式，主要用于 Applet 阶段，通过 Applet 访问数据库。

➤ 第 4 种 JDBC 驱动：是纯 Java 实现的，直接与数据库实例交互。这种驱动是智能的，它知道数据库使用的底层协议。这种驱动是目前最流行的 JDBC 驱动。

> **注意：**
> 早期为了让 Java 程序操作 Access 这种伪数据库，可能需要使用 JDBC-ODBC 桥，但 JDBC-ODBC 桥不适合在并发访问数据库的情况下使用，其固有的性能和扩展能力也非常有限，因此 Java 8 删除了 JDBC-ODBC 桥驱动。实际上，Java 应用也很少使用 Access 这种伪数据库。

通常建议选择第 4 种 JDBC 驱动，这种驱动避开了本地代码，减少了应用开发的复杂性，也减少了产生冲突和出错的可能。如果对性能有严格的要求，则可以考虑使用第 2 种 JDBC 驱动，但使用这种驱动势必会增加编码和维护的困难。

相对于 ODBC 而言，JDBC 更加简单。总结起来，JDBC 比 ODBC 多了如下两个优势。

➤ ODBC 更复杂，ODBC 中有几个命令需要配置很多复杂的选项，而 JDBC 则采用简单、直观的方式来管理数据库连接。

➤ JDBC 比 ODBC 安全性更高，更易部署。

13.2 SQL 语法

SQL 语句是对所有关系数据库都通用的命令语句，而 JDBC API 只是执行 SQL 语句的工具，JDBC 允许对不同的平台、不同的数据库采用相同的编程接口来执行 SQL 语句。在开始 JDBC 编程之前，必须掌握基本的 SQL 知识，本节将以 MySQL 数据库为例详细介绍 SQL 语法知识。

> **提示：**
> 除标准的 SQL 语句之外，所有的数据库都会在标准 SQL 语句的基础上进行扩展，增加一些额外的功能，这些额外的功能属于特定的数据库系统，不能在所有的数据库系统上通用。因此，如果想让数据库应用程序可以跨数据库运行，则应该尽量少用这些属于特定数据库系统的扩展。

▶▶ 13.2.1 安装数据库

对于基于 JDBC 的应用程序，如果使用标准的 SQL 语句进行数据库操作，则应用程序可以在所有的数据库之间切换，只要为程序提供不同的数据库驱动程序即可。从这个角度来看，我们可以使用任何一种数据库来学习 JDBC 编程。本章将以 MySQL 数据库为例来介绍 JDBC 编程，因为 MySQL 数据库非常小巧，而且使用相当简单。

> **提示：**
> 对于初学者，不推荐使用 Microsoft 的 SQL Server 作为 JDBC 应用的数据库，因为 Microsoft 为 SQL Server 提供的 JDBC 驱动偶尔会出现未知异常，这些异常会影响初学者学习的心情。

安装 MySQL 数据库与安装普通程序并没有太大的区别，下面简要介绍在 Windows 平台上下载和安装 MySQL 数据库系统的步骤。

① 登录 MySQL 官方站点，下载 MySQL 数据库的最新版本。本书成书之时，MySQL 数据库的最新稳定版本是 MySQL 8.0.28，建议下载该版本的 MySQL 安装文件。读者可根据自己所用的 Windows 平台选择下载相应的 MSI Installer 安装文件。

② 下载完成后，得到一个 mysql-installer-community-8.0.28.0.msi 文件，双击该文件，开始安装 MySQL 数据库系统。

③ 开始安装 MySQL 后，在出现的对话框中单击"Install MySQL Products"按钮，然后看到"License Agreement"界面，该界面要求用户必须接受该协议才能安装 MySQL 数据库系统。勾选该界面下方的"I accept the license terms"复选框，然后单击"Next"按钮，显示如图 13.3 所示的安装选项对话框。

④ 在图 13.3 所示的对话框中勾选"Custom"单选钮，然后单击"Next"按钮。接下来选择安装 MySQL 所需的组件，以及选择 MySQL 数据库和数据文件的安装路径，本书选择将 MySQL 数据库和数据文件都安装在 D 盘下。单击"Next"按钮，将显示选择安装组件对话框，选择安装 MySQL 服务器和文档，如图 13.4 所示。

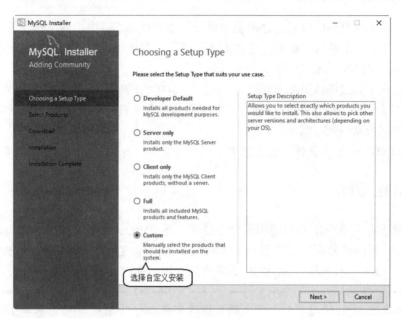

图 13.3 选择自定义安装

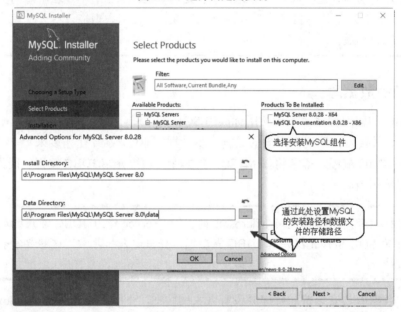

图 13.4   选择安装 MySQL 服务器和文档并设置数据库和数据文件的安装位置

⑤ 单击 "Next" 按钮，MySQL Installer 会检查系统环境是否满足安装 MySQL 的要求。如果满足要求，则可以直接单击 "Next" 按钮开始安装；如果不符合条件，则请根据 MySQL 提示先安装相应的系统组件，然后再重新安装 MySQL。开始安装 MySQL 数据库系统。

注意：

> MySQL 需要 Visual Studio 2015 Redistributable，而且不管你的操作系统是 32 位还是64 位的，它始终需要 32 位的 Visual Studio 2015 Redistributable，否则会安装失败。

⑥ 成功安装 MySQL 数据库系统后，会看到如图 13.5 所示的成功安装对话框。

⑦ MySQL 数据库程序安装成功后，系统还要求配置 MySQL 数据库。单击图 13.5 所示对话框中的 "Next" 按钮，开始配置 MySQL 数据库。在如图 13.6 所示的对话框中，选择 "Development Computer" 列表项。

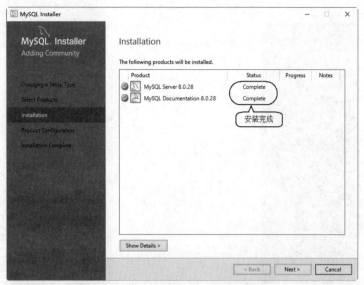

图 13.5　成功安装 MySQL 数据库系统

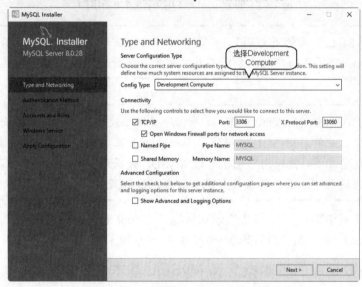

图 13.6　选择配置 MySQL 数据库

⑧ 单击 "Next" 按钮，将出现选择授权方式（Authentication Method）的对话框，按 MySQL 推荐选择更安全的 "强密码加密"（Strong Password Encryption）的授权方式。单击 "Next" 按钮，程序显示如图 13.7 所示的对话框，允许用户设置 MySQL 的 root 账户密码，也允许添加更多的用户。

> **提示：**
> 选择 "强密码加密" 的授权方式会提供更好的安全性，但这种方式不兼容 MySQL 5.x 的授权方式，因此许多 MySQL 图形界面工具（如 Navicat、SQLyog）都不能兼容这种授权方式。如果要使用 MySQL 图形界面工具，可使用 DBeaver。

⑨ 如果需要为 MySQL 数据库添加更多的用户，则可单击 "Add User" 按钮进行添加。设置完成后，单击 "Next" 按钮，在配置中将依次出现一系列对话框，但这些对话框对配置影响不大，直接单击 "Next" 按钮，直至 MySQL 数据库配置成功。

　　MySQL 可通过命令行客户端来管理 MySQL 数据库及数据库里的数据。经过上面 9 个步骤之后，应该在 Windows 的 "开始" 菜单中看到 "MySQL" → "MySQL Server 8.0" → "MySQL 8.0 Command Line Client - Unicode" 菜单项，单击该菜单项将启动 MySQL 的命令行客户端窗口，进入该窗口将会提示输入 root 账户密码。

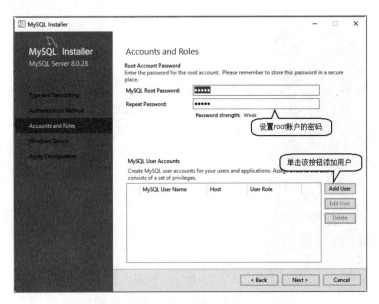

图 13.7　设置 root 账户密码和添加新用户

> **提示：**
>
> 由于 MySQL 默认使用 UTF-8 字符串，因此应该通过 "MySQL 8.0 Command Line Client - Unicode" 菜单项启动命令行工具，该工具将会使用 UTF-8 字符集。

> **提示：**
>
> 市面上 DBeaver、Navicat、SQLyog 等程序提供了较好的图形用户界面来管理 MySQL 数据库的数据。此外，MySQL 也提供了 Workbench 工具来管理 MySQL 数据库。读者可以自行安装这些工具，并使用它们来管理 MySQL 数据库。但本书依然推荐读者使用命令行窗口，因为这种"恶劣"的工具会强制读者记住 SQL 命令的详细用法。

在命令行客户端工具中输入在图 13.7 所示对话框中为 root 账户设置的密码，系统进入 MySQL 数据库系统，通过执行 SQL 命令就可以管理 MySQL 数据库系统了。

▶▶ 13.2.2　关系数据库的基本概念和 MySQL 基本命令

严格来说，数据库（Database）仅仅是存放用户数据的地方。当用户访问、操作数据库中的数据时，就需要数据库管理系统（Database Management System，DBMS）的帮助。习惯上常常把数据库和数据库管理系统笼统地称为数据库，通常所说的数据库既包括存储用户数据的部分，也包括管理数据库的管理系统。

DBMS 是所有数据的知识库，它负责管理数据的存储、安全、一致性、并发、恢复和访问等操作。DBMS 有一个数据字典（有时也被称为系统表），用于存储它拥有的每个事务的相关信息，例如名字、结构、位置和类型，这种关于数据的数据也被称为元数据（metadata）。

在数据库发展历史中，按时间顺序主要出现了如下几种类型的数据库系统。

➤ 网状型数据库

➤ 层次型数据库

➤ 关系数据库

➤ 面向对象数据库

在上面 4 种数据库系统中，关系数据库是理论最成熟、应用最广泛的数据库。从 20 世纪 70 年代末开始，关系数据库的理论逐渐成熟，随之涌现出大量商用的关系数据库。关系数据库的理论经过 30 多年的发展已经相当完善，在大量数据的查找、排序操作上非常成熟且快速，并对数据库系统的并发、隔离有非常完善的解决方案。

面向对象数据库则是由面向对象编程语言催生的新型数据库，目前有些数据库系统如 Oracle 11g 等开始增加面向对象特性，但面向对象数据库还没有被大规模地商业应用。

对于关系数据库而言，最基本的数据存储单元就是数据表，因此可以简单地把数据库想象成大量数据表的集合（当然，数据库绝不仅由数据表组成）。

数据表是存储数据的逻辑单元，可以把数据表想象成由行和列组成的表格，其中每一行也被称为一条记录，每一列也被称为一个字段。为数据库建表时，通常需要指定该表包含多少列，以及每列的数据类型信息，无须指定该数据表包含多少行——因为数据表的行是动态改变的，每行用于保存一条用户数据。此外，还应该为每个数据表指定一个特殊列，该特殊列的值可以唯一地标识此行的记录，该特殊列被称为主键列。

MySQL 数据库的一个实例（Server Instance）可以同时包含多个数据库，MySQL 使用如下命令来查看当前实例下包含多少个数据库：

```
show databases;
```

> **注意**
> MySQL 默认以分号作为每条命令的结束符，所以在每条 MySQL 命令结束后都应该输一个英文分号（;）。

如果用户需要创建新的数据库，则可以使用如下命令：

```
create database [IF NOT EXISTS] 数据库名;
```

如果用户需要删除指定的数据库，则可以使用如下命令：

```
drop database 数据库名;
```

在建立了数据库之后，如果想操作该数据库（例如，为该数据库建表，在该数据库中执行查询等操作），则需要进入该数据库。进入指定的数据库可以使用如下命令：

```
use 数据库名;
```

在进入指定的数据库后，如果需要查询该数据库下包含多少个数据表，则可以使用如下命令：

```
show tables;
```

如果想查看指定数据表的表结构（查看该表有多少列，以及每列的数据类型等信息），则可以使用如下命令：

```
desc 表名;
```

图 13.8 显示了使用 MySQL 命令行客户端执行这些命令的效果。

正如在图 13.8 中所看到的，MySQL 命令行客户端依次执行了 show databases;、drop database abc; 等命令。如果将多条 MySQL 命令写在一份 SQL 脚本文件里，然后将这份 SQL 脚本文件的内容一次性复制到该窗口里，将可以看到该命令行客户端一次性执行所有 SQL 命令的效果——这种一次性执行多条 SQL 命令的方式也被称为导入 SQL 脚本。

> **提示：**
> 本章中大量程序都需要相应数据库的支持，因为本章的大部分程序都会提供对应的 SQL 脚本，所以在运行这些程序之前，应该先向 MySQL 数据库中导入这些 SQL 脚本。

当 MySQL 数据库安装成功后，在其安装目录下有一个 bin 路径（本书中该路径为 D:\Program Files\MySQL\MySQL Server 8.0\bin），该路径下包含一个 mysql 命令，该命令用于启动 MySQL 命令行客户端。执行 mysql 命令的语法格式如下：

```
mysql -u用户名 -p密码 -h主机名 --default-character-set=utf8
```

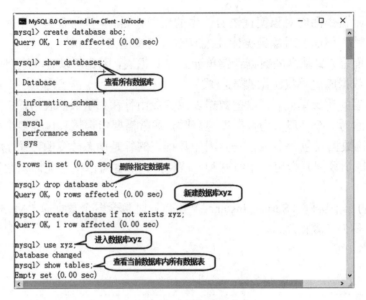

图 13.8　执行 MySQL 常用命令

执行上面的命令（上面命令中的-u 选项和用户名之间无空格，-p 选项和密码之间无空格）可连接远程主机的 MySQL 服务。为了保证有较好的安全性，在执行上面的命令时可以省略-p 后面的密码，在执行该命令后系统会提示输入密码。

为了更方便地使用该命令，可以将该 MySQL 安装目录下的 bin 路径添加到系统 PATH 环境变量中。实际上，"开始"菜单中的"MySQL 8.0 Command Line Client - Unicode"菜单项就是一条 mysql 命令。

MySQL 数据库通常支持如下两种存储机制。

➤ MyISAM：这是 MySQL 早期默认的存储机制，对事务支持不够好。

➤ InnoDB：InnoDB 提供事务安全的存储机制。InnoDB 通过建立行级锁来保证事务完整性，并以 Oracle 风格的共享锁来处理 Select 语句。系统默认启动 InnoDB 存储机制，如果不想使用 InnoDB 表，则可以使用 skip-innodb 选项。

对比这两种存储机制，不难发现 InnoDB 比 MyISAM 多了事务支持的功能，而事务支持是 Java EE 最重要的特性，因此通常推荐使用 InnoDB 存储机制。如果使用 5.0 以上版本的 MySQL 数据库系统，则通常无须指定数据表的存储机制，因为系统默认使用 InnoDB 存储机制。如果需要在建表时显式指定存储机制，则可在标准建表语法的后面添加下面任意一句。

➤ ENGINE=MyISAM：强制使用 MyISAM 存储机制。

➤ ENGINE=InnoDB：强制使用 InnoDB 存储机制。

▶▶ 13.2.3　SQL 语句基础

SQL 的全称是 Structured Query Language，也就是结构化查询语言。SQL 是操作和检索关系数据库的标准语言，标准的 SQL 语句可用于操作任何关系数据库。

使用 SQL 语句，程序员和数据库管理员（DBA）可以完成如下任务。

➤ 在数据库中检索信息。

➤ 对数据库的信息进行更新。

➤ 改变数据库的结构。

➤ 更改系统的安全设置。

➤ 增加或回收用户对数据库、数据表的许可权限。

在上面 5 个任务中，一般程序员可以管理前三个任务，后面两个任务通常由 DBA 来完成。

标准的 SQL 语句通常可分为如下几种类型。

➤ 查询语句：主要由 select 关键字完成，查询语句是 SQL 语句中最复杂、功能最丰富的语句。

- ➢ DML（Data Manipulation Language，数据操作语言）语句：主要由 insert、update 和 delete 三个关键字完成。
- ➢ DDL（Data Definition Language，数据定义语言）语句：主要由 create、alter、drop 和 truncate 四个关键字完成。
- ➢ DCL（Data Control Language，数据控制语言）语句：主要由 grant 和 revoke 两个关键字完成。
- ➢ 事务控制语句：主要由 commit、rollback 和 savepoint 三个关键字完成。

SQL 语句的关键字不区分大小写，也就是说，create 和 CREATE 的作用完全一样。在上面 5 种 SQL 语句中，DCL 语句用于为数据库用户授权，或者回收指定用户的权限，通常无须程序员操作，所以本节不打算介绍任何关于 DCL 的知识。

在 SQL 命令中也可能需要使用标识符，标识符可用于定义表名、列名，也可用于定义变量等。标识符的命名规则如下：

- ➢ 标识符通常必须以字母开头。
- ➢ 标识符包括字母、数字和三个特殊字符（#、_、$）。
- ➢ 不要使用当前数据库系统的关键字、保留字，通常建议使用多个单词连缀而成，单词之间以_分隔。
- ➢ 同一种模式下的对象不应该同名，这里的模式指的是外模式。

在掌握了 SQL 语句的这些基础知识后，下面将分类介绍各种 SQL 语句。

注意：

truncate 是一个特殊的 DDL 语句。truncate 在很多数据库中都被归类为 DDL 语句，它相当于先删除指定的数据表，然后重建该数据表。如果使用 MySQL 的普通存储机制，truncate 确实是这样的；但如果使用 InnoDB 存储机制，则比较复杂。在 MySQL 5.0.3 之前，truncate 和 delete 完全一样；在 MySQL 5.0.3 之后，truncate table 比 delete 效率高，但如果该表被外键约束所参照，则其依然被映射成 delete 操作。当使用快速 truncate 时，该操作会重设自动增长计数器。在 MySQL 5.0.13 之后，快速 truncate 总是可用的，即比 delete 性能要好。关于 truncate 的用法，请参考本章后面内容。

▶▶ 13.2.4 DDL 语句

DDL 语句是操作数据库对象的语句，包括创建（create）、删除（drop）和修改（alter）数据库对象。

前面已经介绍过，最基本的数据库对象是数据表，数据表是存储数据的逻辑单元。但数据库里绝不仅仅包含数据表，数据库里还包含如表 13.1 所示的几种常见的数据库对象。

表 13.1 常见的数据库对象

对 象 名 称	对应的关键字	描 述
表	table	表是存储数据的逻辑单元，以行和列的形式存在；列就是字段，行就是记录
数据字典		数据字典就是系统表，是存放数据库相关信息的表。系统表里的数据通常由数据库系统维护，程序员通常不应该手动修改系统表及系统表数据，只可查看系统表数据
约束	constraint	执行数据校验的规则，用于保证数据完整性的规则
视图	view	一个或者多个数据表里数据的逻辑显示。视图并不存储数据
索引	index	用于提高查询性能，相当于书的目录
函数	function	用于完成一次特定的计算，具有一个返回值
存储过程	procedure	用于完成一次完整的业务处理，没有返回值，但可通过传出参数将多个值传给调用环境
触发器	trigger	相当于一个事件监听器，当数据库发生特定事件时，触发器被触发，完成相应的处理

因为存在上面几种数据库对象，所以在 create 后可以紧跟不同的关键字。例如，建表应使用 create

table，建索引应使用 create index，建视图应使用 create view……在 drop 和 alter 后，也需要添加类似的关键字来表示删除、修改哪种数据库对象。

> 💡 **提示：** ━━
> 因为函数、存储过程和触发器属于数据库编程内容，而且需要大量使用数据库特性，这已经超出了本书的介绍范围，故本章不打算介绍函数、存储过程和触发器编程。

1. 创建表的语法

标准的建表语句的语法格式如下：

```
create table [模式名.]表名
(
    # 可以有多个列定义
    columnName1 datatype [default expr],
    ...
)
```

在上面的语法格式中，圆括号里可以包含多个列定义，各个列定义之间以英文逗号（,）隔开，最后一个列定义不需要使用英文逗号，而是直接以括号结束。

前面已经讲过，建立数据表只是建立表结构，就是指定该数据表有多少列，以及每列的数据类型。所以建表语句的重点就是圆括号里的列定义，列定义由列名、列类型和可选的默认值组成。

列定义有点类似于 Java 里的变量定义，与变量定义不同的是，在进行列定义时将列名放在前面，将列类型放在后面。如果要指定列的默认值，则使用 default 关键字，而不是使用等号（=）。

例如下面的建表语句：

```
create table test
(
    # 整型通常用 int 表示
    test_id int,
    # 带小数点的数
    test_price decimal,
    # 普通长度的文本，使用 default 指定默认值
    test_name varchar(255) default 'xxx',
    # 大文本类型
    test_desc text,
    # 图片
    test_img blob,
    test_date datetime
);
```

在建表时需要指定每列的数据类型，不同的数据库所支持的列类型不同，这需要查阅不同数据库的相关文档。MySQL 数据库支持的几种列类型如表 13.2 所示。

表 13.2　MySQL 数据库支持的列类型

列 类 型	说 明
tinyint/smallint/mediumint/int(integer)/bigint	1 字节/2 字节/3 字节/4 字节/8 字节整数，又可分为有符号和无符号两种。这些整数类型的区别仅仅是表数范围不同
float/double	单精度/双精度浮点类型
decimal(dec)	精确的小数类型，相对于 float 和 double 不会产生精度丢失的问题
date	日期类型，不能保存时间。当把 java.util.Date 对象保存到 date 列时，时间部分将会丢失
time	时间类型，不能保存日期。当把 java.util.Date 对象保存到 time 列时，日期部分将会丢失
datetime	日期、时间类型
timestamp	时间戳类型
year	年类型，仅仅保存时间的年份
char	定长的字符串类型
varchar	可变长度的字符串类型

列 类 型	说 明
binary	定长的二进制字符串类型，它以二进制形式保存字符串
varbinary	可变长度的二进制字符串类型，它以二进制形式保存字符串
tinyblob/blob/mediumblob/longblob	1 字节/2 字节/3 字节/4 字节的二进制大对象，可用于存储图片、音乐等二进制数据，分别可存储 255B/64KB/16MB/4GB 大小的数据
tinytext/text/mediumtext/longtext	1 字节/2 字节/3 字节/4 字节的文本对象，可用于存储超长长度的字符串，分别可存储 255B/64KB/16MB/4GB 大小的文本
enum('value1','value2',...)	枚举类型，该列的值只能是 enum 后括号里多个值的其中之一
set('value1','value2',...)	集合类型，该列的值可以是 set 后括号里多个值的其中几个

前面给出的是比较常见的建表语句，这种建表语句只是创建一个空表，该表中没有任何数据。如果使用子查询建表语句，则可以在建表的同时插入数据。子查询建表语句的语法格式如下：

```
create table [模式名.]表名 [column[, column...]]
as subquery;
```

上面语法格式中新表的字段列表必须与子查询中的字段列表匹配。在创建新表时可以省略字段列表——如果省略了该字段列表，则新表的列名与选择结果完全相同。下面的语句使用子查询来建表。

```
# 创建 hehe 数据表，该数据表和 user_inf 完全相同，数据也完全相同
create table hehe
as
select * from user_inf;
```

因为上面的语句是利用子查询来建立数据表的，所以执行该 SQL 语句要求数据库中已存在 user_inf 数据表（读者可向 test 数据库中导入 codes\13\13.2 目录下的 user_inf.sql 脚本后再执行上面的语句），否则程序将出现错误。

> **提示:**
> 当数据表创建成功后，MySQL 使用 information_schema 数据库中的 TABLES 表来保存该数据库实例中所有的数据表，用户可通过查询 TABLES 表来获取该数据库中表的信息。

2. 修改表结构的语法

修改表结构使用 alter table 语句，修改表结构包括增加列定义、修改列定义、删除列定义、重命名列等操作。增加列定义的语法格式如下：

```
alter table 表名
add
(
    # 可以有多个列定义
    column_name1 datatype [default expr],
    ...
);
```

上面语法格式中的圆括号部分与建表语法格式中的圆括号部分完全相同，只是此时圆括号里的列定义是被追加到已有的表的列定义后面的。还有一点需要指出，如果只是新增一列，则可以省略圆括号，仅在 add 后紧跟一个列定义即可。为数据表增加列的 SQL 语句如下：

```
# 为 hehe 数据表增加 hehe_id 列，该列的类型为 int
alter table hehe
add hehe_id int;
# 为 hehe 数据表增加 aaa、bbb 列，这两个列的类型都为 varchar(255)
alter table hehe
add
(
    aaa varchar(255) default 'xxx',
    bbb varchar(255)
);
```

上面的第二条 SQL 语句在增加 aaa 列时，为该列指定默认值为'xxx'。值得指出的是，SQL 语句中的字符串值不是用双引号引起来的，而是用单引号引起来的。

在增加列时需要注意：如果数据表中已有数据记录，则除非给新增的列指定了默认值，否则对于新增的列不可指定非空约束，因为那些已有的数据记录在新增的列上肯定是空的（实际上，修改表结构很容易失败——只要新增的约束与已有的数据冲突，修改就会失败）。

修改列定义的语法格式如下：

```
alter table 表名
modify column_name datatype [default expr] [first|after col_name];
```

上面语法格式中的 **first** 或者 **after col_name** 指定需要将目标修改到指定的位置。

从上面的语法格式中可以看出，该修改语句每次只能修改一个列定义。代码如下：

```
# 将 hehe 表的 hehe_id 列修改成 varchar(255)类型
alter table hehe
modify hehe_id varchar(255);
# 将 hehe 表的 bbb 列修改成 int 类型
alter table hehe
modify bbb int;
```

从上面的代码中不难看出，使用 SQL 语句修改数据表中列定义的语法和为数据表只增加一个列定义的语法几乎完全一样，关键是增加列定义使用 add 关键字，而修改列定义使用 modify 关键字。还有一点需要指出，使用 add 新增的列名必须是原表中不存在的，而使用 modify 修改的列名必须是原表中已存在的。

注意 :

> 虽然 MySQL 不支持使用一个 modify 命令一次修改多个列定义，但其他数据库如 Oracle 支持使用一个 modify 命令修改多个列定义。使用一个 modify 命令修改多个列定义的语法和使用一个 add 命令增加多个列定义的语法非常相似，也需要使用圆括号把多个列定义括起来。如果需要让 MySQL 支持一次修改多个列定义，则可在 alter table 后使用多个 modify 命令。

如果数据表中已有数据记录，则修改列定义非常容易失败，因为有可能修改的列定义规则与原有的数据记录不符合。如果修改数据列的默认值，则只会对以后的插入操作有作用，对以前已经存在的数据不会有任何影响。

从数据表中删除列定义的语法比较简单，格式如下：

```
alter table 表名
drop column_name
```

删除列定义，只要在 drop 后紧跟需要删除的列名即可。例如：

```
# 删除 hehe 表中的 aaa 列
alter table hehe
drop aaa;
```

从数据表中删除列定义通常总是可以成功，在删除列定义时将从每行中删除该列的数据，并释放该列在数据块中占用的空间。所以在删除大表中的列定义时需要比较长的时间，因为还需要回收空间。

上面介绍的这些增加列定义、修改列定义和删除列定义的语法是标准的 SQL 语法，对所有的数据库都通用。此外，MySQL 还提供了两种特殊的语法：重命名数据表和完全改变列定义。

重命名数据表的语法格式如下：

```
alter table 表名
rename to 新表名
```

如下 SQL 语句用于将 hehe 表重命名为 wawa：

```
# 将 hehe 表重命名为 wawa
alter table hehe
rename to wawa;
```

MySQL 为 alter table 提供了 change 选项，该选项可以改变列名。change 选项的语法格式如下：

```
alter table 表名
change old_column_name new_column_name type [default expr] [first|after col_name]
```

对比 change 和 modify 两个选项，不难发现：change 选项比 modify 选项多了一个列名，因为 change 选项可以改变列名，所以它需要两个列名。一般而言，如果不需要改变列名，则使用 alter table 的 modify 选项即可，只有当需要修改列名时才会使用 change 选项。语句如下：

```
# 将 wawa 表的 bbb 列重命名为 ddd
alter table wawa
change bbb ddd int;
```

3．删除表的语法

删除表的语法格式如下：

```
drop table 表名;
```

如下 SQL 语句将会把数据库中已有的 wawa 表删除：

```
# 删除数据表
drop table wawa;
```

删除数据表的效果如下：

> 表结构被删除，表对象不再存在。
> 表里的所有数据也被删除。
> 与该表相关的所有索引、约束也被删除。

4．truncate 表

对于大部分数据库而言，truncate 都被当成 DDL 语句处理，truncate 被称为"截断"某个表——它的作用是删除该表中的全部数据，但保留表结构。相对于 DML 语句中的 delete 命令而言，truncate 的速度要快得多，而且 truncate 不像 delete 可以删除指定的记录，truncate 只能一次性删除整个表的全部记录。truncate 命令的语法格式如下：

```
truncate 表名
```

MySQL 对 truncate 的处理比较特殊——如果使用非 InnoDB 存储机制，则 truncate 比 delete 速度要快；如果使用 InnoDB 存储机制，那么在 MySQL 5.0.3 之前，truncate 和 delete 完全一样，在 MySQL 5.0.3 之后，truncate table 比 delete 效率高，但如果该表被外键约束所参照，则 truncate 又变为 delete 操作。在 MySQL 5.0.13 之后，快速 truncate 总是可用的，即它比 delete 性能要好。

▶▶ 13.2.5　数据库约束

前面在创建数据表时仅仅指定了一些列定义，这只是数据表的基本功能。此外，所有的关系数据库都支持对数据表使用约束，约束是在表上强制执行的数据校验规则，通过约束可以更好地保证数据表中数据的完整性。此外，当表中数据存在相互依赖关系时，约束可以保护相关的数据不被删除。

大部分数据库都支持下面 5 种完整性约束。

> NOT NULL：非空约束，指定某列不能为空。
> UNIQUE：唯一约束，指定某列或者几列组合不能重复。
> PRIMARY KEY：主键约束，指定该列的值可以唯一地标识该条记录。
> FOREIGN KEY：外键约束，指定该行记录从属于主表中的一条记录，主要用于保证参照完整性。
> CHECK：检查约束，指定一个布尔表达式，用于指定对应列的值必须满足该表达式。

虽然大部分数据库都支持上面 5 种约束，但 MySQL 不支持 CHECK 约束。虽然 MySQL 的 SQL 语句也可以使用 CHECK 约束，但这种 CHECK 约束不会有任何作用。

虽然约束的作用只是保证数据表中数据的完整性，但约束也是数据库对象，并被存储在系统表中，它也拥有自己的名字。根据约束对数据列的限制，约束分为如下两类。

> 单列约束：每个约束只针对一列进行限制。
> 多列约束：每个约束可以针对多列进行限制。

为数据表指定约束有如下两个时机。

> 在建表的同时为相应的数据列指定约束。
> 在建表后，以修改表的方式来增加约束。

大部分约束都可以采用列级约束语法或者表级约束语法定义。下面依次介绍 5 种约束的建立和删除（通常约束无法修改）。

> **提示：**
> MySQL 使用 information_schema 数据库中的 TABLE_CONSTRAINTS 表来保存该数据库实例中所有的约束信息，用户可以通过查询 TABLE_CONSTRAINTS 表来获取该数据库的约束信息。

1. NOT NULL 约束

NOT NULL（非空）约束用于确保指定的列不允许为空。非空约束是比较特殊的约束，它只能作为列级约束使用，只能使用列级约束语法定义。

这里要介绍一下 SQL 中的 null。SQL 中的 null 不区分大小写，其具有如下特征。

> 所有数据类型的值都可以是 null，包括 int、float、boolean 等数据类型。
> 与 Java 类似的是，空字符串不等于 null，0 也不等于 null。

如果需要在建表时为指定的列指定非空约束，那么只要在列定义后增加 not null 即可。建表语句如下：

```
create table hehe
(
    # 建立了非空约束，这意味着 hehe_id 不可以为 null
    hehe_id int not null,
    # MySQL 的非空约束不能指定名字
    hehe_name varchar(255) default 'xyz' not null,
    # 下面的列可以为空，默认就是为空
    hehe_gender varchar(2) null
);
```

此外，也可以在使用 alter table 语句修改表时增加或者删除非空约束。SQL 语句如下：

```
# 增加非空约束
alter table hehe
modify hehe_gender varchar(2) not null;
# 取消非空约束
alter table hehe
modify hehe_name varchar(2) null;
# 取消非空约束，并指定默认值
alter table hehe
modify hehe_name varchar(255) default 'abc' null;
```

2. UNIQUE 约束

UNIQUE（唯一）约束用于保证指定的列或多列组合不允许出现重复值。虽然有唯一约束的列不可以出现重复值，但可以出现多个 null（因为在数据库中 null 不等于 null）。

在同一个表内可建立多个唯一约束，唯一约束也可由多列组合而成。当为某列创建唯一约束时，MySQL 会为该列相应地创建唯一索引。如果不给唯一约束起名，则该唯一约束名默认与列名相同。

唯一约束既可以使用列级约束语法建立，也可以使用表级约束语法建立。如果需要为多列组合建立唯一约束，或者需要为唯一约束指定名字，则只能使用表级约束语法。

在建立唯一约束时，MySQL 在唯一约束所在的列或列组合上建立对应的唯一索引。

使用列级约束语法建立唯一约束非常简单，只要简单地在列定义后增加 unique 关键字即可。SQL 语句如下：

```
# 在建表时创建唯一约束，使用列级约束语法建立约束
create table unique_test
(
    # 建立了非空约束，这意味着 test_id 不可以为 null
    test_id int not null,
    # unique 就表示唯一约束，使用列级约束语法建立唯一约束
    test_name varchar(255) unique
);
```

如果需要为多列组合建立唯一约束，或者想自行指定约束名，则需要使用表级约束语法。表级约束语法的格式如下：

```
[constraint 约束名] 约束定义
```

上面的表级约束语法既可被放在 create table 语句中与列定义并列，也可被放在 alter table 语句中使用 add 关键字来增加约束。SQL 语句如下：

```
# 在建表时创建唯一约束，使用表级约束语法建立约束
create table unique_test2
(
    # 建立了非空约束，这意味着 test_id 不可以为 null
    test_id int not null,
    test_name varchar(255),
    test_pass varchar(255),
    # 使用表级约束语法建立唯一约束
    unique (test_name),
    # 使用表级约束语法建立唯一约束，而且指定约束名
    constraint test2_uk unique(test_pass)
);
```

上面的建表语句为 test_name、test_pass 分别建立了唯一约束，这意味着这两列都不能出现重复值。此外，还可以为这两列的组合建立唯一约束。SQL 语句如下：

```
# 在建表时创建唯一约束，使用表级约束语法建立约束
create table unique_test3
(
    # 建立了非空约束，这意味着 test_id 不可以为 null
    test_id int not null,
    test_name varchar(255),
    test_pass varchar(255),
    # 使用表级约束语法建立唯一约束，指定两列组合不允许重复
    constraint test3_uk unique(test_name,test_pass)
);
```

上面的 unique_test2 和 unique_test3 两个表，都是对 test_name、test_pass 建立唯一约束的，其中 unique_test2 要求 test_name、test_pass 都不能出现重复值，而 unique_test3 只要求 test_name、test_pass 两列值的组合不能重复。

也可以在修改表结构时使用 add 关键字来增加唯一约束，SQL 语句如下：

```
# 增加唯一约束
alter table unique_test3
add unique(test_name, test_pass);
```

还可以在修改表时使用 modify 关键字，采用列级约束语法为单列增加唯一约束。SQL 语句如下：

```
# 为 unique_test3 表的 test_name 列增加唯一约束
alter table unique_test3
modify test_name varchar(255) unique;
```

对于大部分数据库而言，删除约束都是在 alter table 语句后使用 "drop constraint 约束名" 语法来完成的，但 MySQL 并不使用这种方式，而是使用 "drop index 约束名" 的方式来删除约束。例如如下 SQL

语句：

```
# 删除 unique_test3 表上的 test3_uk 唯一约束
alter table unique_test3
drop index test3_uk;
```

3. PRIMARY KEY 约束

PRIMARY KEY（主键）约束相当于非空约束和唯一约束，即有主键约束的列既不允许出现重复值，也不允许出现 null；如果对多列组合建立主键约束，则多列中的每一列都不能为空，但只要求这些列组合不能重复。主键列的值可用于唯一地标识表中的一条记录。

每个表中最多允许有一个主键，但这个主键约束可由多个数据列组合而成，主键是表中能唯一确定一行记录的列或列组合。

在建立主键约束时既可使用列级约束语法，也可使用表级约束语法。如果需要对多列组合建立主键约束，则只能使用表级约束语法。当使用表级约束语法来建立约束时，可以为该约束指定名字。但不管用户是否为该主键约束指定名字，MySQL 总是将所有的主键约束命名为 PRIMARY。

> **提示：**
> MySQL 允许在建立主键约束时为该约束命名，但这个名字没有任何作用，只是为了保持与标准 SQL 语句的兼容性。大部分数据库都允许自行指定主键约束的名字，而且一旦指定了主键约束名，该约束名就是用户指定的名字。

在创建主键约束时，MySQL 在主键约束所在的列或列组合上建立对应的唯一索引。

创建主键约束的语法和创建唯一约束的语法非常像，一样允许使用列级约束语法为单独的数据列创建主键约束；如果需要为多列组合建立主键约束，或者需要为主键约束命名，则应该使用表级约束语法来建立主键约束。与建立唯一约束不同的是，建立主键约束使用 primary key。

在建表时创建主键约束，使用列级约束语法：

```
create table primary_test
(
    # 建立了主键约束
    test_id int primary key,
    test_name varchar(255)
);
```

在建表时创建主键约束，使用表级约束语法：

```
create table primary_test2
(
    test_id int not null,
    test_name varchar(255),
    test_pass varchar(255),
    # 指定主键约束名为 test2_pk，其对大部分数据库有效，但对 MySQL 无效
    # MySQL 中该主键约束名依然是 PRIMARY
    constraint test2_pk primary key(test_id)
);
```

在建表时创建主键约束，为多列组合建立主键约束，只能使用表级约束语法：

```
create table primary_test3
(
    test_name varchar(255),
    test_pass varchar(255),
    # 建立多列组合的主键约束
    primary key(test_name, test_pass)
);
```

如果需要删除指定的表的主键约束，则在 alter table 语句后使用 drop primary key 子句即可。SQL语句如下：

```
# 删除主键约束
alter table primary_test3
```

```
drop primary key;
```

如果需要为指定的表增加主键约束，则既可通过 modify 修改列定义来完成，这将采用列级约束语法来增加主键约束；也可通过 add 来完成，这将采用表级约束语法来增加主键约束。SQL 语句如下：

```
# 使用表级约束语法增加主键约束
alter table primary_test3
add primary key(test_name,test_pass);
```

如果只是为单独的数据列增加主键约束，则可使用 modify 修改列定义来实现。SQL 语句如下：

```
# 使用列级约束语法增加主键约束
alter table primary_test3
modify test_name varchar(255) primary key;
```

注意：

不要连续执行上面两条 SQL 语句，因为上面两条 SQL 语句都是为 primary_test3 增加主键约束，而在同一个表中最多只能有一个主键约束，所以连续执行上面两条 SQL 语句肯定出现错误。为了避免这个问题，可以在成功执行了第一条增加主键约束的 SQL 语句之后，先将 primary_test3 中的主键约束删除，然后再执行第二条增加主键约束的 SQL 语句。

很多数据库对主键列都支持一种自增长的特性——如果某个数据列的类型是整型，而且该列作为主键列，则可指定该列具有自增长功能。指定自增长功能通常用于设置逻辑主键列——该列的值没有任何物理意义，仅仅用于标识每行记录。MySQL 使用 auto_increment 来设置自增长功能，SQL 语句如下：

```
create table primary_test4
(
    # 建立主键约束，使用自增长特性
    test_id int auto_increment primary key,
    test_name varchar(255),
    test_pass varchar(255)
);
```

一旦指定了某列具有自增长功能，则向该表中插入记录时可不为该列指定值，该列的值由数据库系统自动生成。

4. FOREIGN KEY 约束

FOREIGN KEY（外键）约束主要用于保证一个数据表或两个数据表之间的参照完整性，外键是构建于一个表的两列或者两个表的两列之间的参照关系。外键确保了相关的两列之间的参照关系：子（从）表外键列的值必须在主表被参照列的值范围之内，或者为空（也可以通过非空约束来指定外键列不允许为空）。

当主表的记录被从表的记录参照时，主表的记录不允许被删除，必须先把从表中参照该记录的所有记录都删除后，才可以删除主表的该记录。还有一种方式，在删除主表的记录时级联删除从表中所有参照该记录的记录。

从表外键列参照的只能是主表主键列或者唯一键列，这样才可保证从表的记录可以准确地定位到被参照的主表的记录。在同一个表中可以有多个外键。

在建立外键约束时，MySQL 也会为该列建立索引。

外键约束通常用于定义两个实体之间的一对多、一对一的关联关系。对于一对多的关联关系，通常在多的一端增加外键列，例如老师-学生（假设一个老师对应多个学生，而每个学生只有一个老师，这是典型的一对多的关联关系）。为了建立它们之间的关联关系，可以在学生表中增加一个外键列，该列中保存此条学生记录对应老师的主键。对于一对一的关联关系，则可选择任意一方来增加外键列，增加外键列的表被称为从表，只要为外键列增加唯一约束就可表示一对一的关联关系了。对于多对多的关联关系，则需要额外增加一个连接表来记录它们之间的关联关系。

建立外键约束同样可以采用列级约束语法和表级约束语法。如果仅对单独的数据列建立外键约束，则使用列级约束语法即可；如果需要对多列组合创建外键约束，或者需要为外键约束指定名字，则必须使用表级约束语法。

采用列级约束语法建立外键约束直接使用 references 关键字，references 指定该列参照哪个主表，以及参照主表的哪一列。SQL 语句如下：

```
# 为了保证从表参照的主表存在，通常应该先建立主表
create table teacher_table
(
    # auto_increment：代表数据库的自动编号策略，通常用作数据表的逻辑主键
    teacher_id int auto_increment,
    teacher_name varchar(255),
    primary key(teacher_id)
);
create table student_table
(
    # 为本表建立主键约束
    student_id int auto_increment primary key,
    student_name varchar(255),
    # 指定 java_teacher 参照 teacher_table 表的 teacher_id 列
    java_teacher int references teacher_table(teacher_id)
);
```

值得指出的是，虽然 MySQL 支持使用列级约束语法来建立外键约束，但使用列级约束语法建立的外键约束不会生效，MySQL 提供这种列级约束语法仅仅是为了和标准 SQL 语句保持良好的兼容性。因此，如果要使 MySQL 中的外键约束生效，则应使用表级约束语法。

```
# 为了保证从表参照的主表存在，通常应该先建立主表
create table teacher_table1
(
    # auto_increment：代表数据库的自动编号策略，通常用作数据表的逻辑主键
    teacher_id int auto_increment,
    teacher_name varchar(255),
    primary key(teacher_id)
);
create table student_table1
(
    # 为本表建立主键约束
    student_id int auto_increment primary key,
    student_name varchar(255),
    # 指定 java_teacher 参照 teacher_table1 表的 teacher_id 列
    java_teacher int,
    foreign key(java_teacher) references teacher_table1(teacher_id)
);
```

如果使用表级约束语法，则需要使用 foreign key 来指定本表的外键列，并使用 references 来指定参照哪个主表，以及参照主表的哪个数据列。使用表级约束语法可以为外键约束指定名字，如果在创建外键约束时没有指定约束名，则 MySQL 会为该外键约束命名为 table_name_ibfk_n，其中 table_name 是从表的表名，而 n 是从 1 开始的整数。

如果需要显式指定外键约束的名字，则可使用 constraint 来指定。SQL 语句如下：

```
# 为了保证从表参照的主表存在，通常应该先建立主表
create table teacher_table2
(
    # auto_increment：代表数据库的自动编号策略，通常用作数据表的逻辑主键
    teacher_id int auto_increment,
    teacher_name varchar(255),
    primary key(teacher_id)
);
create table student_table2
(
    # 为本表建立主键约束
    student_id int auto_increment primary key,
    student_name varchar(255),
    java_teacher int,
    # 使用表级约束语法建立外键约束，指定外键约束的名字为 student_teacher_fk
    constraint student_teacher_fk foreign key(java_teacher) references
```

```
    teacher_table2(teacher_id)
);
```

如果需要建立多列组合的外键约束，则必须使用表级约束语法。SQL 语句如下：

```
# 为了保证从表参照的主表存在，通常应该先建立主表
create table teacher_table3
(
    teacher_name varchar(255),
    teacher_pass varchar(255),
    # 以两列组合建立主键
    primary key(teacher_name, teacher_pass)
);
create table student_table3
(
    # 为本表建立主键约束
    student_id int auto_increment primary key,
    student_name varchar(255),
    java_teacher_name varchar(255),
    java_teacher_pass varchar(255),
    # 使用表级约束语法建立外键约束，指定两列的联合外键
    foreign key(java_teacher_name, java_teacher_pass)
        references teacher_table3(teacher_name, teacher_pass)
);
```

删除外键约束的语法很简单，在 alter table 语句后增加"drop foreign key 约束名"子句即可。SQL 语句如下：

```
# 删除 student_table3 表上名为 student_table3_ibfk_1 的外键约束
alter table student_table3
drop foreign key student_table3_ibfk_1;
```

增加外键约束通常使用 add foreign key 命令。SQL 语句如下：

```
# 修改 student_table3 数据表，增加外键约束
alter table student_table3
add foreign key(java_teacher_name, java_teacher_pass)
    references teacher_table3(teacher_name, teacher_pass);
```

值得指出的是，外键约束不仅可以参照其他表，而且可以参照自身，这种参照自身的情况通常被称为自关联。例如，使用一个表保存某个公司的所有员工记录，员工之间有部门经理和普通员工之分，部门经理和普通员工之间存在一对多的关联关系，但它们都是保存在同一个数据表里的记录，这就是典型的自关联。下面的 SQL 语句建立了自关联的外键约束。

```
# 使用表级约束语法建立外键约束，且直接参照自身
create table foreign_test
(
    foreign_id int auto_increment primary key,
    foreign_name varchar(255),
    # 使用该表的 refer_id 参照本表的 foreign_id 列
    refer_id int,
    foreign key(refer_id) references foreign_test(foreign_id)
);
```

如果想定义在删除主表的记录时，从表的记录也被随之删除，则需要在建立外键约束后添加 on delete cascade 或 on delete set null。其中前者是指定在删除主表的记录时，把参照该主表记录的从表记录全部级联删除；后者是指定在删除主表的记录时，把参照该主表记录的从表记录的外键设为 null。SQL 语句如下：

```
# 为了保证从表参照的主表存在，通常应该先建立主表
create table teacher_table4
(
    # auto_increment：代表数据库的自动编号策略，通常用作数据表的逻辑主键
    teacher_id int auto_increment,
    teacher_name varchar(255),
    primary key(teacher_id)
);
```

```
create table student_table4
(
    # 为本表建立主键约束
    student_id int auto_increment primary key,
    student_name varchar(255),
    java_teacher int,
    # 使用表级约束语法建立外键约束，定义级联删除
    foreign key(java_teacher) references teacher_table4(teacher_id)
        on delete cascade # 也可用 on delete set null
);
```

5. CHECK 约束

从 MySQL 8.0.16 开始，MySQL 正式支持 CHECK（检查）约束，CHECK 约束主要用于保证指定的一列或多列必须符合给定的表达式，对于不符合给定的表达式的数据将不允许插入数据表。

建立 CHECK 约束同样可以采用列级约束语法和表级约束语法。如果仅对单独的数据列建立 CHECK 约束，则使用列级约束语法即可；如果需要对多列的关系创建 CHECK 约束，或者需要为 CHECK 约束指定名字，则必须使用表级约束语法。

当使用表级约束语法来建立约束时，可以为该约束指定名字。如果在创建 CHECK 约束时没有指定约束名，MySQL 将自动按 "表名_chk_N"（其中 N 代表从 1 开始的整数）的形式为约束分配名字。

采用列级约束语法建立 CHECK 约束直接使用 check 关键字，通过该关键字指定一个 boolean 表达式。SQL 语句如下：

```
create table check_test
(
    emp_id int auto_increment,
    emp_name varchar(255),
    # 使用列级约束语法建立 CHECK 约束
    emp_salary decimal check (emp_salary>0),
    primary key(emp_id)
);
```

上面的语句将为 check_test 表创建 CHECK 约束，它要求 emp_salary 列的值必须大于 0，否则数据无法插入该表。由于在创建该约束时没有指定约束名，因此 MySQL 自动为该约束分配名字为 check_test_chk_1。

当使用表级约束语法创建 CHECK 约束时可显式指定约束名，CHECK 约束同样通过 constraint 关键字来指定名字。例如如下语句：

```
create table check_test1
(
    emp_id int auto_increment,
    emp_name varchar(255),
    emp_salary decimal,
    primary key(emp_id),
    # 使用表级约束语法建立 CHECK 约束
    constraint salary_check check (emp_salary>0)
);
```

当使用表级约束语法创建 CHECK 约束时，若不想指定约束名，则无须使用 constraint 关键字。例如如下语句。

```
create table check_test2
(
    emp_id int auto_increment,
    emp_name varchar(255),
    emp_salary decimal,
    primary key(emp_id),
    # 使用表级约束语法建立 CHECK 约束
    check (emp_salary>0)
);
```

当使用表级约束语法创建 CHECK 约束时，还可指定多列之间的关系。例如如下语句：

```
create table check_test3
(
    item_id int auto_increment primary key,
    item_name varchar(255),
    item_price decimal,
    discount_price decimal,
    # 使用表级约束语法建立 CHECK 约束
    check (item_price >= discount_price)
);
```

上面的粗体字代码指定了 item_price 列的值必须大于或等于 discount_price 列的值。这意味着，如果插入数据的 item_price 列的值小于 discount_price 列的值，则会违反 CHECK 约束，插入失败。

▶▶ 13.2.6　索引

索引是存放在模式（schema）中的一个数据库对象。虽然索引总是从属于数据表，但它也和数据表一样属于数据库对象。创建索引的唯一作用就是加速对表的查询，索引通过使用快速路径访问的方式来快速定位数据，从而减少了磁盘的 I/O。

索引作为数据库对象，在数据字典中独立存放，但不能独立存在，必须从属于某个表。

> **提示：**
> MySQL 使用 information_schema 数据库中的 STATISTICS 表来保存该数据库实例中所有的索引信息，用户可通过查询该表来获取该数据库的索引信息。

创建索引有两种方式。

➢ 自动：当在表上定义主键约束、唯一约束和外键约束时，系统会为该数据列自动创建对应的索引。

➢ 手动：用户可以通过 create index...语句来创建索引。

删除索引也有两种方式。

➢ 自动：当数据表被删除时，该表上的索引会被自动删除。

➢ 手动：用户可以通过 drop index...语句来删除指定数据表上的指定索引。

索引的作用类似于书的目录，几乎没有一本书没有目录，因此几乎没有一个表没有索引。一个表中可以有多个索引列，每个索引都可用于加速该列的查询速度。

正如书的目录总是根据书的知识点来建立一样——因为读者经常要根据知识点来查阅一本书。类似地，通常为经常需要查询的数据列建立索引，可以在一列或者多列上创建索引。创建索引的语法格式如下：

```
create index index_name
on table_name (column[, column]...);
```

下面的索引将会提高对 employees 表基于 last_name 列的查询速度。

```
create index emp_last_name_idx
on employees(last_name);
```

也可以同时对多列建立索引，SQL 语句如下：

```
# 下面的语句为 employees 的 first_name 和 last_name 两列同时建立索引
create index emp_last_name_idx2
on employees(first_name, last_name);
```

在 MySQL 中删除索引时需要指定表名，语法格式如下：

```
drop index 索引名 on 表名
```

如下 SQL 语句删除了 employees 表上的 emp_last_name_idx2 索引：

```
drop index emp_last_name_idx2
on employees
```

在有些数据库中删除索引时无须指定表名，因为它们要求在建立索引时每个索引都要有唯一的名字，所以无须指定表名。例如，Oracle 就采用这种策略。但 MySQL 只要求同一个表内的索引不能同名，所以在删除索引时必须指定表名。

索引的好处是可以加速查询。但索引也有如下两个坏处。

➢ 与书的目录类似，当数据表中的记录被添加、删除、修改时，数据库系统需要维护索引，因此有一定的系统开销。

➢ 存储索引信息需要一定的磁盘空间。

➤➤ 13.2.7　视图

视图看上去非常像一个数据表，但它不是数据表，因为它并不能存储数据。视图只是一个或多个数据表中数据的逻辑显示。使用视图有如下几个好处。

➢ 可以限制对数据的访问。

➢ 可以使复杂的查询变得简单。

➢ 提供了数据的独立性。

➢ 提供了对相同数据的不同显示。

因为视图只是数据表中数据的逻辑显示——也就是一个查询结果，所以创建视图就是建立视图名和查询语句的关联。创建视图的语法格式如下：

```
create or replace view 视图名
as
subquery
```

从上面的语法格式可以看出，创建、修改视图都可使用这种语法。这种语法的含义是，如果该视图不存在，则创建视图；如果指定视图名的视图已经存在，则使用新视图替换原有的视图。后面的 subquery 就是一条查询语句，这个查询可以非常复杂。

　　通过建立视图的语法规则不难看出，所谓视图的本质，其实就是一条被命名的 SQL 查询语句。

一旦建立了视图，使用该视图与使用数据表就没有什么区别了，但通常只是查询视图的数据，不会修改视图的数据，因为视图本身没有存储数据。

如下 SQL 语句就创建了一个简单的视图：

```
create or replace view view_test
as
select teacher_name, teacher_pass from teacher_table;
```

通常不推荐直接修改视图的数据，因为视图并不存储数据，它只是相当于一条命名的查询语句而已。为了强制不允许修改视图的数据，MySQL 允许在创建视图时使用 with check option 子句，使用该子句创建的视图不允许被修改，如下所示。

```
create or replace view view_test
as
select teacher_name from teacher_table
# 指定不允许修改该视图的数据
with check option;
```

　　大部分数据库都使用 with check option 来强制不允许修改视图的数据，但 Oracle 使用 with read only 来强制不允许修改视图的数据。

删除视图的语法格式如下：

```
drop view 视图名
```

如下 SQL 语句删除了前面刚刚创建的视图：

```
drop view view_test;
```

▶▶ 13.2.8　DML 语句

与使用 DDL 语句操作数据库对象不同，DML 语句主要用于操作数据表里的数据，使用 DML 语句可以完成如下三个任务。

- ➢ 插入新数据。
- ➢ 修改已有数据。
- ➢ 删除不需要的数据。

DML 语句由 insert into、update 和 delete from 三条语句组成。

1．insert into 语句

insert into 用于向指定的数据表中插入记录。对于标准的 SQL 语句而言，每次只能插入一条记录。insert into 语句的语法格式如下：

```
insert into table_name [(column [, column...])]
values(value [, value...]);
```

在执行插入操作时，在表名后可以用括号列出所有需要插入值的列名，在 values 后用括号列出对应的需要插入的值。

如果省略了表名后面的括号及括号里的列名列表，默认为所有列都插入值，则需要为每一列都指定一个值。如果既不想在表名后列出列名，又不想为所有列都指定值，则可以为那些无法确定值的列分配null。下面的 SQL 语句示范了如何向数据表中插入记录。

> **注意：**
> 只有在数据库中已经成功创建了数据表之后，才可以向数据表中插入记录。下面的SQL 语句以前面介绍外键约束时所创建的 teacher_table2 表和 student_table2 表为例来介绍数据插入操作。

在表名后使用括号列出所有需要插入值的列名：

```
insert into teacher_table2(teacher_name)
values('xyz');
```

如果不想在表名后用括号列出所有的列名，则需要为所有的列指定值；如果某列的值不能确定，则为该列分配一个 null。

```
insert into teacher_table2
# 使用 null 代替主键列的值
values(null, 'abc');
```

通过执行两条插入语句后，可以看到 teacher_table2表中的数据如图 13.9 所示。

从图 13.9 中看到 abc 记录的主键列的值是 2，而不是通过 SQL 语句插入的 null，因为该主键列是自增长的，系统会自动为该列分配。

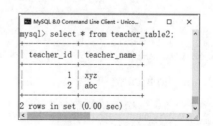

图 13.9　插入两条记录

根据前面介绍的外键约束规则：外键列的值必须是被参照列中已有的值，所以在向从表中插入记录之前，通常应该先向主表中插入记录，否则从表记录的外键列只能为 null。现在主表 teacher_table2 中已经有了两条记录，可以向从表 student_table2 中插入记录了，SQL 语句如下：

```
insert into student_table2
# 当向外键列中插入值时，外键列的值必须是被参照列中已有的值
values(null, '张三', 2);
```

> **注意：**
>
> 外键约束保证被参照的记录必须存在，但并不保证必须有外键值，即外键列可以为 null。如果想保证每条从表记录必须存在对应的主表记录，则应使用非空约束和外键约束两个约束。

在一些特殊的情况下，可以使用带子查询的插入语句，带子查询的插入语句可以一次插入多条记录。SQL 语句如下：

```
insert into student_table2(student_name)
# 使用子查询的值来插入
select teacher_name from teacher_table2;
```

正如上面的 SQL 语句所示，带子查询的插入语句甚至不要求查询数据的源表和插入数据的目的表是同一个表，它只要求选择出来的数据列和插入目的表的数据列个数相等、数据类型匹配即可。

MySQL 甚至提供了一种扩展的语法，通过这种扩展的语法也可以一次插入多条记录。MySQL 允许在 values 后使用多个括号包含多条记录，多个括号之间以英文逗号（,）隔开。SQL 语句如下：

```
insert into teacher_table2
# 同时插入多个值
values(null, "Yeeku"),
(null, "Sharfly");
```

2. update 语句

update 语句用于修改数据表的记录，每次可以修改多条记录，通过使用 where 子句限定修改哪些记录。where 子句是一个条件表达式，该条件表达式类似于 Java 语言的 if，只有符合该条件的记录才会被修改。没有 where 子句则意味着 where 表达式的值总是 true，即该表的所有记录都会被修改。update 语句的语法格式如下：

```
update table_name
set column1= value1[, column2 = value2] …
[WHERE condition];
```

使用 update 语句不仅可以一次修改多条记录，而且可以一次修改多列。修改多列是通过在 set 关键字后使用 column1=value1,column2=value2…来实现的，修改多列的值之间以英文逗号（,）隔开。

下面的 SQL 语句将会把 teacher_table2 表中所有记录的 teacher_name 列的值都改为'孙悟空'。

```
update teacher_table2
set teacher_name = '孙悟空';
```

也可以通过添加 where 条件来指定只修改特定记录，SQL 语句如下：

```
# 只修改 teacher_id 大于 1 的记录
update teacher_table2
set teacher_name = '猪八戒'
where teacher_id > 1;
```

3. delete from 语句

delete from 语句用于删除指定数据表的记录。在使用 delete from 语句删除时不需要指定列名，因为总是整行地删除。

使用 delete from 语句可以一次删除多行，删除哪些行由 where 子句限定：只删除满足 where 条件的记录。没有 where 子句限定将会把表里的全部记录删除。

delete from 语句的语法格式如下：

```
delete from table_name
```

```
[WHERE condition];
```

如下 SQL 语句将会把 student_table2 表中的记录全部删除：

```
delete from student_table2;
```

也可以使用 where 条件来限定只删除指定的记录，SQL 语句如下：

```
delete from teacher_table2
where teacher_id > 2;
```

> ❋·**注意**·❋
> 　　当主表的记录被从表的记录参照时，主表的记录不能被删除，只有先将从表中参照主表记录的所有记录全部删除后，才可删除主表的记录。还有两种情况，在定义外键约束时，定义了主表记录和从表记录之间的级联删除 on delete cascade，或者使用 on delete set null 来指定当主表的记录被删除时，从表中参照该记录的记录把外键列的值设为 null。

▶▶ 13.2.9　单表查询

select 语句的功能就是查询数据。select 语句也是 SQL 语句中功能最丰富的语句，select 语句不仅可以执行单表查询，而且可以执行多表连接查询，还可以进行子查询。select 语句用于从一个或多个数据表中选出特定行、特定列的交集。select 语句最简单的功能是选择特定行、特定列，如图 13.10 所示。

单表查询的 select 语句的语法格式如下：

```
select column1, column2 ...
from 数据源
[where condition]
```

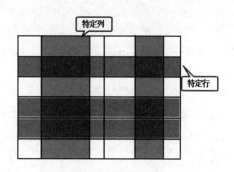

图 13.10　使用 select 语句选择特定行、特定列的示意图

上面语法格式中的数据源可以是表、视图等。从上面的语法格式中可以看出，select 后的列表用于确定选择哪些列，where 条件用于确定选择哪些行，只有满足 where 条件的记录才会被选择出来；如果没有 where 条件，则默认选出所有行。如果想选择出所有列，则可使用星号（*）代表所有列。

下面的 SQL 语句将会选择出 teacher_table 表中所有行、所有列的数据。

```
select *
from teacher_table;
```

> 🐸 **提示：**
> 　　为了能看到查询的效果，必须准备数据表，并向数据表中插入一些数据。因此，在运行本节的 select 语句之前，请先导入 codes\13\13.2\select_data.sql 文件中的 SQL 语句。

如果增加 where 条件，则只选择出符合 where 条件的记录。如下 SQL 语句将选择出 student_table 表中 java_teacher 大于 3 的记录的 student_name 列的值。

```
select student_name
from student_table
where java_teacher > 3;
```

当使用 select 语句进行查询时，还可以在 select 语句中使用算术运算符（+、-、*、/），从而形成算术表达式。使用算术表达式的规则如下：

➤ 对数值型数据列、变量、常量可以使用算术运算符（+、-、*、/）创建表达式。

➤ 对日期型数据列、变量、常量可以使用部分算术运算符（+、-）创建表达式，两个日期之间可以进行减法运算，日期和数值之间可以进行加法和减法运算。

➤ 使用运算符不仅可以在列和常量、变量之间进行运算，也可以在两列之间进行运算。

提示：　　不论从哪个角度来看，数据列都很像一个变量，只是这个变量的值具有指定的范围——当逐行计算表中的每条记录时，数据列的值依次变化。因此，能使用变量的地方，基本上都可以使用数据列。

下面的 select 语句中使用了算术运算符。

```
# 数据列实际上可被当成一个变量
select teacher_id + 5
from teacher_table;
# 查询出 teacher_table 表中 teacher_id * 3 大于 4 的记录
select *
from teacher_table
where teacher_id * 3 > 4;
```

需要指出的是，select 后的不仅可以是数据列，也可以是表达式，还可以是变量、常量等。例如，如下语句也是正确的。

```
# 在 select 后直接使用表达式或常量
select 3 * 5, 20
from teacher_table;
```

SQL 语句中算术运算符的优先级与 Java 语言中算术运算符的优先级完全相同，乘法和除法的优先级高于加法和减法，同级运算的顺序是从左到右的，在表达式中使用括号可强行改变运算符的优先级。

MySQL 中没有提供字符串连接运算符，即无法使用加号（+）将字符串常量、字符串变量或字符串列连接起来。MySQL 使用 concat 函数来进行字符串连接运算。SQL 语句如下：

```
# 选择出 teacher_name 和'xx'字符串连接后的结果
select concat(teacher_name, 'xx')
from teacher_table;
```

对于 MySQL 而言，如果在算术表达式中使用 null，则会导致整个算术表达式的返回值为 null；如果在字符串连接运算中出现 null，则会导致连接后的结果也是 null。如下 SQL 语句将会返回 null。

```
select concat(teacher_name, null)
from teacher_table;
```

提示：　　对于某些数据库而言，如果让字符串和 null 进行连接运算，则会把 null 当成空字符串处理。

如果不希望直接使用列名作为列标题，则可以为列（或表达式）起一个别名。在为列（或表达式）起别名时，别名紧跟数据列，中间以空格隔开，或者使用 as 关键字隔开。SQL 语句如下：

```
select teacher_id + 5 as MY_ID
from teacher_table;
```

执行上面 SQL 语句的结果如图 13.11 所示。

从图 13.11 中可以看出，为列起别名，可以改变列的标题头，用于表示计算结果的具体含义。如果需要在列别名中使用特殊字符（例如空格），或者需要强制列别名大小写敏感，则可以通过为别名添加双引号来实现。SQL 语句如下：

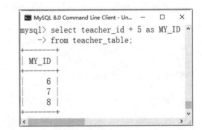

图 13.11　为列起别名

```
# 可以为选出的列起别名，别名中包含单引号字符，所以将别名用双引
号引起来
select teacher_id + 5  "MY'id"
from teacher_table;
```

如果需要选择多列，并为多列起别名，则列与列之间以逗号隔开，但列和列别名之间以空格隔开。SQL 语句如下：

```
select teacher_id + 5 MY_ID, teacher_name 老师名
from teacher_table;
```

不仅可以为列（或表达式）起别名，也可以为表起别名，为表起别名的语法和为列（或表达式）起别名的语法完全一样。SQL 语句如下：

```
select teacher_id + 5 MY_ID, teacher_name 老师名
# 为 teacher_table 表起别名 t
from teacher_table t;
```

前面提到，列可以被当成变量处理，所以使用运算符也可以在多列之间进行运算。SQL 语句如下：

```
select teacher_id + 5 MY_ID, concat(teacher_name, teacher_id) teacher_name
from teacher_table
where teacher_id * 2 > 3;
```

甚至可以在 select、where 子句中不出现列名。SQL 语句如下：

```
select 5 + 4
from teacher_table
where 2 < 9;
```

这种情况比较特殊：where 子句后的条件表达式总是 true，所以会把 teacher_table 表中所有的记录都选择出来；而 select 语句没有选择任何列，仅仅选择了一个常量，所以 select 语句会把该常量当成一列，teacher_table 表中有多少条记录，该常量就出现多少次。执行上面的 SQL 语句，结果如图 13.12 所示。

图 13.12　选择常量的结果

对于选择常量的情形，指定数据表可能没有太大的意义，所以 MySQL 提供了一种扩展语法，允许在 select 语句后没有 from 子句，即可写成如下形式：

```
select 5 + 4;
```

上面这种语句并不是标准 SQL 语句。例如，Oracle 就提供了一个名为 dual 的虚表（目前 MySQL 数据库也支持 dual 虚表），它没有任何意义，仅仅相当于 from 后的占位符。如果选择常量，则可使用如下语句：

```
select 5+4 from dual;
```

select 语句默认会把所有符合条件的记录全部选择出来，即使两行记录完全一样也是如此。如果想去除重复行，则可以使用 distinct 关键字从查询结果中去除重复行。比较下面两条 SQL 语句的执行结果：

```
# 选出所有记录，包括重复行
select student_name,java_teacher
from student_table;

# 去除重复行
select distinct student_name,java_teacher
from student_table;
```

> **注意**
>
> 在使用 distinct 去除重复行时，distinct 紧跟 select 关键字，它的作用是去除后面列组合的重复值，而不管对应的记录在数据表中是否重复。例如，(1, 'a', 'b')和(2, 'a', 'b')两条记录在数据表中是不重复的，但如果仅选择后面两列，则 distinct 会认为这两条记录重复。

前面已经介绍了 where 子句的作用——可以控制只选择指定的行。因为 where 子句中包含的是一个条件表达式，所以可以使用>、>=、<、<=、=和<>等基本的比较运算符。使用 SQL 中的比较运算符不仅可以比较数值之间的大小，也可以比较字符串、日期之间的大小。

此外，SQL 还支持如表 13.3 所示的特殊的比较运算符。

表 13.3　特殊的比较运算符

运 算 符	含 义
expr1 between expr2 and expr3	要求 expr1 >= expr2 且 expr1 <= expr3
expr1 in (expr2, expr3, expr4, ...)	要求 expr1 等于后面括号里任意一个表达式的值
like	字符串匹配，like 后的字符串支持通配符
is null	要求指定的值等于 null

下面的 SQL 语句选出 student_id 大于或等于 2 且小于或等于 4 的所有记录。

```
select * from student_table
where student_id between 2 and 4;
```

使用 between val1 and val2 必须保证 val1 小于 val2，否则将选不出任何记录。此外，between val1 and val2 中的两个值不仅可以是常量，也可以是变量，或者是列名也行。如下 SQL 语句选出 java_teacher 小于或等于 2，且 student_id 大于或等于 2 的所有记录。

```
select * from student_table
where 2 between java_teacher and student_id;
```

当使用 in 比较运算符时，必须在 in 后的括号里列出一个或多个值，它要求指定列的值必须与 in 括号里的任意一个值相等。SQL 语句如下：

```
# 选出 student_id 为 2 或 4 的所有记录
select * from student_table
where student_id in(2, 4);
```

与之类似的是，in 括号里的值既可以是常量，也可以是变量或者列名。SQL 语句如下：

```
# 选出 student_id、java_teacher 列的值为 2 的所有记录
select * from student_table
where 2 in(student_id, java_teacher);
```

like 运算符主要用于进行模糊查询。例如，若要查询姓名以“张”开头的所有记录，则需要用到模糊查询，在模糊查询中需要使用 like 关键字。在 SQL 语句中可以使用两个通配符：下画线（_）和百分号（%），其中下画线可以代表任意一个字符，百分号可以代表任意多个字符。如下 SQL 语句将查询出所有学生中姓名以“张”开头的学生。

```
select * from student_table
where student_name like '张%';
```

下面的 SQL 语句将查询出姓名为两个字符的学生。

```
select * from student_table
# 下面使用两个下画线代表两个字符
where student_name like '__';
```

在某些特殊的情况下，在查询条件中需要使用下画线或百分号，不希望 SQL 把下画线和百分号当成通配符使用，这就需要使用转义字符，MySQL 使用反斜线（\）作为转义字符。SQL 语句如下：

```
# 选出所有姓名以下画线开头的学生
select * from student_table
where student_name like '\_%';
```

标准的 SQL 语句并没有提供反斜线（\）转义字符，而是使用 escape 关键字显式进行转义。例如，

为了实现上面的功能，需要使用如下 SQL 语句：

```
#在标准的 SQL 语句中选出所有姓名以下画线开头的学生
select * from student_table
where student_name like '/_%' escape '/';
```

is null 用于判断某些值是否为空。判断某些值是否为空不要使用=null，因为在 SQL 中 null=null 返回 null。如下 SQL 语句将选出 student_table 表中 student_name 为 null 的所有记录。

```
select * from student_table
where student_name is null;
```

当 where 子句后有多个条件需要组合时，SQL 提供了 and 和 or 逻辑运算符来组合多个条件，并提供了 not 对逻辑表达式求否。如下 SQL 语句将选出学生姓名为两个字符，且 student_id 大于 3 的所有记录。

```
select * from student_table
# 使用 and 组合多个条件
where student_name like '__' and student_id > 3;
```

下面的 SQL 语句将选出 student_table 表中姓名不以下画线开头的所有记录。

```
select * from student_table
# 使用 not 对 where 条件取否
where not student_name like '\_%';
```

当使用比较运算符、逻辑运算符来连接表达式时，必须注意这些运算符的优先级。SQL 中比较运算符、逻辑运算符的优先级如表 13.4 所示。

表 13.4　SQL 中比较运算符、逻辑运算符的优先级

运 算 符	优先级（优先级小的优先）
所有的比较运算符	1
not	2
and	3
or	4

如果 SQL 语句需要改变优先级的默认顺序，则可以使用括号，括号的优先级比所有运算符的优先级都高。如下 SQL 语句使用括号来改变逻辑运算符的优先级。

```
select * from student_table
# 使用括号强制先进行 or 运算
where (student_id > 3 or student_name > '张')
    and java_teacher > 1;
```

如果要对查询结果进行分页，则可使用 limit 和 offset 关键字，其中 limit 指定只返回几条记录，offset 指定跳过多少条记录。比如每页显示 8 条记录，要查询第 3 页的记录，则可指定 limit 为 8、offset 为 16（跳过前 2 页，一共 16 条记录）。

假如查询 student_table 表，每页显示 2 条记录，要查询第 3 页的记录，可用如下语句：

```
select * from student_table limit 2 offset 4;
```

此外，MySQL 还支持一种非规范的 limit 用法，比如上面的语句也可简单写成如下形式：

```
select * from student_table limit 4, 2;
```

对比上面两条分页语句，不难发现，MySQL 早期只要一个 limit 关键字即可实现分页，其中 limit 后的第 1 个数字代表跳过多少条记录，第 2 个数字代表只返回几条记录。

标准 SQL 语句的 limit...offset 则具有更好的可读性：limit 指定只返回几条记录，offset 指定跳过多少条记录。出于可读性和标准的考虑，推荐使用 limit...offset 来执行分页查询。

执行查询后的查询结果默认按数据插入顺序排列；如果需要查询结果按某列值的大小进行排序，则可以使用 order by 子句。order by 子句的语法格式如下：

```
order by column_name1 [desc], column_name2 ...
```

在进行排序时默认按升序排列；如果强制按降序排列，则需要在列名后使用 desc 关键字（与之对应的是 asc 关键字，用不用该关键字的效果完全一样，因为默认是按升序排列的）。

在上面的语法格式中设定排序列时可采用列名、列序号和列别名。如下 SQL 语句选出 student_table 表中所有的记录，选出后按 java_teacher 列的升序排列。

```
select * from student_table
order by java_teacher;
```

如果需要按多列排序，则每列的 asc、desc 必须单独设定。如果指定了多个排序列，则第一个排序列是首要排序列，只有当第一个排序列中存在多个相同的值时，第二个排序列才会起作用。如下 SQL 语句先按 java_teacher 列的降序排列，当 java_teacher 列的值相同时再按 student_name 列的升序排列。

```
select * from student_table
order by java_teacher desc, student_name;
```

▶▶ 13.2.10　数据库函数

正如从前面所看到的连接字符串使用 concat 函数，每个数据库都会在标准 SQL 语句的基础上扩展一些函数，这些函数用于进行数据处理或复杂计算——通过它们对一组数据进行计算，得到最终需要的输出结果。函数一般都会有一个或者多个输入，这些输入被称为函数的参数，函数内部会对这些参数进行判断和计算，最终只有一个值作为返回值。函数可以出现在 SQL 语句的各个位置，比较常见的位置是 select 之后和 where 子句中。

根据函数对多行数据的处理方式不同，将函数分为单行函数和多行函数，其中单行函数对每行输入值进行单独计算，每行得到一个计算结果返回给用户；多行函数对多行输入值进行整体计算，最后只会得到一个结果。单行函数和多行函数的示意图如图 13.13 所示。

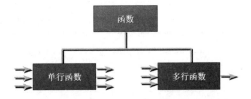

图 13.13　单行函数和多行函数的示意图

SQL 中的函数和 Java 语言中的方法有点相似，但 SQL 中的函数是独立的程序单元，也就是说，在调用函数时无须使用任何类、对象作为调用者，而是直接执行函数。执行函数的语法格式如下：

```
function_name(arg1, arg2 ...)
```

多行函数也被称为聚集函数、分组函数，主要用于完成一些统计功能，其在大部分数据库中基本相同。但不同数据库中的单行函数差别非常大，MySQL 中的单行函数具有如下特征。

➢ 单行函数的参数可以是变量、常量或数据列。单行函数可以接收多个参数，但只返回一个值。
➢ 单行函数会对每行单独起作用，每行（可能包含多个参数）返回一个结果。
➢ 使用单行函数可以改变参数的数据类型。单行函数支持嵌套使用，即内层函数的返回值是外层函数的参数。

MySQL 的单行函数分类如图 13.14 所示。

MySQL 数据库中的数据类型大致分为数值型、字符型和日期时间型，所以 MySQL 分别提供了对应的函数。转换函数主要负责完成类型转换。其他函数又大致分为如下几类。

➢ 位函数
➢ 流程控制函数
➢ 加密解密函数
➢ 信息函数

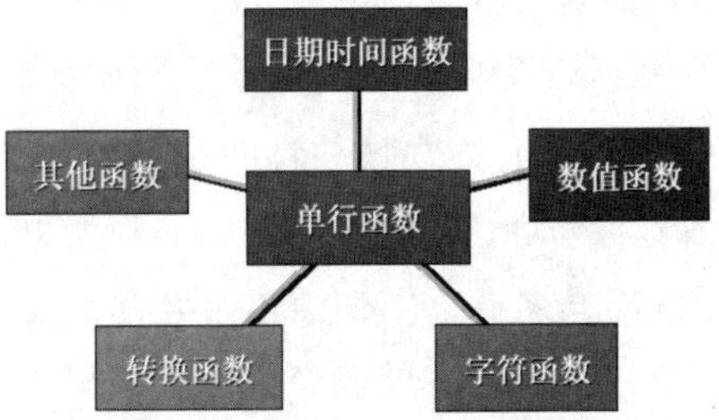

图 13.14　MySQL 的单行函数分类

每个数据库都包含了大量的单行函数，这些函数的用法也存在一些差异，但有一点是相同的——每个数据库都会为一些常用的计算功能提供相应的函数，这些函数的函数名可能不同，用法可能有差异，但所有数据库提供的函数库所能完成的功能大致相似，读者可以参考各数据库系统的参考文档来学习这些函数的用法。下面通过一些例子来介绍 MySQL 的单行函数的用法。

```
# 计算 teacher_table 表中 teacher_name 列的字符长度
select char_length(teacher_name)
from teacher_table;
# 计算 teacher_name 列的字符长度的 sin 值
select sin(char_length(teacher_name))
from teacher_table;
# 计算 1.57 的 sin 值，约等于 1
select sin(1.57);
# 为指定日期添加一定的时间
# 在这种用法下，interval 是关键字，需要一个数值，还需要一个单位
SELECT DATE_ADD('1998-01-02', interval 2 MONTH);
# 这种用法更简单
select ADDDATE('1998-01-02', 3);
# 获取当前日期
select CURDATE();
# 获取当前时间
select curtime();
# 下面的 MD5 是 MD5 加密函数
select MD5('testing');
```

MySQL 提供了如下几个处理 null 的函数。

➢ ifnull(expr1, expr2)：如果 expr1 为 null，则返回 expr2，否则返回 expr1。

➢ nullif(expr1, expr2)：如果 expr1 和 expr2 相等，则返回 null，否则返回 expr1。

➢ if(expr1, expr2, expr3)：有点类似于?:三目运算符，如果 expr1 为 true，不等于 0，且不等于 null，则返回 expr2，否则返回 expr3。

➢ isnull(expr1)：判断 expr1 是否为 null，如果为 null，则返回 true，否则返回 false。

```
# 如果 student_name 列为 null，则返回'没有名字'
select ifnull(student_name, '没有名字')
from student_table;
# 如果 student_name 列等于'张三'，则返回 null
select nullif(student_name, '张三')
from student_table;
# 如果 student_name 列为 null，则返回'没有名字'，否则返回'有名字'
select if(isnull(student_name), '没有名字', '有名字')
from student_table;
```

MySQL 还提供了一个 case 函数，该函数是一个流程控制函数。case 函数有两种用法，其中第一种用法的语法格式如下：

```
case value
when compare_value1 then result1
when compare_value2 then result2
...
else result
end
```

case 函数将 value 和后面的 compare_value1、compare_value2、…依次进行比较，如果 value 和指定的 compare_value1 相等，则返回对应的 result1，否则返回 else 后的 result。例如如下 SQL 语句：

```
# 如果 java_teacher 为 1，则返回'Java 老师'，为 2 返回'Ruby 老师'，否则返回'其他老师'
select student_name, case java_teacher
when 1 then 'Java 老师'
when 2 then 'Ruby 老师'
else '其他老师'
end
from student_table;
```

第二种用法的语法格式如下：

```
case
when condition1 then result1
when condition2 then result2
...
else result
end
```

在第二种用法中，condition1、condition2、…都是返回 boolean 值的条件表达式，因此这种用法更加灵活。例如如下 SQL 语句：

```
# student_id 小于或等于 3 的为初级班，student_id 为 3~6 的为中级班，其他的为高级班
select student_name, case
when student_id <= 3 then '初级班'
when student_id <= 6 then '中级班'
else '高级班'
end
from student_table;
```

虽然此处介绍了 MySQL 的一些常用函数的简单用法，但通常不推荐在 Java 程序中使用特定数据库的函数，因为这将导致程序代码与特定数据库耦合；如果要把该程序移植到其他数据库系统上，则可能需要打开源程序，修改 SQL 语句。

➤➤ 13.2.11 分组和组函数

组函数也就是前面提到的多行函数，组函数将一组记录作为整体计算，每组记录返回一个结果，而不是每条记录返回一个结果。常用的组函数有如下 5 个。

- ➢ avg([distinct|all]expr)：计算多行 expr 的平均值，expr 可以是变量、常量或数据列，但其数据类型必须是数值型。还可以在变量、列前使用 distinct 或 all 关键字，如果使用 distinct，则表明不计算重复值；而使用和不使用 all 的效果完全一样，表明需要计算重复值。
- ➢ count({*|[distinct|all]expr})：计算多行 expr 的总条数，expr 可以是变量、常量或数据列，其数据类型可以是任意类型。星号（*）表示统计该表内的记录行数；distinct 表示不计算重复值。
- ➢ max(expr)：计算多行 expr 的最大值，expr 可以是变量、常量或数据列，其数据类型可以是任意类型。
- ➢ min(expr)：计算多行 expr 的最小值，expr 可以是变量、常量或数据列，其数据类型可以是任意类型。
- ➢ sum([distinct|all]expr)：计算多行 expr 的总和，expr 可以是变量、常量或数据列，但其数据类型必须是数值型。distinct 表示不计算重复值。

```
# 计算 student_table 表中的记录行数
select count(*)
from student_table;
# 计算 java_teacher 列总共有多少个值
select count(distinct java_teacher)
from student_table;
# 统计所有 student_id 的总和
select sum(student_id)
from student_table;
# 计算的结果是 20 乘以记录的行数
select sum(20)
from student_table;
# 计算 student_table 表中 student_id 最大的值
select max(student_id)
from student_table;
# 计算 teacher_table 表中 teacher_id 最小的值
select min(teacher_id)
from teacher_table;
# 因为 sum 中的 expr 是常量 34，所以每行的值都相同
# 使用 distinct 强制不计算重复值，所以下面的计算结果为 34
select sum(distinct 34)
from student_table;
```

```
# 当使用 count 统计记录行数时，null 不会被计算在内
select count(student_name)
from student_table;
```

对于可能出现 null 的列，可以使用 ifnull 函数来处理该列。

```
# 计算 java_teacher 列所有记录的平均值
select avg(ifnull(java_teacher, 0))
from student_table;
```

值得指出的是，distinct 和*不同时使用，如下 SQL 语句有错误。

```
select count(distinct *)
from student_table;
```

在默认情况下，组函数会把所有记录当成一组。为了对记录进行显式分组，可以在 select 语句后使用 group by 子句，group by 子句后通常跟一个或多个列名，表明查询结果根据一列或多列进行分组——当一列或多列组合的值完全相同时，系统会把这些记录当成一组。SQL 语句如下：

```
# count(*)将会对每组进行计算，得到一个结果
select count(*)
from student_table
# 将 java_teacher 列值相同的记录当成一组
group by java_teacher;
```

如果对多列进行分组，则要求只有当多列的值完全相同时才会被当成一组。SQL 语句如下：

```
select count(*)
from student_table
# 当 java_teacher、student_name 两列的值完全相同时才会被当成一组
group by java_teacher, student_name;
```

对于很多数据库而言，在进行分组计算时有严格的规则——如果在查询列表中使用了组函数，或者在 select 语句中使用了 group by 子句，则要求出现在 select 列表中的数据列，要么使用组函数包起来，要么必须出现在 group by 子句中。这条规则很容易理解，因为一旦使用了组函数，或者使用了 group by 子句，都将导致多条记录只有一条输出，系统无法确定输出多条记录中的哪一条记录。

对于 MySQL 来说，并没有上面的规则要求，如果某个数据列既没有出现在 group by 之后，也没有使用组函数包起来，则 MySQL 会输出该列的第一条记录的值。图 13.15 显示了 MySQL 的处理结果。

如果需要对组进行过滤，则应该使用 having 子句。在 having 子句的后面也是一个条件表达式，只有满足该条件表达式的组才会被选出来。having 子句和 where 子句非常容易混淆，它们都有过滤功能，但它们有如下区别。

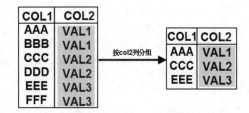

图 13.15　MySQL 对不在 group by 子句、
组函数中的列的处理结果

➢ 不能在 where 子句中过滤组，where 子句仅用于过滤行。过滤组必须使用 having 子句。

➢ 不能在 where 子句中使用组函数，在 having 子句中才可使用组函数。

SQL 语句如下：

```
select *
from student_table
group by java_teacher
# 对组进行过滤
having count(*) > 2;
```

▶▶ 13.2.12　多表连接查询

很多时候，需要选择的数据并不是来自一个表，而是来自多个表，这就需要使用多表连接查询。例

如，对于上面的 student_table 和 teacher_table 两个数据表，如果希望查询出所有学生以及他们的老师姓名，则需要从两个表中取数据。

多表连接查询主要有两种规范，较早的 SQL 92 规范支持如下几种多表连接查询。

> 等值连接。
> 非等值连接。
> 外连接。
> 广义笛卡儿积。

SQL 99 规范提供了可读性更好的多表连接语法，并提供了更多类型的连接查询。SQL 99 规范支持如下几种多表连接查询。

> 交叉连接。
> 自然连接。
> using 子句连接。
> on 子句连接。
> 左外连接、右外连接、全外连接。

1. SQL 92 中的连接查询

SQL 92 的多表连接语法比较简洁，这种语法把多个数据表都放在 from 之后，多个数据表之间以逗号隔开；连接条件被放在 where 之后，与查询条件之间用 and 逻辑运算符连接。如果连接条件要求两列的值相等，则称为等值连接，否则称为非等值连接；如果没有任何连接条件，则称为广义笛卡儿积。SQL 92 中多表连接查询的语法格式如下：

```
select column1, column2 ...
from table1, table2 ...
[where join_condition]
```

在多表连接查询中可能出现两个或多个数据列具有相同的列名的情况，这时需要在这些同名的列之间使用表名前缀或表别名前缀进行限制，避免系统混淆。

实际上，所有的列都可以增加表名前缀或表别名前缀。只是在进行单表查询时，绝不可能出现同名的列，系统不可能混淆，因此通常省略表名前缀。

如下 SQL 语句查询出所有学生的资料以及对应的老师的姓名。

```
select s.*, teacher_name
# 指定多个数据表，并指定表别名
from student_table s, teacher_table t
# 使用 where 指定连接条件
where s.java_teacher = t.teacher_id;
```

执行上面的查询语句，将看到如图 13.16 所示的结果。

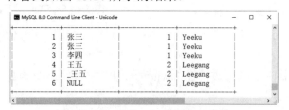

图 13.16　等值连接查询的结果

上面的查询结果正好满足要求，可以看到每个学生及其对应的老师的姓名。实际上，多表连接查询的过程可被理解成一个嵌套循环，这个嵌套循环的伪码如下：

```
// 遍历 student_table 表中的每条记录
for s in student_table
{
    // 依次遍历 teacher_table 表中的每条记录
    for t in teacher_table
```

```
    {
        // 当满足连接条件时，输出两个表连接后的结果
        if (s.java_teacher = t.teacher_id)
            output s + t
    }
}
```

在理解了上面的伪码之后，接下来即可很轻易地理解多表连接查询的运行机制。如果求广义笛卡儿积，则 where 子句后没有任何连接条件，相当于没有上面的 if 语句，广义笛卡儿积的结果会有 $n×m$ 条记录。只要把 where 子句后的连接条件去掉，就可以得到广义笛卡儿积。SQL 语句如下：

```
# 不使用连接条件，得到广义笛卡儿积
select s.*, teacher_name
# 指定多个数据表，并指定表别名
from student_table s, teacher_table t;
```

与此类似的是，非等值连接查询的结果可以使用上面的嵌套循环来计算。SQL 语句如下：

```
select s.*, teacher_name
# 指定多个数据表，并指定表别名
from student_table s, teacher_table t
# 使用 where 指定连接条件，非等值连接
where s.java_teacher > t.teacher_id;
```

上面 SQL 语句的执行结果相当于将 if 条件换成了 s.java_teacher > t.teacher_id。

如果还需要对记录进行过滤，则将过滤条件和连接条件使用 and 连接起来。SQL 语句如下：

```
select s.*, teacher_name
# 指定多个数据表，并指定表别名
from student_table s, teacher_table t
# 使用 where 指定连接条件，并指定 student_name 列不能为 null
where s.java_teacher = t.teacher_id and student_name is not null;
```

虽然 MySQL 不支持 SQL 92 中的左外连接、右外连接，但读者还是有必要了解一下它们。SQL 92 中的外连接就是在连接条件的列名后增加用括号括起来的外连接符（+或*，不同的数据库有一定的区别），当外连接符出现在左边时称为左外连接，当外连接符出现在右边时称为右外连接。SQL 语句如下：

```
select s.*, teacher_name
from student_table s, teacher_table t
# 右外连接
where s.java_teacher = t.teacher_id(+);
```

外连接就是在外连接符所在的表中增加一个"万能行"，这行记录的所有数据都是 null，而且该行可以与另一个表中所有不满足条件的记录进行匹配，通过这种方式就可以把另一个表中的所有记录选出来，而不管这些记录是否满足连接条件。

此外，还有一种自连接，正如前面介绍外键约束时提到的自关联，如果同一个表中的不同记录之间存在主键约束、外键约束关联，例如，把员工、经理保存在同一个表中，则需要使用自连接查询。

 **注意：**

　　自连接只是连接的一种用法，并不是一种连接类型，不管是 SQL 92 还是 SQL 99 都可以使用自连接查询。自连接的本质就是把一个表当成两个表来用。

下面的 SQL 语句建立了一个自关联的数据表，并向表中插入了 4 条数据。

```
create table emp_table
(
    emp_id int auto_increment primary key,
    emp_name varchar(255),
    manager_id int,
    foreign key(manager_id) references emp_table(emp_id)
);
insert into emp_table
values(null, '唐僧', null),
```

```
(null, '孙悟空', 1),
(null, '猪八戒', 1),
(null, '沙僧', 1);
```

如果需要查询该数据表中所有的员工名，以及每个员工对应的经理名，则必须使用自连接查询。所谓自连接就是把一个表当成两个表来用，这就需要为一个表起两个别名，而且在查询中用的所有数据列都要加表别名前缀，因为两个表的数据列完全一样。下面的自连接查询可以查询出所有的员工名，以及每个员工对应的经理名。

```
select emp.emp_id, emp.emp_name 员工名, mgr.emp_name 经理名
from emp_table emp, emp_table mgr
where emp.manager_id = mgr.emp_id;
```

2. SQL 99 中的连接查询

SQL 99 中连接查询的原理与 SQL 92 中连接查询的原理基本相似，不同的是，SQL 99 中连接查询的可读性更强——查询用的多个数据表显式使用 xxx join 连接，而不是直接依次排列在 from 之后，在 from 后只需要放一个数据表；连接条件不再放在 where 之后，而是提供了专门的连接条件子句。

> 交叉连接（cross join）：交叉连接的效果就是 SQL 92 中的广义笛卡儿积，所以交叉连接不需要任何连接条件。SQL 语句如下：

```
select s.*, teacher_name
# SQL 99 中多表连接查询的 from 后只有一个表名
from student_table s
# 交叉连接，相当于广义笛卡儿积
cross join teacher_table t;
```

> 自然连接（natural join）：表面上看，自然连接也无须指定连接条件，但自然连接是有连接条件的，自然连接会以两个表中同名的列作为连接条件；如果两个表中没有同名的列，则自然连接的效果与交叉连接完全一样——因为没有连接条件。SQL 语句如下：

```
select s.*, teacher_name
# SQL 99 中多表连接查询的 from 后只有一个表名
from student_table s
# 自然连接，使用两个表中同名的列作为连接条件
natural join teacher_table t;
```

> using 子句连接：using 子句可以指定一列或多列，用于显式指定两个表中同名的列作为连接条件。假设两个表中有超过一列的同名的列，如果使用 natural join，则会把所有同名的列都当成连接条件；如果使用 using 子句，那么就可以显式指定使用哪些同名的列作为连接条件。SQL 语句如下：

```
select s.*, teacher_name
# SQL 99 中多表连接查询的 from 后只有一个表名
from student_table s
# 用 join 连接另一个表
join teacher_table t
using(teacher_id);
```

运行上面的语句，将出现一个错误，因为 student_table 表中并不存在名为 teacher_id 的列。也就是说，如果使用 using 子句来指定连接条件，则两个表中必须有同名的列，否则就会出现错误。

> on 子句连接：这是最常用的连接方式，SQL 99 语法的连接条件在 on 子句中指定，而且每个 on 子句只指定一个连接条件。这意味着：如果需要进行 N 表连接，则需要有 N-1 个 join...on 对。SQL 语句如下：

```
select s.*, teacher_name
# SQL 99 中多表连接查询的 from 后只有一个表名
from student_table s
# 用 join 连接另一个表
join teacher_table t
# 使用 on 来指定连接条件
```

```
on s.java_teacher = t.teacher_id;
```

使用 on 子句的连接完全可以代替 SQL 92 中的等值连接、非等值连接，因为 on 子句的连接条件除等值连接条件之外，也可以是非等值连接条件。如下 SQL 语句就示范了 SQL 99 中的非等值连接。

```
select s.*, teacher_name
# SQL 99 中多表连接查询的 from 后只有一个表名
from student_table s
# 用 join 连接另一个表
join teacher_table t
# 使用 on 来指定连接条件：非等值连接
on s.java_teacher > t.teacher_id;
```

➢ 左外连接、右外连接、全外连接：这三种外连接分别使用 left [outer] join、right [outer] join 和 full [outer] join 来表示。这三种外连接的连接条件一样通过 on 子句来指定，既可以是等值连接条件，也可以是非等值连接条件。

注意：

外连接只需要使用 left、right、full 等关键字，这意味着 outer 关键字是可省略的。相反，如果直接使用 join 关键字来指定连接，那么它相当于 inner join，这就表明是内连接，内连接的 inner 关键字也是可省略的。

下面使用右外连接，连接条件是非等值连接。

```
select s.*, teacher_name
# SQL 99 中多表连接查询的 from 后只有一个表名
from student_table s
# 用 right join 右外连接另一个表
right join teacher_table t
# 使用 on 来指定连接条件，使用非等值连接
on s.java_teacher < t.teacher_id;
```

下面使用左外连接，连接条件是非等值连接。

```
select s.*, teacher_name
# SQL 99 中多表连接查询的 from 后只有一个表名
from student_table s
# 用 left join 左外连接另一个表
left join teacher_table t
# 使用 on 来指定连接条件，使用非等值连接
on s.java_teacher > t.teacher_id;
```

运行上面的两条外连接语句并查看它们的运行结果，不难发现，SQL 99 中的外连接与 SQL 92 中的外连接恰好相反，SQL99 中的左外连接将会把左边表中所有不满足连接条件的记录全部列出；SQL 99 中的右外连接将会把右边表中所有不满足连接条件的记录全部列出。

下面的 SQL 语句使用全外连接，连接条件是等值连接。

```
select s.*, teacher_name
# SQL 99 中多表连接查询的 from 后只有一个表名
from student_table s
# 用 full join 全外连接另一个表
full join teacher_table t
# 使用 on 来指定连接条件，使用等值连接
on s.java_teacher = t.teacher_id;
```

SQL 99 中的全外连接将会把两个表中所有不满足连接条件的记录全部列出。

注意：

运行上面的查询语句会出现错误，因为 MySQL 并不支持全外连接。

▶▶ 13.2.13　子查询

子查询就是指在查询语句中嵌套另一个查询，子查询可以支持多层嵌套。对于一条普通的查询语句而言，子查询可以出现在两个位置。

➤ 出现在 from 后被当成数据表。这种用法也被称为行内视图，因为该子查询的实质就是一个临时视图。

➤ 出现在 where 条件后作为过滤条件。

在使用子查询时要注意如下几点。

➤ 子查询要用括号括起来。

➤ 当把子查询当成数据表时（子查询出现在 from 之后），可以为该子查询起别名，尤其是其作为前缀来限定数据列时，必须给子查询起别名。

➤ 当把子查询当成过滤条件时，将子查询放在比较运算符的右边，这样可以增强查询的可读性。

➤ 当把子查询当成过滤条件时，单行子查询使用单行运算符，多行子查询使用多行运算符。

对于完全把子查询当作数据表来用的情况，只是把之前的表名变成子查询（也可为子查询起别名），其他部分与普通查询没有任何区别。下面的 SQL 语句示范了把子查询当成数据表的用法。

```
select *
# 把子查询当成数据表
from (select * from student_table) t
where t.java_teacher > 1;
```

把子查询当成数据表，更准确地说是当成视图，可以把上面的 SQL 语句理解成在执行查询时创建了一个临时视图，该视图名为 t，所以这种临时创建的视图也被称为行内视图。在理解了这种子查询的实质后，不难知道，这种子查询可以完全代替查询语句中的数据表，包括在多表连接查询中使用这种子查询。

还有一种情形：把子查询当成 where 条件中的值，如果子查询返回单行、单列的值，则其被当成一个标量值使用，也就可以使用单行记录比较运算符了。例如如下 SQL 语句：

```
select *
from student_table
where java_teacher >
# 返回单行、单列的值的子查询可以被当成标量值使用
(select teacher_id
from teacher_table
where teacher_name='Yeeku');
```

上面查询语句中的子查询（粗体字部分）将返回一个单行、单列的值（该值就是 1）。如果把上面查询语句中的括号部分换成 1，那么这条语句就再简单不过了——实际上，这就是这种子查询的实质，单行、单列子查询的返回值被当成标量值处理。

如果子查询返回多个值，则需要使用 in、any 和 all 等关键字。in 可以单独使用，与前面介绍比较运算符时所讲的 in 完全一样，此时可以把子查询返回的多个值当成一个值列表。SQL 语句如下：

```
select *
from student_table
where student_id in
(select teacher_id
from teacher_table);
```

上面查询语句中的子查询（粗体字部分）将返回多个值，这多个值将被当成一个值列表，只要 student_id 与该值列表中的任意一个值相等，就可以选出这条记录。

any 和 all 可以与>、>=、<、<=、<>、=等运算符结合使用，与 any 结合使用分别表示大于、大于或等于、小于、小于或等于、不等于、等于其中任意一个值；与 all 结合使用分别表示大于、大于或等于、小于、小于或等于、不等于、等于全部值。从上面的介绍中可以看出，=any 的作用与 in 的作用相

同。如下 SQL 语句使用=any 来代替上面的 in。

```
select *
from student_table
where student_id =
any(select teacher_id
from teacher_table);
```

<ANY 要求只要小于值列表中的最大值即可，>ANY 要求只要大于值列表中的最小值即可。<All 要求小于值列表中的最小值，>All 要求大于值列表中的最大值。

下面的 SQL 语句选出 student_table 表中 student_id 大于 teacher_table 表中所有 teacher_id 的记录。

```
select *
from student_table
where student_id >
all(select teacher_id
from teacher_table);
```

还有一种子查询可以返回多行、多列，此时 where 子句中应该有对应的数据列，并使用圆括号将多个数据列组合起来。SQL 语句如下：

```
select *
from student_table
where (student_id,student_name)
= any(select teacher_id, teacher_name
from teacher_table);
```

▶▶ 13.2.14　集合运算

select 语句查询的结果是一个包含多条数据的结果集，类似于数学里的集合，可以进行交（intersect）、并（union）和差（minus）运算，select 查询得到的结果集也可能需要进行这三种运算。

为了对两个结果集进行集合运算，这两个结果集必须满足如下条件。

➢ 两个结果集所包含的数据列的数量必须相等。

➢ 两个结果集所包含的数据列的数据类型也必须一一对应。

1．union 运算

union 运算的语法格式如下：

```
select 语句 union select 语句
```

下面的 SQL 语句查询出所有老师的信息和学生记录中 ID（主键）小于 4 的学生信息。

```
# 查询结果集包含两列，第一列为 int 类型，第二列为 varchar 类型
select * from teacher_table
union
# 这个结果集的数据列必须与前一个结果集的数据列一一对应
select student_id, student_name from student_table where student_id<4;
```

除 union 之外，还可使用 union all 来执行并运算。union 与 union all 的区别如下。

➢ union：对两个结果集进行并操作，并自动去除重复行。

➢ union all：对两个结果集进行并操作，会保留重复行。

2．minus 运算

minus 运算的语法格式如下：

```
select 语句 minus select 语句
```

上面的语法格式十分简单，不过很遗憾，MySQL 并不支持使用 minus 运算符，因此只能借助于子查询来"曲线"实现 minus 运算。

假如想从所有学生记录中"减去"与老师记录中的 ID 相同、姓名相同的记录，则可进行如下 minus 运算。

```
select student_id, student_name from student_table
minus
# 两个结果集的数据列的数量相等，数据类型一一对应，可以进行minus运算
select teacher_id, teacher_name from teacher_table;
```

不过，MySQL 并不支持这种运算。但可以通过如下子查询来实现上面的运算。

```
select student_id, student_name from student_table
where(student_id, student_name)
not in
(select teacher_id, teacher_name from teacher_table);
```

3. intersect 运算

intersect 运算的语法格式如下：

```
select 语句 intersect select 语句
```

上面的语法格式十分简单，不过很遗憾，MySQL 并不支持使用 intersect 运算符，因此只能借助于多表连接查询来"曲线"实现 intersect 运算。

假如想找出学生记录中与老师记录中的 ID 相同、姓名相同的记录，则可进行如下 intersect 运算。

```
select student_id, student_name from student_table
intersect
# 两个结果集的数据列的数量相等，数据类型一一对应，可以进行intersect运算
select teacher_id, teacher_name from teacher_table;
```

不过，MySQL 并不支持这种运算。但可以通过如下多表连接查询来实现上面的运算。

```
select student_id, student_name from student_table
join
teacher_table
on(student_id = teacher_id and student_name = teacher_name);
```

需要指出的是，如果进行 intersect 运算的两个 select 子句中都包含了 where 条件，那么将 intersect 运算改写成多表连接查询后，还需要将两个 where 条件进行 and 运算。假如有如下 intersect 运算的 SQL 语句：

```
select student_id, student_name from student_table where student_id < 4
intersect
# 两个结果集的数据列的数量相等，数据类型一一对应，可以进行intersect运算
select teacher_id, teacher_name from teacher_table where teacher_name like '李%';
```

将上面的语句改写如下：

```
select student_id, student_name from student_table
join
teacher_table
on(student_id = teacher_id and student_name = teacher_name)
where student_id < 4 and teacher_name like '李%';
```

13.3 JDBC 的典型用法

在掌握了标准 SQL 语句的语法之后，就可以开始使用 JDBC 开发数据库应用了。

▶▶ 13.3.1 JDBC 4.2 常用接口和类简介

JDBC 4.2 在原有 JDBC 标准的基础上增加了一些新特性。下面在介绍 JDBC API 时会包括 JDBC 4.2 新增的功能。

> ➤ **DriverManager**：用于管理 JDBC 驱动的服务类。程序中使用该类的主要功能是获取 Connection 对象，该类包含如下方法。
>> • public static synchronized Connection getConnection(String url, String user, String pass) throws SQLException：该方法获得 url 对应数据库的连接。

➢ **Connection**：代表数据库连接对象，每个 Connection 代表一个物理连接会话。要想访问数据库，必须先获得数据库连接。该接口的常用方法如下。

- Statement createStatement() throws SQLException：该方法返回一个 Statement 对象。
- PreparedStatement prepareStatement(String sql) throws SQLException：该方法返回 PreparedStatement 对象，即将 SQL 语句提交到数据库中进行预编译。
- CallableStatement prepareCall(String sql) throws SQLException：该方法返回 CallableStatement 对象，该对象用于调用存储过程。

上面三个方法都返回用于执行 SQL 语句的 Statement 对象，PreparedStatement、CallableStatement 是 Statement 的子类，只有在获得了 Statement 之后才可执行 SQL 语句。

此外，Connection 还有如下几个用于控制事务的方法。

- Savepoint setSavepoint()：创建一个保存点。
- Savepoint setSavepoint(String name)：以指定的名字来创建一个保存点。
- void setTransactionIsolation(int level)：设置事务的隔离级别。
- void rollback()：回滚事务。
- void rollback(Savepoint savepoint)：将事务回滚到指定的保存点。
- void setAutoCommit(boolean autoCommit)：关闭自动提交，打开事务。
- void commit()：提交事务。

Java 7 为 Connection 新增了 setSchema(String schema)、getSchema()两个方法，这两个方法用于控制该 Connection 访问的数据库 Schema。Java 7 还为 Connection 新增了 setNetworkTimeout (Executor executor, int milliseconds)、getNetworkTimeout()两个方法来控制数据库连接的超时行为。

➢ **Statement**：用于执行 SQL 语句的工具接口。该对象既可用于执行 DDL 语句、DCL 语句，也可用于执行 DML 语句，还可用于执行 SQL 查询。当执行 SQL 查询时，返回查询到的结果集。它的常用方法如下。

- ResultSet executeQuery(String sql) throws SQLException：该方法用于执行查询语句，并返回查询结果对应的 ResultSet 对象。该方法只能用于执行查询语句。
- int executeUpdate(String sql) throws SQLExcetion：该方法用于执行 DML 语句，并返回受影响的行数。该方法也可用于执行 DDL 语句，执行 DDL 语句将返回 0。
- boolean execute(String sql) throws SQLException：该方法可执行任何 SQL 语句。如果执行后第一个结果为 ResultSet 对象，则返回 true；如果执行后第一个结果为受影响的行数或没有任何结果，则返回 false。

Java 7 为 Statement 新增了 closeOnCompletion()方法，如果 Statement 执行了该方法，则当所有依赖于该 Statement 的 ResultSet 都关闭时，该 Statement 会自动关闭。Java 7 还为 Statement 提供了一个 isCloseOnCompletion()方法，该方法用于判断该 Statement 是否打开了"closeOnCompletion"。Java 8 为 Statement 新增了多个重载的 executeLargeUpdate()方法，这些方法相当于增强版的 executeUpdate() 方法，返回值类型为 long——当 DML 语句影响的记录条数超过 Integer.MAX_VALUE 时，就应该使用 executeLargeUpdate()方法。

> **提示：**
> 　考虑到目前应用程序所处理的数据量越来越大，使用 executeLargeUpdate()方法具有更好的适应性。目前最新的 MySQL 驱动已能完美支持该方法。

➢ **PreparedStatement**：预编译的 Statement 对象。PreparedStatement 是 Statement 的子接口，它允许数据库预编译 SQL 语句（这些 SQL 语句通常都带有参数），以后每次只改变 SQL 语句的参数，避免数据库每次都需要编译 SQL 语句，因此性能更好。相对于 Statement 而言，当使用 PreparedStatement 执行 SQL 语句时，无须再传入 SQL 语句，只要为预编译的 SQL 语句传入参数值即可。所以，它比 Statement 多了如下方法。

- void setXxx(int parameterIndex,Xxx value)：该方法根据传入的参数值类型的不同，需要使用不同的方法。把传入的值根据索引传给 SQL 语句中指定位置的参数。

> **注意：**
> PreparedStatement 同样有 executeUpdate()、executeQuery()和 execute()三个方法，只是这三个方法无须接收 SQL 字符串，因为 PreparedStatement 对象已经预编译了 SQL 语句，只要为这些语句传入参数值即可。Java 8 还为 PreparedStatement 增加了不带参数的 executeLargeUpdate()方法——当执行 DML 语句影响的记录条数可能超过 Integer.MAX_VALUE 时，就应该使用 executeLargeUpdate()方法。

➤ **ResultSet**：结果集对象。该对象包含访问查询结果的方法，ResultSet 可以通过列索引或列名获得列数据。它包含了如下常用方法来移动记录指针。

- void close()：释放 ResultSet 对象。
- boolean absolute(int row)：将结果集的记录指针移动到第 row 行，如果 row 是负数，则移动到倒数第 row 行。如果移动后的记录指针指向一条有效记录，则该方法返回 true。
- void beforeFirst()：将 ResultSet 的记录指针定位到首行之前，这是 ResultSet 结果集记录指针的初始状态——记录指针的起始位置位于第一行之前。
- boolean first()：将 ResultSet 的记录指针定位到首行。如果移动后的记录指针指向一条有效记录，则该方法返回 true。
- boolean previous()：将 ResultSet 的记录指针定位到上一行。如果移动后的记录指针指向一条有效记录，则该方法返回 true。
- boolean next()：将 ResultSet 的记录指针定位到下一行。如果移动后的记录指针指向一条有效记录，则该方法返回 true。
- boolean last()：将 ResultSet 的记录指针定位到最后一行。如果移动后的记录指针指向一条有效记录，则该方法返回 true。
- void afterLast()：将 ResultSet 的记录指针定位到最后一行之后。

> **注意：**
> 在 JDK 1.4 以前，采用默认方法创建的 Statement 所查询得到的 ResultSet 不支持 absolute()、previous()等移动记录指针的方法，它只支持 next()这个移动记录指针的方法，即 ResultSet 的记录指针只能向下移动，而且每次只能移动一格。从 Java 5.0 开始就避免了这个问题，程序采用默认方法创建的 Statement 所查询得到的 ResultSet 也支持 absolute()、previous()等方法。

当把记录指针移动到指定行之后，ResultSet 可通过 getXxx(int columnIndex)或 getXxx(String columnLabel)方法来获取当前行、指定列的值，前者根据列索引获取值，后者根据列名获取值。Java 7 新增了<T> T getObject(int columnIndex, Class<T> type)和<T> T getObject(String columnLabel, Class<T> type)两个泛型方法，它们可以获取任意类型的值。

▶▶ 13.3.2 JDBC 编程步骤

在大致了解了 JDBC API 的相关接口和类之后，下面就可以进行 JDBC 编程了，JDBC 编程大致按如下步骤进行。

① 加载数据库驱动。通常使用 Class 类的 forName()静态方法来加载驱动。例如如下代码：

```
// 加载驱动
Class.forName(driverClass)
```

　　最新的 JDBC 驱动已经可以通过 SPI 自动注册驱动类了，在 JDBC 驱动 JAR 包的 META-INF\services 路径下会包含一个 java.sql.Driver 文件，该文件指定了 JDBC 驱动类。因此，如果使用这种最新的驱动 JAR 包，第 1 步其实可以省略。

上面代码中的 driverClass 就是数据库驱动类所对应的字符串。例如，加载 MySQL 的驱动采用如下代码：

```
// 加载 MySQL 的驱动
Class.forName("com.mysql.cj.jdbc.Driver");
```

而加载 Oracle 的驱动则采用如下代码：

```
// 加载 Oracle 的驱动
Class.forName("oracle.jdbc.driver.OracleDriver");
```

从上面的代码中可以看出，在加载驱动时并不是真正使用数据库驱动类，只是使用数据库驱动类名的字符串而已。

学生提问：前面给出的仅仅是 MySQL 和 Oracle 两种数据库的驱动，我看不出驱动类字符串有什么规律啊！如果我希望使用其他数据库，那怎么才能找到其他数据库的驱动类呢？

答：不同数据库的驱动类确实没有什么规律可言，也无须记住这些驱动类。因为每个数据库厂商在提供数据库驱动（通常是一个 JAR 文件）时，总会提供相应的文档，其中会有关于驱动类的介绍。不仅如此，文档中还会提供数据库的 URL 写法，以及连接数据库的范例代码。当然，作为一个 Java 程序员，代码写得多了，常见数据库的驱动类、URL 写法还是能记住的——无须刻意去记忆，自然而然就记住了。

② 通过 DriverManager 获取数据库连接。DriverManager 提供了如下方法：

```
// 获取数据库连接
DriverManager.getConnection(String url, String user, String pass);
```

当使用 DriverManager 获取数据库连接时，通常需要传入三个参数：数据库 URL、登录数据库的用户名和密码。这三个参数中用户名和密码通常由 DBA（数据库管理员）分配，而且该用户还应该具有相应的权限，才可以执行相应的 SQL 语句。

数据库 URL 通常遵循如下写法：

```
jdbc:subprotocol:other stuff
```

上面 URL 写法中的 jdbc 是固定的；subprotocol 指定连接到特定数据库的驱动；后面的 other stuff 是不固定的——也没有较强的规律，不同数据库的 URL 写法可能存在较大的差异。例如，MySQL 数据库的 URL 写法如下：

```
jdbc:mysql://hostname:port/databasename
```

Oracle 数据库的 URL 写法如下：

```
jdbc:oracle:thin:@hostname:port:databasename
```

　　如果想了解特定数据库的 URL 写法，请查阅该数据库 JDBC 驱动的文档。

③ 通过 Connection 对象创建 Statement 对象。使用 Connection 创建 Statement 的方法有如下三个。
➢ createStatement()：创建基本的 Statement 对象。

➢ prepareStatement(String sql)：根据传入的 SQL 语句创建预编译的 Statement 对象。

➢ prepareCall(String sql)：根据传入的 SQL 语句创建 CallableStatement 对象。

④ 使用 Statement 执行 SQL 语句。所有的 Statement 都有如下三个方法来执行 SQL 语句。

➢ execute()：可以执行任何 SQL 语句，但比较麻烦。

➢ executeUpdate()：主要用于执行 DML 语句和 DDL 语句。执行 DML 语句返回受 SQL 语句影响的行数，执行 DDL 语句返回 0。

➢ executeQuery()：只能执行查询语句，执行后返回代表查询结果的 ResultSet 对象。

⑤ 操作结果集。如果执行的 SQL 语句是查询语句，则执行结果将返回一个 ResultSet 对象。该对象中保存了 SQL 语句查询的结果，程序可以通过操作该 ResultSet 对象来取出查询结果。ResultSet 对象主要提供了如下两类方法。

➢ next()、previous()、first()、last()、beforeFirst()、afterLast()、absolute()等移动记录指针的方法。

➢ getXxx()方法，用于获取记录指针指向行、特定列的值。该方法既可使用列索引作为参数，也可使用列名作为参数。使用列索引作为参数性能更好，使用列名作为参数可读性更好。

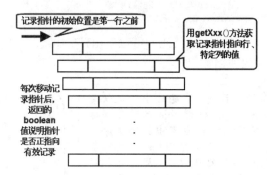

图 13.17　ResultSet 结果集示意图

ResultSet 实质是一个查询结果集，在逻辑结构上非常类似于一个表。图 13.17 显示了 ResultSet 的逻辑结构，以及操作 ResultSet 结果集并获取值的方法示意图。

⑥ 回收数据库资源，包括关闭 ResultSet、Statement 和 Connection 等资源。

下面的程序简单示范了 JDBC 编程，并通过 ResultSet 获得结果集的过程。

程序清单：codes\13\13.3\ConnMySql.java

```java
public class ConnMySql
{
    public static void main(String[] args) throws Exception
    {
        // 1.加载驱动，使用反射知识，现在记住这么写
        Class.forName("com.mysql.cj.jdbc.Driver");
        try (
            // 2.使用 DriverManager 获取数据库连接
            // 其中返回的 Connection 就代表了 Java 程序和数据库的连接
            // 不同数据库的 URL 写法需要查驱动文档，用户名、密码由 DBA 分配
            Connection conn = DriverManager.getConnection(
                "jdbc:mysql://127.0.0.1:3306/select_test?useSSL=false&serverTimezone=UTC",
                "root", "32147");
            // 3.使用 Connection 来创建一个 Statement 对象
            Statement stmt = conn.createStatement();
            // 4.执行 SQL 语句
            /*
            Statement 有三种执行 SQL 语句的方法：
            1. execute()可执行任何 SQL 语句——返回一个 boolean 值
                如果执行后第一个结果是 ResultSet，则返回 true，否则返回 false
            2. executeQuery()执行 select 语句——返回查询到的结果集
            3. executeUpdate()或 executeLargeUpdate()用于执行 DML 语句——返回一个整数
                代表被 SQL 语句影响的记录条数
            */
            ResultSet rs = stmt.executeQuery("select s.*, teacher_name"
                + " from student_table s, teacher_table t"
                + " where t.teacher_id = s.java_teacher"))
        {
            // ResultSet 有一系列 getXxx(列索引 | 列名)方法，用于获取记录指针
            // 指向行、特定列的值，不断地使用 next()将记录指针下移一行
            // 如果移动之后记录指针依然指向有效行，则 next()方法返回 true
```

```
            while (rs.next())
            {
                System.out.println(rs.getInt(1) + "\t"
                    + rs.getString(2) + "\t"
                    + rs.getString(3) + "\t"
                    + rs.getString(4));
            }
        }
    }
}
```

上面的程序严格按 JDBC 访问数据库的步骤执行了一条多表连接查询语句，这条多表连接查询语句就是前面介绍 SQL 92 连接时所讲的连接查询语句。

与前面介绍的步骤略有区别的是，本程序采用了自动关闭资源的 try 语句来关闭各种数据库资源，Java 7 改写了 Connection、Statement、ResultSet 等接口，它们都继承了 AutoCloseable 接口，因此它们都可以由 try 语句来关闭。

运行上面的程序，会看到如图 13.18 所示的结果。

图 13.18　使用 JDBC 执行查询的结果

 提示：

上面的运行结果也是基于前面所使用的 select_test 数据库的，所以在运行该程序之前应该先导入 codes\13\13.2 路径下的 select_data.sql 文件。此外，在运行本程序时需要使用 MySQL 数据库驱动，该驱动 JAR 文件就是 codes\13\mysql-connector-java-8.0.28.jar 文件，读者应该把该文件添加到系统的 CLASSPATH 环境变量中，或者直接使用 codes\13\13.3\ 路径下的 runConnMySql.cmd 来运行该程序。本章所有的程序都会提供这样一个对应的 cmd 批处理文件。

13.4　执行 SQL 语句的方式

前面介绍了 JDBC 执行查询等示例程序，实际上，JDBC 不仅可以执行查询，也可以执行 DDL 语句、DML 语句等 SQL 语句，从而允许通过 JDBC 最大限度地控制数据库。

▶▶ 13.4.1　使用 executeLargeUpdate 方法执行 DDL 语句和 DML 语句

Statement 提供了三个方法来执行 SQL 语句，前面已经介绍了使用 executeQuery() 来执行查询语句，下面将介绍使用 executeLargeUpdate()（或 executeUpdate()）来执行 DDL 语句和 DML 语句。使用 Statement 执行 DDL 语句和 DML 语句的步骤与执行普通查询语句的步骤基本相似，区别在于，执行了 DDL 语句后返回值为 0，执行了 DML 语句后返回值为受影响的记录条数。

下面的程序示范了使用 executeLargeUpdate() 方法创建数据表。该示例并没有直接把数据库连接信息写在程序里，而是使用了一个 mysql.ini 文件（就是一个 properties 文件）来保存数据库连接信息，这是比较成熟的做法——当需要把应用程序从开发环境移植到生产环境时，无须修改源代码，只需要修改 mysql.ini 配置文件即可。

程序清单：codes\13\13.4\ExecuteDDL.java

```java
public class ExecuteDDL
{
    private String driver;
    private String url;
    private String user;
    private String pass;
    public void initParam(String paramFile)
        throws Exception
    {
```

```
        // 使用 Properties 类来加载属性文件
        var props = new Properties();
        props.load(new FileInputStream(paramFile));
        driver = props.getProperty("driver");
        url = props.getProperty("url");
        user = props.getProperty("user");
        pass = props.getProperty("pass");
    }
    public void createTable(String sql) throws Exception
    {
        // 加载驱动
        Class.forName(driver);
        try (
            // 获取数据库连接
            Connection conn = DriverManager.getConnection(url, user, pass);
            // 使用 Connection 来创建一个 Statement 对象
            Statement stmt = conn.createStatement())
        {
            // 执行 DDL 语句，创建数据表
            stmt.executeLargeUpdate(sql);
        }
    }
    public static void main(String[] args) throws Exception
    {
        var ed = new ExecuteDDL();
        ed.initParam("mysql.ini");
        ed.createTable("create table jdbc_test "
            + "( jdbc_id int auto_increment primary key, "
            + "jdbc_name varchar(255), "
            + "jdbc_desc text);");
        System.out.println("-----建表成功-----");
    }
}
```

运行上面的程序,运行成功后会看到 select_test 数据库中增加了一个 jdbc_test 数据表,这表明 JDBC 执行 DDL 语句成功。

使用 executeLargeUpdate()执行 DML 语句与执行 DDL 语句基本相似，区别是 executeLargeUpdate() 执行 DDL 语句后返回 0，而执行 DML 语句后返回受影响的记录条数。下面的程序将会执行一条 insert 语句，这条 insert 语句会向刚刚建立的 jdbc_test 数据表中插入几条记录。因为使用了带子查询的 insert 语句，所以可以一次插入多条记录。

程序清单：codes\13\13.4\ExecuteDML.java

```
public class ExecuteDML
{
    private String driver;
    private String url;
    private String user;
    private String pass;
    public void initParam(String paramFile)
        throws Exception
    {
        // 使用 Properties 类来加载属性文件
        var props = new Properties();
        props.load(new FileInputStream(paramFile));
        driver = props.getProperty("driver");
        url = props.getProperty("url");
        user = props.getProperty("user");
        pass = props.getProperty("pass");
    }
    public long insertData(String sql) throws Exception
    {
        // 加载驱动
        Class.forName(driver);
        try (
            // 获取数据库连接
            Connection conn = DriverManager.getConnection(url,
```

```
                        user, pass);
                // 使用 Connection 来创建一个 Statement 对象
                Statement stmt = conn.createStatement())
            {
                // 执行 DML 语句，返回受影响的记录条数
                return stmt.executeLargeUpdate(sql);
            }
    }
    public static void main(String[] args) throws Exception
    {
        var ed = new ExecuteDML();
        ed.initParam("mysql.ini");
        var result = ed.insertData("insert into jdbc_test(jdbc_name, jdbc_desc)"
            + "select s.student_name, t.teacher_name "
            + "from student_table s, teacher_table t "
            + "where s.java_teacher = t.teacher_id;");
        System.out.println("--系统中共有" + result + "条记录受影响--");
    }
}
```

　　运行上面的程序，运行成功后将会看到 jdbc_test 数据表中多了几条记录，而且在程序控制台会看到输出有几条记录受影响的信息。

▶▶ 13.4.2　使用 execute 方法执行 SQL 语句

　　Statement 的 execute()方法几乎可以执行任何 SQL 语句，但它执行 SQL 语句时比较麻烦，通常没有必要使用 execute()方法来执行 SQL 语句，使用 executeQuery()或 executeUpdate()（或 executeLargeUpdate()）方法更简单。但如果不清楚 SQL 语句的类型，则只能使用 execute()方法来执行该 SQL 语句了。

　　使用 execute()方法执行 SQL 语句的返回值只是 boolean 值，它表明执行该 SQL 语句是否返回了 ResultSet 对象。那么如何来获取执行 SQL 语句后得到的 ResultSet 对象呢？Statement 提供了如下两个方法来获取执行结果。

　　➤ getResultSet()：获取该 Statement 执行查询语句所返回的 ResultSet 对象。

　　➤ getUpdateCount()：获取该 Statement 执行 DML 语句所影响的记录条数。

　　下面的程序示范了使用 Statement 的 execute()方法来执行任意的 SQL 语句，执行不同的 SQL 语句会产生不同的输出。

程序清单：codes\13\13.4\ExecuteSQL.java

```
public class ExecuteSQL
{
    private String driver;
    private String url;
    private String user;
    private String pass;
    public void initParam(String paramFile) throws Exception
    {
        // 使用 Properties 类来加载属性文件
        var props = new Properties();
        props.load(new FileInputStream(paramFile));
        driver = props.getProperty("driver");
        url = props.getProperty("url");
        user = props.getProperty("user");
        pass = props.getProperty("pass");
    }
    public void executeSql(String sql) throws Exception
    {
        // 加载驱动
        Class.forName(driver);
        try (
            // 获取数据库连接
            Connection conn = DriverManager.getConnection(url,
                user, pass);
```

```
                // 使用 Connection 来创建一个 Statement 对象
                Statement stmt = conn.createStatement())
        {
                // 执行 SQL 语句, 返回 boolean 值表示是否包含 ResultSet
                boolean hasResultSet = stmt.execute(sql);
                // 如果执行后有 ResultSet 结果集
                if (hasResultSet)
                {
                    try (
                        // 获取结果集
                        ResultSet rs = stmt.getResultSet())
                    {
                        // ResultSetMetaData 是用于分析结果集的元数据接口
                        ResultSetMetaData rsmd = rs.getMetaData();
                        int columnCount = rsmd.getColumnCount();
                        // 迭代输出 ResultSet 对象
                        while (rs.next())
                        {
                            // 依次输出每列的值
                            for (var i = 0; i < columnCount; i++)
                            {
                                System.out.print(rs.getString(i + 1) + "\t");
                            }
                            System.out.print("\n");
                        }
                    }
                }
                else
                {
                    System.out.println("该 SQL 语句影响的记录有"
                        + stmt.getUpdateCount() + "条");
                }
        }
    }
    public static void main(String[] args) throws Exception
    {
        var es = new ExecuteSQL();
        es.initParam("mysql.ini");
        System.out.println("------执行删除表的 DDL 语句-----");
        es.executeSql("drop table if exists my_test");
        System.out.println("------执行建表的 DDL 语句-----");
        es.executeSql("create table my_test"
            + "(test_id int auto_increment primary key, "
            + "test_name varchar(255))");
        System.out.println("------执行插入数据的 DML 语句-----");
        es.executeSql("insert into my_test(test_name) "
            + "select student_name from student_table");
        System.out.println("------执行查询数据的查询语句-----");
        es.executeSql("select * from my_test");
    }
}
```

运行上面的程序，会看到使用 Statement 的不同方法执行不同 SQL 语句的效果——执行 DDL 语句显示受影响的记录条数为 0；执行 DML 语句显示插入、修改或删除的记录条数；执行查询语句则可以输出查询结果。

> **提示：** ┈┈┈┈┈┈┈┈┈┈┈┈┈┈┈┈┈┈┈┈┈┈┈┈┈┈┈┈┈┈┈
>
> 上面的程序获得SQL语句的执行结果时没有根据各列的数据类型调用相应的getXxx()方法，而是直接使用 getString()方法来取得值，这是可以的。ResultSet 的 getString()方法几乎可以获取除 Blob 之外的任意类型列的值，因为所有的数据类型都可以自动转换成字符串类型。

▶▶ 13.4.3　使用 PreparedStatement 执行 SQL 语句

如果经常需要反复执行结构相似的 SQL 语句，例如如下两条 SQL 语句：

```
insert into student_table values(null, '张三', 1);
insert into student_table values(null, '李四', 2);
```

对于这两条 SQL 语句而言，它们的结构基本相似，只是在执行插入时插入的值不同而已。对于这种情况，可以使用带占位符（?）参数的 SQL 语句：

```
insert into student_table values(null, ?, ?);
```

但 Statement 执行 SQL 语句时不允许使用问号占位符参数，而且这个问号占位符参数必须在获得值后才可以执行。为了满足这种功能，JDBC 提供了 PreparedStatement 接口，它是 Statement 接口的子接口，它可以预编译 SQL 语句，预编译后的 SQL 语句被存储在 PreparedStatement 对象中，然后可以使用该对象多次高效地执行该语句。简而言之，使用 PreparedStatement 比使用 Statement 效率要高。

创建 PreparedStatement 对象使用 Connection 的 prepareStatement()方法，该方法需要传入一个 SQL 字符串，该 SQL 字符串可以包含占位符参数。代码如下：

```
// 创建一个 PreparedStatement 对象
pstmt = conn.prepareStatement("insert into student_table values(null, ?, 1)");
```

PreparedStatement 也提供了 execute()、executeUpdate()（或 executeLargeUpdate()）、executeQuery() 三个方法来执行 SQL 语句，不过这三个方法不需要参数，因为 PreparedStatement 已存储了预编译的 SQL 语句。

当使用 PreparedStatement 预编译 SQL 语句时，该 SQL 语句可以带占位符参数，因此在执行 SQL 语句之前必须为这些参数传入参数值。PreparedStatement 提供了一系列 setXxx(int index, Xxx value)方法来传入参数值。

> **提示：**
> 如果程序很清楚 PreparedStatement 预编译的 SQL 语句中各参数的类型，则使用相应的 setXxx()方法传入参数值即可；如果程序不清楚预编译的 SQL 语句中各参数的类型，则可以使用 setObject()方法传入参数值，由 PreparedStatement 来负责类型转换。

下面的程序示范了使用 Statement 和 PreparedStatement 分别插入 100 条记录的对比。使用 Statement 需要传入 100 条 SQL 语句，但使用 PreparedStatement 只需要传入 1 条预编译的 SQL 语句，然后为该 PreparedStatement 的参数设值 100 次即可。

程序清单：codes\13\13.4\PreparedStatementTest.java

```java
public class PreparedStatementTest
{
    private String driver;
    private String url;
    private String user;
    private String pass;
    public void initParam(String paramFile) throws Exception
    {
        // 使用 Properties 类来加载属性文件
        var props = new Properties();
        props.load(new FileInputStream(paramFile));
        driver = props.getProperty("driver");
        url = props.getProperty("url");
        user = props.getProperty("user");
        pass = props.getProperty("pass");
        // 加载驱动
        Class.forName(driver);
    }
    public void insertUseStatement() throws Exception
    {
        long start = System.currentTimeMillis();
```

```
        try (
            // 获取数据库连接
            Connection conn = DriverManager.getConnection(url,
                user, pass);
            // 使用 Connection 来创建一个 Statement 对象
            Statement stmt = conn.createStatement())
        {
            // 需要使用 100 条 SQL 语句来插入 100 条记录
            for (var i = 0; i < 100; i++)
            {
                stmt.executeLargeUpdate("insert into student_table values("
                    + " null, '姓名" + i + "', 1)");
            }
            System.out.println("使用 Statement 费时:"
                + (System.currentTimeMillis() - start));
        }
    }
    public void insertUsePrepare() throws Exception
    {
        long start = System.currentTimeMillis();
        try (
            // 获取数据库连接
            Connection conn = DriverManager.getConnection(url,
                user, pass);
            // 使用 Connection 来创建一个 PreparedStatement 对象
            PreparedStatement pstmt = conn.prepareStatement(
                "insert into student_table values(null, ?, 1)"))
        {
            // 为 PreparedStatement 的参数设值 100 次，就可以插入 100 条记录
            for (var i = 0; i < 100; i++)
            {
                pstmt.setString(1, "姓名" + i);
                pstmt.executeLargeUpdate();
            }
            System.out.println("使用 PreparedStatement 费时:"
                + (System.currentTimeMillis() - start));
        }
    }
    public static void main(String[] args) throws Exception
    {
        var pt = new PreparedStatementTest();
        pt.initParam("mysql.ini");
        pt.insertUseStatement();
        pt.insertUsePrepare();
    }
}
```

多次运行上面的程序，可以发现使用 PreparedStatement 插入 100 条记录所用的时间比使用 Statement 插入 100 条记录所用的时间少，这表明 PreparedStatement 的执行效率比 Statement 的执行效率高。

此外，使用 PreparedStatement 还有一个优势——当 SQL 语句中要使用参数时，无须"拼接"SQL 字符串。而使用 Statement 则要"拼接"SQL 字符串，如上面程序中的第一处粗体字代码所示，这是相当容易出现错误的——注意粗体字代码中的单引号，因为 SQL 语句中的字符串必须用单引号引起来。尤其是当 SQL 语句中有多个字符串参数时，"拼接"这条 SQL 语句就更容易出错了。使用 PreparedStatement，则只需要使用问号占位符来代替这些参数即可，降低了编程的复杂度。

使用 PreparedStatement 还有一个很好的作用——防止 SQL 注入。

> **提示：**
>
> SQL 注入是一种较常见的 Cracker 入侵方式，它利用 SQL 语句的漏洞来入侵。

下面以一个简单的登录窗口为例来介绍这种 SQL 注入的结果。该登录窗口中包含两个文本框，一个用于输入用户名，一个用于输入密码。系统根据用户输入与 jdbc_test 表中的记录进行匹配，如果找到相应的记录，则提示登录成功。

程序清单：codes\13\13.4\LoginFrame.java

```java
public class LoginFrame
{
    private final String PROP_FILE = "mysql.ini";
    private String driver;
    // url 是数据库的服务地址
    private String url;
    private String user;
    private String pass;
    // 登录界面的 GUI 组件
    private JFrame jf = new JFrame("登录");
    private JTextField userField = new JTextField(20);
    private JTextField passField = new JTextField(20);
    private JButton loginButton = new JButton("登录");
    public void init() throws Exception
    {
        var connProp = new Properties();
        connProp.load(new FileInputStream(PROP_FILE));
        driver = connProp.getProperty("driver");
        url = connProp.getProperty("url");
        user = connProp.getProperty("user");
        pass = connProp.getProperty("pass");
        // 加载驱动
        Class.forName(driver);
        // 为“登录”按钮添加事件监听器
        loginButton.addActionListener(e -> {
            // 登录成功则显示“登录成功”
            if (validate(userField.getText(), passField.getText()))
            {
                JOptionPane.showMessageDialog(jf, "登录成功");
            }
            // 否则显示“登录失败”
            else
            {
                JOptionPane.showMessageDialog(jf, "登录失败");
            }
        });
        jf.add(userField, BorderLayout.NORTH);
        jf.add(passField);
        jf.add(loginButton, BorderLayout.SOUTH);
        jf.pack();
        jf.setVisible(true);
    }
    private boolean validate(String userName, String userPass)
    {
        // 执行查询的 SQL 语句
        var sql = "select * from jdbc_test "
            + "where jdbc_name = '" + userName
            + "' and jdbc_desc = '" + userPass + "'";
        System.out.println(sql);
        try (
            Connection conn = DriverManager.getConnection(url, user, pass);
            Statement stmt = conn.createStatement();
            ResultSet rs = stmt.executeQuery(sql))
        {
            // 如果在查询的 ResultSet 中有超过一条的记录，则登录成功
            if (rs.next())
            {
                return true;
            }
        }
        catch (Exception e)
        {
            e.printStackTrace();
        }
        return false;
    }
    public static void main(String[] args) throws Exception
```

```
    {
        new LoginFrame().init();
    }
}
```

运行上面的程序，如果用户正常输入用户名、密码当然没有问题，输入正确可以正常登录，输入错误将提示登录失败。但如果这个用户是一个 Cracker，其可以按图 13.19 所示来输入。

图 13.19 所示的输入明显不正确，但是单击"登录"按钮后，也会显示"登录成功"对话框。在程序运行的后台可以看到如下 SQL 语句：

图 13.19 利用 SQL 注入

```
# 利用 SQL 注入后生成的 SQL 语句
select * from jdbc_test where jdbc_name = '' or true or '' and jdbc_desc = ''
```

看到这条 SQL 语句，读者应该不难明白，为什么这样输入也可以显示"登录成功"对话框，因为 Cracker 直接输入了 true，而 SQL 把这个 true 当成了直接量。

> **提示：**
> DBC 编程本身并没有提供图形界面功能，它仅仅提供了数据库访问支持。如果希望 JDBC 程序有较好的图形用户界面，则需要结合前面介绍的 AWT 或 Swing 编程才可以做到。在 Web 编程中，数据库访问也是非常重要的基础知识。

现在把上面程序中的 validate()方法改为使用 PreparedStatement 来执行验证，而不是直接使用 Statement。程序如下：

```
private boolean validate(String userName, String userPass)
{
    try (
        Connection conn = DriverManager.getConnection(url, user, pass);
        PreparedStatement pstmt = conn.prepareStatement(
            "select * from jdbc_test where jdbc_name = ? and jdbc_desc = ?"))
    {
        pstmt.setString(1, userName);
        pstmt.setString(2, userPass);
        try (
            ResultSet rs = pstmt.executeQuery())
        {
            // 如果在查询的 ResultSet 中有超过一条的记录，则登录成功
            if (rs.next())
            {
                return true;
            }
        }
    }
    catch (Exception e)
    {
        e.printStackTrace();
    }
    return false;
}
```

将 validate()方法改为使用 PrepareStatement 来执行 SQL 语句之后，即使用户按图 13.19 所示来输入，系统也一样会显示"登录失败"对话框。

总体来看，使用 PreparedStatement 比使用 Statement 多了如下三个好处。

➢ PreparedStatement 预编译了 SQL 语句，性能更好。

➢ PreparedStatement 无须"拼接"SQL 语句，编程更简单。

➢ PreparedStatement 可以防止 SQL 注入，安全性更好。

基于以上三点，通常推荐使用 PreparedStatement 来执行 SQL 语句，避免使用 Statement 执行 SQL 语句。

当使用 PreparedStatement 执行带占位符参数的 SQL 语句时，SQL 语句中的占位符参数只能代替普通值，不要使用占位符参数代替表名、列名等数据库对象，更不要使用占位符参数来代替 SQL 语句中的 insert、select 等关键字。

▶▶ 13.4.4 使用 CallableStatement 调用存储过程

下面的 SQL 语句可以在 MySQL 数据库中创建一个简单的存储过程。

```
delimiter //
create procedure add_pro(a int, b int, out sum int)
begin
set sum = a + b;
end;
//
```

上面的 SQL 语句将 MySQL 的语句结束符改为双斜线（//），这样就可以在创建存储过程中使用分号作为分隔符了（MySQL 默认使用分号作为语句结束符）。上面的代码创建了一个名为 add_pro 的存储过程，该存储过程包含三个参数，其中 a、b 是传入参数，而 sum 使用了 out 修饰，是传出参数。

> **提示:**
> 关于存储过程的介绍，请读者自行查阅相关图书，本书仅介绍如何使用 JDBC 调用存储过程，并不会介绍创建存储过程的知识。

调用存储过程使用 CallableStatement，可以通过 Connection 的 prepareCall()方法来创建 CallableStatement 对象，在创建该对象时需要传入调用存储过程的 SQL 语句。调用存储过程的 SQL 语句总是这种格式：{call 过程名(?, ?, ?...)}，其中的问号作为存储过程参数的占位符。例如，如下代码就创建了调用上面的存储过程的 CallableStatement 对象。

```
// 使用 Connection 来创建一个 CallableStatement 对象
cstmt = conn.prepareCall("{call add_pro(?, ?, ?)}");
```

存储过程的参数既有传入参数，也有传出参数。所谓传入参数，就是 Java 程序必须为这些参数传入值，可以通过 CallableStatement 的 setXxx()方法为传入参数设置值；所谓传出参数，就是 Java 程序可以通过该参数获取存储过程里的值，CallableStatement 需要调用 registerOutParameter()方法来注册该参数。代码如下：

```
// 注册 CallableStatement 的第三个参数为 int 类型
cstmt.registerOutParameter(3, Types.INTEGER);
```

经过上面的步骤之后，就可以调用 CallableStatement 的 execute()方法来执行存储过程了。执行结束后，通过 CallableStatement 对象的 getXxx(int index)方法来获取指定的传出参数的值。下面的程序示范了如何调用存储过程。

程序清单：codes\13\13.4\CallableStatementTest.java

```
public class CallableStatementTest
{
    private String driver;
    private String url;
    private String user;
    private String pass;
    public void initParam(String paramFile) throws Exception
    {
        // 使用 Properties 类来加载属性文件
        var props = new Properties();
        props.load(new FileInputStream(paramFile));
        driver = props.getProperty("driver");
        url = props.getProperty("url");
        user = props.getProperty("user");
```

```
        pass = props.getProperty("pass");
    }
    public void callProcedure() throws Exception
    {
        // 加载驱动
        Class.forName(driver);
        try (
            // 获取数据库连接
            Connection conn = DriverManager.getConnection(url, user, pass);
            // 使用 Connection 来创建一个 CallableStatement 对象
            CallableStatement cstmt = conn.prepareCall(
                "{call add_pro(?, ?, ?)}"))
        {
            cstmt.setInt(1, 4);
            cstmt.setInt(2, 5);
            // 注册 CallableStatement 的第三个参数为 int 类型
            cstmt.registerOutParameter(3, Types.INTEGER);
            // 执行存储过程
            cstmt.execute();
            // 获取并输出存储过程的传出参数的值
            System.out.println("执行结果是: " + cstmt.getInt(3));
        }
    }
    public static void main(String[] args) throws Exception
    {
        var ct = new CallableStatementTest();
        ct.initParam("mysql.ini");
        ct.callProcedure();
    }
}
```

上面程序中的粗体字代码就是执行存储过程的关键代码。运行上面的程序，将会看到这个简单的存储过程的执行结果——传入参数分别是 4、5，执行加法后传出总和 9。

13.5 管理结果集

JDBC 使用 ResultSet 来封装执行查询得到的查询结果，然后通过移动 ResultSet 的记录指针来取出结果集的内容。此外，JDBC 还允许通过 ResultSet 来更新记录，并提供了 ResultSetMetaData 来获得 ResultSet 对象的相关信息。

▶▶ 13.5.1 可滚动、可更新的结果集

前面提到，ResultSet 定位记录指针的方法有 absolute()、previous()等，但前面的程序自始至终只用了 next()方法来移动记录指针，实际上，也可以使用 absolute()、previous()、last()等方法来移动记录指针。可以使用 absolute()、previous()、afterLast()等方法自由移动记录指针的 ResultSet 被称为可滚动的结果集。

> 提示：
> 在 JDK 1.4 以前，默认打开的 ResultSet 是不可滚动的，必须在创建 Statement 或 PreparedStatement 时传入额外的参数。从 Java 5.0 开始，默认打开的 ResultSet 就是可滚动的，无须传入额外的参数。

以默认方式打开的 ResultSet 是不可更新的，如果希望创建可更新的 ResultSet，则必须在创建 Statement 或 PreparedStatement 时传入额外的参数。Connection 在创建 Statement 或 PreparedStatement 时还可额外传入如下两个参数。

- ➤ resultSetType：控制 ResultSet 的类型。该参数可以取如下三个值。
  - ResultSet.TYPE_FORWARD_ONLY：该常量控制记录指针只能向前移动。这是 JDK 1.4 以前的默认值。

- ResultSet.TYPE_SCROLL_INSENSITIVE：该常量控制记录指针可以自由移动（可滚动的结果集），但底层数据的改变不会影响 ResultSet 的内容。
- ResultSet.TYPE_SCROLL_SENSITIVE：该常量控制记录指针可以自由移动（可滚动的结果集），而且底层数据的改变会影响 ResultSet 的内容。

>
> TYPE_SCROLL_INSENSITIVE 和 TYPE_SCROLL_SENSITIVE 两个常量的作用需要底层数据库驱动的支持，对于有些数据库驱动来说，这两个常量并没有太大的区别。

➤ resultSetConcurrency：控制 ResultSet 的并发类型。该参数可以接收如下两个值。
- ResultSet.CONCUR_READ_ONLY：该常量指示 ResultSet 是只读的并发模式（默认）。
- ResultSet.CONCUR_UPDATABLE：该常量指示 ResultSet 是可更新的并发模式。

下面的代码通过这两个参数创建了一个 PreparedStatement 对象，由该对象生成的 ResultSet 对象将是可滚动、可更新的结果集。

```
// 使用 Connection 创建一个 PreparedStatement 对象
// 传入控制结果集可滚动、可更新的参数
pstmt = conn.prepareStatement(sql, ResultSet.TYPE_SCROLL_INSENSITIVE,
    ResultSet.CONCUR_UPDATABLE);
```

需要指出的是，可更新的结果集还需要满足如下两个条件。
➤ 所有的数据都应该来自一个表。
➤ 所选出的数据集必须包含主键列。

通过该 PreparedStatement 创建的 ResultSet 就是可滚动、可更新的，程序可调用 ResultSet 的 updateXxx(int columnIndex, Xxx value)方法来修改记录指针所指记录、特定列的值，最后调用 ResultSet 的 updateRow()方法来提交修改。

Java 8 为 ResultSet 添加了 updateObject(String columnLabel, Object x, SQLType targetSqlType)和 updateObject(int columnIndex, Object x, SQLType targetSqlType)两个默认方法，这两个方法可以直接用 Object 来修改记录指针所指记录、特定列的值，其中 SQLType 用于指定该数据列的类型。但目前最新的 MySQL 驱动暂不支持该方法。

下面的程序示范了这种创建可滚动、可更新的结果集的方法。

程序清单：codes\13\13.5\ResultSetTest.java

```
public class ResultSetTest
{
    private String driver;
    private String url;
    private String user;
    private String pass;
    public void initParam(String paramFile) throws Exception
    {
        // 使用 Properties 类来加载属性文件
        var props = new Properties();
        props.load(new FileInputStream(paramFile));
        driver = props.getProperty("driver");
        url = props.getProperty("url");
        user = props.getProperty("user");
        pass = props.getProperty("pass");
    }
    public void query(String sql) throws Exception
    {
        // 加载驱动
        Class.forName(driver);
        try (
            // 获取数据库连接
            Connection conn = DriverManager.getConnection(url, user, pass);
```

```
        // 使用 Connection 来创建一个 PreparedStatement 对象
        // 传入控制结果集可滚动、可更新的参数
        PreparedStatement pstmt = conn.prepareStatement(sql,
            ResultSet.TYPE_SCROLL_INSENSITIVE,
            ResultSet.CONCUR_UPDATABLE);
        ResultSet rs = pstmt.executeQuery())
    {
        rs.last();
        int rowCount = rs.getRow();
        for (var i = rowCount; i > 0; i--)
        {
            rs.absolute(i);
            System.out.println(rs.getString(1) + "\t"
                + rs.getString(2) + "\t" + rs.getString(3));
            // 修改记录指针所指记录、第 2 列的值
            rs.updateString(2, "学生名" + i);
            // 提交修改
            rs.updateRow();
        }
    }
}
    public static void main(String[] args) throws Exception
    {
        var rt = new ResultSetTest();
        rt.initParam("mysql.ini");
        rt.query("select * from student_table");
    }
}
```

上面程序中的粗体字代码示范了如何自由移动记录指针并更新记录指针所指的记录。运行上面的程序，将会看到 student_table 表中的记录被倒过来输出了，因为是从最大记录行开始输出的。而且，当程序运行结束后，student_table 表中所有记录的 student_name 列的值都被修改了。

> **注意 :**
> 如果要创建可更新的结果集，那么使用查询语句查询的数据通常只能来自一个数据表，而且查询结果集中的数据列必须包含主键列，否则将会引起更新失败。

▶▶ 13.5.2 处理 Blob 类型数据

Blob（Binary Large Object）是二进制大对象的意思，Blob 列通常用于存储大文件，典型的 Blob 内容是一张图片或一个声音文件，由于它们的特殊性，必须使用特殊的方式来存储。使用 Blob 列可以把图片、声音等文件的二进制数据保存在数据库中，并可以从数据库中恢复指定的文件。

如果需要将图片插入数据库中，显然不能直接通过普通的 SQL 语句来完成，因为有一个关键的问题——Blob 常量无法表示。所以将 Blob 数据插入数据库中需要使用 PreparedStatement，该对象有一个方法：setBinaryStream(int parameterIndex, InputStream x)，该方法可以为指定的参数传入二进制输入流，从而可以实现将 Blob 数据保存到数据库中的功能。

当需要从 ResultSet 中取出 Blob 数据时，可以调用 ResultSet 的 getBlob(int columnIndex)方法，该方法将返回一个 Blob 对象，Blob 对象提供了 getBinaryStream()方法来获取该 Blob 数据的输入流；也可以使用 Blob 对象提供的 getBytes()方法直接取出该 Blob 对象封装的二进制数据。

为了把图片放入数据库中，本程序先使用如下 SQL 语句来建立一个数据表。

```
create table img_table
(
    img_id int auto_increment primary key,
    img_name varchar(255),
    # 创建一个 mediumblob 类型的数据列，用于保存图片数据
    img_data mediumblob
);
```

上面 SQL 语句中的 img_data 列使用了 mediumblob 类型，而不是 blob 类型。因为
MySQL 数据库中的 blob 类型最多只能存储 64KB 内容，这可能无法满足实际需求，所以
使用了 mediumblob 类型，该类型的数据列可以存储 16MB 内容。

下面的程序可以实现图片"上传"——实际上，就是将图片保存到数据库中，并在右边的列表框中
显示图片名，当用户双击列表框中的图片名时，在左边的窗口中将显示该图片——实质就是根据选中的
ID 从数据库中查找图片，并将其显示出来。

程序清单：codes\13\13.5\BlobTest.java

```java
public class BlobTest
{
    JFrame jf = new JFrame("图片管理程序");
    private static Connection conn;
    private static PreparedStatement insert;
    private static PreparedStatement query;
    private static PreparedStatement queryAll;
    // 定义一个 DefaultListModel 对象
    private DefaultListModel<ImageHolder> imageModel
        = new DefaultListModel<>();
    private JList<ImageHolder> imageList = new JList<>(imageModel);
    private JTextField filePath = new JTextField(26);
    private JButton browserBn = new JButton("...");
    private JButton uploadBn = new JButton("上传");
    private JLabel imageLabel = new JLabel();
    // 以当前路径创建文件选择器
    JFileChooser chooser = new JFileChooser(".");
    // 创建文件过滤器
    ExtensionFileFilter filter = new ExtensionFileFilter();
    static
    {
        try
        {
            var props = new Properties();
            props.load(new FileInputStream("mysql.ini"));
            var driver = props.getProperty("driver");
            var url = props.getProperty("url");
            var user = props.getProperty("user");
            var pass = props.getProperty("pass");
            Class.forName(driver);
            // 获取数据库连接
            conn = DriverManager.getConnection(url, user, pass);
            // 创建执行插入的 PreparedStatement 对象
            // 该对象执行插入后可以返回自动生成的主键
            insert = conn.prepareStatement("insert into img_table"
                + " values(null, ?, ?)", Statement.RETURN_GENERATED_KEYS);
            // 创建两个 PreparedStatement 对象，用于查询指定的图片，查询所有图片
            query = conn.prepareStatement("select img_data from img_table"
                + " where img_id = ?");
            queryAll = conn.prepareStatement("select img_id, "
                + "img_name from img_table");
        }
        catch (Exception e)
        {
            e.printStackTrace();
        }
    }
    public void init() throws SQLException
    {
        // -------初始化文件选择器--------
        filter.addExtension("jpg");
        filter.addExtension("jpeg");
        filter.addExtension("gif");
        filter.addExtension("png");
        filter.setDescription("图片文件(*.jpg, *.jpeg, *.gif, *.png)");
```

```
        chooser.addChoosableFileFilter(filter);
        // 禁止在"文件类型"下拉列表中显示"所有文件"选项
        chooser.setAcceptAllFileFilterUsed(false);
        // ---------初始化程序界面---------
        fillListModel();
        filePath.setEditable(false);
        // 只能单选
        imageList.setSelectionMode(ListSelectionModel.SINGLE_SELECTION);
        var jp = new JPanel();
        jp.add(filePath);
        jp.add(browserBn);
        browserBn.addActionListener(event -> {
            // 显示文件对话框
            int result = chooser.showDialog(jf, "浏览图片文件上传");
            // 如果用户选择了 APPROVE（赞同）按钮，也就是打开、保存等效按钮
            if (result == JFileChooser.APPROVE_OPTION)
            {
                filePath.setText(chooser.getSelectedFile().getPath());
            }
        });
        jp.add(uploadBn);
        uploadBn.addActionListener(avt -> {
            // 如果上传文件的文本框有内容
            if (filePath.getText().trim().length() > 0)
            {
                // 将指定的文件保存到数据库中
                upload(filePath.getText());
                // 清空文本框内容
                filePath.setText("");
            }
        });
        var left = new JPanel();
        left.setLayout(new BorderLayout());
        left.add(new JScrollPane(imageLabel), BorderLayout.CENTER);
        left.add(jp, BorderLayout.SOUTH);
        jf.add(left);
        imageList.setFixedCellWidth(160);
        jf.add(new JScrollPane(imageList), BorderLayout.EAST);
        imageList.addMouseListener(new MouseAdapter()
        {
            public void mouseClicked(MouseEvent e)
            {
                // 如果鼠标双击
                if (e.getClickCount() >= 2)
                {
                    // 取出选中的 List 项
                    ImageHolder cur = (ImageHolder) imageList.
                    getSelectedValue();
                    try
                    {
                        // 显示选中项对应的图片 Image
                        showImage(cur.getId());
                    }
                    catch (SQLException sqle)
                    {
                        sqle.printStackTrace();
                    }
                }
            }
        });
        jf.setSize(620, 400);
        jf.setDefaultCloseOperation(JFrame.EXIT_ON_CLOSE);
        jf.setVisible(true);
    }
    // ----------查找 img_table 表填充 ListModel----------
    public void fillListModel() throws SQLException
    {
        try (
            // 执行查询
```

```
            ResultSet rs = queryAll.executeQuery())
        {
            // 先清除所有元素
            imageModel.clear();
            // 把查询的全部记录添加到 ListModel 中
            while (rs.next())
            {
                imageModel.addElement(new ImageHolder(rs.getInt(1),
                    rs.getString(2)));
            }
        }
    }
    // ---------将指定的图片放入数据库中---------
    public void upload(String fileName)
    {
        // 截取文件名
        String imageName = fileName.substring(fileName.lastIndexOf('\\')
            + 1, fileName.lastIndexOf('.'));
        var f = new File(fileName);
        try (
            var is = new FileInputStream(f))
        {
            // 设置图片名参数
            insert.setString(1, imageName);
            // 设置二进制流参数
            insert.setBinaryStream(2, is, (int) f.length());
            var affect = insert.executeLargeUpdate();
            if (affect == 1)
            {
                // 重新更新 ListModel，将会让 JList 显示最新的图片列表
                fillListModel();
            }
        }
        catch (Exception e)
        {
            e.printStackTrace();
        }
    }
    // ---------根据图片 ID 来显示图片----------
    public void showImage(int id) throws SQLException
    {
        // 设置参数
        query.setInt(1, id);
        try (
            // 执行查询
            ResultSet rs = query.executeQuery())
        {
            if (rs.next())
            {
                // 取出 Blob 列
                Blob imgBlob = rs.getBlob(1);
                // 取出 Blob 列中的数据
                var icon = new ImageIcon(imgBlob.getBytes(1L, (int) imgBlob.length()));
                imageLabel.setIcon(icon);
            }
        }
    }
    public static void main(String[] args) throws SQLException
    {
        new BlobTest().init();
    }
}
// 创建 FileFilter 的子类，用于实现文件过滤功能
class ExtensionFileFilter extends FileFilter
{
    private String description = "";
    private ArrayList<String> extensions = new ArrayList<>();
    // 自定义方法，用于添加文件扩展名
    public void addExtension(String extension)
```

```
    {
        if (!extension.startsWith("."))
        {
            extension = "." + extension;
            extensions.add(extension.toLowerCase());
        }
    }
    // 用于设置该文件过滤器的描述文本
    public void setDescription(String aDescription)
    {
        description = aDescription;
    }
    // 继承 FileFilter 类必须实现的抽象方法，返回该文件过滤器的描述文本
    public String getDescription()
    {
        return description;
    }
    // 继承 FileFilter 类必须实现的抽象方法，判断该文件过滤器是否接受该文件
    public boolean accept(File f)
    {
        // 如果该文件是路径，则接受该文件
        if (f.isDirectory()) return true;
        // 将文件名转为小写的（全部转为小写后比较，用于忽略文件名大小写）
        String name = f.getName().toLowerCase();
        // 遍历所有可接受的扩展名，如果扩展名相同，则该文件就可被接受
        for (var extension : extensions)
        {
            if (name.endsWith(extension))
            {
                return true;
            }
        }
        return false;
    }
}
// 创建一个 ImageHolder 类，用于封装图片 ID、图片名
class ImageHolder
{
    // 封装图片 ID
    private int id;
    // 封装图片名
    private String name;
    public ImageHolder(){}
    public ImageHolder(int id, String name)
    {
        this.id = id;
        this.name = name;
    }
    // id 的 setter 和 getter 方法
    public void setId(int id)
    {
        this.id = id;
    }
    public int getId()
    {
        return this.id;
    }
    // name 的 setter 和 getter 方法
    public void setName(String name)
    {
        this.name = name;
    }
    public String getName()
    {
        return this.name;
    }
    // 重写 toString() 方法，返回图片名
    public String toString()
    {
```

```
        return name;
    }
}
```

上面程序中的第一段粗体字代码控制将一个图片文件保存到数据库中,第二段粗体字代码控制将数据库中的图片数据显示出来。运行上面的程序,并上传一些图片,会看到如图 13.20 所示的界面。

图 13.20　使用 Blob 保存图片

▶▶ 13.5.3　使用 ResultSetMetaData 分析结果集

在执行 SQL 查询后可以通过移动记录指针来遍历 ResultSet 的每条记录,但程序可能不清楚该 ResultSet 中包含哪些数据列,以及每个数据列的数据类型,这时就可以通过 ResultSetMetaData 来获取关于 ResultSet 的描述信息。

> 提示:
> MetaData 的意思是元数据,即描述其他数据的数据,因此 ResultSetMetaData 封装了描述 ResultSet 对象的数据;后面还要介绍的 DatabaseMetaData 则封装了描述 Database 的数据。

ResultSet 中包含一个 getMetaData()方法,该方法返回该 ResultSet 对应的 ResultSetMetaData 对象。一旦获得了 ResultSetMetaData 对象,就可通过 ResultSetMetaData 提供的大量方法来返回 ResultSet 的描述信息。常用的方法有如下三个。

➤ int getColumnCount():返回该 ResultSet 的列数量。
➤ String getColumnName(int column):返回指定索引的列名。
➤ int getColumnType(int column):返回指定索引的列类型。

下面的程序实现了一个简单的查询执行器,当用户在文本框内输入合法的查询语句并执行成功后,窗口下面的表格将会显示查询结果。

程序清单:codes\13\13.5\QueryExecutor.java

```
public class QueryExecutor
{
    JFrame jf = new JFrame("查询执行器");
    private JScrollPane scrollPane;
    private JButton execBn = new JButton("查询");
    // 用于输入查询语句的文本框
    private JTextField sqlField = new JTextField(45);
    private static Connection conn;
    private static Statement stmt;
    // 采用静态初始化块来初始化 Connection、Statement 对象
    static
    {
        try
        {
            var props = new Properties();
```

```
            props.load(new FileInputStream("mysql.ini"));
            String drivers = props.getProperty("driver");
            String url = props.getProperty("url");
            String username = props.getProperty("user");
            String password = props.getProperty("pass");
            // 加载数据库驱动
            Class.forName(drivers);
            // 取得数据库连接
            conn = DriverManager.getConnection(url, username, password);
            stmt = conn.createStatement();
        }
        catch (Exception e)
        {
            e.printStackTrace();
        }
    }
    // --------初始化界面的方法---------
    public void init()
    {
        var top = new JPanel();
        top.add(new JLabel("输入查询语句: "));
        top.add(sqlField);
        top.add(execBn);
        // 为执行按钮、单行文本框添加事件监听器
        execBn.addActionListener(new ExceListener());
        sqlField.addActionListener(new ExceListener());
        jf.add(top, BorderLayout.NORTH);
        jf.setSize(680, 480);
        jf.setDefaultCloseOperation(JFrame.EXIT_ON_CLOSE);
        jf.setVisible(true);
    }
    // 定义监听器
    class ExceListener implements ActionListener
    {
        public void actionPerformed(ActionEvent evt)
        {
            // 删除原来的 JTable（JTable 使用 scrollPane 来包装）
            if (scrollPane != null)
            {
                jf.remove(scrollPane);
            }
            try (
                // 根据用户输入的 SQL 语句执行查询
                ResultSet rs = stmt.executeQuery(sqlField.getText()))
            {
                // 取出 ResultSet 的 MetaData
                ResultSetMetaData rsmd = rs.getMetaData();
                Vector<String> columnNames = new Vector<>();
                Vector<Vector<String>> data = new Vector<>();
                // 把 ResultSet 中的所有列名添加到 Vector 里
                for (var i = 0; i < rsmd.getColumnCount(); i++)
                {
                    columnNames.add(rsmd.getColumnName(i + 1));
                }
                // 把 ResultSet 中的所有记录添加到 Vector 里
                while (rs.next())
                {
                    Vector<String> v = new Vector<>();
                    for (var i = 0; i < rsmd.getColumnCount(); i++)
                    {
                        v.add(rs.getString(i + 1));
                    }
                    data.add(v);
                }
                // 创建新的 JTable
                var table = new JTable(data, columnNames);
                scrollPane = new JScrollPane(table);
                // 添加新的 JTable
                jf.add(scrollPane);
```

```
        // 更新主窗口
        jf.validate();
    }
    catch (Exception e)
    {
        e.printStackTrace();
    }
    }
}
public static void main(String[] args)
{
    new QueryExecutor().init();
}
}
```

上面程序中的粗体字代码就是根据 ResultSetMetaData 分析 ResultSet 的关键代码——使用 ResultSetMetaData 查询 ResultSet 中包含多少列，并把所有数据列的列名添加到一个 Vector 里，然后把 ResultSet 中的所有数据添加到 Vector 里，并使用这两个 Vector 来创建新的 TableModel，再利用该 TableModel 生成一个新的 JTable，最后将该 JTable 显示出来。运行上面的程序，会看到如图 13.21 所示的窗口。

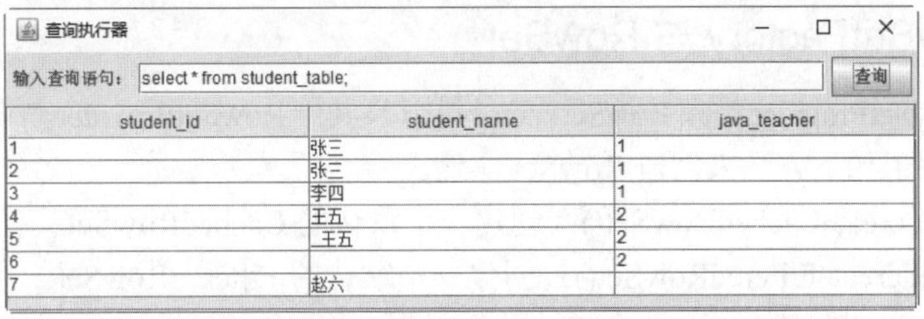

图 13.21　使用 ResultSetMetaData 分析 ResultSet

 **注意 :**

虽然使用 ResultSetMetaData 可以准确地分析出 ResultSet 中包含多少列，以及每列的列名、数据类型等，但使用 ResultSetMetaData 需要一定的系统开销。因此，如果在编程过程中已经知道 ResultSet 中包含多少列，以及每列的列名、数据类型等信息，就没有必要使用 ResultSetMetaData 来分析该 ResultSet 对象了。

13.6　使用 RowSet 1.1 包装结果集

RowSet 接口继承了 ResultSet 接口，RowSet 接口下包含 JdbcRowSet、CachedRowSet、FilteredRowSet、JoinRowSet 和 WebRowSet 常用子接口。除 JdbcRowSet 需要保持与数据库的连接之外，其余 4 个子接口都是离线 RowSet，无须保持与数据库的连接。

与 ResultSet 相比，RowSet 默认是可滚动、可更新、可序列化的结果集，而且作为 JavaBean 使用，因此能方便地在网络上传输，用于同步两端的数据。对于离线 RowSet 而言，程序在创建 RowSet 时已把数据从底层数据库读取到了内存中，因此可以充分利用计算机的内存，从而降低数据库服务器的负载，提高程序性能。

提示:

当年 C#提供了 DataSet，它可以把底层的数据读取到内存中进行离线操作，操作完成后再同步到底层数据源。Java 则提供了与此功能类似的 RowSet。

图 13.22 显示了 RowSet 规范的接口类图。

在图 13.22 所示的各种接口中，CachedRowSet 及其子接口都代表了离线 RowSet，它们都不需要底层数据库连接。

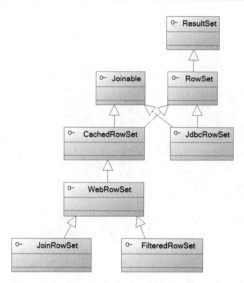

图 13.22　RowSet 规范的接口类图

➤➤ 13.6.1　RowSetFactory 与 RowSet

Java 7 新增了 RowSetProvider 类和 RowSetFactory 接口，其中 RowSetProvider 负责创建 RowSetFactory，RowSetFactory 则提供了如下方法来创建 RowSet 实例。

➢ CachedRowSet createCachedRowSet()：创建一个默认的 CachedRowSet。

➢ FilteredRowSet createFilteredRowSet()：创建一个默认的 FilteredRowSet。

➢ JdbcRowSet createJdbcRowSet()：创建一个默认的 JdbcRowSet。

➢ JoinRowSet createJoinRowSet()：创建一个默认的 JoinRowSet。

➢ WebRowSet createWebRowSet()：创建一个默认的 WebRowSet。

通过使用 RowSetFactory，就可以把应用程序与 RowSet 实现类分离开，避免直接使用 JdbcRowSetImpl 等非公开的 API，也更有利于后期的升级、扩展。

通过 RowSetFactory 的几个工厂方法不难看出，使用 RowSetFactory 创建的 RowSet 其实并没有装填数据。

为了让 RowSet 能抓取到数据库的数据，需要为 RowSet 设置数据库的 URL、用户名、密码等连接信息。因此，RowSet 接口中定义了如下常用的方法。

➢ setUrl(String url)：设置该 RowSet 要访问的数据库的 URL。

➢ setUsername(String name)：设置该 RowSet 要访问的数据库的用户名。

➢ setPassword(String password)：设置该 RowSet 要访问的数据库的密码。

➢ setCommand(String sql)：设置使用 SQL 语句的查询结果来装填该 RowSet。

➢ execute()：执行查询。

下面的程序通过 RowSetFactory 示范了使用 JdbcRowSet 的可滚动、可修改特性。

程序清单：codes\13\13.6\RowSetFactoryTest.java

```java
public class RowSetFactoryTest
{
    private String driver;
    private String url;
    private String user;
    private String pass;
    public void initParam(String paramFile) throws Exception
    {
        // 使用 Properties 类来加载属性文件
        var props = new Properties();
        props.load(new FileInputStream(paramFile));
        driver = props.getProperty("driver");
```

```
        url = props.getProperty("url");
        user = props.getProperty("user");
        pass = props.getProperty("pass");
    }
    public void update(String sql) throws Exception
    {
        // 加载驱动
        Class.forName(driver);
        // 使用 RowSetProvider 创建 RowSetFactory
        RowSetFactory factory = RowSetProvider.newFactory();
        try (
            // 使用 RowSetFactory 创建默认的 JdbcRowSet 实例
            JdbcRowSet jdbcRs = factory.createJdbcRowSet())
        {
            // 设置必要的连接信息
            jdbcRs.setUrl(url);
            jdbcRs.setUsername(user);
            jdbcRs.setPassword(pass);
            // 设置 SQL 查询语句
            jdbcRs.setCommand(sql);
            // 执行查询
            jdbcRs.execute();
            jdbcRs.afterLast();
            // 向前滚动结果集
            while (jdbcRs.previous())
            {
                System.out.println(jdbcRs.getString(1)
                    + "\t" + jdbcRs.getString(2)
                    + "\t" + jdbcRs.getString(3));
                if (jdbcRs.getInt("student_id") == 3)
                {
                    // 修改指定的记录行
                    jdbcRs.updateString("student_name", "孙悟空");
                    jdbcRs.updateRow();
                }
            }
        }
    }
    public static void main(String[] args) throws Exception
    {
        var jt = new RowSetFactoryTest();
        jt.initParam("mysql.ini");
        jt.update("select * from student_table");
    }
}
```

上面程序中的粗体字代码使用了 RowSetFactory 来创建 JdbcRowSet 对象，这就避免了与 JdbcRowSetImpl 实现类耦合。由于通过这种方式创建的 JdbcRowSet 还没有传入 Connection 参数，因此程序还需要调用 setUrl()、setUsername()、setPassword()等方法来设置数据库连接信息。

编译、运行该程序，一切正常。JdbcRowSet 是一个可滚动、可修改的结果集，因此底层数据表中相应的记录也被修改了。

▶▶ 13.6.2 离线 RowSet

使用 ResultSet 的时候，程序查询得到 ResultSet 之后必须立即读取或处理它对应的记录，否则一旦 Connection 关闭，再去通过 ResultSet 读取记录就会引发异常。在这种模式下，JDBC 编程十分痛苦——假设应用程序架构被分为两层：数据访问层和视图显示层，当应用程序在数据访问层查询得到 ResultSet 之后，对 ResultSet 的处理有如下两种常见方式。

➢ 通过迭代访问 ResultSet 中的记录，并将这些记录转换成 Java Bean，再将多个 Java Bean 封装成一个 List 集合，也就是完成"ResultSet→Java Bean 集合"的转换。转换完成后可以关闭 Connection 等资源，然后将 Java Bean 集合传到视图显示层，视图显示层可以显示查询得到的数据。

> 直接将 ResultSet 传到视图显示层——这要求当视图显示层显示数据时，底层 Connection 必须一直处于打开状态，否则 ResultSet 无法读取记录。

第一种方式比较安全，但编程十分烦琐；第二种方式则需要 Connection 一直处于打开状态，这不仅不安全，而且对程序性能也有较大的影响。

通过使用离线 RowSet，可以十分"优雅"地处理上面的问题。离线 RowSet 会直接将底层数据读入内存中，封装成 RowSet 对象，而 RowSet 对象则完全可以被当成 Java Bean 来使用，不仅安全，而且编程十分简单。CachedRowSet 是所有离线 RowSet 的父接口，下面就以 CachedRowSet 为例进行介绍。看下面的程序。

程序清单：codes\13\13.6\CachedRowSetTest.java

```java
public class CachedRowSetTest
{
    private static String driver;
    private static String url;
    private static String user;
    private static String pass;
    public void initParam(String paramFile) throws Exception
    {
        // 使用 Properties 类来加载属性文件
        var props = new Properties();
        props.load(new FileInputStream(paramFile));
        driver = props.getProperty("driver");
        url = props.getProperty("url");
        user = props.getProperty("user");
        pass = props.getProperty("pass");
    }
    public CachedRowSet query(String sql) throws Exception
    {
        // 加载驱动
        Class.forName(driver);
        // 获取数据库连接
        Connection conn = DriverManager.getConnection(url, user, pass);
        Statement stmt = conn.createStatement();
        ResultSet rs = stmt.executeQuery(sql);
        // 使用 RowSetProvider 创建 RowSetFactory
        RowSetFactory factory = RowSetProvider.newFactory();
        // 创建默认的 CachedRowSet 实例
        CachedRowSet cachedRs = factory.createCachedRowSet();
        // 使用 ResultSet 装填 RowSet
        cachedRs.populate(rs);      // ①
        // 关闭资源
        rs.close();
        stmt.close();
        conn.close();
        return cachedRs;
    }
    public static void main(String[] args) throws Exception
    {
        var ct = new CachedRowSetTest();
        ct.initParam("mysql.ini");
        CachedRowSet rs = ct.query("select * from student_table");
        rs.afterLast();
        // 向前滚动结果集
        while (rs.previous())
        {
            System.out.println(rs.getString(1)
                + "\t" + rs.getString(2)
                + "\t" + rs.getString(3));
            if (rs.getInt("student_id") == 3)
            {
                // 修改指定的记录行
                rs.updateString("student_name", "孙悟空");
                rs.updateRow();
            }
```

```
    }
    // 重新获取数据库连接
    Connection conn = DriverManager.getConnection(url, user, pass);
    conn.setAutoCommit(false);
    // 把对 RowSet 所做的修改同步到底层数据库
    rs.acceptChanges(conn);
  }
}
```

上面程序中的①号粗体字代码调用了 RowSet 的 populate(ResultSet rs)方法来包装给定的 ResultSet，接下来的粗体字代码关闭了 ResultSet、Statement、Connection 等数据库资源。如果程序直接返回 ResultSet，那么这个 ResultSet 无法使用，因为底层的 Connection 已经关闭；但程序返回的是 CachedRowSet，它是一个离线 RowSet，因此程序依然可以读取、修改 RowSet 中的记录。

运行该程序，可以看到在 Connection 关闭的情况下，程序依然可以读取、修改 RowSet 中的记录。为了将程序对离线 RowSet 所做的修改同步到底层数据库，程序在调用 RowSet 的 acceptChanges()方法时必须传入 Connection。

> **提示:**
> 上面的程序没有使用自动关闭资源的 try 语句来关闭 Connection 等数据库资源，这只是为了让读者更明确地看到 Connection 已被关闭。在实际项目中还是推荐使用自动关闭资源的 try 语句。

▶▶ 13.6.3 离线 RowSet 的查询分页

由于 CachedRowSet 会将数据记录直接装载到内存中，因此，如果 SQL 语句查询返回的记录过多，CachedRowSet 将会占用大量的内存，在某些极端的情况下，它甚至会直接导致内存溢出。

为了解决该问题，CachedRowSet 提供了分页功能。所谓分页功能，就是一次只装载 ResultSet 中的某几条记录，这样就可以避免 CachedRowSet 占用内存过大的问题。

CachedRowSet 提供了如下方法来控制分页。

> populate(ResultSet rs, int startRow)：使用给定的 ResultSet 装填 RowSet，从 ResultSet 的第 startRow 条记录开始装填。

> setPageSize(int pageSize)：设置 CachedRowSet 每次返回多少条记录。

> previousPage()：在底层 ResultSet 可用的情况下，让 CachedRowSet 读取上一页记录。

> nextPage()：在底层 ResultSet 可用的情况下，让 CachedRowSet 读取下一页记录。

下面的程序示范了 CachedRowSet 的分页支持。

程序清单：codes\13\13.6\CachedRowSetPage.java

```java
public class CachedRowSetPage
{
    private String driver;
    private String url;
    private String user;
    private String pass;
    public void initParam(String paramFile) throws Exception
    {
        // 使用 Properties 类来加载属性文件
        var props = new Properties();
        props.load(new FileInputStream(paramFile));
        driver = props.getProperty("driver");
        url = props.getProperty("url");
        user = props.getProperty("user");
        pass = props.getProperty("pass");
    }
    public CachedRowSet query(String sql, int pageSize,
        int page) throws Exception
    {
        // 加载驱动
        Class.forName(driver);
```

```
        try (
            // 获取数据库连接
            Connection conn = DriverManager.getConnection(url, user, pass);
            Statement stmt = conn.createStatement(ResultSet.TYPE_SCROLL_INSENSITIVE,
                ResultSet.CONCUR_READ_ONLY);
            ResultSet rs = stmt.executeQuery(sql))
        {
            // 使用 RowSetProvider 创建 RowSetFactory
            RowSetFactory factory = RowSetProvider.newFactory();
            // 创建默认的 CachedRowSet 实例
            CachedRowSet cachedRs = factory.createCachedRowSet();
            // 设置每页显示 pageSize 条记录
            cachedRs.setPageSize(pageSize);
            // 使用 ResultSet 装填 RowSet，设置从第几条记录开始装填
            cachedRs.populate(rs, (page - 1) * pageSize + 1);
            return cachedRs;
        }
    }
    public static void main(String[] args) throws Exception
    {
        var cp = new CachedRowSetPage();
        cp.initParam("mysql.ini");
        CachedRowSet rs = cp.query("select * from student_table", 3, 2);   // ①
        // 向后滚动结果集
        while (rs.next())
        {
            System.out.println(rs.getString(1)
                + "\t" + rs.getString(2)
                + "\t" + rs.getString(3));
        }
    }
}
```

上面程序中前两行粗体字代码就是使用 CachedRowSet 实现分页的关键代码。程序中①号粗体字代码显示要查询第 2 页的记录，每页显示 3 条记录。运行上面的程序，可以看到程序只会显示第 4 行到第 6 行的记录，这就实现了分页。

 ## 13.7 事务处理

对于任何数据库应用而言，事务都是非常重要的，事务是保证底层数据完整的重要手段，没有事务支持的数据库应用，将非常脆弱。

➤➤ 13.7.1 事务的概念和 MySQL 事务支持

事务是由一步或几步数据库操作序列组成的逻辑执行单元，这系列操作要么全部执行，要么全部放弃执行。程序和事务是两个不同的概念。一般而言，一段程序中可能包含多个事务。

事务具备 4 个特性：原子性（Atomicity）、一致性（Consistency）、隔离性（Isolation）和持续性（Durability）。这 4 个特性也简称为 ACID 性。

➢ 原子性：事务是应用中最小的执行单位，就如原子是自然界的最小颗粒，具有不可再分的特征一样，事务是应用中不可再分的最小逻辑执行体。

➢ 一致性：事务执行的结果，必须使数据库从一种一致性状态变到另一种一致性状态。当数据库中只包含事务成功提交的结果时，数据库处于一致性状态。如果系统运行发生中断，某个事务尚未完成而被迫中断，而该未完成的事务对数据库所做的修改已被写入数据库中，此时，数据库就处于一种不正确的状态。比如银行在两个账户之间转账：从 A 账户向 B 账户转入 1000 元，系统先减少 A 账户的 1000 元，然后再为 B 账户增加 1000 元。如果全部执行成功，数据库处于一致性状态；如果仅执行完 A 账户金额的修改，而没有增加 B 账户的金额，则数据库就处于不一致性状态。可见，一致性是通过原子性来保证的。

> ➤ 隔离性：各个事务的执行互不干扰，任意一个事务的内部操作对其他并发的事务都是隔离的。也就是说，并发执行的事务之间不能看到对方的中间状态，并发执行的事务不能相互影响。
> ➤ 持续性：持续性也被称为持久性（Persistence），指事务一旦提交，对数据所做的任何改变都要记录到永久存储器中，通常就是保存到物理数据库中。

数据库的事务由下列语句组成。

> ➤ 一组 DML 语句，经过这组 DML 语句修改后的数据将保持较好的一致性。
> ➤ 一条 DDL 语句。
> ➤ 一条 DCL 语句。

 **注意：**

> DDL 语句和 DCL 语句最多只能有一条，因为 DDL 语句和 DCL 语句都会导致事务立即提交。

当事务所包含的全部数据库操作都成功执行后，应该提交（commit）事务，使这些修改永久生效。事务提交有两种方式：显式提交和自动提交。

> ➤ 显式提交：使用 commit。
> ➤ 自动提交：执行 DDL 语句或 DCL 语句，或者程序正常退出。

当事务所包含的任意一个数据库操作执行失败后，应该回滚（rollback）事务，使该事务中所做的修改全部失效。事务回滚有两种方式：显式回滚和自动回滚。

> ➤ 显式回滚：使用 rollback。
> ➤ 自动回滚：系统错误或者强行退出。

MySQL 默认关闭事务（即开启自动提交），在默认情况下，用户在 MySQL 控制台输入一条 DML 语句，这条 DML 语句将会被立即保存到数据库中。为了开启 MySQL 的事务支持，可以显式调用如下命令：

```
SET AUTOCOMMIT = {0 | 1}        # 0 表示关闭自动提交，即开启事务
```

提示：

> 自动提交和开启事务恰好相反——开启自动提交就是关闭事务，关闭自动提交就是开启事务。

一旦在 MySQL 命令行窗口中输入 set autocommit=0 开启了事务，该命令行窗口中的所有 DML 语句都不会立即生效——上一个事务结束后第一条 DML 语句将开启一个新的事务，而后续执行的所有 SQL 语句都处于该事务中，除非显式使用 commit 来提交事务，或者正常退出，或者运行 DDL 语句、DCL 语句来隐式提交事务。当然，也可以使用 rollback 回滚来结束事务，使用 rollback 结束事务将导致本次事务中 DML 语句所做的修改全部失效。

提示：

> 一个 MySQL 命令行窗口代表一次连接 Session，在该窗口中设置 set autocommit=0，相当于关闭了该连接 Session 的自动提交，对其他连接不会有任何影响，也就是对其他 MySQL 命令行窗口不会有任何影响。

此外，如果不想关闭整个命令行窗口的自动提交，而只是想临时性地开启事务，则可以使用 MySQL 提供的 start transaction 或 begin 命令，它们都表示临时性地开启一个事务，位于 start transaction 或 begin 后的 DML 语句不会立即生效，除非使用 commit 显式提交事务，或者执行 DDL 语句、DCL 语句来隐式提交事务。如下 SQL 语句将不会对数据库有任何影响。

```
# 临时开启事务
begin;
```

```
# 向 student_table 表中插入 3 条记录
insert into student_table
values(null, 'xx', 1);
insert into student_table
values(null, 'yy', 1);
insert into student_table
values(null, 'zz', 1);
# 查询 student_table 表的记录
select * from student_table;        # ①
# 回滚事务
rollback;
# 再次查询
select * from student_table;        # ②
```

执行上面 SQL 语句中的第①条查询语句，将会看到刚刚插入的 3 条记录。如果打开 MySQL 的其他命令行窗口，将看不到这 3 条记录——这正体现了事务的隔离性。接着程序回滚了事务中的全部修改，执行第②条查询语句，将看到数据库又恢复到事务开启前的状态。

> ·**注意** :·
>
> 　　提交，不管是显式提交还是隐式提交，都会结束当前事务；回滚，不管是显式回滚还是隐式回滚，都会结束当前事务。

此外，MySQL 还提供了 savepoint 来设置事务的中间点。通过使用 savepoint 设置事务的中间点，可以让事务回滚到指定的中间点，而不是回滚全部事务。如下 SQL 语句设置了一个中间点：

```
savepoint a;
```

一旦设置了中间点，就可以使用 rollback 回滚到指定的中间点。回滚到指定的中间点的代码如下：

```
rollback to a;
```

> ·**注意** :·
>
> 　　普通的提交、回滚都会结束当前事务，但回滚到指定的中间点，因为依然处于事务之中，所以不会结束当前事务。

➤➤ 13.7.2 JDBC 的事务支持

JDBC 连接也提供了事务支持，JDBC 连接的事务支持由 Connection 提供，Connection 默认开启自动提交，即关闭事务。在这种情况下，每条 SQL 语句一旦执行，便会被立即提交到数据库中，永久生效，无法对其进行回滚操作。

可以调用 Connection 的 setAutoCommit() 方法来关闭自动提交，开启事务。代码如下：

```
// 关闭自动提交，开启事务
conn.setAutoCommit(false);
```

程序中还可调用 Connection 提供的 getAutoCommit() 方法来返回该连接的自动提交模式。

一旦开启了事务，程序就可以像平常一样创建 Statement 对象；在创建了 Statement 对象之后，可以执行任意多条 DML 语句。代码如下：

```
stmt.executeUpdate(...);
stmt.executeUpdate(...);
stmt.executeUpdate(...);
```

上面这些 SQL 语句虽然被执行了，但它们所做的修改不会生效，因为事务还没有结束。如果所有的 SQL 语句都执行成功，程序可以调用 Connection 的 commit() 方法来提交事务。代码如下：

```
// 提交事务
conn.commit();
```

如果任意一条 SQL 语句执行失败，则应该使用 Connection 的 rollback()方法来回滚事务。代码如下：

```
// 回滚事务
conn.rollback();
```

 **提示：**

> 实际上，当 Connection 遇到一个未处理的 SQLException 异常时，系统将会非正常退出，事务也会自动回滚。但如果程序捕捉了该异常，则需要在异常处理块中显式回滚事务。

下面的程序示范了当程序出现未处理的 SQLException 异常时，系统将自动回滚事务。

程序清单：codes\13\13.7\TransactionTest.java

```java
public class TransactionTest
{
    private String driver;
    private String url;
    private String user;
    private String pass;
    public void initParam(String paramFile) throws Exception
    {
        // 使用 Properties 类来加载属性文件
        var props = new Properties();
        props.load(new FileInputStream(paramFile));
        driver = props.getProperty("driver");
        url = props.getProperty("url");
        user = props.getProperty("user");
        pass = props.getProperty("pass");
    }
    public void insertInTransaction(String[] sqls) throws Exception
    {
        // 加载驱动
        Class.forName(driver);
        try (
            Connection conn = DriverManager.getConnection(url, user, pass))
        {
            // 关闭自动提交，开启事务
            conn.setAutoCommit(false);
            try (
                // 使用 Connection 来创建一个 Statement 对象
                Statement stmt = conn.createStatement())
            {
                // 循环多次执行 SQL 语句
                for (var sql : sqls)
                {
                    stmt.executeUpdate(sql);
                }
            }
            // 提交事务
            conn.commit();
        }
    }
    public static void main(String[] args) throws Exception
    {
        var tt = new TransactionTest();
        tt.initParam("mysql.ini");
        var sqls = new String[]{
            "insert into student_table values(null, 'aaa', 1)",
            "insert into student_table values(null, 'bbb', 1)",
            "insert into student_table values(null, 'ccc', 1)",
            // 下面这条 SQL 语句将会违反外键约束
            // 因为 teacher_table 表中没有 ID 为 5 的记录
            "insert into student_table values(null, 'ccc', 5)" // ①
        };
        tt.insertInTransaction(sqls);
    }
}
```

上面程序中的粗体字代码只是开启事务、提交事务的代码，程序中并没有回滚事务的代码。但当程序执行到第 4 条 SQL 语句（①号代码）时，这条语句将会引起外键约束异常，该异常没有得到处理，引起程序非正常结束，所以事务自动回滚。

Connection 也提供了设置中间点的方法：setSavepoint()，Connection 提供了如下两个方法来设置中间点。

➤ Savepoint setSavepoint()：在当前事务中创建一个未命名的中间点，并返回代表该中间点的 Savepoint 对象。

➤ Savepoint setSavepoint(String name)：在当前事务中创建一个具有指定名称的中间点，并返回代表该中间点的 Savepoint 对象。

通常来说，在设置中间点时没有太大的必要指定名称，因为 Connection 回滚到指定的中间点，并不是根据名称回滚的，而是根据中间点对象回滚的，Connection 提供了 rollback(Savepoint savepoint)方法回滚到指定的中间点。

➤➤ 13.7.3 使用批量更新

JDBC 还提供了一个批量更新的功能，当使用批量更新时，多条 SQL 语句将作为一批操作被同时收集，并同时提交。

> **提示：**
> 批量更新必须得到底层数据库的支持，可以通过调用 DatabaseMetaData 的 supportsBatchUpdates()方法来查看底层数据库是否支持批量更新。

使用批量更新也需要先创建一个 Statement 对象，然后利用该对象的 addBatch()方法将多条 SQL 语句同时收集起来，最后调用 Java 8 为 Statement 对象新增的 executeLargeBatch()（或原有的 executeBatch()）方法同时执行这些 SQL 语句。只要批量操作中任何一条 SQL 语句影响的记录条数可能超过 Integer.MAX_VALUE，就应该使用 executeLargeBatch()方法，而不是 executeBatch()方法。

如下代码片段示范了如何执行批量更新。

```
Statement stmt = conn.createStatement();
// 使用 Statement 同时收集多条 SQL 语句
stmt.addBatch(sql1);
stmt.addBatch(sql2);
stmt.addBatch(sql3);
...
// 同时执行所有的 SQL 语句
stmt.executeLargeBatch();
```

执行 executeLargeBatch()方法将返回一个 long[]数组，因为使用 Statement 执行 DDL 语句、DML 语句都将返回一个 long 值，而执行多条 DDL 语句、DML 语句将会返回多个 long 值，多个 long 值就组成了这个 long[]数组。如果在批量更新的 addBatch()方法中添加了 select 查询语句，程序将直接出现错误。

为了让批量操作可以正确地处理错误，必须把批量执行的操作视为单个事务，如果批量更新在执行过程中失败，则让事务回滚到批量操作开始之前的状态。为了达到这种效果，程序应该在开始批量操作之前先关闭自动提交，然后开始收集更新语句，当批量操作执行结束后，提交事务，并恢复之前的自动提交模式。如下程序示范了如何使用 JDBC 的批量更新功能。

程序清单：codes\13\13.7\BatchTest.java

```
public class BatchTest
{
    private String driver;
    private String url;
    private String user;
    private String pass;
    public void initParam(String paramFile) throws Exception
    {
```

```
        // 省略使用 Properties 类来加载属性文件的代码
        ...
    }
    public void insertBatch(String[] sqls) throws Exception
    {
        // 加载驱动
        Class.forName(driver);
        try (
            Connection conn = DriverManager.getConnection(url, user, pass))
        {
            // 关闭自动提交，开启事务
            conn.setAutoCommit(false);
            // 保存当前的自动提交模式
            boolean autoCommit = conn.getAutoCommit();
            // 关闭自动提交
            conn.setAutoCommit(false);
            try (
                // 使用 Connection 来创建一个 Statement 对象
                Statement stmt = conn.createStatement())
            {
                // 循环多次执行 SQL 语句
                for (var sql : sqls)
                {
                    stmt.addBatch(sql);
                }
                // 同时提交所有的 SQL 语句
                stmt.executeLargeBatch();
                // 提交修改
                conn.commit();
                // 恢复原有的自动提交模式
                conn.setAutoCommit(autoCommit);
            }
            // 提交事务
            conn.commit();
        }
    }
    public static void main(String[] args) throws Exception
    {
        var tt = new TransactionTest();
        tt.initParam("mysql.ini");
        var sqls = new String[]{
            "insert into student_table values(null, 'aaa', 1)",
            "insert into student_table values(null, 'bbb', 1)",
            "insert into student_table values(null, 'ccc', 1)",
        };
        tt.insertInTransaction(sqls);
    }
}
```

13.8　分析数据库信息

大部分时候，只需要对指定的数据表进行插入（C）、查询（R）、修改（U）、删除（D）等 CRUD 操作；但在某些时候，程序需要动态地获取数据库的相关信息，例如，数据库中的数据表信息、列信息。此外，如果希望在程序中动态地利用底层数据库所提供的特殊功能，则需要动态分析数据库的相关信息。

▶▶ 13.8.1　使用 DatabaseMetaData 分析数据库信息

JDBC 提供了 DatabaseMetaData 来封装数据库连接对应数据库的信息，通过 Connection 提供的 getMetaData()方法就可以获取数据库对应的 DatabaseMetaData 对象。

DatabaseMetaData 接口通常由驱动程序供应商提供实现，其目的是让用户了解底层数据库的相关信息。使用该接口的目的是发现如何处理底层数据库，尤其是对于试图与多个数据库一起使用的应用程序——因为应用程序需要在多个数据库之间切换，所以必须利用该接口来找出底层数据库的功能。例如，调用 supportsCorrelatedSubqueries()方法查看是否可以使用关联子查询，或者调用 supportsBatchUpdates()
方法查看是否可以使用批量更新。

  DatabaseMetaData 的很多方法都以 ResultSet 对象的形式返回查询信息，然后使用 ResultSet 的常规
方法（如 getString()和 getInt()）即可从这些 ResultSet 对象中获取数据。如果查询的信息不可用，则将
返回一个空 ResultSet 对象。

  DatabaseMetaData 的很多方法都需要传入一个 xxxPattern 模式字符串，这里的 xxxPattern 不是正则
表达式，而是 SQL 中的模式字符串，即用百分号（%）代表任意多个字符，用下画线（_）代表一个字
符。在通常情况下，如果把该模式字符串的参数值设置为 null，即表明该参数不作为过滤条件。

  下面的程序通过 DatabaseMetaData 分析了当前 Connection 连接对应数据库的一些基本信息，包括
当前数据库中包含多少数据表、存储过程，以及 student_table 表的数据列、主键、外键等信息。

程序清单：codes\13\13.8\DatabaseMetaDataTest.java

```java
public class DatabaseMetaDataTest
{
    private String driver;
    private String url;
    private String user;
    private String pass;
    public void initParam(String paramFile) throws Exception
    {
        // 使用 Properties 类来加载属性文件
        var props = new Properties();
        props.load(new FileInputStream(paramFile));
        driver = props.getProperty("driver");
        url = props.getProperty("url");
        user = props.getProperty("user");
        pass = props.getProperty("pass");
    }
    public void info() throws Exception
    {
        // 加载驱动
        Class.forName(driver);
        try (
            // 获取数据库连接
            Connection conn = DriverManager.getConnection(url, user, pass))
        {
            // 获取 DatabaseMetaData 对象
            DatabaseMetaData dbmd = conn.getMetaData();
            // 获取 MySQL 支持的所有表类型
            ResultSet rs = dbmd.getTableTypes();
            System.out.println("--MySQL 支持的表类型信息--");
            printResultSet(rs);
            // 获取当前数据库中的全部数据表
            rs = dbmd.getTables("select_test", null, "%", new String[]{"TABLE"});
            System.out.println("--当前数据库里的数据表信息--");
            printResultSet(rs);
            // 获取 student_table 表的主键
            rs = dbmd.getPrimaryKeys("select_test", null, "student_table");
            System.out.println("--student_table 表的主键信息--");
            printResultSet(rs);
            // 获取当前数据库中的全部存储过程
            rs = dbmd.getProcedures("select_test", null, "%");
            System.out.println("--当前数据库里的存储过程信息--");
            printResultSet(rs);
            // 获取 teacher_table 表和 student_table 表之间的外键约束
            rs = dbmd.getCrossReference("select_test", null, "teacher_table",
                null, null, "student_table");
            System.out.println("--teacher_table 表和 student_table 表之间"
                + "的外键约束--");
            printResultSet(rs);
            // 获取 student_table 表的全部数据列
            rs = dbmd.getColumns("select_test", null, "student_table", "%");
```

```
            System.out.println("--student_table 表的全部数据列--");
            printResultSet(rs);
        }
    }
    public void printResultSet(ResultSet rs)throws SQLException
    {
        ResultSetMetaData rsmd = rs.getMetaData();
        // 打印 ResultSet 的所有列标题
        for (var i = 0; i < rsmd.getColumnCount(); i++)
        {
            System.out.print(rsmd.getColumnName(i + 1) + "\t");
        }
        System.out.print("\n");
        // 打印 ResultSet 中的全部数据
        while (rs.next())
        {
            for (var i = 0; i < rsmd.getColumnCount(); i++)
            {
                System.out.print(rs.getString(i + 1) + "\t");
            }
            System.out.print("\n");
        }
        rs.close();
    }
    public static void main(String[] args) throws Exception
    {
        var dt = new DatabaseMetaDataTest();
        dt.initParam("mysql.ini");
        dt.info();
    }
}
```

上面程序中的粗体字代码就是使用 DatabaseMetaData 分析数据库信息的示例代码。运行上面的程序，将可以看到通过 DatabaseMetaData 分析数据库信息的结果。

▶▶ 13.8.2 使用系统表分析数据库信息

除可以使用 DatabaseMetaData 来分析底层数据库信息之外，如果已经确定应用程序所使用的数据库系统，则可以通过数据库的系统表来分析数据库信息。前面已经提到，系统表又称为数据字典，数据字典的数据通常由数据库系统负责维护，用户通常只能查询数据字典，而不能修改数据字典的内容。

提示：

几乎所有的数据库都会提供系统表供用户查询，用户可以通过查询系统表来获得数据库的相关信息。对于像 MySQL 和 SQL Server 这样的数据库，它们还提供了一个系统数据库来存储这些系统表。系统表相当于视图，用户只能查看系统表的数据，而不能直接修改系统表的数据。

MySQL 数据库使用 information_schema 数据库来保存系统表，该数据库中包含了大量的系统表，对常用的系统表简单介绍如下。

➢ tables：存放数据库中所有数据表的信息。
➢ schemata：存放数据库中所有数据库（与 MySQL 的 Schema 对应）的信息。
➢ views：存放数据库中所有视图的信息。
➢ columns：存放数据库中所有列的信息。
➢ triggers：存放数据库中所有触发器的信息。
➢ routines：存放数据库中所有存储过程和函数的信息。
➢ key_column_usage：存放数据库中所有具有约束的键信息。
➢ table_constraints：存放数据库中全部约束的表信息。
➢ statistics：存放数据库中全部索引的信息。

从这些系统表中取得的数据库信息会更加准确。例如，若要查询当前 MySQL 数据库中包含多少数据库及其详细信息，则可以查询 schemata 系统表；如果需要查询指定数据库中的全部数据表，则可以查询 tables 系统表；如果需要查询指定数据表的全部数据列，则可以查询 columns 系统表。图 13.23 显示了通过系统表查询所有的数据库、select_test 数据库的全部数据表、student_table 表的所有数据列的 SQL 语句及执行效果。

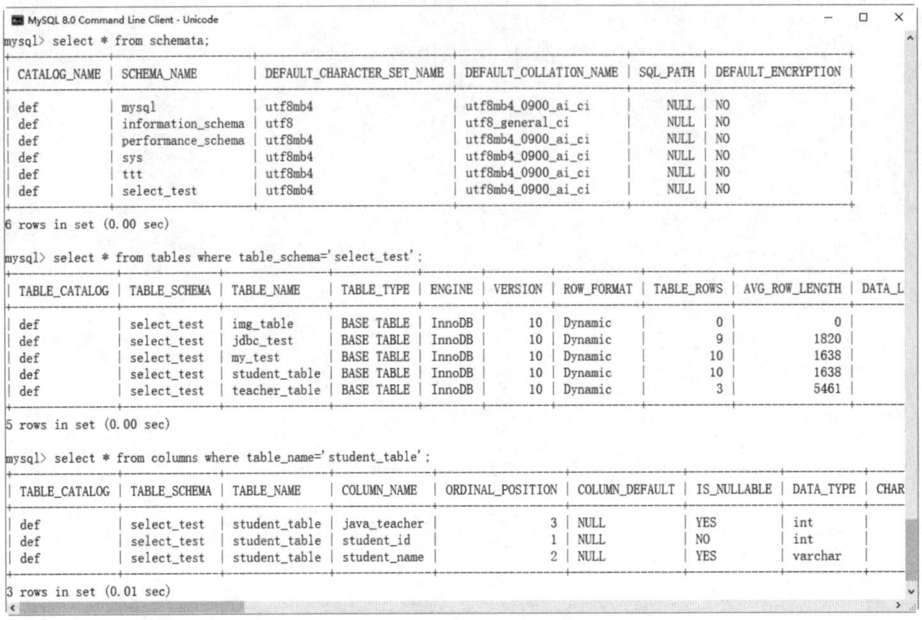

```
MySQL 8.0 Command Line Client - Unicode
mysql> select * from schemata;
+--------------+--------------------+----------------------------+------------------------+----------+----------------------+
| CATALOG_NAME | SCHEMA_NAME        | DEFAULT_CHARACTER_SET_NAME | DEFAULT_COLLATION_NAME | SQL_PATH | DEFAULT_ENCRYPTION |
+--------------+--------------------+----------------------------+------------------------+----------+----------------------+
| def          | mysql              | utf8mb4                    | utf8mb4_0900_ai_ci     |     NULL | NO                   |
| def          | information_schema | utf8                       | utf8_general_ci        |     NULL | NO                   |
| def          | performance_schema | utf8mb4                    | utf8mb4_0900_ai_ci     |     NULL | NO                   |
| def          | sys                | utf8mb4                    | utf8mb4_0900_ai_ci     |     NULL | NO                   |
| def          | ttt                | utf8mb4                    | utf8mb4_0900_ai_ci     |     NULL | NO                   |
| def          | select_test        | utf8mb4                    | utf8mb4_0900_ai_ci     |     NULL | NO                   |
+--------------+--------------------+----------------------------+------------------------+----------+----------------------+
6 rows in set (0.00 sec)

mysql> select * from tables where table_schema='select_test';
+---------------+--------------+---------------+------------+--------+---------+------------+------------+----------------+-------
| TABLE_CATALOG | TABLE_SCHEMA | TABLE_NAME    | TABLE_TYPE | ENGINE | VERSION | ROW_FORMAT | TABLE_ROWS | AVG_ROW_LENGTH | DATA_L
+---------------+--------------+---------------+------------+--------+---------+------------+------------+----------------+-------
| def           | select_test  | img_table     | BASE TABLE | InnoDB |      10 | Dynamic    |          0 |              0 |
| def           | select_test  | jdbc_test     | BASE TABLE | InnoDB |      10 | Dynamic    |          9 |           1820 |
| def           | select_test  | my_test       | BASE TABLE | InnoDB |      10 | Dynamic    |         10 |           1638 |
| def           | select_test  | student_table | BASE TABLE | InnoDB |      10 | Dynamic    |         10 |           1638 |
| def           | select_test  | teacher_table | BASE TABLE | InnoDB |      10 | Dynamic    |          3 |           5461 |
+---------------+--------------+---------------+------------+--------+---------+------------+------------+----------------+-------
5 rows in set (0.00 sec)

mysql> select * from columns where table_name='student_table';
+---------------+--------------+---------------+--------------+------------------+----------------+-------------+-----------+-----
| TABLE_CATALOG | TABLE_SCHEMA | TABLE_NAME    | COLUMN_NAME  | ORDINAL_POSITION | COLUMN_DEFAULT | IS_NULLABLE | DATA_TYPE | CHAR
+---------------+--------------+---------------+--------------+------------------+----------------+-------------+-----------+-----
| def           | select_test  | student_table | java_teacher |                3 | NULL           | YES         | int       |
| def           | select_test  | student_table | student_id   |                1 | NULL           | NO          | int       |
| def           | select_test  | student_table | student_name |                2 | NULL           | YES         | varchar   |
+---------------+--------------+---------------+--------------+------------------+----------------+-------------+-----------+-----
3 rows in set (0.01 sec)
```

图 13.23　使用系统表分析数据库信息

13.8.3　选择合适的分析方式

本章后面的练习需要完成一个仿 DBeaver 的应用程序，这个应用程序需要根据数据库、数据表、数据列等信息创建一棵树，这就需要利用 DatabaseMetaData 来分析数据库信息，或者利用 MySQL 系统表来分析数据库信息。

通常而言，如果使用 DatabaseMetaData 来分析数据库信息，则将具有更好的跨数据库特性，应用程序可以做到与数据库无关；但可能无法准确获得数据库的更多细节。

使用数据库系统表来分析数据库信息会更加准确，但使用系统表也有坏处——这种方式与底层数据库耦合严重，采用这种方式将会导致程序只能运行于特定的数据库之上。

通常来说，如果需要获得数据库信息，包括该数据库驱动提供了哪些功能，则应该利用 DatabaseMetaData 来了解该数据库支持哪些功能。完全可能出现这样一种情况：对于底层数据库支持的功能，而数据库驱动没有提供该功能，程序还是不能使用该功能。使用 DatabaseMetaData 则不会出现这种情况。

如果需要纯粹地分析数据库的静态对象，例如，分析数据库系统中包含多少数据库、数据表、视图、索引等信息，则利用系统表会更加合适。

提示：

如果希望在利用系统表时具有更好的通用性，程序可以通过 DatabaseMetaData 的 getDatabaseProductName()、getDatabaseProductVersion()方法来获取底层数据库的产品名和产品版本号，还可以通过 DatabaseMetaData 的 getDriverName()、getDriverVersion()方法获取驱动程序名和驱动程序版本号。

13.9　使用连接池管理连接

数据库连接的建立及关闭是极耗费系统资源的操作，在多层结构的应用环境中，这种资源的耗费对系统性能的影响尤为明显。通过前面介绍的方式（通过 DriverManager 获取连接）获得的数据库连接，一个数据库连接对象对应一个物理数据库连接，每次操作都打开一个物理数据库连接，使用完后立即关闭连接。频繁地打开、关闭连接将造成系统性能低下。

　　数据库连接池的解决方案是：当应用程序启动时，系统主动建立足够的数据库连接，并将这些连接组成一个连接池。每次应用程序请求数据库连接时，都无须重新打开连接，而是从连接池中取出已有的连接使用，使用完后不再关闭数据库连接，而是直接将连接归还给连接池。通过使用数据库连接池，将大大提高程序的运行效率。

　　对于共享资源的情况，有一种通用的设计模式：资源池（Resource Pool），用于解决资源的频繁请求、释放所造成的性能下降的问题。为了解决数据库连接的频繁请求、释放的问题，JDBC 2.0 规范引入了数据库连接池技术。数据库连接池是 Connection 对象的工厂。数据库连接池的常用参数如下：

> ➢ 连接池的初始连接数。
> ➢ 连接池的最大连接数。
> ➢ 连接池的最小连接数。
> ➢ 连接池每次增加的容量。

JDBC 的数据库连接池使用 javax.sql.DataSource 来表示，DataSource 只是一个接口，该接口通常由商用服务器（如 WebLogic、WebSphere）等提供实现，也有一些开源组织提供了实现（如 DBCP、C3P0 和 HikariCP 等）。

> 💡 **提示：** ━━━━━━━━━━━━━━━━━━━━━━━━━━━━━━━━━━━━━━━
> 　　DataSource 通常被称为数据源，它包含连接池和连接池管理两个部分，但习惯上也经常把 DataSource 称为连接池。

本节将主要介绍 DBCP 和 C3P0 两种开源的数据源实现，而不打算介绍任何商用服务器的数据源实现。

➤➤ 13.9.1　DBCP2 数据源

DBCP 是 Apache 软件基金组织下的开源连接池实现，该连接池实现依赖该组织下的另一个开源系统：common-pool。如果需要使用该连接池实现，则应该在系统中增加如下两个 JAR 文件。

> ➢ commons-dbcp2-2.9.0.jar：连接池的实现。
> ➢ commons-pool2-2.11.1.jar：连接池实现的依赖库。

登录 Apache Commons 官方网站下载 commons-pool2-版本号.zip 和 commons-dbcp2-版本号.zip 两个压缩文件，解压缩这两个文件即可得到上面提到的两个 JAR 文件。为了在程序中使用这两个 JAR 文件，应该把它们添加到系统的类加载路径中（比如添加到 CLASSPATH 环境变量中）。

Tomcat 的连接池正是采用该连接池实现的。数据库连接池既可以与应用服务器整合使用，也可以由应用程序独立使用。下面的代码片段示范了使用 DBCP 来获得数据库连接的方式。

```
// 创建数据源对象
var ds = new BasicDataSource();
// 设置连接池所需的驱动
ds.setDriverClassName("com.mysql.cj.jdbc.Driver");
// 设置连接数据库的 URL
ds.setUrl("jdbc:mysql://localhost:3306/javaee?useSSL=false&serverTimezone=UTC");
// 设置连接数据库的用户名
ds.setUsername("root");
// 设置连接数据库的密码
ds.setPassword("pass");
// 设置连接池的初始连接数
ds.setInitialSize(5);
// 设置连接池中最多可有多少个活动连接
ds.setMaxActive(20);
// 设置连接池中最少有两个空闲的连接
```

```
ds.setMinIdle(2)
```

数据源和数据库连接不同，数据源无须创建多个，它是产生数据库连接的工厂，因此整个应用只需要一个数据源即可。也就是说，对于一个应用，上面的代码只要执行一次即可。建议把上面代码中的 ds 设置成 static 成员变量，并且在应用开始时立即初始化数据源对象，程序中所有需要获取数据库连接的地方直接访问该 ds 对象，并获取数据库连接即可。通过 DataSource 获取数据库连接的代码如下：

```
// 通过数据源获取数据库连接
Connection conn = ds.getConnection();
```

当数据库访问结束后，程序还是像以前一样关闭数据库连接，代码如下：

```
// 释放数据库连接
conn.close();
```

但上面的代码并没有关闭数据库的物理连接，它仅仅把数据库连接释放了，归还给连接池，让其他客户端可以使用该连接。

➤➤ 13.9.2 C3P0 数据源

相比之下，C3P0 数据源的性能更胜一筹，Hibernate 就推荐使用该连接池。C3P0 连接池不仅可以自动清理不再使用的 Connection，而且可以自动清理 Statement 和 ResultSet。C3P0 连接池需要 1.3 版本以上的 JRE，推荐使用 1.4 版本以上的 JRE。如果需要使用 C3P0 连接池，则应该在系统中增加如下 JAR 文件。

➤ c3p0-0.9.5.5.jar：C3P0 连接池的实现。

➤ mchange-commons-java-0.2.20.jar：C3P0 连接池的依赖库。

登录 SourceForge 官方网站下载 C3P0 数据源的最新版本，下载后得到一个 c3p0-0.9.5.5.bin.zip 文件（版本号可能有区别），解压缩该文件，即可得到上面提到的 JAR 文件。

下面的代码片段通过 C3P0 连接池获得数据库连接。

```
// 创建连接池实例
var ds = new ComboPooledDataSource();
// 设置连接池连接数据库所需的驱动
ds.setDriverClass("com.mysql.cj.jdbc.Driver");
// 设置连接数据库的 URL
ds.setJdbcUrl("jdbc:mysql://localhost:3306/javaee?useSSL=false&serverTimezone=UTC");
// 设置连接数据库的用户名
ds.setUser("root");
// 设置连接数据库的密码
ds.setPassword("32147");
// 设置连接池的最大连接数
ds.setMaxPoolSize(40);
// 设置连接池的最小连接数
ds.setMinPoolSize(2);
// 设置连接池的初始连接数
ds. setInitialPoolSize(10);
// 设置连接池缓存 Statement 的最大数
ds.setMaxStatements(180);
```

在程序中创建 C3P0 连接池的方法与前面介绍的创建 DBCP 连接池的方法基本类似，此处不再解释。一旦获取了 C3P0 连接池，程序同样可以通过如下代码来获取数据库连接。

```
// 获取数据库连接
Connection conn = ds.getConnection();
```

📁 13.10 本章小结

本章从标准的 SQL 语句讲起，简单介绍了关系数据库的基本理论及标准 SQL 语句的相关语法，包括 DDL 语句、DML 语句、简单查询语句、多表连接查询语句和子查询语句。本章重点讲解了 JDBC 数据库访问的详细步骤，包括加载数据库驱动，获取数据库连接，执行 SQL 语句，处理执行结果等。

　　本章在介绍 JDBC 数据库访问时详细讲解了 Statement、PreparedStatement、CallableStatement 的区别和联系，并介绍了如何处理数据表的 Blob 列。本章还介绍了事务相关知识，包括如何在标准的 SQL 语句中进行事务控制和在 JDBC 编程中进行事务控制。本章最后介绍了如何利用 DatabaseMetaData、系统表来分析数据库信息，并讲解了数据源的原理和作用，示范了两个开源数据源实现的用法。

▶▶本章练习

　　1．设计一个数据表用于保存图书信息，需要保存图书的书名、价格、作者、出版社、封面（图片）等信息。开发一个带界面的程序，用户可向该数据表中添加记录、从数据表中删除记录，也可修改已有的图书记录，并可根据书名、价格、作者等条件查询图书。

　　2．开发 C/S 结构的图书销售管理系统，要求实现两个模块：①后台管理，包括管理种类、管理图书库存（可以上传图书封面图片）、管理出版社；②销售前台，包括查询图书资料（根据种类、书名、出版社）、销售图书（会影响库存），并记录每条销售信息，统计每天、每月的销售情况。

　　3．开发 MySQL 企业管理器，其功能可类似于简化版的 DBeaver。

第14章

注解

本章要点

- ❯ 注解的概念和作用
- ❯ @Override 注解的功能和用法
- ❯ @Deprecated 注解的功能和用法
- ❯ @SuppressWarnings 注解的功能和用法
- ❯ @SafeVarargs 注解的功能和用法
- ❯ @FunctionalInterface 注解的功能和用法
- ❯ @Retention 注解的功能和用法
- ❯ @Target 注解的功能和用法
- ❯ @Documented 注解的功能和用法
- ❯ @Inherited 注解的功能和用法
- ❯ 自定义注解
- ❯ 提取注解信息
- ❯ 重复注解
- ❯ 类型注解
- ❯ 使用 APT 工具

从 JDK 5 开始，Java 增加了对元数据（Metadata）的支持，也就是 Annotation（即注解，偶尔也被翻译为注释），这种注解与第 3 章所介绍的注释有一定的区别。本章所介绍的注解，其实是代码里的特殊标记，这些标记可以在编译、类加载、运行时被读取，并执行相应的处理。通过使用注解，程序开发人员可以在不改变原有逻辑的情况下，在源文件中嵌入一些补充信息。代码分析工具、开发工具和部署工具可以通过这些补充信息进行验证或者进行部署。

注解提供了一种为程序元素设置元数据的方法，从某些方面来看，注解就像修饰符一样，可用于修饰包、类、构造器、方法、成员变量、参数、局部变量的声明，这些信息被存储在注解的"name = value"对中。

 注意

注解是一个接口，程序可以通过反射来获取指定程序元素的 java.lang.annotation. Annotation 对象，然后通过该对象来获得注解中的元数据。

注解能被用来为程序元素（类、方法、成员变量等）设置元数据。值得指出的是，注解不影响程序代码的执行，无论是增加还是删除注解，代码都始终如一地执行。如果希望让程序中的注解在运行时起一定的作用，那么只能通过某种配套的工具对注解中的信息进行访问和处理。访问和处理注解的工具被统称为 APT（Annotation Processing Tool）。

14.1 基本注解

注解必须使用工具来处理，工具负责提取注解中包含的元数据，工具还会根据这些元数据增加额外的功能。在系统学习新的注解语法之前，先看一下 JDK 提供的 5 个基本注解的用法——在使用注解时，要在其前面添加@符号，并把该注解当成一个修饰符使用，用于修饰它所支持的程序元素。

5 个基本注解如下：

- ➤ @Override
- ➤ @Deprecated
- ➤ @SuppressWarnings
- ➤ @SafeVarargs
- ➤ @FunctionalInterface

上面 5 个基本注解中的@SafeVarargs 是 Java 7 新增的，@FunctionalInterface 是 Java 8 新增的。这 5 个基本注解都被定义在 java.lang 包下，读者可以通过查阅其 API 文档来了解关于它们的更多细节。

▶▶ 14.1.1 限定重写父类的方法：@Override

@Override 就是用来指定方法覆盖的，它可以强制一个子类必须覆盖父类的方法。在下面的程序中，使用@Override 指定子类 Apple 的 info()方法必须重写父类的方法。

程序清单：codes\14\14.1\Fruit.java

```
public class Fruit
{
    public void info()
    {
        System.out.println("水果的info方法...");
    }
}
class Apple extends Fruit
{
    // 使用@Override指定下面的方法必须重写父类的方法
    @Override
    public void info()
    {
        System.out.println("苹果重写水果的info方法...");
    }
}
```

编译上面的程序，可能丝毫看不出程序中的@Override 有何作用，因为@Override 只是告诉编译器检查这个方法，保证父类中包含一个被该方法重写的方法，否则编译就会出错。@Override 主要是帮助程序员避免一些低级错误，例如，把上面 Apple 类中的 info 方法不小心写成了 inf0，这样的低级错误可能会成为后期排错时的巨大障碍。

提示：
    疯狂软件教育中心在讲解 Struts 2.x 框架的过程中会告诉学员定义 Action 的方法：需要继承系统的 Action 基类，并重写 execute()方法。但由于 Struts Action 基类中包含的 execute()方法比较复杂，经常有学员出现在重写 execute()方法时方法签名写错的错误——这种错误在编译、运行时都没有任何提示，只是在运行时不出现所期望的结果，这种没有任何错误提示的错误才是最难调试的错误。如果在重写 execute()方法时使用了 @Override 修饰，就可以轻松避免这个问题。

如果把 Apple 类中的 info 方法误写成 inf0，在编译程序时将出现如下错误提示：

```
Fruit.java:23: 错误：方法不会覆盖或实现超类型的方法
  @Override
  ^
1 个错误
```

注意：
    @Override 只能用于修饰方法，不能用于修饰其他程序元素。

▶▶ 14.1.2　Java 9 增强的@Deprecated

@Deprecated 用于标记某个程序元素（类、方法等）已过时，当其他程序使用已过时的类、方法时，编译器将会发出警告。

Java 9 为@Deprecated 注解增加了如下两个属性。

➢ forRemoval：该 boolean 类型的属性指定该 API 将来是否会被删除。

➢ since：该 String 类型的属性指定该 API 从哪个版本开始被标记为过时。

如下程序指定 Apple 类中的 info()方法已过时，在其他程序中使用 Apple 类的 info()方法时，编译器将会发出警告。

程序清单：codes\14\14.1\DeprecatedTest.java

```java
class Apple
{
    // 定义 info 方法已过时
    // since 属性指定从哪个版本开始，forRemoval 属性指定该 API 将来会被删除
    @Deprecated(since = "11", forRemoval = true)
    public void info()
    {
        System.out.println("Apple 的 info 方法");
    }
}
public class DeprecatedTest
{
    public static void main(String[] args)
    {
        // 下面使用 info()方法时将会被编译器警告
        new Apple().info();
    }
}
```

上面程序中的粗体字代码使用了 Apple 的 info()方法，而在 Apple 类中定义 info()方法时使用了@Deprecated 修饰，表明该方法已过时，所以将会引起编译器警告。

注意：
    @Deprecated 的作用与文档注释中@deprecated 标记的作用基本相同，但它们的用法不同，@Deprecated 是 JDK 5 才支持的注解，无须放在文档注释语法（/**...*/部分）中，而是直接用于修饰程序中的程序单元，如方法、类、接口等。

▶▶ 14.1.3　抑制编译器警告：@SuppressWarnings

@SuppressWarnings 指示被该注解修饰的程序元素（以及该程序元素中所有的子元素）取消显示指定的编译器警告。@SuppressWarnings 会一直作用于该程序元素中所有的子元素，例如，使用 @SuppressWarnings 修饰某个类取消显示某个编译器警告，同时又修饰该类中的某个方法取消显示另一个编译器警告，那么该方法将会同时取消显示这两个编译器警告。

在通常情况下，如果程序中使用没有泛型限制的集合，将会引起编译器警告，为了避免这种编译器警告，可以使用@SuppressWarnings 修饰。下面的程序取消了没有使用泛型的编译器警告。

程序清单：codes\14\14.1\SuppressWarningsTest.java

```java
// 关闭整个类中的编译器警告
@SuppressWarnings(value = "unchecked")
public class SuppressWarningsTest
{
    public static void main(String[] args)
    {
        List<String> myList = new ArrayList();    // ①
    }
}
```

程序中的第一行粗体字代码使用@SuppressWarnings 来关闭 SuppressWarningsTest 类中所有的编译器警告，在编译上面的程序时将不会看到任何编译器警告。如果删除这行粗体字代码，将会在程序中①处看到编译器警告。

正如从程序中的粗体字代码所看到的，当使用@SuppressWarnings 注解来关闭编译器警告时，一定要在括号中使用 name = value 的形式为该注解的成员变量设置值。关于如何为注解添加成员变量，请看 14.2 节的介绍。

▶▶ 14.1.4　"堆污染"警告与 Java 9 增强的@SafeVarargs

前面在介绍泛型擦除时，介绍了如下代码可能会导致运行时异常。

```java
List list = new ArrayList<Integer>();
list.add(20);        // 当添加元素时引发 unchecked 异常
// 下面的代码引起"未经检查的转换"的警告，编译、运行时完全正常
List<String> ls = list;      // ①
// 但只要访问 ls 中的元素，下面的代码就会引起运行时异常
System.out.println(ls.get(0));
```

Java 把引发这种错误的原因称为"堆污染"（Heap pollution）。当把一个不带泛型的对象赋给一个带泛型的变量时，往往就会发生这种"堆污染"，如上面的①号粗体字代码所示。

对于形参个数可变的方法，该形参的类型又是泛型，这将更容易导致"堆污染"。例如，如下工具类。

程序清单：codes\14\14.1\ErrorUtils.java

```java
public class ErrorUtils
{
    public static void faultyMethod(List<String>... listStrArray)
    {
        // Java 语言不允许创建泛型数组，因此 listArray 只能被当成 List[] 处理
        // 此时相当于把 List<String>赋给了 List，已经发生了"堆污染"
        List[] listArray = listStrArray;
        List<Integer> myList = new ArrayList<>();
        myList.add(new Random().nextInt(100));
        // 将 listArray 的第一个元素赋为 myList
        listArray[0] = myList;
        String s = listStrArray[0].get(0);
    }
}
```

上面程序中的粗体字代码已经发生了"堆污染"。由于该方法有一个形参是 List<String>...类型，个数可变的形参相当于数组，但 Java 又不支持泛型数组，因此程序只能把 List<String>...当成 List[] 处理，

这里就发生了"堆污染"。

在 Java 6 以及更早的版本中，Java 编译器认为 faultyMethod()方法完全没有问题，既不会提示错误，也不会发出警告。

但是当等到使用该方法时，例如如下程序。

程序清单：codes\14\14.1\ErrorUtilsTest.java

```java
public class ErrorUtilsTest
{
    public static void main(String[] args)
    {
        ErrorUtils.faultyMethod(Arrays.asList("Hello!"),
            Arrays.asList("World!"));          // ①
    }
}
```

编译该程序,将会在①号代码处引发一个 unchecked 警告。这个 unchecked 警告出现得比较"突兀"：在定义 faultyMethod()方法时没有发出任何警告，在调用该方法时却引发了一个"警告"。

> **注意：**
> 上面的程序故意利用了"堆污染"，因此程序运行时也会在①号代码处引发 ClassCastException 异常。

从 Java 7 开始，Java 编译器将会进行更严格的检查，Java 编译器在编译 ErrorUtils 时就会发出如下所示的警告。

```
ErrorUtils.java:15: 警告: [unchecked] 参数化 vararg 类型 List<String>的堆可能已受污染
    public static void faultyMethod(List<String>... listStrArray)
                                                    ^
1 个警告
```

由此可见，Java 7 会在定义该方法时就发出"堆污染"警告，这样可以保证开发者"更早"地注意到程序中可能存在的"漏洞"。

但有些时候，开发者不希望看到这个警告，这时就可以使用如下三种方式来"抑制"这个警告。

➤ 使用@SafeVarargs 修饰引发该警告的方法或构造器。Java 9 增强了该注解，允许使用该注解修饰私有实例方法。

➤ 使用@SuppressWarnings("unchecked")修饰。

➤ 在编译时使用-Xlint:varargs 选项。

很明显，第三种方式一般比较少用，通常可以选择第一种或第二种方式，尤其是使用@SafeVarargs 修饰引发该警告的方法或构造器，它是 Java 7 专门为抑制"堆污染"警告提供的。

如果程序使用@SafeVarargs 修饰 ErrorUtils 类中的 faultyMethod()方法，那么在编译上面的两个程序时都不会发出任何警告。

▶▶ 14.1.5　函数式接口与@FunctionalInterface

前面已经提到，从 Java 8 开始，如果接口中只有一个抽象方法（可以包含多个默认方法或多个 static 方法），该接口就是函数式接口。@FunctionalInterface 就是用来指定某个接口必须是函数式接口的。例如，如下程序使用@FunctionalInterface 修饰了函数式接口。

> **提示：**
> 函数式接口就是为 Java 8 的 Lambda 表达式准备的，Java 8 允许使用 Lambda 表达式创建函数式接口的实例，因此 Java 8 专门增加了@FunctionalInterface。

程序清单：codes\14\14.1\FunInterface.java

```java
@FunctionalInterface
public interface FunInterface
```

```
{
    static void foo()
    {
        System.out.println("foo 类方法");
    }
    default void bar()
    {
        System.out.println("bar 默认方法");
    }
    void test(); // 只定义一个抽象方法
}
```

编译上面的程序，可能丝毫看不出程序中的@FunctionalInterface 有何作用，因为@FunctionalInterface 只是告诉编译器检查这个接口，保证该接口中只能包含一个抽象方法，否则编译就会出错。@FunctionalInterface 主要是帮助程序员避免一些低级错误，例如，在上面的 FunInterface 接口中再增加一个抽象方法 abc()，在编译程序时将出现如下错误提示：

```
FunInterface.java:13: 错误: 意外的 @FunctionalInterface 注释
@FunctionalInterface
^
  FunInterface 不是函数式接口
    在 接口 FunInterface 中找到多个非覆盖抽象方法
1 个错误
```

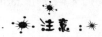 **注意 :**

@FunctionalInterface 只能用于修饰接口，不能用于修饰其他程序元素。

14.2 JDK 的元注解

JDK 除在 java.lang 包下提供了 5 个基本注解之外，还在 java.lang.annotation 包下提供了 6 个元注解（Meta 注解），其中有 5 个元注解都用于修饰其他的注解定义。其中的@Repeatable 专门用于定义 Java 8 新增的重复注解，本章后面会重点介绍相关内容。此处先介绍常用的 4 个元注解。

▶▶ 14.2.1 使用@Retention

@Retention 只能用于修饰注解定义，指定被修饰的注解可以保留多长时间。@Retention 包含一个 RetentionPolicy 类型的 value 成员变量，所以在使用@Retention 时必须为该 value 成员变量指定值。

value 成员变量的值只能是如下三个。

➢ RetentionPolicy.CLASS：编译器将把注解记录在 class 文件中。当运行 Java 程序时，JVM 不可获取注解信息。这是默认值。

➢ RetentionPolicy.RUNTIME：编译器将把注解记录在 class 文件中。当运行 Java 程序时，JVM 也可获取注解信息，程序可以通过反射获取该注解信息。

➢ RetentionPolicy.SOURCE：注解只被保留在源代码中，编译器直接丢弃这种注解。

如果需要通过反射获取注解信息，就需要使用 value 属性值为 RetentionPolicy.RUNTIME 的 @Retention。使用@Retention 元注解可采用如下代码为 value 指定值。

```
// 定义下面的@Testable 注解保留到运行时
@Retention(value = RetentionPolicy.RUNTIME)
public @interface Testable{}
```

也可采用如下代码为 value 指定值。

```
// 定义下面的@Testable 注解将被编译器直接丢弃
@Retention(RetentionPolicy.SOURCE)
public @interface Testable{}
```

上面代码中使用@Retention 元注解时，并未通过 value = RetentionPolicy.SOURCE 的方式来为该成

员变量指定值，这是因为当注解的成员变量名为 value 时，程序可以直接在注解后的括号中指定该成员
变量的值，无须使用 name = value 的形式。

> **提示：** ───────────────────────────────────
> 如果在使用注解时只需要为 value 成员变量指定值，则可以直接在该注解后的括号中
> 指定 value 成员变量的值，无须使用 "value = 变量值" 的形式。

➤➤ 14.2.2　使用@Target

@Target 也只能用于修饰注解定义，指定被修饰的注解能修饰哪些程序单元。@Target 元注解也包
含一个名为 value 的成员变量，该成员变量的值只能是如下几个。

- ➤ ElementType.ANNOTATION_TYPE：指定该策略的注解只能修饰注解。
- ➤ ElementType.CONSTRUCTOR：指定该策略的注解只能修饰构造器。
- ➤ ElementType.FIELD：指定该策略的注解只能修饰成员变量。
- ➤ ElementType.LOCAL_VARIABLE：指定该策略的注解只能修饰局部变量。
- ➤ ElementType.METHOD：指定该策略的注解只能修饰方法。
- ➤ ElementType.PACKAGE：指定该策略的注解只能修饰包。
- ➤ ElementType.PARAMETER：指定该策略的注解可以修饰参数。
- ➤ ElementType.TYPE：指定该策略的注解可以修饰类、接口（包括注解类型）或枚举定义。

与使用@Retention 类似的是，使用@Target 也可以直接在括号中指定 value 值，而无须使用 name =
value 的形式。如下代码指定@ActionListenerFor 注解只能修饰成员变量。

```
@Target(ElementType.FIELD)
public @interface ActionListenerFor{}
```

如下代码指定@Testable 注解只能修饰方法。

```
@Target(ElementType.METHOD)
public @interface Testable { }
```

➤➤ 14.2.3　使用@Documented

@Documented 用于指定被该元注解修饰的注解类将被 javadoc 工具提取成文档。如果在定义注解类
时使用了@Documented 修饰，则所有使用该注解修饰的程序元素的 API 文档中都将包含该注解说明。

下面的代码定义了一个@Testable 注解，程序使用@Documented 来修饰@Testable 注解定义，所以
该注解将被 javadoc 工具所提取。

程序清单：codes\14\14.2\Testable.java

```
@Retention(RetentionPolicy.RUNTIME)
@Target(ElementType.METHOD)
// 定义@Testable注解将被javadoc工具所提取
@Documented
public @interface Testable
{
}
```

上面代码中的粗体字代码指定了 javadoc 工具生成的 API 文档将提取@Testable 的使用信息。

下面的代码定义了一个 MyTest 类，该类中的 info()方法使用了@Testable 修饰。

程序清单：codes\14\14.2\MyTest.java

```
public class MyTest
{
    // 使用@Testable修饰info()方法
    @Testable
    public void info()
    {
        System.out.println("info方法...");
    }
}
```

使用 javadoc 工具为 Testable.java、MyTest.java 文件生成的 API 文档的效果如图 14.1 所示。

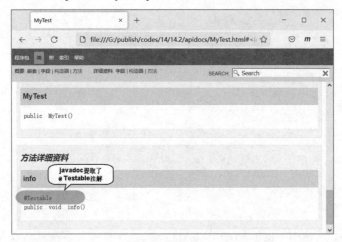

图 14.1　javadoc 提取了有@Documented 修饰的注解

如果把上面 Testable.java 程序中的粗体字代码删除或注释掉，再次使用 javadoc 工具生成的 API 文档的效果如图 14.2 所示。

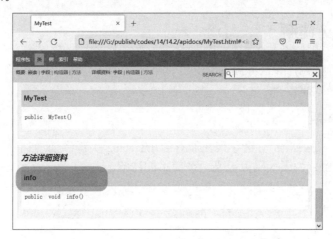

图 14.2　javadoc 不提取没有@Documented 修饰的注解

对比图 14.1 和 14.2 所示两份 API 文档中灰色区域覆盖的 info 方法说明，图 14.1 中的 info 方法说明里包含了@Testable 的信息，这就是使用@Documented 元注解的作用。

▶▶ 14.2.4　使用@Inherited

@Inherited 元注解指定被它修饰的注解将具有继承性——如果某个类使用了@Xxx 注解（在定义该注解时使用了@Inherited 修饰）修饰，则其子类将自动被@Xxx 修饰。

下面使用@Inherited 元注解修饰@Inheritable 注解定义，则该注解将具有继承性。

程序清单：codes\14\14.2\Inheritable.java

```
@Target(ElementType.TYPE)
@Retention(RetentionPolicy.RUNTIME)
@Inherited
public @interface Inheritable
{
}
```

上面程序中的粗体字代码表明@Inheritable 具有继承性。如果某个类使用了@Inheritable 修饰，则该类的子类将自动使用@Inheritable 修饰。

下面程序中定义了一个 Base 类，该类使用了@Inheritable 修饰，则 Base 类的子类将会默认使用@Inheritable 修饰。

程序清单：codes\14\14.2\InheritableTest.java

```
// 使用@Inheritable 修饰的 Base 类
@Inheritable
class Base
{
}
// InheritableTest 类只是继承了 Base 类
// 并未直接使用@Inheritable 注解修饰
public class InheritableTest extends Base
{
    public static void main(String[] args)
    {
        // 打印 InheritableTest 类看是否有@Inheritable 修饰
        System.out.println(InheritableTest.class
            .isAnnotationPresent(Inheritable.class));
    }
}
```

上面程序中的 Base 类使用了@Inheritable 修饰，而该注解具有继承性，所以其子类也将自动使用 @Inheritable 修饰。运行上面的程序，会看到输出：true。

如果将 InheritableTest.java 程序中的粗体字代码注释掉或者删除，将会导致@Inheritable 不具有继承性。运行上面的程序，将看到输出：false。

14.3　自定义注解

前面已经介绍了如何使用 java.lang.annotation 包下的 4 个元注解，下面介绍如何自定义注解，并利用注解来完成一些实际的功能。

▶▶ 14.3.1　定义注解

定义新的注解使用@interface 关键字（在原有的 interface 关键字前增加@符号）。定义一个新的注解与定义一个接口非常像，如下代码可定义一个简单的注解。

```
// 定义一个简单的注解
public @interface Test
{
}
```

在定义了该注解之后，就可以在程序的任何地方使用该注解了。使用注解的语法非常类似于使用 public、final 这样的修饰符，通常可用于修饰程序中的类、方法、变量、接口等。通常会把注解放在所有修饰符之前，而且由于在使用注解时可能还需要为成员变量指定值，因而注解的长度可能较长，所以通常把注解另放一行，如下面的程序所示。

```
// 使用@Test 修饰类
@Test
public class MyClass
{
    ...
}
```

在默认情况下，注解可用于修饰任何程序元素，包括类、接口、方法等。如下程序使用@Test 注解来修饰方法。

```
public class MyClass
{
    // 使用@Test 注解修饰方法
    @Test
    public void info()
    {
        ...
    }
    ...
}
```

注解不仅可以是这种简单的注解，而且可以带成员变量，成员变量在注解定义中以无形参的方法的形式来定义，其方法名和返回值定义了该成员变量的名称和类型。如下代码可以定义一个有成员变量的注解。

```
public @interface MyTag
{
    // 定义带两个成员变量的注解
    // 注解中的成员变量以方法的形式来定义
    String name();
    int age();
}
```

可能有读者会看出，上面定义注解的代码与定义接口的语法非常像，只是 MyTag 使用了 @interface 关键字来定义，而接口使用 interface 关键字来定义。

注意：

　　使用 @interface 定义的注解的确非常像定义了一个注解接口，这个注解接口继承了 java.lang.annotation.Annotation 接口，这一点可以通过反射看到 MyTag 接口中包含了 java.lang.annotation.Annotation 接口里的方法。

一旦在注解中定义了成员变量，在使用该注解时就应该为它的成员变量指定值，如下面的代码所示。

```
public class Test
{
    // 当使用带成员变量的注解时，需要为成员变量赋值
    @MyTag(name = "xx", age = 6)
    public void info()
    {
        ...
    }
    ...
}
```

也可以在定义注解的成员变量时为其指定初始值（默认值），指定成员变量的初始值可以使用 default 关键字。如下代码定义了 @MyTag 注解，该注解中包含了两个成员变量：name 和 age，并且使用 default 为这两个成员变量指定了初始值。

```
public @interface MyTag
{
    // 定义带两个成员变量的注解
    // 使用 default 为这两个成员变量指定初始值
    String name() default "yeeku";
    int age() default 32;
}
```

如果为注解的成员变量指定了默认值，那么在使用该注解时可以不为它的成员变量指定值，而是直接使用默认值。

```
public class Test
{
    // 使用带成员变量的注解
    // 因为它的成员变量有默认值，所以可以不为它的成员变量指定值
    @MyTag
    public void info()
    {
        ...
    }
    ...
}
```

当然，也可以在使用 @MyTag 注解时为其成员变量指定值。如果为 @MyTag 注解的成员变量指定了值，则默认值不会起作用。

根据注解是否可以包含成员变量，把注解分为如下两类。

> 标记注解：没有定义成员变量的注解类型被称为标记。这种注解仅利用自身的存在与否来提供信息，如前面介绍的@Override、@Test 等注解。
> 元数据注解：包含成员变量的注解，因为它们可以接收更多的元数据，所以也被称为元数据注解。

▶▶ 14.3.2 提取注解信息

使用注解修饰了类、方法、成员变量等成员之后，这些注解不会自己生效，必须由开发者提供相应的工具来提取并处理注解信息。

Java 使用 java.lang.annotation.Annotation 接口来代表程序元素前面的注解，该接口是所有注解的父接口。Java 5 在 java.lang.reflect 包下新增了 AnnotatedElement 接口，该接口代表程序中可以接收注解的程序元素。该接口主要有如下几个实现类。

> Class：类定义。
> Constructor：构造器定义。
> Field：类的成员变量定义。
> Method：类的方法定义。
> Package：类的包定义。

java.lang.reflect 包下主要包含一些实现反射功能的工具类，从 Java 5 开始，java.lang.reflect 包所提供的反射 API 增加了读取运行时注解的能力。只有在定义注解时使用了@Retention(RetentionPolicy.RUNTIME)修饰，该注解才会在运行时可见，JVM 才会在装载 class 文件时读取保存在该文件中的注解信息。

AnnotatedElement 接口是所有程序元素（如类、方法、构造器等）的父接口，所以程序通过反射获取了某个类的 AnnotatedElement 对象（如类、方法、构造器等）之后，程序就可以调用该对象的如下几个方法来访问注解信息。

> <A extends Annotation> A getAnnotation(Class<A> annotationClass)：返回该程序元素上存在的、指定类型的注解。如果该类型的注解不存在，则返回 null。
> <A extends Annotation> A getDeclaredAnnotation(Class<A> annotationClass)：这是 Java 8 新增的方法，该方法尝试获取直接修饰该程序元素、指定类型的注解。如果该类型的注解不存在，则返回 null。
> Annotation[] getAnnotations()：返回该程序元素上存在的所有注解。
> Annotation[] getDeclaredAnnotations()：返回直接修饰该程序元素的所有注解。
> boolean isAnnotationPresent(Class<? extends Annotation> annotationClass)：判断该程序元素上是否存在指定类型的注解，如果存在则返回 true，否则返回 false。
> <A extends Annotation> A[] getAnnotationsByType(Class<A> annotationClass)：该方法的功能基本类似于上面介绍的 getAnnotation()方法的功能。但由于 Java 8 增加了重复注解功能，因此需要使用该方法来获取修饰该程序元素、指定类型的多个注解。
> <A extends Annotation> A[] getDeclaredAnnotationsByType(Class<A> annotationClass)：该方法的功能基本类似于上面介绍的 getDeclaredAnnotations()方法的功能。但由于 Java 8 增加了重复注解功能，因此需要使用该方法来获取直接修饰该程序元素、指定类型的多个注解。

> 注意：
> 为了获得程序中的程序元素（如类、方法等），必须使用反射知识。如果读者需要获得关于反射的更详细内容，可以参考本书第 18 章的介绍。

下面的代码片段用于获取 Test 类的 info 方法中的所有注解，并将这些注解打印出来。

```
// 获取 Test 类的 info 方法中的所有注解
Annotation[] aArray = Class.forName("Test").getMethod("info").getAnnotations();
// 遍历所有注解
for (var an : aArray)
{
```

```
    System.out.println(an);
}
```

如果需要获取某个注解中的元数据，则可以将该注解强制类型转换成所需的注解类型，然后通过注解对象的抽象方法来访问这些元数据。代码片段如下：

```
// 获取 tt 对象的 info 方法所包含的所有注解
Annotation[] annotation = tt.getClass().getMethod("info").getAnnotations();
// 遍历每个注解对象
for (var tag :annotation)
{
    // 如果 tag 注解是 MyTag1 类型
    if (tag instanceof MyTag1 myTag1)
    {
        System.out.println("Tag is：" + myTag1);
        // 输出 myTag1 对象的 method1 和 method2 两个成员变量的值
        System.out.println("myTag1.name(): " + myTag1.name());
        System.out.println("myTag1.age(): " + myTag1.age());
    }
    // 如果 tag 注解是 MyTag2 类型
    if (tag instanceof MyTag2 myTag2)
    {
        System.out.println("Tag is：" + myTag2);
        // 输出 myTag2 对象的 method1 和 method2 两个成员变量的值
        System.out.println("myTag2.method1(): " + myTag2.method1());
        System.out.println("myTag2.method2(): " + myTag2.method2());
    }
}
```

▶▶ 14.3.3 注解使用示例

本节介绍两个使用注解的例子。如下程序中@Testable 注解没有任何成员变量，它仅是一个标记注解，其作用是标记哪些方法是可测试的。

程序清单：codes\14\14.3\01\Testable.java

```
// 使用@Retention 指定注解保留到运行时
@Retention(RetentionPolicy.RUNTIME)
// 使用@Target 指定被修饰的注解用于修饰方法
@Target(ElementType.METHOD)
// 定义一个标记注解，不包含任何成员变量，即不可传入元数据
public @interface Testable
{
}
```

上面的程序定义了一个@Testable 注解，在定义该注解时使用了@Retention 和@Target 两个 JDK 的元注解，其中@Retention 注解指定@Testable 注解可以保留到运行时（JVM 可以提取到该注解的信息），@Target 注解指定@Testable 只能修饰方法。

 提示：

上面的@Testable 用于标记哪些方法是可测试的，该注解可以作为 JUnit 测试框架的补充，在 JUnit 框架中它要求测试用例的测试方法必须以 test 开头。如果使用@Testable 注解，则可将任何方法标记为可测试的。

如下 MyTest 测试用例中定义了 8 个方法，这 8 个方法没有太大的区别，其中 4 个方法使用@Testable 注解来标记它们是可测试的。

程序清单：codes\14\14.3\01\MyTest.java

```
public class MyTest
{
    // 使用@Testable 注解指定该方法是可测试的
    @Testable
    public static void m1()
    {
```

```
    }
    public static void m2()
    {
    }
    // 使用@Testable 注解指定该方法是可测试的
    @Testable
    public static void m3()
    {
        throw new IllegalArgumentException("参数出错了！");
    }
    public static void m4()
    {
    }
    // 使用@Testable 注解指定该方法是可测试的
    @Testable
    public static void m5()
    {
    }
    public static void m6()
    {
    }
    // 使用@Testable 注解指定该方法是可测试的
    @Testable
    public static void m7()
    {
        throw new RuntimeException("程序业务出现异常！");
    }
    public static void m8()
    {
    }
}
```

正如前面所提到的，仅仅使用注解来标记程序元素对程序是不会有任何影响的，这也是 Java 注解的一条重要原则。为了让程序中的这些注解起作用，接下来必须为这些注解提供一个注解处理工具。

下面的注解处理工具会分析目标类，如果目标类中的方法使用了@Testable 注解修饰，则通过反射来运行该测试方法。

程序清单：codes\14\14.3\01\ProcessorTest.java

```
public class ProcessorTest
{
    public static void process(String clazz)
        throws ClassNotFoundException
    {
        var passed = 0;
        var failed = 0;
        // 遍历 clazz 对应的类中所有的方法
        for (Method m : Class.forName(clazz).getMethods())
        {
            // 如果该方法使用了@Testable 修饰
            if (m.isAnnotationPresent(Testable.class))
            {
                try
                {
                    // 调用 m 方法
                    m.invoke(null);
                    // 测试成功, passed 计数器加 1
                    passed++;
                }
                catch (Exception ex)
                {
                    System.out.println("方法" + m + "运行失败，异常: "
                        + ex.getCause());
                    // 测试出现异常, failed 计数器加 1
                    failed++;
                }
            }
        }
```

```
    }
    // 统计测试结果
    System.out.println("共运行了:" + (passed + failed)
        + "个方法, 其中: \n" + "失败了:" + failed + "个, \n"
        + "成功了:" + passed + "个! ");
    }
}
```

ProcessorTest 类中只包含了一个 process(String clazz)方法, 该方法可接收一个字符串参数, 该方法将会分析 clazz 参数所代表的类, 并运行该类中使用@Testable 修饰的方法。

该程序的主类非常简单, 其提供主方法, 使用 ProcessorTest 来分析目标类即可。

程序清单：codes\14\14.3\01\RunTests.java

```
public class RunTests
{
    public static void main(String[] args) throws Exception
    {
        // 处理 MyTest 类
        ProcessorTest.process("MyTest");
    }
}
```

运行上面的程序, 会看到如下运行结果：

方法 public static void MyTest.m3()运行失败, 异常: java.lang.IllegalArgumentException: 参数出错了!

方法 public static void MyTest.m7()运行失败, 异常: java.lang.RuntimeException: 程序业务出现异常!

共运行了:4 个方法, 其中:

失败了:2 个,

成功了:2 个!

通过这个运行结果可以看出, 程序中的@Testable 起作用了, MyTest 类中以@Testable 注解修饰的方法都被测试了。

＊·注意：＊

通过上面的例子读者不难看出, 其实注解十分简单, 它们是为源代码增加的一些特殊标记, 这些特殊标记可通过反射获取。当程序获取到这些特殊标记之后, 程序可以做出相应的处理（当然, 也可以完全忽略这些注解）。

前面介绍的只是一个标记注解, 程序通过判断该注解存在与否来决定是否运行指定的方法。下面的程序通过使用注解来简化事件编程。在传统的事件编程中总是需要通过 addActionListener()方法来为事件源绑定事件监听器, 本示例程序则通过@ActionListenerFor 来为程序中的按钮绑定事件监听器。

程序清单：codes\14\14.3\02\ActionListenerFor.java

```
@Target(ElementType.FIELD)
@Retention(RetentionPolicy.RUNTIME)
public @interface ActionListenerFor
{
    // 定义一个成员变量, 用于设置元数据
    // 该 listener 成员变量用于指定保存监听器实现类
    Class<? extends ActionListener> listener();
}
```

在定义了@ActionListenerFor 注解之后, 使用该注解时需要指定一个 listener 成员变量, 该成员变量用于指定保存监听器实现类。下面的程序使用@ActionListenerFor 注解来为两个按钮绑定事件监听器。

程序清单：codes\14\14.3\02\AnnotationTest.java

```
public class AnnotationTest
{
    private JFrame mainWin = new JFrame("使用注解绑定事件监听器");
    // 使用@ActionListenerFor 注解为 ok 按钮绑定事件监听器
    @ActionListenerFor(listener = OkListener.class)
```

```
        private JButton ok = new JButton("确定");
        // 使用@ActionListenerFor注解为cancel按钮绑定事件监听器
        @ActionListenerFor(listener = CancelListener.class)
        private JButton cancel = new JButton("取消");
        public void init()
        {
            // 初始化界面的方法
            var jp = new JPanel();
            jp.add(ok);
            jp.add(cancel);
            mainWin.add(jp);
            ActionListenerInstaller.processAnnotations(this);      // ①
            mainWin.setDefaultCloseOperation(JFrame.EXIT_ON_CLOSE);
            mainWin.pack();
            mainWin.setVisible(true);
        }
        public static void main(String[] args)
        {
            new AnnotationTest().init();
        }
}
// 定义ok按钮的事件监听器实现类
class OkListener implements ActionListener
{
    public void actionPerformed(ActionEvent evt)
    {
        JOptionPane.showMessageDialog(null, "单击了确定按钮");
    }
}
// 定义cancel按钮的事件监听器实现类
class CancelListener implements ActionListener
{
    public void actionPerformed(ActionEvent evt)
    {
        JOptionPane.showMessageDialog(null, "单击了取消按钮");
    }
}
```

上面程序中的前两段粗体字代码定义了两个 JButton 按钮，并使用@ActionListenerFor 注解为这两个按钮绑定了事件监听器。在使用@ActionListenerFor 注解时传入了 listener 元数据，该数据用于设定每个按钮的监听器实现类。

正如前面所提到的，如果仅在程序中使用注解是不会起任何作用的，必须使用注解处理工具来处理程序中的注解。程序中①号粗体字代码使用了 ActionListenerInstaller 类来处理注解，该处理器分析目标对象中所有的成员变量，如果在成员变量前使用了@ActionListenerFor 修饰，则取出该注解中的 listener 元数据，并根据该数据来绑定事件监听器。

程序清单：codes\14\14.3\02\ActionListenerInstaller.java

```
public class ActionListenerInstaller
{
    // 处理注解的方法，其中obj是包含注解的对象
    public static void processAnnotations(Object obj)
    {
        try
        {
            // 获取obj对象的类
            Class cl = obj.getClass();
            // 获取指定obj对象的所有成员变量，并遍历每个成员变量
            for (Field f : cl.getDeclaredFields())
            {
                // 将该成员变量设置成可自由访问
                f.setAccessible(true);
                // 获取该成员变量上ActionListenerFor类型的注解
                ActionListenerFor a = f.getAnnotation(ActionListenerFor.class);
                // 获取成员变量f的值
```

```
            Object fObj = f.get(obj);
            // 如果 f 是 AbstractButton 的实例, 且 a 不为 null
            if (a != null && fObj != null
                && fObj instanceof AbstractButton)
            {
                // 获取 a 注解中的 listener 元数据 (listener 是一个监听器实现类)
                Class<? extends ActionListener> listenerClazz = a.listener();
                // 使用反射来创建 listener 类的对象
                ActionListener al = listenerClazz
                    .getDeclaredConstructor().newInstance();
                var ab = (AbstractButton) fObj;
                // 为 ab 按钮添加事件监听器
                ab.addActionListener(al);
            }
        }
    }
    catch (Exception e)
    {
        e.printStackTrace();
    }
}
```

上面程序中的前两行粗体字代码根据@ActionListenerFor 注解的元数据获得了监听器实现类, 然后通过反射来创建监听器对象, 接下来将监听器对象绑定到指定的按钮 (按钮由被@ActionListenerFor 修饰的 Field 表示)。

运行上面的 AnnotationTest 程序, 会看到如图 14.3 所示的窗口。

单击 "确定" 按钮, 将会弹出如图 14.4 所示的 "单击了确定按钮" 对话框, 这表明使用该注解成功地为 ok、cancel 两个按钮绑定了事件监听器。

图 14.3　使用注解绑定事件监听器　　　　　　　图 14.4　使用注解成功地绑定了事件监听器

▶▶ 14.3.4　重复注解

在 Java 8 以前, 在同一个程序元素前最多只能使用一个相同类型的注解; 如果需要在同一个程序元素前使用多个类型相同的注解, 则必须使用 "容器" 注解。例如, 在 Struts 2 开发中, 有时需要在 Action 类上使用多个@Result 注解。在 Java 8 以前, 只能写成如下形式:

```
@Results({@Result(name = "failure", location = "failed.jsp"),
@Result(name = "success", location = "succ.jsp")})
public Acton FooAction{ ... }
```

上面代码中使用了两个@Result 注解, 但由于传统的 Java 语法不允许多次使用@Result 修饰同一个类, 因此程序必须使用@Results 注解作为这两个@Result 的容器——实质是, @Results 注解只包含一个名称为 value、类型为 Result[]的成员变量, 程序指定的多个@Result 将作为@Results 的 value 属性 (数组类型) 的数组元素。

从 Java 8 开始, 上面的语法可以得到简化: Java 8 允许使用多个类型相同的注解来修饰同一个类, 因此上面的代码可能 (之所以说 "可能", 是因为重复注解还需要对原来的注解进行改造) 可简化为如下形式:

```
@Result(name = "failure", location = "failed.jsp")
@Result(name = "success", location = "succ.jsp")
public Acton FooAction{ ... }
```

> **提示:**
> 　　读者暂时无须理会 Struts 2 Action 的功能和用法, 此处只是介绍如何在 Action 类前使用多个@Result 注解。在传统的 Java 语法下, 必须使用@Results 来包含多个@Result; 在 Java 8 语法规范下, 可直接使用多个@Result 修饰 Action 类。

开发重复注解需要使用@Repeatable 修饰，下面通过示例来演示如何开发重复注解。首先定义一个@FKTag 注解。

程序清单：codes\14\14.3\FkTag.java

```
// 指定该注解信息会保留到运行时
@Retention(RetentionPolicy.RUNTIME)
@Target(ElementType.TYPE)
public @interface FkTag
{
    // 为该注解定义两个成员变量
    String name() default "疯狂软件";
    int age();
}
```

上面定义了@FKTag 注解，该注解包含两个成员变量。但该注解默认不能作为重复注解使用——如果使用两个以上的该注解修饰同一个类，编译器会报错。

为了将该注解改造成重复注解，需要使用@Repeatable 修饰该注解。在使用@Repeatable 时，必须为 value 成员变量指定值，该成员变量的值应该是一个"容器"注解——该"容器"注解可包含多个@FkTag，因此还需要定义如下"容器"注解。

程序清单：codes\14\14.3\FkTags.java

```
// 指定该注解信息会保留到运行时
@Retention(RetentionPolicy.RUNTIME)
@Target(ElementType.TYPE)
public @interface FkTags
{
    // 定义 value 成员变量，该成员变量可接受多个@FkTag 注解
    FkTag[] value();
}
```

留意定义@FkTags 注解的两行粗体字代码，先看第二行粗体字代码。该代码定义了一个 FkTag[]类型的 value 成员变量，这意味着@FkTags 注解的 value 成员变量可接受多个@FkTag 注解，因此@FkTags 注解可作为@FkTag 的容器。

定义@FkTags 注解的第一行粗体字代码指定@FKTags 注解信息也可保留到运行时，这是必需的，因为@FKTag 注解信息需要保留到运行时——如果@FkTags 注解信息只能被保留到源代码（RetentionPolicy.SOURCE）或类文件（RetentionPolicy.CLASS）中，将会导致@FkTags 的保留期小于@FkTag 的保留期。如果程序将多个@FkTag 注解放入@FkTags 中，若 JVM 丢弃了@FKTags 注解，自然也就丢弃了@FkTag 的信息——而我们希望@FkTag 注解信息可以保留到运行时，这就矛盾了。

 **注意**：

"容器"注解的保留期必须比它所包含的注解的保留期长，否则编译器会报错。

接下来，程序可在定义@FkTag 注解时添加如下修饰代码：

```
@Repeatable(FkTags.class)
```

经过上面的步骤，就成功地定义了一个重复注解：@FkTag。读者可能已经发现，实际上，@FkTag 依然有"容器"注解，因此依然可用传统代码来使用该注解。

```
@FkTags({@FkTag(age = 5),
    @FkTag(name = "疯狂 Java", age = 9)})
```

又由于@FkTag 是重复注解，因此可直接使用两个@FkTag 注解，如下面的代码所示。

```
@FkTag(age = 5)
@FkTag(name = "疯狂 Java", age = 9)
```

实际上，第二种用法只是一种简化写法，系统依然将两个@FkTag 注解作为@FkTags 的 value 成员变量的数组元素。如下程序演示了重复注解的本质。

程序清单：codes\14\14.3\FkTagTest.java

```
@FkTag(age = 5)
@FkTag(name = "疯狂 Java", age = 9)
public class FkTagTest
{
    public static void main(String[] args)
    {
        Class<FkTagTest> clazz = FkTagTest.class;
        /* 使用 Java 8 新增的 getDeclaredAnnotationsByType()方法获取
            修饰 FkTagTest 类的多个@FkTag 注解 */
        FkTag[] tags = clazz.getDeclaredAnnotationsByType(FkTag.class);
        // 遍历修饰 FkTagTest 类的多个@FkTag 注解
        for (var tag : tags)
        {
            System.out.println(tag.name() + "-->" + tag.age());
        }
        /* 使用传统的 getDeclaredAnnotation()方法获取
            修饰 FkTagTest 类的@FkTags 注解 */
        FkTags container = clazz.getDeclaredAnnotation(FkTags.class);
        System.out.println(container);
    }
}
```

上面程序中第一行粗体字代码获取修饰 FkTagTest 类的多个@FkTag 注解，此行代码使用的是 Java 8 新增的 getDeclaredAnnotationsByType()方法，该方法的功能与传统的 getDeclaredAnnotation()方法相同，只不过 getDeclaredAnnotationsByType()方法相当于功能增强版，它可以获取多个重复注解，而 getDeclaredAnnotation()方法只能获取一个注解（在 Java 8 以前，不允许出现重复注解）。

上面程序中第二行粗体字代码尝试获取修饰 FkTagTest 类的@FkTags 注解。虽然上面的源代码中并未显式使用@FkTags 注解，但由于程序使用了两个@FkTag 注解修饰该类，因此系统会自动将这两个@FkTag 注解作为@FkTags 的 value 成员变量的数组元素处理。因此，第二行粗体字代码将可以成功地获取到@FkTags 注解。

编译、运行上面的程序，可以看到如下输出：

```
疯狂软件-->5
疯狂 Java-->9
@FkTags(value=[@FkTag(name=疯狂软件, age=5), @FkTag(name=疯狂 Java, age=9)])
```

注意：

> 重复注解只是一种简化写法，这种简化写法是一种假象：多个重复注解其实会被作为"容器"注解的 value 成员变量的数组元素。例如，上面重复的@FkTag 注解其实会被作为@FkTags 注解的 value 成员变量的数组元素处理。

▶▶ 14.3.5 类型注解

Java 8 为 ElementType 枚举增加了 TYPE_PARAMETER、TYPE_USE 两个枚举值，这样就允许在定义注解时使用@Target(ElementType.TYPE_USE)修饰，这种注解被称为类型注解（Type Annotation）。类型注解可用于修饰在任何地方出现的类型。

在 Java 8 以前，只能在定义各种程序元素（类、接口、方法、成员变量等）时使用注解。从 Java 8 开始，类型注解可以修饰在任何地方出现的类型。比如，允许如下情形使用类型注解。

➤ 创建对象（用 new 关键字创建）。

➤ 类型转换。

➤ 使用 implements 实现接口。

➤ 使用 throws 声明抛出异常。

上面这些情形都会用到类型，因此都可以使用类型注解来修饰。

下面的程序将会定义一个简单的类型注解，然后就可以在任何用到类型的地方使用该类型注解了，读者可通过该示例了解类型注解无处不在的神奇魔力。

程序清单：codes\14\14.3\TypeAnnotationTest.java

```
// 定义一个简单的类型注解，不带任何成员变量
@Target(ElementType.TYPE_USE)
@interface NotNull{}
// 在定义类时使用类型注解
@NotNull
public class TypeAnnotationTest
    implements @NotNull /* implements 时使用类型注解 */ Serializable
{
    // 在方法形参中使用类型注解
    public static void main(@NotNull String[] args)
        // throws 时使用类型注解
        throws @NotNull FileNotFoundException
    {
        Object obj = "fkjava.org";
        // 在强制类型转换时使用类型注解
        String str = (@NotNull String) obj;
        // 在创建对象时使用类型注解
        Object win = new @NotNull JFrame("疯狂软件");
    }
    // 在泛型中使用类型注解
    public void foo(List<@NotNull String> info){}
}
```

上面的粗体字代码都是可正常使用类型注解的例子。从这个示例可以看到，Java 程序到处"写满"了类型注解，这种"无处不在"的类型注解可以让编译器执行更严格的代码检查，从而提高程序的健壮性。

需要指出的是，上面的程序虽然大量使用了@NotNull 注解，但这些注解暂时不会起任何作用——因为并没有为这些注解提供处理工具。而且，Java 8 本身并没有提供对类型注解执行检查的框架，因此，如果要让这些类型注解发挥作用，开发者需要自己实现类型注解检查框架。

幸运的是，在 Java 8 提供了类型注解之后，第三方组织在发布其框架时，可能会随着框架一起发布类型注解检查工具，这样普通开发者即可直接使用第三方框架提供的类型注解，从而让编译器执行更严格的检查，保证代码更加健壮。

14.4 编译时处理注解

APT（Annotation Processing Tool）是一种注解处理工具，它对源代码文件进行检测，并找出源文件中包含的注解信息，然后针对注解信息进行额外的处理。

使用 APT 处理注解时，可以根据源文件中的注解生成额外的源文件和其他文件（文件的具体内容由注解处理器的编写者决定）。APT 还会编译生成的源代码文件和原来的源文件，将它们一起生成 class 文件。

使用 APT 的主要目的是简化开发者的工作，因为 APT 可以在编译程序源代码的同时生成一些附属文件（如源文件、类文件、程序发布描述文件等），这些附属文件的内容都与源代码相关。换句话说，使用 APT 可以代替传统的对代码信息和附属文件的维护工作。

了解过 Hibernate 早期版本的读者都知道：每写一个 Java 类文件，都必须额外地维护一个 Hibernate 映射文件（名为*.hbm.xml 的文件，也有一些工具可以自动生成）。下面将使用注解来简化这步操作。

> **提示：**
> 不了解 Hibernate 的读者也无须担心，你只需要明白此处我们要做什么即可。要做的事情是：在 Java 源文件中放置一些注解，然后使用 APT 就可以根据这些注解生成另一份 XML 文件。这就是注解的作用。

Java 提供的 javac.exe 工具有一个-processor 选项，该选项可指定一个注解处理器。如果在编译 Java 源文件时通过该选项指定了注解处理器，那么这个注解处理器将会在编译时提取并处理 Java 源文件中的注解。

每个注解处理器都需要实现 javax.annotation.processing 包下的 Processor 接口。不过，实现该接口必须实现它里面所有的方法，因此通常会采用继承 AbstractProcessor 的方式来实现注解处理器。一个注解处理器可以处理一种或者多种注解类型。

为了示范使用 APT 根据源文件中的注解来生成额外的文件，下面将定义三种注解，分别用于修饰持久化类、标识属性和普通成员变量。

程序清单：codes\14\14.4\Persistent.java

```
@Target(ElementType.TYPE)
@Retention(RetentionPolicy.SOURCE)
@Documented
public @interface Persistent
{
    String table();
}
```

这是一个非常简单的注解，它能修饰类、接口等类型声明。这个注解使用了@Retention 元注解指定它仅在 Java 源文件中保留，运行时将不能通过反射来读取该注解信息。

下面是修饰标识属性的@Id 注解。

程序清单：codes\14\14.4\Id.java

```
@Target(ElementType.FIELD)
@Retention(RetentionPolicy.SOURCE)
@Documented
public @interface Id
{
    String column();
    String type();
    String generator();
}
```

这个@Id 与前一个@Persistent 的结构基本相似，只是多了两个成员变量而已。下面还有一个用于修饰普通成员变量的注解。

程序清单：codes\14\14.4\Property.java

```
@Target(ElementType.FIELD)
@Retention(RetentionPolicy.SOURCE)
@Documented
public @interface Property
{
    String column();
    String type();
}
```

在定义了这三个注解之后，下面提供一个简单的 Java 类文件，这个 Java 类文件使用这三个注解来修饰。

程序清单：codes\14\14.4\Person.java

```
@Persistent(table = "person_inf")
public class Person
{
    @Id(column = "person_id", type = "integer", generator = "identity")
    private int id;
    @Property(column = "person_name", type = "string")
    private String name;
    @Property(column = "person_age", type = "integer")
    private int age;
    // 无参数的构造器
    public Person()
    {
    }
    // 初始化全部成员变量的构造器
```

```
        public Person(int id, String name, int age)
        {
            this.id = id;
            this.name = name;
            this.age = age;
        }
        // 下面省略所有成员变量的 setter 和 getter 方法
        ...
    }
```

上面的 Person 类是一个非常普通的 Java 类，但这个普通的 Java 类中使用了@Persistent、@Id 和 @Property 三个注解进行修饰。下面为这三个注解提供 APT，该工具的功能是根据注解来生成一个 Hibernate 映射文件（不懂 Hibernate 也没有关系，读者只需要明白可以根据这些注解来生成另一份 XML 文件即可）。

程序清单：codes\14\14.4\HibernateAnnotationProcessor.java

```java
@SupportedSourceVersion(SourceVersion.RELEASE_17)
// 指定可处理@Persistent、@Id、@Property 三个注解
@SupportedAnnotationTypes({"Persistent", "Id", "Property"})
public class HibernateAnnotationProcessor
    extends AbstractProcessor
{
    // 循环处理每个需要处理的程序对象
    public boolean process(Set<? extends TypeElement> annotations,
        RoundEnvironment roundEnv)
    {
        // 定义一个文件输出流，用于生成额外的文件
        PrintStream ps = null;
        try
        {
            // 遍历每个被@Persistent 修饰的 class 文件
            for (Element t : roundEnv.getElementsAnnotatedWith(Persistent.class))
            {
                // 获取正在处理的类名
                Name clazzName = t.getSimpleName();
                // 获取类定义前的@Persistent 注解
                Persistent per = t.getAnnotation(Persistent.class);
                // 创建文件输出流
                ps = new PrintStream(new FileOutputStream(clazzName
                    + ".hbm.xml"));
                // 执行输出
                ps.println("<?xml version=\"1.0\"?>");
                ps.println("<!DOCTYPE hibernate-mapping PUBLIC");
                ps.println("    \"-//Hibernate/Hibernate "
                    + "Mapping DTD 3.0//EN\"");
                ps.println("    \"http://www.hibernate.org/dtd/"
                    + "hibernate-mapping-3.0.dtd\">");
                ps.println("<hibernate-mapping>");
                ps.print("    <class name=\"" + t);
                // 输出 per 的 table() 的值
                ps.println("\" table=\"" + per.table() + "\">");
                for (Element f : t.getEnclosedElements())
                {
                    // 只处理成员变量上的注解
                    if (f.getKind() == ElementKind.FIELD)    // ①
                    {
                        // 获取成员变量定义前的@Id 注解
                        Id id = f.getAnnotation(Id.class);        // ②
                        // 当@Id 注解存在时输出<id.../>元素
                        if (id != null)
                        {
                            ps.println("        <id name=\""
                                + f.getSimpleName()
                                + "\" column=\"" + id.column()
                                + "\" type=\"" + id.type()
                                + "\">");
                            ps.println("            <generator class=\""
```

```
                                  + id.generator() + "\"/>");
                        ps.println("                    </id>");
                }
                // 获取成员变量定义前的@Property注解
                Property p = f.getAnnotation(Property.class);  // ③
                // 当@Property注解存在时输出<property...>元素
                if (p != null)
                {
                        ps.println("                <property name=\""
                        + f.getSimpleName()
                        + "\" column=\"" + p.column()
                        + "\" type=\"" + p.type()
                        + "\"/>");
                }
            }
        }
        ps.println("    </class>");
        ps.println("</hibernate-mapping>");
    }
}
catch (Exception ex)
{
    ex.printStackTrace();
}
finally
{
    if (ps != null)
    {
        try
        {
            ps.close();
        }
        catch (Exception ex)
        {
            ex.printStackTrace();
        }
    }
}
return true;
    }
}
```

上面的注解处理器其实很简单，与前面通过反射来获取注解信息不同的是，这个注解处理器使用 RoundEnvironment 来获取注解信息。RoundEnvironment 中包含一个 getElementsAnnotatedWith()方法，该方法可根据注解获取需要处理的程序单元，这个程序单元由 Element 代表。Element 中包含一个 getKind()方法，该方法返回 Element 所代表的程序单元，返回值可以是 ElementKind.CLASS（类）、ElementKind.FIELD（成员变量）等。

此外，Element 中还包含一个 getEnclosedElements()方法，该方法可用于获取该 Element 中定义的所有程序单元，包括成员变量、方法、构造器、内部类等。

接下来程序只处理成员变量前面的注解，因此，程序先判断这个 Element 必须是 ElementKind.FIELD（如上面程序中①号粗体字代码所示）。

再接下来程序调用了 Element 提供的 getAnnotation(Class clazz)方法来获取修饰该 Element 的注解，如上面程序中②③号粗体字代码就是获取成员变量上的注解对象的代码。在获取到成员变量上的@Id、@Property 注解之后，接下来就根据它们提供的信息执行输出。

> **提示：**
> 上面程序中大量使用了 IO 流来执行输出，关于 IO 流的知识请参考本书第 15 章的介绍。

在提供了上面的注解处理器类之后，接下来就可使用带-processor 选项的 javac.exe 命令来编译 Person.java 了。例如如下命令：

```
rem 使用 HibernateAnnotationProcessor 作为 APT 处理 Person.java 中的注解
javac -processor HibernateAnnotationProcessor Person.java
```

> **提示:**
> 上面的命令被保存在 codes\14\14.4\run.cmd 文件中，读者可以直接双击该批处理文件来运行上面的命令。

通过上面的命令编译 Person.java 后，将可以看到在相同的路径下生成了一个 Person.hbm.xml 文件，该文件就是根据 Person.java 中的注解生成的。该文件的内容如下：

```xml
<?xml version="1.0"?>
<!DOCTYPE hibernate-mapping PUBLIC
    "-//Hibernate/Hibernate Mapping DTD 3.0//EN"
    "http://www.hibernate.org/dtd/hibernate-mapping-3.0.dtd">
<hibernate-mapping>
    <class name="Person" table="person_inf">
      <id name="id" column="person_id" type="integer">
      <generator class="identity"/>
      </id>
      <property name="name" column="person_name" type="string"/>
      <property name="age" column="person_age" type="integer"/>
    </class>
</hibernate-mapping>
```

对比上面 XML 文件中的粗体字部分与 Person.java 中的注解部分，可以看到它们是完全对应的，这即表明这份 XML 文件是根据 Person.java 中的注解生成的。从生成的这份 XML 文件可以看出，通过使用 APT 确实可以简化程序开发，程序员只需要把一些关键信息通过注解写在程序中，然后使用 APT 就可生成额外的文件。

📁 14.5 本章小结

本章主要介绍了 Java 的注解支持，通过使用注解可以为程序提供一些元数据，这些元数据可以在编译、运行时被读取，从而提供更多额外的处理信息。本章详细介绍了 JDK 提供的 5 个基本注解的用法，也详细讲解了 JDK 提供的 4 个用于修饰注解的元注解的用法。除此之外，本章还介绍了如何自定义并使用注解，最后介绍了使用 APT 来处理注解。

第 15 章
输入/输出

本章要点

❧ 使用 File 类访问本地文件系统
❧ 使用文件过滤器
❧ 理解 IO 流的模型和处理方式
❧ 使用 IO 流执行输入/输出操作
❧ 使用转换流将字节流转换为字符流
❧ 推回流的功能和用法
❧ 重定向标准输入/输出
❧ 访问其他进程的输入/输出
❧ RandomAccessFile 的功能和用法
❧ 对象序列化机制及其作用
❧ 通过实现 Serializable 接口实现序列化
❧ 实现定制的序列化
❧ 通过实现 Externalizable 接口实现序列化
❧ Java 新 IO 的概念和作用
❧ 使用 Buffer 和 Channel 完成输入/输出
❧ Charset 的功能和用法
❧ FileLock 的功能和用法
❧ NIO.2 的文件 IO 和文件系统
❧ 通过 NIO.2 监控文件变化
❧ 通过 NIO.2 访问、修改文件属性

IO（输入/输出）是比较乏味的事情，因为看不到明显的运行效果。但输入/输出是所有程序都必需的部分——使用输入机制，允许程序读取外部数据（包括来自磁盘、光盘等存储设备的数据）、用户输入数据；使用输出机制，允许程序记录运行状态，将程序数据输出到磁盘、光盘等存储设备中。

Java 的 IO 通过 java.io 包下的类和接口来支持，在 java.io 包下主要包括输入和输出两种 IO 流，每种输入/输出流又可分为字节流和字符流两大类。其中字节流以字节为单位来处理输入/输出操作，字符流则以字符来处理输入/输出操作。此外，Java 的 IO 流使用了一种装饰器设计模式，它将 IO 流分成底层节点流和上层处理流，其中节点流和底层的物理存储节点直接关联——不同的物理存储节点获取节点流的方式可能存在一定的差异，但程序可以把不同的物理存储节点流包装成统一的处理流，从而允许程序使用统一的输入/输出代码来读取不同的物理存储节点的资源。

Java 7 在 java.nio 及其子包下提供了一系列全新的 API，这些 API 是对原有新 IO 的升级，因此也被称为 NIO.2。通过 NIO.2，程序可以更高效地进行输入/输出操作。本章也会介绍 Java 7 所提供的 NIO.2。

此外，本章还会介绍 Java 对象的序列化机制，使用序列化机制可以把内存中的 Java 对象转换成二进制字节流，这样就可以把 Java 对象存储到磁盘中，或者在网络上传输 Java 对象。这也是 Java 提供分布式编程的重要基础。

15.1 File 类

File 类是 java.io 包下代表与平台无关的文件和目录。也就是说，如果希望在程序中操作文件和目录，则可以通过 File 类来完成。值得指出的是，不管是文件还是目录都是使用 File 来操作的，File 能新建、删除、重命名文件和目录，但 File 不能访问文件内容本身。如果需要访问文件内容本身，则需要使用输入/输出流。

▶▶ 15.1.1 访问文件和目录

File 类可以使用文件路径字符串来创建 File 实例，该文件路径字符串既可以是绝对路径，也可以是相对路径。在默认情况下，系统总是依据用户的工作路径来解释相对路径，这个路径由系统属性 user.dir 指定，通常也就是运行 Java 虚拟机时所在的路径。

一旦创建了 File 对象，就可以调用 File 对象的方法来访问文件和目录。File 类提供了很多方法来操作文件和目录，下面列出一些比较常用的方法。

1. 访问文件名相关方法

➤ String getName()：返回 File 对象所表示的文件名或路径名（如果是路径，则返回最后一级子路径名）。

➤ String getPath()：返回 File 对象所对应的路径名。

➤ File getAbsoluteFile()：返回 File 对象所对应的绝对路径。

➤ String getAbsolutePath()：返回 File 对象所对应的绝对路径名。

➤ String getParent()：返回 File 对象所对应的目录（最后一级子目录）的父目录名。

➤ boolean renameTo(File newName)：重命名 File 对象所对应的文件或目录。如果重命名成功，则返回 true；否则返回 false。

2. 文件检测相关方法

➤ boolean exists()：判断 File 对象所对应的文件或目录是否存在。

➤ boolean canWrite()：判断 File 对象所对应的文件和目录是否可写。

➤ boolean canRead()：判断 File 对象所对应的文件和目录是否可读。

➤ boolean isFile()：判断 File 对象所对应的是否是文件，而不是目录。

➤ boolean isDirectory()：判断 File 对象所对应的是否是目录，而不是文件。

➤ boolean isAbsolute()：判断 File 对象所对应的文件或目录是否是绝对路径。该方法消除了不同平台的差异，可以直接判断 File 对象是否为绝对路径。在 UNIX、Linux、BSD 等系统中，如果路径名的开头是斜线（/），则表明该 File 对象对应一个绝对路径；在 Windows 等系统中，如果路径名的开头是盘符，则说明它是一个绝对路径。

3. 获取常规文件信息相关方法

- ➤ long lastModified()：返回文件的最后修改时间。
- ➤ long length()：返回文件内容的长度。

4. 文件操作相关方法

- ➤ boolean createNewFile()：当 File 对象所对应的文件不存在时，该方法将创建一个该 File 对象所指定的新文件，如果创建成功，则返回 true；否则返回 false。
- ➤ boolean delete()：删除 File 对象所对应的文件或路径。
- ➤ static File createTempFile(String prefix, String suffix)：在默认的临时文件目录中创建一个临时的空文件，使用给定的前缀、系统生成的随机数和给定的后缀作为文件名。这是一个静态方法，可以直接通过 File 类来调用。prefix 参数必须至少是 3 字节长。建议前缀使用一个短的、有意义的字符串，比如 "hjb" 或 "mail"。suffix 参数可以为 null，在这种情况下，将使用默认的后缀 ".tmp"。
- ➤ static File createTempFile(String prefix, String suffix, File directory)：在 directory 所指定的目录中创建一个临时的空文件，使用给定的前缀、系统生成的随机数和给定的后缀作为文件名。这是一个静态方法，可以直接通过 File 类来调用。
- ➤ void deleteOnExit()：注册一个删除钩子，指定当 Java 虚拟机退出时，删除 File 对象所对应的文件和目录。

5. 目录操作相关方法

- ➤ boolean mkdir()：试图创建一个 File 对象所对应的目录，如果创建成功，则返回 true；否则返回 false。在调用该方法时，File 对象必须对应一个路径，而不是一个文件。
- ➤ String[] list()：列出 File 对象的所有子文件名和路径名，返回 String 数组。
- ➤ File[] listFiles()：列出 File 对象的所有子文件和路径，返回 File 数组。
- ➤ static File[] listRoots()：列出系统所有的根路径。这是一个静态方法，可以直接通过 File 类来调用。

上面详细列出了 File 类的常用方法，下面的程序将用几个简单的方法来测试 File 类的功能。

程序清单：codes\15\15.1\FileTest.java

```java
public class FileTest
{
    public static void main(String[] args)
        throws IOException
    {
        // 以当前路径来创建一个 File 对象
        var file = new File(".");
        // 直接获取文件名，输出一个点
        System.out.println(file.getName());
        // 获取相对路径的父路径可能出错，下面的代码输出 null
        System.out.println(file.getParent());
        // 获取绝对路径
        System.out.println(file.getAbsoluteFile());
        // 获取上一级路径
        System.out.println(file.getAbsoluteFile().getParent());
        // 在当前路径下创建一个临时文件
        File tmpFile = File.createTempFile("aaa", ".txt", file);
        // 指定当 JVM 退出时删除该文件
        tmpFile.deleteOnExit();
        // 以系统当前时间作为文件名来创建一个新文件
        var newFile = new File(System.currentTimeMillis() + "");
        System.out.println("newFile 对象是否存在：" + newFile.exists());
        // 以指定的 newFile 对象来创建一个文件
        newFile.createNewFile();
        // 以 newFile 对象来创建一个目录，因为 newFile 已经存在
        // 所以下面的方法返回 false，即无法创建该目录
```

```
    newFile.mkdir();
    // 使用 list()方法列出当前路径下所有的文件和路径
    String[] fileList = file.list();
    System.out.println("====当前路径下所有文件和路径如下====");
    for (var fileName : fileList)
    {
        System.out.println(fileName);
    }
    // 使用 listRoots()静态方法列出所有的磁盘根路径
    File[] roots = File.listRoots();
    System.out.println("====系统所有根路径如下====");
    for (var root : roots)
    {
        System.out.println(root);
    }
    }
}
```

运行上面的程序，可以看到程序在列出当前路径下所有的文件和路径时，列出了程序创建的临时文件，但是当程序运行结束后，临时文件 aaa.txt 并不存在，因为程序指定虚拟机退出时自动删除该文件。

上面的程序还有一点需要注意，当使用相对路径的 File 对象来获取父路径时可能会引起错误，因为该方法返回将 File 对象所对应的目录名、文件名中最后一个子目录名、子文件名删除后的结果，如上面程序中的粗体字代码所示。

> **· 注意 ·**
>
> Windows 系统的路径分隔符使用反斜线(\)，而 Java 程序中的反斜线表示转义字符。所以，如果需要在 Windows 系统的路径中包括反斜线，则应该使用两条反斜线，如 F:\\abc\\test.txt，或者直接使用斜线 (/) 也可以，Java 程序支持将斜线当成与平台无关的路径分隔符。

▶▶ 15.1.2 文件过滤器

在 File 类的 list()方法中可以接收一个 FilenameFilter 参数，通过该参数可以只列出符合条件的文件。这里的 FilenameFilter 接口和 javax.swing.filechooser 包下的 FileFilter 抽象类的功能非常相似，可以把 FileFilter 当成 FilenameFilter 的实现类，但可能 Sun 公司在设计它们时产生了一个小小的遗漏，没有让 FileFilter 实现 FilenameFilter 接口。

FilenameFilter 接口中包含了一个 accept(File dir, String name)方法，该方法将依次对指定 File 的所有子目录或文件进行迭代，如果该方法返回 true，则 list()方法会列出该子目录或文件。

程序清单：codes\15\15.1\FilenameFilterTest.java

```
public class FilenameFilterTest
{
    public static void main(String[] args)
    {
    var file = new File(".");
    // 使用 Lambda 表达式（目标类型为 FilenameFilter）实现文件过滤器
    // 如果文件名以.java 结尾，或者文件对应一个路径，则返回 true
    String[] nameList = file.list((dir, name) -> name.endsWith(".java")
        || new File(name).isDirectory());
    for (var name : nameList)
    {
        System.out.println(name);
    }
    }
}
```

上面程序中的粗体字代码部分实现了 accept()方法，实现 accept()方法就是指定自己的规则——指定哪些文件应该由 list()方法列出。

运行上面的程序，将看到当前路径下所有的*.java 文件以及文件夹被列出。

15.2　理解 Java 的 IO 流

Java 的 IO 流是实现输入/输出的基础，它可以方便地实现数据的输入/输出操作。在 Java 中把不同的输入/输出源（键盘、文件、网络连接等）抽象表述为"流"（Stream），通过流的方式，允许 Java 程序使用相同的方式来访问不同的输入/输出源。流是从起源（Source）到接收（Sink）的有序数据。

Java 把所有传统的流类型（类或抽象类）都放在 java.io 包中，用于实现输入/输出功能。

提示：

　　因为 Java 提供了这种 IO 流的抽象，所以开发者可以使用一致的 IO 代码来读/写不同的 IO 流节点。

▶▶ 15.2.1　流的分类

按照不同的分类方式，可以将流分为不同的类型，下面从不同的角度来对流进行分类，它们在概念上可能存在重叠的地方。

1．输入流和输出流

按照流的流向来分，可以将流分为输入流和输出流。

➤ 输入流：只能从中读取数据，而不能向其中写入数据。

➤ 输出流：只能向其中写入数据，而不能从中读取数据。

此处的输入和输出涉及一个方向问题，对于如图 15.1 所示的数据流向，数据从内存到硬盘，通常称为输出流。也就是说，这里的输入和输出是从程序运行所在内存的角度来划分的。

提示：

　　如果从硬盘的角度来考虑，如图 15.1 所示的数据流应该是输入流才对；但在划分输入/输出流时是从程序运行所在内存的角度来考虑的，因此如图 15.1 所示的流是输出流，而不是输入流。

对于如图 15.2 所示的数据流向，数据从服务器端通过网络流向客户端，在这种情况下，服务器端的内存负责将数据输出到网络中，因此服务器端的程序使用输出流；客户端的内存负责从网络中读取数据，因此客户端的程序应该使用输入流。

图 15.1　数据从内存到硬盘　　　　　　图 15.2　数据从服务器端到客户端

Java 的输入流主要由 InputStream 和 Reader 作为基类，输出流则主要由 OutputStream 和 Writer 作为基类。它们都是一些抽象基类，无法直接创建实例。

2．字节流和字符流

字节流和字符流的用法几乎完全一样，区别在于字节流和字符流所操作的数据单元不同——字节流操作的数据单元是 8 位的字节，而字符流操作的数据单元是 16 位的字符。

字节流主要由 InputStream 和 OutputStream 作为基类，字符流则主要由 Reader 和 Writer 作为基类。

3．节点流和处理流

按照流的角色来分，可以将流分为节点流和处理流。

可以从/向一个特定的 IO 设备（如磁盘、网络）读/写数据的流，被称为节点流。节点流也被称为低级流（Low Level Stream）。图 15.3 显示了节点流示意图。

从图 15.3 中可以看出，当使用节点流进行输入/输出时，程序直接连接到实际的数据源，和实际的输入/输出节点连接。

处理流则用于对一个已存在的流进行连接或包装，通过包装后的流来实现数据读/写功能。处理流也被称为高级流。图 15.4 显示了处理流示意图。

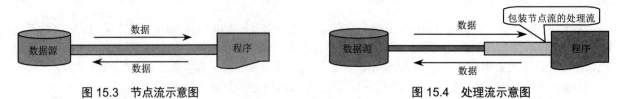

图 15.3 节点流示意图　　　　　　图 15.4 处理流示意图

从图 15.4 中可以看出，当使用处理流进行输入/输出时，程序并不会直接连接到实际的数据源，没有和实际的输入/输出节点连接。使用处理流有一个明显的好处是，只要使用相同的处理流，程序就可以采用完全相同的输入/输出代码来访问不同的数据源，随着处理流所包装的节点流的变化，程序实际访问的数据源也会相应地发生变化。

> **提示：**
> 实际上，Java 使用处理流来包装节点流是一种典型的装饰器设计模式，通过使用处理流来包装不同的节点流，既可以消除不同节点流的实现差异，也可以提供更方便的方法来完成输入/输出功能。因此，处理流也被称为包装流。

▶▶ 15.2.2　流的概念模型

Java 把所有设备中的有序数据都抽象成流模型，简化了输入/输出处理。理解了流的概念模型，也就了解了 Java IO。

Java 的 IO 流共涉及 40 多个类，这些类看上去杂乱无章，但实际上非常有规律，而且彼此之间存在非常紧密的联系。Java 的 IO 流的 40 多个类都是从如下 4 个抽象基类派生的。

➤ InputStream/Reader：所有输入流的基类，前者是字节输入流，后者是字符输入流。
➤ OutputStream/Writer：所有输出流的基类，前者是字节输出流，后者是字符输出流。

对于 InputStream 和 Reader 而言，它们把输入设备抽象成一个"水管"，这个水管里的"水滴"依次排列，如图 15.5 所示。

图 15.5　输入流模型示意图

从图 15.5 中可以看出，字节流和字符流的处理方式其实非常相似，只是它们处理的输入/输出单位不同而已。输入流使用隐式的记录指针来表示当前正准备从哪个"水滴"开始读取，每当程序从 InputStream 或 Reader 中取出一个或多个"水滴"后，记录指针自动向后移动。此外，InputStream 和 Reader 中都提供了一些方法来控制记录指针的移动。

对于 OutputStream 和 Writer 而言，它们同样把输出设备抽象成一个"水管"，只是这个水管里没有任何"水滴"，如图 15.6 所示。

从图 15.6 中可以看出，当执行输出时，相当于程序依次把"水滴"放入输出流的水管中，输出流同样采用隐式的记录指针来标识当前"水滴"即将放入的位置，每当程序向 OutputStream 或 Writer 中输出一个或多个"水滴"后，记录指针自动向后移动。

图 15.5 和图 15.6 显示了 Java IO 流的基本概念模型。此外，Java 的处理流模型则体现了 Java 输入/输出流设计的灵活性。处理流的功能主要体现在以下两个方面。

➤ 性能的提高：主要以增加缓冲的方式来提高输入/输出的效率。

➢ 操作的便捷：处理流可能提供了一系列便捷的方法来一次输入/输出大批量的内容，而不是输入/
输出一个或多个"水滴"。

处理流可以"嫁接"在任何已存在的流的基础之上，这就允许 Java 应用程序采用相同的代码、透明的方式来访问不同的输入/输出设备的数据流。图 15.7 显示了处理流模型示意图。

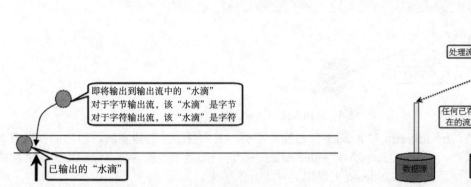

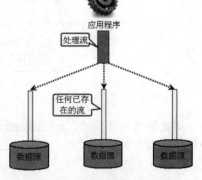

图 15.6　输出流模型示意图　　　　　　　　　**图 15.7　处理流模型示意图**

通过使用处理流，Java 程序无须理会输入/输出节点是磁盘、网络还是其他的输入/输出设备，程序只要将这些节点流包装成处理流，就可以使用相同的输入/输出代码来读/写不同的输入/输出设备的数据。

15.3　字节流和字符流

本书把字节流和字符流放在一起讲解，这是因为它们的操作方式几乎完全一样，区别只是操作的数据单元不同而已——字节流操作的数据单元是字节，字符流操作的数据单元是字符。

▶▶ 15.3.1　InputStream 和 Reader

InputStream 和 Reader 是所有输入流的抽象基类，其本身并不能创建实例来执行输入，但它们将成为所有输入流的模板，所以它们的方法是所有输入流都可使用的方法。

InputStream 中包含了如下三个方法。

➢ int read()：从输入流中读取单个字节（相当于从图 15.5 所示的水管中取出一个"水滴"），返回所读取的字节数据（字节数据可被直接转换为 int 类型）。

➢ int read(byte[] b)：从输入流中最多读取 b.length 个字节的数据，并将其存储在字节数组 b 中，返回实际读取的字节数。

➢ int read(byte[] b, int off, int len)：从输入流中最多读取 len 个字节的数据，并将其存储在字节数组 b 中，当放入数组 b 中时，并不是从数组起点开始的，而是从 off 位置开始的，返回实际读取的字节数。

Reader 中包含了如下三个方法。

➢ int read()：从输入流中读取单个字符（相当于从图 15.5 所示的水管中取出一个"水滴"），返回所读取的字符数据（字符数据可被直接转换为 int 类型）。

➢ int read(char[] cbuf)：从输入流中最多读取 cbuf.length 个字符的数据，并将其存储在字符数组 cbuf 中，返回实际读取的字符数。

➢ int read(char[] cbuf, int off, int len)：从输入流中最多读取 len 个字符的数据，并将其存储在字符数组 cbuf 中，当放入数组 cbuf 中时，并不是从数组起点开始的，而是从 off 位置开始的，返回实际读取的字符数。

对比 InputStream 和 Reader 所提供的方法，就不难发现这两个基类的功能基本是一样的。InputStream 和 Reader 都是将输入数据抽象成如图 15.5 所示的水管，所以程序既可以通过 read()方法每次读取一个"水滴"，也可以通过 read(char[] cbuf)或 read(byte[] b)方法读取多个"水滴"。当使用数组作为 read()方法的参数时，可以理解为使用一个"竹筒"到如图 15.5 所示的水管中取水，如图 15.8 所示。read(char[] cbuf)

方法中的数组可被理解成一个"竹筒"，程序每次调用输入流的 read(char[] cbuf)或 read(byte[] b)方法时，都相当于用"竹筒"从输入流中取出一筒"水滴"，程序得到"竹筒"里的"水滴"后，转换成相应的数据即可；程序多次重复这个"取水"的过程，直到最后。那么，程序如何判断取水到了最后呢？直到 read(char[] cbuf)或 read(byte[] b)方法返回–1，即表明到了输入流的结束点。

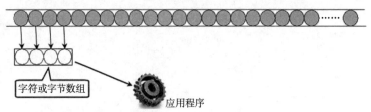

图 15.8　从输入流中读取数据

正如前面所提到的，InputStream 和 Reader 都是抽象基类，其本身不能创建实例，但它们分别有一个用于读取文件的输入流：FileInputStream 和 FileReader——它们都是节点流，会直接和指定的文件关联。下面的程序示范了使用 FileInputStream 来读取文件本身的效果。

程序清单：codes\15\15.3\FileInputStreamTest.java

```java
public class FileInputStreamTest
{
    public static void main(String[] args) throws IOException
    {
        // 创建字节输入流
        var fis = new FileInputStream("FileInputStreamTest.java");
        // 创建一个长度为 1024 的"竹筒"
        var bbuf = new byte[1024];
        // 用于保存实际读取的字节数
        var hasRead = 0;
        // 使用循环来重复"取水"的过程
        while ((hasRead = fis.read(bbuf)) > 0)
        {
            // 取出"竹筒"中的水滴（字节），将字节数组转换成字符串输入
            System.out.print(new String(bbuf, 0, hasRead));
        }
        // 关闭文件输入流，放在 finally 块中更安全
        fis.close();
    }
}
```

上面程序中的粗体字代码表示的是使用 FileInputStream 循环"取水"的过程。运行上面的程序，将会输出该程序的源代码。

> **注意：**
>
> 上面的程序创建了一个长度为 1024 的字节数组来读取该文件。实际上，该 Java 源文件的长度还不到 1024 字节，也就是说，程序只需要执行一次 read()方法即可读取全部内容。但如果创建一个较小长度的字节数组，程序运行时在输出中文注释时就可能出现乱码——这是因为该文件保存时采用的是 GBK 编码方式，在这种方式下，每个中文字符占2 字节，如果 read()方法读取时恰好只读到了半个中文字符，则将导致乱码。

上面的程序最后使用了 fis.close()来关闭文件输入流。与 JDBC 编程一样，程序中打开的文件 IO 资源不属于内存里的资源，垃圾回收机制无法回收该资源，所以应该显式关闭文件 IO 资源。Java 7 改写了所有的 IO 资源类，它们都实现了 AutoCloseable 接口，因此都可通过自动关闭资源的 try 语句来关闭这些 IO 流。下面的程序使用 FileReader 来读取文件本身。

程序清单：codes\15\15.3\FileReaderTest.java

```java
public class FileReaderTest
{
```

```
        public static void main(String[] args) throws IOException
        {
            try (
                // 创建字符输入流
                var fr = new FileReader("FileReaderTest.java"))
            {
                // 创建一个长度为 32 的"竹筒"
                var cbuf = new char[32];
                // 用于保存实际读取的字符数
                var hasRead = 0;
                // 使用循环来重复"取水"的过程
                while ((hasRead = fr.read(cbuf)) > 0)
                {
                    // 取出"竹筒"中的水滴（字符），将字符数组转换成字符串输入
                    System.out.print(new String(cbuf, 0, hasRead));
                }
            }
            catch (IOException ex)
            {
                ex.printStackTrace();
            }
        }
    }
```

上面的 FileReaderTest.java 程序与前面的 FileInputStreamTest.java 程序并没有太大的不同，它只是将字符数组的长度改为 32，这意味着程序需要多次调用 read()方法才可以完全读取输入流的全部数据。程序最后使用了自动关闭资源的 try 语句来关闭文件输入流，这样可以保证输入流一定会被关闭。

此外，InputStream 和 Reader 还支持如下几个方法来移动记录指针。

➤ void mark(int readAheadLimit)：在记录指针的当前位置记录一个标记（mark）。

➤ boolean markSupported()：判断此输入流是否支持 mark()操作，即是否支持记录标记。

➤ void reset()：将此流的记录指针重新定位到上一次记录标记的位置。

➤ long skip(long n)：记录指针向前移动 n 个字节/字符。

▶▶ 15.3.2   OutputStream 和 Writer

OutputStream 和 Writer 也非常相似，它们采用如图 15.6 所示的模型来执行输出，这两个流都提供了如下三个方法。

➤ void write(int c)：将指定的字节/字符输出到输出流中，其中 c 既可以代表字节，也可以代表字符。

➤ void write(byte[]/char[] buf)：将字节数组/字符数组中的数据输出到指定的输出流中。

➤ void write(byte[]/char[] buf, int off, int len)：将字节数组/字符数组中从 off 位置开始、长度为 len 的字节/字符输出到输出流中。

因为字符流直接以字符作为操作单位，所以 Writer 可以用字符串来代替字符数组，即以 String 对象作为参数。Writer 中还包含了如下两个方法。

➤ void write(String str)：将 str 字符串中包含的字符输出到指定的输出流中。

➤ void write(String str, int off, int len)：将 str 字符串中从 off 位置开始、长度为 len 的字符输出到指定的输出流中。

下面的程序使用 FileInputStream 来执行输入，使用 FileOutputStream 来执行输出，用于实现复制 FileOutputStreamTest.java 文件的功能。

程序清单：codes\15\15.3\FileOutputStreamTest.java

```
public class FileOutputStreamTest
{
    public static void main(String[] args)
    {
        try (
            // 创建字节输入流
            var fis = new FileInputStream("FileOutputStreamTest.java");
            // 创建字节输出流
            var fos = new FileOutputStream("newFile.txt"))
```

```
            {
                var bbuf = new byte[32];
                var hasRead = 0;
                // 循环从输入流中取出数据
                while ((hasRead = fis.read(bbuf)) > 0)
                {
                    // 每读取一次，即写入文件输出流一次，读了多少，就写多少
                    fos.write(bbuf, 0, hasRead);
                }
            }
            catch (IOException ioe)
            {P45
                ioe.printStackTrace();
            }
        }
    }
```

运行上面的程序，将看到系统当前路径下多了一个文件：newFile.txt，该文件的内容和 FileOutput StreamTest.java 文件的内容完全相同。

注意：

使用 Java 的 IO 流执行输出时，不要忘记关闭输出流——关闭输出流除可以保证流的物理资源被回收之外，可能还可以将输出流缓冲区中的数据 flush 到物理节点中（因为在执行 close()方法之前，会自动执行输出流的 flush()方法）。Java 的很多输出流默认都提供了缓冲功能，其实没有必要刻意去记忆哪些流有缓冲功能、哪些流没有，只要正常关闭所有的输出流即可保证程序正常。

如果希望直接输出字符串内容，那么使用 Writer 将会有更好的效果，如下面的程序所示。

程序清单：codes\15\15.3\FileWriterTest.java

```
public class FileWriterTest
{
    public static void main(String[] args)
    {
        try (
            var fw = new FileWriter("poem.txt"))
        {
            fw.write("锦瑟 - 李商隐\r\n");
            fw.write("锦瑟无端五十弦，一弦一柱思华年。\r\n");
            fw.write("庄生晓梦迷蝴蝶，望帝春心托杜鹃。\r\n");
            fw.write("沧海月明珠有泪，蓝田日暖玉生烟。\r\n");
            fw.write("此情可待成追忆，只是当时已惘然。\r\n");
        }
        catch (IOException ioe)
        {
            ioe.printStackTrace();
        }
    }
}
```

运行上面的程序,将会在当前路径下输出一个 poem.txt 文件,该文件的内容就是程序中输出的内容。

注意：

上面的程序在输出字符串内容时，在字符串内容的最后是\r\n，这是 Windows 平台的换行符，通过这种方式就可以让输出内容换行；如果是 UNIX、Linux、BSD 等平台，则使用\n 作为换行符。

15.4 输入/输出流体系

上面的 15.3 节介绍了输入/输出流的 4 个抽象基类，并介绍了 4 种访问文件的节点流的用法。通过

上面的示例程序不难发现，4 个基类使用起来有些烦琐。如果希望简化编程，就需要借助于处理流了。

➤➤ 15.4.1　处理流的用法

图 15.7 显示了处理流的功能，它可以隐藏底层设备上节点流的差异，并对外提供使用起来更加方便的输入/输出方法，让程序员只需要关心处理流的操作。

在使用处理流时典型的思路是，使用处理流来包装节点流，程序通过处理流来执行输入/输出功能，让节点流与底层的 IO 设备、文件交互。

实际上，识别处理流非常简单，只要流的构造器参数不是一个物理节点，而是已经存在的流，这种流就一定是处理流；而所有节点流都是直接以物理 IO 节点作为构造器参数的。

提示：────────────────
　　　　关于使用处理流的优势，归纳起来就两点：①对开发人员来说，使用处理流进行输入/输出操作更简单；②使用处理流的执行效率更高。

下面的程序使用 PrintStream 处理流来包装 OutputStream，使用处理流后的输出流在输出时将更加方便。

程序清单：codes\15\15.4\PrintStreamTest.java

```java
public class PrintStreamTest
{
    public static void main(String[] args)
    {
        try (
            var fos = new FileOutputStream("test.txt");
            var ps = new PrintStream(fos))
        {
            // 使用 PrintStream 执行输出
            ps.println("普通字符串");
            // 直接使用 PrintStream 输出对象
            ps.println(new PrintStreamTest());
        }
        catch (IOException ioe)
        {
            ioe.printStackTrace();
        }
    }
}
```

上面程序中的两行粗体字代码先定义了一个节点输出流 FileOutputStream，然后程序使用 PrintStream 包装了该节点输出流，最后使用 PrintStream 输出字符串、输出对象等。PrintStream 的输出功能非常强大，前面程序中一直使用的标准输出 System.out 的类型就是 PrintStream。

提示：────────────────
　　　　由于 PrintStream 的输出功能非常强大，因此，如果需要输出文本内容，通常都应该将输出流包装成 PrintStream 后进行输出。

从上面的代码可以看出，程序使用处理流非常简单，通常只需要在创建处理流时传入一个节点流作为构造器参数即可，这样创建的处理流就是包装了该节点流的处理流。

注意：
当使用处理流包装了底层节点流之后，在关闭输入/输出流资源时，只要关闭最上层的处理流即可。在关闭最上层的处理流时，系统会自动关闭被该处理流包装的节点流。

➤➤ 15.4.2　输入/输出流的类体系

Java 的输入/输出流体系提供了 40 多个类，这些类看上去杂乱而没有规律，但如果将它们按功能进行分类，则不难发现它们是非常有规律的。表 15.1 显示了 Java 的输入/输出流体系中常见的流分类。

表 15.1　Java 的输入/输出流体系中常见的流分类

分类	字节输入流	字节输出流	字符输入流	字符输出流
抽象基类	*InputStream*	*OutputStream*	*Reader*	*Writer*
访问文件	**FileInputStream**	**FileOutputStream**	**FileReader**	**FileWriter**
访问数组	**ByteArrayInputStream**	**ByteArrayOutputStream**	**CharArrayReader**	**CharArrayWriter**
访问管道	**PipedInputStream**	**PipedOutputStream**	**PipedReader**	**PipedWriter**
访问字符串			**StringReader**	**StringWriter**
缓冲流	BufferedInputStream	BufferedOutputStream	BufferedReader	BufferedWriter
转换流			InputStreamReader	OutputStreamWriter
对象流	ObjectInputStream	ObjectOutputStream		
抽象基类	*FilterInputStream*	*FilterOutputStream*	*FilterReader*	*FilterWriter*
打印流		PrintStream		PrintWriter
推回输入流	PushbackInputStream		PushbackReader	
特殊流	DataInputStream	DataOutputStream		

注：表中的粗体字标出的类代表节点流，必须直接与指定的物理节点关联；斜体字标出的类代表抽象基类，其无法直接创建实例。

从表 15.1 中可以看出，Java 的输入/输出流体系之所以如此复杂，主要是因为：Java 为了实现更好的设计，它把 IO 流按功能分成了许多类，每一类中又分别提供了字节流和字符流（当然，有些流无法提供字节流，有些流无法提供字符流），而字节流和字符流又分别提供了输入流和输出流两大类，所以导致整个输入/输出流体系格外复杂。

通常来说，字节流的功能比字符流的功能强大，因为计算机里所有的数据都是二进制的，而字节流可以处理所有的二进制文件——问题是，如果使用字节流来处理文本文件，则需要使用合适的方式把这些字节转换成字符，这就增加了编程的复杂度。所以通常有一个规则：如果输入/输出的内容是文本内容，则应该考虑使用字符流；如果输入/输出的内容是二进制内容，则应该考虑使用字节流。

> **提示：**
>
> 计算机里的文件通常被分为文本文件和二进制文件两大类——所有能用记事本打开并看到其中字符内容的文件被称为文本文件，反之则被称为二进制文件。但实质是，计算机里所有的文件都是二进制文件，文本文件只是二进制文件的一种特例，当二进制文件中的内容恰好能被正常解析成字符时，该二进制文件就变成了文本文件。更甚至于，即使是正常的文本文件，如果打开该文件时强制使用了"错误"的字符集，例如，使用 EditPlus 打开刚刚生成的 poem.txt 文件时指定使用 UTF-8 字符集，如图 15.9 所示，则将看到所打开的 poem.txt 文件的内容变成了乱码。因此，如果希望看到正常的文本文件内容，则必须在打开文件时使用与保存文件时相同的字符集（Windows 系统下，简体中文默认使用 GBK 字符集；Linux 系统下，简体中文默认使用 UTF-8 字符集）。

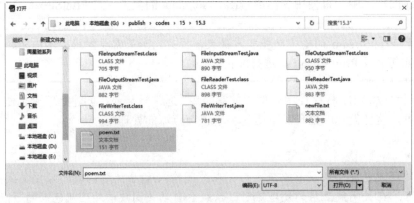

图 15.9　选择错误的字符集将导致文本文件内容变成"乱码"

表 15.1 仅仅总结了输入/输出流体系中位于 java.io 包下的流，还有一些诸如 AudioInputStream、CipherInputStream、DeflaterInputStream、ZipInputStream 等具有访问音频文件、加密/解密、压缩/解压缩等功能的字节流，它们具有特殊的功能，位于 JDK 的其他包下，本书不打算介绍这些特殊的 IO 流。

表 15.1 中还列出了一种以数组为物理节点的节点流，字节流以字节数组为节点，字符流以字符数组为节点；这种以数组为物理节点的节点流除在创建节点流对象时需要传入一个字节数组或者字符数组之外，在用法上与文件节点流完全相似。与此类似的是，字符流还可以使用字符串作为物理节点，用于实现从字符串中读取内容，或者将内容写入字符串（用 StringBuffer 充当字符串）的功能。下面的程序示范了使用字符串作为物理节点的字符输入/输出流的用法。

程序清单：codes\15\15.4\StringNodeTest.java

```java
public class StringNodeTest
{
    public static void main(String[] args)
    {
        var src = "从明天起，做一个幸福的人\n"
            + "喂马，劈柴，周游世界\n"
            + "从明天起，关心粮食和蔬菜\n"
            + "我有一所房子，面朝大海，春暖花开\n"
            + "从明天起，和每一个亲人通信\n"
            + "告诉他们我的幸福\n";
        var buffer = new char[32];
        var hasRead = 0;
        try (
            var sr = new StringReader(src))
        {
            // 采用循环读取的方式读取字符串
            while ((hasRead = sr.read(buffer)) > 0)
            {
                System.out.print(new String(buffer, 0, hasRead));
            }
        }
        catch (IOException ioe)
        {
            ioe.printStackTrace();
        }
        try (
            // 在创建 StringWriter 时，实际上以一个 StringBuffer 作为输出节点
            // 下面指定的 20 就是 StringBuffer 的初始长度
            var sw = new StringWriter(20))
        {
            // 调用 StringWriter 的方法执行输出
            sw.write("有一个美丽的新世界，\n");
            sw.write("她在远方等我，\n");
            sw.write("那里有天真的孩子，\n");
            sw.write("还有姑娘的酒窝\n");
            System.out.println("----下面是 sw 字符串节点中的内容----");
            // 使用 toString()方法返回 StringWriter 字符串节点中的内容
            System.out.println(sw.toString());
        }
        catch (IOException ex)
        {
            ex.printStackTrace();
        }
    }
}
```

上面的程序与前面使用 FileReader 和 FileWriter 的程序基本相似，只是在创建 StringReader 和 StringWriter 对象时传入的是字符串节点，而不是文件节点。由于 String 是不可变的字符串对象，所以 StringWriter 使用 StringBuffer 作为输出节点。

表 15.1 中列出了 4 个访问管道的流：PipedInputStream、PipedOutputStream、PipedReader、PipedWriter，分别是字节输入流、字节输出流、字符输入流和字符输出流，它们都用于实现进程之间的通信功能。本书将在第 16 章中介绍这 4 个流的用法。

表 15.1 中列出的 4 个缓冲流则增加了缓冲功能，增加缓冲功能可以提高输入/输出的效率。增加缓冲功能后，需要使用 flush()才可以将缓冲区的内容写入实际的物理节点。

表 15.1 中列出的对象流主要用于实现对象序列化，15.8 节将系统地介绍对象序列化。

▶▶ 15.4.3 转换流

Java 的输入/输出流体系中还提供了两个转换流，这两个转换流用于实现将字节流转换成字符流，其中 InputStreamReader 将字节输入流转换成字符输入流，OutputStreamWriter 将字节输出流转换成字符输出流。

学生提问：怎么没有把字符流转换成字节流的转换流呢?

答：你的这个问题问得很"聪明"，似乎一语指出了 Java 设计的遗漏之处。想一想字节流和字符流的差别：字节流的使用范围比字符流更广，但字符流比字节流操作方便。如果有一个流已经是字符流了，也就是说，它是一个用起来更方便的流，为什么还要将其转换成字节流呢? 反之，如果现在有一个字节流，但可以确定这个字节流的内容都是文本内容，那么把它转换成字符流来处理就会更方便一些，所以 Java 只提供了将字节流转换成字符流的转换流，没有提供将字符流转换成字节流的转换流。

下面以获取键盘输入为例来介绍转换流的用法。Java 使用 System.in 代表标准输入，即键盘输入，但这个标准输入流是 InputStream 类的实例，使用不太方便，而且键盘输入的内容都是文本内容，所以可以使用 InputStreamReader 将其转换成字符输入流。使用普通的 Reader 读取输入的内容时依然不太方便，但是可以将普通的 Reader 再次包装成 BufferedReader，利用 BufferedReader 的 readLine()方法可以一次读取一行内容。程序如下。

程序清单：codes\15\15.4\KeyinTest.java

```java
public class KeyinTest
{
    public static void main(String[] args)
    {
        try (
            // 将 Sytem.in 对象转换成 Reader 对象
            var reader = new InputStreamReader(System.in);
            // 将普通的 Reader 包装成 BufferedReader
            var br = new BufferedReader(reader))
        {
            String line = null;
            // 采用循环方式逐行地读取
            while ((line = br.readLine()) != null)
            {
                // 如果读取的字符串是"exit"，则程序退出
                if (line.equals("exit"))
                {
                    System.exit(1);
                }
                // 打印读取的内容
                System.out.println("输入内容为:" + line);
            }
        }
        catch (IOException ioe)
        {
            ioe.printStackTrace();
        }
    }
}
```

上面程序中的粗体字代码负责将 System.in 包装成 BufferedReader，BufferedReader 具有缓冲功能，它可以一次读取一行内容——以换行符为标志；如果它没有读到换行符，则程序被阻塞，直到读到换行符为止。运行上面的程序可以发现这个特征，在控制台执行输入时，只有按下回车键，程序才会打印出刚刚输入的内容。

提示： 由于 BufferedReader 具有一个 readLine()方法，可以非常方便地一次读取一行内容，所以经常把读取文本内容的输入流包装成 BufferedReader，用来方便地读取输入流的文本内容。

▶▶ 15.4.4 推回输入流

在 Java 的输入/输出流体系中，有两个特殊的流与众不同，就是 PushbackInputStream 和 PushbackReader，它们都提供了如下三个方法。

➢ void unread(byte[]/char[] buf)：将一个字节/字符数组的内容推回到推回缓冲区中，从而允许重复读取刚刚读取的内容。

➢ void unread(byte[]/char[] b, int off, int len)：将一个字节/字符数组中从 off 开始、长度为 len 个字节/字符的内容推回到推回缓冲区中，从而允许重复读取刚刚读取的内容。

➢ void unread(int b)：将一个字节/字符推回到推回缓冲区中，从而允许重复读取刚刚读取的内容。

细心的读者可能已经发现，这三个方法与 InputStream 和 Reader 中的三个 read()方法一一对应，没错，这三个方法就是 PushbackInputStream 和 PushbackReader 的奥秘所在。

这两个推回输入流都带有一个推回缓冲区，当程序调用这两个推回输入流的 unread()方法时，系统将会把指定数组的内容推回到该缓冲区中，而推回输入流每次调用 read()方法时总是先从推回缓冲区中读取，只有当完全读取了推回缓冲区的内容，但是还没有装满 read()所需的数组时才会从原输入流中读取。图 15.10 显示了这种推回输入流的处理示意图。

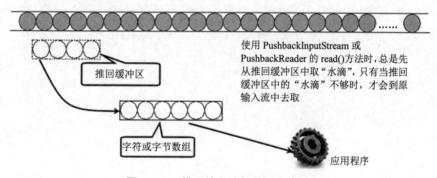

使用 PushbackInputStream 或 PushbackReader 的 read()方法时，总是先从推回缓冲区中取"水滴"，只有当推回缓冲区中的"水滴"不够时，才会到原输入流中去取

图 15.10 推回输入流的处理示意图

根据上面的介绍可以知道，当程序创建一个 PushbackInputStream 或 PushbackReader 时需要指定推回缓冲区的大小，推回缓冲区的默认长度为 1。如果程序中推回到推回缓冲区的内容超出了推回缓冲区的大小，将会引发 Pushback buffer overflow 的 IOException 异常。

**注意：**

虽然图 15.10 中的推回缓冲区的长度看似比 read()方法的数组参数的长度小，但实际上，推回缓冲区的长度与 read()方法的数组参数的长度没有任何关系，它完全可以更大。

下面的程序试图找出程序中的"new PushbackReader"字符串，当找到该字符串后，程序只是打印出目标字符串前面的内容。

程序清单：codes\15\15.4\PushbackTest.java

```java
public class PushbackTest
{
    public static void main(String[] args)
    {
        try (
            // 创建一个 PushbackReader 对象，指定推回缓冲区的长度为 64
            var pr = new PushbackReader(new FileReader(
                "PushbackTest.java"), 64))
        {
```

```
        var buf = new char[32];
        // 用于保存上次读取的字符串内容
        var lastContent = "";
        var hasRead = 0;
        // 循环读取文件内容
        while ((hasRead = pr.read(buf)) > 0)
        {
            // 将读取的内容转换成字符串
            var content = new String(buf, 0, hasRead);
            var targetIndex = 0;
            // 将上次读取的字符串和本次读取的字符串拼起来
            // 查看是否包含目标字符串，如果包含目标字符串
            if ((targetIndex = (lastContent + content)
                .indexOf("new PushbackReader")) > 0)
            {
                // 将本次内容和上次内容一起推回到推回缓冲区中
                pr.unread((lastContent + content).toCharArray());
                // 重新定义一个长度为 targetIndex 的 char 数组
                if (targetIndex > 32)
                {
                    buf = new char[targetIndex];
                }
                // 再次读取指定长度的内容（就是目标字符串之前的内容）
                pr.read(buf, 0, targetIndex);
                // 打印读取的内容
                System.out.print(new String(buf, 0, targetIndex));
                System.exit(0);
            }
            else
            {
                // 打印上次读取的内容
                System.out.print(lastContent);
                // 将本次内容设为上次读取的内容
                lastContent = content;
            }
        }
    }
    catch (IOException ioe)
    {
        ioe.printStackTrace();
    }
    }
}
```

上面程序中的粗体字代码实现了将指定的内容推回到推回缓冲区中，于是当程序再次调用 read()方法时，实际上只是读取了推回缓冲区的部分内容，从而实现了只打印目标字符串前面内容的功能。

15.5 重定向标准输入/输出

第 7 章介绍过，Java 的标准输入/输出分别使用 System.in 和 System.out 来代表，在默认情况下，它们分别代表键盘输入和显示器输出，当程序通过 System.in 来获取输入时，实际上是从键盘读取输入的；当程序试图通过 System.out 执行输出时，程序总是输出到屏幕。

在 System 类中提供了如下三个重定向标准输入/输出的方法。

➢ static void setErr(PrintStream err)：重定向"标准"错误输出流。

➢ static void setIn(InputStream in)：重定向"标准"输入流。

➢ static void setOut(PrintStream out)：重定向"标准"输出流。

下面的程序通过重定向标准输出流，将 System.out 的输出重定向到文件输出，而不是在屏幕上输出。

程序清单：codes\15\15.5\RedirectOut.java

```
public class RedirectOut
{
```

```
public static void main(String[] args)
{
    try (
        // 一次性创建 PrintStream 输出流
        var ps = new PrintStream(new FileOutputStream("out.txt")))
    {
        // 将标准输出重定向到 ps 输出流
        System.setOut(ps);
        // 向标准输出输出一个字符串
        System.out.println("普通字符串");
        // 向标准输出输出一个对象
        System.out.println(new RedirectOut());
    }
    catch (IOException ex)
    {
        ex.printStackTrace();
    }
}
```

上面程序中的粗体字代码创建了一个 PrintStream 输出流，并将系统的标准输出重定向到该 PrintStream 输出流。运行上面的程序时将看不到任何输出——这意味着标准输出不再输出到屏幕，而是输出到 out.txt 文件。运行结束后，打开系统当前路径下的 out.txt 文件，即可看到文件里的内容，正好与程序的输出一致。

下面的程序重定向标准输入，从而可以将 System.in 重定向到指定的文件，而不是键盘输入。

程序清单：codes\15\15.5\RedirectIn.java

```
public class RedirectIn
{
    public static void main(String[] args)
    {
        try (
            var fis = new FileInputStream("RedirectIn.java"))
        {
            // 将标准输入重定向到 fis 输入流
            System.setIn(fis);
            // 使用 System.in 创建 Scanner 对象，用于获取标准输入
            var sc = new Scanner(System.in);
            // 增加下面一行，只把回车键作为分隔符
            sc.useDelimiter("\n");
            // 判断是否还有下一个输入项
            while (sc.hasNext())
            {
                // 输出输入项
                System.out.println("键盘输入的内容是: " + sc.next());
            }
        }
        catch (IOException ex)
        {
            ex.printStackTrace();
        }
    }
}
```

上面程序中的粗体字代码创建了一个 FileInputStream 输入流，并使用 System 的 setIn()方法将系统标准输入重定向到该文件输入流。运行上面的程序，程序不会等待用户输入，而是直接输出了 RedirectIn.java 文件的内容，这表明程序不再使用键盘作为标准输入源，而是使用 RedirectIn.java 文件作为标准输入源。

15.6 Java 虚拟机读/写其他进程的数据

在第 7 章中已经介绍过，使用 Runtime 对象的 exec()方法可以运行平台上的其他程序，该方法产生一个 Process 对象，Process 对象代表由该 Java 程序启动的子进程。Process 类提供了如下三个方法，用于让程序和其子进程进行通信。

➢ InputStream getErrorStream()：获取子进程的错误流。

245

➢ InputStream getInputStream(): 获取子进程的输入流。
➢ OutputStream getOutputStream(): 获取子进程的输出流。

注意：

此处的输入流和输出流非常容易混淆，如果试图让子进程读取程序中的数据，那么应该用输入流还是输出流？应该用输出流，而不是输入流。要站在 Java 程序的角度来看问题，子进程读取 Java 程序的数据，就是让 Java 程序把数据输出到子进程中（就像把数据输出到文件中一样，只是现在由子进程节点代替了文件节点），所以应该使用输出流。

下面的程序示范了读取其他进程的输出信息。

程序清单：codes\15\15.6\ReadFromProcess.java

```java
public class ReadFromProcess
{
    public static void main(String[] args)
        throws IOException
    {
        // 运行 javac 命令，返回运行该命令的子进程
        Process p = Runtime.getRuntime().exec("javac");
        try (
            // 以 p 进程的输入流创建 BufferedReader 对象
            // 这个输入流对本程序是输入流，对 p 进程则是输出流
            var br = new BufferedReader(new
                InputStreamReader(p.getInputStream())))
        {
            String buff = null;
            // 采取循环方式读取 p 进程的错误输出
            while ((buff = br.readLine()) != null)
            {
                System.out.println(buff);
            }
        }
    }
}
```

上面程序中的第一行粗体字代码使用 Runtime 启动了 javac 程序，获得了运行该程序对应的子进程；第二行粗体字代码以 p 进程的错误输入流创建了 BufferedReader，这个输入流的流向如图 15.11 所示。

提示：

以前版本的 javac 进程的错误输入流要通过 getErrorStream() 方法获取，现在改为使用 getInputStream() 方法获取。

如图 15.11 所示的数据流对 p 进程（javac 进程）而言，它是输出流；但对本程序（ReadFromProcess）而言，它是输入流——在衡量输入/输出时总是站在运行本程序所在内存的角度，所以该数据流应该是输入流。运行上面的程序，会看到如图 15.12 所示的运行窗口。

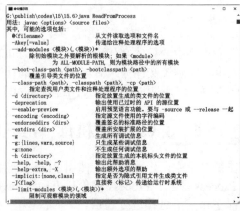

图 15.11　数据从 p 进程流向本程序所在的内存　　　　图 15.12　Java 程序获得 javac 命令的错误输出

不仅如此，也可以通过 Process 的 getOutputStream()方法获得向进程中输入数据的流（该流对 Java 程序是输出流，对子进程则是输入流）。如下程序实现了在 Java 程序中启动 Java 虚拟机运行另一个 Java 程序，并向另一个 Java 程序中输入数据。

程序清单：codes\15\15.6\WriteToProcess.java

```
public class WriteToProcess
{
    public static void main(String[] args)
        throws IOException
    {
        // 运行 java ReadStandard 命令，返回运行该命令的子进程
        Process p = Runtime.getRuntime().exec("java ReadStandard");
        try (
            // 以 p 进程的输出流创建 PrintStream 对象
            // 这个输出流对本程序是输出流，对 p 进程则是输入流
            var ps = new PrintStream(p.getOutputStream()))
        {
            // 向 ReadStandard 程序写入内容，这些内容将被 ReadStandard 读取
            ps.println("普通字符串");
            ps.println(new WriteToProcess());
        }
    }
}
// 定义一个 ReadStandard 类，该类可以接收标准输入
// 并将标准输入写入 out.txt 文件
class ReadStandard
{
    public static void main(String[] args)
    {
        try (
            // 使用 System.in 创建 Scanner 对象，用于获取标准输入
            var sc = new Scanner(System.in);
            var ps = new PrintStream(new FileOutputStream("out.txt")))
        {
            // 增加下面一行，只把回车键作为分隔符
            sc.useDelimiter("\n");
            // 判断是否还有下一个输入项
            while (sc.hasNext())
            {
                // 输出输入项
                ps.println("键盘输入的内容是: " + sc.next());
            }
        }
        catch (IOException ioe)
        {
            ioe.printStackTrace();
        }
    }
}
```

上面程序中的 ReadStandard 是一个使用 Scanner 获取标准输入的类，该类提供了 main()方法，可以被运行——此处不打算直接运行该类，而是由 WriteToProcess 类来运行 ReadStandard 类。在程序的第一行粗体字代码中，程序使用 Runtime 的 exec()方法运行了 java ReadStandard 命令，该命令将运行 ReadStandard 类，并返回运行该类的子进程；程序的第二行粗体字代码获得 p 进程的输出流——该输出流对 p 进程是输入流，对本程序则是输出流，程序通过该输出流向 p 进程（也就是 ReadStandard 程序）输出数据，这些数据将被 ReadStandard 类读取。

运行上面的 WriteToProcess 类，程序运行结束后，将看到产生了一个 out.txt 文件，该文件由 ReadStandard 类产生。该文件的内容由 WriteToProcess 类写入 ReadStandard 进程里，并由 ReadStandard 读取这些数据，将这些数据保存到 out.txt 文件中。

15.7 RandomAccessFile

RandomAccessFile 是 Java 的输入/输出流体系中功能最丰富的文件内容访问类，它提供了众多的方法来访问文件内容——既可以读取文件内容，也可以向文件中输出数据。与普通的输入/输出流不同的是，RandomAccessFile 支持"随机访问"的方式，程序可以直接跳转到文件的任意地方来读/写数据。

由于 RandomAccessFile 可以自由访问文件的任意位置，所以，如果只需要访问文件部分内容，而不是把文件从头读到尾，使用 RandomAccessFile 将是更好的选择。

与 OutputStream、Writer 等输出流不同的是，RandomAccessFile 允许自由定位文件记录指针，即 RandomAccessFile 可以不从头开始输出，因此 RandomAccessFile 可以向已存在的文件后追加内容。如果程序需要向已存在的文件后追加内容，则应该使用 RandomAccessFile。

RandomAccessFile 的方法虽然多，但它有一个最大的局限，就是只能读/写文件，不能读/写其他 IO 节点。

RandomAccessFile 对象也包含了一个文件记录指针，用于标识当前读/写处的位置。当程序新创建一个 RandomAccessFile 对象时，该对象的文件记录指针位于文件头（也就是 0 处），在读/写了 n 个字节后，文件记录指针将会向后移动 n 个字节。此外，RandomAccessFile 可以自由移动该文件记录指针，既可以向前移动，也可以向后移动。RandomAccessFile 包含了如下两个方法来操作文件记录指针。

➤ long getFilePointer()：返回文件记录指针的当前位置。

➤ void seek(long pos)：将文件记录指针定位到 pos 位置。

RandomAccessFile 既可以读文件，也可以写文件，所以它既包含了完全类似于 InputStream 的三个 read()方法，其用法和 InputStream 的三个 read()方法完全一样；也包含了完全类似于 OutputStream 的三个 write()方法，其用法和 OutputStream 的三个 write()方法完全一样。此外，RandomAccessFile 还包含了一系列 readXxx()和 writeXxx()方法来完成输入/输出。

 提示：

计算机里的"随机访问"是一个很奇怪的词，对于汉语而言，随机访问是具有不确定性的——具有一会儿访问这里，一会儿访问那里的意思，如果按这种方式来理解"随机访问"，那么就会对所谓的"随机访问"方式感到十分迷惑，这也是十多年前我刚接触 RAM（Random Access Memory，即内存）时感到万分迷惑的地方。实际上，"随机访问"是由 Random 和 Access 两个单词翻译而来的，Random 在英语里不仅有随机的意思，还有任意的意思——如果能这样理解 Random，就可以更好地理解 Random Access 了——应该是任意访问，而不是随机访问。也就是说，RAM 是可以自由访问任意存储点的存储器（与磁盘、磁带等需要寻道、倒带才可访问指定的存储点等存储器相区分）；而 RandomAccessFile 的含义是可以自由访问文件的任意地方（与 InputStream、Reader 需要依次向后读取相区分），所以 RandomAccessFile 的含义决不是"随机访问"，而应该是"任意访问"。在后来的日子里，我无数次发现一些计算机专业术语被翻译得如此让人深恶痛绝，于是造成了很多人觉得 IT 行业较难的后果；再后来，我决定尽量少看翻译的 IT 技术文章，要么看原版的 IT 技术文章，要么就直接看国内的 IT 技术文章。

RandomAccessFile 类有两个构造器，其实这两个构造器基本相同，只是指定文件的形式不同而已——一个使用 String 参数来指定文件名，一个使用 File 参数来指定文件本身。此外，在创建 RandomAccessFile 对象时还需要指定一个 mode 参数，该参数指定 RandomAccessFile 的访问模式。该参数有如下 4 个值。

➤ r：以只读方式打开指定的文件。如果试图对该 RandomAccessFile 执行写入方法，则将抛出 IOException 异常。

➤ rw：以读/写方式打开指定的文件。如果该文件尚不存在，则尝试创建该文件。

➤ rws：以读/写方式打开指定的文件。相对于 rw 模式，还要求对文件内容或元数据的每个更新都同步写入底层存储设备中。

➤ rwd：以读/写方式打开指定的文件。相对于 rw 模式，还要求对文件内容的每个更新都同步写入底层存储设备中。

下面的程序使用 RandomAccessFile 来访问指定的中间部分数据。

程序清单：codes\15\15.7\RandomAccessFileTest.java

```java
public class RandomAccessFileTest
{
    public static void main(String[] args)
    {
        try (
            var raf = new RandomAccessFile("RandomAccessFileTest.java", "r"))
        {
            // 获取 RandomAccessFile 对象的文件记录指针的位置，初始位置为 0
            System.out.println("RandomAccessFile 的文件记录指针的初始位置: "
                + raf.getFilePointer());
            // 移动 raf 的文件记录指针的位置
            raf.seek(300);
            var bbuf = new byte[1024];
            // 用于保存实际读取的字节数
            var hasRead = 0;
            // 使用循环来重复"取水"的过程
            while ((hasRead = raf.read(bbuf)) > 0)
            {
                // 取出"竹筒"中的"水滴"（字节），将字节数组转换成字符串输入
                System.out.print(new String(bbuf, 0, hasRead ));
            }
        }
        catch (IOException ex)
        {
            ex.printStackTrace();
        }
    }
}
```

上面程序中的第一行粗体代码创建了一个 RandomAccessFile 对象，该对象以只读方式打开了 RandomAccessFileTest.java 文件，这意味着该 RandomAccessFile 对象只能读取文件内容，不能执行写入。

程序中第二行粗体字代码将文件记录指针定位到 300 处，也就是说，程序将从 300 字节处开始读/写。程序接下来的部分与使用 InputStream 读取并没有太大的区别。运行上面的程序，将看到程序只读取中间部分内容的效果。

下面的程序示范了如何向指定的文件后追加内容。为了追加内容，程序应该先将文件记录指针移动到文件的最后，然后再开始向文件中输出内容。

程序清单：codes\15\15.7\AppendContent.java

```java
public class AppendContent
{
    public static void main(String[] args)
    {
        try (
            // 以读/写方式打开一个 RandomAccessFile 对象
            var raf = new RandomAccessFile("out.txt", "rw"))
        {
            // 将文件记录指针移动到 out.txt 文件的最后
            raf.seek(raf.length());
            raf.write("追加的内容! \r\n".getBytes());
        }
        catch (IOException ex)
        {
            ex.printStackTrace();
        }
    }
}
```

上面程序中的第一行粗体字代码先以读/写方式创建了一个 RandomAccessFile 对象，第二行粗体字代码将 RandomAccessFile 对象的文件记录指针移动到文件的最后。接下来程序使用 RandomAccessFile执行输出，与使用 OutputStream 或 Writer 执行输出并没有太大的区别。

每运行上面的程序一次，都可以看到 out.txt 文件中多一行"追加的内容！"字符串，程序在该字符串后使用"\r\n"是为了控制换行。

> RandomAccessFile 依然不能向文件的指定位置插入内容，如果直接将文件记录指针移动到中间某位置后开始输出，则新输出的内容会覆盖文件中原有的内容。如果需要向指定的位置插入内容，程序需要先把插入点后的内容读入缓冲区，等把需要插入的内容写入文件后，再将缓冲区的内容追加到文件的后面。

下面的程序实现了向指定的文件、指定的位置插入内容的功能。

程序清单：codes\15\15.7\InsertContent.java

```java
public class InsertContent
{
    public static void insert(String fileName, long pos,
        String insertContent) throws IOException
    {
        var tmp = File.createTempFile("tmp", null);
        tmp.deleteOnExit();
        try (
            var raf = new RandomAccessFile(fileName, "rw");
            // 使用临时文件来保存插入点后的内容
            var tmpOut = new FileOutputStream(tmp);
            var tmpIn = new FileInputStream(tmp))
        {
            raf.seek(pos);
            // ------下面的代码将插入点后的内容读入临时文件中保存------
            var bbuf = new byte[64];
            // 用于保存实际读取的字节数
            var hasRead = 0;
            // 使用循环方式读取插入点后的内容
            while ((hasRead = raf.read(bbuf)) > 0)
            {
                // 将读取的数据写入临时文件中
                tmpOut.write(bbuf, 0, hasRead);
            }
            // ----------下面的代码用于插入内容----------
            // 把文件记录指针重新定位到 pos 位置
            raf.seek(pos);
            // 追加需要插入的内容
            raf.write(insertContent.getBytes());
            // 追加临时文件中的内容
            while ((hasRead = tmpIn.read(bbuf)) > 0 )
            {
                raf.write(bbuf, 0, hasRead);
            }
        }
    }
    public static void main(String[] args) throws IOException
    {
        insert("InsertContent.java", 45, "插入的内容\r\n");
    }
}
```

上面程序中使用 File 的 createTempFile(String prefix, String suffix)方法创建了一个临时文件（该临时文件将在 JVM 退出时被删除），用于保存被插入文件的插入点后的内容。程序先将文件中插入点后的内容读入临时文件中，然后重新定位到插入点，将需要插入的内容添加到文件的后面，最后将临时文件的内容添加到文件的后面，通过这个过程就实现了向指定的文件、指定的位置插入内容。

每运行上面的程序一次，都会看到向 InsertContent.java 中插入了一行字符串。

 提示：

> 多线程断点的网络下载工具（如 FlashGet 等）就可通过 RandomAccessFile 类来实现，所有的下载工具在下载开始时都会建立两个文件：一个是与被下载的文件大小相同的空文件，一个是记录文件记录指针的位置文件。下载工具用多条线程启动输入流来读取网络数据，并使用 RandomAccessFile 将从网络上读取的数据写入前面建立的空文件中，每写入一些数据，记录文件记录指针的文件都会分别记下每个 RandomAccessFile 的当前文件记录指针的位置——网络断开后，再次开始下载时，每个 RandomAccessFile 都会根据记录文件记录指针的文件中记录的位置继续向下写入数据。本书将会在介绍多线程和网络知识之后，更加详细地介绍如何开发类似于 FlashGet 的多线程断点传输工具。

15.8　对象序列化

对象序列化的目的是将对象保存到磁盘中，或者允许在网络上直接传输对象。对象序列化机制允许把内存中的 Java 对象转换成与平台无关的二进制流，从而允许把这种二进制流持久地保存在磁盘中，通过网络将这种二进制流传输到另一个网络节点。其他程序一旦获得了这种二进制流（无论是从磁盘中获取的，还是通过网络获取的），就可以将这种二进制流恢复成原来的 Java 对象。

15.8.1　序列化的含义和意义

序列化机制允许将实现序列化的 Java 对象转换成字节序列，该字节序列可以被保存在磁盘中，或者通过网络传输，以备以后重新恢复成原来的对象。序列化机制使得对象可以脱离程序的运行而独立存在。

对象序列化（Serialize）指将一个 Java 对象写入 IO 流中；与此对应的是，对象反序列化（Deserialize）则指从 IO 流中恢复该 Java 对象。

Java 9 增强了对象序列化机制，它允许对读入的序列化数据进行过滤，这种过滤可在反序列化之前对数据执行校验，从而提高序列化的安全性和健壮性。

如果需要让某个对象支持序列化机制，则必须让它的类是可序列化的（Serializable）。为了让某个类是可序列化的，该类必须实现如下两个接口之一。

- ➢ Serializable
- ➢ Externalizable

Java 的很多类都已经实现了 Serializable 接口，该接口是一个标记接口，实现该接口无须实现任何方法，它只是表明该类的实例是可序列化的。

所有可能在网络上传输的对象的类都应该是可序列化的，否则程序将会出现异常，比如 RMI（Remote Method Invoke，远程方法调用，它是 Java EE 技术的基础）过程中的参数和返回值；所有需要保存到磁盘里的对象的类都必须可序列化，比如 Web 应用中需要保存到 HttpSession 或 ServletContext 属性中的 Java 对象。

因为序列化是 RMI 过程中的参数和返回值都必须实现的机制，而 RMI 又是 Java EE 技术的基础——所有的分布式应用通常都需要跨平台、跨网络，所以要求所有传递的参数、返回值必须实现序列化。因此，序列化机制是 Java EE 平台的基础。通常建议：程序创建的每个 JavaBean 类都实现 Serializable 接口。

15.8.2　使用对象流实现序列化

如果需要将某个对象保存到磁盘中或者通过网络传输，那么这个类应该实现 Serializable 接口或 Externalizable 接口。关于这两个接口的区别和联系，后面将有更详细的介绍，读者先不用理会 Externalizable 接口。

使用 Serializable 来实现序列化非常简单，主要让目标类实现 Serializable 接口即可，无须实现任何方法。

一旦某个类实现了 Serializable 接口，该类的对象就是可序列化的，程序可以通过如下两个步骤来序列化该对象。

① 创建一个 ObjectOutputStream 输出流，这个输出流是一个处理流，所以其必须建立在其他节点流的基础之上。代码如下：

```
// 创建一个 ObjectOutputStream 输出流
var oos = new ObjectOutputStream(new FileOutputStream("object.txt"));
```

② 调用 ObjectOutputStream 对象的 writeObject()方法输出可序列化对象。代码如下：

```
// 将一个 Person 对象输出到输出流中
oos.writeObject(per);
```

下面的程序定义了一个 Person 类，这个 Person 类就是一个普通的 Java 类，只是实现了 Serializable 接口，该接口标识该类的对象是可序列化的。

程序清单：codes\15\15.8\Person.java

```java
public class Person
    implements java.io.Serializable
{
    private String name;
    private int age;
    // 注意，此处没有提供无参数的构造器
    public Person(String name, int age)
    {
        System.out.println("有参数的构造器");
        this.name = name;
        this.age = age;
    }
    // 省略 name 与 age 的 setter 和 getter 方法
    ...
}
```

下面的程序使用 ObjectOutputStream 将一个 Person 对象写入磁盘文件中。

程序清单：codes\15\15.8\WriteObject.java

```java
public class WriteObject
{
    public static void main(String[] args)
    {
        try (
            // 创建一个 ObjectOutputStream 输出流
            var oos = new ObjectOutputStream(new FileOutputStream("object.txt")))
        {
            var per = new Person("孙悟空", 500);
            // 将 per 对象写入输出流中
            oos.writeObject(per);
        }
        catch (IOException ex)
        {
            ex.printStackTrace();
        }
    }
}
```

上面程序中的第一行粗体字代码创建了一个 ObjectOutputStream 输出流，这个 ObjectOutputStream 输出流建立在一个文件输出流的基础之上；第二行粗体字代码使用 writeObject()方法将一个 Person 对象写入输出流中。运行上面的程序，将会看到生成了一个 object.txt 文件，该文件的内容就是 Person 对象。

如果希望从二进制流中恢复 Java 对象，则需要进行反序列化。反序列化的步骤如下。

① 创建一个 ObjectInputStream 输入流，这个输入流是一个处理流，所以其必须建立在其他节点流的基础之上。代码如下：

```
// 创建一个 ObjectInputStream 输入流
var ois = new ObjectInputStream(new FileInputStream("object.txt"));
```

② 调用 ObjectInputStream 对象的 readObject()方法读取流中的对象，该方法返回一个 Object 类型的 Java 对象。如果程序知道该 Java 对象的类型，则可以将该对象强制类型转换成其真实的类型。

代码如下：

```
// 从输入流中读取一个 Java 对象，并将其强制类型转换为 Person 类
var p = (Person)ois.readObject();
```

下面的程序示范了从刚刚生成的 object.txt 文件中读取 Person 对象的步骤。

程序清单：codes\15\15.8\ReadObject.java

```
public class ReadObject
{
    public static void main(String[] args)
    {
        try (
            // 创建一个 ObjectInputStream 输入流
            var ois = new ObjectInputStream(new FileInputStream("object.txt")))
        {
            // 从输入流中读取一个 Java 对象，并将其强制类型转换为 Person 类
            var p = (Person) ois.readObject();
            System.out.println("名字为: " + p.getName()
                + "\n 年龄为: " + p.getAge());
        }
        catch (Exception ex)
        {
            ex.printStackTrace();
        }
    }
}
```

上面程序中的第一行粗体字代码将一个文件输入流包装成 ObjectInputStream 输入流，第二行粗体字代码使用 readObject()读取了文件中的 Java 对象，这就完成了反序列化过程。

必须指出的是，反序列化时读取的仅仅是 Java 对象的数据，而不是 Java 类，因此采用反序列化机制恢复 Java 对象时，必须提供该 Java 对象所属类的 class 文件，否则将会引发 ClassNotFoundException 异常。

还有一点需要指出：Person 类只有一个有参数的构造器，没有无参数的构造器，而且该构造器内有一条普通的打印语句。当反序列化读取 Java 对象时，并没有看到程序调用该构造器，这表明反序列化机制无须通过构造器来初始化 Java 对象。

提示： ObjectInputStream 输入流中的 readObject()方法声明抛出了 ClassNotFoundException 异常，也就是说，当反序列化找不到对应的 Java 类时将会引发该异常。

如果使用序列化机制向文件中写入了多个 Java 对象，那么使用反序列化机制恢复对象时必须按实际写入的顺序读取。

当一个可序列化类有多个父类时（包括直接父类和间接父类），这些父类要么有无参数的构造器，要么也是可序列化的——否则，反序列化时将抛出 InvalidClassException 异常。如果父类是不可序列化的，只是带有无参数的构造器，那么在该父类中定义的成员变量值不会被序列化到二进制流中。

▶▶ 15.8.3 对象引用的序列化

前面介绍的 Person 类的两个成员变量的类型分别是 String 类型和 int 类型，如果某个类的成员变量的类型不是基本类型或 String 类型，而是引用类型，那么这个引用类必须是可序列化的；否则，拥有该类型成员变量的类将是不可序列化的。

如下 Teacher 类持有一个 Person 类的引用，只有 Person 类是可序列化的，Teacher 类才是可序列化的。如果 Person 类不可序列化，则无论 Teacher 类是否实现 Serilizable、Externalizable 接口，它都是不可序列化的。

程序清单：codes\15\15.8\Teacher.java

```
public class Teacher
    implements java.io.Serializable
{
```

```
        private String name;
        private Person student;
        public Teacher(String name, Person student)
        {
            this.name = name;
            this.student = student;
        }
        // 此处省略了 name 与 student 的 setter 和 getter 方法
        ...
    }
```

> **注意：**
>
> 　当程序序列化一个 Teacher 对象时，如果该 Teacher 对象持有一个 Person 对象的引用，
> 为了在反序列化时可以正常恢复该 Teacher 对象，程序会顺带将该 Person 对象也进行序列
> 化，所以 Person 类也必须是可序列化的；否则，Teacher 类将不可序列化。

现在假设有一种特殊情形：程序中有两个 Teacher 对象，它们的 student 实例变量都引用了同一个
Person 对象，而且该 Person 对象还有一个引用变量引用它。代码如下：

```
var per = new Person("孙悟空", 500);
var t1 = new Teacher("唐僧", per);
var t2 = new Teacher("菩提祖师", per);
```

上面的代码创建了两个 Teacher 对象和一个 Person 对象，这三个对象在内存中的存储示意图如图 15.13
所示。

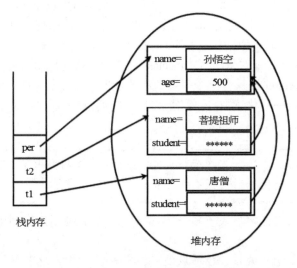

图 15.13　两个 Teacher 对象的 student 实例变量都引用了同一个 Person 对象

这里产生了一个问题——如果先序列化 t1 对象，则系统将该 t1 对象所引用的 Person 对象一起序列
化；如果程序再序列化 t2 对象，则系统将一样会序列化该 t2 对象，并且将再次序列化该 t2 对象所引用
的 Person 对象；如果程序再显式序列化 per 对象，则系统将再次序列化该 Person 对象。这个过程似乎
会向输出流中输出三个 Person 对象。

如果系统向输出流中写入了三个 Person 对象，那么后果是，当程序从输入流中反序列化这些对象
时，将会得到三个 Person 对象，从而引起 t1 和 t2 所引用的 Person 对象不是同一个对象，这显然与图
15.13 所示的效果不一致——这也就违背了 Java 序列化机制的初衷。

所以，Java 的序列化机制采用了一种特殊的序列化算法，该算法的内容如下。

➤ 所有保存到磁盘中的对象都有一个序列化编号。

➤ 当程序试图序列化一个对象时，程序将先检查该对象是否已经被序列化过，只有当该对象从未
（在本次虚拟机中）被序列化过时，系统才会将该对象转换成字节序列并输出。

➤ 如果某个对象已经被序列化过，程序将直接输出一个序列化编号，而不是重新序列化该对象。

根据上面的序列化算法，可以得到一个结论：当第二次、第三次序列化 Person 对象时，程序不会再次将 Person 对象转换成字节序列并输出，而是仅仅输出一个序列化编号。假设有如下顺序的序列化代码：

```
oos.writeObject(t1);
oos.writeObject(t2);
oos.writeObject(per);
```

上面的代码依次序列化了 t1、t2 和 per 对象，序列化后磁盘文件的存储示意图如图 15.14 所示。

通过图 15.14 可以很好地理解 Java 序列化的底层机制——通过该机制不难看出，当多次调用 writeObject() 方法输出同一个对象时，只有第一次调用 writeObject() 方法时才会将该对象转换成字节序列并输出。

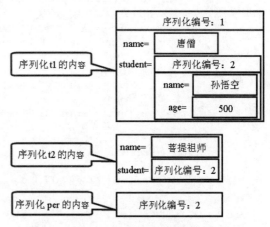

图 15.14　序列化后磁盘文件的存储示意图

下面的程序序列化了两个 Teacher 对象，这两个 Teacher 对象都持有一个引用了同一个 Person 对象的引用，而且程序前两次调用 writeObject() 方法输出的是同一个 Teacher 对象。

程序清单：codes\15\15.8\WriteTeacher.java

```java
public class WriteTeacher
{
    public static void main(String[] args)
    {
        try (
            // 创建一个 ObjectOutputStream 输出流
            ObjectOutputStream oos = new ObjectOutputStream(
                new FileOutputStream("teacher.txt")))
        {
            var per = new Person("孙悟空", 500);
            var t1 = new Teacher("唐僧", per);
            var t2 = new Teacher("菩提祖师", per);
            // 依次将 4 个对象写入输出流中
            oos.writeObject(t1);
            oos.writeObject(t2);
            oos.writeObject(per);
            oos.writeObject(t2);
        }
        catch (IOException ex)
        {
            ex.printStackTrace();
        }
    }
}
```

上面程序中的粗体字代码 4 次调用 writeObject() 方法来输出对象，实际上只序列化了 3 个对象，而且序列化的两个 Teacher 对象的 student 引用的实际是同一个 Person 对象。在下面的程序中，读取序列化文件中的对象即可证明这一点。

程序清单：codes\15\15.8\ReadTeacher.java

```java
public class ReadTeacher
{
    public static void main(String[] args)
    {
        try (
            // 创建一个 ObjectInputStream 输入流
            var ois = new ObjectInputStream(new FileInputStream("teacher.txt")))
        {
            // 依次读取 ObjectInputStream 输入流中的 4 个对象
            var t1 = (Teacher) ois.readObject();
            var t2 = (Teacher) ois.readObject();
            var p = (Person) ois.readObject();
```

```
        var t3 = (Teacher) ois.readObject();
        // 输出 true
        System.out.println("t1 的 student 引用和 p 是否相同: "
            + (t1.getStudent() == p));
        // 输出 true
        System.out.println("t2 的 student 引用和 p 是否相同: "
            + (t2.getStudent() == p));
        // 输出 true
        System.out.println("t2 和 t3 是否是同一个对象: "
            + (t2 == t3));
    }
    catch (Exception ex)
    {
        ex.printStackTrace();
    }
}
}
```

上面程序中的粗体字代码依次读取了序列化文件中的 4 个 Java 对象，但通过后面的比较判断，不难发现 t2 和 t3 是同一个 Java 对象，t1 的 student 引用的、t2 的 student 引用的和 p 引用变量引用的也是同一个 Java 对象——这证明了图 15.14 所示的序列化机制。

Java 的序列化机制使然：如果多次序列化同一个 Java 对象，只有第一次序列化时才会把该 Java 对象转换成字节序列并输出，那么这样可能会引起一个潜在的问题——当程序序列化一个可变对象时，只有第一次使用 writeObject()方法输出时才会将该对象转换成字节序列并输出，当程序再次调用 writeObject()方法时，程序只是输出前面的序列化编号，即使后面该对象的实例变量的值已被改变，改变后的实例变量的值也不会被输出。程序如下。

程序清单：codes\15\15.8\SerializeMutable.java

```
public class SerializeMutable
{
    public static void main(String[] args)
    {

        try (
            // 创建一个 ObjectOutputStream 输出流
            var oos = new ObjectOutputStream(new FileOutputStream("mutable.txt"));
            // 创建一个 ObjectInputStream 输入流
            var ois = new ObjectInputStream(new FileInputStream("mutable.txt")))
        {
            var per = new Person("孙悟空", 500);
            // 系统将 per 对象转换成字节序列并输出
            oos.writeObject(per);
            // 改变 per 对象的 name 实例变量的值
            per.setName("猪八戒");
            // 系统只是输出序列化编号，所以改变后的 name 不会被序列化
            oos.writeObject(per);
            var p1 = (Person) ois.readObject();    // ①
            var p2 = (Person) ois.readObject();    // ②
            // 下面输出 true，即反序列化后 p1 等于 p2
            System.out.println(p1 == p2);
            // 下面依然看到输出 "孙悟空"，即改变后的实例变量没有被序列化
            System.out.println(p2.getName());
        }
        catch (Exception ex)
        {
            ex.printStackTrace();
        }
    }
}
```

程序中第一行粗体字代码先使用 writeObject()方法写入了一个 Person 对象，然后程序改变了 Person 对象的 name 实例变量的值，接下来程序再次输出 Person 对象，但这次的输出已经不会将 Person 对象转换成字节序列了，而是仅仅输出了一个序列化编号。

程序中①②号粗体字代码两次调用 readObject()方法读取了序列化文件中的 Java 对象，比较两次读取的 Java 对象，发现它们完全相同，程序输出第二次读取的 Person 对象的 name 实例变量的值依然是"孙悟空"，表明改变后的 Person 对象并没有被写入——这与 Java 的序列化机制相符。

> **注意：**
>
> 在使用 Java 的序列化机制序列化可变对象时一定要注意，只有第一次调用 wirteObject()方法来输出对象时才会将该对象转换成字节序列，并写入 ObjectOutputStream 中；在后面的程序中，即使该对象的实例变量的值发生了改变，再次调用 writeObject()方法输出该对象时，改变后的实例变量的值也不会被输出。

▶▶ 15.8.4 对序列化数据执行过滤

Java 9 为 ObjectInputStream 增加了 setObjectInputFilter()、getObjectInputFilter()两个方法，其中 setObjectInputFilter()方法用于为对象输入流设置过滤器。当程序通过 ObjectInputStream 反序列化对象时，过滤器的 checkInput()方法会被自动激发，用于检查序列化数据是否有效。

使用 checkInput()方法检查序列化数据时有 3 个返回值。

➢ Status.REJECTED：拒绝恢复。

➢ Status.ALLOWED：允许恢复。

➢ Status.UNDECIDED：未决定状态，程序继续执行检查。

ObjectInputStream 将会根据 ObjectInputFilter 的检查结果来决定是否执行反序列化——如果 checkInput()方法返回 Status.REJECTED，反序列化将会被阻止；如果 checkInput()方法返回 Status.ALLOWED，程序将可执行反序列化。

下面的程序对前面的 ReadObject.java 程序进行改进，该程序将会在反序列化之前对数据执行检查。

程序清单：codes\15\15.8\FilterTest.java

```java
public class FilterTest
{
    public static void main(String[] args)
    {
        try (
            // 创建一个 ObjectInputStream 输入流
            var ois = new ObjectInputStream(new FileInputStream("object.txt")))
        {
            ois.setObjectInputFilter((info) -> {
                System.out.println("===执行数据过滤===");
                ObjectInputFilter serialFilter =
                    ObjectInputFilter.Config.getSerialFilter();
                if (serialFilter != null) {
                    // 首先使用 ObjectInputFilter 执行默认的检查
                    ObjectInputFilter.Status status =
                        serialFilter.checkInput(info);
                    // 如果默认检查的结果不是 Status.UNDECIDED
                    if (status != ObjectInputFilter.Status.UNDECIDED) {
                        // 直接返回检查结果
                        return status;
                    }
                }
                // 如果要恢复的对象不是 1 个
                if (info.references() != 1)
                {
                    // 不允许恢复对象
                    return ObjectInputFilter.Status.REJECTED;
                }
                if (info.serialClass() != null &&
                    // 如果恢复的不是 Person 类
                    info.serialClass() != Person.class)
                {
                    // 不允许恢复对象
                    return ObjectInputFilter.Status.REJECTED;
```

```
                    }
                    return ObjectInputFilter.Status.UNDECIDED;
            });
            // 从输入流中读取一个 Java 对象，并将其强制类型转换为 Person 类
            var p = (Person) ois.readObject();
            System.out.println("名字为: " + p.getName()
                + "\n 年龄为: " + p.getAge());
        }
        catch (Exception ex)
        {
            ex.printStackTrace();
        }
    }
}
```

上面程序中的粗体字代码为 ObjectInputStream 设置了 ObjectInputFilter 过滤器（程序使用 Lambda 表达式创建过滤器），程序重写了 checkInput()方法。

在重写 checkInput()方法时先使用默认的 ObjectInputFilter 执行检查，如果检查结果不是 Status.UNDECIDED，程序将直接返回检查结果。接下来程序通过 FilterInfo 检查序列化数据，如果序列化数据中的对象不唯一（数据已被污染），程序将拒绝执行反序列化；如果序列化数据中的对象不是 Person 对象（数据被污染），程序将拒绝执行反序列化。通过这种检查，程序可以保证反序列化出来的是唯一的 Person 对象，这样就会让反序列化更加安全、健壮。

▶▶ 15.8.5 自定义序列化

在一些特殊的场景下，如果一个类中包含的某些实例变量是敏感信息，例如银行账户信息等，这时不希望系统对该实例变量进行序列化；或者某个实例变量的类型是不可序列化的，因此不希望对该实例变量进行递归序列化，以避免引发 java.io.NotSerializableException 异常。

 提示： 当对某个对象进行序列化时，系统会自动对该对象的所有实例变量依次进行序列化；如果某个实例变量引用了另一个对象，则被引用的对象也会被序列化；如果被引用的对象的实例变量也引用了其他对象，则被引用的对象也会被序列化。这种情况被称为递归序列化。

通过在实例变量的前面使用 transient 关键字修饰，可以指定 Java 序列化时无须理会该实例变量。如下 Person 类与前面的 Person 类几乎完全一样，只是它的 age 使用了 transient 关键字修饰。

程序清单：codes\15\15.8\transient\Person.java

```
public class Person
    implements java.io.Serializable
{
    private String name;
    private transient int age;
    // 注意，此处没有提供无参数的构造器
    public Person(String name, int age)
    {
        System.out.println("有参数的构造器");
        this.name = name;
        this.age = age;
    }
    // 省略 name 与 age 的 setter 和 getter 方法
    ...
}
```

提示： transient 关键字只能用于修饰实例变量，不可用于修饰 Java 程序中的其他成分。

下面的程序先序列化一个 Person 对象，然后再反序列化该 Person 对象，在得到反序列化的 Person 对象后，程序输出该对象的 age 实例变量的值。

程序清单：codes\15\15.8\transient\TransientTest.java

```
public class TransientTest
{
    public static void main(String[] args)
    {
        try (
            // 创建一个 ObjectOutputStream 输出流
            var oos = new ObjectOutputStream(new FileOutputStream("transient.txt"));
            // 创建一个 ObjectInputStream 输入流
            var ois = new ObjectInputStream(new FileInputStream("transient.txt")))
        {
            var per = new Person("孙悟空", 500);
            // 系统将 per 对象转换成字节序列并输出
            oos.writeObject(per);
            var p = (Person) ois.readObject();
            System.out.println(p.getAge());
        }
        catch (Exception ex)
        {
            ex.printStackTrace();
        }
    }
}
```

上面程序中的第一行粗体字代码创建了一个 Person 对象，并为它的 name、age 两个实例变量指定了值；第二行粗体字代码将该 Person 对象序列化后输出；第三行粗体字代码从序列化文件中读取该 Person 对象；第四行粗体字代码输出该 Person 对象的 age 实例变量的值。由于本程序中 Person 类的 age 实例变量使用了 transient 关键字修饰，所以第四行粗体字代码将输出 0。

使用 transient 关键字修饰实例变量虽然简单、方便，但被 transient 修饰的实例变量将被完全隔离在序列化机制之外，这样就导致了在反序列化恢复 Java 对象时无法取得该实例变量的值。Java 还提供了一种自定义序列化机制，通过这种自定义序列化机制可以让程序控制如何序列化各实例变量，甚至完全不序列化某些实例变量（与使用 transient 关键字的效果相同）。

在序列化和反序列化过程中需要特殊处理的类应该提供如下特殊签名的方法，这些特殊的方法用于实现自定义序列化。

➢ private void writeObject(java.io.ObjectOutputStream out) throws IOException
➢ private void readObject(java.io.ObjectInputStream in) throws IOException, ClassNotFoundException
➢ private void readObjectNoData() throws ObjectStreamException

writeObject()方法负责写入特定类的实例状态，以便相应的 readObject()方法可以恢复它。通过重写 writeObject()方法，程序员可以完全获得对序列化机制的控制，可以自主决定哪些实例变量需要序列化，以及怎样序列化。在默认情况下，该方法会调用 out.defaultWriteObject 来保存 Java 对象的各实例变量，从而可以实现序列化 Java 对象状态的目的。

readObject()方法负责从流中读取并恢复对象的实例变量，通过重写该方法，程序员可以完全获得对反序列化机制的控制，可以自主决定需要反序列化哪些实例变量，以及如何进行反序列化。在默认情况下，该方法会调用 in.defaultReadObject 来恢复 Java 对象的非瞬态实例变量。在通常情况下，readObject()方法与 writeObject()方法对应，如果在 writeObject()方法中对 Java 对象的实例变量进行了一些处理，则应该在 readObject()方法中对其实例变量进行相应的反处理，以便正确恢复该对象。

当序列化流不完整时，使用 readObjectNoData()方法可以正确地初始化反序列化的对象。例如，接收方使用的反序列化类的版本不同于发送方的，或者接收方的版本扩展的类不是发送方的版本扩展的类，或者序列化流被篡改时，系统都会调用 readObjectNoData()方法来初始化反序列化的对象。

下面的 Person 类提供了 writeObject()和 readObject()两个方法，其中 writeObject()方法在保存 Person 对象时将其 name 实例变量包装成 StringBuffer，并将其字符序列反转后写入；在 readObject()方法中处理 name 实例变量的策略与此对应——先将读取的数据强制类型转换成 StringBuffer，再将其反转后赋给 name 实例变量。

程序清单：codes\15\15.8\custom\Person.java

```java
public class Person
    implements java.io.Serializable
{
    private String name;
    private int age;
    // 注意，此处没有提供无参数的构造器
    public Person(String name, int age)
    {
        System.out.println("有参数的构造器");
        this.name = name;
        this.age = age;
    }
    // 省略 name 与 age 的 setter 和 getter 方法
    ...
    private void writeObject(java.io.ObjectOutputStream out)
        throws IOException
    {
        // 将 name 实例变量的值反转后写入二进制流中
        out.writeObject(new StringBuffer(name).reverse());
        out.writeInt(age);
    }
    private void readObject(java.io.ObjectInputStream in)
        throws IOException, ClassNotFoundException
    {
        // 将读取的字符串反转后赋给 name 实例变量
        this.name = ((StringBuffer) in.readObject()).reverse()
            .toString();
        this.age = in.readInt();
    }
}
```

上面程序中用粗体字标出的方法用于实现自定义序列化，对于这个 Person 类而言，序列化和反序列化 Person 实例并没有任何区别——区别在于序列化后的对象流，即使有 Cracker 截获到 Person 对象流，他看到的 name 值也是加密后的 name 值，这样就提高了序列化的安全性。

> **注意：**
>
> writeObject()方法存储实例变量的顺序应该和 readObject()方法恢复实例变量的顺序一致，否则将不能正常恢复该 Java 对象。

对 Person 对象进行序列化和反序列化的程序与前面的程序没有任何区别，故此处不再赘述。

还有一种更彻底的自定义机制，它甚至可以在序列化对象时将该对象替换成其他对象。如果需要实现在序列化某个对象时替换该对象，则应为序列化类提供如下特殊方法。

```
ANY-ACCESS-MODIFIER Object writeReplace() throws ObjectStreamException;
```

此 writeReplace()方法将由序列化机制调用，只要该方法存在，因为该方法可以拥有私有的（private）、受保护的（protected）和包私有的（package-private）等访问权限，其子类就有可能获得该方法。例如，下面的 Person 类提供了 writeReplace()方法，这样就可以在写入 Person 对象时将该对象替换成 ArrayList。

程序清单：codes\15\15.8\replace\Person.java

```java
public class Person
    implements java.io.Serializable
{
    private String name;
    private int age;
    // 注意，此处没有提供无参数的构造器
    public Person(String name, int age)
    {
        System.out.println("有参数的构造器");
        this.name = name;
        this.age = age;
    }
}
```

```
        // 省略 name 与 age 的 setter 和 getter 方法
        ...
        // 重写 writeReplace()方法，程序在序列化该对象之前，先调用该方法
        private Object writeReplace() throws ObjectStreamException
        {
            ArrayList<Object> list = new ArrayList<Object>();
            list.add(name);
            list.add(age);
            return list;
        }
}
```

Java 的序列化机制保证在序列化某个对象之前，先调用该对象的 writeReplace()方法，如果该方法返回另一个 Java 对象，则系统转为序列化另一个对象。如下程序表面上是序列化 Person 对象，但实际上序列化的是 ArrayList。

程序清单：codes\15\15.8\replace\ReplaceTest.java

```
public class ReplaceTest
{
    public static void main(String[] args)
    {
        try (
            // 创建一个 ObjectOutputStream 输出流
            var oos = new ObjectOutputStream(new FileOutputStream("replace.txt"));
            // 创建一个 ObjectInputStream 输入流
            var ois = new ObjectInputStream(new FileInputStream("replace.txt")))
        {
            var per = new Person("孙悟空", 500);
            // 系统将 per 对象转换成字节序列并输出
            oos.writeObject(per);
            // 反序列化读取得到的是 ArrayList
            var list = (ArrayList) ois.readObject();
            System.out.println(list);
        }
        catch (Exception ex)
        {
            ex.printStackTrace();
        }
    }
}
```

上面程序中的第一行粗体字代码使用 writeObject()写入了一个 Person 对象，但第二行粗体字代码使用 readObject()方法返回的实际上是一个 ArrayList 对象。这是因为 Person 类的 writeReplace()方法返回了一个 ArrayList 对象，所以序列化机制在序列化 Person 对象时，实际上是转为序列化 ArrayList 对象。

根据上面的介绍，可以知道系统在序列化某个对象之前，会先调用该对象的 writeReplace()和 writeObject()两个方法——系统总是先调用被序列化对象的 writeReplace()方法，如果该方法返回另一个对象，系统将再次调用另一个对象的 writeReplace()方法……直到该方法不再返回另一个对象为止，程序最后将调用该对象的 writeObject()方法来保存其状态。

与 writeReplace()方法相对的是，在序列化机制里还有一个特殊的方法，它可以实现保护性复制整个对象。这个方法就是：

```
ANY-ACCESS-MODIFIER Object readResolve() throws ObjectStreamException;
```

这个方法会紧接着 readObject()之后被调用，该方法的返回值将会代替原来反序列化的对象，而原来 readObject()反序列化的对象将会被立即丢弃。

readResolve()方法在序列化单例类、枚举类时尤其有用。当然，如果使用 Java 5 提供的 enum 来定义枚举类，则完全不用担心，程序没有任何问题。但如果应用中有早期遗留下来的枚举类，例如，下面的 Orientation 类就是一个枚举类。

程序清单：codes\15\15.8\resolve\Orientation.java

```
public class Orientation
{
```

```
public static final Orientation HORIZONTAL = new Orientation(1);
public static final Orientation VERTICAL = new Orientation(2);
private int value;
private Orientation(int value)
{
    this.value = value;
}
}
```

在 Java 5 以前，这种代码是很常见的。Orientation 类的构造器是私有的，程序只有两个 Orientation 对象，分别通过 Orientation 的 HORIZONTAL 和 VERTICAL 两个常量来引用。但如果让该类实现 Serializable 接口，则会引发一个问题——比如将一个 Orientation.HORIZONTAL 值序列化后再读出，代码片段如下：

```
oos = new ObjectOutputStream(new FileOutputStream("transient.txt"));
// 写入 Orientation.HORIZONTAL 值
oos.writeObject(Orientation.HORIZONTAL);
// 创建一个 ObjectInputStream 输入流
ois = new ObjectInputStream(new FileInputStream("transient.txt"));
// 读取刚刚序列化的值
var ori = (Orientation) ois.readObject();
```

如果立即将 ori 和 Orientation.HORIZONTAL 值进行比较，则会返回 false。也就是说，ori 是一个新的 Orientation 对象，它不等于 Orientation 类中的任何枚举值——虽然 Orientation 的构造器是私有的，但反序列化时依然可以创建 Orientation 对象。

> **提示：**
> 前面已经指出，反序列化机制在恢复 Java 对象时无须调用构造器来初始化该对象。从这个意义上来看，序列化机制可以用来"克隆"对象。

在这种情况下，可以通过为 Orientation 类提供一个 readResolve()方法来解决该问题。readResolve()方法的返回值将会代替原来反序列化的对象，也就是让反序列化时得到的 Orientation 对象被直接丢弃。下面是为 Orientation 类提供的 readResolve()方法（程序清单同上）。

```
// 为枚举类增加 readResolve()方法
private Object readResolve() throws ObjectStreamException
{
    if (value == 1)
    {
        return HORIZONTAL;
    }
    if (value == 2)
    {
        return VERTICAL;
    }
    return null;
}
```

通过重写 readResolve()方法，可以保证反序列化时得到的依然是 Orientation 的 HORIZONTAL 和 VERTICAL 两个枚举值之一。

> **提示：**
> 所有的单例类、枚举类在实现序列化时都应该提供 readResolve()方法，这样才可以保证反序列化的对象依然正常。关于上面示例程序的完整代码，请参考本书配套资料中 codes\15\15.8\resolve 路径下的程序。

与 writeReplace()方法类似的是，readResolve()方法也可以使用任意的访问控制符，因此父类的 readResolve()方法可能会被其子类继承。这样在利用 readResolve()方法时就会存在一个明显的缺点——当父类已经实现了 readResolve()方法后，子类将变得无从下手。如果父类包含一个 protected 或 public 修饰的 readResolve()方法，而且子类也没有重写该方法，则会使得子类反序列化时得到一个父类的对象——这显然不是程序想要的结果，而且也不容易发现这种错误。总是让子类重写 readResolve()方法无疑是一个负担，因此对于要被作为父类继承的类而言，实现 readResolve()方法可能有一些潜在的危险。

通常的建议是，对于 final 类，重写 readResolve()方法不会有任何问题；否则，在重写 readResolve()方法时应尽量使用 private 修饰该方法。

▶▶ 15.8.6 另一种自定义序列化机制

Java 还提供了另一种自定义序列化机制，这种序列化机制完全由程序员决定存储和恢复的对象数据。要实现该目标，Java 类必须实现 Externalizable 接口，在该接口中定义了如下两个方法。

- ➤ void readExternal(ObjectInput in)：需要序列化的类实现 readExternal()方法来进行反序列化。该方法调用 DataInput（它是 ObjectInput 的父接口）的方法来恢复基本类型的实例变量的值，调用 ObjectInput 的 readObject()方法来恢复引用类型的实例变量的值。
- ➤ void writeExternal(ObjectOutput out)：需要序列化的类实现 writeExternal()方法来保存对象的状态。该方法调用 DataOutput（它是 ObjectOutput 的父接口）的方法来保存基本类型的实例变量的值，调用 ObjectOutput 的 writeObject()方法来保存引用类型的实例变量的值。

实际上，采用实现 Externalizable 接口方式的序列化与前面介绍的自定义序列化非常相似，只是 Externalizable 接口强制自定义序列化。下面的 Person 类实现了 Externalizable 接口，并且实现了该接口中提供的两个方法，用于实现自定义序列化。

程序清单：codes\15\15.8\externalizable\Person.java

```
public class Person
    implements java.io.Externalizable
{
    private String name;
    private int age;
    // 注意，必须提供无参数的构造器，否则反序列化时会失败
    public Person(){}
    public Person(String name, int age)
    {
        System.out.println("有参数的构造器");
        this.name = name;
        this.age = age;
    }
    // 省略 name 与 age 的 setter 和 getter 方法
    ...
    public void writeExternal(java.io.ObjectOutput out)
        throws IOException
    {
        // 将 name 实例变量的值反转后写入二进制流中
        out.writeObject(new StringBuffer(name).reverse());
        out.writeInt(age);
    }
    public void readExternal(java.io.ObjectInput in)
        throws IOException, ClassNotFoundException
    {
        // 将读取的字符串反转后赋给 name 实例变量
        this.name = ((StringBuffer) in.readObject()).reverse().toString();
        this.age = in.readInt();
    }
}
```

上面程序中的 Person 类实现了 java.io.Externalizable 接口（如程序中第一行粗体字代码所示），该 Person 类还实现了 readExternal()和 writeExternal()两个方法，这两个方法除方法签名和 readObject()、writeObject()两个方法的方法签名不同之外，其方法体完全一样。

如果程序需要序列化实现 Externalizable 接口的对象，一样调用 ObjectOutputStream 的 writeObject()方法输出该对象即可；在反序列化该对象时，则调用 ObjectInputStream 的 readObject()方法，此处不再赘述。

需要指出的是，当使用 Externalizable 机制反序列化对象时，程序会先使用 public 修饰的无参数构造器创建实例，然后再执行 readExternal()方法进行反序列化，因此实现 Externalizable 的序列化类必须提供 public 修饰的无参数构造器。

关于两种序列化机制的对比如表 15.2 所示。

表 15.2　两种序列化机制的对比

实现 Serializable 接口	实现 Externalizable 接口
系统自动存储必要的信息	程序员决定存储哪些信息
Java 内建支持，易于实现，只需实现该接口即可，不需要任何代码支持	仅仅提供两个空方法，实现该接口必须为两个空方法提供实现
性能略差	性能略好

虽然实现 Externalizable 接口能带来一定的性能提升，但由于实现 Externalizable 接口导致了编程复杂度的增加，所以大部分时候都是采用实现 Serializable 接口方式来实现序列化的。

关于对象序列化，还有如下几点需要注意。

> 对象的类名、实例变量（包括基本类型、数组、对其他对象的引用）都会被序列化；方法、类变量（即 static 修饰的成员变量）、transient 实例变量（也被称为瞬态实例变量）都不会被序列化。
> 如果需要让实现 Serializable 接口的类中某个实例变量不被序列化，可在该实例变量前加 transient 关键字，而不是加 static 关键字。虽然使用 static 关键字也可达到这种效果，但 static 关键字不能这样用。
> 保证序列化对象的实例变量类型也是可序列化的，否则需要使用 transient 关键字来修饰该实例变量；要不然，该类是不可序列化的。
> 在反序列化对象时必须有序列化对象的 class 文件。
> 当通过文件、网络来读取序列化后的对象时，必须按实际写入的顺序读取。

▶▶ 15.8.7　版本

根据前面的介绍可以知道，在反序列化 Java 对象时必须提供该对象的 class 文件，现在的问题是，随着项目的升级，系统的 class 文件也会升级，Java 如何保证两个 class 文件的兼容性？

Java 的序列化机制允许为序列化类提供一个 private static final serialVersionUID 值，该类变量的值用于标识该 Java 类的序列化版本。也就是说，如果一个类升级后，只要它的 serialVersionUID 类变量的值保持不变，序列化机制就会把它们当成同一个序列化版本。

分配 serialVersionUID 类变量的值非常简单，例如下面的代码片段：

```
pubic class Test
{
    // 为该类指定一个 serialVersionUID 类变量的值
    private static final long serialVersionUID = 512L;
    ...
}
```

为了在反序列化时确保序列化版本的兼容性，最好在每个要序列化的类中加入 private static final long serialVersionUID 这个类变量，其具体的值由自己定义。这样，即使在某个对象被序列化之后，它所对应的类被修改了，该对象也依然可以被正确地反序列化。

如果不显式指定 serialVersionUID 类变量的值，该类变量的值将由 JVM 根据类的相关信息进行计算，而修改后的类的计算结果与修改前的类的计算结果往往不同，从而造成对象的反序列化因为类版本不兼容而失败。

可以通过 JDK 安装路径下 bin 目录中的 serialver.exe 工具来获得该类的 serialVersionUID 类变量的值。命令如下：

```
serialver Person
```

运行该命令，输出结果如下：

```
Person: private static final long serialVersionUID = 3069227031912694124L;
```

上面的 3069227031912694124L 就是系统为该 Person 类生成的 serialVersionUID 类变量的值。

不显式指定 serialVersionUID 类变量的值的另一个坏处是，不利于程序在不同的 JVM 之间移植。因为不同的编译器对该类变量的值的计算策略可能不同，虽然类完全没有改变，但是 JVM 不同，也会出现因序列化版本不兼容而无法正确反序列化的问题。

如果对类的修改确实会导致该类实例的反序列化失败，则应该为该类的 serialVersionUID 类变量重新分配值。那么，对类的哪些修改可能会导致该类实例的反序列化失败呢？下面分三种情况来具体讨论。

➢ 如果在修改类时仅仅修改了方法，则反序列化不受任何影响，在类定义中无须修改 serialVersionUID 类变量的值。

➢ 如果在修改类时仅仅修改了静态变量或瞬态实例变量，则反序列化不受任何影响，在类定义中无须修改 serialVersionUID 类变量的值。

➢ 如果在修改类时修改了非瞬态实例变量，则可能导致序列化版本不兼容。如果对象流中的对象和新类包含同名的实例变量，而实例变量类型不同，则反序列化会失败，在类定义中应该更新 serialVersionUID 类变量的值。如果对象流中的对象比新类包含更多的实例变量，则多出的实例变量的值将被忽略，序列化版本可以兼容，在类定义中可以不更新 serialVersionUID 类变量的值；如果新类比对象流中的对象包含更多的实例变量，则序列化版本也可以兼容，在类定义中可以不更新 serialVersionUID 类变量的值；但反序列化时得到的新对象中多出的实例变量的值都是 null（引用类型的实例变量）或 0（基本类型的实例变量）。

 ## 15.9 NIO

前面在介绍 BufferedReader 时提到它的一个特征——当 BufferedReader 读取输入流中的数据时，如果没有读取到有效数据，程序将在此处阻塞该线程的执行（使用 InputStream 的 read()方法从流中读取数据时，如果数据源中没有数据，它也会阻塞该线程），也就是前面介绍的输入流和输出流都是阻塞式的输入和输出。不仅如此，传统的输入流和输出流都是通过字节的移动来处理的（即使不直接去处理字节流，底层的实现也是依赖于字节处理的）。也就是说，面向流的输入/输出系统一次只能处理一个字节，因此面向流的输入/输出系统通常效率不高。

从 JDK 1.4 开始，Java 提供了一系列改进的输入/输出处理的新功能，这些新功能被统称为新 IO（New IO，简称 NIO）。其新增了许多用于处理输入/输出的类，这些类都被放在 java.nio 包及其子包下，并且对原 java.io 包中的很多类都以 NIO 为基础进行了改写，新增了满足 NIO 的功能。

▶▶ 15.9.1 Java NIO 概述

NIO 和传统的 IO 有相同的目的，都用于进行输入/输出，但 NIO 使用了不同的方式来处理输入/输出——NIO 采用内存映射文件的方式来处理输入/输出，NIO 将文件或文件的一段区域映射到内存中，这样就可以像访问内存一样来访问文件了（这种方式模拟了操作系统上的虚拟内存的概念），通过这种方式来进行输入/输出比传统的输入/输出要快得多。

Java 中与 NIO 相关的包如下。

➢ java.nio 包：主要包含各种与 Buffer 相关的类。

➢ java.nio.channels 包：主要包含与 Channel 和 Selector 相关的类。

➢ java.nio.charset 包：主要包含与字符集相关的类。

➢ java.nio.channels.spi 包：主要包含与 Channel 相关的服务提供者编程接口。

➢ java.nio.charset.spi 包：包含与字符集相关的服务提供者编程接口。

Channel（通道）和 Buffer（缓冲）是 NIO 中的两个核心对象。Channel 是对传统的输入/输出系统的模拟，在 NIO 系统中所有的数据都需要通过通道传输；Channel 与传统的 InputStream、OutputStream 最大的区别在于，它提供了一个 map()方法，通过该 map()方法可以直接将“一块数据”映射到内存中。如果说传统的输入/输出系统是面向流的处理，那么 NIO 就是面向块的处理。

Buffer 可以被理解成一个容器，它的本质是一个数组，发送到 Channel 中的所有对象都必须先放到 Buffer 中，而从 Channel 中读取的数据也必须先放到 Buffer 中。此处的 Buffer 有点类似于前面介绍的“竹筒”，但该 Buffer 既可以像“竹筒”那样一次次去 Channel 中取“水”，也允许使用 Channel 直接将文件的某块数据映射成 Buffer。

除 Channel 和 Buffer 之外，NIO 还提供了用于将 Unicode 字符串映射成字节序列以及逆映射操作的 Charset 类，也提供了用于支持非阻塞式输入/输出的 Selector 类。

▶▶ **15.9.2 使用 Buffer**

从内部结构来看，Buffer 就像一个数组，它可以保存多个类型相同的数据。Buffer 是一个抽象类，其最常用的子类是 ByteBuffer，它可以在底层的字节数组上进行 get/set 操作。除 ByteBuffer 之外，对应于其他基本数据类型（boolean 除外）都有相应的 Buffer 类：CharBuffer、ShortBuffer、IntBuffer、LongBuffer、FloatBuffer、DoubleBuffer。

上面这些 Buffer 类，除 ByteBuffer 之外，它们都采用相同或相似的方法来管理数据，只是各自管理的数据类型不同而已。这些 Buffer 类都没有提供构造器，通过使用如下方法来得到一个 Buffer 对象。

➢ static XxxBuffer allocate(int capacity)：创建一个容量为 capacity 的 XxxBuffer 对象。

但实际使用较多的是 ByteBuffer 和 CharBuffer，其他 Buffer 类则较少用到。其中 ByteBuffer 类还有一个子类：MappedByteBuffer，它用于表示 Channel 将磁盘文件的部分或全部内容映射到内存中后得到的结果，通常 MappedByteBuffer 对象由 Channel 的 map()方法返回。

在 Buffer 中有三个重要的概念：容量、界限和位置。

➢ 容量（capacity）：缓冲区的容量表示该 Buffer 的最大数据容量，即最多可以存储多少数据。缓冲区的容量不可能为负值，其创建后不能改变。

➢ 界限（limit）：第一个不应该被读出或者写入的缓冲区位置索引。也就是说，位于 limit 后的数据既不可被读，也不可被写。

➢ 位置（position）：用于指明下一个可以被读出或者写入的缓冲区位置索引（类似于 IO 流中的记录指针）。当使用 Buffer 从 Channel 中读取数据时，position 的值恰好等于已经读取了多少个数据。当刚刚新建一个 Buffer 对象时，其 position 为 0；如果从 Channel 中读取了 2 个数据到该 Buffer 中，则 position 为 2，指向 Buffer 中第 3 个位置（第 1 个位置的索引为 0）。

此外，Buffer 还支持一个可选的标记（mark，类似于传统 IO 流中的 mark），Buffer 允许直接将 position 定位到该 mark 处。它们满足如下关系：

```
0≤mark≤position≤limit≤capacity
```

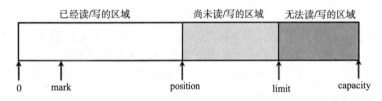

图 15.15　Buffer 读入一些数据后的示意图

图 15.15 显示了某个 Buffer 读入一些数据后的示意图。

Buffer 的主要作用就是装入数据，然后输出数据（其类似于前面介绍的取水的"竹筒"）。开始时 Buffer 的 position 为 0，limit 为 capacity，程序可通过 put()方法向 Buffer 中放入一些数据（或者从 Channel 中获取一些数据），每放入一些数据，Buffer 的 position 都相应地向后移动一些位置。

当 Buffer 装入数据结束后，调用 Buffer 的 flip()方法，该方法将 limit 设置为 position 所在的位置，并将 position 设为 0，这就使得 Buffer 的读/写指针又移到了开始位置。也就是说，Buffer 调用 flip()方法之后，Buffer 为输出数据做好了准备；当 Buffer 输出数据结束后，Buffer 调用 clear()方法，clear()方法不是清空 Buffer 的数据，它仅仅将 position 置为 0，将 limit 置为 capacity，这样就为再次向 Buffer 中装入数据做好了准备。

 提示：
　　Buffer 中包含两个重要的方法，即 flip()和 clear()，其中 flip()为从 Buffer 中取出数据做好准备，clear()则为再次向 Buffer 中装入数据做好准备。

此外，Buffer 中还包含如下一些常用的方法。

➢ int capacity()：返回 Buffer 的容量大小。

➢ boolean hasRemaining()：判断当前位置和界限之间是否还有元素可供处理。

➢ int limit()：返回 Buffer 的界限的位置。

- ➤ Buffer limit(int newLt)：重新设置 limit 的值，并返回一个具有新的界限的缓冲区对象。
- ➤ Buffer mark()：设置 Buffer 的 mark 位置，它只能在 0 和 position 之间做标记。
- ➤ int position()：返回 Buffer 中 position 的值。
- ➤ Buffer position(int newPs)：设置 Buffer 的 position，并返回 position 被修改后的 Buffer 对象。
- ➤ int remaining()：返回当前位置和界限之间的元素个数。
- ➤ Buffer reset()：将 position 转到 mark 所在的位置。
- ➤ Buffer rewind()：将 position 设置成 0，取消设置的 mark。

除这些移动 position、limit、mark 的方法之外，Buffer 的所有子类还提供了两个重要的方法：put() 和 get()方法，用于向 Buffer 中放入数据和从 Buffer 中取出数据。当使用 put()和 get()方法放入、取出数据时，Buffer 既支持对单个数据的访问，也支持对批量数据的访问（以数组作为参数）。

当使用 put()和 get()方法访问 Buffer 中的数据时，分为相对和绝对两种方式。

- ➤ 相对（Relative）：从 Buffer 的当前 position 处开始读取或写入数据，然后将 position 的值按处理元素的个数增加。
- ➤ 绝对（Absolute）：直接根据索引向 Buffer 中读取或写入数据。使用绝对方式访问 Buffer 中的数据时，并不会影响 position 的值。

下面的程序示范了 Buffer 的一些常规操作。

程序清单：codes\15\15.9\BufferTest.java

```java
public class BufferTest
{
    public static void main(String[] args)
    {
        // 创建 Buffer
        CharBuffer buff = CharBuffer.allocate(8);    // ①
        System.out.println("capacity: "    + buff.capacity());
        System.out.println("limit: " + buff.limit());
        System.out.println("position: " + buff.position());
        // 放入元素
        buff.put('a');
        buff.put('b');
        buff.put('c');         // ②
        System.out.println("加入三个元素后，position = "
            + buff.position());
        // 调用 flip()方法
        buff.flip();          // ③
        System.out.println("执行 flip()后，limit = " + buff.limit());
        System.out.println("position = " + buff.position());
        // 取出第一个元素
        System.out.println("第一个元素(position=0): " + buff.get());    // ④
        System.out.println("取出一个元素后，position = "
            + buff.position());
        // 调用 clear()方法
        buff.clear();         // ⑤
        System.out.println("执行 clear()后，limit = " + buff.limit());
        System.out.println("执行 clear()后，position = "
            + buff.position());
        System.out.println("执行 clear()后，缓冲区内容并没有被清除："
            + "第三个元素为: " + buff.get(2));     // ⑥
        System.out.println("执行绝对读取后，position = "
            + buff.position());
    }
}
```

在上面程序的①号代码处，通过 CharBuffer 对象的静态方法 allocate()创建了一个 capacity 为 8 的 CharBuffer，此时该 Buffer 的 limit 和 capacity 均为 8，position 为 0，如图 15.16 所示。

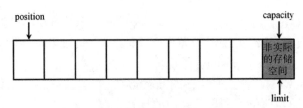

图 15.16　新分配的 CharBuffer 对象

接下来程序执行到②号代码处，程序向 CharBuffer 中放入 3 个元素，这时 CharBuffer 的效果如图 15.17 所示。

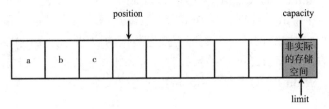

图 15.17　向 Buffer 中放入 3 个元素后的示意图

程序执行到③号代码处，调用了 Buffer 的 flip()方法，该方法将把 limit 设为 position，把 position 设为 0，如图 15.18 所示。

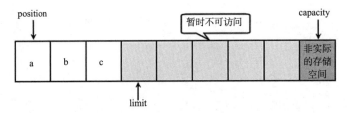

图 15.18　调用 Buffer 的 flip()方法后的示意图

从图 15.18 中可以看出，当调用了 Buffer 的 flip()方法之后，limit 就移到了原来 position 所在位置，这样就相当于把 Buffer 中没有数据的存储空间"封印"起来，从而避免在读取 Buffer 数据时读到 null 值。

接下来程序在④号代码处取出一个元素，取出一个元素后 position 向后移动一位，也就是该 Buffer 的 position 等于 1。程序执行到⑤号代码处，调用了 Buffer 的 clear()方法将 position 设为 0，将 limit 设为与 capacity 相同。调用 clear()方法后的 Buffer 示意图如图 15.19 所示。

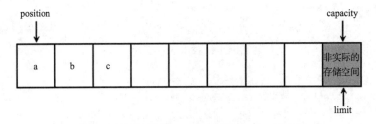

图 15.19　调用 clear()方法后的 Buffer 示意图

从图 15.19 中可以看出，对 Buffer 执行 clear()方法后，该 Buffer 对象中的数据依然存在，所以程序在⑥号代码处依然可以取出 position 为 2 的值，也就是字符 c。因为⑥号代码采用的是根据索引来取值的方式，所以该方法不会影响 Buffer 的 position。

通过 allocate()方法创建的 Buffer 对象是普通 Buffer，ByteBuffer 还提供了一个 allocateDirect()方法来创建直接 Buffer。直接 Buffer 的创建成本比普通 Buffer 的创建成本高，但直接 Buffer 的读取效率更高。

> **提示：** 由于直接 Buffer 的创建成本很高，所以直接 Buffer 只适合做长生存期的 Buffer，而不适合做短生存期、一次用完就丢弃的 Buffer。而且只有 ByteBuffer 才提供了 allocateDirect() 方法，所以只能在 ByteBuffer 级别上创建直接 Buffer。如果希望使用其他类型，则应该将该 Buffer 转换成其他类型的 Buffer。

在编程上，直接 Buffer 的用法与普通 Buffer 并没有太大的区别，故此处不再赘述。

Java 17（从 Java 13 开始）为 Buffer 类增加了批量读/写数据的 get()、put()绝对方法（它们不会改变 Buffer 的 postion），它们可用于将 Buffer 中的多个数据读取到指定的数组中，也可将指定数组中的数据批量存入 Buffer 中。下面的代码示范了批量读/写数据的方法（程序清单同上）。

```
char[] dstArray = new char[8];
// 读取 buff 中从索引 1 处开始、长度为 4 的元素
// 依次放入 dstArray 中从索引 3 处开始的位置
buff.get(1, dstArray, 3, 4);
// 下面输出[ , , , b, c, , , ]
System.out.println(Arrays.toString(dstArray));
System.out.println("执行绝对读取后, position = "
+ buff.position()); // 输出 0
// 将指定数组中从索引 2 处开始、长度为 4 的元素
// 依次放入 buff 中从索引 3 处开始的位置
buff.put(3, "fkjava".toCharArray(), 2, 4);
// 下面输出 abcjava
System.out.println(buff);
```

上面程序中的第一行粗体字代码示范了使用 get()方法批量读取 buff 中的数据；第二行粗体字代码则示范了使用 put()方法向 buff 中批量放入数据。这两个方法都是 Java 17 新增的方法，它们都不会改变 Buffer 的 position。

▶▶ 15.9.3　使用 Channel

Channel 类似于传统的流对象，但与传统的流对象有两个主要区别。

➤ Channel 可以直接将指定文件的部分或全部直接映射成 Buffer。

➤ 程序不能直接访问 Channel 中的数据，包括读取、写入都不行，Channel 只能与 Buffer 进行交互。也就是说，如果要从 Channel 中取得数据，必须先用 Buffer 从 Channel 中取出一些数据，然后再让程序从 Buffer 中取出这些数据；如果要将程序中的数据写入 Channel 中，一样先让程序将数据放入 Buffer 中，然后再将 Buffer 中的数据写入 Channel 中。

Java 为 Channel 接口提供了 DatagramChannel、FileChannel、Pipe.SinkChannel、Pipe.SourceChannel、SelectableChannel、ServerSocketChannel、SocketChannel 等实现类，本节主要介绍 FileChannel 的用法。根据这些 Channel 的名称不难发现，NIO 中的 Channel 是按功能来划分的，例如，Pipe.SinkChannel、Pipe.SourceChannel 是用于支持线程之间通信的 Channel；ServerSocketChannel、SocketChannel 是用于支持 TCP 网络通信的 Channel；DatagramChannel 则是用于支持 UDP 网络通信的 Channel。

> 🐸 **提示:**
> 　　本书将会在第 17 章中介绍网络通信编程的详细内容，如果你需要掌握 ServerSocketChannel、SocketChannel 等 Channel 的用法，可以参考本书第 17 章。

所有的 Channel 都不应该通过构造器来直接创建，而是要通过传统的节点流 InputStream、OutputStream 的 getChannel()方法来返回对应的 Channel，不同的节点流获得的 Channel 不一样。例如，FileInputStream、FileOutputStream 的 getChannel()方法返回的是 FileChannel，PipedInputStream 和 PipedOutputStream 的 getChannel()方法返回的是 Pipe.SinkChannel、Pipe.SourceChannel。

Channel 中最常用的三类方法是 map()、read()和 write()，其中 map()方法用于将 Channel 对应的部分或全部数据映射成 ByteBuffer；而 read()和 write()方法都有一系列重载形式，这些方法用于从 Buffer 中读取数据或向 Buffer 中写入数据。

map()方法的方法签名为：MappedByteBuffer map(FileChannel.MapMode mode, long position, long size)，其中第一个参数是执行映射时的模式，分别有只读、读/写等模式；第二个和第三个参数用于控制将 Channel 的哪些数据映射成 ByteBuffer。

下面的程序示范了直接将 FileChannel 的全部数据映射成 ByteBuffer 的效果。

程序清单：codes\15\15.9\FileChannelTest.java

```java
public class FileChannelTest
{
    public static void main(String[] args)
    {
        File f = new File("FileChannelTest.java");
        try (
            // 创建 FileInputStream, 以该文件输入流创建 FileChannel
            var inChannel = new FileInputStream(f).getChannel();
            // 以文件输出流创建 FileChannel, 用于控制输出
            var outChannel = new FileOutputStream("a.txt").getChannel())
        {
            // 将 FileChannel 中的全部数据映射成 ByteBuffer
            MappedByteBuffer buffer = inChannel.map(FileChannel
                .MapMode.READ_ONLY, 0, f.length());    // ①
            // 使用 GBK 字符集来创建解码器
            Charset charset = Charset.forName("GBK");
            // 直接将 buffer 中的数据全部输出
            outChannel.write(buffer);    // ②
            // 再次调用 buffer 的 clear()方法, 复原 limit、position 的位置
            buffer.clear();
            // 创建解码器 (CharsetDecoder) 对象
            CharsetDecoder decoder = charset.newDecoder();
            // 使用解码器将 ByteBuffer 转换成 CharBuffer
            CharBuffer charBuffer = decoder.decode(buffer);
            // 使用 CharBuffer 的 toString 方法可以获取对应的字符串
            System.out.println(charBuffer);
        }
        catch (IOException ex)
        {
            ex.printStackTrace();
        }
    }
}
```

上面程序中的两行粗体字代码分别使用 FileInputStream、FileOutputStream 来获取 FileChannel, 虽然 FileChannel 既可以读, 也可以写, 但 FileInputStream 获取的 FileChannel 只能读, 而 FileOutputStream 获取的 FileChannel 只能写。程序中①号代码处直接将指定 Channel 中的全部数据映射成 ByteBuffer, 然后程序中②号代码处直接将整个 ByteBuffer 中的数据全部写入一个输出 FileChannel 中, 这样就完成了文件的复制。

为了能将 FileChannelTest.java 文件中的内容打印出来, 程序后面部分使用了 Charset 类和 CharsetDecoder 类将 ByteBuffer 转换成 CharBuffer。关于 Charset 和 CharsetDecoder, 下一节将会有更详细的介绍。

不仅 InputStream、OutputStream 中包含了 getChannel()方法, 而且 RandomAccessFile 中也包含了一个 getChannel()方法, RandomAccessFile 返回的 FileChannel 是只读的还是读/写的, 则取决于 RandomAccessFile 打开文件的模式。例如, 下面的程序将会对 a.txt 文件的内容进行复制, 并追加在该文件的后面。

程序清单：codes\15\15.9\RandomFileChannelTest.java

```java
public class RandomFileChannelTest
{
    public static void main(String[] args)
        throws IOException
    {
        var f = new File("a.txt");
        try (
            // 创建一个 RandomAccessFile 对象
            var raf = new RandomAccessFile(f, "rw");
            // 获取 RandomAccessFile 对应的 Channel
            FileChannel randomChannel = raf.getChannel())
        {
            // 将 Channel 中的所有数据映射成 ByteBuffer
            ByteBuffer buffer = randomChannel.map(FileChannel
```

```
                .MapMode.READ_ONLY, 0, f.length());
        // 把 Channel 的记录指针移动到最后
        randomChannel.position(f.length());
        // 将 buffer 中的所有数据输出
        randomChannel.write(buffer);
    }
  }
}
```

上面程序中的粗体字代码可以将 Channel 的记录指针移动到该 Channel 的最后，从而让程序将指定 ByteBuffer 的数据追加到该 Channel 的后面。每次运行上面的程序，都会把 a.txt 文件的内容复制一份，并将全部内容追加到该文件的后面。

如果读者习惯了传统 IO 的"用竹筒多次重复取水"的过程，或者担心 Channel 对应的文件过大，使用 map() 方法一次将所有的文件内容映射到内存中引起性能下降，则也可以采用 Channel 和 Buffer 传统的"用竹筒多次重复取水"的方式。程序如下。

程序清单：codes\15\15.9\ReadFile.java

```java
public class ReadFile
{
    public static void main(String[] args)
        throws IOException
    {
        try (
            // 创建文件输入流
            var fis = new FileInputStream("ReadFile.java");
            // 创建一个 FileChannel
            FileChannel fcin = fis.getChannel())
        {
            // 定义一个 ByteBuffer 对象，用于重复取水
            ByteBuffer bbuff = ByteBuffer.allocate(1024);
            // 将 FileChannel 中的数据放入 ByteBuffer 中
            while (fcin.read(bbuff) != -1)
            {
                // 锁定 Buffer 的空白区
                bbuff.flip();
                // 创建 Charset 对象
                Charset charset = Charset.forName("GBK");
                // 创建解码器（CharsetDecoder）对象
                CharsetDecoder decoder = charset.newDecoder();
                // 将 ByteBuffer 的内容转码
                CharBuffer cbuff = decoder.decode(bbuff);
                System.out.print(cbuff);
                // 将 Buffer 初始化，为下一次读取数据做好准备
                bbuff.clear();
            }
        }
    }
}
```

上面的程序虽然使用 FileChannel 和 Buffer 来读取文件，但其处理方式和使用 InputStream、byte[] 来读取文件的方式几乎一样，都是采用"用竹筒多次重复取水"的方式。但因为 Buffer 提供了 flip() 和 clear() 两个方法，所以程序处理起来比较方便，每次读取数据后都调用 flip() 方法将没有数据的区域"封印"起来，避免程序从 Buffer 中取出 null 值；数据被取出后立即调用 clear() 方法将 Buffer 的 position 设 0，为下一次读取数据做好准备。

▶▶ 15.9.4　字符集和 Charset

前面已经提到：计算机里的文本、数据、图片、音乐文件只是一种表面现象，所有文件在底层都是二进制文件，即全部都是字节码。图片、音乐文件暂时先不说，对于文本文件而言，之所以可以看到一个个字符，这完全是因为系统将底层的二进制序列转换成字符的缘故。在这个过程中涉及两个概念：编码（Encode）和解码（Decode）。通常而言，把明文的字符序列转换成计算机能理解的二进制序列（普

通人看不懂）称为编码，把二进制的字节序列转换成普通人能看懂的明文的字符序列称为解码，如图 15.20 所示。

图 15.20　编码/解码示意图

> **提示：**
> 编码和解码两个专业术语来自早期的电报、情报等，把明文的消息转换成普通人看不懂的电码（或密码）的过程就是编码，而将电码（或密码）翻译成明文的消息则被称为解码。后来计算机也采用了这两个概念，其作用已经发生了变化。

计算机底层是没有文本文件、图片文件之分的，它只是忠实地记录每个文件的二进制序列而已。当需要保存文本文件时，程序必须先把文件中的每个字符都翻译成二进制序列；当需要读取文本文件时，程序必须先把二进制序列转换为一个个字符。

Java 默认使用 Unicode 字符集，但很多操作系统并不使用 Unicode 字符集，那么当从系统中读取数据到 Java 程序中时，就可能出现乱码等问题。

JDK 1.4 提供了 Charset 来处理字节序列和字符序列（字符串）之间的转换关系，该类包含了用于创建解码器和编码器的方法，还提供了获取 Charset 所支持的字符集的方法。Charset 类是不可变的。

Charset 类提供了一个 availableCharsets()静态方法来获取当前 Java 所支持的所有字符集。如下程序示范了如何获取 Java 所支持的全部字符集。

学生提问：二进制序列与字符之间如何对应呢？

答：为了解决二进制序列与字符之间的对应关系，需要字符集。关于字符集，有太多的书介绍得"云里雾里"。其实很简单，所谓字符集，就是为每个字符编一个号码而已。不存在任何技术难度！任何人都可制定自己独有的字符集，只要为每个字符编一个号码即可。比如将"刚"字编号为 65，这样"刚"字就可被转换成 01000001；反过来，01000001 也可被恢复成"刚"字。当然，如果每个人都制定自己独有的字符集，那么程序就没法交流了——A 程序使用 A 字符集（A 字符集中"刚"字的编号为 65），A 程序在保存"刚"字时保存的是 01000001；B 程序使用 B 字符集（B 字符集中编号为 65 的可能是其他字符，或者根本没有字符编号为 65），那么 B 程序读取 01000001 后，再按 B 字符集恢复出来自然就得不到"刚"字了。因此，还是应该使用大家都认同的字符集。

程序清单：codes\15\15.9\CharsetTest.java

```java
public class CharsetTest
{
    public static void main(String[] args)
    {
        // 获取 Java 所支持的全部字符集
        Charset.availableCharsets()
            .forEach((alias, charset) -> {
            // 输出字符集的别名和对应的 Charset 对象
            System.out.println(alias + "----->"
                + charset);
        });
    }
}
```

上面程序中的粗体字代码获取了当前 Java 所支持的全部字符集，并通过遍历方式打印了所有字符集的别名（字符集的字符串名称）和对应的 Charset 对象。从上面的程序可以看出，每个字符集都有一个字符串名称，也被称为字符串别名。对于国内的程序员而言，下面几个字符串别名是常用的。

➤ GBK：简体中文字符集。

➤ BIG5：繁体中文字符集。

➤ ISO-8859-1：ISO 拉丁字母表 No.1，也叫作 ISO-LATIN-1。

➤ UTF-8：8 位 UCS 转换格式。

➤ UTF-16BE：16 位 UCS 转换格式，Big-endian（最低地址存放高位字节）字节顺序。

➤ UTF-16LE：16 位 UCS 转换格式，Little-endian（最高地址存放低位字节）字节顺序。

➤ UTF-16：16 位 UCS 转换格式，字节顺序由可选的字节顺序标记来标识。

> **提示：**
> 使用 System 类的 getProperties()方法可以访问本地系统的文件编码格式，文件编码格式的属性名为 file.encoding。例如，7.2 节介绍 System 类时得到的 a.txt 文件中包含 file.encoding=GBK 行，这表明编写本书用的操作系统使用的是 GBK 编码方式。

一旦知道了字符集的别名，程序就可以调用 Charset 的 forName()方法来创建对应的 Charset 对象，该方法的参数就是相应字符集的别名。例如如下代码：

```
Charset cs = Charset.forName("ISO-8859-1");
Charset csCn = Charset.forName("GBK");
```

在获得了 Charset 对象之后，就可以通过该对象的 newDecoder()、newEncoder()两个方法分别返回 CharsetDecoder 和 CharsetEncoder 对象，代表该 Charset 的解码器和编码器。调用 CharsetDecoder 的 decode() 方法就可以将 ByteBuffer（字节序列）转换成 CharBuffer（字符序列），调用 CharsetEncoder 的 encode() 方法就可以将 CharBuffer 或 String（字符序列）转换成 ByteBuffer（字节序列）。如下程序使用 CharsetEncoder 和 CharsetDecoder 完成了 ByteBuffer 和 CharBuffer 之间的转换。

> **注意：**
> Java 7 新增了一个 StandardCharsets 类，该类中包含了 ISO_8859_1、UTF_8、UTF_16 等类变量，这些类变量代表了最常用的字符集对应的 Charset 对象。

程序清单：codes\15\15.9\CharsetTransform.java

```java
public class CharsetTransform
{
    public static void main(String[] args)
        throws Exception
    {
        // 创建简体中文对应的 Charset
        Charset cn = Charset.forName("GBK");
        // 获取 cn 对象对应的编码器和解码器
        CharsetEncoder cnEncoder = cn.newEncoder();
        CharsetDecoder cnDecoder = cn.newDecoder();
        // 创建一个 CharBuffer 对象
        CharBuffer cbuff = CharBuffer.allocate(8);
        cbuff.put('孙');
        cbuff.put('悟');
        cbuff.put('空');
        cbuff.flip();
        // 将 CharBuffer 中的字符序列转换成字节序列
        ByteBuffer bbuff = cnEncoder.encode(cbuff);
        // 循环访问 ByteBuffer 中的每个字节
        for (var i = 0; i < bbuff.capacity(); i++)
        {
            System.out.print(bbuff.get(i) + " ");
        }
        // 将 ByteBuffer 的数据解码成字符序列
```

```
        System.out.println("\n" + cnDecoder.decode(bbuff));
    }
}
```

上面程序中的两行粗体字代码分别实现了将 CharBuffer 转换成 ByteBuffer 和将 ByteBuffer 转换成 CharBuffer 的功能。实际上，Charset 类也提供了如下三个方法。

> CharBuffer decode(ByteBuffer bb)：将 ByteBuffer 中的字节序列转换成字符序列的便捷方法。
> ByteBuffer encode(CharBuffer cb)：将 CharBuffer 中的字符序列转换成字节序列的便捷方法。
> ByteBuffer encode(String str)：将 String 中的字符序列转换成字节序列的便捷方法。

也就是说，在获得了 Charset 对象之后，如果仅仅需要进行简单的编码、解码操作，其实无须创建 CharsetEncoder 和 CharsetDecoder 对象，直接调用 Charset 的 encode()和 decode()方法进行编码、解码即可。

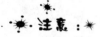

> **提示：** -
> 在 String 类中也提供了一个 getBytes(String charset)方法，该方法返回 byte[]，该方法
> 也是使用指定的字符集将字符串转换成字节序列的。

▶▶ 15.9.5 文件锁

使用文件锁在操作系统中是很平常的事情，当多个运行的程序需要并发修改同一个文件时，程序之间需要某种机制来进行通信，使用文件锁可以有效地阻止多个进程并发修改同一个文件，所以现在的大部分操作系统都提供了文件锁的功能。

文件锁控制对文件的全部或部分字节的访问，但文件锁在不同的操作系统中差别较大，所以早期的 JDK 版本并未提供文件锁支持。从 JDK 1.4 的 NIO 开始，Java 开始提供文件锁支持。

在 NIO 中，Java 提供了 FileLock 来支持文件锁定功能。在 FileChannel 中提供的 lock()/tryLock()方法可以获得文件锁 FileLock 对象，从而锁定文件。lock()和 tryLock()方法存在区别：当 lock()试图锁定某个文件时，如果无法得到文件锁，程序将一直被阻塞；而 tryLock()是尝试锁定文件，它将直接返回而不是被阻塞，如果获得了文件锁，该方法将返回该文件锁，否则将返回 null。

如果 FileChannel 只想锁定文件的部分内容，而不是锁定全部内容，则可以使用如下 lock()或 tryLock()方法。

> lock(long position, long size, boolean shared)：对文件从 position 开始、长度为 size 的内容加锁，该方法是阻塞式的。
> tryLock(long position, long size, boolean shared)：这是非阻塞式的加锁方法，其参数的作用与上一个方法类似。

当参数 shared 为 true 时，表明该锁是一个共享锁，它将允许多个进程读取该文件，但阻止其他进程获得对该文件的排他锁。当参数 shared 为 false 时，表明该锁是一个排他锁，它将锁定对该文件的读/写。程序可以通过调用 FileLock 的 isShared()方法来判断它获得的锁是否为共享锁。

> **注意：**
> 直接使用 lock()或 tryLock()方法获得的文件锁是排他锁。

在处理完文件后，通过 FileLock 的 release()方法释放文件锁。下面的程序示范了使用 FileLock 锁定文件和释放文件锁。

程序清单：codes\15\15.9\FileLockTest.java

```
public class FileLockTest
{
    public static void main(String[] args)
        throws Exception
    {

        try (
            // 使用 FileOutputStream 获取 FileChannel
            var channel = new FileOutputStream("a.txt").getChannel())
```

```
        {
            // 使用非阻塞式方式对指定的文件加锁
            FileLock lock = channel.tryLock();
            // 程序暂停10s
            Thread.sleep(10000);
            // 释放文件锁
            lock.release();
        }
    }
}
```

上面程序中的第一行粗体字代码用于对指定的文件加锁,接着程序调用 Thread.sleep(10000)暂停 10s 后才释放文件锁（如程序中第二行粗体字代码所示），因此在这 10s 之内，其他程序无法对 a.txt 文件进行修改。

> **注意** :
>
>   虽然文件锁可以用于控制并发访问，但对于高并发访问的情形，还是推荐使用数据库来保存程序信息，而不是使用文件。

关于文件锁还需要指出如下几点。

> 在某些平台上，文件锁仅仅是建议性的，并不是强制性的。这意味着，即使一个程序不能获得文件锁，它也可以对该文件进行读/写。

> 在某些平台上，不能同步地锁定一个文件并把它映射到内存中。

> 文件锁是由 Java 虚拟机所持有的，如果两个 Java 程序使用同一台 Java 虚拟机运行，那么它们不能对同一个文件进行加锁。

> 在某些平台上关闭 FileChannel 时，会释放 Java 虚拟机在该文件上的所有锁，因此应该避免对同一个被锁定的文件打开多个 FileChannel。

15.10　NIO.2 的功能和用法

Java 7 对原有的 NIO 进行了重大改进，主要包括如下两方面的内容。

> 提供了全面的文件 IO 和文件系统访问支持。

> 基于异步 Channel 的 IO。

第一个改进表现为 Java 7 新增的 java.nio.file 包及其各个子包；第二个改进表现为 Java 7 在 java.nio.channels 包下增加了多个以 Asynchronous 开头的 Channel 接口和类。Java 7 把这种改进称为 NIO.2，本章先详细介绍 NIO 的第二个改进。

➤➤ 15.10.1　Path、Paths 和 Files 核心 API

早期的 Java 只提供了一个 File 类来访问文件系统，但 File 类的功能比较有限，它不能利用特定文件系统的特性，其所提供的方法性能也不高。而且，File 类的大多数方法在出错时仅返回失败，并不会提供异常信息。

NIO.2 为了弥补这种不足，引入了一个 Path 接口，Path 接口代表一个与平台无关的平台路径。此外，NIO.2 还提供了 Files 和 Paths 两个工具类，其中 Files 包含了大量的静态工具方法来操作文件；Paths 则包含了两个返回 Path 的静态工厂方法。

 提示:

>   Files 和 Paths 两个工具类非常符合 Java 一贯的命名风格，比如前面介绍的操作数组的工具类为 Arrays，操作集合的工具类为 Collections，这种一致的命名风格可以让读者快速了解这些工具类的用途。

下面的程序简单示范了 Path 接口的功能和用法。

程序清单：codes\15\15.10\PathTest.java

```java
public class PathTest
{
    public static void main(String[] args)
        throws Exception
    {
        // 以当前路径来创建 Path 对象
        Path path = Paths.get(".");
        System.out.println("path 里包含的路径数量: "
            + path.getNameCount());
        System.out.println("path 的根路径: " + path.getRoot());
        // 获取 path 对应的绝对路径
        Path absolutePath = path.toAbsolutePath();
        System.out.println(absolutePath);
        // 获取绝对路径的根路径
        System.out.println("absolutePath 的根路径: "
            + absolutePath.getRoot());
        // 获取绝对路径所包含的路径数量
        System.out.println("absolutePath 里包含的路径数量: "
            + absolutePath.getNameCount());
        System.out.println(absolutePath.getName(3));
        // 以多个 String 来构建 Path 对象
        Path path2 = Paths.get("g:", "publish", "codes");
        System.out.println(path2);
    }
}
```

从上面的程序可以看出，Paths 提供了 get(String first, String... more)方法来获取 Path 对象，Paths 会将给定的多个字符串连缀成路径，比如 Paths.get("g:", "publish", "codes")会返回 g:\publish\codes 路径。

上面程序中的粗体字代码示范了 Path 接口的常用方法，读者可能会对 getNameCount()方法感到有点困惑，此处简要说明一下：它会返回 Path 路径所包含的路径名的数量，例如 g:\publish\codes，调用该方法就会返回 3。

Files 是一个操作文件的工具类，它提供了大量便捷的工具方法。下面的程序简单示范了 Files 类的用法。

程序清单：codes\15\15.10\FilesTest.java

```java
public class FilesTest
{
    public static void main(String[] args)
        throws Exception
    {
        // 复制文件
        Files.copy(Paths.get("FilesTest.java"),
            new FileOutputStream("a.txt"));
        // 判断 FilesTest.java 文件是否为隐藏文件
        System.out.println("FilesTest.java 是否为隐藏文件: "
            + Files.isHidden(Paths.get("FilesTest.java")));
        // 一次性读取 FilesTest.java 文件的所有行
        List<String> lines = Files.readAllLines(Paths
            .get("FilesTest.java"), Charset.forName("gbk"));
        System.out.println(lines);
        // 判断指定文件的大小
        System.out.println("FilesTest.java 的大小为: "
            + Files.size(Paths.get("FilesTest.java")));
        List<String> poem = new ArrayList<>();
        poem.add("水晶潭底银鱼跃");
        poem.add("清徐风中碧竿横");
        // 直接将多个字符串内容写入指定的文件中
        Files.write(Paths.get("pome.txt"), poem,
            Charset.forName("gbk"));
        // 使用 Java 8 新增的 Stream API 列出当前目录下所有的文件和子目录
        Files.list(Paths.get(".")).forEach(path->System.out.println(path));    // ①
        // 使用 Java 8 新增的 Stream API 读取文件内容
```

```
        Files.lines(Paths.get("FilesTest.java"), Charset.forName("gbk"))
            .forEach(line -> System.out.println(line));    // ②
        FileStore cStore = Files.getFileStore(Paths.get("C:"));
        // 判断C盘的总空间、可用空间
        System.out.println("C:共有空间: " + cStore.getTotalSpace());
        System.out.println("C:可用空间: " + cStore.getUsableSpace());
    }
}
```

　　上面程序中的粗体字代码简单示范了 Files 工具类的用法。从上面的程序不难看出，Files 类是一个高度封装的工具类，它提供了大量的工具方法来完成文件复制、读取文件内容、写入文件内容等功能——这些原本需要程序员通过 IO 操作才能完成的功能，现在 Files 类只需要一个工具方法即可完成。

　　Java 8 进一步增强了 Files 工具类的功能，允许开发者使用 Stream API 来操作文件目录和文件内容。上面程序中的①号代码使用 Stream API 列出了指定路径下的所有文件和目录；②号代码则使用了 Stream API 来读取文件内容。

提示：

　　读者应该熟练掌握 Files 工具类的用法，它所包含的工具方法可以大大地简化文件 IO。

▶▶ 15.10.2　使用 FileVisitor 遍历文件和目录

　　在以前的 Java 版本中，如果程序要遍历指定目录下的所有文件和子目录，则只能使用递归进行遍历。但这种方式不仅复杂，而且灵活性也不高。

　　现在有了 Files 工具类的帮助，可以用更优雅的方式来遍历文件和子目录了。Files 类提供了如下两个方法来遍历文件和子目录。

➤ walkFileTree(Path start, FileVisitor<? super Path> visitor)：遍历 start 路径下的所有文件和子目录。

➤ walkFileTree(Path start, Set<FileVisitOption> options, int maxDepth, FileVisitor<? super Path> visitor)：该方法的功能与上一个方法的功能类似。该方法最多遍历 maxDepth 深度的文件。

　　上面两个方法都需要 FileVisitor 参数，FileVisitor 代表一个文件访问器，walkFileTree() 方法会自动遍历 start 路径下的所有文件和子目录，遍历文件和子目录都会"触发"FileVisitor 中相应的方法。FileVisitor 中定义了如下 4 个方法。

➤ FileVisitResult postVisitDirectory(T dir, IOException exc)：在访问子目录之后触发该方法。

➤ FileVisitResult preVisitDirectory(T dir, BasicFileAttributes attrs)：在访问子目录之前触发该方法。

➤ FileVisitResult visitFile(T file, BasicFileAttributes attrs)：在访问 file 文件时触发该方法。

➤ FileVisitResult visitFileFailed(T file, IOException exc)：当访问 file 文件失败时触发该方法。

　　上面 4 个方法都返回一个 FileVisitResult 对象，它是一个枚举类，代表了访问之后的后续行为。FileVisitResult 定义了如下几种后续行为。

➤ CONTINUE：代表"继续访问"的后续行为。

➤ SKIP_SIBLINGS：代表"继续访问"的后续行为，但不访问该文件或目录的兄弟文件或目录。

➤ SKIP_SUBTREE：代表"继续访问"的后续行为，但不访问该文件或目录的子目录树。

➤ TERMINATE：代表"中止访问"的后续行为。

　　在实际编程时没必要为 FileVisitor 的 4 个方法都提供实现，可以通过继承 SimpleFileVisitor（FileVisitor 的实现类）来实现自己的"文件访问器"，这样就可以根据需要额选择性地重写指定的方法了。

　　如下程序示范了使用 FileVisitor 来遍历文件和子目录。

程序清单：codes\15\15.10\FileVisitorTest.java

```
public class FileVisitorTest
{
    public static void main(String[] args)
        throws Exception
    {
        // 遍历g:\publish\codes\15目录下所有的文件和子目录
```

```
            Files.walkFileTree(Paths.get("g:", "publish", "codes", "15"),
                new SimpleFileVisitor<Path>()
            {
                // 在访问文件时触发该方法
                @Override
                public FileVisitResult visitFile(Path file,
                    BasicFileAttributes attrs) throws IOException
                {
                    System.out.println("正在访问" + file + "文件");
                    // 找到了 FileVisitorTest.java 文件
                    if (file.endsWith("FileVisitorTest.java"))
                    {
                        System.out.println("--已经找到目标文件--");
                        return FileVisitResult.TERMINATE;
                    }
                    return FileVisitResult.CONTINUE;
                }
                // 当开始访问目录时触发该方法
                @Override
                public FileVisitResult preVisitDirectory(Path dir,
                    BasicFileAttributes attrs) throws IOException
                {
                    System.out.println("正在访问: " + dir + " 路径");
                    return FileVisitResult.CONTINUE;
                }
            });
    }
}
```

上面程序中使用了 Files 工具类的 walkFileTree() 方法来遍历 g:\publish\codes\15 目录下所有的文件和子目录，如果找到的文件以 "FileVisitorTest.java" 结尾，则程序停止遍历——这就实现了对指定的目录进行搜索，直到找到指定的文件为止。

▶▶ 15.10.3　使用 WatchService 监听文件的变化

在以前的 Java 版本中，如果程序需要监听文件的变化，则可以考虑启动一条后台线程，这条后台线程每隔一段时间去"遍历"一次指定目录下的文件；如果发现此次遍历的结果与上次遍历的结果不同，则认为文件发生了变化。但这种方式不仅十分烦琐，而且性能也不好。

NIO.2 的 Path 类提供了如下方法来监听文件的变化。

- ➢ register(WatchService watcher, WatchEvent.Kind<?>... events)：用 watcher 监听该 path 代表的目录下文件的变化。events 参数指定要监听哪些类型的事件。

在这个方法中，WatchService 代表一个文件系统监听服务，它负责监听 path 代表的目录下文件的变化。一旦使用 register() 方法完成了注册，接下来就可调用 WatchService 的如下三个方法来获取被监听目录的文件变化事件。

- ➢ WatchKey poll()：获取下一个 WatchKey，如果没有 WatchKey 发生，就立即返回 null。
- ➢ WatchKey poll(long timeout, TimeUnit unit)：尝试等待 timeout 时间去获取下一个 WatchKey。
- ➢ WatchKey take()：获取下一个 WatchKey，如果没有 WatchKey 发生，就一直等待。

如果程序需要一直监听，则应该选择使用 take() 方法；如果程序只需要监听指定的时间，则可考虑使用 poll() 方法。下面的程序示范了使用 WatchService 来监听 C:盘根路径下文件的变化。

程序清单：codes\15\15.10\WatchServiceTest.java

```
public class WatchServiceTest
{
    public static void main(String[] args)
        throws Exception
    {
        // 获取文件系统的 WatchService 对象
        WatchService watchService = FileSystems.getDefault()
            .newWatchService();
        // 为 C:盘根路径注册监听
```

```
        Paths.get("C:/").register(watchService,
            StandardWatchEventKinds.ENTRY_CREATE,
            StandardWatchEventKinds.ENTRY_MODIFY,
            StandardWatchEventKinds.ENTRY_DELETE);
        while (true)
        {
            // 获取下一个文件变化事件
            WatchKey key = watchService.take();   // ①
            for (WatchEvent<?> event : key.pollEvents())
            {
                System.out.println(event.context() +" 文件发生了 "
                    + event.kind()+ "事件! ");
            }
            // 重设 WatchKey
            boolean valid = key.reset();
            // 如果重设失败, 则退出监听
            if (!valid)
            {
                break;
            }
        }
    }
}
```

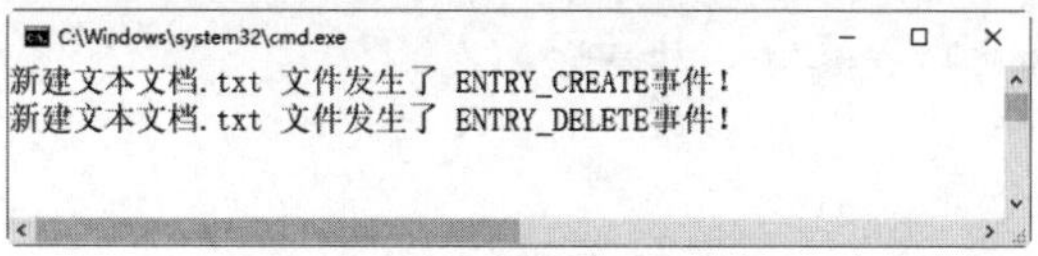

图 15.21   监听文件的变化

上面程序中使用了一个死循环来重复获取 C:盘根路径下文件的变化,程序在①号粗体字代码处试图获取下一个 WatchKey,如果没有发生就等待。因此,C:盘根路径下每次文件的变化都会被该程序监听到。

运行该程序,先在 C:盘下新建一个文件,然后再删除该文件,将看到如图 15.21 所示的输出。

从图 15.21 中不难看出,通过使用 WatchService 可以非常优雅地监听指定目录下文件的变化。至于文件发生变化后,程序应该进行哪些处理,则取决于程序的业务需要。

▶▶ 15.10.4 访问文件属性

早期的 Java 提供的 File 类可以访问一些简单的文件属性,比如文件大小、文件的修改时间、文件是否隐藏、是文件还是目录等。如果程序需要获取或修改更多的文件属性,则必须利用运行所在平台的特定代码来实现,这是一件非常困难的事情。

Java 7 的 NIO.2 在 java.nio.file.attribute 包下提供了大量的工具类,通过这些工具类,开发者可以非常简单地读取、修改文件属性。这些工具类主要分为如下两类。

➢ XxxAttributeView:代表某种文件属性的"视图"。
➢ XxxAttributes:代表某种文件属性的"集合",程序一般通过 XxxAttributeView 对象来获取 XxxAttributes。

在这些工具类中,FileAttributeView 是其他 XxxAttributeView 的父接口。下面简单介绍一下这些 XxxAttributeView。

➢ AclFileAttributeView:通过 AclFileAttributeView,开发者可以为特定文件设置 ACL(Access Control List)及文件所有者属性。它的 getAcl()方法返回 List<AclEntry>对象,该返回值代表了该文件的权限集。通过 setAcl(List)方法可以修改该文件的 ACL。
➢ BasicFileAttributeView:通过它可以获取或修改文件的基本属性,包括文件的最后修改时间、文件的最后访问时间、文件的创建时间、文件大小、是否为目录、是否为符号链接等。它的 readAttributes()方法返回一个 BasicFileAttributes 对象,对文件夹基本属性的修改是通过 BasicFileAttributes 对象完成的。
➢ DosFileAttributeView:它主要用于获取或修改文件 DOS 相关属性,比如文件是否只读、文件是否隐藏、是否为系统文件、是否为存档文件等。它的 readAttributes()方法返回一个 DosFileAttributes

对象，对这些属性的修改其实是由 DosFileAttributes 对象来完成的。

➢ FileOwnerAttributeView：它主要用于获取或修改文件的所有者。它的 getOwner()方法返回一个 UserPrincipal 对象来代表文件的所有者；也可调用 setOwner(UserPrincipal owner)方法来改变文件的所有者。

➢ PosixFileAttributeView：它主要用于获取或修改 POSIX（Portable Operating System Interface of INIX）属性。它的 readAttributes()方法返回一个 PosixFileAttributes 对象，该对象可用于获取或修改文件的所有者、组所有者、访问权限信息（就是 UNIX 的 chmod 命令负责干的事情）。这个工具类只在 UNIX、Linux 等系统上有用。

➢ UserDefinedFileAttributeView：它可以让开发者为文件设置一些自定义属性。

下面的程序示范了如何读取、修改文件属性。

程序清单：codes\15\15.10\AttributeViewTest.java

```java
public class AttributeViewTest
{
    public static void main(String[] args)
        throws Exception
    {
        // 获取将要操作的文件
        Path testPath = Paths.get("AttributeViewTest.java");
        // 获取访问基本属性的 BasicFileAttributeView
        BasicFileAttributeView basicView = Files.getFileAttributeView(
            testPath, BasicFileAttributeView.class);
        // 获取访问基本属性的 BasicFileAttributes
        BasicFileAttributes basicAttribs = basicView.readAttributes();
        // 访问文件的基本属性
        System.out.println("创建时间: " + new Date(basicAttribs
            .creationTime().toMillis()));
        System.out.println("最后访问时间: " + new Date(basicAttribs
            .lastAccessTime().toMillis()));
        System.out.println("最后修改时间: " + new Date(basicAttribs
            .lastModifiedTime().toMillis()));
        System.out.println("文件大小: " + basicAttribs.size());
        // 获取访问文件所有者信息的 UserDefinedFileAttributeView
        FileOwnerAttributeView ownerView = Files.getFileAttributeView(
            testPath, FileOwnerAttributeView.class);
        // 获取该文件所属的用户
        System.out.println(ownerView.getOwner());
        // 获取系统中 guest 对应的用户
        UserPrincipal user = FileSystems.getDefault()
            .getUserPrincipalLookupService()
            .lookupPrincipalByName("guest");
        // 修改用户
        ownerView.setOwner(user);
        // 获取访问自定义属性的 FileOwnerAttributeView
        UserDefinedFileAttributeView userView = Files.getFileAttributeView(
            testPath, UserDefinedFileAttributeView.class);
        List<String> attrNames = userView.list();
        // 遍历所有的自定义属性
        for (var name : attrNames)
        {
            ByteBuffer buf = ByteBuffer.allocate(userView.size(name));
            userView.read(name, buf);
            buf.flip();
            String value = Charset.defaultCharset().decode(buf).toString();
            System.out.println(name + "--->" + value);
        }
        // 添加一个自定义属性
        userView.write("发行者", Charset.defaultCharset()
            .encode("疯狂 Java 联盟"));
        // 获取访问 DOS 属性的 DosFileAttributeView
```

```
DosFileAttributeView dosView = Files.getFileAttributeView(testPath,
    DosFileAttributeView.class);
// 将文件设置为隐藏、只读
dosView.setHidden(true);
dosView.setReadOnly(true);
}
}
```

　　上面程序中的 4 段粗体字代码分别访问了 4 种不同类型的文件属性。关于读取、修改文件属性的说明，程序中的注释已有详细说明，因此不再过多地解释。第二次运行该程序（记住：第一次运行后 AttributeViewTest.java 文件变成隐藏、只读文件，因此，在第二次运行之前一定要先取消其只读属性），将看到如图 15.22 所示的输出。

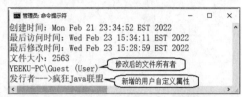

图 15.22　读取、修改文件属性

15.11　本章小结

　　本章主要介绍了 Java 输入/输出体系的相关知识。本章介绍了如何使用 File 来访问本地文件系统，以及 Java IO 流的三种分类方式。本章重点讲解了 IO 流的处理模型，以及如何使用 IO 流来读取物理存储节点中的数据，归纳了 Java 不同 IO 流的功能，并介绍了几种典型 IO 流的用法。本章还介绍了 RandomAccessFile 类的用法，使用 RandomAccessFile 允许程序自由地移动文件记录指针，任意访问文件的指定位置。

　　本章介绍了 Java 对象序列化的相关知识，程序通过序列化机制把 Java 对象转换成二进制字节流，然后就可以把二进制字节流写入网络或者永久存储器中。本章还介绍了 Java 提供的 NIO 支持，使用 NIO 能以更高效的方式来进行输入/输出操作。本章最后介绍了 Java 7 提供的 NIO.2 的文件 IO 和文件系统访问支持，NIO.2 极大地增强了 Java IO 的功能。

▶▶ 本章练习

　　1．定义一个工具类，该类要求用户在运行该程序时输入一个路径。该工具类会将该路径（及其子路径）下的所有文件列出来。

　　2．定义一个工具类，该类要求用户在运行该程序时输入一个路径。该工具类会将该路径下的文件、文件夹的数量统计出来。

　　3．定义一个工具类，该工具类可实现 copy 功能（不允许使用 Files 类）。如果被 copy 的对象是文件，程序应该将指定的文件复制到指定的目录下；如果被 copy 的对象是目录，程序应该将该目录及其下的所有文件复制到指定的目录下。

　　4．编写仿 Windows 记事本的小程序。

　　5．编写一个命令行工具，这个命令行工具就像 Windows 提供的 cmd 命令一样，可以执行各种常见的命令，如 dir、md、copy、move 等。

　　6．完善第 12 章的仿 EditPlus 的编辑器，提供文件的打开、保存等功能。

第 16 章
多线程

本章要点

- ⤷ 线程的基础知识
- ⤷ 理解线程和进程的区别与联系
- ⤷ 创建线程的三种方式
- ⤷ 线程的 run()方法和 start()方法的区别与联系
- ⤷ 线程的生命周期
- ⤷ 线程死亡的几种情况
- ⤷ 控制线程的常用方法
- ⤷ 线程同步的概念和必要性
- ⤷ 使用 synchronized 控制线程同步
- ⤷ 使用 Lock 对象控制线程同步
- ⤷ 使用 Object 提供的方法实现线程通信
- ⤷ 使用条件变量实现线程通信
- ⤷ 使用阻塞队列实现线程通信
- ⤷ 线程组的功能和用法
- ⤷ 线程池的功能和用法
- ⤷ 使用 ForkJoinPool 利用多 CPU
- ⤷ ThreadLocal 类的功能和用法
- ⤷ 使用线程安全的集合类
- ⤷ 发布-订阅框架
- ⤷ CompletableFuture 的功能和用法

前面大部分程序，都只是在做单线程的编程，前面所有程序（除第 11 章、第 12 章的程序之外，它们有内建的多线程支持）都只有一个顺序执行流——程序从 main()方法开始执行，依次向下执行每行代码，如果程序执行某行代码时遇到了阻塞，那么程序将会停滞在该处。如果使用 IDE 工具的单步调试功能，就可以非常清楚地看出这一点。

但实际的情况是，单线程程序的功能往往非常有限，例如，开发一个简单的服务器程序，当这个服务器程序需要向不同的客户端提供服务时，不同的客户端之间应该互不干扰，否则会让客户端感觉非常沮丧。多线程听上去是非常专业的概念，其实非常简单——单线程的程序（前面介绍的大部分程序）只有一个顺序执行流，多线程的程序则可以包含多个顺序执行流，多个顺序执行流之间互不干扰。可以这样理解：单线程的程序如同只雇佣一个服务员的餐厅，他必须做完一件事情后才可以做下一件事情；多线程的程序则如同雇佣多个服务员的餐厅，他们可以同时做多件事情。

Java 语言提供了非常优秀的多线程支持，程序可以通过非常简单的方式来启动多线程。本章将会详细介绍 Java 多线程编程的相关方面，包括创建线程、启动线程、控制线程，以及多线程的同步操作，并会介绍如何利用 Java 内建支持的线程池来提高多线程的性能。

16.1 线程概述

几乎所有的操作系统都支持同时运行多个任务，一个任务通常就是一个程序，每个运行中的程序都是一个进程（Process）。当一个程序运行时，其内部可能包含了多个顺序执行流，每个顺序执行流都是一个线程（Thread）。

▶▶ 16.1.1 线程和进程

几乎所有的操作系统都支持进程的概念，所有运行中的任务通常都对应一个进程。当一个程序进入内存运行时，即变成一个进程。进程是处于运行过程中的程序，并且具有一定的独立功能，进程是系统进行资源分配和调度的一个独立单位。

一般而言，进程包含如下三个特征。

➢ 独立性：进程是系统中独立存在的实体，它可以拥有自己独立的资源，每一个进程都拥有自己私有的地址空间。在没有经过进程本身允许的情况下，一个用户进程不可以直接访问其他进程的地址空间。

➢ 动态性：进程与程序的区别在于，程序只是一个静态的指令集合，而进程是一个正在系统中活动的指令集合。在进程中加入了时间的概念。进程具有自己的生命周期和各种不同的状态，这些概念在程序中都是不具备的。

➢ 并发性：多个进程可以在单个处理器上并发执行，多个进程之间不会相互影响。

> 并发性（Concurrency）和并行性（Parallel）是两个概念，并行指在同一时刻，有多条指令在多个处理器上同时执行；并发指在同一时刻只能有一条指令执行，但多个进程指令被快速轮换执行，使得在宏观上具有多个进程同时执行的效果。

大部分操作系统都支持多进程并发运行，现代的操作系统几乎都支持同时运行多个任务。例如，程序员一边开着开发工具在写程序，一边开着参考手册备查，同时还使用计算机播放音乐……此外，每台计算机运行时还有大量底层的支撑性程序在运行……这些进程看上去像是在同时工作。

但事实的真相是，对于一个 CPU 而言，它在某个时间点只能执行一个程序，也就是说，只能运行一个进程，CPU 不断地在这些进程之间轮换执行。那为什么用户感觉不到任何中断现象呢？这是因为 CPU 的执行速度相对人的感觉来说实在是太快了（如果启动的程序足够多，用户依然可以感觉到程序的运行速度下降了），虽然 CPU 在多个进程之间轮换执行，但用户感觉到好像有多个进程在同时执行。

现代的操作系统都支持多进程的并发，但在具体的实现细节上可能因为硬件和操作系统的不同而采用不同的策略。比较常用的方式有：共用式多任务操作策略（如 Windows 3.1 和 Mac OS 9）和效率更高的抢占式多任务操作策略（目前操作系统大多采用这种策略，如 Windows NT、Windows 2000 以及 UNIX/Linux 等）。

多线程则扩展了多进程的概念，使得同一个进程可以同时并发处理多个任务。线程也被称作轻量级进程（Lightweight Process），线程是进程的执行单元。就像进程在操作系统中的地位一样，线程在程序中是独立的、并发的执行流。当进程被初始化后，主线程就被创建了。对于绝大多数的应用程序来说，通常仅要求有一个主线程，但也可以在该进程内创建多个顺序执行流，这些顺序执行流就是线程，每个线程也都是独立的。

线程是进程的组成部分，一个进程可以拥有多个线程，一个线程必须有一个父进程。线程可以拥有自己的堆栈、自己的程序计数器和自己的局部变量，但不拥有系统资源，它与父进程中的其他线程共享该进程所拥有的全部资源。因为多个线程共享父进程里的全部资源，因此编程更加方便；但必须更加小心，因为需要确保一个线程不会妨碍同一进程里的其他线程。

线程可以完成一定的任务，可以与其他线程共享父进程中的共享变量及部分环境，其相互之间协同来完成进程所要完成的任务。

线程是独立运行的，它并不知道进程中是否还有其他线程存在。线程的执行是抢占式的，也就是说，当前运行的线程在任何时候都可能被挂起，以便另一个线程可以运行。

一个线程可以创建和撤销另一个线程，同一个进程中的多个线程之间可以并发执行。

从逻辑的角度来看，多个线程存在于一个应用程序中，让一个应用程序可以有多个执行部分同时执行，但操作系统无须将多个线程看作多个独立的应用，对多个线程实现调度和管理，以及资源分配。对线程进行调度和管理由进程本身负责完成。

简而言之，一个程序运行后至少有一个进程，在一个进程中可以包含多个线程，但至少要包含一个线程。

> **提示：**
> 归纳起来可以这样说：操作系统可以同时执行多个任务，每个任务都是进程；进程可以同时执行多个任务，每个任务都是线程。

▶▶ 16.1.2 多线程的优势

线程在程序中是独立的、并发的执行流，与分隔的进程相比，进程中线程之间的隔离程度要小，它们共享内存、文件句柄和其他每个进程应有的状态。

因为线程的划分尺度小于进程的，使得多线程程序的并发性高。进程在执行过程中拥有独立的内存单元，而多个线程共享内存，从而极大地提高了程序的运行效率。

线程比进程具有更高的性能，这是由于同一个进程中的线程具有共性——多个线程共享同一个进程虚拟空间。线程共享的环境包括：进程代码段、进程的公有数据等。利用这些共享的数据，线程可以很容易实现相互之间的通信。

当操作系统创建一个进程时，必须为该进程分配独立的内存空间，并分配大量的相关资源；但创建一个线程则简单得多，因此使用多线程来实现并发比使用多进程实现并发性能要高得多。

总结起来，使用多线程编程具有如下几个优点。

➢ 进程之间不能共享内存，但线程之间共享内存非常容易。

➢ 系统创建进程时需要为该进程重新分配系统资源，但创建线程则代价小得多，因此使用多线程来实现多任务并发比使用多进程效率高。

➢ Java 语言内置了多线程功能支持，而不是单纯地将其作为底层操作系统的调度方式，从而简化了 Java 的多线程编程。

在实际应用中，多线程是非常有用的，例如，一个浏览器必须能同时下载多张图片；一台 Web 服务器必须能同时响应多个用户请求；Java 虚拟机本身就在后台提供了一个超级线程来进行垃圾回收；图形用户界面（GUI）应用也需要启动单独的线程从主机环境中收集用户界面事件……总之，多线程在实际编程中的应用是非常广泛的。

16.2 线程的创建和启动

Java 使用 Thread 类代表线程，所有的线程对象都必须是 Thread 类或其子类的实例。每个线程的作用都是完成一定的任务，实际上就是执行一段程序流（一段顺序执行的代码）。Java 使用线程执行体来代表这段程序流。

▶▶ 16.2.1 通过继承 Thread 类创建线程类

通过继承 Thread 类来创建并启动多个线程的步骤如下：

① 定义 Thread 类的子类，并重写该类的 run()方法。该 run()方法的方法体就代表了线程需要完成的任务，因此把 run()方法称为线程执行体。

② 创建 Thread 子类的实例，即创建线程对象。

③ 调用线程对象的 start()方法来启动该线程。

下面的程序示范了通过继承 Thread 类来创建并启动多个线程。

程序清单：codes\16\16.2\FirstThread.java

```java
// 通过继承 Thread 类来创建线程类
public class FirstThread extends Thread
{
    private int i;
    // 重写 run()方法，run()方法的方法体就是线程执行体
    public void run()
    {
        for ( ; i < 100; i++)
        {
            // 当线程类继承 Thread 类时，直接使用 this 即可获取当前线程
            // Thread 对象的 getName()方法返回当前线程的名字
            // 因此可以直接调用 getName()方法返回当前线程的名字
            System.out.println(getName() + " " + i);
        }
    }
    public static void main(String[] args)
    {
        for (var i = 0; i < 100; i++)
        {
            // 调用 Thread 的 currentThread()方法获取当前线程
            System.out.println(Thread.currentThread().getName()
                + " " + i);
            if (i == 20)
            {
                // 创建并启动第一个线程
                new FirstThread().start();
                // 创建并启动第二个线程
                new FirstThread().start();
            }
        }
    }
}
```

上面程序中的 FirstThread 类继承了 Thread 类，并实现了 run()方法（如程序中第一段粗体字代码所示），该 run()方法里的代码执行流就是该线程所需要完成的任务。在程序的主方法中也包含了一个循环，当循环变量 i 等于 20 时创建并启动两个新线程。运行上面的程序，会看到如图 16.1 所示的界面。

虽然上面的程序只显式创建并启动了两个线程，但实际上程序有三个线程，即程序显式创建的两个子线程和一个主线程。前面已经提到，当 Java 程序开始运行后，程序至少会创建一个主线程，主线程

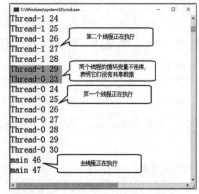

图 16.1 多个线程运行的效果

的线程执行体不是由 run()方法确定的，而是由 main()方法确定的——main()方法的方法体代表主线程的线程执行体。

> **注意：**
> 在进行多线程编程时，不要忘记了 Java 程序运行时默认的主线程，main()方法的方法体就是主线程的线程执行体。

此外，上面程序中还用到了线程的如下两个方法。

➤ Thread.currentThread()：该方法是 Thread 类的静态方法，该方法总是返回当前正在执行的线程对象。

➤ getName()：该方法是 Thread 类的实例方法，该方法返回调用它的线程的名字。

> **提示：**
> 程序可以通过 setName(String name)方法为线程设置名字，也可以通过 getName()方法返回指定线程的名字。在默认情况下，主线程的名字为 main，用户启动的多个线程的名字依次为 Thread-0、Thread-1、Thread-2、…、Thread-n 等。

从图 16.1 中的灰色覆盖区域可以看出，Thread-0 和 Thread-1 两个线程输出的 i 变量不连续——注意：i 变量是 FirstThread 的实例变量，而不是局部变量，但因为程序每次创建线程对象时都需要创建一个 FirstThread 对象，所以 Thread-0 和 Thread-1 不能共享该实例变量。

> **注意：**
> 使用继承 Thread 类的方法来创建线程类时，多个线程之间无法共享线程类的实例变量。

▶▶ 16.2.2 通过实现 Runnable 接口创建线程类

通过实现 Runnable 接口来创建并启动多个线程的步骤如下：

① 定义 Runnable 接口的实现类，并重写该接口的 run()方法。该 run()方法的方法体同样是该线程的线程执行体。

② 创建 Runnable 实现类的实例，并以此实例作为 Thread 的 target 来创建 Thread 对象，该 Thread 对象才是真正的线程对象。代码如下：

```
// 创建 Runnable 实现类的对象
var st = new SecondThread();
// 以 Runnable 实现类的对象作为 Thread 的 target 来创建 Thread 对象，即线程对象
new Thread(st);
```

也可以在创建 Thread 对象时为该对象指定一个名字，代码如下：

```
// 在创建 Thread 对象时指定 target 和新线程的名字
new Thread(st, "新线程1");
```

> **提示：**
> Runnable 对象仅仅作为 Thread 对象的 target，Runnable 实现类中包含的 run()方法仅作为线程执行体。而实际的线程对象依然是 Thread 实例，只是该 Thread 线程负责执行其 target 的 run()方法。

③ 调用线程对象的 start()方法来启动该线程。

下面的程序示范了通过实现 Runnable 接口来创建并启动多个线程。

程序清单：codes\16\16.2\SecondThread.java

```
// 通过实现 Runnable 接口来创建线程类
public class SecondThread implements Runnable
{
    private int i;
```

```java
    // run()方法同样是线程执行体
    public void run()
    {
        for ( ; i < 100; i++)
        {
            // 当线程类实现 Runnable 接口时
            // 如果想获取当前线程，只能使用 Thread.currentThread()方法
            System.out.println(Thread.currentThread().getName()
                + " " + i);
        }
    }
    public static void main(String[] args)
    {
        for (var i = 0; i < 100; i++)
        {
            System.out.println(Thread.currentThread().getName()
                + " " + i);
            if (i == 20)
            {
                var st = new SecondThread();        // ①
                // 通过new Thread(target, name)方法创建新线程
                new Thread(st, "新线程1").start();
                new Thread(st, "新线程2").start();
            }
        }
    }
}
```

上面程序中的第一段粗体字代码部分实现了 run()方法，也就是定义了该线程的线程执行体。对比 FirstThread 中的 run()方法体和 SecondThread 中的 run()方法体不难发现，通过继承 Thread 类来获取当前线程对象比较简单，直接使用 this 就可以了；而通过实现 Runnable 接口来获取当前线程对象，则必须使用 Thread.currentThread()方法。

> **提示:** Runnable 接口中只包含一个抽象方法，从 Java 8 开始，Runnable 接口使用了 @FunctionalInterface 修饰。也就是说，Runnable 接口是函数式接口，可使用 Lambda 表达式创建 Runnable 对象。接下来介绍的 Callable 接口也是函数式接口。

图 16.2 通过实现 Runnable 接口创建的多个线程

此外，上面程序中的第二段粗体字代码创建了两个 Thread 对象，并调用 start()方法来启动这两个线程。在 FirstThread 和 SecondThread 中创建线程对象的方式有所区别：前者直接创建的 Thread 子类即可代表线程对象；后者创建的 Runnable 对象只能作为线程对象的 target。

运行上面的程序，会看到如图 16.2 所示的界面。

从图 16.2 中的两个灰色覆盖区域可以看出，两个子线程的 i 变量是连续的，也就是采用 Runnable 接口的方式创建的多个线程可以共享线程类的实例变量。这是因为在这种方式下，程序所创建的 Runnable 对象只是线程的 target，而多个线程可以共享同一个 target，所以多个线程可以共享同一个线程类（实际上应该是线程的 target 类）的实例变量。

▶▶ 16.2.3 使用 Callable 和 Future 创建线程

前面已经指出，通过实现 Runnable 接口创建多个线程时，Thread 类的作用就是把 run()方法包装成线程执行体。那么是否可以直接把任意方法都包装成线程执行体呢？Java 目前不行！但 Java 的模仿者 C# 可以（C#可以把任意方法包装成线程执行体，包括有返回值的方法）。

也许受此启发，从 Java 5 开始，Java 提供了 Callable 接口，该接口怎么看都像是 Runnable 接口的

增强版。Callable 接口提供了一个 call()方法可以作为线程执行体,但 call()方法比 run()方法功能更强大。

➤ call()方法可以有返回值。

➤ call()方法可以声明抛出异常。

因此完全可以提供一个 Callable 对象作为 Thread 的 target,而该线程的线程执行体就是该 Callable 对象的 call()方法。问题是:Callable 接口是 Java 5 新增的接口,而且它不是 Runnable 接口的子接口,所以 Callable 对象不能直接作为 Thread 的 target。而且 call()方法还有一个返回值——call()方法并不是被直接调用的,它是作为线程执行体被调用的。那么如何获取 call()方法的返回值呢?

Java 5 提供了 Future 接口来代表 Callable 接口中 call()方法的返回值,并为 Future 接口提供了一个 FutureTask 实现类,该实现类实现了 Future 接口,并实现了 Runnable 接口——它可以作为 Thread 类的 target。

在 Future 接口中定义了如下几个公共方法来控制与其关联的 Callable 任务。

➤ boolean cancel(boolean mayInterruptIfRunning): 试图取消该 Future 中关联的 Callable 任务。

➤ V get(): 返回 Callable 任务中 call()方法的返回值。调用该方法将导致程序被阻塞,必须等到子线程结束后才会得到返回值。

➤ V get(long timeout, TimeUnit unit): 返回 Callable 任务中 call()方法的返回值。该方法让程序最多被阻塞 timeout 和 unit 指定的时间,如果经过指定的时间后 Callable 任务依然没有返回值,则会抛出 TimeoutException 异常。

➤ boolean isCancelled(): 如果 Callable 任务在正常完成前被取消,则返回 true。

➤ boolean isDone(): 如果 Callable 任务已完成,则返回 true。

 **注意 :**

Callable 接口有泛型限制,Callable 接口中泛型形参的类型与 call()方法的返回值的类型相同。而且 Callable 接口是函数式接口,因此可以使用 Lambda 表达式创建 Callable 对象。

创建并启动有返回值的线程的步骤如下:

① 创建 Callable 接口的实现类,并实现 call()方法,该 call()方法将作为线程执行体,且该 call()方法有返回值,再创建 Callable 实现类的实例。从 Java 8 开始,可以直接使用 Lambda 表达式创建 Callable 对象。

② 使用 FutureTask 类来包装 Callable 对象,该 FutureTask 对象封装了该 Callable 对象的 call()方法的返回值。

③ 使用 FutureTask 对象作为 Thread 对象的 target 创建并启动新线程。

④ 调用 FutureTask 对象的 get()方法来获得子线程执行结束后的返回值。

下面的程序通过实现 Callable 接口来实现线程类,并启动该线程。

程序清单:codes\16\16.2\ThirdThread.java

```java
public class ThirdThread
{
    public static void main(String[] args)
    {
        // 创建 Callable 对象
        var rt = new ThirdThread();
        // 先使用 Lambda 表达式创建 Callable<Integer>对象
        // 再使用 FutureTask 来包装 Callable 对象
        FutureTask<Integer> task = new FutureTask<>((Callable<Integer>)() -> {
            var i = 0;
            for ( ; i < 100; i++)
            {
                System.out.println(Thread.currentThread().getName()
                    + " 的循环变量i 的值: " + i);
            }
            // call()方法可以有返回值
            return i;
        });
        for (var i = 0; i < 100; i++)
```

```
            System.out.println(Thread.currentThread().getName()
                + " 的循环变量 i 的值: " + i);
            if (i == 20)
            {
                // 实质还是以 Callable 对象来创建并启动线程的
                new Thread(task, "有返回值的线程").start();
            }
        }
        try
        {
            // 获取线程返回值
            System.out.println("子线程的返回值: " + task.get());
        }
        catch (Exception ex)
        {
            ex.printStackTrace();
        }
    }
}
```

　　上面程序中使用 Lambda 表达式直接创建了 Callable 对象，这样就无须先创建 Callable 实现类，再创建 Callable 对象了。实现 Callable 接口与实现 Runnable 接口并没有太大的差别，只是 Callable 的 call() 方法允许声明抛出异常，而且允许带返回值。

　　上面程序中的粗体字代码是以 Callable 对象来启动线程的关键代码。程序先使用 Lambda 表达式创建一个 Callable 对象，然后将该实例包装成一个 FutureTask 对象。在主线程中，当循环变量 i 等于 20 时，程序启动以 FutureTask 对象为 target 的线程。程序最后调用 FutureTask 对象的 get() 方法来返回 call() 方法的返回值——该方法将导致主线程被阻塞，直到 call() 方法结束并返回为止。

　　运行上面的程序，将看到主线程和 call() 方法所代表的线程交替执行的情形，程序最后还会输出 call() 方法的返回值。

▶▶ 16.2.4　创建线程的三种方式对比

　　通过继承 Thread 类或实现 Runnable 接口、Callable 接口都可以实现多线程，不过实现 Runnable 接口的方式与实现 Callable 接口基本相同，只是 Callable 接口中定义的方法有返回值，可以声明抛出异常，因此可以将实现 Runnable 接口和实现 Callable 接口归为一种方式。这种方式与继承 Thread 方式之间的主要差别如下。

　　采用实现 Runnable 接口、Callable 接口的方式创建多个线程的优缺点如下：

➢ 线程类只是实现了 Runnable 接口或 Callable 接口，还可以继承其他类。

➢ 在这种方式下，多个线程可以共享同一个 target 对象，所以非常适合用多个相同的线程来处理同一份资源的情况，从而可以将 CPU、代码和数据分开，形成清晰的模型，较好地体现了面向对象的思想。

➢ 编程稍稍复杂，如果需要访问当前线程，则必须使用 Thread.currentThread() 方法。

　　采用继承 Thread 类的方式创建多个线程的优缺点如下：

➢ 因为线程类已经继承了 Thread 类，所以不能再继承其他父类。

➢ 编写简单，如果需要访问当前线程，则无须使用 Thread.currentThread() 方法，直接使用 this 即可获取当前线程。

　　鉴于上面的分析，一般推荐采用实现 Runnable 接口、Callable 接口的方式来创建多个线程。

16.3　线程的生命周期

　　当线程被创建并启动以后，它既不是一启动就进入了执行状态，也不是一直处于执行状态，在线程的生命周期中，它要经过新建（New）、就绪（Ready）、运行（Running）、阻塞（Blocked）和死亡（Dead）5 种状态。尤其是当线程启动以后，它不可能一直"霸占"着 CPU 独自运行，所以 CPU 需要在多个线程之间切换，于是线程状态也会多次在运行、就绪之间切换。

▶▶ 16.3.1 新建和就绪状态

当程序使用 new 关键字创建了一个线程之后，该线程就处于新建状态，此时它和其他的 Java 对象一样，仅仅由 Java 虚拟机为其分配内存，并初始化其成员变量的值。此时的线程对象没有表现出任何线程的动态特征，程序也不会执行线程的线程执行体。

当线程对象调用了 start()方法之后，该线程处于就绪状态，Java 虚拟机会为其创建方法调用栈和程序计数器，处于这种状态的线程并没有开始运行，只是表示该线程可以运行了。至于该线程何时开始运行，取决于 Java 虚拟机中线程调度器的调度。

> **注意：**
>
> 启动线程使用 start()方法，而不是 run()方法！永远不要调用线程对象的 run()方法！调用 start()方法来启动线程，系统会把 run()方法当成线程执行体来处理；但如果直接调用线程对象的 run()方法，run()方法立即就会被执行，而且在 run()方法返回之前其他线程无法并发执行——也就是说，如果直接调用线程对象的 run()方法，系统将把线程对象当成一个普通对象，而 run()方法也是一个普通方法，而不是线程执行体。

程序清单：codes\16\16.3\InvokeRun.java

```java
public class InvokeRun extends Thread
{
    private int i;
    // 重写 run()方法，run()方法的方法体就是线程执行体
    public void run()
    {
        for ( ; i < 100; i++)
        {
            // 当直接调用 run()方法时，Thread 的 this.getName()方法返回的是该对象的名字
            // 而不是当前线程的名字
            // 使用 Thread.currentThread().getName()方法总是能获取当前线程的名字
            System.out.println(Thread.currentThread().getName()
                + " " + i);  // ①
        }
    }
    public static void main(String[] args)
    {
        for (var i = 0; i < 100; i++)
        {
            // 调用 Thread 的 currentThread()方法获取当前线程
            System.out.println(Thread.currentThread().getName()
                + " " + i);
            if (i == 20)
            {
                // 直接调用线程对象的 run()方法
                // 系统会把线程对象当成普通对象，把 run()方法当成普通方法
                // 所以下面两行代码并不会启动两个线程，而是依次执行两个 run()方法
                new InvokeRun().run();
                new InvokeRun().run();
            }
        }
    }
}
```

上面的程序在创建线程对象后直接调用了线程对象的 run()方法（如粗体字代码所示），程序运行的结果显示，整个程序只有一个线程：主线程。还有一点需要指出，如果直接调用线程对象的 run()方法，则在 run()方法中不能直接通过 getName()方法来获得当前线程的名字，而是需要使用 Thread.currentThread()方法先获得当前线程，然后再调用线程对象的 getName()方法来获得线程的名字。

通过上面的程序不难看出，启动线程的正确方法是调用 Thread 对象的 start()方法，而不是直接调用 run()方法，否则就变成单线程程序了。

需要指出的是，在调用了线程对象的 run()方法之后，该线程已经不再处于新建状态，不要再次调用线程对象的 start()方法。

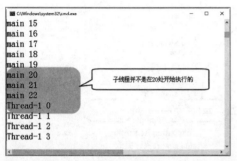

图 16.3 调用 start()方法后的线程并没有立即运行

在调用了线程对象的 start()方法之后，该线程立即进入就绪状态——就绪状态相当于"等待执行"，但该线程并未真正进入运行状态。这一点可以通过再次运行 16.2 节中的 FirstThread 或 SecondThread 来证明。再次运行该程序，会看到如图 16.3 所示的输出。

从图 16.3 中可以看出，主线程在 i 等于 20 时调用了子线程的 start()方法来启动当前线程，但是当前线程并没有立即执行，而是等到 i 为 22 时才看到子线程开始执行（读者在运行程序时，不一定是在 i 为 22 时切换的，这种切换由底层平台控制，具有一定的随机性）。

提示：

如果希望在调用子线程的 start()方法后子线程立即开始执行，程序可以使用 Thread.sleep(1) 让当前运行的线程（主线程）睡眠 1ms——1ms 就够了，因为在这 1ms 内 CPU 不会空闲，它会去执行另一个处于就绪状态的线程，这样就可以让子线程立即开始执行。

▶▶ 16.3.2 运行和阻塞状态

如果处于就绪状态的线程获得了 CPU，开始执行 run()方法的线程执行体，则该线程处于运行状态。如果计算机只有一个 CPU，那么在任何时刻都只有一个线程处于运行状态。当然，在一个多处理器的机器中，将会有多个线程并行［注意是并行（Parallel）］执行；当线程数大于处理器数时，依然会存在多个线程在同一个 CPU 上轮换的现象。

当一个线程开始运行后，它不可能一直处于运行状态（除非它的线程执行体足够短，瞬间就执行结束了），线程在运行过程中需要被中断，目的是使其他线程获得执行的机会。线程调度的细节取决于底层平台所采用的策略，对于采用抢占式调度策略的系统而言，系统会给每个可执行的线程一个小时间段来处理任务；当该时间段用完后，系统就会剥夺该线程所占用的资源，让其他线程获得执行的机会。在选择下一个线程时，系统会考虑线程的优先级。

所有现代的桌面操作系统和服务器操作系统都采用抢占式调度策略，但一些小型设备如手机的操作系统则可能采用协作式调度策略，在这样的系统中，只有当一个线程调用了它的 sleep()或 yield()方法后才会放弃其所占用的资源——也就是必须由该线程主动放弃其所占用的资源。

当发生如下情况时，线程将会进入阻塞状态。

➢ 线程调用了 sleep()方法主动放弃其所占用的处理器资源。

➢ 线程调用了一个阻塞式 IO 方法，在该方法返回之前，该线程被阻塞。

➢ 线程试图获得一个同步监视器，但该同步监视器正被其他线程所持有。关于同步监视器的知识，后面将有更深入的介绍。

➢ 线程在等待某个通知（Notify）。

➢ 程序调用了线程的 suspend()方法将该线程挂起。这个方法容易导致死锁，所以应该尽量避免使用该方法。

当前正在执行的线程被阻塞之后，其他线程就可以获得执行的机会。被阻塞的线程会在合适的时候重新进入就绪状态，注意是就绪状态，而不是运行状态。也就是说，被阻塞的线程的阻塞解除后，必须重新等待线程调度器再次调度它。

针对上面几种情况，当发生如下特定的情况时可以解除阻塞，让该线程重新进入就绪状态。

➢ 调用 sleep()方法的线程经过了指定的时间。
➢ 线程调用的阻塞式 IO 方法已经返回。
➢ 线程成功地获得了试图取得的同步监视器。
➢ 线程正在等待某个通知时, 其他线程发出了一个通知。
➢ 处于挂起状态的线程被调用了 resume()恢复方法。

图 16.4 显示了线程状态的转换。

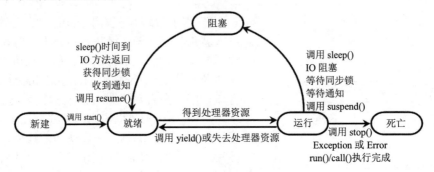

图 16.4 线程状态的转换

从图 16.4 中可以看出, 线程从阻塞状态只能进入就绪状态, 无法直接进入运行状态。而就绪和运行状态之间的转换通常不受程序控制, 而是由系统线程调度所决定, 当处于就绪状态的线程获得处理器资源时, 该线程进入运行状态; 当处于运行状态的线程失去处理器资源时, 该线程进入就绪状态。但有一个方法例外, 调用 yield()方法可以让运行状态的线程转入就绪状态。关于 yield()方法后面会有更详细的介绍。

➤➤ **16.3.3 线程死亡**

线程会以如下三种方式结束, 结束后就处于死亡状态。
➢ run()或 call()方法执行完成, 线程正常结束。
➢ 线程抛出一个未捕获的 Exception 或 Error。
➢ 直接调用该线程的 stop()方法来结束该线程——该方法容易导致死锁, 通常不推荐使用。

 **注意**

当主线程结束时, 其他线程不受任何影响, 并不会随之结束。一旦子线程启动起来, 它就拥有和主线程相同的地位, 它不会受主线程的影响。

为了测试某个线程是否已经死亡, 可以调用线程对象的 isAlive()方法, 当线程处于就绪、运行、阻塞三种状态时, 该方法将返回 true; 当线程处于新建、死亡两种状态时, 该方法将返回 false。

 **注意**

不要试图对一个已经死亡的线程调用 start()方法使它重新启动, 死亡就是死亡, 该线程将不可再次作为线程执行。

下面的程序尝试对处于死亡状态的线程再次调用 start()方法。

程序清单: codes\16\16.3\StartDead.java

```java
public class StartDead extends Thread
{
    private int i;
    // 重写 run()方法, run()方法的方法体就是线程执行体
    public void run()
    {
        for ( ; i < 100; i++)
        {
            System.out.println(getName() + " " + i);
```

```
        }
    }
    public static void main(String[] args)
    {
        // 创建线程对象
        var sd = new StartDead();
        for (var i = 0; i < 300; i++)
        {
            // 调用 Thread 的 currentThread()方法获取当前线程
            System.out.println(Thread.currentThread().getName()
                + " " + i);
            if (i == 20)
            {
                // 启动线程
                sd.start();
                // 判断启动后线程的 isAlive()值，输出 true
                System.out.println(sd.isAlive());
            }
            // 当线程处于新建、死亡两种状态时，isAlive()方法返回 false
            // 当 i > 20 时，该线程肯定已经启动过了，如果 sd.isAlive()为假
            // 则说明该线程处于死亡状态
            if (i > 20 && !sd.isAlive())
            {
                // 试图再次启动该线程
                sd.start();
            }
        }
    }
}
```

上面程序中的粗体字代码试图在线程已死亡的情况下再次调用 start()方法来启动该线程。运行上面的程序，将引发 IllegalThreadStateException 异常，这表明处于死亡状态的线程无法再次运行。

> **注意：**
>
> 不要对处于死亡状态的线程调用 start()方法，程序只能对处于新建状态的线程调用 start()方法。对处于新建状态的线程两次调用 start()方法也是错误的，这也会引发 IllegalThreadStateException 异常。

16.4 控制线程

Java 的线程支持提供了一些便捷的工具方法，通过这些便捷的工具方法可以很好地控制线程的执行。

▶▶ 16.4.1 join 线程

Thread 提供了让一个线程等待另一个线程执行完成的方法——join()方法。当在某个程序执行流中调用其他线程的 join()方法时，调用线程将被阻塞，直到通过 join()方法加入的 join 线程执行完成为止。

join()方法通常由使用线程的程序调用，以将大问题划分成许多小问题，并为每个小问题都分配一个线程。当所有的小问题都得到处理后，再调用主线程来进一步操作。

程序清单：codes\16\16.4\JoinThread.java

```
public class JoinThread extends Thread
{
    // 提供一个有参数的构造器，用于设置该线程的名字
    public JoinThread(String name)
    {
        super(name);
    }
    // 重写 run()方法，定义线程执行体
    public void run()
    {
        for (var i = 0; i < 100; i++)
```

```
        {
            System.out.println(getName() + " " + i);
        }
    }
    public static void main(String[] args) throws Exception
    {
        // 启动子线程
        new JoinThread("新线程").start();
        for (var i = 0; i < 100; i++)
        {
            if (i == 20)
            {
                var jt = new JoinThread("被 Join 的线程");
                jt.start();
                // main 线程调用了 jt 线程的 join()方法，main 线程
                // 必须等 jt 线程执行结束后才会向下执行
                jt.join();
            }
            System.out.println(Thread.currentThread().getName()
                + " " + i);
        }
    }
}
```

上面程序中一共有三个线程，主方法开始时就启动了一个名为"新线程"的子线程，该子线程将会和 main 线程并发执行。当主线程的循环变量 i 等于 20 时，启动了一个名为"被 Join 的线程"的线程，该线程不会和 main 线程并发执行，main 线程必须等该线程执行结束后才可以向下执行。当"被 Join 的线程"执行时，实际上只有两个子线程并发执行，而主线程处于等待状态。运行上面的程序，会看到如图 16.5 所示的运行效果。

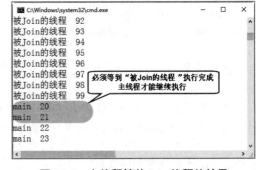

图 16.5　主线程等待 join 线程的效果

从图 16.5 中可以看出，当主线程执行到 i == 20 时，程序启动并 join 了"被 Join 的线程"，所以主线程将一直处于阻塞状态，直到"被 Join 的线程"执行完成。

join()方法有如下三种重载形式。

➤ join()：等待被 join 的线程执行完成。

➤ join(long millis)：等待被 join 的线程的时间最长为 millis 毫秒。如果在 millis 毫秒内被 join 的线程还没有执行结束，则不再等待。

➤ join(long millis, int nanos)：等待被 join 的线程的时间最长为 millis 毫秒加 nanos 毫微秒。

提示：通常很少使用第三种形式，原因有两个：程序对时间的精度无须精确到毫微秒；计算机硬件、操作系统本身也无法精确到毫微秒。

▶▶ 16.4.2　后台线程

有一种线程，它是在后台运行的，它的任务是为其他线程提供服务，这种线程被称为"后台线程（Daemon Thread）"，也被称为"守护线程"或"精灵线程"。JVM 的垃圾回收线程就是典型的后台线程。

后台线程有一个特征：如果所有的前台线程都死亡了，后台线程会自动死亡。

创建后台线程有如下两种方式。

➤ 显式：调用 Thread 对象的 setDaemon(true)方法可将指定的线程设置为后台线程。

➤ 隐式：后台线程所创建的子线程默认都是后台线程。

下面的程序将执行线程设置成后台线程，可以看到，当所有的前台线程都死亡后，后台线程随之死亡。当整台虚拟机中只剩下后台线程时，程序就没有继续运行的必要了，所以虚拟机也就退出了。

程序清单：codes\16\16.4\DaemonThread.java

```java
public class DaemonThread extends Thread
{
    // 定义后台线程的线程执行体与普通线程没有任何区别
    public void run()
    {
        for (var i = 0; i < 1000; i++)
        {
            System.out.println(getName() + "  " + i);
        }
    }
    public static void main(String[] args)
    {
        var t = new DaemonThread();
        // 将此线程设置为后台线程
        t.setDaemon(true);
        // 启动后台线程
        t.start();
        for (var i = 0; i < 10; i++)
        {
            System.out.println(Thread.currentThread().getName()
                + "  " + i);
        }
        // -----程序执行到此处，前台线程（main 线程）结束------
        // 后台线程也应该随之结束
    }
}
```

上面程序中的粗体字代码先将 t 线程设置为后台线程，然后启动该线程。本来该线程应该执行到 i 等于 999 时才会结束，但在运行程序时不难发现，该后台线程无法运行到 i 等于 999 时，因为当主线程也就是程序中唯一的前台线程运行结束后，JVM 会主动退出，因而后台线程也就被结束了。

Thread 类还提供了一个 isDaemon()方法，用于判断指定的线程是否为后台线程。

从上面的程序可以看出，主线程默认是前台线程，t 线程默认也是前台线程。但并不是所有的线程默认都是前台线程，有些线程默认就是后台线程——前台线程创建的子线程默认是前台线程，后台线程创建的子线程默认是后台线程。

> **注意**
>
> 当前台线程死亡后，JVM 会通知后台线程死亡，但从它接收指令到做出响应，需要一定的时间。而且要将某个线程设置为后台线程，必须在该线程启动之前设置，也就是说，setDaemon(true)方法必须在 start()方法之前调用，否则会引发 IllegalThreadStateException 异常。

▶▶ 16.4.3　线程睡眠

如果需要让当前正在执行的线程暂停一段时间，并进入阻塞状态，则可以通过调用 Thread 类的静态方法 sleep()来实现。sleep()方法有两种重载形式。

➤ static void sleep(long millis)：让当前正在执行的线程暂停 millis 毫秒，并进入阻塞状态。该方法受到系统计时器和线程调度器的精度与准确度的影响。

➤ static void sleep(long millis, int nanos)：让当前正在执行的线程暂停 millis 毫秒加 nanos 毫微秒，并进入阻塞状态。该方法受到系统计时器和线程调度器的精度与准确度的影响。

通常，程序很少调用第二种形式的 sleep()方法。

当当前线程调用 sleep()方法进入阻塞状态后，在其睡眠时间段内，该线程不会获得执行的机会，即使系统中没有其他可执行的线程，处于睡眠中的线程也不会执行，因此 sleep()方法常用来暂停程序的执行。

下面的程序示范了调用 sleep()方法来暂停主线程的执行。因为该程序只有一个主线程，当主线程进入睡眠后，系统没有可执行的线程，所以可以看到程序在 sleep()方法处暂停。

程序清单：codes\16\16.4\SleepTest.java

```
public class SleepTest
{
    public static void main(String[] args)
        throws Exception
    {
        for (var i = 0; i < 10; i++)
        {
            System.out.println("当前时间: " + new Date());
            // 调用sleep()方法让当前线程暂停1s
            Thread.sleep(1000);
        }
    }
}
```

上面程序中的粗体字代码将当前线程暂停1s。运行上面的程序，会看到程序依次输出10个字符串，输出2个字符串之间的时间间隔为1s。

此外，Thread类还提供了一个与sleep()方法有点相似的yield()静态方法，它也可以让当前正在执行的线程暂停，但它不会阻塞该线程，它只是将该线程转入就绪状态。yield()只是让当前线程暂停一下，让系统的线程调度器重新调度一次，完全可能的情况是：当某个线程调用了yield()方法暂停之后，线程调度器又将其调度出来重新执行。

实际上，当某个线程调用了yield()方法暂停之后，只有优先级与当前线程相同，或者优先级比当前线程高的处于就绪状态的线程才会获得执行的机会。

关于sleep()方法和yield()方法的区别如下：

➤ 调用sleep()方法暂停当前线程后，会给其他线程执行的机会，不会理会其他线程的优先级；但调用yield()方法只会给优先级相同或优先级更高的线程执行的机会。

➤ 调用sleep()方法会将线程转入阻塞状态，直到经过阻塞时间才会转入就绪状态；而调用yield()方法不会将线程转入阻塞状态，它只是强制当前线程进入就绪状态，因此完全有可能某个线程被yield()方法暂停之后，立即再次获得处理器资源被执行。

➤ sleep()方法声明抛出InterruptedException异常，所以在调用sleep()方法时要么捕捉该异常，要么显式声明抛出该异常；而yield()方法没有声明抛出任何异常。

➤ sleep()方法比yield()方法有更好的可移植性，通常不建议使用yield()方法来控制并发线程的执行。

▶▶ 16.4.4 改变线程优先级

每个线程执行时都具有一定的优先级，优先级高的线程获得较多的执行机会，优先级低的线程则获得较少的执行机会。

每个线程默认的优先级都与创建它的父线程的优先级相同，在默认情况下，main线程具有普通优先级（即NORM_PRIORITY优先级），由main线程创建的子线程也具有普通优先级。

Thread类提供了setPriority(int newPriority)、getPriority()方法来设置和返回指定线程的优先级，其中setPriority()方法的参数可以是一个整数，范围是1~10，也可以使用Thread类的如下三个静态常量。

➤ MAX_PRIORITY：其值是10。
➤ MIN_PRIORITY：其值是1。
➤ NORM_PRIORITY：其值是5。

下面的程序使用setPriority()方法来改变主线程的优先级，并使用该方法改变了两个线程的优先级，从而可以看到高优先级的线程将会获得更多的执行机会。

程序清单：codes\16\16.4\PriorityTest.java

```
public class PriorityTest extends Thread
{
    // 定义一个有参数的构造器，用于在创建线程时指定name
    public PriorityTest(String name)
    {
        super(name);
```

```
}
public void run()
{
    for (var i = 0; i < 50; i++)
    {
        System.out.println(getName() + ",其优先级是: "
            + getPriority() + ", 循环变量的值为:" + i);
    }
}
public static void main(String[] args)
{
    // 改变主线程的优先级
    Thread.currentThread().setPriority(6);
    for (var i = 0; i < 30; i++)
    {
        if (i == 10)
        {
            var low = new PriorityTest("低级");
            low.start();
            System.out.println("创建之初的优先级:"
                + low.getPriority());
            // 设置该线程为最低优先级
            low.setPriority(Thread.MIN_PRIORITY);
        }
        if (i == 20)
        {
            var high = new PriorityTest("高级");
            high.start();
            System.out.println("创建之初的优先级:"
                + high.getPriority());
            // 设置该线程为最高优先级
            high.setPriority(Thread.MAX_PRIORITY);
        }
    }
}
}
```

上面程序中的第一行粗体字代码改变了主线程的优先级为 6，这样由 main 线程所创建的子线程的优先级默认都是 6，所以程序直接输出"低级"和"高级"两个线程的优先级时，应该看到 6。接着程序将"低级"线程的优先级设置为 Thread.MIN_PRIORITY，将"高级"线程的优先级设置为 Thread.MAX_PRIORITY。

运行上面的程序，会看到如图 16.6 所示的效果。

图 16.6 改变线程优先级的效果

注意：

在多核、高性能 CPU 上执行该程序时可能看不到线程优先级的明显效果，这是因为 CPU 空闲时，不管线程优先级如何总可及时获取 CPU 资源。建议将上面的循环次数改到很大的值，然后再来看结果。

值得指出的是，虽然 Java 提供了 10 个优先级级别，但这些优先级级别需要操作系统的支持。遗憾的是，不同操作系统上的优先级级别并不相同，而且也不能很好地和 Java 的 10 个优先级级别对应，例如，Windows 2000 仅提供了 7 个优先级级别。因此，应该尽量避免直接为线程指定优先级，而应该使用 MAX_PRIORITY、MIN_PRIORITY 和 NORM_PRIORITY 三个静态常量来设置优先级，这样才可以保证程序具有最好的可移植性。

16.5 线程同步

多线程编程是一件有趣的事情,它很容易突然出现"错误情况",这是因为系统的线程调度具有一定的随机性。不过,即使程序偶然出现问题,那也是由于编程不当引起的。当使用多个线程来访问同一个数据时,很容易"偶然"出现线程安全问题。

16.5.1 线程安全问题

关于线程安全问题,有一个经典的问题——从银行取钱的问题。从银行取钱的基本流程大致可以分为如下几个步骤。

① 用户输入账户、密码,系统判断用户的账户、密码是否匹配。

② 用户输入取款金额。

③ 系统判断账户余额是否大于取款金额。

④ 如果账户余额大于取款金额,则取款成功;如果账户余额小于取款金额,则取款失败。

乍一看,这个流程确实就是日常生活中的取款流程,这个流程没有任何问题。但一旦将这个流程放在多线程并发的场景下,就有可能出现问题。注意,此处说的是有可能,并不是说一定。也许你的程序运行了 100 万次都没有出现问题,但没有出现问题并不等于没有问题!

按上面的流程来编写取款程序,并使用两个线程来模拟取钱操作——模拟两个人使用同一个账户并发取钱。此处忽略检查账户和密码的操作,仅仅模拟后面三步操作。下面先定义一个账户类,该账户类封装了账户编号和账户余额两个成员变量。

程序清单:codes\16\16.5\Account.java

```java
public class Account
{
    // 封装账户编号、账户余额两个成员变量
    private String accountNo;
    private double balance;
    public Account(){}
    // 构造器
    public Account(String accountNo, double balance)
    {
        this.accountNo = accountNo;
        this.balance = balance;
    }
    // 此处省略了 accountNo 与 balance 的 setter 和 getter 方法
    ...
    // 下面两个方法根据 accountNo 来重写 hashCode() 和 equals()方法
    public int hashCode()
    {
        return accountNo.hashCode();
    }
    public boolean equals(Object obj)
    {
        if (this == obj)
            return true;
        if (obj != null
            && obj.getClass() == Account.class)
        {
            var target = (Account) obj;
            return target.getAccountNo().equals(accountNo);
        }
        return false;
    }
}
```

接下来提供一个取钱的线程类,该线程类根据执行账户、取钱数量进行取钱操作,取钱的逻辑是,当账户余额不足时无法提取现金;当账户余额足够时系统吐出钞票,余额减少。

程序清单：codes\16\16.5\DrawThread.java

```java
public class DrawThread extends Thread
{
    // 模拟用户账户
    private Account account;
    // 当前取钱线程所希望取的钱数
    private double drawAmount;
    public DrawThread(String name, Account account,
        double drawAmount)
    {
        super(name);
        this.account = account;
        this.drawAmount = drawAmount;
    }
    // 当多个线程修改同一个共享数据时，将涉及数据安全问题
    public void run()
    {
        // 账户余额大于取钱数
        if (account.getBalance() >= drawAmount)
        {
            // 吐出钞票
            System.out.println(getName()
                + "取钱成功! 吐出钞票:" + drawAmount);
            /*
            try
            {
                Thread.sleep(1);
            }
            catch (InterruptedException ex)
            {
                ex.printStackTrace();
            }
            */
            // 修改余额
            account.setBalance(account.getBalance() - drawAmount);
            System.out.println("\t 余额为: " + account.getBalance());
        }
        else
        {
            System.out.println(getName() + "取钱失败! 余额不足! ");
        }
    }
}
```

读者先不要管程序中那段被注释掉的粗体字代码。上面的程序是一个非常简单的取钱逻辑，这个取钱逻辑与实际的取钱操作也很相似。这个程序的主程序非常简单，仅仅是创建一个账户，并启动两个线程从该账户中取钱。

程序清单：codes\16\16.5\DrawTest.java

```java
public class DrawTest
{
    public static void main(String[] args)
    {
        // 创建一个账户
        var acct = new Account("1234567", 1000);
        // 模拟两个线程对同一个账户取钱
        new DrawThread("甲", acct, 800).start();
        new DrawThread("乙", acct, 800).start();
    }
}
```

多次运行上面的程序，很有可能都会看到如图 16.7 所示的错误结果。

如图 16.7 所示的运行结果并不是银行所期望的结果（不过有可能看到正确的运行结果），这正是多线程编程"偶然"出现的错误——因为线程调度的不确定性。假设系统的线程调度器在粗体字代码处暂停，让另一个线程执行——为了强制暂停，只要取消上面程序中粗体字代码的注释即可。取消注释后

再次编译 DrawThread.java，并再次运行 DrawTest 类，将总可以看到如图 16.7 所示的错误结果。

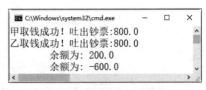

图 16.7　线程同步的问题

问题出现了：账户余额只有 1000 元时取出了 1600 元，而且账户余额出现了负值。这不是银行所希望看到的结果。虽然上面的程序是人为地使用 Thread.sleep(1)来强制线程调度切换，但这种切换也是完全可能发生的——在 100 000 次操作中只要有 1 次出现了错误，那就是编程错误引起的。

▶▶ 16.5.2　同步代码块

之所以出现如图 16.7 所示的结果，是因为 run()方法的方法体不具有同步安全性——程序中有两个并发线程在修改 Account 对象；而且系统恰好在粗体字代码处执行线程切换，切换给另一个修改 Account 对象的线程，所以就出现了问题。

提示： ┆ 就像前面介绍的文件并发访问，当有两个进程并发修改同一个文件时，就有可能出现异常。

为了解决这个问题，Java 的多线程支持引入了同步监视器，使用同步监视器的通用方法就是同步代码块。同步代码块的语法格式如下：

```
synchronized (obj)
{
    ...
    // 此处的代码就是同步代码块
}
```

在上面的语法格式中，synchronized 后括号里的 obj 就是同步监视器。上面代码的含义是：在线程开始执行同步代码块之前，必须先获得对同步监视器的锁定。

注意： 任何时刻只能有一个线程可以获得对同步监视器的锁定，当同步代码块执行完成后，该线程会释放对该同步监视器的锁定。

虽然 Java 程序允许使用任何对象作为同步监视器，但想一下同步监视器的目的：阻止两个线程对同一个共享资源进行并发访问，因此通常推荐使用可能被并发访问的共享资源充当同步监视器。对于上面的取款程序，应该考虑使用账户（account）作为同步监视器，把程序修改成如下形式。

程序清单：codes\16\16.5\synchronizedBlock\DrawThread.java

```
public class DrawThread extends Thread
{
    // 模拟用户账户
    private Account account;
    // 当前取钱线程所希望取的钱数
    private double drawAmount;
    public DrawThread(String name, Account account, double drawAmount)
    {
        super(name);
        this.account = account;
        this.drawAmount = drawAmount;
    }
    // 当多个线程修改同一个共享数据时，将涉及数据安全问题
    public void run()
    {
        // 使用 account 作为同步监视器，任何线程进入下面的同步代码块之前
        // 都必须先获得对 account 的锁定——其他线程无法获得锁，也就无法修改它
        // 这种做法符合："加锁 → 修改 → 释放锁"的逻辑
        synchronized (account)
        {
```

```
                // 账户余额大于取钱数
                if (account.getBalance() >= drawAmount)
                {
                    // 吐出钞票
                    System.out.println(getName()
                        + "取钱成功! 吐出钞票:" + drawAmount);
                    try
                    {
                        Thread.sleep(1);
                    }
                    catch (InterruptedException ex)
                    {
                        ex.printStackTrace();
                    }
                    // 修改余额
                    account.setBalance(account.getBalance() - drawAmount);
                    System.out.println("\t 余额为: " + account.getBalance());
                }
                else
                {
                    System.out.println(getName() + "取钱失败! 余额不足! ");
                }
            }
            // 同步代码块执行结束，该线程释放同步锁
        }
    }
```

　　上面的程序使用 synchronized 将 run()方法的方法体修改成同步代码块，该同步代码块的同步监视器是 account 对象，这样的做法符合 "加锁→修改→释放锁" 的逻辑——任何线程在修改指定的资源之前，都要先对该资源加锁，在加锁期间其他线程无法修改该资源，当该线程修改完成后，该线程释放对该资源的锁定。通过这种方式就可以保证并发线程在任何时刻只有一个线程可以进入修改共享资源的代码区（也被称为临界区），所以在同一时刻最多只能有一个线程处于临界区内，从而保证了线程的安全性。

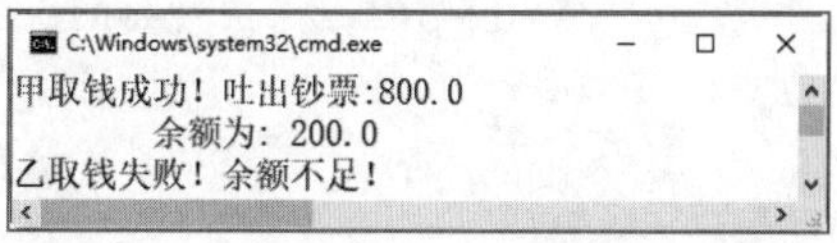

图 16.8　使用线程同步来保证线程安全

　　将 DrawThread 修改为上面所示的情形之后，多次运行该程序，总可以看到如图 16.8 所示的正确结果。

▶▶ 16.5.3　同步方法

　　与同步代码块对应，Java 的多线程安全支持还提供了同步方法——就是使用 synchronized 关键字来修饰某个方法，则称该方法为同步方法。对于 synchronized 修饰的实例方法（非 static 方法），无须显式指定同步监视器，同步方法的同步监视器是 this，也就是调用该方法的对象。

　　通过使用同步方法可以非常方便地实现线程安全的类，线程安全的类具有如下特征。

　　➢ 该类的对象可以被多个线程安全地访问。

　　➢ 每个线程调用该对象的任意方法之后，都将得到正确结果。

　　➢ 每个线程调用该对象的任意方法之后，该对象的状态依然保持为合理状态。

　　前面章节中介绍了可变类和不可变类，其中不可变类总是线程安全的，因为它的对象状态不可改变；但可变类需要额外的方法来保证其线程安全。例如，上面的 Account 就是一个可变类，它的 accountNo 和 balance 两个成员变量都可以被改变，当两个线程同时修改 Account 对象的 balance 成员变量的值时，程序就出现了异常。下面的程序将 Account 类对 balance 的访问设置成线程安全的，那么只要把修改 balance 的方法变成同步方法即可。

程序清单：codes\16\16.5\synchronizedMethod\Account.java

```
public class Account
{
    // 封装账户编号、账户余额两个成员变量
    private String accountNo;
    private double balance;
```

```
            public Account(){}
            // 构造器
            public Account(String accountNo, double balance)
            {
                this.accountNo = accountNo;
                this.balance = balance;
            }
            // 省略 accountNo 的 setter 和 getter 方法
            ...
            // 因为账户余额不允许随便修改，所以只为 balance 提供 getter 方法
            public double getBalance()
            {
                return this.balance;
            }
            // 提供一个线程安全的 draw()方法来完成取钱操作
            public synchronized void draw(double drawAmount)
            {
                // 账户余额大于取钱数
                if (balance >= drawAmount)
                {
                    // 吐出钞票
                    System.out.println(Thread.currentThread().getName()
                        + "取钱成功！吐出钞票:" + drawAmount);
                    try
                    {
                        Thread.sleep(1);
                    }
                    catch (InterruptedException ex)
                    {
                        ex.printStackTrace();
                    }
                    // 修改余额
                    balance -= drawAmount;
                    System.out.println("\t余额为: " + balance);
                }
                else
                {
                    System.out.println(Thread.currentThread().getName()
                        + "取钱失败！余额不足！");
                }
            }
            // 省略 hashCode()和 equals()方法
            ...
        }
```

上面程序中增加了一个代表取钱的 draw()方法，并使用了 synchronized 关键字修饰该方法，把该方法变成同步方法。该同步方法的同步监视器是 this，因此对于同一个 Account（账户），任何时刻只能有一个线程获得对 Account 对象的锁定，然后进入 draw()方法执行取钱操作——这样也可以保证多个线程并发取钱的安全性。

因为 Account 类中已经提供了 draw()方法，而且取消了 setBalance()方法，所以需要改写 DrawThread 线程类，该线程类的 run()方法只要调用 Account 对象的 draw()方法即可执行取钱操作。run()方法的代码片段如下：

程序清单：codes\16\16.5\synchronizedMethod\DrawThread.java

```
public void run()
{
    // 直接调用 account 对象的 draw()方法来执行取钱操作
    // 同步方法的同步监视器是 this, this 代表调用 draw()方法的对象
    // 也就是说，在线程进入 draw()方法之前，必须先对 account 对象加锁
    account.draw(drawAmount);
}
```

上面的 DrawThread 类无须自己实现取钱操作，而是直接调用 account 的 draw()方法来执行取钱操作。由于已经使用 synchronized 关键字修饰了 draw()方法，同步方法的同步监视器是 this，而 this 总代表调用该方法的对象——在上面的示例中，调用 draw()方法的对象是 account，因此在多个线程并发修

改同一个 account 对象之前，必须先对 account 对象加锁。这也符合了"加锁 → 修改 → 释放锁"的逻辑。

> **注意：**
>
> synchronized 关键字可用于修饰方法、代码块，但不能用于修饰构造器、成员变量等。

> **提示：**
>
> 　　在 Account 中定义 draw() 方法，而不是直接在 run() 方法中实现取钱逻辑，这种做法更符合面向对象规则。在面向对象里有一种流行的设计方式：领域驱动设计（Domain Driven Design，DDD），这种方式认为每个类都应该是完备的领域对象，例如，Account 代表用户账户，应该提供用户账户的相关方法；通过 draw() 方法来执行取钱操作（实际上，还应该提供 transfer() 等方法来完成转账等操作），而不是直接将 setBalance() 方法暴露出来任人操作，这样才可以更好地保证 Account 对象的完整性和一致性。

可变类的线程安全是以降低程序的运行效率作为代价的，为了减少线程安全所带来的负面影响，程序可以采用如下策略。

➤ 不要对线程安全类的所有方法都进行同步，只对那些会改变竞争资源（竞争资源也就是共享资源）的方法进行同步。例如，上面 Account 类中的 accountNo 实例变量就无须同步，所以程序只对 draw() 方法进行了同步控制。

➤ 如果可变类有两种运行环境：单线程环境和多线程环境，则应该为该可变类提供两种版本，即线程不安全版本和线程安全版本。在单线程环境中使用线程不安全版本以保证性能，在多线程环境中使用线程安全版本。

> **提示：**
>
> 　　JDK 所提供的 StringBuilder、StringBuffer 就是为了照顾单线程环境和多线程环境，在单线程环境下应该使用 StringBuilder 来保证有较好的性能；当需要保证多线程安全时，就应该使用 StringBuffer。

➤➤ 16.5.4　释放对同步监视器的锁定

任何线程在进入同步代码块、同步方法之前，都必须先获得对同步监视器的锁定，那么何时会释放对同步监视器的锁定呢？程序无法显式释放对同步监视器的锁定，线程会在如下几种情况下释放对同步监视器的锁定。

➤ 当前线程的同步方法、同步代码块执行结束，当前线程即释放同步监视器。

➤ 当前线程在同步代码块、同步方法中遇到 break、return 中止了该代码块、该方法的继续执行，当前线程将会释放同步监视器。

➤ 当前线程在同步代码块、同步方法中出现了未处理的 Error 或 Exception，导致该代码块、该方法异常结束，当前线程将会释放同步监视器。

➤ 当前线程执行同步代码块或同步方法时，程序执行了同步监视器对象的 wait() 方法，则当前线程暂停，并释放同步监视器。

在如下情况下，线程不会释放同步监视器。

➤ 线程执行同步代码块或同步方法时，程序调用了 Thread.sleep()、Thread.yield() 方法暂停当前线程的执行，当前线程不会释放同步监视器。

➤ 线程执行同步代码块时，其他线程调用了该线程的 suspend() 方法将该线程挂起，该线程不会释放同步监视器。当然，程序应该尽量避免使用 suspend() 和 resume() 方法来控制线程。

➤➤ 16.5.5　同步锁

从 Java 5 开始，Java 提供了一种功能更强大的线程同步机制——通过显式定义同步锁对象来实现同步。在这种机制下，同步锁由 Lock 对象充当。

Lock 提供了比同步方法和同步代码块更广泛的锁定操作，Lock 允许实现更灵活的结构，可以具有差别很大的属性，并且支持多个相关的 Condition 对象。

Lock 是控制多个线程对共享资源进行访问的工具。通常，锁提供了对共享资源的独占访问，每次只能有一个线程对 Lock 对象加锁，线程在开始访问共享资源之前应先获得 Lock 对象。

某些锁可能允许对共享资源并发访问，如 ReadWriteLock（读/写锁）。Lock、ReadWriteLock 是 Java 5 提供的两个根接口，并为 Lock 提供了 ReentrantLock（可重入锁）实现类，为 ReadWriteLock 提供了 ReentrantReadWriteLock 实现类。

Java 8 新增了新型的 StampedLock 类，在大多数场景中，它可以替代传统的 ReentrantReadWriteLock。ReentrantReadWriteLock 为读/写操作提供了三种锁模式：Writing、ReadingOptimistic、Reading。

在实现线程安全的控制中，比较常用的是 ReentrantLock，使用该 Lock 对象可以显式地加锁、释放锁。通常使用 ReentrantLock 的代码格式如下：

```java
class X
{
    // 定义锁对象
    private final ReentrantLock lock = new ReentrantLock();
    // ...
    // 定义需要保证线程安全的方法
    public void m()
    {
        // 加锁
        lock.lock();
        try
        {
            // 需要保证线程安全的代码
            // ... 方法体
        }
        // 使用 finally 块来保证释放锁
        finally
        {
            lock.unlock();
        }
    }
}
```

使用 ReentrantLock 对象来进行同步，加锁和释放锁出现在不同的作用范围内时，通常建议使用 finally 块来确保在必要时释放锁。通过使用 ReentrantLock 对象，可以把 Account 类改为如下形式，它依然是线程安全的。

程序清单：codes\16\16.5\Lock\Account.java

```java
public class Account
{
    // 定义锁对象
    private final ReentrantLock lock = new ReentrantLock();
    // 封装账户编号、账户余额两个成员变量
    private String accountNo;
    private double balance;
    public Account(){}
    // 构造器
    public Account(String accountNo, double balance)
    {
        this.accountNo = accountNo;
        this.balance = balance;
    }
    // 省略 accountNo 的 setter 和 getter 方法
    ...
    // 因为账户余额不允许随便修改，所以只为 balance 提供 getter 方法
    public double getBalance()
    {
        return this.balance;
    }
    // 提供一个线程安全的 draw() 方法来完成取钱操作
```

```
public void draw(double drawAmount)
{
    // 加锁
    lock.lock();
    try
    {
        // 账户余额大于取钱数
        if (balance >= drawAmount)
        {
            // 吐出钞票
            System.out.println(Thread.currentThread().getName()
                + "取钱成功! 吐出钞票:" + drawAmount);
            try
            {
                Thread.sleep(1);
            }
            catch (InterruptedException ex)
            {
                ex.printStackTrace();
            }
            // 修改余额
            balance -= drawAmount;
            System.out.println("\t 余额为: " + balance);
        }
        else
        {
            System.out.println(Thread.currentThread().getName()
                + "取钱失败! 余额不足! ");
        }
    }
    finally
    {
        // 修改完成, 释放锁
        lock.unlock();
    }
}
// 省略 hashCode() 和 equals() 方法
...
}
```

上面程序中的第一行粗体字代码定义了一个 ReentrantLock 对象，程序中实现 draw() 方法时，进入方法开始执行后立即请求对 ReentrantLock 对象进行加锁，当执行完 draw() 方法的取钱逻辑之后，程序使用 finally 块来确保释放锁。

> **提示:**
> 　　使用 Lock 与使用同步方法有点相似，只是在使用 Lock 时，显式使用 Lock 对象作为同步锁；而在使用同步方法时，系统隐式使用当前对象作为同步监视器，同样都符合"加锁→修改→释放锁"的操作模式。而且在使用 Lock 对象时，每个 Lock 对象对应一个 Account 对象，一样可以保证对于同一个 Account 对象，在同一时刻只能有一个线程进入临界区。

同步方法或同步代码块使用与竞争资源相关的、隐式的同步监视器，并且强制要求加锁和释放锁要出现在一个块结构中。而且在获取了多个锁时，它们必须以相反的顺序释放，且必须在与所有锁被获取时相同的范围内释放所有锁。

虽然同步方法和同步代码块的范围机制使得多线程安全编程非常方便，而且还可以避免很多涉及锁的常见编程错误，但有时也需要以更为灵活的方式使用锁。Lock 提供了同步方法和同步代码块所没有的其他功能，包括用于非块结构的 tryLock() 方法，以及试图获取可中断锁的 lockInterruptibly() 方法，还有获取超时失效锁的 tryLock(long, TimeUnit) 方法。

ReentrantLock 锁具有可重入性，也就是说，一个线程可以对已加锁的 ReentrantLock 锁再次加锁。ReentrantLock 对象会维持一个计数器来追踪 lock() 方法的嵌套调用，线程在每次调用 lock() 加锁后，都必须显式调用 unlock() 来释放锁，所以一段被锁保护的代码可以调用另一个被相同锁保护的方法。

▶▶ 16.5.6　死锁及常用处理策略

当两个线程相互等待对方释放同步监视器时就会发生死锁。Java 虚拟机既没有监测死锁情况，也没有采取措施来处理死锁情况，所以在进行多线程编程时应该采取措施避免出现死锁。一旦出现死锁，整个程序既不会发生任何异常，也不会给出任何提示，只是所有线程都处于阻塞状态，无法继续执行。

死锁是很容易发生的，尤其在系统中出现多个同步监视器的情况下，如下程序将会出现死锁。

程序清单：codes\16\16.5\DeadLock.java

```
class A
{
    public synchronized void foo(B b)
    {
        System.out.println("当前线程名: " + Thread.currentThread().getName()
            + " 进入了 A 实例的 foo() 方法" );      // ①
        try
        {
            Thread.sleep(200);
        }
        catch (InterruptedException ex)
        {
            ex.printStackTrace();
        }
        System.out.println("当前线程名: " + Thread.currentThread().getName()
            + " 企图调用 B 实例的 last() 方法");      // ③
        b.last();
    }
    public synchronized void last()
    {
        System.out.println("进入了 A 类的 last() 方法内部");
    }
}
class B
{
    public synchronized void bar(A a)
    {
        System.out.println("当前线程名: " + Thread.currentThread().getName()
            + " 进入了 B 实例的 bar() 方法" );    // ②
        try
        {
            Thread.sleep(200);
        }
        catch (InterruptedException ex)
        {
            ex.printStackTrace();
        }
        System.out.println("当前线程名: " + Thread.currentThread().getName()
            + " 企图调用 A 实例的 last() 方法");   // ④
        a.last();
    }
    public synchronized void last()
    {
        System.out.println("进入了 B 类的 last() 方法内部");
    }
}
public class DeadLock implements Runnable
{
    A a = new A();
    B b = new B();
    public void init()
    {
        Thread.currentThread().setName("主线程");
        // 调用 a 对象的 foo() 方法
        a.foo(b);
        System.out.println("进入了主线程之后");
    }
    public void run()
    {
```

```
        Thread.currentThread().setName("副线程");
        // 调用b对象的bar()方法
        b.bar(a);
        System.out.println("进入了副线程之后");
    }
    public static void main(String[] args)
    {
        var dl = new DeadLock();
        // 以dl为target启动新线程
        new Thread(dl).start();
        // 调用init()方法
        dl.init();
    }
}
```

运行上面的程序，将会看到如图 16.9 所示的效果。

从图 16.9 中可以看出，程序既无法向下执行，也不会抛出任何异常，就一直"僵持"着。究其原因，是因为：上面程序中的 A 对象和 B 对象的方法都是同步方法，也就是说，A 对象和 B 对象都是同步锁。程序中有两个线程执行，副线程的线程执行体是 DeadLock 类的 run()方法，主线程的线程执行体是 DeadLock 类

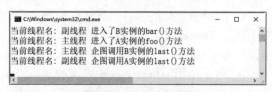

图 16.9 死锁的效果

的 main()方法（主线程调用了 init()方法）。其中在 run()方法中让 B 对象调用 bar()方法，而在 init()方法中让 A 对象调用 foo()方法。图 16.9 显示 init()方法先执行，调用了 A 对象的 foo()方法，在进入 foo()方法之前，该线程对 A 对象加锁——当程序执行到①号代码时，主线程暂停 200ms；CPU 切换执行另一个线程，让 B 对象执行 bar()方法，所以看到副线程开始执行 B 实例的 bar()方法，在进入 bar()方法之前，该线程对 B 对象加锁——当程序执行到②号代码时，副线程也暂停 200ms；接下来主线程会先醒过来，继续向下执行，直到③号代码处希望调用 B 对象的 last()方法——在执行该方法之前必须先对 B 对象加锁，但此时副线程正保持着 B 对象的锁，所以主线程被阻塞；接下来副线程应该也醒过来了，继续向下执行，直到④号代码处希望调用 A 对象的 last()方法——在执行该方法之前必须先对 A 对象加锁，但此时主线程没有释放 A 对象的锁——至此，就出现了主线程保持着 A 对象的锁，等待对 B 对象加锁，而副线程保持着 B 对象的锁，等待对 A 对象加锁，两个线程相互等待对方先释放锁，所以就出现了死锁。

死锁是不应该出现在程序中的，在编写程序时应该尽量避免出现死锁。可以通过下面几种常见方式来解决死锁问题。

➢ 避免多次锁定：尽量避免同一个线程对多个同步监视器进行锁定。比如上面的死锁程序，主线程要对 A、B 两个对象（同步监视器）进行锁定，副线程也要对 A、B 两个对象进行锁定，这就埋下了导致死锁的隐患。

➢ 具有相同的加锁顺序：如果多个线程需要对多个同步监视器进行锁定，则应该保证它们以相同的顺序请求加锁。比如上面的死锁程序，主线程先对 A 对象（同步监视器）加锁，再对 B 对象（同步监视器）加锁；而副线程先对 B 对象加锁，再对 A 对象加锁。这种方式很容易形成嵌套锁定，进而导致死锁。如果让主线程、副线程按相同的顺序加锁，就可以避免死锁问题。

➢ 使用定时锁：程序在调用 Lock 对象的 tryLock()方法加锁时可指定 time 和 unit 参数，当超过指定的时间后会自动释放对 Lock 的锁定，这样就可以解开死锁了。

➢ 死锁检测：这是一种依靠算法来实现的死锁预防机制，它主要针对那些不可能实现按序加锁，也不能使用定时锁的场景。

由于 Thread 类的 suspend()方法也很容易导致死锁，所以 Java 不再推荐使用该方法来暂停线程的执行。

16.6 线程通信

当线程在系统内运行时,对线程的调度具有一定的透明性,程序通常无法准确控制线程的轮换执行,但 Java 提供了一些机制来保证线程协调运行。

16.6.1 传统的线程通信

假设系统中有两个线程,这两个线程分别代表存款者和取钱者——现在假设系统有一种特殊的要求,系统要求存款者线程和取钱者线程不断地重复存款、取钱的动作,而且要求每当存款者线程将钱存入指定的账户后,取钱者线程就立即取出该笔钱。不允许存款者线程连续两次存钱,也不允许取钱者线程连续两次取钱。

为了实现这种功能,可以借助于 Object 类提供的 wait()、notify()和 notifyAll()三个方法,这三个方法并不属于 Thread 类,而是属于 Object 类。这三个方法必须由同步监视器对象来调用,可分成以下两种情况。

➤ 对于使用 synchronized 修饰的同步方法,因为该类的默认实例(this)就是同步监视器,所以可以在同步方法中直接调用这三个方法。

➤ 对于使用 synchronized 修饰的同步代码块,同步监视器是 synchronized 后括号里的对象,所以必须使用该对象调用这三个方法。

关于这三个方法的解释如下。

➤ wait():调用该方法让当前线程等待,直到其他线程调用该同步监视器的 notify()方法或 notifyAll()方法来唤醒该线程。该 wait()方法有三种形式——无时间参数的 wait()(一直等待,直到其他线程通知)、带毫秒参数的 wait()和带毫秒、毫微秒参数的 wait()(这两种方法都是等待指定的时间后自动苏醒)。调用 wait()方法的当前线程会释放对该同步监视器的锁定。

➤ notify():调用该方法唤醒在此同步监视器上等待的单个线程。如果所有线程都在此同步监视器上等待,则会选择唤醒其中一个线程。选择是任意性的。只有当前线程放弃对该同步监视器的锁定后(使用 wait()方法),才可以执行被唤醒的线程。

➤ notifyAll():调用该方法唤醒在此同步监视器上等待的所有线程。只有当前线程放弃对该同步监视器的锁定后,才可以执行被唤醒的线程。

在程序中可以通过一个旗标来标识账户中是否已有存款,当旗标为 false 时,表明账户中没有存款,存款者线程可以向下执行,当存款者把钱存入账户后,将旗标设为 true,并调用 notify()或 notifyAll()方法来唤醒其他线程;当存款者线程进入线程体后,如果旗标为 true,就调用 wait()方法让该线程等待。

当旗标为 true 时,表明账户中已经存入了钱,取钱者线程可以向下执行,当取钱者把钱从账户中取出后,将旗标设为 false,并调用 notify()或 notifyAll()方法来唤醒其他线程;当取钱者线程进入线程体后,如果旗标为 false,就调用 wait()方法让该线程等待。

本程序为 Account 类提供了 draw()和 deposit()两个方法,分别对应该账户的取钱、存款等操作。因为这两个方法可能需要并发修改 Account 类的 balance 成员变量的值,所以它们都使用了 synchronized 修饰成为同步方法。此外,这两个方法还使用了 wait()、notifyAll()来控制线程的协作。

程序清单:codes\16\16.6\synchronized\Account.java

```java
public class Account
{
    // 封装账户编号、账户余额两个成员变量
    private String accountNo;
    private double balance;
    // 标识账户中是否已有存款的旗标
    private boolean flag = false;
    public Account(){}
    // 构造器
    public Account(String accountNo, double balance)
    {
        this.accountNo = accountNo;
        this.balance = balance;
```

```
    }
    // 省略 accountNo 的 setter 和 getter 方法
    ...
    // 因为账户余额不允许随便修改，所以只为 balance 提供 getter 方法
    public double getBalance()
    {
        return this.balance;
    }
    public synchronized void draw(double drawAmount)
    {
        try
        {
            // 如果 flag 为假，则表明账户中还没有人存钱进去，取钱方法被阻塞
            if (!flag)
            {
                wait();
            }
            else
            {
                // 执行取钱操作
                System.out.println(Thread.currentThread().getName()
                    + " 取钱:" + drawAmount);
                balance -= drawAmount;
                System.out.println("账户余额为: " + balance);
                // 将标识账户是否已有存款的旗标设为 false
                flag = false;
                // 唤醒其他线程
                notifyAll();
            }
        }
        catch (InterruptedException ex)
        {
            ex.printStackTrace();
        }
    }
    public synchronized void deposit(double depositAmount)
    {
        try
        {
            // 如果 flag 为真，则表明账户中已有人存钱进去，存钱方法被阻塞
            if (flag)              // ①
            {
                wait();
            }
            else
            {
                // 执行存款操作
                System.out.println(Thread.currentThread().getName()
                    + " 存款:" + depositAmount);
                balance += depositAmount;
                System.out.println("账户余额为: " + balance);
                // 将表示账户是否已有存款的旗标设为 true
                flag = true;
                // 唤醒其他线程
                notifyAll();
            }
        }
        catch (InterruptedException ex)
        {
            ex.printStackTrace();
        }
    }
    // 省略 hashCode() 和 equals() 方法
    ...
}
```

上面程序中的粗体字代码使用 wait() 和 notifyAll() 进行了控制，对存款者线程而言，当程序进入 deposit() 方法后，如果 flag 为 true，则表明账户中已有存款，程序调用 wait() 方法阻塞该线程；否则程

序向下执行存款操作，当存款操作执行完成后，系统将 flag 设为 true，然后调用 notifyAll()来唤醒其他被阻塞的线程——如果系统中有存款者线程，存款者线程也会被唤醒，但该存款者线程执行到①号代码处时再次进入阻塞状态，只有执行 draw()方法的取钱者线程才可以向下执行。同理，取钱者线程的运行流程也是如此。

程序中的存款者线程循环 100 次重复存款，取钱者线程则循环 100 次重复取钱，存款者线程和取钱者线程分别调用 Account 对象的 deposit()、draw()方法来实现。

程序清单：codes\16\16.6\synchronized\DrawThread.java

```java
public class DrawThread extends Thread
{
    // 模拟用户账户
    private Account account;
    // 当前取钱者线程所希望取的钱数
    private double drawAmount;
    public DrawThread(String name, Account account,
        double drawAmount)
    {
        super(name);
        this.account = account;
        this.drawAmount = drawAmount;
    }
    // 重复100次执行取钱操作
    public void run()
    {
        for (var i = 0; i < 100; i++)
        {
            account.draw(drawAmount);
        }
    }
}
```

程序清单：codes\16\16.6\synchronized\DepositThread.java

```java
public class DepositThread extends Thread
{
    // 模拟用户账户
    private Account account;
    // 当前存款者线程所希望存的钱数
    private double depositAmount;
    public DepositThread(String name, Account account,
        double depositAmount)
    {
        super(name);
        this.account = account;
        this.depositAmount = depositAmount;
    }
    // 重复100次执行存款操作
    public void run()
    {
        for (var i = 0; i < 100; i++)
        {
            account.deposit(depositAmount);
        }
    }
}
```

主程序可以启动任意多个存款者线程和取钱者线程，可以看到所有的取钱者线程必须等存款者线程存钱后才可以向下执行，而存款者线程也必须等取钱者线程取钱后才可以向下执行。主程序的代码如下。

程序清单：codes\16\16.6\synchronized\DrawTest.java

```java
public class DrawTest
{
    public static void main(String[] args)
    {
        // 创建一个账户
        var acct = new Account("1234567", 0);
```

```
        new DrawThread("取钱者", acct, 800).start();
        new DepositThread("存款者甲", acct, 800).start();
        new DepositThread("存款者乙", acct, 800).start();
        new DepositThread("存款者丙", acct, 800).start();
    }
}
```

运行该程序，可以看到存款者线程、取钱者线程交替执行的情形。每当存款者线程向账户中存入800 元之后，取钱者线程立即从账户中取出这笔钱。存款完成后账户余额总是 800 元，取钱结束后账户余额总是 0 元。运行该程序，会看到如图 16.10 所示的结果。

从图 16.10 中可以看出，三个存款者线程随机地向账户中存款，只有一个取钱者线程执行取钱操作。只有当取钱者线程取钱后，存款者线程才可以存款；同理，只有等存款者线程存款后，取钱者线程才可以取钱。

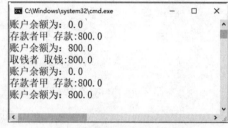

图 16.10 显示程序最后被阻塞无法继续向下执行，这是因为三个存款者线程共有 300 次尝试存款操作，而一个取钱者线程只有 100 次尝试取钱操作，所以程序最后被阻塞！

图 16.10　线程协调运行的结果

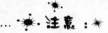 **注意：**

如图 16.10 所示的阻塞并不是死锁，对于这种情况，取钱者线程已经执行结束，而存款者线程只是在等待其他线程来取钱而已，并不是等待其他线程释放同步监视器。不要把死锁和程序阻塞等同起来！

▶▶ 16.6.2　使用 Condition 控制线程通信

如果程序不使用 synchronized 关键字来保证同步，而是直接使用 Lock 对象来保证同步，则系统中不存在隐式的同步监视器，也就不能使用 wait()、notify()、notifyAll()方法来控制线程通信了。

当使用 Lock 对象来保证同步时，Java 提供了一个 Condition 类来保持协调，使用 Condition 可以让那些已经得到 Lock 对象却无法继续执行的线程释放 Lock 对象，Condition 对象也可以唤醒其他处于等待状态的线程。

Condition 将同步监视器方法（wait()、notify() 和 notifyAll()）分解成截然不同的对象，以便通过将这些对象与 Lock 对象组合使用，为每个对象提供多个等待集（wait-set）。在这种情况下，Lock 替代了同步方法或同步代码块，Condition 替代了同步监视器的功能。

Condition 实例被绑定在一个 Lock 对象上。要获得特定 Lock 实例的 Condition 实例，调用 Lock 对象的 newCondition()方法即可。Condition 类提供了如下三个方法。

➢ await()：类似于隐式同步监视器上的 wait()方法，调用该方法让当前线程等待，直到其他线程调用该 Condition 的 signal()方法或 signalAll()方法来唤醒该线程。该 await()方法有更多的变体，如 long awaitNanos(long nanosTimeout)、void awaitUninterruptibly()、awaitUntil(Date deadline)等，可以完成更丰富的等待操作。

➢ signal()：调用该方法唤醒在此 Lock 对象上等待的单个线程。如果所有线程都在该 Lock 对象上等待，则会选择唤醒其中一个线程。选择是任意性的。只有当前线程放弃对该 Lock 对象的锁定后（使用 await()方法），才可以执行被唤醒的线程。

➢ signalAll()：调用该方法唤醒在此 Lock 对象上等待的所有线程。只有当前线程放弃对该 Lock 对象的锁定后，才可以执行被唤醒的线程。

在下面的程序中，Account 使用 Lock 对象来控制同步，并使用 Condition 对象来控制线程的协调运行。

程序清单：codes\16\16.6\condition\Account.java

```
public class Account
{
```

```java
// 显式定义 Lock 对象
private final Lock lock = new ReentrantLock();
// 获得指定 Lock 对象对应的 Condition
private final Condition cond = lock.newCondition();
// 封装账户编号、账户余额两个成员变量
private String accountNo;
private double balance;
// 标识账户中是否已有存款的旗标
private boolean flag = false;
public Account(){}
// 构造器
public Account(String accountNo, double balance)
{
    this.accountNo = accountNo;
    this.balance = balance;
}
// 省略 accountNo 的 setter 和 getter 方法
...
// 因为账户余额不允许随便修改，所以只为 balance 提供 getter 方法
public double getBalance()
{
    return this.balance;
}
public void draw(double drawAmount)
{
    // 加锁
    lock.lock();
    try
    {
        // 如果 flag 为假，则表明账户中还没有人存钱进去，取钱方法被阻塞
        if (!flag)
        {
            cond.await();
        }
        else
        {
            // 执行取钱操作
            System.out.println(Thread.currentThread().getName()
                + " 取钱:" + drawAmount);
            balance -= drawAmount;
            System.out.println("账户余额为: " + balance);
            // 将标识账户是否已有存款的旗标设为 false
            flag = false;
            // 唤醒其他线程
            cond.signalAll();
        }
    }
    catch (InterruptedException ex)
    {
        ex.printStackTrace();
    }
    // 使用 finally 块来释放锁
    finally
    {
        lock.unlock();
    }
}
public void deposit(double depositAmount)
{
    lock.lock();
    try
    {
        // 如果 flag 为真，则表明账户中已有人存钱进去，存钱方法被阻塞
        if (flag)                    // ①
        {
            cond.await();
        }
        else
```

```
    {
        // 执行存款操作
        System.out.println(Thread.currentThread().getName()
            + " 存款:" + depositAmount);
        balance += depositAmount;
        System.out.println("账户余额为: " + balance);
        // 将表示账户是否已有存款的旗标设为 true
        flag = true;
        // 唤醒其他线程
        cond.signalAll();
    }
}
catch (InterruptedException ex)
{
    ex.printStackTrace();
}
// 使用 finally 块来释放锁
finally
{
    lock.unlock();
}
}
// 此处省略了 hashCode()和 equals()方法
...
}
```

用该程序与 codes\16\16.6\synchronized 路径下的 Account.java 进行对比，不难发现这两个程序的逻辑基本相似，只是现在显式地使用 Lock 对象来充当同步监视器，需要使用 Condition 对象来暂停、唤醒指定的线程。

该程序的其他类与前一个示例程序的其他类完全一样，读者可以参考本书配套资料中 codes\16\16.6\condition 路径下的代码。运行该程序的效果与前一个示例程序的运行效果完全一样，此处不再赘述。

 提示:
> 本书第 1 版还介绍了一种使用管道流进行线程通信的情形，但实际上，由于两个线程属于同一个进程，它们可以非常方便地共享数据，因此很少需要使用管道流进行通信，故此处不再介绍那种烦琐的方式。

▶▶ 16.6.3　使用 BlockingQueue（阻塞队列）控制线程通信

Java 5 提供了一个 BlockingQueue 接口，虽然 BlockingQueue 也是 Queue 的子接口，但它的主要用途并不是作为容器，而是作为线程同步的工具。BlockingQueue 具有一个特征：当生产者线程试图向 BlockingQueue 中放入元素时，如果该队列已满，则该线程被阻塞；当消费者线程试图从 BlockingQueue 中取出元素时，如果该队列已空，则该线程被阻塞。

程序的两个线程通过交替向 BlockingQueue 中放入元素、从 BlockingQueue 中取出元素，即可很好地控制线程通信。

BlockingQueue 提供了如下两个支持阻塞的方法。

➤ put(E e)：尝试把 E 元素放入 BlockingQueue 中，如果该队列已满，则阻塞该线程。

➤ take()：尝试从 BlockingQueue 的头部取出元素，如果该队列已空，则阻塞该线程。

BlockingQueue 继承了 Queue 接口，当然也可使用 Queue 接口中的方法。归纳起来，这些方法可被分为如下三组。

➤ 在队列的尾部插入元素：包括 add(E e)、offer(E e)和 put(E e)方法。当该队列已满时，调用这三个方法会分别抛出异常、返回 false、阻塞线程。

➤ 在队列的头部删除元素并返回该元素：包括 remove()、poll()和 take()方法。当该队列已空时，调用这三个方法会分别抛出异常、返回 false、阻塞线程。

➤ 在队列的头部取出元素，但不删除该元素：包括 element()和 peek()方法。当该队列已空时，调用这两个方法会分别抛出异常、返回 false。

BlockingQueue 包含的方法之间的对应关系如表 16.1 所示。

表 16.1　BlockingQueue 包含的方法之间的对应关系

	抛出异常	不同返回值	阻塞线程	指定超时时长
在队列的尾部插入元素	add(e)	offer(e)	put(e)	offer(e, time, unit)
在队列的头部删除元素	remove()	poll()	take()	poll(time, unit)
获取元素，但不删除该元素	element()	peek()	无	无

BlockingQueue 及其实现类的类图如图 16.11 所示。

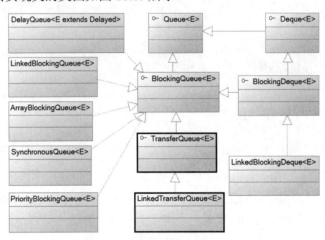

图 16.11　BlocKingQueue 及其实现类的类图

在图 16.11 中以黑色方框标出的都是 Java 7 新增的阻塞队列。从图 16.11 中可以看到，BlockingQueue 包含如下 5 个实现类。

➢ ArrayBlockingQueue：基于数组实现的阻塞队列。

➢ LinkedBlockingQueue：基于链表实现的阻塞队列。

➢ PriorityBlockingQueue：它并不是标准的阻塞队列。与前面介绍的 PriorityQueue 类似，当该队列调用 remove()、poll()、take()等方法取出元素时，并不是取出队列中存在时间最长的元素，而是取出队列中最小的元素。PriorityBlockingQueue 判断元素的大小既可根据元素（实现 Comparable 接口）的本身大小来进行自然排序，也可使用 Comparator 进行定制排序。

➢ SynchronousQueue：同步队列。对该队列的存、取操作必须交替进行。

➢ DelayQueue：它是一个特殊的阻塞队列，底层基于 PriorityBlockingQueue 实现。不过，DelayQueue 要求集合元素都实现 Delay 接口（该接口里只有一个 long getDelay()方法），DelayQueue 根据集合元素的 getDalay()方法的返回值进行排序。

下面以 ArrayBlockingQueue 为例介绍阻塞队列的功能和用法。首先用一个最简单的程序来测试 BlockingQueue 的 put()方法。

程序清单：codes\16\16.6\BlockingQueueTest.java

```java
public class BlockingQueueTest
{
    public static void main(String[] args)
        throws Exception
    {
        // 定义一个长度为 2 的阻塞队列
        BlockingQueue<String> bq = new ArrayBlockingQueue<>(2);
        bq.put("Java"); // 与 bq.add("Java")、bq.offer("Java")相同
        bq.put("Java"); // 与 bq.add("Java")、bq.offer("Java")相同
        bq.put("Java"); // ① 阻塞线程
    }
}
```

上面程序中定义了一个大小为 2 的阻塞队列，程序先向该队列中放入两个元素，此时队列还没有满，

两个元素都可以被放入，因此使用 put()、add()和 offer()方法效果完全一样。当程序试图放入第三个元素时，如果使用 put()方法尝试放入元素，将会阻塞线程，如上面程序中①号粗体字代码所示；如果使用 add()方法尝试放入元素，将会引发异常；如果使用 offer()方法尝试放入元素，则会返回 false，元素不会被放入。

与此类似的是，在阻塞队列已空的情况下，如果使用 take()方法尝试取出元素，将会阻塞线程；如果使用 remove()方法尝试取出元素，将会引发异常；如果使用 poll()方法尝试取出元素，则会返回 false，元素不会被取出。

在掌握了 BlockingQueue 的特性之后，接下来就可以利用 BlockingQueue 来实现线程通信了。

程序清单：codes\16\16.6\BlockingQueueTest2.java

```java
class Producer extends Thread
{
    private BlockingQueue<String> bq;
    public Producer(BlockingQueue<String> bq)
    {
        this.bq = bq;
    }
    public void run()
    {
        var strArr = new String[]
        {
            "Java",
            "Struts",
            "Spring"
        };
        for (var i = 0; i < 999999999; i++)
        {
            System.out.println(getName() + "生产者准备生产集合元素！");
            try
            {
                Thread.sleep(200);
                // 尝试放入元素，如果队列已满，则线程被阻塞
                bq.put(strArr[i % 3]);
            }
            catch (Exception ex) {ex.printStackTrace();}
            System.out.println(getName() + "生产完成：" + bq);
        }
    }
}
class Consumer extends Thread
{
    private BlockingQueue<String> bq;
    public Consumer(BlockingQueue<String> bq)
    {
        this.bq = bq;
    }
    public void run()
    {
        while (true)
        {
            System.out.println(getName() + "消费者准备消费集合元素！");
            try
            {
                Thread.sleep(200);
                // 尝试取出元素，如果队列已空，则线程被阻塞
                bq.take();
            }
            catch (Exception ex){ex.printStackTrace();}
            System.out.println(getName() + "消费完成：" + bq);
        }
    }
}
public class BlockingQueueTest2
```

```
    {
        public static void main(String[] args)
        {
            // 创建一个容量为1的BlockingQueue
            BlockingQueue<String> bq = new ArrayBlockingQueue<>(1);
            // 启动三个生产者线程
            new Producer(bq).start();
            new Producer(bq).start();
            new Producer(bq).start();
            // 启动一个消费者线程
            new Consumer(bq).start();
        }
    }
```

上面程序启动了三个生产者线程向 BlockingQueue 中放入元素，启动了一个消费者线程从 BlockingQueue 中取出元素。本程序的 BlockingQueue 容量为 1，因此三个生产者线程无法连续放入元素，必须等待消费者线程取出一个元素后，三个生产者线程的其中之一才能放入一个元素。运行该程序，会看到如图 16.12 所示的结果。

从图 16.12 中可以看出，三个生产者线程都想向 BlockingQueue 中放入元素，但只要其中一个线程向该队列中放入了元素，其他生产者线程就必须等待，等待消费者线程取出 BlockingQueue 中的元素。

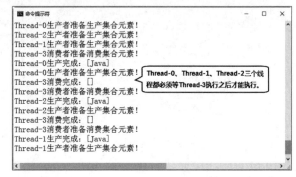

图 16.12　使用 BlockingQueue 控制线程通信

16.7　线程组和未处理异常

Java 使用 ThreadGroup 来表示线程组，它可以对一批线程进行分类管理。Java 允许程序直接对线程组进行控制，对线程组的控制相当于同时控制这批线程。用户创建的所有线程都属于指定的线程组，如果程序没有显式指定线程属于哪个线程组，则该线程属于默认线程组。在默认情况下，子线程和创建它的父线程处于同一个线程组内。例如，A 线程创建了 B 线程，但没有指定 B 线程属于哪个线程组，则 B 线程属于 A 线程所在的线程组。

一旦某个线程加入了指定的线程组，该线程将一直属于该线程组，直到该线程死亡。在线程运行的中途，不能改变它所属的线程组。

Thread 类提供了如下几个构造器来设置新创建的线程属于哪个线程组。

➤ Thread(ThreadGroup group, Runnable target)：以 target 的 run()方法作为线程执行体创建新线程，该线程属于 group 线程组。

➤ Thread(ThreadGroup group, Runnable target, String name)：以 target 的 run()方法作为线程执行体创建新线程，该线程属于 group 线程组，且线程名为 name。

➤ Thread(ThreadGroup group, String name)：创建新线程，其名为 name，属于 group 线程组。

因为中途不可改变线程所属的线程组，所以 Thread 类没有提供 setThreadGroup()方法来改变线程所属的线程组，但提供了一个 getThreadGroup()方法来返回该线程所属的线程组——getThreadGroup()方法的返回值是 ThreadGroup 对象，表示一个线程组。ThreadGroup 类提供了如下两个简单的构造器来创建线程组实例。

➤ ThreadGroup(String name)：以指定的名字来创建一个新的线程组。

➤ ThreadGroup(ThreadGroup parent, String name)：以指定的名字、指定的父线程组来创建一个新的线程组。

上面两个构造器在创建线程组实例时都必须为其指定一个名字，也就是说，线程组总会有一个字符串类型的名字，该名字可通过调用 ThreadGroup 的 getName()方法来获取，但不允许改变线程组的名字。

ThreadGroup 类提供了如下几个常用的方法来操作整个线程组中所有的线程。

➤ int activeCount()：返回此线程组中活动线程的数目。

> interrupt()：中断此线程组中所有的线程。
> setMaxPriority(int pri)：设置线程组的最高优先级。

下面的程序创建了几个线程，它们分别属于不同的线程组。

程序清单：codes\16\16.7\ThreadGroupTest.java

```java
class MyThread extends Thread
{
    // 提供指定线程名的构造器
    public MyThread(String name)
    {
        super(name);
    }
    // 提供指定线程名、指定线程组的构造器
    public MyThread(ThreadGroup group, String name)
    {
        super(group, name);
    }
    public void run()
    {
        for (var i = 0; i < 20; i++)
        {
            System.out.println(getName() + " 线程的i变量" + i);
        }
    }
}
public class ThreadGroupTest
{
    public static void main(String[] args)
    {
        // 获取主线程所在的线程组，这是所有线程默认的线程组
        ThreadGroup mainGroup = Thread.currentThread().getThreadGroup();
        System.out.println("主线程组的名字："
            + mainGroup.getName());
        new MyThread("主线程组的线程").start();
        var tg = new ThreadGroup("新线程组");
        var tt = new MyThread(tg, "tg组的线程甲");
        tt.start();
        new MyThread(tg, "tg组的线程乙").start();
    }
}
```

上面程序中的第一段粗体字代码用于获取主线程所属的线程组，并访问该线程组的相关属性；第二段粗体字代码创建了一个新的线程组。

ThreadGroup 内还定义了一个很有用的方法：void uncaughtException(Thread t, Throwable e)，该方法可以处理该线程组内任意线程所抛出的未处理异常。

从 Java 5 开始，Java 加强了线程的异常处理，如果线程在执行过程中抛出了一个未处理异常，JVM 在结束该线程之前会自动查找是否有对应的 Thread.UncaughtExceptionHandler 对象；如果找到该处理器对象，则会调用该对象的 uncaughtException(Thread t, Throwable e)方法来处理该异常。

Thread.UncaughtExceptionHandler 是 Thread 类的一个静态内部接口，该接口内只有一个方法：void uncaughtException(Thread t, Throwable e)，该方法中的 t 代表出现异常的线程，e 代表该线程抛出的异常。

Thread 类提供了如下两个方法来设置异常处理器。

> static setDefaultUncaughtExceptionHandler(Thread.UncaughtExceptionHandler eh)：为该线程类的所有线程实例设置默认的异常处理器。
> setUncaughtExceptionHandler(Thread.UncaughtExceptionHandler eh)：为指定的线程实例设置异常处理器。

ThreadGroup 类实现了 Thread.UncaughtExceptionHandler 接口，所以每个线程所属的线程组都将会作为默认的异常处理器。当一个线程抛出未处理异常时，JVM 会首先查找该异常对应的异常处理器（由 setUncaughtExceptionHandler()方法设置的异常处理器），如果找到该异常处理器，则将调用该异常处理

器来处理该异常；否则，JVM 将会调用该线程所属的线程组对象的 uncaughtException()方法来处理该异常。使用线程组处理异常的默认流程如下。

① 如果该线程组有父线程组，则调用父线程组的 uncaughtException()方法来处理该异常。

② 如果该线程实例所属的线程类有默认的异常处理器（由 setDefaultUncaughtExceptionHandler()方法设置的异常处理器），那么就调用该异常处理器来处理该异常。

③ 如果该异常对象是 ThreadDeath 的对象，则不做任何处理；否则，将异常跟踪栈的信息打印到 System.err 错误输出流，并结束该线程。

下面的程序为主线程设置了异常处理器，当主线程运行抛出未处理异常时，该异常处理器将会起作用。

程序清单：codes\16\16.7\ExHandler.java

```java
// 定义自己的异常处理器
class MyExHandler implements Thread.UncaughtExceptionHandler
{
    // 实现uncaughtException()方法，该方法将处理线程的未处理异常
    public void uncaughtException(Thread t, Throwable e)
    {
        System.out.println(t + " 线程出现了异常: " + e);
    }
}
public class ExHandler
{
    public static void main(String[] args)
    {
        // 设置主线程的异常处理器
        Thread.currentThread().setUncaughtExceptionHandler
            (new MyExHandler());
        var a = 5 / 0;          // ①
        System.out.println("程序正常结束! ");
    }
}
```

上面程序的主方法中的粗体字代码为主线程设置了异常处理器，而①号代码处将引发一个未处理异常，则该异常处理器会负责处理该异常。运行该程序，会看到如下输出：

```
Thread[main,5,main] 线程出现了异常: java.lang.ArithmeticException: / by zero
```

从上面程序的运行结果来看，虽然程序中粗体字代码指定了异常处理器对未捕捉的异常进行处理，而且该异常处理器也确实起作用了，但程序依然不会正常结束。这说明异常处理器与通过 catch 捕捉异常是不同的——当使用 catch 捕捉异常时，异常不会向上传播给上一级调用者；但使用异常处理器对异常进行处理之后，异常依然会被传播给上一级调用者。

16.8 线程池

系统启动一个新线程的成本是比较高的，因为它涉及与操作系统的交互。在这种情形下，使用线程池可以很好地提高性能，尤其是当程序中需要创建大量生存期很短的线程时，更应该考虑使用线程池。

与数据库连接池类似的是，线程池在系统启动时即创建大量空闲的线程——程序将一个 Runnable 对象或 Callable 对象传给线程池，线程池就会启动一个空闲的线程来执行它们的 run()或 call()方法，当 run()或 call()方法执行结束后，该线程并不会死亡，而是返回线程池中变成空闲状态，等待执行下一个 Runnable 对象或者 Callable 对象的 run()或 call()方法。

提示:
关于池的概念，读者可以参考本书 13.9 节的介绍。

此外，使用线程池可以有效地控制系统中并发线程的数量。当系统中包含大量的并发线程时，会导

致系统性能剧烈下降，甚至导致 JVM 崩溃，而线程池的最大线程数参数可以控制系统中并发线程数不超过此数。

➤➤ 16.8.1 使用线程池管理线程

在 Java 5 以前，开发者必须手动实现自己的线程池；从 Java 5 开始，Java 内建支持线程池。Java 5 新增了一个 Executors 工厂类来产生线程池，该工厂类包含如下几个静态工厂方法来创建线程池。

➤ newCachedThreadPool()：创建一个具有缓存功能的线程池。系统根据需要创建线程，这些线程将会被缓存在该线程池中。

➤ newFixedThreadPool(int nThreads)：创建一个可重用的、具有固定线程数的线程池。

➤ newSingleThreadExecutor()：创建一个只有单线程的线程池，它相当于调用 newFixedThreadPool() 方法时传入参数为 1。

➤ newScheduledThreadPool(int corePoolSize)：创建一个具有指定线程数的线程池，它可以在指定的延迟后执行线程任务。corePoolSize 指线程池中所保存的线程数，即使线程是空闲的，它也被保存在线程池内。

➤ newSingleThreadScheduledExecutor()：创建只有一个线程的线程池，它可以在指定的延迟后执行线程任务。

➤ ExecutorService newWorkStealingPool(int parallelism)：创建持有足够线程的线程池来支持给定的并行级别，该方法还会使用多个队列来减少竞争。

➤ ExecutorService newWorkStealingPool()：该方法是上一个方法的简化版本。如果当前机器有 4 个 CPU，则目标并行级别被设置为 4，也就是相当于为上一个方法传入 4 作为参数。

上面 7 个方法中，前三个方法返回一个 ExecutorService 对象，该对象代表一个线程池，它可以执行 Runnable 对象或 Callable 对象所代表的线程；中间两个方法返回一个 ScheduledExecutorService 线程池，它是 ExecutorService 的子类，它可以在指定的延迟后执行线程任务；最后两个方法则是 Java 8 新增的方法，这两个方法可充分利用多 CPU 并行的能力。这两个方法生成的 work stealing 池，相当于后台线程池，如果所有的前台线程都死亡了，work stealing 池中的线程会自动死亡。

目前计算机硬件的发展日新月异，即使是普通用户使用的计算机，通常也都是多核 CPU 的，因此 Java 8 在线程支持上也增加了利用多 CPU 并行的能力，这样就可以更好地发挥底层硬件的性能。

ExecutorService 代表尽快执行线程的线程池（只要线程池中有空闲的线程，就立即执行线程任务），程序只要将一个 Runnable 对象或 Callable 对象（代表线程任务）提交给该线程池，该线程池就会尽快执行该线程任务。ExecutorService 中提供了如下三个方法。

➤ Future<?> submit(Runnable task)：将一个 Runnable 对象提交给指定的线程池，线程池将在有空闲的线程时执行 Runnable 对象代表的任务。其中 Future 对象代表 Runnable 任务的返回值——而 run()方法没有返回值，所以 Future 对象将在 run()方法执行结束后返回 null。但是可以调用 Future 的 isDone()、isCancelled()方法来获得 Runnable 对象的执行状态。

➤ <T> Future<T> submit(Runnable task, T result)：将一个 Runnable 对象提交给指定的线程池，线程池将在有空闲的线程时执行 Runnable 对象代表的任务。其中 result 显式指定线程执行结束后的返回值，所以 Future 对象将在 run()方法执行结束后返回 result。

➤ <T> Future<T> submit(Callable<T> task)：将一个 Callable 对象提交给指定的线程池，线程池将在有空闲的线程时执行 Callable 对象代表的任务。其中 Future 代表 Callable 对象中 call()方法的返回值。

ScheduledExecutorService 代表可在指定的延迟后或周期性地执行线程任务的线程池，它提供了如下 4 个方法。

➤ ScheduledFuture<V> schedule(Callable<V> callable, long delay, TimeUnit unit)：指定 callable 任务将在 delay 延迟后执行。

➤ ScheduledFuture<?> schedule(Runnable command, long delay, TimeUnit unit)：指定 command 任务将在 delay 延迟后执行。

➢ ScheduledFuture<?> scheduleAtFixedRate(Runnable command, long initialDelay, long period, TimeUnit unit)：指定 command 任务将在 delay 延迟后执行，而且以设定的频率重复执行。也就是说，在 initialDelay 后开始执行，依次在 initialDelay+period、initialDelay+2*period、…处重复执行，依此类推。

➢ ScheduledFuture<?> scheduleWithFixedDelay(Runnable command, long initialDelay, long delay, TimeUnit unit)：创建并执行一个在给定的初始延迟后首次启用的定期操作，随后在每一次执行终止和下一次执行开始之间都存在给定的延迟。如果任务在任意一次执行时遇到异常，就会取消后续的执行；否则，只能通过程序来显式取消或中止该任务。

当用完一个线程池后，应该调用该线程池的 shutdown()方法，该方法将启动线程池的关闭序列——调用 shutdown()方法后的线程池不再接收新任务，但会将以前所有已提交的任务执行完成。当线程池中的所有任务都执行完成后，线程池中的所有线程都会死亡。另外，也可以调用线程池的 shutdownNow()方法来关闭线程池，该方法试图停止所有正在执行的活动任务，暂停处理正在等待的任务，并返回等待执行的任务列表。

使用线程池来执行线程任务的步骤如下：

① 调用 Executors 类的静态工厂方法创建一个 ExecutorService 对象，该对象代表一个线程池。

② 创建 Runnable 实现类或 Callable 实现类的实例，作为线程执行任务。

③ 调用 ExecutorService 对象的 submit()方法来提交 Runnable 实例或 Callable 实例。

④ 当不想提交任何任务时，调用 ExecutorService 对象的 shutdown()方法来关闭线程池。

下面的程序使用线程池来执行指定 Runnable 对象所代表的任务。

程序清单：codes\16\16.8\ThreadPoolTest.java

```java
public class ThreadPoolTest
{
    public static void main(String[] args)
        throws Exception
    {
        // 创建一个具有固定线程数（6）的线程池
        ExecutorService pool = Executors.newFixedThreadPool(6);
        // 使用 Lambda 表达式创建 Runnable 对象
        Runnable target = () -> {
            for (var i = 0; i < 100; i++)
            {
                System.out.println(Thread.currentThread().getName()
                    + "的i值为:" + i);
            }
        };
        // 向线程池中提交两个线程
        pool.submit(target);
        pool.submit(target);
        // 关闭线程池
        pool.shutdown();
    }
}
```

上面程序中创建 Runnable 实现类与最开始创建线程池并没有太大的差别，在创建了 Runnable 实现类之后，程序没有直接创建线程、启动线程来执行该 Runnable 任务，而是通过线程池来执行该任务。使用线程池来执行 Runnable 任务的代码如程序中粗体字代码所示。运行上面的程序，将看到两个线程交替执行的效果，如图 16.13 所示。

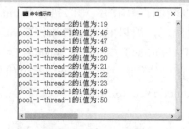

图 16.13　使用线程池并发执行两个任务的效果

▶▶ 16.8.2　使用 ForkJoinPool 利用多 CPU

现在计算机大多已向多 CPU 方向发展，即使是普通的 PC，甚至是小型智能设备（如手机）、多核处理器，也已被广泛应用。在未来的日子里，处理器的核心数将会发展到更多。

虽然硬件上的多核 CPU 已经十分成熟，但很多应用程序并未为这种多核 CPU 做好准备，因此并不能很好地利用多核 CPU 的性能优势。

为了充分利用多 CPU、多核 CPU 的性能优势，计算机软件系统应该可以充分"挖掘"每个 CPU 的计算能力，绝不能让某个 CPU 处于"空闲"状态。为了充分利用多 CPU、多核 CPU 的性能优势，可以考虑把一个任务拆分成多个"小任务"，把多个"小任务"放到多个处理器核心上并行执行；当多个"小任务"执行完成之后，再将它们的执行结果合并起来即可。

Java 7 提供了 ForkJoinPool 来支持将一个任务拆分成多个"小任务"并行计算，再把多个"小任务"的计算结果合并成总的计算结果。ForkJoinPool 是 ExecutorService 的实现类，因此它是一种特殊的线程池。ForkJoinPool 提供了如下两个常用的构造器。

➤ ForkJoinPool(int parallelism)：创建一个包含 parallelism 个并行线程的 ForkJoinPool。

➤ ForkJoinPool()：以 Runtime.availableProcessors()方法的返回值作为 parallelism 参数来创建 ForkJoinPool。

Java 8 进一步扩展了 ForkJoinPool 的功能，Java 8 为 ForkJoinPool 增加了通用池功能。ForkJoinPool 类通过如下两个静态方法来提供通用池功能。

➤ ForkJoinPool commonPool()：该方法返回一个通用池，通用池的运行状态不会受 shutdown()或 shutdownNow()方法的影响。当然，如果程序直接执行 System.exit(0);来中止虚拟机，通用池以及通用池中正在执行的任务都会被自动中止。

➤ int getCommonPoolParallelism()：该方法返回通用池的并行级别。

的创建了 ForkJoinPool 实例之后，就可调用 ForkJoinPool 的 submit(ForkJoinTask task)或 invoke (ForkJoinTask task)方法来执行指定的任务了。其中 ForkJoinTask 代表一个可以并行、合并的任务。ForkJoinTask 是一个抽象类，它还有两个抽象子类：RecursiveAction 和 RecursiveTask。其中 RecursiveTask 代表有返回值的任务，RecursiveAction 代表没有返回值的任务。

图 16.14 显示了 ForkJoinPool、ForkJoinTask 等线程池工具类的类图。

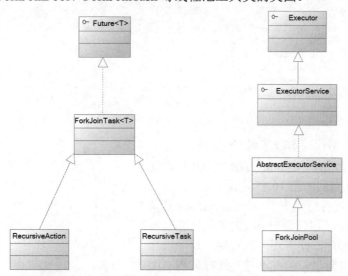

图 16.14 线程池工具类的类图

下面以执行没有返回值的"大任务"（简单地打印 0~299 的数字）为例，程序将一个"大任务"拆分成多个"小任务"，并将任务交给 ForkJoinPool 来执行。

程序清单：codes\16\16.8\ForkJoinPoolTest.java

```java
// 继承 RecursiveAction 来实现"可分解"的任务
class PrintTask extends RecursiveAction
{
    // 每个"小任务"最多只打印 50 个数
    private static final int THRESHOLD = 50;
```

```
        private int start;
        private int end;
        // 打印从 start 到 end 的任务
        public PrintTask(int start, int end)
        {
            this.start = start;
            this.end = end;
        }
        @Override
        protected void compute()
        {
            // 当 end 与 start 之间的差小于 THRESHOLD 时，开始打印
            if (end - start < THRESHOLD)
            {
                for (var i = start; i < end; i++)
                {
                    System.out.println(Thread.currentThread().getName()
                        + "的 i 值: " + i);
                }
            }
            else
            {
                // 当 end 与 start 之间的差大于 THRESHOLD，即要打印的数超过 50 个时
                // 将"大任务"分解成两个"小任务"
                int middle = (start + end) / 2;
                var left = new PrintTask(start, middle);
                var right = new PrintTask(middle, end);
                // 并行执行两个"小任务"
                left.fork();
                right.fork();
            }
        }
    }
public class ForkJoinPoolTest
{
    public static void main(String[] args)
        throws Exception
    {
        var pool = new ForkJoinPool();
        // 提交可分解的 PrintTask 任务
        pool.submit(new PrintTask(0, 300));
        pool.awaitTermination(2, TimeUnit.SECONDS);
        // 关闭线程池
        pool.shutdown();
    }
}
```

上面程序中的粗体字代码实现了对指定的打印任务的分解，分解后的任务分别调用 fork()方法开始并行执行。运行上面的程序，可以看到如图 16.15 所示的结果。

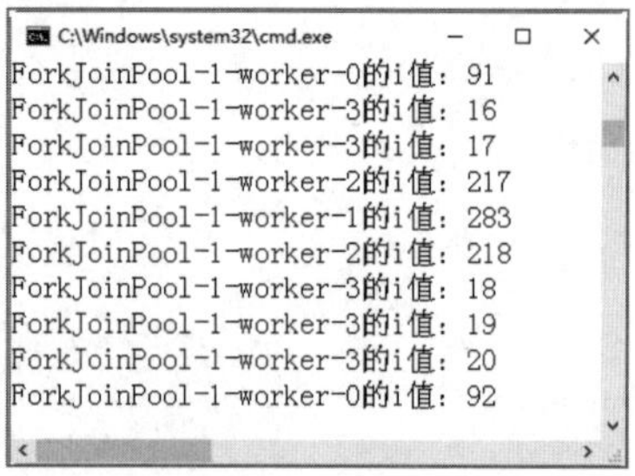

从图 16.15 所示的运行结果来看，ForkJoinPool 启动了 4 个线程来执行这个打印任务——因为测试计算机的 CPU 是 4 核的。不仅如此，读者还可以看到，程序虽然打印了 0~299 这 300 个数字，但并不是连续打印的，因为程序将这个打印任务进行了分解，分解后的任务会并行执行，所以不会按顺序从 0 打印到 299。

图 16.15　使用 ForkJoinPool 的示例结果

上面定义的任务是一个没有返回值的打印任务，如果"大任务"是有返回值的任务，则可以让任务继承 RecursiveTask<T>，其中泛型参数 T 就代表了该任务的返回值类型。下面的程序示范了使用 RecursiveTask 对一个长度为 100 的数组的元素值进行累加。

程序清单：codes\16\16.8\Sum.java

```
// 继承 RecursiveTask 来实现"可分解"的任务
class CalTask extends RecursiveTask<Integer>
```

```
{
    // 每个 "小任务" 最多只累加 20 个数
    private static final int THRESHOLD = 20;
    private int arr[];
    private int start;
    private int end;
    // 累加从 start 到 end 的数组元素
    public CalTask(int[] arr, int start, int end)
    {
        this.arr = arr;
        this.start = start;
        this.end = end;
    }
    @Override
    protected Integer compute()
    {
        int sum = 0;
        // 当 end 与 start 之间的差小于 THRESHOLD 时，开始进行实际累加
        if (end - start < THRESHOLD)
        {
            for (var i = start; i < end; i++)
            {
                sum += arr[i];
            }
            return sum;
        }
        else
        {
            // 当 end 与 start 之间的差大于 THRESHOLD，即要累加的数超过 20 个时
            // 将 "大任务" 分解成两个 "小任务"
            int middle = (start + end) / 2;
            var left = new CalTask(arr, start, middle);
            var right = new CalTask(arr, middle, end);
            // 并行执行两个 "小任务"
            left.fork();
            right.fork();
            // 把两个 "小任务" 累加的结果合并起来
            return left.join() + right.join();          // ①
        }
    }
}
public class Sum
{
    public static void main(String[] args)
        throws Exception
    {
        var arr = new int[100];
        var rand = new Random();
        var total = 0;
        // 初始化 100 个数组元素
        for (int i = 0, len = arr.length; i < len; i++)
        {
            int tmp = rand.nextInt(20);
            // 对数组元素赋值，并将数组元素的值添加到 total 总和中
            total += (arr[i] = tmp);
        }
        System.out.println(total);
        // 创建一个通用池
        ForkJoinPool pool = ForkJoinPool.commonPool();
        // 提交可分解的 CaltTask 任务
        Future<Integer> future = pool.submit(new CalTask(arr, 0, arr.length));
        System.out.println(future.get());
        // 关闭线程池
        pool.shutdown();
    }
}
```

上面的程序与前一个程序基本相似，同样是将任务进行了分解，并调用分解后的任务的 fork()方法

使它们并行执行。与前一个程序不同的是,现在的任务是带返回值的,因此程序在①号粗体字代码处将两个分解后的"小任务"的返回值进行了合并。

运行上面的程序,将可以看到程序通过 CalTask 计算出来的总和,与初始化数组元素时统计出来的总和总是相等的,这表明程序一切正常。

> **提示:**
> Java 的确是一门非常优秀的编程语言,在多 CPU、多核 CPU 时代到来时,Java 语言的多线程已经为多核 CPU 做好了准备。

16.9 线程相关类

Java 还为线程安全提供了一些工具类,如 ThreadLocal 类,它代表一个线程局部变量,通过把数据放在 ThreadLocal 中就可以让每个线程都创建一个该变量的副本,从而避免出现并发访问的线程安全问题。此外,Java 5 还新增了大量的线程安全类。

▶▶ 16.9.1 ThreadLocal 类

早在 JDK 1.2 推出之时,Java 就为多线程编程提供了一个 ThreadLocal 类;从 Java 5.0 开始,Java 引入了泛型支持,Java 为该 ThreadLocal 类增加了泛型支持,即 ThreadLocal<T>。通过使用 ThreadLocal 类可以简化多线程编程时的并发访问,使用这个工具类可以很简捷地隔离多线程程序的竞争资源。

ThreadLocal,是 Thread Local Variable(线程局部变量)的意思,也许将它命名为 ThreadLocalVar 更加合适。线程局部变量(ThreadLocal)的功能其实非常简单,就是为每一个使用该变量的线程都提供一个变量的副本,使每一个线程都可以独立地改变自己的副本,而不会和其他线程的副本冲突。从线程的角度来看,就好像每一个线程都完全拥有该变量一样。

ThreadLocal 类的用法非常简单,它只提供了如下三个 public 方法。

➤ T get():返回此线程局部变量中当前线程副本中的值。

➤ void remove():删除此线程局部变量中当前线程的值。

➤ void set(T value):设置此线程局部变量中当前线程副本中的值。

下面的程序将向读者证明 ThreadLocal 的作用。

程序清单:codes\16\16.9\ThreadLocalTest.java

```java
class Account
{
    /* 定义一个 ThreadLocal 类型的变量,该变量将是一个线程局部变量
    每个线程都会保留一个该变量的副本 */
    private ThreadLocal<String> name = new ThreadLocal<>();
    // 定义一个初始化 name 成员变量的构造器
    public Account(String str)
    {
        this.name.set(str);
        // 下面的代码用于访问当前线程的 name 副本的值
        System.out.println("---" + this.name.get());
    }
    // name 的 setter 和 getter 方法
    public String getName()
    {
        return name.get();
    }
    public void setName(String str)
    {
        this.name.set(str);
    }
}
class MyTest extends Thread
{
    // 定义一个 Account 类型的成员变量
    private Account account;
```

```java
    public MyTest(Account account, String name)
    {
        super(name);
        this.account = account;
    }
    public void run()
    {
        // 循环 10 次
        for (var i = 0; i < 10; i++)
        {
            // 当 i == 6 时，设置将账户名替换成当前线程名
            if (i == 6)
            {
                account.setName(getName());
            }
            // 输出同一个账户的账户名和循环变量
            System.out.println(account.getName()
                + " 账户的 i 值: " + i);
        }
    }
}
public class ThreadLocalTest
{
    public static void main(String[] args)
    {
        // 启动两个线程，这两个线程共享同一个 Account
        var at = new Account("初始名");
        /*
        虽然两个线程共享同一个账户，即只有一个账户名
        但由于账户名是 ThreadLocal 类型的，所以每个线程
        都完全拥有各自的账户名副本。因此，在 i == 6 之后，将看到两个
        线程访问同一个账户时出现不同的账户名
        */
        new MyTest(at, "线程甲").start();
        new MyTest(at, "线程乙").start ();
    }
}
```

上面 Account 类中的前三行粗体字代码分别完成了创建 ThreadLocal 对象、从 ThreadLocal 中取出线程局部变量、修改线程局部变量的操作。由于程序中的账户名是一个 ThreadLocal 变量，因此，虽然程序中只有一个 Account 对象，但两个子线程将会产生两个账户名（主线程也持有一个账户名的副本）。两个子线程进行循环时，都会在 i == 6 时将账户名改为与当前线程名相同，这样就可以看到两个子线程拥有两个账户名的情形，如图 16.16 所示。

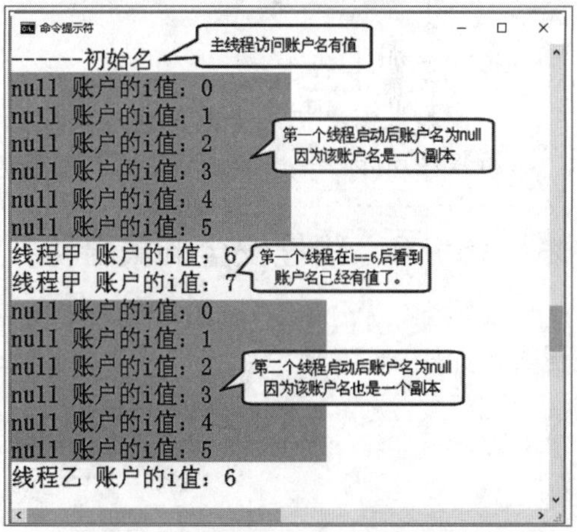

从上面的程序可以看出，实际上账户名有三个副本，主线程一个，两个子线程各一个，它们的值互不干扰，每个线程都完全拥有自己的 ThreadLocal 变量，这就是 ThreadLocal 的用途。

图 16.16　线程局部变量互不干扰的情形

ThreadLocal 和其他所有的同步机制一样，都是为了解决多线程中对同一个变量访问冲突的问题。在普通的同步机制中，是通过对象加锁来实现多个线程对同一个变量的安全访问的。该变量是多个线程共享的，所以需要使用这种同步机制，很细致地分析什么时候对变量进行读/写，什么时候需要锁定某个对象，什么时候需要释放该对象的锁等。在这种情况下，系统并没有将这份资源复制多份，而是采用了安全机制来控制对这份资源的访问。

ThreadLocal 从另一个角度来解决多线程的并发访问问题。ThreadLocal 将需要并发访问的资源复制多份，每个线程都拥有一份资源，每个线程都拥有自己的资源副本，从而也就没有必要对该变量进行同步了。ThreadLocal 提供了线程安全的共享对象，在编写多线程代码时，可以把不安全的整个变量封装

进 ThreadLocal，或者把该对象与线程相关的状态使用 ThreadLocal 保存起来。

ThreadLocal 并不能替代同步机制，两者面向的问题领域不同。同步机制是为了同步多个线程对相同资源的并发访问，是多个线程之间进行通信的有效方式；而 ThreadLocal 是为了隔离多个线程的数据共享，从根本上避免多个线程之间对共享资源（变量）的竞争，也就不需要对多个线程进行同步了。

通常建议：如果多个线程之间需要共享资源，以实现线程通信的功能，就使用同步机制；如果仅仅需要隔离多个线程之间的共享冲突，则可以使用 ThreadLocal。

▶▶ 16.9.2 包装线程不安全的集合

前面在介绍 Java 集合时所讲的 ArrayList、LinkedList、HashSet、TreeSet、HashMap、TreeMap 等都是线程不安全的，也就是说，当多个并发线程向这些集合中存、取元素时，就可能会破坏这些集合的数据完整性。

如果程序中有多个线程可能访问这些集合，就可以使用 Collections 提供的类方法把这些集合包装成线程安全的集合。Collections 提供了如下几个静态方法。

➢ <T> Collection<T> synchronizedCollection(Collection<T> c)：返回指定 Collection 对应的线程安全的 Collection。

➢ static <T> List<T> synchronizedList(List<T> list)：返回指定 List 对象对应的线程安全的 List 对象。

➢ static <K,V> Map<K,V> synchronizedMap(Map<K,V> m)：返回指定 Map 对象对应的线程安全的 Map 对象。

➢ static <T> Set<T> synchronizedSet(Set<T> s)：返回指定 Set 对象对应的线程安全的 Set 对象。

➢ static <K,V> SortedMap<K,V> synchronizedSortedMap(SortedMap<K,V> m)：返回指定 SortedMap 对象对应的线程安全的 SortedMap 对象。

➢ static <T> SortedSet<T> synchronizedSortedSet(SortedSet<T> s)：返回指定 SortedSet 对象对应的线程安全的 SortedSet 对象。

例如，如果需要在多个线程中使用线程安全的 HashMap 对象，则可以采用如下代码：

```
// 使用Collections的synchronizedMap()方法将一个普通的HashMap包装成线程安全的类
HashMap m = Collections.synchronizedMap(new HashMap());
```

 注意 ：

如果需要把某个集合包装成线程安全的集合，则应该在它创建之后立即包装，如上面的程序所示——当 HashMap 对象创建后立即被包装成线程安全的 HashMap 对象。

▶▶ 16.9.3 线程安全的集合类

实际上，从 Java 5 开始，在 java.util.concurrent 包下提供了大量支持高效并发访问的集合接口和实现类，如图 16.17 所示。

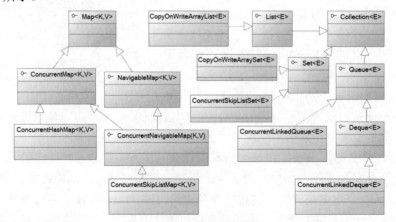

图 16.17 线程安全的集合类

从图 16.17 所示的类图中可以看出，这些线程安全的集合类可分为如下两类。

➢ 以 Concurrent 开头的集合类，如 ConcurrentHashMap、ConcurrentSkipListMap、ConcurrentSkip ListSet、ConcurrentLinkedQueue 和 ConcurrentLinkedDeque。

➢ 以 CopyOnWrite 开头的集合类，如 CopyOnWriteArrayList、CopyOnWriteArraySet。

其中以 Concurrent 开头的集合类代表了支持并发访问的集合，它们可以支持多个线程并发写入访问，这些写入线程的所有操作都是线程安全的，但读取操作不必锁定。以 Concurrent 开头的集合类采用了更复杂的算法来保证永远不会锁住整个集合，因此在并发写入时有较好的性能。

当多个线程共享访问一个公共集合时，使用 ConcurrentLinkedQueue 是一个恰当的选择。ConcurrentLinkedQueue 不允许使用 null 元素。ConcurrentLinkedQueue 实现了多线程的高效访问，当多个线程访问 ConcurrentLinkedQueue 集合时无须等待。

典型地，ConcurrentHashMap 默认维护着一个 Segment 数组，而且每个 Segment 都可以单独加锁，这是一种非常精妙的"分段锁"策略，避免了整个 Hashtable 只用一个锁的低效策略。在默认情况下，ConcurrentHashMap 包含 16 个 Segment，因此 ConcurrentHashMap 默认支持 16 个线程并发写入。当有超过 16 个线程并发向该 Map 中写入数据时，依然有一些线程需要等待。实际上，程序通过设置 concurrencyLevel 构造参数（默认值为 16）来支持更多的并发写入线程。

与前面介绍的 HashMap 和普通集合不同的是，ConcurrentLinkedQueue 和 ConcurrentHashMap 都能支持多线程并发访问，所以当使用迭代器来遍历集合元素时，该迭代器可能不能反映出在创建迭代器之后所做的修改，但程序不会抛出任何异常。

Java 8 扩展了 ConcurrentHashMap 的功能，Java 8 为该类新增了 30 多个方法，这些方法可借助于 Stream 和 Lambda 表达式支持执行聚集操作。ConcurrentHashMap 新增的方法大致可分为如下三类。

➢ forEach 系列（forEach, forEachKey, forEachValue, forEachEntry）。

➢ search 系列（search, searchKeys, searchValues, searchEntries）。

➢ reduce 系列（reduce, reduceToDouble, reduceToLong, reduceKeys, reduceValues）。

此外，ConcurrentHashMap 还新增了 mappingCount()、newKeySet() 等方法，增强后的 ConcurrentHashMap 更适合作为缓存实现类使用。

> **☀ 注意 :☀**
>
> 使用 java.util 包下的 Collection 作为集合对象时，如果该集合对象在创建迭代器之后集合元素发生改变，则会引发 ConcurrentModificationException 异常。

由于 CopyOnWriteArraySet 的底层封装了 CopyOnWriteArrayList，因此它的实现机制完全类似于 CopyOnWriteArrayList 集合。

对于 CopyOnWriteArrayList 集合，正如它的名字所暗示的，它采用复制底层数组的方式来实现写操作。

当线程对 CopyOnWriteArrayList 集合执行读取操作时，线程将会直接读取集合本身，无须加锁与阻塞。当线程对 CopyOnWriteArrayList 集合执行写入操作时（包括调用 add()、remove()、set()等方法），该集合会在底层复制一份新的数组，然后对新的数组执行写入操作。由于对 CopyOnWriteArrayList 集合的写入操作都是对数组的副本执行操作的，因此它是线程安全的。

> **提示:**
>
> 简单来说，CopyOnWriteArrayList、CopyOnWriteArraySet 等集合实际上就是 JDK 为集合类实现所提供的读/写分离策略，这也是高并发应用的数据库设计常用的策略。

需要指出的是，由于 CopyOnWriteArrayList 执行写入操作时需要频繁地复制数组，因此性能比较差；但由于读取操作与写入操作不是操作同一个数组，而且读取操作也不需要加锁，因此读取操作就很快、很安全。由此可见，CopyOnWriteArrayList 适合用在读取操作远远多于写入操作的场景中，例如缓存等。

▶▶ 16.9.4　使用 Flow 类实现发布-订阅

Java 9 新增了一个发布-订阅框架，该框架是基于异步响应流的。通过这个发布-订阅框架可以非常方便地处理异步线程之间的流数据交换（比如两个线程之间需要交换数据），而且该框架不需要使用数据中心来缓冲数据，同时其具有非常高效的性能。

这个发布-订阅框架使用 Flow 类的 4 个静态内部接口作为核心 API。

- ➤ Flow.Publisher：代表数据发布者、生产者。
- ➤ Flow.Subscriber：代表数据订阅者、消费者。
- ➤ Flow.Subscription：代表发布者和订阅者之间的链接纽带。订阅者既可通过调用该对象的 request() 方法来获取数据项，也可通过调用该对象的 cancel() 方法来取消订阅。
- ➤ Flow.Processor：数据处理器，它可同时作为发布者和订阅者使用。

Flow.Publisher 发布者作为生产者，负责发布数据项，并注册订阅者。Flow.Publisher 接口定义了如下方法来注册订阅者。

- ➤ void subscribe(Flow.Subscriber<? super T> subscriber)：程序调用此方法注册订阅者时，会触发订阅者的 onSubscribe() 方法，Flow.Subscription 对象将作为参数传给该方法；如果注册失败，将会触发订阅者的 onError() 方法。

Flow.Subscriber 接口定义了如下方法。

- ➤ void onSubscribe(Flow.Subscription subscription)：当订阅者注册时自动触发该方法。
- ➤ void onComplete()：当订阅结束时触发该方法。
- ➤ void onError(Throwable throwable)：当订阅失败时触发该方法。
- ➤ void onNext(T item)：当订阅者从发布者处获取数据项时触发该方法，订阅者可通过该方法获取数据项。

为了处理一些通用发布者的场景，Java 9 为 Flow.Publisher 提供了一个 SubmissionPublisher 实现类，它可向当前订阅者异步提交非空的数据项，直到它被关闭。每个订阅者都能以相同的顺序接收到新提交的数据项。

程序在创建 SubmissionPublisher 对象时，需要传入一个线程池作为底层支撑；该类也提供了一个无参数的构造器，该构造器使用 ForkJoinPool.commonPool() 方法来提交发布者，以此实现发布者向订阅者提供数据项的异步特性。

下面的程序示范了使用 SubmissionPublisher 作为发布者。

程序清单：codes\16\16.9\PubSubTest.java

```java
public class PubSubTest
{
    public static void main(String[] args)
    {
        // 创建一个 SubmissionPublisher 作为发布者
        SubmissionPublisher<String> publisher = new SubmissionPublisher<>();
        // 创建订阅者
        MySubscriber<String> subscriber = new MySubscriber<>();
        // 注册订阅者
        publisher.subscribe(subscriber);
        // 发布几个数据项
        System.out.println("开发发布数据...");
        List.of("Java", "Kotlin", "Go", "Erlang", "Swift", "Lua")
            .forEach(im -> {
            // 提交数据项
            publisher.submit(im);
            try
            {
                Thread.sleep(500);
            }
            catch (Exception ex){}
        });
        // 发布结束
```

```
            publisher.close();
            // 发布结束后, 为了让发布者线程不会死亡, 暂停线程
            synchronized ("fkjava")
            {
                try
                {
                    "fkjava".wait();
                }
                catch (Exception ex){}
            }
        }
    }
}
// 创建订阅者
class MySubscriber<T> implements Subscriber<T>
{
    // 发布者与订阅者之间的纽带
    private Subscription subscription;
    @Override  // 当订阅时触发该方法
    public void onSubscribe(Subscription subscription)
    {
        this.subscription = subscription;
        // 开始请求数据
        subscription.request(1);
    }
    @Override  // 当接收到数据项时触发该方法
    public void onNext(T item)
    {
        System.out.println("获取到数据: " + item);
        // 请求下一条数据
        subscription.request(1);
    }
    @Override // 当订阅出错时触发该方法
    public void onError(Throwable t)
    {
        t.printStackTrace();
        synchronized ("fkjava")
        {
            "fkjava".notifyAll();
        }
    }
    @Override  // 当订阅结束时触发该方法
    public void onComplete()
    {
        System.out.println("订阅结束");
        synchronized ("fkjava")
        {
            "fkjava".notifyAll();
        }
    }
}
```

上面程序中的第一行粗体字代码用于创建一个 SubmissionPublisher 对象, 该对象可作为发布者; 第二行粗体字代码用于创建订阅者对象, 该订阅者类是一个自定义类; 第三行粗体字代码用于注册订阅者。

在完成上面的步骤之后, 程序即可调用 SubmissionPublisher 对象的 submit()方法来发布数据项, 发布者通过该方法发布数据项。

上面的程序实现了一个自定义的订阅者, 该订阅者实现了 Subscriber 接口的 4 个方法, 重点是实现 onNext()方法——当订阅者获取到数据项时就会触发该方法, 订阅者通过该方法接收数据项。至于订阅者接收到数据项之后的处理, 则取决于程序的业务需求。

运行该程序, 可以看到订阅者逐项获得数据的过程。

 ## 16.10 CompletableFuture 的功能和用法

前面已经介绍过 Callable 和 Future, 当通过 Future 来获取 Callable 线程的返回值时, 只能用阻塞式

的方式：不管是使用 get()方法还是使用 get(long timeout, TimeUnit unit)方法来获取线程的返回值，它们都会阻塞当前线程的执行。

而 CompletableFuture 则对普通 Future 进行了扩展，它提供了异步、函数式编程的方式来获取线程的返回值。CompletableFuture 提供了回调式的方式来获取线程的返回值，并提供了转换和组合多个 CompletableFuture 的方法。

下面先来看创建 CompletableFuture 的方式。通过查看它的 API 就会发现：通常不会使用该类的构造器来创建对象，而是通过它的如下类（静态）方法来创建实例。

- ➤ runAsync(Runnable runnable)：将 Runnable 对象包装成没有返回值的 CompletableFuture。默认使用 ForkJoinPool.commonPool()作为线程池。
- ➤ runAsync(Runnable runnable, Executor executor)：该方法的功能与上一个方法类似。额外指定的 Executor 参数用于指定自定义的线程池。
- ➤ supplyAsync(Supplier<U> supplier)：将 Supplier 对象包装成有返回值的 CompletableFuture。默认使用 ForkJoinPool.commonPool()作为线程池。
- ➤ supplyAsync(Supplier<U> supplier, Executor executor)：该方法的功能与上一个方法类似。额外指定的 Executor 参数用于指定自定义的线程池。

由此可见，runAsync()方法用于包装 Runnable——由于 Runnable 对象的 run()方法本身就没有返回值，因此由 runAsync()方法包装得到的 CompletableFuture 也没有返回值；而 supplyAsync()方法用于包装 Supplier——由于 Supplier 对象的 get()方法有返回值，因此由 supplyAsync()方法包装得到的 CompletableFuture 也有返回值。

此外，CompletableFuture 还提供了如下两个类方法来组合多个 CompletableFuture。

- ➤ allOf(CompletableFuture<?>... cfs)：返回组合多个 CompletableFuture 的 CompletableFuture，只有等到给定的多个 CompletableFuture 都完成时，该方法返回的 CompletableFuture 才算完成。
- ➤ anyOf(CompletableFuture<?>... cfs)：返回组合多个 CompletableFuture 的 CompletableFuture，只要给定的多个 CompletableFuture 中任意一个完成了，该方法返回的 CompletableFuture 就算完成。

▶▶ 16.10.1 获取单任务的结果或异常

CompletableFuture 最简单的用法就是以多线程（异步）方式执行单任务，并根据需要来获取单任务的结果。

CompletableFuture 提供了如下方法来获取任务结果。

- ➤ get()：以同步方式（阻塞线程）来获取 CompletableFuture 的返回值。其完全类似于 Future 的 get() 方法。
- ➤ get(long timeout, TimeUnit unit)：以同步方式来获取 CompletableFuture 的返回值，但最多只会阻塞指定的时间。其完全类似于 Future 的 get(long timeout, TimeUnit unit)方法。
- ➤ getNow(T valueIfAbsent)：要求立即返回 CompletableFuture 的返回值；如果 CompletableFuture 还未完成，则返回 valueIfAbsent 作为返回值。
- ➤ whenComplete(BiConsumer<? super T,? super Throwable> action)：以回调式的方式来获取 CompletableFuture 的返回值。只有等 CompletableFuture 完成时才会调用 action 任务，CompletableFuture 完成时的返回值或导致任务中止的异常会被传给 action 任务的两个参数。
- ➤ whenCompleteAsync(BiConsumer<? super T,? super Throwable> action)：与上一个方法类似，其区别在于，该方法会再次使用新线程来执行 action 任务。

> **提示：**
> whenCompleteAsync()方法并不一定能保证使用另外的线程来执行 action 任务。由于以 Async 结尾的方法默认都使用 ForkJoinPool.commonPool()作为线程池，因此完全可能发生的情况是：用于执行 CompletableFuture 的线程刚刚完成了任务，又被立即选出来执行 action 任务。

➢ whenCompleteAsync(BiConsumer<? super T,? super Throwable> action, Executor executor)：与上一个方法类似，其区别在于，该方法指定了自定义的线程池。

显而易见，程序很少会使用 CompletableFuture 的前三个方法来获取返回值（否则，岂不是又回到了传统的 Future），因此通常都是使用后三个方法、以回调式的方式来获取 CompletableFuture 的返回值的。

下面的程序示范了如何以回调式的方式来获取线程的返回值。

程序清单：codes\16\16.10\CompletableFutureTest.java

```java
public class CompletableFutureTest
{
    public static void main(String[] args) throws InterruptedException
    {
        // 生成有返回值的 CompletableFuture
        CompletableFuture.supplyAsync(() -> {
            for (var i = 0; i < 100; i++ )
            {
                System.out.println("当前线程:" + Thread.currentThread()
                    .getName() + ":" + i);
            }
            return 100;
        // 当线程执行完成时回调传给 whenComplete()方法的 action
        }).whenComplete((result, ex) -> {
            // result 代表线程执行完成后的返回值
            System.out.println(result);
            // ex 代表线程执行时引发的异常
            ex.printStackTrace();
        });
        // 主线程的代码
        for (var i = 0; i < 100; i++ )
        {
            System.out.println("当前线程:" + Thread.currentThread()
                .getName() + ":" + i);
        }
        // 让线程暂停 500 秒，以确保 CompletableFuture 代表的线程能执行完成
        Thread.sleep(500);
    }
}
```

上面的程序调用 supplyAsync()方法生成一个有返回值的 CompletableFuture 对象，然后调用 whenComplete()方法以回调式的方式来获取该对象的返回值。当 CompletableFuture 执行完成时，会自动回调传给 whenComplete()方法的 BiConsumer 对象。

运行该程序，将会看到如图 16.18 所示的结果。

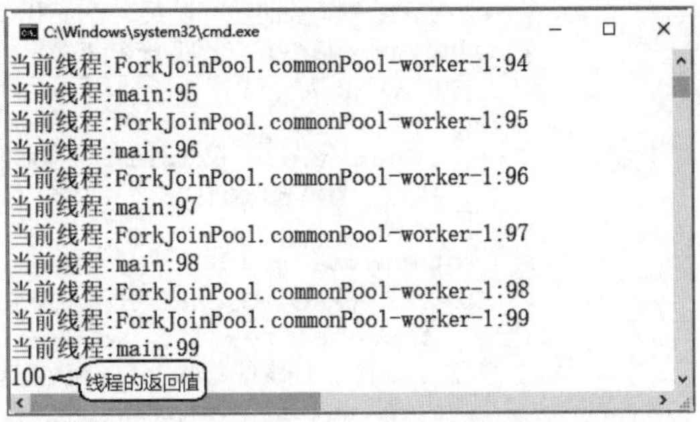

从图 16.18 所示的运行结果可以看到，在调用 CompletableFuture 的 whenComplete()方法后并未阻塞线程，主线程依然能与 CompletableFuture 所代表的线程并发执行。当 CompletableFuture 执行完成后，程序打印了线程的返回值。

图 16.18 以回调式的方式获取线程的返回值

此外，CompletableFuture 还提供了 exceptionally(Function<Throwable,? extends T> fn)方法，当 CompletableFuture 任务因为异常中止时，程序会自动执行传给该方法的 fn 参数（Lambda 表达式），并将任务执行过程中出现的异常传给 Lambda 表达式。

CompletableFuture 还提供了 handle(BiFunction<? super T,Throwable,? extends U> fn)方法（以及带 Async 的异步版本）来获取 CompletableFuture 的结果。与 whenComplete()方法不同的是，handle()方法的参数是 BiFunction 类型的 Lambda 表达式，这意味着该表达式可以接收两个参数（任务的返回值、异常），并生成一个新的返回值；而 whenComplete()方法的参数是 BiConsumer 类型的 Lambda 表达式，

这种类型的表达式没有返回值。

➤➤ 16.10.2　单任务消费

CompletableFuture 允许在一个任务完成后启动下一个任务。根据当前 CompletableFuture 是否有返回值，以及接下来的 CompletableFuture 是否有返回值，CompletableFuture 提供了如下方法来启动下一个任务。

- ➤ thenAccept(Consumer<? super T> action)，也包括 thenAcceptAsync()方法：当前 CompletableFuture 有返回值，将该返回值传给下一个任务作为参数，下一个任务对应的 CompletableFuture 没有返回值。
- ➤ thenApply(Function<? super T,? extends U> fn)，也 包 括 thenApplyAsync() 方法：当前 CompletableFuture 有返回值，将该返回值传给下一个任务作为参数，下一个任务对应的 CompletableFuture 也有返回值。
- ➤ thenRun(Runnable action)(Consumer<? super T> action)，也包括 thenRunAsync()方法：当前 CompletableFuture 没有返回值，下一个任务对应的 CompletableFuture 也没有返回值。

上面三个方法的本质是一样的，它们都表示在当前 CompletableFuture 代表的任务执行完成后，继续执行下一个任务，并返回下一个任务对应的 CompletableFuture；它们的区别则体现在方法参数上，其中 Function 代表接收单个参数、有返回值的 action，Consumer 代表接收单个参数、无返回值的 action，Runnable 代表无参数、无返回值的 action。

下面的程序示范了 thenApplyAsync()方法的用法。

程序清单：codes\16\16.10\ThenApplyTest.java

```java
public class ThenApplyTest
{
    public static void main(String[] args) throws InterruptedException
    {
        // 生成有返回值的 CompletableFuture
        CompletableFuture.supplyAsync(() -> {
            for (var i = 0; i < 100; i++ )
            {
                System.out.println("当前线程:" + Thread.currentThread()
                    .getName() + ":" + i);
            }
            return 100;
        // 消费第一个任务的执行结果, rvt 代表第一个任务的返回值
        }).thenApplyAsync(rvt -> {
            for (var i = 0; i < 100; i++ )
            {
                System.out.println("当前线程:" + Thread.currentThread()
                    .getName() + ":" + (i + rvt));
            }
            return rvt + 100;
        }, Executors.newCachedThreadPool() /* 使用自定义的线程池 */)
        .whenComplete((result, ex) -> {
            // result 代表线程执行完成后的返回值
            System.out.println(result);
            // ex 代表线程执行时引发的异常
            ex.printStackTrace();
        });
        // 主线程的代码
        for (var i = 0; i < 100; i++ )
        {
            System.out.println("当前线程:" + Thread.currentThread()
                .getName() + ":" + i);
        }
        // 让线程暂停 500 秒，以确保 CompletableFuture 代表的线程能执行完成
        Thread.sleep(500);
    }
}
```

上面程序中的粗体字代码对 CompletableFuture 调用了 thenApplyAsync()方法，这意味着它会等该任务完成后再执行 thenApplyAsync()方法参数代表的任务。

运行该程序，可以看到如图16.19所示的结果。

从图 16.19 所示的运行结果可以看到，虽然 thenApplyAsync()方法重新启动了一个线程来执行新任务，但必须等上一个任务完成后才会执行新任务的线程。

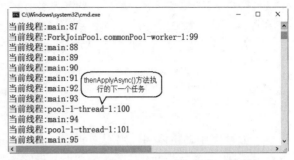

图 16.19　使用 thenApplyAsync()方法的结果

▶▶ 16.10.3　双任务组合

CompletableFuture 也可将两个任务组合起来形成新的 CompletableFuture，这两个任务会在各自的线程中并发执行。当两个任务都完成时，程序可指定对应的 action 对执行结果进行处理。

CompletableFuture 提供了如下方法来组合任务。

- ➢ thenAcceptBoth(CompletionStage<? extends U> other, BiConsumer<? super T,? super U> action)，也包括 thenAcceptBothAsync()方法：用于组合一个带返回值的 CompletableFuture。当两个任务都完成时，程序自动执行 action。
- ➢ thenCombine(CompletionStage<? extends U> other, BiFunction<? super T,? super U,? extends V> fn)，也包括 thenCombineAsync()方法：用于组合一个带返回值的 CompletableFuture。当两个任务都完成时，程序自动执行 action，该 action 会根据传入的两个参数（两个任务的返回值）重新计算得到一个新的返回值，因此组合得到的 CompletableFuture 也有返回值。
- ➢ runAfterBoth(CompletionStage<?> other, Runnable action)，也包括 runAfterBothAsync()方法：用于组合一个无返回值的 CompletableFuture。当两个任务都完成时，程序自动执行 action。

其实这三个方法的本质是一样的，其区别仅体现在任务的返回值上。下面的程序示范了 thenAcceptBoth()方法的用法。

程序清单：codes\16\16.10\AcceptBothTest.java

```java
public class AcceptBothTest
{
    public static void main(String[] args) throws InterruptedException
    {
        // 定义有返回值的 CompletableFuture
        var future1 = CompletableFuture.supplyAsync(() -> {
            for (var i = 0; i < 100; i++ )
            {
                System.out.println("当前线程:" + Thread.currentThread()
                    .getName() + ":" + i);
            }
            return 100;
        });
        CompletableFuture.supplyAsync(() -> {
            for (var i = 0; i < 100; i++ )
            {
                System.out.println("当前线程:" + Thread.currentThread()
                    .getName() + ":" + i);
            }
            return "fkjava";
        // 用当前 CompletableFuture 组合 future1 任务
        // 当两个任务都完成时，执行第 2 个参数代表的 action（BiConsumer）
        // 将当前任务的返回值、future1 的返回值依次传给 rvt1、rvt2 两个参数
        }).thenAcceptBoth(future1, (rvt1, rvt2) -> {
            System.out.println("第 1 个任务的返回值: " + rvt1);
            System.out.println("第 2 个任务的返回值: " + rvt2);
        });
        // 主线程的代码
```

```
        for (var i = 0; i < 100; i++ )
        {
            System.out.println("当前线程:" + Thread.currentThread()
                .getName() + ":" + i);
        }
        // 让线程暂停 500 秒，以确保 CompletableFuture 代表的线程能执行完成
        Thread.sleep(500);
    }
}
```

上面程序中的粗体字代码用当前 CompletableFuture 组合 future1 任务，当两个任务都完成时，程序会执行后面的 Lambda 表达式（action 参数），并将这两个任务的返回值作为参数传给 action。

运行上面的程序，可以看到如图16.20所示的结果。

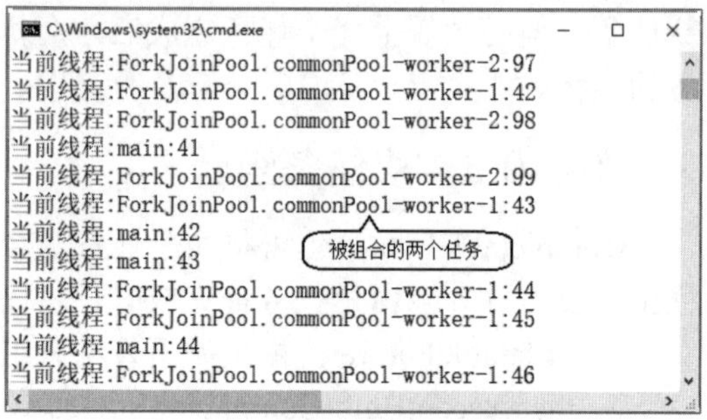

从图 16.20 中可以看到，用 CompletableFuture 组合的两个任务在各自的线程中以并发方式执行。

上面的方法要求，只有当被组合的两个任务都完成时才会执行后面的 action；而下面的这些方法要求，只要被组合的两个任务的其中之一完成了，就会执行后面的 action。

图 16.20　组合两个任务

- ➢ acceptEither(CompletionStage<? extends T> other, Consumer<? super T> action)，也包括 acceptEitherAsync()方法：用于组合一个带返回值的 CompletableFuture。当两个任务的任意一个完成时，程序自动执行 action。
- ➢ applyToEither(CompletionStage<? extends T> other, Function<? super T,U> fn)，也包括 applyToEitherAsync()方法：用于组合一个带返回值的 CompletableFuture。当两个任务的任意一个完成时，程序自动执行 action，该 action 会根据传入的参数（已完成任务的返回值）重新计算得到一个新的返回值，因此组合得到的 CompletableFuture 也有返回值。
- ➢ runAfterEither(CompletionStage<?> other, Runnable action)，也包括 runAfterEitherAysnc()方法：用于组合一个无返回值的 CompletableFuture。当两个任务的任意一个完成时，程序自动执行 action。

下面的程序示范了 acceptEither()方法的用法。

程序清单：codes\16\16.10\AcceptEitherTest.java

```java
public class AcceptEitherTest
{
    public static void main(String[] args) throws InterruptedException
    {
        // 定义有返回值的 CompletableFuture
        var future1 = CompletableFuture.supplyAsync(() -> {
            for (var i = 0; i < 100; i++ )
            {
                System.out.println("当前线程:" + Thread.currentThread()
                    .getName() + ":" + i);
            }
            return 100;
        });
        CompletableFuture.supplyAsync(() -> {
            for (var i = 0; i < 100; i++ )
            {
                System.out.println("当前线程:" + Thread.currentThread()
                    .getName() + ":" + i);
            }
            return 200;
        // 用当前 CompletableFuture 组合 future1 任务
        // 当某一个任务完成时，执行第 2 个参数代表的 action（Consumer）
        // 将已完成任务的返回值传给 rvt 参数
        }).acceptEither(future1, rvt -> {
```

```
            System.out.println("已完成任务的返回值: " + rvt);
        });
        // 主线程的代码
        for (var i = 0; i < 100; i++ )
        {
            System.out.println("当前线程:" + Thread.currentThread()
                .getName() + ":" + i);
        }
        // 让线程暂停 500 秒，以确保 CompletableFuture 代表的线程能执行完成
        Thread.sleep(500);
    }
}
```

上面程序中的粗体字代码调用 acceptEither()方法组合了 future1 任务，当两个任务的其中之一完成时，程序会执行后面的 Lambda 表达式（action 参数），并将已完成任务的返回值作为参数传给 action。

▶▶ 16.10.4 多任务组合

正如前面所介绍的，CompletableFuture 还提供了 allOf()、anyOf()两个方法来组合多个任务，其中 allOf()方法要求，只有当被组合的多个任务都完成时 CompletableFuture 才算完成；anyOf()方法则要求，只要被组合的多个任务的任意一个完成了，CompletableFuture 就算完成。

下面的程序示范了 allOf()方法的用法。

程序清单：codes\16\16.10\AllOfTest.java

```
public class AllOfTest
{
    public static void main(String[] args) throws InterruptedException
    {
        // 定义一个 Supplier 对象，其返回值为 Integer 类型
        Supplier<Integer> supplier = () -> {
            for (var i = 0; i < 30; i++ )
            {
                System.out.println("当前线程:" + Thread.currentThread()
                    .getName() + ":" + i);
            }
            return 30;
        };
        // 组合三个 CompletableFuture
        // 只有当它们都完成时该 CompletableFuture 才算完成
        CompletableFuture.allOf(CompletableFuture.supplyAsync(supplier),
            CompletableFuture.supplyAsync(supplier),
            CompletableFuture.supplyAsync(supplier))
            .thenRun(() -> System.out.println("所有任务完成"));
        // 主线程的代码
        for (var i = 0; i < 100; i++ )
        {
            System.out.println("当前线程:" + Thread.currentThread()
                .getName() + ":" + i);
        }
        // 让线程暂停 500 秒，以确保 CompletableFuture 代表的线程能执行完成
        Thread.sleep(500);
    }
}
```

上面程序中的粗体字代码使用 allOf()方法组合了三个 CompletableFuture，因此只有当这三个任务都完成时，这个组合 CompletableFuture 才算完成，才会执行调用 thenRun()方法的 Lambda 表达式。

运行上面的程序，可以看到如图 16.21 所示的结果。

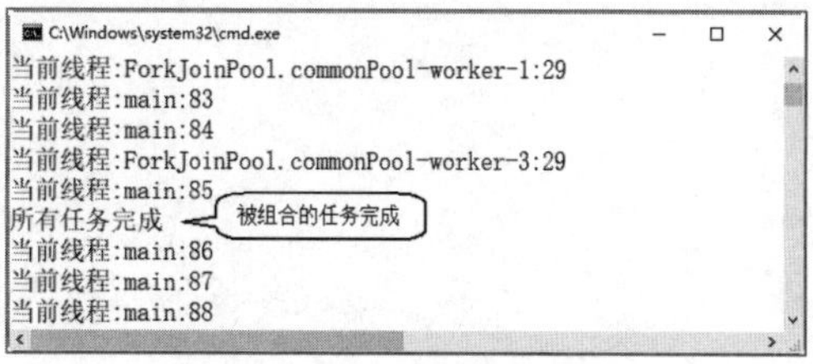

图 16.21 组合多个任务

📁 16.11　本章小结

　　本章主要介绍了 Java 的多线程编程支持；简要介绍了线程的基本概念，并讲解了线程和进程之间的区别与联系。本章详细讲解了如何创建、启动多个线程，并对比了三种创建多个线程的方式之间的优势和劣势，也详细介绍了线程的生命周期。本章通过示例程序示范了控制线程的几个方法，还详细讲解了线程同步的意义和必要性，并介绍了三种不同的线程同步方法：同步方法、同步代码块和显式使用 Lock 控制线程同步。本章也介绍了三种实现线程通信的方式：使用同步监视器的方法实现线程通信、显式使用 Condition 对象实现线程通信和使用阻塞队列实现线程通信。

　　此外，本章还介绍了线程组和线程池。由于线程属于创建成本较大的对象，因此应该考虑程序复用线程，使用线程池是实际开发中不错的选择。

　　本章最后介绍了与线程相关的工具类，比如 ThreadLocal、线程安全的集合类，以及如何使用 Collections 包装线程不安全的集合类。

▶▶ 本章练习

　　1. 写两个线程，其中一个线程打印 1~52，另一个线程打印 A~Z，打印顺序应该是 12A34B56C⋯5152Z。该练习需要利用多线程通信的知识。

　　2. 假设车库有三个车位（可以用 boolean[]数组来表示车库）可以停车，写一个程序模拟多个用户开车离开、停车入库的效果。注意：车位上有车时不能停车。

第 17 章
网络编程

本章要点

- ⮡ 计算机网络基础
- ⮡ IP 地址和端口
- ⮡ 使用 InetAddress 包装 IP 地址
- ⮡ 使用 URLEncoder 和 URLDecoder 工具类
- ⮡ 使用 URLConnection 访问远程资源
- ⮡ TCP 协议基础
- ⮡ 使用 ServerSocket 和 Socket
- ⮡ 使用 NIO 实现非阻塞式网络通信
- ⮡ 使用 AIO 实现异步网络通信
- ⮡ UDP 协议基础
- ⮡ 使用 DatagramSocket 发送/接收数据报（DatagramPacket）
- ⮡ 使用 DatagramSocket 实现多点广播
- ⮡ 通过 Proxy 使用代理服务器
- ⮡ 通过 ProxySelector 使用代理服务器
- ⮡ 使用 HTTP Client 实现网络通信

本章将主要介绍 Java 网络通信支持，通过网络支持类，Java 程序可以非常方便地访问互联网上的 HTTP 服务、FTP 服务等，并可以直接获得互联网上的远程资源，还可以向远程资源发送 GET、POST 请求。

本章先简要介绍计算机网络的基础知识，包括 IP 地址和端口等概念，这些知识是网络编程的基础。本章会详细介绍 InetAddress、URLDecoder、URLEncoder、URL 和 URLConnection 等网络工具类，并会深入介绍通过 URLConnection 发送请求、访问远程资源等操作。

本章将重点介绍 Java 提供的 TCP 网络通信支持，包括如何利用 ServerSocket 建立 TCP 服务器，利用 Socket 建立 TCP 客户端。实际上，Java 的网络通信非常简单，服务器端通过 ServerSocket 建立监听，客户端通过 Socket 连接到指定的服务器后，通信双方就可以通过 IO 流进行通信。本章将以采用逐步迭代的方式开发一个 C/S 结构的多人网络聊天工具为例，向读者介绍基于 TCP 协议的网络编程。

本章还将重点介绍 Java 提供的 UDP 网络通信支持，主要介绍如何使用 DatagramSocket 来发送、接收数据报（DatagramPacket），并讲解如何使用 DatagramSocket 来实现多点广播通信。本章也将以开发局域网通信程序为例来介绍 DatagramSocket 的实际用法。

本章最后还会介绍利用 Proxy 和 ProxySelector 在 Java 程序中通过代理服务器访问远程资源，以及使用 HTTP Client 进行网络通信。

17.1　网络编程的基础知识

时至今日，计算机网络缩短了人们之间的距离，把"地球村"变成现实，网络应用已经成为计算机领域最广泛的应用。

▶▶ 17.1.1　网络基础知识

所谓计算机网络，就是把分布在不同地理区域的计算机与专门的外部设备用通信线路互联成一个规模大、功能强的网络系统，从而使众多的计算机可以方便地相互传递信息，共享硬件、软件、数据信息等资源。

计算机网络可以向全社会提供各种经济信息、科研情报和咨询服务。其中，国际互联网 Internet 上的全球信息网（WWW，World Wide Web）服务就是一个最典型也最成功的例子。实际上，今天的网络承载着绝大部分大型企业的运转，一个大型的、全球性的企业或组织的日常工作流程都是建立在互联网基础之上的。

计算机网络的种类很多，根据不同的分类原则，可以得到各种不同类型的计算机网络。计算机网络通常是按照规模大小和延伸范围来分类的，常见的分类为：局域网（LAN）、城域网（MAN）、广域网（WAN）。Internet 可以被视为世界上最大的广域网。

如果按照网络的拓扑结构来划分，可以将计算机网络分为星形网络、总线型网络、环形网络、树形网络、星形环形网络等；如果按照网络的传输介质来划分，可以将计算机网络分为双绞线网、同轴电缆网、光纤网和卫星网等。

在计算机网络中实现通信必须有一些约定，这些约定被称为通信协议。通信协议负责对传输速率、传输代码、代码结构、传输控制步骤、出错控制等制定处理标准。为了让两个节点能进行对话，必须在它们之间建立通信工具，使彼此之间能进行信息交换。

通信协议通常由三部分组成：一是语义部分，用于决定双方对话的类型；二是语法部分，用于决定双方对话的格式；三是变换规则，用于决定通信双方的应答关系。

国际标准化组织（ISO）于 1978 年提出"开放系统互连参考模型"，即著名的 OSI（Open System Interconnection）参考模型。

OSI 参考模型力求将网络简化，并以模块化的方式来设计网络。

OSI 参考模型把计算机网络分成物理层、数据链路层、网络层、传输层、会话层、表示层、应用层七层，受到计算机界和通信业的极大关注。如今，OSI 模式成为各种计算机网络结构的参考标准。

图 17.1 显示了 OSI 参考模型的推荐分层。

前面介绍过通信协议是网络通信的基础，IP 协议则是一种非常重要的通信协议。IP（Internet Protocol，互联网协议）是支持网间互联的数据报协议，它提供了网间连接的完善功能，包括 IP 数据报规定的互联网络范围内的地址格式。

经常与 IP 协议放在一起的是 TCP（Transmission Control Protocol，传输控制协议），它规定了一种可靠的数据信息传递服务。虽然 IP 和 TCP 这两个协议的功能不尽相同，也可以分开单独使用，但它们是在同一时期作为一个协议来设计的，并且在功能上也是互补的。因此，在实际使用中，通常把这两个协议统称为 TCP/IP 协议。TCP/IP 协议最早出现在 UNIX 操作系统中，现在几乎所有的操作系统都支持 TCP/IP 协议，因此，TCP/IP 协议也是 Internet 中最常用的基础协议。

按照 TCP/IP 协议模型，网络通常被分为四层，这个四层模型和前面的 OSI 七层模型有大致的对应关系，图 17.2 显示了 TCP/IP 分层模型和 OSI 分层模型之间大致的对应关系。

图 17.1　OSI 参考模型的推荐分层

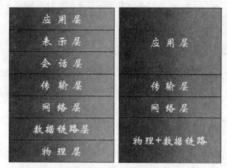

图 17.2　TCP/IP 分层模型和 OSI 分层模型之间大致的对应关系

▶▶ 17.1.2　IP 地址和端口

IP 地址用于唯一地标识网络中的一个通信实体，这个通信实体既可以是一台主机，也可以是一台打印机，或者是路由器的某一个端口。在基于 IP 协议的网络中传输的数据包，都必须使用 IP 地址来进行标识。

比如写一封信，要标明收信人的地址和发信人的地址，邮政工作人员则通过该地址来决定邮件的去向。类似的过程也发生在计算机网络中，每个被传输的数据包都要包括一个源 IP 地址和一个目的 IP 地址，当该数据包在网络中进行传输时，这两个地址要保持不变，以确保网络设备总能根据确定的 IP 地址，将数据包从源通信实体送往指定的目的通信实体。

IP 地址是数字型的，IP 地址是一个 32 位（32bit）整数，但为了便于记忆，通常把它分成 4 个 8 位的二进制数，每 8 位之间用圆点隔开，每个 8 位整数都可以转换成一个 0~255 的十进制整数，因此日常看到的 IP 地址常常是这种形式的：202.9.128.88。

InterNIC（Internet Network Information Center）统一负责全球 Internet IP 地址的规划、管理，同时由 Inter NIC、APNIC、RIPE 三大网络信息中心具体负责美国及其他地区的 IP 地址分配。其中 APNIC 负责亚太地区的 IP 地址管理，我国申请 IP 地址也要通过 APNIC，APNIC 的总部设在日本东京大学。

IP 地址被分成了 A、B、C、D、E 五类，每个类别的网络标识和主机标识都有规则。

- ➤ A 类：10.0.0.0~10.255.255.255
- ➤ B 类：172.16.0.0~172.31.255.255
- ➤ C 类：192.168.0.0~192.168.255.255

IP 地址用于唯一地标识网络上的一个通信实体，但一个通信实体可以有多个通信程序同时提供网络服务，此时还需要使用端口。

端口是一个 16 位的整数，用于表示将数据交给哪个通信程序处理。可见，端口就是应用程序与外界交流的出入口。端口是一种抽象的软件结构，其包括一些数据结构和基本输入/输出缓冲区。

不同的应用程序处理不同端口上的数据，在同一台机器上不能有两个程序使用同一个端口。端口号可以为0~65535，通常将它分为如下三类。

➢ 公认端口（Well Known Port）：端口号为0~1023，它们紧密地绑定（Binding）一些特定的服务。

➢ 注册端口（Registered Port）：端口号为1024~49151，它们松散地绑定一些服务。通常应用程序应该使用这个范围内的端口。

➢ 动态和/或私有端口（Dynamic and/or Private Port）：端口号为49152~65535，这些端口是应用程序使用的动态端口，应用程序一般不会主动使用这些端口。

如果把IP地址理解为某个人所在地方的地址（包括街道和门牌号），但仅有地址是找不到这个人的，还需要知道这个人所在的房号（端口号）。因此，如果把应用程序当作人，把计算机网络当作类似于邮递员的角色，当一个程序需要发送数据时，需要指定目的地的IP地址和端口号；如果指定了正确的IP地址和端口号，计算机网络就可以将数据送给该IP地址和端口号所对应的程序。

17.2 Java 的基本网络支持

Java 为网络支持提供了java.net包，该包下的URL和URLConnection等类提供了以编程方式访问Web 服务的功能，URLDecoder 和 URLEncoder 则提供了普通字符串与 application/x-www-form-urlencoded MIME 字符串相互转换的静态方法。

▶▶ 17.2.1 使用 InetAddress

Java 提供了 InetAddress 类来代表 IP 地址，InetAddress 类下还有两个子类：Inet4Address 和 Inet6Address，它们分别代表IPv4（Internet Protocol version 4）地址和IPv6（Internet Protocol version 6）地址。

InetAddress 类没有提供构造器，而是提供了如下两个静态方法来获取 InetAddress 实例。

➢ getByName(String host)：根据主机来获取对应的 InetAddress 对象。

➢ getByAddress(byte[] addr)：根据原始 IP 地址来获取对应的 InetAddress 对象。

InetAddress 类还提供了如下三个方法来获取 InetAddress 实例对应的 IP 地址和主机名。

➢ String getCanonicalHostName()：获取此 IP 地址的全限定域名。

➢ String getHostAddress()：返回该 InetAddress 实例对应的 IP 地址字符串（以字符串形式）。

➢ String getHostName()：获取此 IP 地址的主机名。

此外，InetAddress 类还提供了一个 getLocalHost()方法来获取本机 IP 地址对应的 InetAddress 实例。

InetAddress 类还提供了一个 isReachable()方法，用于测试是否可以到达该地址。该方法将尽最大努力试图到达目标主机，但防火墙和服务器配置可能阻塞请求，使得它在访问某些特定的端口时处于不可达状态。如果可以获得权限，典型的实现将使用 ICMP ECHO REQUEST；否则，它将试图在目标主机的端口 7（Echo）上建立 TCP 连接。下面的程序测试了 InetAddress 类的简单用法。

程序清单：codes\17\17.2\InetAddressTest.java

```java
public class InetAddressTest
{
    public static void main(String[] args)
        throws Exception
    {
        // 根据主机名来获取对应的 InetAddress 实例
        InetAddress ip = InetAddress.getByName("www.crazyit.org");
        // 判断是否可达
        System.out.println("crazyit 是否可达: " + ip.isReachable(2000));
        // 获取该 InetAddress 实例的 IP 地址字符串
        System.out.println(ip.getHostAddress());
        // 根据原始 IP 地址来获取对应的 InetAddress 实例
        InetAddress local = InetAddress.getByAddress(
```

```
        new byte[] {127, 0, 0, 1});
    System.out.println("本机是否可达: " + local.isReachable(5000));
    // 获取该 InetAddress 实例对应的 IP 地址的全限定域名
    System.out.println(local.getCanonicalHostName());
    }
}
```

上面的程序简单地示范了 InetAddress 类的几个方法的用法。InetAddress 类本身并没有提供太多的功能，它代表一个 IP 地址对象，是网络通信的基础，在后面的内容中将大量使用该类。

▶▶ 17.2.2 使用 URLDecoder 和 URLEncoder

URLDecoder 和 URLEncoder 用于完成普通字符串与 application/x-www-form-urlencoded MIME 字符串之间的相互转换。可能有读者觉得后一个字符串非常专业，以为又是什么特别高深的知识，其实不是。

在介绍 application/x-www-form-urlencoded MIME 字符串之前，先使用 Google 搜索引擎搜索"疯狂 java"关键词，将看到如图 17.3 所示的界面。

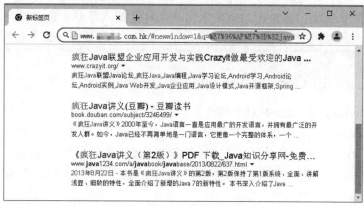

图 17.3 在搜索的关键词中包含中文

从图 17.3 中可以看出，当关键词中包含中文时，这些关键词就会变成如图 17.3 所示的"乱码"——实际上，这不是乱码，这就是所谓的 application/x-www-form-urlencoded MIME 字符串。

当 URL 地址中包含非西欧字符的字符串时，系统会将该非西欧字符的字符串转换成如图 17.3 所示的特殊字符串。在编程过程中可能涉及普通字符串和这种特殊字符串的相关转换，这就需要使用 URLDecoder 类和 URLEncoder 类。

➤ URLDecoder 类包含一个 decode(String s, String enc)静态方法，它可以将看上去是乱码的特殊字符串转换成普通字符串。

➤ URLEncoder 类包含一个 encode(String s, String enc)静态方法，它可以将普通字符串转换成 application/x-www-form-urlencoded MIME 字符串。

下面的程序示范了如何将图 17.3 所示地址栏中的"乱码"转换成普通字符串，并示范了如何将普通字符串转换成 application/x-www-form-urlencoded MIME 字符串。

程序清单：codes\17\17.2\URLDecoderTest.java

```
public class URLDecoderTest
{
    public static void main(String[] args)
        throws Exception
    {
        // 将 application/x-www-form-urlencoded MIME 字符串
        // 转换成普通字符串
        // 其中的字符串直接从图 17.3 所示的地址栏中复制过来
        String keyWord = URLDecoder.decode(
            "%E7%96%AF%E7%8B%82java", "utf-8");
        System.out.println(keyWord);
        // 将普通字符串转换成
```

```
            // application/x-www-form-urlencoded MIME 字符串
            String urlStr = URLEncoder.encode(
                "疯狂 Android 讲义", "GBK");
            System.out.println(urlStr);
    }
}
```

上面程序中的粗体字代码用于完成普通字符串与 application/x-www-form-urlencoded MIME 字符串之间的相互转换。运行上面的程序，将看到如下输出：

```
疯狂 java
%B7%E8%BF%F1Android%BD%B2%D2%E5
```

> **提示：**
> 仅包含西欧字符的普通字符串和 application/x-www-form-urlencoded MIME 字符串无须转换，而包含中文字符的普通字符串则需要转换。转换方法是，每个中文字符占两个字节，每个字节可以被转换成两个十六进制的数字，所以每个中文字符将被转换成"%XX%XX"的形式。当然，当采用不同的字符集时，每个中文字符对应的字节数并不完全相同，所以使用 URLEncoder 和 URLDecoder 进行转换时也需要指定字符集。

▶▶ 17.2.3 URL、URLConnection 和 URLPermission

URL（Uniform Resource Locator）对象代表统一资源定位器，它是指向互联网"资源"的指针。资源可以是简单的文件或目录，也可以是对更为复杂的对象的引用，例如，对数据库或搜索引擎的查询。在通常情况下，URL 可以由协议名、主机、端口和资源组成，即满足如下格式：

```
protocol://host:port/resourceName
```

例如，如下 URL 地址：

```
http://www.crazyit.org/index.php
```

> **提示：**
> JDK 中还提供了一个 URI（Uniform Resource Identifier）类，其实例代表一个统一资源标识符，Java 的 URI 不能用于定位任何资源，它的唯一作用就是解析。与此对应的是，URL 则包含一个可打开的到达该资源的输入流，可以将 URL 理解成 URI 的特例。

URL 类提供了多个构造器用于创建 URL 对象，一旦获得了 URL 对象，就可以调用如下方法来访问该 URL 对应的资源。

- String getFile()：获取该 URL 的资源名。
- String getHost()：获取该 URL 的主机名。
- String getPath()：获取该 URL 的路径部分。
- int getPort()：获取该 URL 的端口号。
- String getProtocol()：获取该 URL 的协议名称。
- String getQuery()：获取该 URL 的查询字符串部分。
- URLConnection openConnection()：返回一个 URLConnection 对象，它代表了与 URL 所引用的远程对象的连接。
- InputStream openStream()：打开与该 URL 的连接，并返回一个用于读取该 URL 资源的 InputStream。

URL 对象中的前面几个方法都非常容易理解，而该对象提供的 openStream()方法可以读取该 URL 资源的 InputStream，通过该方法可以非常方便地读取远程资源，甚至实现多线程下载。如下程序实现了一个多线程下载工具类。

程序清单：codes\17\17.2\DownUtil.java

```java
public class DownUtil
{
    // 定义下载资源的路径
    private String path;
    // 指定所下载的文件的保存位置
    private String targetFile;
    // 定义需要使用多少个线程下载资源
    private int threadNum;
    // 定义下载的线程对象
    private DownThread[] threads;
    // 定义下载的文件的总大小
    private int fileSize;

    public DownUtil(String path, String targetFile, int threadNum)
    {
        this.path = path;
        this.threadNum = threadNum;
        // 初始化 threads 数组
        threads = new DownThread[threadNum];
        this.targetFile = targetFile;
    }
    public void download() throws Exception
    {
        var url = new URL(path);
        var conn = (HttpURLConnection) url.openConnection();
        conn.setConnectTimeout(5 * 1000);
        conn.setRequestMethod("GET");
        conn.setRequestProperty(
            "Accept",
            "image/gif, image/jpeg, image/pjpeg, image/pjpeg, "
            + "application/x-shockwave-flash, application/xaml+xml, "
            + "application/vnd.ms-xpsdocument, application/x-ms-xbap, "
            + "application/x-ms-application, application/vnd.ms-excel, "
            + "application/vnd.ms-powerpoint, application/msword, */*");
        conn.setRequestProperty("Accept-Language", "zh-CN");
        conn.setRequestProperty("Charset", "UTF-8");
        conn.setRequestProperty("Connection", "Keep-Alive");
        // 得到文件大小
        fileSize = conn.getContentLength();
        conn.disconnect();
        int currentPartSize = fileSize / threadNum + 1;
        var file = new RandomAccessFile(targetFile, "rw");
        // 设置本地文件的大小
        file.setLength(fileSize);
        file.close();
        for (var i = 0; i < threadNum; i++)
        {
            // 计算每个线程下载的开始位置
            var startPos = i * currentPartSize;
            // 每个线程都使用一个 RandomAccessFile 进行下载
            var currentPart = new RandomAccessFile(targetFile, "rw");
            // 定位该线程的下载位置
            currentPart.seek(startPos);
            // 创建下载线程
            threads[i] = new DownThread(startPos, currentPartSize, currentPart);
            // 启动下载线程
            threads[i].start();
        }
    }
    // 获取下载完成的百分比
    public double getCompleteRate()
    {
        // 统计多个线程已经下载的总大小
        var sumSize = 0;
        for (var i = 0; i < threadNum; i++)
        {
            sumSize += threads[i].length;
```

```
        }
        // 返回已经完成的百分比
        return sumSize * 1.0 / fileSize;
    }
    private class DownThread extends Thread
    {
        // 当前线程的下载位置
        private int startPos;
        // 定义当前线程负责下载的文件大小
        private int currentPartSize;
        // 当前线程需要下载的文件块
        private RandomAccessFile currentPart;
        // 定义该线程已下载的字节数
        public int length;
        public DownThread(int startPos, int currentPartSize,
            RandomAccessFile currentPart)
        {
            this.startPos = startPos;
            this.currentPartSize = currentPartSize;
            this.currentPart = currentPart;
        }
        public void run()
        {
            try
            {
                var url = new URL(path);
                var conn = (HttpURLConnection)url.openConnection();
                conn.setConnectTimeout(5 * 1000);
                conn.setRequestMethod("GET");
                conn.setRequestProperty(
                    "Accept",
                    "image/gif, image/jpeg, image/pjpeg, image/pjpeg, "
                    + "application/x-shockwave-flash, application/xaml+xml, "
                    + "application/vnd.ms-xpsdocument, application/x-ms-xbap, "
                    + "application/x-ms-application, application/vnd.ms-excel, "
                    + "application/vnd.ms-powerpoint, application/msword, */*");
                conn.setRequestProperty("Accept-Language", "zh-CN");
                conn.setRequestProperty("Charset", "UTF-8");
                InputStream inStream = conn.getInputStream();
                // 跳过 startPos 个字节，表明该线程只下载自己负责的那部分文件
                inStream.skip(this.startPos);
                var buffer = new byte[1024];
                var hasRead = 0;
                // 读取网络数据，并写入本地文件中
                while (length < currentPartSize
                    && (hasRead = inStream.read(buffer)) != -1)
                {
                    currentPart.write(buffer, 0, hasRead);
                    // 累计该线程下载的总大小
                    length += hasRead;
                }
                currentPart.close();
                inStream.close();
            }
            catch (Exception e)
            {
                e.printStackTrace();
            }
        }
    }
}
```

上面程序中定义了 DownThread 线程类，该线程负责读取从 startPos 开始、长度为 currentPartSize 的所有字节数据，并写入 RandomAccessFile 对象中。这个 DownThread 线程类的 run()方法就是一个简单的输入/输出实现。

程序中 DownUtil 类中的 download()方法负责按如下步骤来实现多线程下载。

① 创建 URL 对象。

② 获取指定 URL 对象所指向的资源大小（通过 getContentLength()方法获得），此处用到了 URLConnection 类，该类代表 Java 应用程序和 URL 之间的通信连接。后面还有关于 URLConnection 更详细的介绍。

③ 在本地磁盘上创建一个与网络资源具有相同大小的空文件。

④ 计算每个线程应该下载网络资源的哪个部分（从哪个字节开始，到哪个字节结束）。

⑤ 依次创建、启动多个线程来下载网络资源的指定部分。

> **提示：** · ─ · ─ · ─ · ─ · ─ · ─ · ─ · ─ · ─ · ─ · ─ · ─ · ─ · ─ · ─ · ─ · ─ ·
> 　　上面的程序已经实现了多线程下载的核心代码，如果要实现断点下载，则需要额外增加一个配置文件（读者可以发现，所有的断点下载工具都会在下载开始时生成两个文件：一个是与网络资源具有相同大小的空文件，一个是配置文件）。该配置文件分别记录了每个线程已经下载到哪个字节，当网络断开后再次开始下载时，每个线程根据配置文件中记录的位置向后下载即可。

有了上面的 DownUtil 工具类之后，接下来就可以在主程序中调用该工具类的 download()方法执行下载。

程序清单：codes\17\17.2\MultiThreadDown.java

```java
public class MultiThreadDown
{
    public static void main(String[] args) throws Exception
    {
        // 初始化 DownUtil 对象
        final var downUtil = new DownUtil("https://fkjava.org/2020/04/01/ssm/ssm_post.jpg",
            "ssm.jpg", 4);
        // 开始下载
        downUtil.download();
        new Thread(() -> {
            while (downUtil.getCompleteRate() < 1)
            {
                // 每隔 0.1 秒查询一次任务的完成进度
                // 在 GUI 程序中可以根据该进度来绘制进度条
                System.out.println("已完成: " + downUtil.getCompleteRate());
                try
                {
                    Thread.sleep(100);
                }
                catch (Exception ex){}
            }
        }).start();
    }
}
```

运行上面的程序，即可看到程序从 www.fkjava.org 下载得到一个名为 ssm.jpg 的图片文件。

上面的程序还用到了 URLConnection 和 HttpURLConnection 对象，其中前者表示应用程序与 URL 之间的通信连接，后者表示应用程序与 URL 之间的 HTTP 连接。程序可以通过 URLConnection 实例向该 URL 发送请求，读取 URL 引用的资源。

Java 8 新增了一个 URLPermission 工具类，用于管理 HttpURLConnection 的权限问题。如果在 HttpURLConnection 中安装了安全管理器，通过该对象打开连接时就需要先获得权限。

通常创建一个与 URL 的连接，并发送请求，读取此 URL 引用的资源，需要如下几个步骤。

① 通过调用 URL 对象的 openConnection()方法来创建 URLConnection 对象。

② 设置 URLConnection 的参数和普通请求属性。

③ 如果只是发送 GET 请求，则使用 connect()方法建立与远程资源之间的实际连接即可；如果需要发送 POST 请求，则需要获取 URLConnection 实例对应的输出流来发送请求参数。

④ 远程资源变为可用的，程序可以访问远程资源的头字段，或者通过输入流读取远程资源的数据。

在建立与远程资源的实际连接之前，程序可以通过如下方法来设置请求头字段。

➢ setAllowUserInteraction()：设置该 URLConnection 的 allowUserInteraction 请求头字段的值。

➢ setDoInput()：设置该 URLConnection 的 doInput 请求头字段的值。

➢ setDoOutput()：设置该 URLConnection 的 doOutput 请求头字段的值。

➢ setIfModifiedSince()：设置该 URLConnection 的 ifModifiedSince 请求头字段的值。

➢ setUseCaches()：设置该 URLConnection 的 useCaches 请求头字段的值。

此外，还可以使用如下方法来设置或增加通用头字段。

➢ setRequestProperty(String key, String value)：设置该 URLConnection 的 key 请求头字段的值为 value。

```
conn.setRequestProperty("accept", "*/*")
```

➢ addRequestProperty(String key, String value)：为该 URLConnection 的 key 请求头字段增加 value 值。该方法并不会覆盖原请求头字段的值，而是将新值追加到原请求头字段中。

当远程资源可用之后，程序可以使用如下方法来访问头字段和内容。

➢ Object getContent()：获取该 URLConnection 的内容。

➢ String getHeaderField(String name)：获取指定的响应头字段的值。

➢ getInputStream()：返回该 URLConnection 对应的输入流，用于获取 URLConnection 响应的内容。

➢ getOutputStream()：返回该 URLConnection 对应的输出流，用于向 URLConnection 发送请求参数。

getHeaderField()方法用于根据响应头字段来返回对应的值。而某些头字段由于经常需要访问，所以 Java 提供了如下方法来访问特定响应头字段的值。

➢ getContentEncoding()：获取 content-encoding 响应头字段的值。

➢ getContentLength()：获取 content-length 响应头字段的值。

➢ getContentType()：获取 content-type 响应头字段的值。

➢ getDate()：获取 date 响应头字段的值。

➢ getExpiration()：获取 expires 响应头字段的值。

➢ getLastModified()：获取 last-modified 响应头字段的值。

 注意：

　　如果既要使用输入流读取 URLConnection 响应的内容，又要使用输出流发送请求参数，则一定要先使用输出流，再使用输入流。

下面的程序示范了如何向 Web 站点发送 GET 请求和 POST 请求，并从 Web 站点获得响应。

程序清单：codes\17\17.2\GetPostTest.java

```java
public class GetPostTest
{
    /**
     * 向指定的 URL 发送 GET 请求
     * @param url 发送请求的 URL
     * @param param 请求参数，格式满足 name1=value1&name2=value2 的形式
     * @return URL 代表远程资源的响应
     */
    public static String sendGet(String url, String param)
    {
        String result = "";
        String urlName = url + "?" + param;
        try
        {
            var realUrl = new URL(urlName);
            // 打开与 URL 之间的连接
```

```
        URLConnection conn = realUrl.openConnection();
        // 设置通用的请求属性
        conn.setRequestProperty("accept", "*/*");
        conn.setRequestProperty("connection", "Keep-Alive");
        conn.setRequestProperty("user-agent",
            "Mozilla/4.0 (compatible; MSIE 6.0; Windows NT 5.1; SV1)");
        // 建立实际的连接
        conn.connect();
        // 获取所有的响应头字段
        Map<String, List<String>> map = conn.getHeaderFields();
        // 遍历所有的响应头字段
        for (var key : map.keySet())
        {
            System.out.println(key + "--->" + map.get(key));
        }
        try (
            // 定义 BufferedReader 输入流来读取 URL 的响应
            var in = new BufferedReader(
                new InputStreamReader(conn.getInputStream(), "utf-8")))
        {
            String line;
            while ((line = in.readLine())!= null)
            {
                result += "\n" + line;
            }
        }
    }
    catch (Exception e)
    {
        System.out.println("发送 GET 请求出现异常！" + e);
        e.printStackTrace();
    }
    return result;
}
/**
 * 向指定的 URL 发送 POST 请求
 * @param url 发送请求的 URL
 * @param param 请求参数，格式应该满足 name1=value1&name2=value2 的形式
 * @return URL 代表远程资源的响应
 */
public static String sendPost(String url, String param)
{
    String result = "";
    try
    {
        var realUrl = new URL(url);
        // 打开与 URL 之间的连接
        URLConnection conn = realUrl.openConnection();
        // 设置通用的请求属性
        conn.setRequestProperty("accept", "*/*");
        conn.setRequestProperty("connection", "Keep-Alive");
        conn.setRequestProperty("user-agent",
            "Mozilla/4.0 (compatible; MSIE 6.0; Windows NT 5.1; SV1)");
        // 发送 POST 请求必须设置如下两行
        conn.setDoOutput(true);
        conn.setDoInput(true);
        try (
            // 获取 URLConnection 对象对应的输出流
            var out = new PrintWriter(conn.getOutputStream()))
        {
            // 发送请求参数
            out.print(param);
            // flush 输出流的缓冲
            out.flush();
        }
        try (
            // 定义 BufferedReader 输入流来读取 URL 的响应
            var in = new BufferedReader(new InputStreamReader
```

```
                     (conn.getInputStream(), "utf-8")))
            {
                String line;
                while ((line = in.readLine()) != null)
                {
                    result += "\n" + line;
                }
            }
        }
        catch (Exception e)
        {
            System.out.println("发送 POST 请求出现异常！" + e);
            e.printStackTrace();
        }
        return result;
    }
    // 提供主方法，测试发送 GET 请求和 POST 请求
    public static void main(String args[])
    {
        // 发送 GET 请求
        String s = GetPostTest.sendGet("http://localhost:8888/abc/a.jsp", null);
        System.out.println(s);
        // 发送 POST 请求
        String s1 = GetPostTest.sendPost("http://localhost:8888/abc/login.jsp",
            "name=crazyit.org&pass=leegang");
        System.out.println(s1);
    }
}
```

在上面的程序中，当发送 GET 请求时，只需将请求参数放在 URL 字符串之后，以?隔开，程序直接调用 URLConnection 对象的 connect()方法即可，如 sendGet()方法中的粗体字代码所示；如果程序要发送 POST 请求，则需要先设置 doIn 和 doOut 两个请求头字段的值，然后再使用 URLConnection 对应的输出流来发送请求参数，如 sendPost()方法中的粗体字代码所示。

不管是发送 GET 请求，还是发送 POST 请求，程序获取 URLConnection 响应的方式完全一样——如果程序可以确定远程响应是字符流，则可以使用字符流来读取；如果程序无法确定远程响应是字符流，则使用字节流读取即可。

> **注意：**
>
> 上面程序中发送请求的两个 URL 是部署在本机上的 Web 应用（该应用位于 codes\17\17.2\abc 目录中）。关于如何创建 Web 应用、编写 JSP 页面，请参考疯狂 Java 体系的《轻量级 Java EE 企业应用实战》。由于程序可以使用这种方式向服务器发送请求——相当于提交 Web 应用中的登录表单页，这样就可以让程序不断地变换用户名、密码来提交登录请求，直到返回登录成功，这就是所谓的暴力破解。

17.3 基于 TCP 协议的网络编程

TCP/IP 通信协议是一种可靠的网络协议，它在通信的两端各建立一个 Socket，从而在通信的两端之间形成网络虚拟链路。一旦建立了虚拟的网络链路，两端的程序就可以通过虚拟链路进行通信。Java 对基于 TCP 协议的网络通信提供了良好的封装，Java 使用 Socket 对象来代表两端的通信端口，并通过 Socket 产生 IO 流来进行网络通信。

▶▶ 17.3.1 TCP 协议基础

IP 协议是 Internet 上使用的一个关键协议，通过 IP 协议，使 Internet 成为一个允许连接不同类型的计算机和不同操作系统的网络。

要使两台计算机彼此能进行通信，这两台计算机必须使用同一种"语言"，IP 协议只保证计算机能

发送和接收分组数据。IP 协议负责将消息从一台主机传送到另一台主机，消息在传送的过程中被分割成一个个小包。

尽管通过安装 IP 软件，保证了计算机之间可以发送和接收数据，但 IP 协议并不能解决数据分组在传输过程中可能出现的问题。因此，若要解决可能出现的问题，连上 Internet 的计算机还需要安装 TCP 协议来提供可靠且无差错的通信服务。

TCP 协议也被称作端对端协议，因为它对两台计算机之间的连接起了重要作用——当一台计算机需要与另一台远程计算机连接时，TCP 协议会让它们建立一个连接——用于发送和接收数据的虚拟链路。

TCP 协议负责收集这些数据包，并将其按适当的次序进行传输，接收端收到后再将其正确地还原。TCP 协议保证了数据包在传输中准确无误。TCP 协议使用了重发机制——当一个通信实体发送一条消息给另一个通信实体后，需要收到另一个通信实体的确认信息，如果没有收到另一个通信实体的确认信息，则会重发这条消息。

通过这种重发机制，TCP 协议向应用程序提供了可靠的通信连接，使它能够自动适应网上的各种变化。即使在 Internet 暂时出现堵塞的情况下，TCP 协议也能够保证通信的可靠性。

图 17.4 显示了 TCP 协议控制两个通信实体相互通信的示意图。

综上所述，虽然 IP 和 TCP 这两个协议的功能不尽相同，也可以分开单独使用，但它们是在同一时期作为一个协议来设计的，并且在功能上也是互补的。只有将两者结合起来，才能保证 Internet

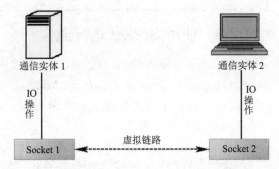

图 17.4　TCP 协议控制两个通信实体相互通信的示意图

在复杂的环境下正常运行。凡是要连接到 Internet 的计算机，都必须同时安装和使用这两个协议，因此，在实际使用中，通常把这两个协议统称为 TCP/IP 协议。

▶▶ 17.3.2　使用 ServerSocket 创建 TCP 服务器端

看图 17.4，并没有看出 TCP 通信的两个通信实体之间有服务器端和客户端之分，这是因为，此图是在两个通信实体之间已经建立了虚拟链路的示意图。在两个通信实体之间建立虚拟链路之前，必须有一个通信实体先做出"主动姿态"，主动接收来自其他通信实体的连接请求。

Java 中能够接收其他通信实体连接请求的类是 ServerSocket，ServerSocket 对象用于监听来自客户端的 Socket 连接；如果没有连接，它将一直处于等待状态。ServerSocket 包含一个监听来自客户端连接请求的方法。

➤ Socket accept()：如果接收到一个客户端 Socket 的连接请求，该方法将返回一个与客户端 Socket 对应的 Socket（如图 17.4 所示，每个 TCP 连接都有两个 Socket）；否则，该方法将一直处于等待状态，线程也被阻塞。

为了创建 ServerSocket 对象，ServerSocket 类提供了如下几个构造器。

➤ ServerSocket(int port)：用指定的端口 port 来创建一个 ServerSocket。该端口应该有一个有效的端口整数值，即 0～65535。

➤ ServerSocket(int port,int backlog)：类似于前一个构造器，只是增加一个用来改变连接队列长度的参数 backlog。

➤ ServerSocket(int port,int backlog,InetAddress localAddr)：在机器存在多个 IP 地址的情况下，允许通过 localAddr 参数来指定将 ServerSocket 绑定到指定的 IP 地址。

当 ServerSocket 使用完毕后，应使用 ServerSocket 的 close()方法来关闭该 ServerSocket。在通常情况下，服务器端不应该只接收一个客户端请求，而应该不断地接收来自客户端的所有请求，所以 Java

程序通常会采用循环不断地调用 ServerSocket 的 accept()方法。代码片段如下：

```
// 创建一个ServerSocket,用于监听客户端 Socket 的连接请求
var ss = new ServerSocket(30000);
// 采用循环不断地接收来自客户端的请求
while (true)
{
    // 每当接收到客户端 Socket 的请求时,服务器端就对应产生一个 Socket
    Socket s = ss.accept();
    // 下面就可以使用 Socket 进行通信了
    ...
}
```

> **提示**：━━
> 上面程序中创建 ServerSocket 没有指定 IP 地址，则该 ServerSocket 将会被绑定到本机默认的 IP 地址。程序中使用 30000 作为该 ServerSocket 的端口号，通常推荐使用端口号在 1024 以上的端口，以避免与其他应用程序的通用端口发生冲突。

▶▶ 17.3.3　使用 Socket 进行通信

通常客户端可以使用 Socket 的构造器连接到指定的服务器，Socket 提供了如下两个构造器。

- ➢ Socket(InetAddress/String remoteAddress, int port)：创建连接到指定的远程主机、远程端口的 Socket。该构造器没有指定本地 IP 地址、本地端口，默认使用本地主机的默认 IP 地址，默认使用系统动态分配的端口。
- ➢ Socket(InetAddress/String remoteAddress, int port, InetAddress localAddr, int localPort)：创建连接到指定的远程主机、远程端口的 Socket，并指定本地 IP 地址和本地端口，适用于本地主机有多个 IP 地址的情形。

上面两个构造器中指定远程主机时，既可使用 InetAddress 来指定，也可直接使用 String 对象来指定，但程序通常使用 String 对象（如 192.168.2.23）来指定远程 IP 地址。当本地主机只有一个 IP 地址时，使用第一个方法更为简单。代码如下：

```
// 创建连接到本机、30000 端口的 Socket
var s = new Socket("127.0.0.1", 30000);
// 下面就可以使用 Socket 进行通信了
...
```

当程序执行上面代码中的粗体字代码时，该代码将会连接到指定的服务器，让服务器端的 ServerSocket 的 accept()方法向下执行，于是服务器端和客户端就产生了一对相互连接的 Socket。

> **提示**：━━
> 上面程序连接到"远程主机"的 IP 地址使用的是 127.0.0.1，这个 IP 地址是一个特殊的地址，它总是代表本机的 IP 地址。因为本书中示例程序的服务器端、客户端都是在本机运行的，所以 Socket 连接的"远程主机"的 IP 地址使用了 127.0.0.1。

当服务器端、客户端产生了对应的 Socket 之后，就得到了如图 17.4 所示的通信示意图，程序无须再区分服务器端和客户端，而是通过各自的 Socket 进行通信。Socket 提供了如下两个方法来获取输入流和输出流。

- ➢ InputStream getInputStream()：返回该 Socket 对象对应的输入流，让程序通过该输入流从 Socket 中读取数据。
- ➢ OutputStream getOutputStream()：返回该 Socket 对象对应的输出流，让程序通过该输出流向 Socket 中输出数据。

看到这两个方法返回的 InputStream 和 OutputStream，读者应该可以明白 Java 在设计 IO 体系上的苦心——不管底层的 IO 流是怎样的节点流：文件流也好，网络 Socket 产生的流也好，程序都可以将其包装成处理流，从而提供更加方便的处理。下面以一个最简单的网络通信程序为例来介绍基于 TCP 协

议的网络通信。

下面的服务器端程序非常简单，它仅仅建立 ServerSocket 监听，并使用 Socket 获取输出流来输出数据。

程序清单：codes\17\17.3\Server.java

```
public class Server
{
    public static void main(String[] args)
        throws IOException
    {
        // 创建一个 ServerSocket, 用于监听客户端 Socket 的连接请求
        var ss = new ServerSocket(30000);     // ①
        // 采用循环不断地接收来自客户端的请求
        while (true)
        {
            // 每当接收到客户端 Socket 的请求时, 服务器端都对应产生一个 Socket
            Socket s = ss.accept();
            // 将 Socket 对应的输出流包装成 PrintStream
            var ps = new PrintStream(s.getOutputStream());
            // 进行普通 IO 操作
            ps.println("您好, 您收到了服务器的新年祝福! ");
            // 关闭输出流, 关闭 Socket
            ps.close();
            s.close();
        }
    }
}
```

下面的客户端程序也非常简单，它仅仅使用 Socket 建立与指定 IP 地址、指定端口的连接，并使用 Socket 获取输入流来读取数据。

程序清单：codes\17\17.3\Client.java

```
public class Client
{
    public static void main(String[] args)
        throws IOException
    {
        var socket = new Socket("127.0.0.1", 30000);     // ①
        // 将 Socket 对应的输入流包装成 BufferedReader
        var br = new BufferedReader(
            new InputStreamReader(socket.getInputStream()));
        // 进行普通 IO 操作
        String line = br.readLine();
        System.out.println("来自服务器的数据: " + line);
        // 关闭输入流, 关闭 Socket
        br.close();
        socket.close();
    }
}
```

上面程序中的①号粗体字代码是使用 ServerSocket 和 Socket 建立网络连接的代码，接下来的粗体字代码是通过 Socket 获取输入流、输出流进行通信的代码。通过程序不难看出，一旦使用 ServerSocket 和 Socket 建立了网络连接，程序通过网络通信与普通 IO 就没有太大的区别了。

首先运行程序中的 Server 类，将看到服务器一直处于等待状态，因为服务器使用了死循环来接收来自客户端的请求；然后运行 Client 类，将看到程序输出"来自服务器的数据：您好，您收到了服务器的新年祝福！"，这表明客户端和服务器端通信成功。

注意：

上面的程序为了突出通过 ServerSocket 和 Socket 建立连接，并通过底层 IO 流进行通信的主题，程序没有进行异常处理，也没有使用 finally 块来关闭资源。

在实际应用中，程序可能不想让执行网络连接、读取服务器数据的进程一直被阻塞，而是希望当网络连接、读取操作超过合理的时间之后，系统自动认为该操作失败，这个合理的时间就是超时时长。Socket 对象提供了一个 setSoTimeout(int timeout) 方法来设置超时时长。代码如下：

```
var s = new Socket("127.0.0.1", 30000);
// 设置 10 秒之后即认为超时
s.setSoTimeout(10000);
```

在为 Socket 对象指定了超时时长之后，如果在使用 Socket 进行读/写操作完成之前超出了该时间限制，那么这些方法就会抛出 SocketTimeoutException 异常，程序可以对该异常进行捕捉，并进行适当的处理。代码如下：

```
try
{
    // 使用 Scanner 来读取网络输入流中的数据
    var scan = new Scanner(s.getInputStream())
    // 读取一行字符
    String line = scan.nextLine()
    ...
}
// 捕捉 SocketTimeoutException 异常
catch (SocketTimeoutException ex)
{
    // 对异常进行处理
    ...
}
```

假设程序需要为 Socket 连接远程服务器时指定超时时长，即经过指定的时间后，如果该 Socket 还未连接到远程服务器，则系统认为该 Socket 连接超时。但 Socket 的所有构造器中都没有提供指定超时时长的参数，所以程序应该先创建一个无连接的 Socket，再调用 Socket 的 connect() 方法来连接远程服务器，而 connect() 方法就可以接收一个超时时长参数。代码如下：

```
// 创建一个无连接的 Socket
var s = new Socket();
// 让该 Socket 连接到远程服务器，如果经过 10 秒还没有连接上，则认为连接超时
s.connect(new InetSocketAddress(host, port), 10000);
```

▶▶ 17.3.4 加入多线程

前面的 Server 和 Client 只是进行了简单的通信操作：服务器端接受客户端的连接之后，服务器端向客户端输出一个字符串，而客户端在读取服务器端的字符串后就退出了。在实际应用中，客户端可能需要和服务器端保持长时间通信，即服务器端需要不断地读取客户端数据，并向客户端写入数据；客户端也需要不断地读取服务器端数据，并向服务器端写入数据。

在使用传统 BufferedReader 的 readLine() 方法读取数据时，在该方法成功返回之前，线程被阻塞，程序无法继续执行。考虑到这个原因，服务器端应该为每个 Socket 都单独启动一个线程，每个线程都负责与一个客户端进行通信。

客户端读取服务器端数据的线程同样会被阻塞，所以系统应该单独启动一个线程，该线程专门负责读取服务器端数据。

现在考虑实现一个命令行界面的 C/S 聊天室应用，服务器端应该包含多个线程，每个 Socket 对应一个线程，该线程负责读取 Socket 对应的输入流的数据（从客户端发送过来的数据），并将读到的数据向每个 Socket 对应的输出流发送一次（将一个客户端发送的数据"广播"给其他客户端），因此需要在服务器端使用 List 来保存所有的 Socket。

下面是服务器端的实现代码，程序为服务器端提供了两个类，其中一个是创建 ServerSocket 监听的主类，另一个是负责处理每个 Socket 通信的线程类。

程序清单：codes\17\17.3\MultiThread\server\MyServer.java

```
public class MyServer
{
    // 定义保存所有 Socket 的 ArrayList，并将其包装为线程安全的
    public static List<Socket> socketList
        = Collections.synchronizedList(new ArrayList<>());
    public static void main(String[] args)
        throws IOException
    {
        var ss = new ServerSocket(30000);
        while (true)
        {
            // 此行代码会被阻塞，将一直等待别人的连接
            Socket s = ss.accept();
            socketList.add(s);
            // 每当客户端连接后，都启动一个 ServerThread 线程为该客户端服务
            new Thread(new ServerThread(s)).start();
        }
    }
}
```

上面的程序实现了服务器端只负责接收客户端 Socket 的连接请求，每当客户端 Socket 连接到该 ServerSocket 之后，程序都将对应的 Socket 加入 socketList 集合中保存起来，并为该 Socket 启动一个线程，该线程负责处理该 Socket 所有的通信任务，如程序中 4 行粗体字代码所示。服务器端线程类的代码如下。

程序清单：codes\17\17.3\MultiThread\server\ServerThread.java

```
// 负责处理每个线程通信的线程类
public class ServerThread implements Runnable
{
    // 定义当前线程所处理的 Socket
    Socket s = null;
    // 该线程所处理的 Socket 对应的输入流
    BufferedReader br = null;
    public ServerThread(Socket s) throws IOException
    {
        this.s = s;
        // 初始化该 Socket 对应的输入流
        br = new BufferedReader(new InputStreamReader(s.getInputStream()));
    }
    public void run()
    {
        try
        {
            String content = null;
            // 采用循环不断地从 Socket 中读取客户端发送过来的数据
            while ((content = readFromClient()) != null)
            {
                // 遍历 socketList 中的每个 Socket
                // 将读到的内容向每个 Socket 发送一次
                for (var s : MyServer.socketList)
                {
                    var ps = new PrintStream(s.getOutputStream());
                    ps.println(content);
                }
            }
        }
        catch (IOException e)
        {
            e.printStackTrace();
        }
    }
    // 定义读取客户端数据的方法
    private String readFromClient()
    {
        try
```

```
    {
        return br.readLine();
    }
    // 如果捕捉到异常，则表明该 Socket 对应的客户端已经关闭
    catch (IOException e)
    {
        // 删除该 Socket
        MyServer.socketList.remove(s);        // ①
    }
    return null;
    }
}
```

上面的服务器端线程类不断地读取客户端数据，程序使用 readFromClient()方法来读取客户端数据；如果在读取数据的过程中捕捉到 IOException 异常，则表明该 Socket 对应的客户端 Socket 出现了问题（到底什么问题不用深究，反正不正常），程序就将该 Socket 从 socketList 集合中删除，如 readFromClient()方法中①号代码所示。

当服务器端线程读到客户端数据之后，程序遍历 socketList 集合，并将该数据向 socketList 集合中的每个 Socket 发送一次——该服务器端线程把从 Socket 中读到的数据向 socketList 集合中的每个 Socket 转发一次，如 run()线程执行体中的粗体字代码所示。

每个客户端都应该包含两个线程：一个负责读取用户的键盘输入，并将用户输入的数据写入 Socket 对应的输出流中；另一个负责读取 Socket 对应的输入流中的数据（从服务器端发送过来的数据），并将这些数据打印输出。其中负责读取用户键盘输入的线程由 MyClient 负责，也就是由程序的主线程负责。客户端主类程序代码如下。

程序清单：codes\17\17.3\MultiThread\client\MyClient.java

```
public class MyClient
{
    public static void main(String[] args) throws Exception
    {
        var s = new Socket("127.0.0.1", 30000);
        // 客户端启动 ClientThread 线程不断地读取来自服务器端的数据
        new Thread(new ClientThread(s)).start();    // ①
        // 获取该 Socket 对应的输出流
        var ps = new PrintStream(s.getOutputStream());
        String line = null;
        // 不断地读取键盘输入
        var br = new BufferedReader(
            new InputStreamReader(System.in));
        while ((line = br.readLine()) != null)
        {
            // 将用户键盘输入的内容写入 Socket 对应的输出流中
            ps.println(line);
        }
    }
}
```

上面程序中获取键盘输入的代码在第 15 章中已有详细解释，此处不再赘述。当该线程读到用户键盘输入的内容后，将该内容写入该 Socket 对应的输出流中。

此外，当主线程使用 Socket 连接到服务器之后，启动了 ClientThread 来处理该线程的 Socket 通信，如程序中①号代码所示。ClientThread 线程负责读取 Socket 对应的输入流中的内容，并将这些内容在控制台打印出来。

程序清单：codes\17\17.3\MultiThread\client\ClientThread.java

```
public class ClientThread implements Runnable
{
    // 该线程负责处理的 Socket
    private Socket s;
    // 该线程所处理的 Socket 对应的输入流
    BufferedReader br = null;
```

```
public ClientThread(Socket s) throws IOException
{
    this.s = s;
    br = new BufferedReader(
        new InputStreamReader(s.getInputStream()));
}
public void run()
{
    try
    {
        String content = null;
        // 不断地读取 Socket 对应的输入流中的内容，并将这些内容打印输出
        while ((content = br.readLine()) != null)
        {
            System.out.println(content);
        }
    }
    catch (Exception e)
    {
        e.printStackTrace();
    }
}
```

上面的线程的功能也非常简单，它只是不断地获取 Socket 对应的输入流中的内容——当获取到 Socket 对应的输入流中的内容后，它直接将这些内容在控制台打印出来，如上面程序中的粗体字代码所示。

首先运行上面程序中的 MyServer 类，该类运行后只是作为服务器，看不到任何输出。然后运行多个 MyClient——相当于启动多个聊天室客户端登录该服务器，在任何一个客户端通过键盘输入一些内容后按回车键，即可在所有客户端（包括自己）的控制台上收到刚刚输入的内容，这就粗略地实现了一个 C/S 结构聊天室的功能。

▶▶ 17.3.5　记录用户信息

上面的程序虽然已经粗略地完成了通信功能，每个客户端都可以看到其他客户端发送的信息，但无法知道是哪个客户端发送的信息，因为服务器端从未记录过用户信息——当客户端使用 Socket 连接到服务器端之后，程序只是使用 socketList 集合保存了服务器端对应生成的 Socket，并没有保存该 Socket 关联的用户信息。

下面的程序将考虑使用 Map 来保存用户状态信息，因为本程序将实现私聊功能。也就是说，一个客户端可以将信息发送给另一个指定的客户端。实际上，所有的客户端只与服务器端连接，客户端之间并没有相互连接。也就是说，当一个客户端发送信息到服务器端之后，服务器端必须可以判断出该信息到底是向所有用户发送，还是向指定的用户发送，并需要知道向哪个用户发送。这里需要解决如下两个问题。

➤ 客户端发送过来的信息必须有特殊的标识——让服务器端可以判断出是公聊信息，还是私聊信息。

➤ 如果是私聊信息，客户端会发送该信息的目的用户（私聊对象）给服务器端，服务器端如何将该信息发送给该私聊对象。

为了解决第一个问题，可以让客户端在发送不同的信息之前，先对这些信息进行适当的处理，比如在内容的前后添加一些特殊字符——这种特殊字符被称为协议字符。本例提供了一个 CrazyitProtocol 接口，该接口专门用于定义协议字符。

程序清单：codes\17\17.3\Senior\server\CrazyitProtocol.java

```
public interface CrazyitProtocol
{
    // 定义协议字符串的长度
    int PROTOCOL_LEN = 2;
```

```
    // 下面是一些协议字符串，在服务器端和客户端交换的信息前后都应该添加这种特殊字符串
    String MSG_ROUND = "$γ";
    String USER_ROUND = "ΠΣ";
    String LOGIN_SUCCESS = "1";
    String NAME_REP = "-1";
    String PRIVATE_ROUND = "★【";
    String SPLIT_SIGN = "※";
}
```

实际上，由于服务器端和客户端都需要使用这些协议字符串，所以程序需要在服务器端和客户端同时保留该接口对应的 class 文件。

为了解决第二个问题，可以考虑使用一个 Map 来保存聊天室所有用户和对应的 Socket 之间的映射关系——这样服务器端就可以根据用户名来找到对应的 Socket。但实际上本程序并未这么做，程序仅仅使用 Map 保存了聊天室所有用户名和对应的输出流之间的映射关系，因为服务器端只要获取该用户名对应的输出流即可。服务器端提供了一个 HashMap 的子类，该类不允许 value 重复，并提供了根据 value 获取 key、根据 value 删除 key 等方法。

程序清单：codes\17\17.3\Senior\server\CrazyitMap.java

```java
// 通过组合 HashMap 对象来实现 CrazyitMap, CrazyitMap 要求 value 不可重复
public class CrazyitMap<K, V>
{
    // 创建一个线程安全的 HashMap
    public Map<K, V> map = Collections.synchronizedMap(new HashMap<K, V>());
    // 根据 value 来删除指定项
    public synchronized void removeByValue(Object value)
    {
        for (var key : map.keySet())
        {
            if (map.get(key) == value || map.get(key).equals(value))
            {
                map.remove(key);
                break;
            }
        }
    }
    // 获取所有 value 组成的 Set 集合
    public synchronized Set<V> valueSet()
    {
        Set<V> result = new HashSet<>();
        // 将 map 中的所有 value 添加到 result 集合中
        map.forEach((key, value) -> result.add(value));
        return result;
    }
    // 根据 value 查找 key
    public synchronized K getKeyByValue(V val)
    {
        // 遍历所有 key 组成的集合
        for (var key : map.keySet())
        {
            // 如果指定 key 对应的 value 与被搜索的 value 相同，则返回对应的 key
            if (map.get(key) == val || map.get(key).equals(val))
            {
                return key;
            }
        }
        return null;
    }
    // 实现 put() 方法，该方法不允许 value 重复
    public synchronized V put(K key, V value)
    {
        // 遍历所有 value 组成的集合
        for (var val : valueSet() )
        {
            // 如果某个 value 与试图放入集合中的 value 相同
```

```
            // 则抛出一个 RuntimeException 异常
            if (val.equals(value)
                && val.hashCode()== value.hashCode())
            {
                throw new RuntimeException("CrazyitMap 实例中不允许有重复的value!");
            }
        }
        return map.put(key, value);
    }
}
```

严格来讲，CrazyitMap 已经不是一个标准的 Map 结构了，但程序需要这样一个数据结构来保存用户名和对应的输出流之间的映射关系——这样既可以通过用户名找到对应的输出流，也可以根据输出流找到对应的用户名。

服务器端的主类同样只是建立 ServerSocket 来监听来自客户端 Socket 的连接请求，但该程序增加了一些异常处理，可能看上去比上一节的程序稍微复杂一些。

程序清单：codes\17\17.3\Senior\server\Server.java

```java
public class Server
{
    private static final int SERVER_PORT = 30000;
    // 使用 CrazyitMap 对象来保存用户名和对应的输出流之间的映射关系
    public static CrazyitMap<String, PrintStream> clients
        = new CrazyitMap<>();
    public void init()
    {
        try (
            // 建立监听的 ServerSocket
            var ss = new ServerSocket(SERVER_PORT))
        {
            // 采用死循环不断地接收来自客户端的请求
            while (true)
            {
                var socket = ss.accept();
                new ServerThread(socket).start();
            }
        }
        // 如果抛出异常
        catch (IOException ex)
        {
            System.out.println("服务器启动失败，是否端口"
                + SERVER_PORT + "已被占用？");
        }
    }
    public static void main(String[] args)
    {
        var server = new Server();
        server.init();
    }
}
```

该程序的关键代码依然只有三行，如程序中粗体字代码所示。它们依然是完成建立 ServerSocket，监听客户端 Socket 的连接请求，并为已连接的 Socket 启动单独的线程。

服务器端线程类比上一节的要复杂一些，因为该线程类要分别处理公聊信息和私聊信息两类聊天信息。此外，它还需要处理用户名是否重复的问题。服务器端线程类的代码如下。

程序清单：codes\17\17.3\Senior\server\ServerThread.java

```java
public class ServerThread extends Thread
{
    private Socket socket;
    BufferedReader br = null;
    PrintStream ps = null;
    // 定义一个构造器，用于接收一个 Socket 来创建 ServerThread 线程
    public ServerThread(Socket socket)
```

```
{
    this.socket = socket;
}
public void run()
{
    try
    {
        // 获取该 Socket 对应的输入流
        br = new BufferedReader(new InputStreamReader(socket
            .getInputStream()));
        // 获取该 Socket 对应的输出流
        ps = new PrintStream(socket.getOutputStream());
        String line = null;
        while ((line = br.readLine())!= null)
        {
            // 如果读到的行以 CrazyitProtocol.USER_ROUND 开始，并以其结束
            // 则可以确定读到的是用户登录的用户名
            if (line.startsWith(CrazyitProtocol.USER_ROUND)
                && line.endsWith(CrazyitProtocol.USER_ROUND))
            {
                // 得到真实消息
                String userName = getRealMsg(line);
                // 如果用户名重复
                if (Server.clients.map.containsKey(userName))
                {
                    System.out.println("重复");
                    ps.println(CrazyitProtocol.NAME_REP);
                }
                else
                {
                    System.out.println("成功");
                    ps.println(CrazyitProtocol.LOGIN_SUCCESS);
                    Server.clients.put(userName, ps);
                }
            }
            // 如果读到的行以 CrazyitProtocol.PRIVATE_ROUND 开始，并以其结束
            // 则可以确定是私聊信息，私聊信息只向特定的输出流发送
            else if (line.startsWith(CrazyitProtocol.PRIVATE_ROUND)
                && line.endsWith(CrazyitProtocol.PRIVATE_ROUND))
            {
                // 得到真实消息
                String userAndMsg = getRealMsg(line);
                // 以 SPLIT_SIGN 分割字符串，前半是私聊用户，后半是聊天信息
                String user = userAndMsg.split(CrazyitProtocol.SPLIT_ SIGN) [0];
                String msg = userAndMsg.split(CrazyitProtocol.SPLIT_ SIGN) [1];
                // 获取私聊用户对应的输出流，并发送私聊信息
                Server.clients.map.get(user).println(Server.clients
                    .getKeyByValue(ps) + "悄悄地对你说: " + msg);
            }
            // 公聊信息要向每个 Socket 发送
            else
            {
                // 得到真实消息
                String msg = getRealMsg(line);
                // 遍历 clients 中的每个输出流
                for (var clientPs : Server.clients.valueSet())
                {
                    clientPs.println(Server.clients.getKeyByValue(ps)
                        + "说: " + msg);
                }
            }
        }
    }
    // 如果捕捉到异常，则表明该 Socket 对应的客户端已经出现了问题
    // 所以程序将其对应的输出流从 Map 中删除
    catch (IOException e)
    {
        Server.clients.removeByValue(ps);
```

```
        System.out.println(Server.clients.map.size());
        // 关闭网络、IO 资源
        try
        {
            if (br != null)
            {
                br.close();
            }
            if (ps != null)
            {
                ps.close();
            }
            if (socket != null)
            {
                socket.close();
            }
        }
        catch (IOException ex)
        {
            ex.printStackTrace();
        }
    }
}
    // 将读到的内容去掉前后的协议字符，恢复成真实数据
    private String getRealMsg(String line)
    {
        return line.substring(CrazyitProtocol.PROTOCOL_LEN,
            line.length() - CrazyitProtocol.PROTOCOL_LEN);
    }
}
```

上面的程序比前一节的程序除增加了异常处理之外，主要增加了对读取数据的判断，如程序中粗体字代码所示。程序读取到客户端发送过来的内容之后，会根据该内容前后的协议字符串对其进行相应的处理。

客户端主类增加了让用户输入用户名的代码，并且不允许用户名重复。此外，还可以根据用户的键盘输入来判断该用户是否想发送私聊信息。客户端主类的代码如下。

程序清单：codes\17\17.3\Senior\client\Client.java

```
public class Client
{
    private static final int SERVER_PORT = 30000;
    private Socket socket;
    private PrintStream ps;
    private BufferedReader brServer;
    private BufferedReader keyIn;
    public void init()
    {
        try
        {
            // 初始化代表键盘的输入流
            keyIn = new BufferedReader(
                new InputStreamReader(System.in));
            // 连接到服务器端
            socket = new Socket("127.0.0.1", SERVER_PORT);
            // 获取该 Socket 对应的输入流和输出流
            ps = new PrintStream(socket.getOutputStream());
            brServer = new BufferedReader(
                new InputStreamReader(socket.getInputStream()));
            String tip = "";
            // 采用循环不断地弹出对话框要求用户输入用户名
            while (true)
            {
                String userName = JOptionPane.showInputDialog(tip
                    + "输入用户名");        // ①
                // 在用户输入的用户名前后添加协议字符串后发送
                ps.println(CrazyitProtocol.USER_ROUND + userName
                    + CrazyitProtocol.USER_ROUND);
```

```
                    // 读取服务器端的响应
                    String result = brServer.readLine();
                    // 如果用户名重复，则开始下一次循环
                    if (result.equals(CrazyitProtocol.NAME_REP))
                    {
                        tip = "用户名重复！请重新输入";
                        continue;
                    }
                    // 如果服务器端返回登录成功消息，则结束循环
                    if (result.equals(CrazyitProtocol.LOGIN_SUCCESS))
                    {
                        break;
                    }
                }
            }
            // 捕捉到异常，关闭网络资源，并退出该程序
            catch (UnknownHostException ex)
            {
                System.out.println("找不到远程服务器，请确定服务器已经启动！");
                closeRs();
                System.exit(1);
            }
            catch (IOException ex)
            {
                System.out.println("网络异常！请重新登录！");
                closeRs();
                System.exit(1);
            }
            // 以该 Socket 对应的输入流启动 ClientThread 线程
            new ClientThread(brServer).start();
    }
    // 定义一个读取键盘输入，并向网络发送的方法
    private void readAndSend()
    {
        try
        {
            // 不断地读取键盘输入
            String line = null;
            while ((line = keyIn.readLine()) != null)
            {
                // 如果发送的信息中有冒号，且以//开头，则认为想发送私聊信息
                if (line.indexOf(":") > 0 && line.startsWith("//"))
                {
                    line = line.substring(2);
                    ps.println(CrazyitProtocol.PRIVATE_ROUND +
                    line.split(":")[0] + CrazyitProtocol.SPLIT_SIGN
                        + line.split(":")[1] + CrazyitProtocol.PRIVATE_ROUND);
                }
                else
                {
                    ps.println(CrazyitProtocol.MSG_ROUND + line
                        + CrazyitProtocol.MSG_ROUND);
                }
            }
        }
        // 捕捉到异常，关闭网络资源，并退出该程序
        catch (IOException ex)
        {
            System.out.println("网络通信异常！请重新登录！");
            closeRs();
            System.exit(1);
        }
    }
    // 关闭 Socket、输入流、输出流的方法
    private void closeRs()
    {
        try
        {
            if (keyIn != null)
```

```
            {
                ps.close();
            }
            if (brServer != null)
            {
                ps.close();
            }
            if (ps != null)
            {
                ps.close();
            }
            if (socket != null)
            {
                keyIn.close();
            }
        }
        catch (IOException ex)
        {
            ex.printStackTrace();
        }
    }
    public static void main(String[] args)
    {
        var client = new Client();
        client.init();
        client.readAndSend();
    }
}
```

上面的程序使用 **JOptionPane** 弹出一个输入对话框让用户输入用户名，如程序中 init()方法中的①号粗体字代码所示。然后程序立即将用户输入的用户名发送给服务器端，服务器端会返回该用户名是否重复的提示，程序又立即读取服务器端的提示，并根据服务器端的提示判断是否需要继续让用户输入用户名。

与上一节的客户端主类程序相比，该程序还增加了对用户输入信息的判断——程序判断用户输入的内容是否以双斜线（//）开头，并包含冒号（:)，如果是，系统认为该用户想发送私聊信息，就会将冒号（:）之前的部分当成私聊用户名，将冒号（:）之后的部分当成聊天信息，如 readAndSend()方法中的粗体字代码所示。

本程序中客户端线程类几乎没有太大的变化，仅仅添加了异常处理部分的代码。

程序清单：codes\17\17.3\Senior\client\ClientThread.java

```
public class ClientThread extends Thread
{
    // 该客户端线程负责处理的输入流
    BufferedReader br = null;
    // 使用一个网络输入流来创建客户端线程
    public ClientThread(BufferedReader br)
    {
        this.br = br;
    }
    public void run()
    {
        try
        {
            String line = null;
            // 不断地从输入流中读取数据，并将这些数据打印输出
            while ((line = br.readLine())!= null)
            {
                System.out.println(line);
                /*
                本例仅打印了从服务器端读到的内容。实际上，此处的情况可以更复杂：如
                果希望客户端能看到聊天室的用户列表，则可以让服务器端在每次有用户登
                录、用户退出时，都将所有的用户列表信息向客户端发送一遍。为了区分服
                务器端发送的是聊天信息，还是用户列表，服务器端也应该在要发送的信息
                前后添加一定的协议字符串，客户端则根据协议字符串的不同而进行不同的处理！
```

```
            更复杂的情况是:
            如果两端进行游戏，则还有可能发送游戏信息。例如，两端进行五子棋游戏，
            则需要发送下棋坐标信息等，服务器端同样需要在这些下棋坐标信息的前后添加
            协议字符串后再发送，客户端就可以根据该信息知道对手的下棋坐标了。
            */
        }
    }
    catch (IOException ex)
    {
        ex.printStackTrace();
    }
    // 使用 finally 块来关闭该线程对应的输入流
    finally
    {
        try
        {
            if (br != null)
            {
                br.close();
            }
        }
        catch (IOException ex)
        {
            ex.printStackTrace();
        }
    }
}
```

虽然上面的程序非常简单，但正如程序注释中所指出的，如果服务器端可以返回更多类型丰富的数据，则该线程类的处理将会更复杂，该程序可以被扩展到非常强大。

首先运行上面的 Server 类，启动服务器；然后多次运行 Client 类，启动多个客户端，并输入不同的用户名，登录服务器后的聊天界面如图 17.5 所示。

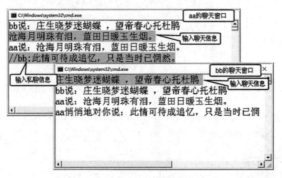

图 17.5 两个客户端的聊天界面

提示:

本程序没有提供 GUI 界面部分，直接使用了 DOS 窗口进行聊天——因为增加 GUI 界面会让程序的代码更多，容易使读者产生畏难心理。如果读者理解了本程序，相信读者一定乐意为该程序添加界面部分，因为整个程序的所有核心功能都已经实现了。不仅如此，读者完全可以在本程序的基础上扩展成一个仿 QQ 游戏大厅的网络程序——疯狂软件教育中心的很多学员都可以做到这一点。

▶▶ 17.3.6 半关闭的 Socket

前面介绍的服务器端和客户端通信时，总是以行作为通信的最小数据单位，在每行内容的前后分别添加特殊的协议字符串，服务器端在处理信息时也是逐行进行的。在另一些协议里，通信的数据单位可能是多行的，例如，前面介绍的通过 URLConnection 来获取远程主机的数据，远程主机响应的内容就包含很多数据——在这种情况下，需要解决一个问题：Socket 的输出流如何表示输出数据已经结束？

在第 15 章中介绍 IO 时提到，如果要表示输出已经结束，则可以通过关闭输出流来实现。但在网络通信中则不能通过关闭输出流来表示输出已经结束，因为当关闭输出流时，该输出流对应的 Socket 也将随之关闭，这将导致程序无法再从该 Socket 的输入流中读取数据了。

在这种情况下，Socket 提供了如下两个半关闭的方法，只关闭 Socket 的输入流或者输出流，用于表示输出数据已经发送完成。

➤ shutdownInput()：关闭该 Socket 的输入流，程序还可通过该 Socket 的输出流输出数据。

➤ shutdownOutput()：关闭该 Socket 的输出流，程序还可通过该 Socket 的输入流读取数据。

当调用 shutdownInput()或 shutdownOutput()方法关闭 Socket 的输入流或者输出流之后，该 Socket 处于"半关闭"状态，Socket 可通过 isInputShutdown()方法判断该 Socket 是否处于半读（read-half）状态，通过 isOutputShutdown()方法判断该 Socket 是否处于半写（write-half）状态。

注意：

即使同一个 Socket 实例先后调用了 shutdownInput()、shutdownOutput()方法，该 Socket 实例也依然没有被关闭，只是该 Socket 既不能输出数据，也不能读取数据而已。

下面的程序示范了半关闭方法的用法。在该程序中服务器端先向客户端发送多条数据，当数据发送完成后，该 Socket 对象调用 shutdownOutput()方法来关闭输出流，表明数据发送结束——在关闭输出流之后，依然可以从 Socket 中读取数据。

程序清单：codes\17\17.3\HalfClose\Server.java

```java
public class Server
{
    public static void main(String[] args)
        throws Exception
    {
        var ss = new ServerSocket(30000);
        Socket socket = ss.accept();
        var ps = new PrintStream(socket.getOutputStream());
        ps.println("服务器的第一行数据");
        ps.println("服务器的第二行数据");
        // 关闭socket的输出流，表明输出数据已经结束
        socket.shutdownOutput();
        // 下面的语句将输出 false，表明 socket 还未被关闭
        System.out.println(socket.isClosed());
        var scan = new Scanner(socket.getInputStream());
        while (scan.hasNextLine())
        {
            System.out.println(scan.nextLine());
        }
        scan.close();
        socket.close();
        ss.close();
    }
}
```

上面程序中的第一行粗体字代码关闭了 Socket 的输出流之后，程序判断该 Socket 是否处于关闭状态，将可看到第二行粗体字代码输出 false。反之，如果将第一行粗体字代码换成 ps.close()——关闭输出流，将可看到第二行粗体字代码输出 true，这表明关闭输出流导致 Socket 也随之关闭。

本程序的客户端代码比较普通，只是先读取服务器端返回的数据，再向服务器端发送一些内容。客户端代码比较简单，故此处不再给出，读者可参考 codes\17\17.3\HalfClose\Client.java 程序来查看该代码。

当调用 Socket 的 shutdownOutput()或 shutdownInput()方法关闭了输出流或者输入流之后，该 Socket 无法再次打开输出流或者输入流，因此这种做法通常不适用于保持持久通信状态的交互式应用，只适用于一站式的通信协议，如 HTTP 协议——客户端连接到服务器端后，开始发送请求数据，发送完成后无

须再次发送数据，只需要读取服务器端的响应数据即可，当读取响应数据完成后，该 Socket 连接也被关闭了。

▶▶ 17.3.7　使用 NIO 实现非阻塞式 Socket 通信

从 JDK 1.4 开始，Java 提供了 NIO API 来开发高性能的网络服务器。前面介绍的网络通信程序是基于阻塞式 API 的——当程序执行输入/输出操作后，在这些操作返回之前会一直阻塞该线程，所以服务器端必须为每个客户端都提供一个独立的线程进行处理。当服务器端需要同时处理大量的客户端时，这种做法会导致性能下降。而使用 NIO API，则可以让服务器端使用一个或有限的几个线程来同时处理连接到服务器端的所有客户端。

> **提示：**
> 如果读者忘记了 NIO 中 Channel、Buffer、Charset 等 API 的概念和用法，可以再次阅读本书第 15 章中关于 NIO 的内容。

Java 的 NIO 为非阻塞式 Socket 通信提供了如下几个特殊类。

➤ Selector：它是 SelectableChannel 对象的多路复用器，所有希望采用非阻塞方式进行通信的 Channel 都应该被注册到 Selector 对象上。通过调用此类的 open()静态方法来创建 Selector 实例，该方法将使用系统默认的 Selector 来返回新的 Selector。

Selector 可以同时监控多个 SelectableChannel 的 IO 状况，是非阻塞式 IO 的核心。一个 Selector 实例有三个 SelectionKey 集合。

- 所有的 SelectionKey 集合：代表了注册在该 Selector 上的 Channel，这个集合可以通过 keys()方法返回。
- 被选择的 SelectionKey 集合：代表了所有可通过 select()方法获取的、需要进行 IO 处理的 Channel，这个集合可以通过 selectedKeys()方法返回。
- 被取消的 SelectionKey 集合：代表了所有被取消注册关系的 Channel，在下一次执行 select()方法时，这些 Channel 对应的 SelectionKey 会被彻底删除，程序通常无须直接访问该集合。

此外，Selector 还提供了一系列与 select()相关的方法，如下所示。

- int select()：监控所有注册的 Channel，当它们中间有需要处理的 IO 操作时，该方法返回，并将对应的 SelectionKey 加入被选择的 SelectionKey 集合中，该方法返回这些 Channel 的数量。
- int select(long timeout)：可以设置超时时长的 select()方法。
- int selectNow()：执行一个立即返回的 select()方法，相对于无参数的 select()方法而言，该方法不会阻塞线程。
- Selector wakeup()：使一个还未返回的 select()方法立即返回。

➤ SelectableChannel：它代表可以支持非阻塞式 IO 操作的 Channel 对象，它可被注册到 Selector 上，这种注册关系由 SelectionKey 实例表示。Selector 对象提供了一个 select()方法，该方法允许应用程序同时监控多个 IO Channel。

应用程序可以调用 SelectableChannel 的 register()方法将其注册到指定的 Selector 上，当该 Selector 上的某些 SelectableChannel 中有需要处理的 IO 操作时，程序可以调用 Selector 实例的 select()方法获取它们的数量，并可以通过 selectedKeys()方法返回它们对应的 SelectionKey 集合——通过该集合就可以获取所有需要进行 IO 处理的 SelectableChannel。

SelectableChannel 对象支持阻塞和非阻塞两种模式（所有的 Channel 默认都是阻塞模式），必须使用非阻塞模式才可以利用非阻塞式 IO 操作。SelectableChannel 提供了如下两个方法来设置和返回该 Channel 的模式状态。

- SelectableChannel configureBlocking(boolean block)：设置是否采用阻塞模式。

- boolean isBlocking()：返回该 Channel 是否是阻塞模式。

不同的 SelectableChannel 所支持的操作不一样，例如，ServerSocketChannel 代表一个 ServerSocket，它就只支持 OP_ACCEPT 操作。SelectableChannel 提供了如下方法来返回它所支持的所有操作。

- int validOps()：返回一个整数值，表示这个 Channel 所支持的 IO 操作。

提示：

在 SelectionKey 中，用静态常量定义了 4 种 IO 操作：OP_READ（1）、OP_WRITE（4）、OP_CONNECT（8）、OP_ACCEPT（16），这些值任意 2 个、3 个、4 个进行按位或的结果和相加的结果相等，而且它们任意 2 个、3 个、4 个相加的结果总是互不相同，所以系统可以根据 validOps()方法的返回值确定该 SelectableChannel 支持的操作。例如，返回 5，即可知道它支持读（1）和写（4）。

此外，SelectableChannel 还提供了如下几个方法来获取它的注册状态。

- boolean isRegistered()：返回该 Channel 是否已被注册在一个或多个 Selector 上。
- SelectionKey keyFor(Selector sel)：返回该 Channel 和 sel Selector 之间的注册关系；如果不存在注册关系，则返回 null。

➢ SelectionKey：该对象代表 SelectableChannel 和 Selector 之间的注册关系。

➢ ServerSocketChannel：支持非阻塞式操作，对应于 java.net.ServerSocket 这个类，只支持 OP_ACCEPT 操作。该类也提供了 accept()方法，其功能相当于 ServerSocket 提供的 accept()方法。

➢ SocketChannel：支持非阻塞式操作，对应于 java.net.Socket 这个类，支持 OP_CONNECT、OP_READ 和 OP_WRITE 操作。这个类还实现了 ByteChannel 接口、ScatteringByteChannel 接口和 GatheringByteChannel 接口，所以可以直接通过 SocketChannel 来读/写 ByteBuffer 对象。

图 17.6 显示了 NIO 的非阻塞式服务器示意图。

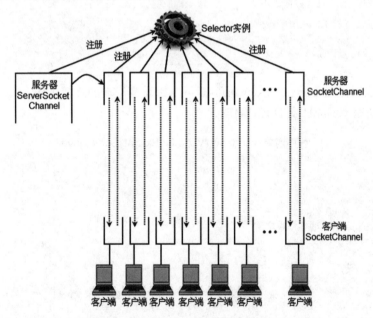

图 17.6　NIO 的非阻塞式服务器示意图

从图 17.6 中可以看出，服务器上的所有 Channel（包括 ServerSocketChannel 和 SocketChannel）都需要向 Selector 注册，而该 Selector 则负责监控这些 Socket 的 IO 状态，当其中任意一个或多个 Channel 具有可用的 IO 操作时，该 Selector 的 select()方法将会返回大于 0 的整数值，这个整数值就表示该 Selector 上有多少个 Channel 具有可用的 IO 操作，并提供了 selectedKeys()方法来返回这些 Channel 对应的 SelectionKey 集合。正是通过 Selector，使得服务器端只需要不断地调用 Selector 实例的 select()方法，即可知道当前所有的 Channel 是否有需要处理的 IO 操作。

> **提示：**
> 当 Selector 上注册的所有 Channel 都没有需要处理的 IO 操作时，select()方法将被阻塞，调用该方法的线程被阻塞。

本示例程序使用 NIO 实现了多人聊天室的功能，服务器端采用循环不断地获取 Selector 的 select()方法的返回值，当该返回值大于 0 时，就处理该 Selector 上被选择的 SelectionKey 所对应的 Channel。

服务器端需要使用 ServerSocketChannel 来监听客户端的连接请求，Java 设计的该类比较难用：它不像 ServerSocket 可以直接指定监听某个端口，而且不能使用已有的 ServerSocket 的 getChannel()方法来获取 ServerSocketChannel 实例。程序必须先调用它的 open()静态方法返回一个 ServerSocketChannel 实例，然后再使用它的 bind()方法指定它在某个端口监听。创建一个可用的 ServerSocketChannel 需要采用如下代码片段：

```
// 通过 open()方法打开一个未绑定的 ServerSocketChannel 实例
ServerSocketChannel server = ServerSocketChannel.open();
var isa = new InetSocketAddress("127.0.0.1", 30000);
// 将该 ServerSocketChannel 绑定到指定的 IP 地址
server.bind(isa);
```

> **提示：**
> 在 Java 7 以前，ServerSocketChannel 的设计更糟糕——要让 ServerSocketChannel 监听指定的端口，必须先调用它的 socket()方法获取与其关联的 ServerSocket 对象，然后再调用 ServerSocket 的 bind()方法来监听指定的端口。Java 7 为 ServerSocketChannel 新增了 bind()方法，因此稍微简单了一些。

如果需要使用非阻塞方式来处理该 ServerSocketChannel，还应该设置它的非阻塞模式，并将其注册到指定的 Selector 对象上。代码片段如下：

```
// 设置 ServerSocket 以非阻塞方式工作
server.configureBlocking(false);
// 将 server 注册到指定的 Selector 对象上
server.register(selector, SelectionKey.OP_ACCEPT);
```

经过上面的步骤后，该 ServerSocketChannel 可以接受客户端的连接请求，还需要调用 Selector 的 select()方法来监听所有 Channel 上的 IO 操作。

程序清单：codes\17\17.3\NoBlock\NServer.java

```
public class NServer
{
    // 用于检测所有 Channel 状态的 Selector
    private Selector selector = null;
    static final int PORT = 30000;
    // 定义实现编码、解码的字符集对象
    private Charset charset = Charset.forName("UTF-8");
    public void init() throws IOException
    {
        selector = Selector.open();
        // 通过 open()方法打开一个未绑定的 ServerSocketChannel 实例
        ServerSocketChannel server = ServerSocketChannel.open();
        var isa = new InetSocketAddress("127.0.0.1", PORT);
        // 将该 ServerSocketChannel 绑定到指定的 IP 地址
        server.bind(isa);
        // 设置 ServerSocket 以非阻塞方式工作
        server.configureBlocking(false);
        // 将 server 注册到指定的 Selector 对象上
        server.register(selector, SelectionKey.OP_ACCEPT);
        while (selector.select() > 0)
        {
            // 依次处理 selector 上每个已选择的 SelectionKey
            for (SelectionKey sk : selector.selectedKeys())
```

```
        {
            // 从 selector 上已选择的 SelectionKey 集合中删除正在处理的 SelectionKey
            selector.selectedKeys().remove(sk);         // ①
            // 如果 sk 对应的 Channel 包含客户端的连接请求
            if (sk.isAcceptable())          // ②
            {
                // 调用 accept() 方法接受连接请求，产生服务器端的 SocketChannel
                SocketChannel sc = server.accept();
                // 设置采用非阻塞模式
                sc.configureBlocking(false);
                // 将该 SocketChannel 也注册到 selector 上
                sc.register(selector, SelectionKey.OP_READ);
                // 将 sk 对应的 Channel 设置成准备接受其他请求
                sk.interestOps(SelectionKey.OP_ACCEPT);
            }
            // 如果 sk 对应的 Channel 有数据需要读取
            if (sk.isReadable())        // ③
            {
                // 获取该 SelectionKey 对应的 Channel，该 Channel 中有可读的数据
                var sc = (SocketChannel) sk.channel();
                // 定义准备执行读取数据的 ByteBuffer
                ByteBuffer buff = ByteBuffer.allocate(1024);
                var content = "";
                // 开始读取数据
                try
                {
                    while (sc.read(buff) > 0)
                    {
                        buff.flip();
                        content += charset.decode(buff);
                    }
                    // 打印从该 sk 对应的 Channel 中读取到的数据
                    System.out.println("读取的数据: " + content);
                    // 将 sk 对应的 Channel 设置成准备下一次读取
                    sk.interestOps(SelectionKey.OP_READ);
                }
                // 如果捕捉到该 sk 对应的 Channel 出现了异常，则表明该 Channel
                // 对应的客户端出现了问题，所以从 Selector 中取消 sk 的注册
                catch (IOException ex)
                {
                    // 从 Selector 中删除指定的 SelectionKey
                    sk.cancel();
                    if (sk.channel() != null)
                    {
                        sk.channel().close();
                    }
                }
                // 如果 content 的长度大于 0，即聊天信息不为空
                if (content.length() > 0)
                {
                    // 遍历该 selector 上注册的所有 SelectionKey
                    for (SelectionKey key : selector.keys())
                    {
                        // 获取该 key 对应的 Channel
                        Channel targetChannel = key.channel();
                        // 如果该 Channel 是 SocketChannel 对象
                        if (targetChannel instanceof SocketChannel)
                        {
                            // 将读取到的内容写入该 Channel 中
                            var dest = (SocketChannel) targetChannel;
                            dest.write(charset.encode(content));
                        }
                    }
                }
            }
        }
    }
}
```

```
    }
    public static void main(String[] args) throws IOException
    {
        new NServer().init();
    }
}
```

上面的程序启动时即建立了一个可监听连接请求的 ServerSocketChannel，并将该 Channel 注册到指定的 Selector 对象上，接着程序直接采用循环不断地监控 Selector 对象的 select() 方法的返回值，当该返回值大于 0 时，处理该 Selector 上所有被选择的 SelectionKey。

在开始处理指定的 SelectionKey 之后，立即从该 Selector 上被选择的 SelectionKey 集合中删除该 SelectionKey，如程序中①号代码所示。

服务器端的 Selector 仅需要监听两种操作：连接和读取数据，所以程序中分别处理了这两种操作，如程序中②号和③号代码所示——在处理连接操作时，系统只需要将连接完成后产生的 SocketChannel 注册到指定的 Selector 对象上即可；在处理读取数据操作时，系统先从该 Socket 中读取数据，然后再将数据写入 Selector 上注册的所有 Channel 中。

本示例程序的客户端程序需要两个线程，其中一个线程负责读取用户的键盘输入，并将输入的内容写入 SocketChannel 中；另一个线程则不断地查询 Selector 对象的 select() 方法的返回值，如果该方法的返回值大于 0，就说明程序需要对相应的 Channel 执行 IO 处理。

> **提示：**······
> 　　当使用 NIO 来实现服务器端时，无须使用 List 保存服务器端所有的 SocketChannel，因为所有的 SocketChannel 都已被注册到指定的 Selector 对象上。此外，当客户端关闭时，将会导致服务器端对应的 Channel 抛出异常；而且本程序只有一个线程，如果该异常得不到处理，将会导致整个服务器端退出。所以程序捕捉了这种异常，并在处理异常时从 Selector 中删除异常 Channel 的注册，如程序中第二段粗体字代码所示。

程序清单：codes\17\17.3\NoBlock\NClient.java

```
public class NClient
{
    // 定义检测 SocketChannel 的 Selector 对象
    private Selector selector = null;
    static final int PORT = 30000;
    // 定义处理编码和解码的字符集
    private Charset charset = Charset.forName("UTF-8");
    // 客户端 SocketChannel
    private SocketChannel sc = null;
    public void init() throws IOException
    {
        selector = Selector.open();
        var isa = new InetSocketAddress("127.0.0.1", PORT);
        // 调用 open() 静态方法创建连接到指定主机的 SocketChannel
        sc = SocketChannel.open(isa);
        // 设置该 sc 以非阻塞方式工作
        sc.configureBlocking(false);
        // 将 SocketChannel 对象注册到指定的 Selector 对象上
        sc.register(selector, SelectionKey.OP_READ);
        // 启动读取服务器端数据的线程
        new ClientThread().start();
        // 创建键盘输入流
        var scan = new Scanner(System.in);
        while (scan.hasNextLine())
        {
            // 读取键盘输入
            String line = scan.nextLine();
            // 将键盘输入的内容输出到 SocketChannel 中
            sc.write(charset.encode(line));
        }
    }
```

```
// 定义读取服务器端数据的线程
private class ClientThread extends Thread
{
    public void run()
    {
        try
        {
            while (selector.select() > 0)    // ①
            {
                // 遍历每个有可用 IO 操作的 Channel 对应的 SelectionKey
                for (SelectionKey sk : selector.selectedKeys())
                {
                    // 删除正在处理的 SelectionKey
                    selector.selectedKeys().remove(sk);
                    // 如果该 SelectionKey 对应的 Channel 中有可读的数据
                    if (sk.isReadable())
                    {
                        // 使用 NIO 读取 Channel 中的数据
                        SocketChannel sc = (SocketChannel)sk.channel();
                        ByteBuffer buff = ByteBuffer.allocate(1024);
                        String content = "";
                        while (sc.read(buff) > 0)
                        {
                            buff.flip();
                            content += charset.decode(buff);
                        }
                        // 打印输出读取的内容
                        System.out.println("聊天信息: " + content);
                        // 为下一次读取做准备
                        sk.interestOps(SelectionKey.OP_READ);
                    }
                }
            }
        }
        catch (IOException ex)
        {
            ex.printStackTrace();
        }
    }
}
public static void main(String[] args) throws IOException
{
    new NClient().init();
}
```

相比之下，客户端程序比服务器端程序简单多了，客户端只有一个 SocketChannel，将该 SocketChannel 注册到指定的 Selector 上后，程序启动另一个线程来监听该 Selector 即可。如果程序监听到该 Selector 的 select()方法的返回值大于 0（如上面程序中①号粗体字代码所示），就表明该 Selector 上有需要进行 IO 处理的 Channel，接着程序取出该 Channel，并使用 NIO 读取该 Channel 中的数据，如上面程序中的粗体字代码段所示。

➤➤ 17.3.8　使用 AIO 实现非阻塞式通信

Java 7 的 NIO.2 提供了异步 Channel 支持，这种异步 Channel 可以提供更高效的 IO。这种基于异步 Channel 的 IO 机制也被称为异步 IO（Asynchronous IO，AIO）。

> **提示：**
> 如果按 POSIX 的标准来划分 IO，可以把 IO 分为两类：同步 IO 和异步 IO。对于 IO 操作，可以分成两步：①程序发出 IO 请求；②完成实际的 IO 操作。前面两节所介绍的阻塞式 IO、非阻塞式 IO 都是针对第一步来划分的：如果发出的 IO 请求会阻塞线程，就是阻塞式 IO；如果发出的 IO 请求没有阻塞线程，就是非阻塞式 IO。但同步 IO 与异步 IO 的区别在第二步——如果实际的 IO 操作由操作系统来完成，再将结果返回给应用程序，

> 这就是异步 IO；如果实际的 IO 操作需要应用程序本身来执行，会阻塞线程，这就是同步 IO。前面介绍的传统 IO、基于 Channel 的非阻塞式 IO 其实都是同步 IO。

NIO.2 提供了一系列以 Asynchronous 开头的 Channel 接口和类，图 17.7 显示了 AIO 的接口和实现类。

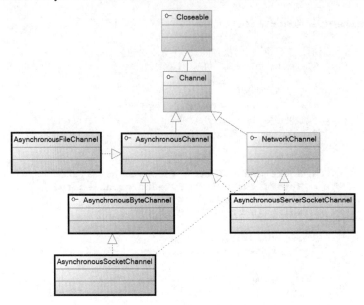

图 17.7　AIO 的接口和实现类

从图 17.7 中可以看出，NIO.2 为 AIO 提供了两个接口和三个实现类，其中 AsynchronousSocketChannel、AsynchronousServerSocketChannel 是支持 TCP 通信的异步 Channel，它们也是本节要重点介绍的两个实现类。

AsynchronousServerSocketChannel 是一个负责监听的 Channel，与 ServerSocketChannel 相似，创建可用的 AsynchronousServerSocketChannel 需要如下两步。

① 调用它的 open() 静态方法创建一个未监听端口的 AsynchronousServerSocketChannel。

② 调用 AsynchronousServerSocketChannel 的 bind() 方法指定该 Channel 在指定的地址、指定的端口监听。

AsynchronousServerSocketChannel 的 open() 方法有如下两个版本。

➢ open()：创建一个默认的 AsynchronousServerSocketChannel。

➢ open(AsynchronousChannelGroup group)：使用指定的 AsynchronousChannelGroup 来创建 AsynchronousServerSocketChannel。

上面方法中的 AsynchronousChannelGroup 是异步 Channel 的分组管理器，它可以实现资源共享。在创建 AsynchronousChannelGroup 时需要传入一个 ExecutorService，也就是说，它会绑定一个线程池，该线程池负责两个任务：处理 IO 事件和触发 CompletionHandler。

> 提示：
> AIO 的 AsynchronousServerSocketChannel、AsynchronousSocketChannel 都允许使用线程池进行管理，因此在创建 AsynchronousSocketChannel 时也可以传入 AsynchronousChannelGroup 对象进行分组管理。

直接创建 AsynchronousServerSocketChannel 的代码片段如下：

```
// 以指定的线程池来创建一个AsynchronousServerSocketChannel
serverChannel = AsynchronousServerSocketChannel
    .open().bind(new InetSocketAddress(PORT));
```

使用 AsynchronousChannelGroup 创建 AsynchronousServerSocketChannel 的代码片段如下：

```
// 创建一个线程池
ExecutorService executor = Executors.newFixedThreadPool(80);
// 以指定的线程池来创建一个 AsynchronousChannelGroup
AsynchronousChannelGroup channelGroup = AsynchronousChannelGroup
    .withThreadPool(executor);
// 以指定的线程池来创建一个 AsynchronousServerSocketChannel
serverChannel = AsynchronousServerSocketChannel
    .open(channelGroup)
    .bind(new InetSocketAddress(PORT));
```

在 AsynchronousServerSocketChannel 创建成功之后，接下来可调用它的 accept()方法接受来自客户端的连接。由于异步 IO 的实际 IO 操作是交给操作系统来完成的，因此程序并不清楚异步 IO 操作什么时候完成——也就是说，程序调用 AsynchronousServerSocketChannel 的 accept()方法之后，当前线程不会被阻塞，而程序也不知道 accept()方法什么时候会接收到客户端的请求。为了解决这个异步问题，AIO 为 accept()方法提供了如下两个版本。

➢ Future<AsynchronousSocketChannel> accept()：接受客户端的请求。如果程序需要获得连接成功后返回的 AsynchronousSocketChannel，则应该调用该方法返回的 Future 对象的 get()方法——但 get()方法会阻塞线程，因此这种方式依然会阻塞当前线程。

➢ <A> void accept(A attachment, CompletionHandler<AsynchronousSocketChannel,? super A> handler)：接受客户端的请求，连接成功或连接失败都会触发 CompletionHandler 对象中相应的方法。其中 AsynchronousSocketChannel 就代表连接成功后返回的 AsynchronousSocketChannel。CompletionHandler 是一个接口，该接口中定义了如下两个方法。

➢ completed(V result, A attachment)：当 IO 操作完成时触发该方法。该方法的第一个参数代表 IO 操作所返回的对象；第二个参数代表发起 IO 操作时传入的附加参数。

➢ failed(Throwable exc, A attachment)：当 IO 操作失败时触发该方法。该方法的第一个参数代表 IO 操作失败引发的异常或错误；第二个参数代表发起 IO 操作时传入的附加参数。

> **提示：**
> 如果读者学习过疯狂 Java 体系的《疯狂前端开发讲义》，那么对 Ajax 技术应该有一定的印象。Ajax 的关键在于异步请求：浏览器使用 JavaScript 发送异步请求——但异步请求的响应何时到来，程序无从知晓，因此程序会使用监听器来监听服务器端响应的到来。类似地，异步 Channel 发起 IO 操作后，IO 操作由操作系统执行，IO 操作何时完成，程序无从知晓，因此程序使用 CompletionHandler 对象来监听 IO 操作的完成。实际上，不仅 AsynchronousServerSocketChannel 的 accept()方法可以接受 CompletionHandler 监听器；AsynchronousSocketChannel 的 read()、write()方法都有两个版本，其中一个版本需要接受 CompletionHandler 监听器。

通过上面的介绍不难看出，使用 AsynchronousServerSocketChannel 只要三步。

① 调用 open()静态方法创建 AsynchronousServerSocketChannel。

② 调用 AsynchronousServerSocketChannel 的 bind()方法让它在指定的 IP 地址、指定的端口监听。

③ 调用 AsynchronousServerSocketChannel 的 accept()方法接受连接请求。

下面使用最简单、最少的步骤来实现一个基于 AsynchronousServerSocketChannel 的服务器端。

程序清单：codes\17\17.3\SimpleAIO\SimpleAIOServer.java

```java
public class SimpleAIOServer
{
    static final int PORT = 30000;
    public static void main(String[] args) throws Exception
    {
        try (
            // ①创建 AsynchronousServerSocketChannel 对象
            AsynchronousServerSocketChannel serverChannel =
                AsynchronousServerSocketChannel.open())
```

```
        {
            // ②指定在指定的 IP 地址、指定的端口监听
            serverChannel.bind(new InetSocketAddress(PORT));
            while (true)
            {
                // ③采用循环接受来自客户端的连接
                Future<AsynchronousSocketChannel> future
                    = serverChannel.accept();
                // 获取连接完成后返回的 AsynchronousSocketChannel
                AsynchronousSocketChannel socketChannel = future.get();
                // 执行输出
                socketChannel.write(ByteBuffer.wrap("欢迎你来到 AIO 的世界！"
                    .getBytes("UTF-8"))).get();
            }
        }
    }
}
```

上面程序中的①②③号代码就代表了使用 AsynchronousServerSocketChannel 的三个基本步骤。由于该程序力求简单，因此程序并未使用 CompletionHandler 监听器。当程序接收到来自客户端的连接之后，服务器端产生了一个与客户端对应的 AsynchronousSocketChannel，它就可以执行实际的 IO 操作。

上面程序中的粗体字代码是使用 AsynchronousSocketChannel 写入数据的代码，下面详细介绍该类的功能和用法。

AsynchronousSocketChannel 的用法也可分为三步。

① 调用 open()静态方法创建 AsynchronousSocketChannel。在调用 open()方法时，同样可指定一个 AsynchronousChannelGroup 作为分组管理器。

② 调用 AsynchronousSocketChannel 的 connect()方法连接到指定 IP 地址、指定端口的服务器。

③ 调用 AsynchronousSocketChannel 的 read()、write()方法进行读/写。

AsynchronousSocketChannel 的 connect()、read()、write()方法都有两个版本：一个是返回 Future 对象的版本，一个是需要传入 CompletionHandler 参数的版本。对于返回 Future 对象的版本，必须等到 Future 对象的 get()方法返回时 IO 操作才算真正完成；对于需要传入 CompletionHandler 参数的版本，则可通过 CompletionHandler 在 IO 操作完成时触发相应的方法。

下面先用返回 Future 对象的 read()方法来读取服务器端的响应数据。

程序清单：codes\17\17.3\SimpleAIO\SimpleAIOClient.java

```
public class SimpleAIOClient
{
    static final int PORT = 30000;
    public static void main(String[] args) throws Exception
    {
        // 用于读取数据的 ByteBuffer
        ByteBuffer buff = ByteBuffer.allocate(1024);
        Charset utf = Charset.forName("utf-8");
        try (
            // ①创建 AsynchronousSocketChannel 对象
            AsynchronousSocketChannel clientChannel
                = AsynchronousSocketChannel.open())
        {
            // ②连接远程服务器
            clientChannel.connect(new InetSocketAddress("127.0.0.1",
                PORT)).get();     // ④
            buff.clear();
            // ③从 clientChannel 中读取数据
            clientChannel.read(buff).get();     // ⑤
            buff.flip();
            // 将 buff 中的内容转换为字符串
            String content = utf.decode(buff).toString();
            System.out.println("服务器信息: " + content);
        }
    }
}
```

上面程序中的①②③号代码就代表了使用 AsynchronousSocketChannel 的三个基本步骤。当程序获得了连接好的 AsynchronousSocketChannel 之后，就可通过它来执行实际的 IO 操作了。

学生提问：上面程序中好像没用到④⑤号代码的 get()方法的返回值，在这两个地方不调用 get()方法行吗？

答：程序确实没用到④⑤号代码的 get()方法的返回值，但在这两个地方必须调用 get()方法！因为程序在连接远程服务器、读取服务器端的数据时，都没有传入 CompletionHandler——程序无法通过该监听器在 IO 操作完成时触发特定的动作，程序必须调用 Future 返回值的 get()方法，并等到 get()方法完成才能确定异步 IO 操作已经执行完成。

首先运行上面程序的服务器端，然后再运行客户端，将可以看到每个客户端都可以接收到来自服务器端的欢迎信息。

上面基于 AIO 的应用程序十分简单，还没有充分利用 Java AIO 的优势，如果要充分挖掘 Java AIO 的优势，则应该考虑使用线程池来管理异步 Channel，并使用 CompletionHandler 来监听异步 IO 操作。

下面开发一个更完善的 AIO 多人聊天工具。服务器端程序代码如下。

程序清单：codes\17\17.3\AIO\AIOServer.java

```java
public class AIOServer
{
    static final int PORT = 30000;
    final static String UTF_8 = "utf-8";
    static List<AsynchronousSocketChannel> channelList
        = new ArrayList<>();
    public void startListen() throws InterruptedException, Exception
    {
        // 创建一个线程池
        ExecutorService executor = Executors.newFixedThreadPool(20);
        // 以指定的线程池来创建一个 AsynchronousChannelGroup
        AsynchronousChannelGroup channelGroup = AsynchronousChannelGroup
            .withThreadPool(executor);
        // 以指定的线程池来创建一个 AsynchronousServerSocketChannel
        AsynchronousServerSocketChannel serverChannel
            = AsynchronousServerSocketChannel.open(channelGroup)
            // 指定监听本机的 PORT 端口
            .bind(new InetSocketAddress(PORT));
        // 使用 CompletionHandler 接受来自客户端的连接请求
        serverChannel.accept(null, new AcceptHandler(serverChannel)); // ①
        Thread.sleep(100000);
    }
    public static void main(String[] args) throws Exception
    {
        var server = new AIOServer();
        server.startListen();
    }
}
// 实现自己的 CompletionHandler 类
class AcceptHandler implements
    CompletionHandler<AsynchronousSocketChannel, Object>
{
    private AsynchronousServerSocketChannel serverChannel;
    public AcceptHandler(AsynchronousServerSocketChannel sc)
    {
        this.serverChannel = sc;
    }
    // 定义一个 ByteBuffer 准备读取数据
    ByteBuffer buff = ByteBuffer.allocate(1024);
    // 当实际 IO 操作完成时触发该方法
```

```
        @Override
        public void completed(final AsynchronousSocketChannel sc,
            Object attachment)
        {
            // 记录新连接进来的 Channel
            AIOServer.channelList.add(sc);
            // 准备接受客户端的下一次连接
            serverChannel.accept(null, this);
            sc.read(buff, null,
                new CompletionHandler<Integer,Object>()    // ②
            {
                @Override
                public void completed(Integer result,
                    Object attachment)
                {
                    buff.flip();
                    // 将 buff 中的内容转换为字符串
                    String content = StandardCharsets.UTF_8
                        .decode(buff).toString();
                    // 遍历每个 Channel，将收到的信息写入各 Channel 中
                    for (AsynchronousSocketChannel c : AIOServer.channelList)
                    {
                        try
                        {
                            c.write(ByteBuffer.wrap(content.getBytes(
                                AIOServer.UTF_8))).get();
                        }
                        catch (Exception ex)
                        {
                            ex.printStackTrace();
                        }
                    }
                    buff.clear();
                    // 读取下一次数据
                    sc.read(buff, null, this);
                }
                @Override
                public void failed(Throwable ex, Object attachment)
                {
                    System.out.println("读取数据失败: " + ex);
                    // 从该 Channel 中读取数据失败，将该 Channel 删除
                    AIOServer.channelList.remove(sc);
                }
            });
        }
        @Override
        public void failed(Throwable ex, Object attachment)
        {
            System.out.println("连接失败: " + ex);
        }
    }
```

上面程序的编程步骤与前一个服务器端程序大致相似，但这个程序使用了 CompletionHandler 监听来自客户端的连接请求，如程序中①号粗体字代码所示；当连接成功后，系统会自动触发该监听器的 completed()方法——在该方法中，程序再次使用了 CompletionHandler 读取来自客户端的数据，如程序中②号粗体字代码所示。这个程序一共用到了两个 CompletionHandler，这两个 Handler 类也是该程序的关键。

本程序的客户端提供了一个简单的 GUI 界面，允许用户通过该 GUI 界面向服务器端发送信息，并显示其他用户的聊天信息。客户端程序代码如下。

程序清单：codes\17\17.3\AIO\AIOClient.java

```
public class AIOClient
{
    final static String UTF_8 = "utf-8";
    final static int PORT = 30000;
```

```
    // 与服务器端通信的异步 Channel
    AsynchronousSocketChannel clientChannel;
    JFrame mainWin = new JFrame("多人聊天");
    JTextArea jta = new JTextArea(16, 48);
    JTextField jtf = new JTextField(40);
    JButton sendBn = new JButton("发送");
    public void init()
    {
        mainWin.setLayout(new BorderLayout());
        jta.setEditable(false);
        mainWin.add(new JScrollPane(jta), BorderLayout.CENTER);
        var jp = new JPanel();
        jp.add(jtf);
        jp.add(sendBn);
        // 发送信息的 Action, Action 是 ActionListener 的子接口
        var sendAction = new AbstractAction()
        {
            public void actionPerformed(ActionEvent e)
            {
                String content = jtf.getText();
                if (content.trim().length() > 0)
                {
                    try
                    {
                        // 将 content 内容写入 Channel 中
                        clientChannel.write(ByteBuffer.wrap(content
                            .trim().getBytes(UTF_8))).get();       // ①
                    }
                    catch (Exception ex)
                    {
                        ex.printStackTrace();
                    }
                }
                // 清空输入框
                jtf.setText("");
            }
        };
        sendBn.addActionListener(sendAction);
        // 将 "Ctrl+Enter" 键和 "send" 关联起来
        jtf.getInputMap().put(KeyStroke.getKeyStroke('\n',
            java.awt.event.InputEvent.CTRL_DOWN_MASK), "send");
        // 将 "send" 和 sendAction 关联起来
        jtf.getActionMap().put("send", sendAction);
        mainWin.setDefaultCloseOperation(JFrame.EXIT_ON_CLOSE);
        mainWin.add(jp, BorderLayout.SOUTH);
        mainWin.pack();
        mainWin.setVisible(true);
    }
    public void connect() throws Exception
    {
        // 定义一个 ByteBuffer 准备读取数据
        final ByteBuffer buff = ByteBuffer.allocate(1024);
        // 创建一个线程池
        ExecutorService executor = Executors.newFixedThreadPool(80);
        // 以指定的线程池来创建一个 AsynchronousChannelGroup
        AsynchronousChannelGroup channelGroup =
            AsynchronousChannelGroup.withThreadPool(executor);
        // 以 channelGroup 作为分组管理器来创建 AsynchronousSocketChannel
        clientChannel = AsynchronousSocketChannel.open(channelGroup);
        // 让 AsynchronousSocketChannel 连接到指定的 IP 地址、指定的端口
        clientChannel.connect(new InetSocketAddress("127.0.0.1", PORT)).get();
        jta.append("---与服务器连接成功---\n");
        buff.clear();
        clientChannel.read(buff, null,
            new CompletionHandler<Integer,Object>()    // ②
        {
            @Override
            public void completed(Integer result, Object attachment)
```

```
            {
                buff.flip();
                // 将 buff 中的内容转换为字符串
                String content = StandardCharsets.UTF_8
                    .decode(buff).toString();
                // 显示从服务器端读取的数据
                jta.append("某人说: " + content + "\n");
                buff.clear();
                clientChannel.read(buff, null, this);
            }
            @Override
            public void failed(Throwable ex, Object attachment)
            {
                System.out.println("读取数据失败: " + ex);
            }
        });
    }
    public static void main(String[] args) throws Exception
    {
        var client = new AIOClient();
        client.init();
        client.connect();
    }
}
```

上面的程序同样使用了 CompletionHandler 来读取服务器端的数据，如程序中②号粗体字代码所示。上面的程序使用了 Swing 的键盘驱动，因此，当用户在 JTextField 组件中按下"Ctrl+Enter"键时，即可向服务器端发送信息，向服务器端发送信息的代码如程序中①号粗体字代码所示。

▶▶ 17.3.9　Java 17 新增的 Unix domain socket

Unix domain socket 又被称为 IPC（Inter-Process Communication，进程间通信）Socket，用于实现同一台主机上的进程间通信。

Unix domain socket 与传统 Socket 的作用不同，传统 Socket 原本用于网络通信，而 Unix domain socket 完全不能用于网络通信，它只能用于同一台主机上不同进程之间的通信。

Unix domain socket 在功能上被做了限制，当然，它也在某些方面得到了加强，主要体现在如下几个方面。

➢ 对于本地进程间通信，Unix domain socket 比 TCP/IP 回环（Loopback）连接更安全、更高效。这是由于 Unix domain socket 不需要经过网络协议栈，不需要打包/拆包、计算校验、维护序号和应答等，只需要将应用层数据从一个进程复制到另一个进程，因此 Unix domain socket 能拥有更高的数据吞吐量。

➢ Unix domain socket 被严格限制同一台主机，无法接受远程连接，因此 Unix domain socket 更安全。

➢ 对于需要在同一个系统上的容器之间进行通信的容器环境，相比 TCP/IP Socket，Unix domain socket 是一种更好的解决方案。

不要被 Unix domain socket 这个名字所迷惑，目前各种主流操作系统都能支持这种 Socket，比如 Linux、Windows 10、Windows Server 2019 等。

Java 专门为支持 Unix domain socket 提供了一个 UnixDomainSocketAddress 类，它继承了 SocketAddress，因此它也代表了一个网络地址——虽然它只需要一个文件名，不需要 IP 地址和端口。

Java 还为 Unix domain socket 提供了 NIO 编程模型，ServerSocketChannel、SocketChannel 的 open() 方法都可传入一个 StandardProtocolFamily.UNIX 参数，这就意味着打开了 Unix domain socket 对应的 channel。

有了 Unix domain socket 的 ServerSocketChannel、SocketChannel 后，剩下的事情就是使用 Channel 来执行 IO 操作了。下面的程序是一个简单的 Unix domain socket 服务器端程序。

程序清单：codes\17\17.3\Unix\UServer.java

```
public class UServer
{
    public static void main(String[] args) throws IOException
    {
        // 创建解码器
        var decoder = Charset.forName("utf-8").newDecoder();
        // 打开基于 Unix domain socket 的 ServerSocketChannel
        var serverSocketChannel = ServerSocketChannel
            .open(StandardProtocolFamily.UNIX);
        // 定义 Unix domain socket 地址
        var socketAddr = UnixDomainSocketAddress.of("./fkjava.sock");
        // 绑定 Unix domain socket 地址
        serverSocketChannel.bind(socketAddr);
        while (true)
        {
            // 接受来自客户端的连接请求
            SocketChannel socketChannel = serverSocketChannel.accept();
            ByteBuffer buf = ByteBuffer.allocate(1024);
            // 读取数据
            while (socketChannel.read(buf) > 0)
            {
                buf.flip();
                // 解码并输出读取到的数据
                System.out.println(decoder.decode(buf));
                buf.clear();
            }
        }
    }
}
```

上面程序中的第一行粗体字代码传入 StandardProtocolFamily.UNIX 参数，打开了 Unix domain socket 的 ServerSocketChannel；第二行粗体字代码定义了一个 Unix domain socket 地址，该地址无须指定 IP 地址和端口，其实就是本地磁盘上的一个文件；第三行粗体字代码则将 Unix domain socket 的 ServerSocketChannel 绑定到 UnixDomainSocketAddress。

有了 ServerSocketChannel 之后，剩下的事情同样是接受请求、处理 IO 等操作，这些就没什么特别的了。

下面的程序是一个简单的 Unix domain socket 客户端程序。

程序清单：codes\17\17.3\Unix\UClient.java

```
public class UClient
{
    public static void main(String[] args) throws IOException
    {
        // 打开基于 Unix domain socket 的 SocketChannel
        var socketChannel = SocketChannel.open(StandardProtocolFamily.UNIX);
        // 定义 Unix domain socket 地址（与服务器端地址相同）
        var socketAddr = UnixDomainSocketAddress.of("./fkjava.sock");
        // 建立连接
        socketChannel.connect(socketAddr);
        String data = "疯狂 Java 讲义的 Unix domain socket 测试..."
            + System.currentTimeMillis();
        // 创建 ByteBuffer
        ByteBuffer buf = ByteBuffer.allocate(1204);
        buf.clear();
        // 将要发送的数据放入 ByteBuffer 中
        buf.put(data.getBytes(Charset.forName("utf-8")));
        buf.flip();
        while (buf.hasRemaining())
        {
            // 发送数据
            socketChannel.write(buf);
        }
```

```
            socketChannel.close();
        }
    }
```

上面程序中的第一行粗体字代码传入 StandardProtocolFamily.UNIX 参数,打开了 Unix domain socket 的 SocketChannel;第二行粗体字代码定义了一个 Unix domain socket 地址;第三行粗体字代码则用 Unix domain socket 的 SocketChannel 连接服务器端所监听的 SocketAddress。

有了 Unix domain socket 的 SocketChannel 之后,剩下的事情就是通过 IO 操作进行网络通信了,同样没什么特别的。

首先运行上面的 UServer 服务器端程序,然后再运行 UClient 客户端程序,即可看到客户端向服务器端发送数据的效果。

程序运行结束后,可以在当前目录下看到一个 fkjava.sock 文件,它就代表了 Unix domain Socket 地址。

> **注意:**
>
> 每次重新运行 UServer 程序时,应该先删除 fkjava.sock 文件,否则程序就会报 java.net.BindException: Address already in use: bind 异常。

17.4 基于 UDP 协议的网络编程

UDP 协议是一种不可靠的网络协议,它在通信实例的两端各建立一个 Socket,但这两个 Socket 之间并没有虚拟链路,这两个 Socket 只是发送和接收数据报的对象。Java 提供了 DatagramSocket 对象作为基于 UDP 协议的 Socket,使用 DatagramPacket 代表 DatagramSocket 发送和接收的数据报。

▶▶ 17.4.1 UDP 协议基础

UDP(User Datagram Protocol)即用户数据报协议,主要用来支持那些需要在计算机之间传输数据的网络连接。UDP 协议从问世至今已经被使用了很多年,虽然目前 UDP 协议的应用不如 TCP 协议广泛,但 UDP 协议依然是一个非常实用和可行的网络传输层协议。尤其是在一些实时性很强的应用场景中,比如网络游戏、视频会议等,UDP 协议的快速更具有独特的魅力。

UDP 协议是一种面向非连接的协议。面向非连接指的是在正式通信前不必与对方先建立连接,不管对方状态如何就直接发送数据,至于对方是否可以接收到这些数据,UDP 协议无法控制,所以说 UDP 协议是一种不可靠的协议。UDP 协议适用于一次只传送少量数据、对可靠性要求不高的应用环境。

与前面介绍的 TCP 协议一样,UDP 协议直接位于 IP 协议之上。实际上,IP 协议属于 OSI 参考模型的网络层协议,而 UDP 协议和 TCP 协议都属于传输层协议。

因为 UDP 协议是面向非连接的协议,没有建立连接的过程,因此它的通信效率很高;但也正因为如此,它的可靠性不如 TCP 协议。

UDP 协议的主要作用是完成网络数据流和数据报之间的转换——在信息的发送端,UDP 协议将网络数据流封装成数据报,然后将数据报发送出去;在信息的接收端,UDP 协议将数据报转换成实际的数据内容。

> **提示:**
>
> 可以认为 UDP 协议的 Socket 类似于"码头",数据报则类似于"集装箱";"码头"的作用是负责发送和接收"集装箱",而 DatagramSocket 的作用是发送和接收数据报。因此,对于基于 UDP 协议的通信双方而言,没有所谓的客户端和服务器端的概念。

对 UDP 协议和 TCP 协议简单对比如下。

➤ TCP 协议:可靠,对传输大小无限制,但是需要建立连接的时间,差错控制开销大。

➤ UDP 协议：不可靠，差错控制开销较小，传输大小被限制在 64KB 以下，不需要建立连接。

➤➤ 17.4.2　使用 DatagramSocket 发送和接收数据

Java 使用 DatagramSocket 代表 UDP 协议的 Socket，DatagramSocket 本身只是"码头"，不维护状态，不能产生 IO 流，它的唯一作用就是发送和接收数据报。Java 使用 DatagramPacket 来代表数据报，DatagramSocket 发送和接收数据都是通过 DatagramPacket 对象完成的。

先看一下 DatagramSocket 的构造器。

➤ DatagramSocket()：创建一个 DatagramSocket 实例，并将该对象绑定到本机默认 IP 地址、本机所有可用端口中随机选择的某个端口。

➤ DatagramSocket(int prot)：创建一个 DatagramSocket 实例，并将该对象绑定到本机默认 IP 地址、指定的端口。

➤ DatagramSocket(int port, InetAddress laddr)：创建一个 DatagramSocket 实例，并将该对象绑定到指定的 IP 地址、指定的端口。

通过上面三个构造器中的任意一个构造器即可创建一个 DatagramSocket 实例，通常在创建服务器时，创建指定端口的 DatagramSocket 实例——保证其他客户端可以将数据发送到该服务器。一旦得到了 DatagramSocket 实例，就可以通过如下两个方法来发送和接收数据。

➤ receive(DatagramPacket p)：从该 DatagramSocket 对象中接收数据报。

➤ send(DatagramPacket p)：以该 DatagramSocket 对象向外发送数据报。

从上面的两个方法可以看出，当使用 DatagramSocket 发送数据报时，DatagramSocket 并不知道将该数据报发送到哪里，而是由 DatagramPacket 自身决定数据报的目的地。就像码头并不知道每个集装箱的目的地，码头只是将这些集装箱发送出去，而集装箱本身包含了它的目的地。

再看一下 DatagramPacket 的构造器。

➤ DatagramPacket(byte[] buf,int length)：以一个空数组来创建 DatagramPacket 对象，该对象的作用是接收 DatagramSocket 中的数据。

➤ DatagramPacket(byte[] buf, int length, InetAddress addr, int port)：以一个包含数据的数组来创建 DatagramPacket 对象，在创建该 DatagramPacket 对象时还指定了 IP 地址和端口——这就决定了该数据报的目的地。

➤ DatagramPacket(byte[] buf, int offset, int length)：以一个空数组来创建 DatagramPacket 对象，并指定将接收到的数据放入 buf 数组中时从 offset 开始，最多放 length 个字节。

➤ DatagramPacket(byte[] buf, int offset, int length, InetAddress address, int port)：创建一个用于发送的 DatagramPacket 对象，并指定发送 buf 数组中从 offset 开始，总共 length 个字节。

> **提示：**
>
> 　　当 Client/Server 程序使用 UDP 协议时，实际上并没有明显的服务器端和客户端，因为双方都需要先建立一个 DatagramSocket 对象，用来发送或接收数据报，然后使用 DatagramPacket 对象作为传输数据的载体。通常具有固定 IP 地址、固定端口的 DatagramSocket 对象所在的程序被称为服务器，因为该 DatagramSocket 可以主动接收客户端的数据。

在接收数据之前，应该采用上面的第一个或第三个构造器生成一个 DatagramPacket 对象，给出接收数据的字节数组及其长度。然后调用 DatagramSocket 的 receive()方法等待数据报的到来，receive()方法将一直等待（该方法会阻塞调用它的线程），直到接收到一个数据报为止。代码如下：

```
// 创建一个接收数据的 DatagramPacket 对象
var packet = new DatagramPacket(buf, 256);
// 接收数据报
socket.receive(packet);
```

在发送数据之前，采用上面的第二个或第四个构造器创建 DatagramPacket 对象，此时的字节数组里存放了想要发送的数据。此外，还要给出完整的目的地址，包括 IP 地址和端口号。发送数据是通过 DatagramSocket 的 send()方法实现的，send()方法根据数据报的目的地址来寻径以传送数据报。代码如下：

```
// 创建一个发送数据的 DatagramPacket 对象
var packet = new DatagramPacket(buf, length, address, port);
// 发送数据报
socket.send(packet);
```

> **提示：**
> 当使用 DatagramPacket 接收数据时，会感觉 DatagramPacket 设计得过于烦琐。开发者只关心该 DatagramPacket 能存储多少数据，而对 DatagramPacket 是否采用字节数组来存储数据完全不想关心。但 Java 要求在创建接收数据用的 DatagramPacket 时，必须传入一个空的字节数组，该数组的长度决定了该 DatagramPacket 能存储多少数据，这实际上暴露了 DatagramPacket 的实现细节。DatagramPacket 又提供了一个 getData()方法，该方法又可以返回 DatagramPacket 对象里封装的字节数组。该方法更显得有些多余——如果程序需要获取 DatagramPacket 对象里封装的字节数组，直接访问传给 DatagramPacket 构造器的字节数组实参即可，无须调用该方法。

当服务器端（也可以是客户端）接收到一个 DatagramPacket 对象后，如果想向该数据报的发送者"反馈"一些信息——由于 UDP 协议是面向非连接的，所以接收者并不知道每个数据报都由谁发送过来，但程序可以调用 DatagramPacket 的如下三个方法来获取发送者的 IP 地址和端口。

➤ InetAddress getAddress()：当程序准备发送此数据报时，该方法返回此数据报的目标机器的 IP 地址；当程序刚接收到一个数据报时，该方法返回该数据报的发送主机的 IP 地址。

➤ int getPort()：当程序准备发送此数据报时，该方法返回此数据报的目标机器的端口；当程序刚接收到一个数据报时，该方法返回该数据报的发送主机的端口。

➤ SocketAddress getSocketAddress()：当程序准备发送此数据报时，该方法返回此数据报的目标 SocketAddress；当程序刚接收到一个数据报时，该方法返回该数据报的发送主机的 SocketAddress。

> **提示：**
> getSocketAddress()方法的返回值是一个 SocketAddress 对象，该对象实际上就是一个 IP 地址和一个端口号。也就是说，SocketAddress 对象封装了一个 InetAddress 对象和一个代表端口的整数，所以使用 SocketAddress 对象可以同时代表 IP 地址和端口。

下面的程序使用 DatagramSocket 实现了 C/S 结构的网络通信。本程序的服务器端采用循环 1000 次来读取 DatagramSocket 中的数据报，每当读取到内容之后，便向该数据报的发送者发送一条信息。服务器端程序代码如下。

程序清单：codes\17\17.4\UdpServer.java

```java
public class UdpServer
{
    public static final int PORT = 30000;
    // 定义每个数据报的大小最大为 4KB
    private static final int DATA_LEN = 4096;
    // 定义接收网络数据的字节数组
    byte[] inBuff = new byte[DATA_LEN];
    // 以指定的字节数组创建准备接收数据的 DatagramPacket 对象
    private DatagramPacket inPacket =
        new DatagramPacket(inBuff, inBuff.length);
    // 定义一个用于发送的 DatagramPacket 对象
    private DatagramPacket outPacket;
    // 定义一个字符串数组，服务器端发送该数组的元素
    String[] books = new String[]
```

```
    {
        "疯狂 Java 讲义",
        "轻量级 Java EE 企业应用实战",
        "疯狂 Android 讲义",
        "疯狂前端开发讲义"
    };
    public void init() throws IOException
    {
        try (
            // 创建 DatagramSocket 对象
            var socket = new DatagramSocket(PORT))
        {
            // 采用循环接收数据
            for (var i = 0; i < 1000; i++)
            {
                // 读取 socket 中的数据，将读到的数据放入 inPacket 封装的数组里
                socket.receive(inPacket);
                // 判断 inPacket.getData() 和 inBuff 是否是同一个数组
                System.out.println(inBuff == inPacket.getData());
                // 将接收到的内容转换成字符串后输出
                System.out.println(new String(inBuff,
                    0, inPacket.getLength()));
                // 从字符串数组中取出一个元素作为发送的数据
                byte[] sendData = books[i % 4].getBytes();
                // 以指定的字节数组作为发送的数据，以刚接收到的 DatagramPacket 的
                // 源 SocketAddress 作为目标 SocketAddress 创建 DatagramPacket
                outPacket = new DatagramPacket(sendData,
                    sendData.length, inPacket.getSocketAddress());
                // 发送数据
                socket.send(outPacket);
            }
        }
    }
    public static void main(String[] args) throws IOException
    {
        new UdpServer().init();
    }
}
```

上面程序中的粗体字代码就是使用 DatagramSocket 发送和接收 DatagramPacket 的关键代码，该程序可以接收 1000 个客户端发送过来的数据。

客户端程序代码与此类似，客户端采用循环不断地读取用户键盘输入，每当读取到用户输入的内容后，就将该内容封装成 DatagramPacket 数据报，再将该数据报发送出去；接着把 DatagramSocket 中的数据读入接收用的 DatagramPacket 中（实际上是读入该 DatagramPacket 所封装的字节数组中）。客户端程序代码如下。

程序清单：codes\17\17.4\UdpClient.java

```
public class UdpClient
{
    // 定义发送数据报的目的地
    public static final int DEST_PORT = 30000;
    public static final String DEST_IP = "127.0.0.1";
    // 定义每个数据报的大小最大为 4KB
    private static final int DATA_LEN = 4096;
    // 定义接收网络数据的字节数组
    byte[] inBuff = new byte[DATA_LEN];
    // 以指定的字节数组创建准备接收数据的 DatagramPacket 对象
    private DatagramPacket inPacket =
        new DatagramPacket(inBuff, inBuff.length);
    // 定义一个用于发送的 DatagramPacket 对象
    private DatagramPacket outPacket = null;
    public void init() throws IOException
    {
        try (
```

```
                    // 创建一个客户端 DatagramSocket, 使用随机端口
                    var socket = new DatagramSocket())
                {
                    // 初始化发送用的 DatagramSocket, 它包含一个长度为 0 的字节数组
                    outPacket = new DatagramPacket(new byte[0], 0,
                        InetAddress.getByName(DEST_IP), DEST_PORT);
                    // 创建键盘输入流
                    var scan = new Scanner(System.in);
                    // 不断地读取键盘输入
                    while (scan.hasNextLine())
                    {
                        // 将键盘输入的一行字符串转换成字节数组
                        byte[] buff = scan.nextLine().getBytes();
                        // 设置发送用的 DatagramPacket 中的字节数据
                        outPacket.setData(buff);
                        // 发送数据报
                        socket.send(outPacket);
                        // 读取 socket 中的数据, 将读到的数据放在 inPacket 所封装的字节数组中
                        socket.receive(inPacket);
                        System.out.println(new String(inBuff, 0,
                            inPacket.getLength()));
                    }
                }
            }
            public static void main(String[] args) throws IOException
            {
                new UdpClient().init();
            }
        }
```

上面程序中的粗体字代码同样是使用 DatagramSocket 发送和接收 DatagramPacket 的关键代码，这些代码与服务器端程序代码基本相似。而客户端与服务器端的唯一区别在于：服务器端的 IP 地址、端口是固定的，所以客户端可以直接将该数据报发送到服务器端，而服务器端则需要根据接收到的数据报来决定"反馈"数据报的目的地。

读者可能会发现，当使用 DatagramSocket 进行网络通信时，服务器端无须也无法保存每个客户端的状态，客户端把数据报发送到服务器端后，完全有可能立即退出——但不管客户端是否退出，服务器端都无法知道客户端的状态。

当使用 UDP 协议时，如果想将一个客户端发送的聊天信息转发给其他所有的客户端，则比较困难，这时可以考虑在服务器端使用Set集合来保存所有的客户端信息——每当接收到一个客户端的数据报之后，程序都检查该数据报的源 SocketAddress 是否在 Set 集合中，如果不在，就将该 SocketAddress 添加到该 Set 集合中。这样做又涉及一个问题：可能有些客户端在发送一个数据报之后就永久性地退出了程序，但服务器端还将该客户端的 SocketAddress 保存在 Set 集合中……总之，采用这种方式需要处理的问题比较多，编程比较烦琐。幸好，Java 为 UDP 协议提供了多点广播支持。

▶▶ 17.4.3　使用 JDK 17 的 DatagramSocket 实现多点广播

早期 Java 使用 MulticastSocket 来实现多点广播，通过 MulticastSocket 可以将数据报以广播的方式发送到多个客户端。

从 JDK 17 开始，Java 直接使用 DatagramSocket 代替了 MulticastSocket，新版 DatagramSocket 可以加入多点广播组，彻底取代了传统的 MulticastSocket。

若要实现多点广播，则需要让一个数据报标有一组目标主机地址，当数据报发出后，整个组的所有主机都能接收到该数据报。IP 多点广播（或多点发送）实现了将单一信息发送给多个接收者的广播，其思想是设置一组特殊的网络地址作为多点广播地址，每一个多点广播地址都被看作一个组，当客户端需要接收广播信息时，加入该组即可。

IP 协议为多点广播提供了特殊的 IP 地址，这些 IP 地址的范围是 224.0.0.0~239.255.255.255。多点广播示意图如图 17.8 所示。

从图 17.8 中可以看出，当 DatagramSocket 把一个数据报发送到多点广播 IP 地址时，该数据报将被自动广播到加入该地址的所有 DatagramSocket。DatagramSocket 既可以将数据报发送到多点广播地址，也可以接收其他主机的广播信息。

DatagramSocket 实例可用于发送或接收多点广播数据报，发送多点广播数据报不需要加入广播组；只有接收多点广播数据报才需要加入广播组。

DatagramSocket 增加了如下方法来加入和离开一个组

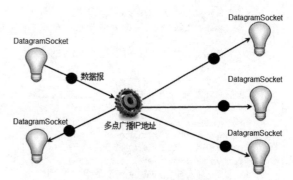

图 17.8　多点广播示意图

➢ joinGroup(SocketAddress mcastaddr, NetworkInterface netIf)：加入指定的多点广播地址。

➢ leaveGroup(SocketAddress mcastaddr, NetworkInterface netIf)：离开指定的多点广播地址。

在某些系统中，可能有多个网络接口——这可能会给多点广播带来问题，这时候程序需要在一个指定的网络接口上监听——通过 setOption()方法可设置 DatagramSocket 使用指定的网络接口；也可以通过 getOption()方法查询 DatagramSocket 监听的网络接口。

通过 setOption()方法设置多点广播使用指定的网络接口，代码如下：

```
// 获取本机的网络接口（网卡）
netInterface = NetworkInterface.getByInetAddress(
    InetAddress.getByName("192.168.1.88"));
// 设置多点广播所使用的网络接口
socket.setOption(StandardSocketOptions.IP_MULTICAST_IF, netInterface);
```

提示：

如果创建仅用于发送数据报的 DatagramSocket 对象，则使用随机端口即可。但如果 DatagramSocket 还需要接收广播数据，则该 DatagramSocket 对象必须具有指定的端口，否则发送方无法确定发送数据报的目标端口。

与 MulticastSocket 不同的是，DatagramSocket 默认没有调用 setReuseAddress(true)来启用 SO_REUSEADDR（复用地址）选项。因此，如果多个接收程序要共用一个端口，则可通过如下代码来启用"复用地址"的选项。

```
socket = new DatagramSocket(null); // 先不绑定端口
socket.setReuseAddress(true); // 在绑定端口之前设置复用该地址
socket.bind(new InetSocketAddress(BROADCAST_PORT)); // 绑定端口
```

DatagramSocket 也可通过 setOption()方法来设置 IP_MULTICAST_TTL 选项，该选项用于控制数据报最多可以跨过多少个网络，当 TTL 的值为 0 时，指定数据报应停留在本地主机上；当 TTL 的值为 1 时，指定将数据报发送到本地局域网；当 TTL 的值为 32 时，意味着只能将数据报发送到本站点的网络上；当 TTL 的值为 64 时，意味着数据报应被保留在本地区；当 TTL 的值为 128 时，意味着数据报应被保留在本大洲；当 TTL 的值为 255 时，意味着数据报可被发送到所有地方；在默认情况下，TTL 的值为 1。

从图 17.8 中可以看出，使用 DatagramSocket 进行多点广播时所有的通信实体都是平等的，它们都将自己的数据报发送到多点广播 IP 地址，并使用 DatagramSocket 接收其他通信实体发送的广播数据报。

下面的程序使用 DatagramSocket 实现了一个基于广播的多人聊天室。程序只需要一个 DatagramSocket 和两个线程，其中 DatagramSocket 既用于发送，也用于接收；一个线程负责接收用户键盘输入，并向 DatagramSocket 发送数据；另一个线程负责从 DatagramSocket 中读取数据。

程序清单：codes\17\17.4\MulticastTest.java

```
// 让该类实现 Runnable 接口，该类的实例可作为线程的 target
public class MulticastTest implements Runnable
{
```

```java
// 使用常量作为本程序的多点广播 IP 地址
private static final String BROADCAST_IP
    = "230.0.0.1";
// 使用常量作为本程序的多点广播目的地端口
public static final int BROADCAST_PORT = 30000;
// 定义每个数据报的大小最大为 4KB
private static final int DATA_LEN = 4096;
// 定义本程序的 DatagramSocket 实例，可实现多点广播功能
private DatagramSocket socket = null;
private SocketAddress group = null;
private NetworkInterface netInterface;
private Scanner scan = null;
// 定义接收网络数据的字节数组
byte[] inBuff = new byte[DATA_LEN];
// 以指定的字节数组创建准备接收数据的 DatagramPacket 对象
private DatagramPacket inPacket
    = new DatagramPacket(inBuff, inBuff.length);
// 定义一个用于发送的 DatagramPacket 对象
private DatagramPacket outPacket = null;
public void init() throws IOException
{
    try (
        // 创建键盘输入流
        var scan = new Scanner(System.in))
    {
        // 创建用于发送和接收数据的 DatagramSocket 对象
        // 由于需要在该端口运行多个客户端，因此要复用该端口
        socket = new DatagramSocket(null); // 先不绑定端口
        socket.setReuseAddress(true); // 在绑定端口之前设置复用该地址
        socket.bind(new InetSocketAddress(BROADCAST_PORT)); // 绑定端口
        var mcastaddr = InetAddress.getByName(BROADCAST_IP);
        // 创建多点广播组
        group = new InetSocketAddress(mcastaddr, 0);
        // 获取本机的网络接口（网卡）
        netInterface = NetworkInterface.getByInetAddress(
            InetAddress.getByName("192.168.1.88"));
        // 设置多点广播数据的 TTL 为 64
        socket.setOption(StandardSocketOptions.IP_MULTICAST_TTL, 64);
        // 设置多点广播所使用的网络接口
        socket.setOption(StandardSocketOptions.IP_MULTICAST_IF, netInterface);
        // 设置本 DatagramSocket 发送的数据报会被回送到自身
        socket.setOption(StandardSocketOptions.IP_MULTICAST_LOOP, true);
        // 将该 Socket 加入指定的多点广播地址
        socket.joinGroup(group, netInterface);
        // 初始化发送用的 DatagramSocket，它包含一个长度为 0 的字节数组
        outPacket = new DatagramPacket(new byte[0],
            0, mcastaddr, BROADCAST_PORT);
        // 启动以本实例的 run() 方法作为线程执行体的线程
        new Thread(this).start();
        // 不断地读取键盘输入
        while (scan.hasNextLine())
        {
            // 将键盘输入的一行字符串转换成字节数组
            byte[] buff = scan.nextLine().getBytes();
            // 设置发送用的 DatagramPacket 里的字节数据
            outPacket.setData(buff);
            // 发送数据报
            socket.send(outPacket);
        }
    }
    finally
    {
        socket.close();
    }
}
public void run()
{
```

```
try
{
    while (true)
    {
        // 读取 socket 中的数据，将读到的数据放在 inPacket 所封装的字节数组里
        socket.receive(inPacket);
        // 打印输出从 socket 中读取的内容
        System.out.println("聊天信息: " + new String(inBuff,
            0, inPacket.getLength())));
    }
}
// 捕捉异常
catch (IOException ex)
{
    ex.printStackTrace();
    try
    {
        if (socket != null)
        {
            // 让该 socket 离开该多点广播 IP 地址
            socket.leaveGroup(group, netInterface);
            // 关闭该 socket 对象
            socket.close();
        }
        System.exit(1);
    }
    catch (IOException e)
    {
        e.printStackTrace();
    }
}
}
public static void main(String[] args) throws IOException
{
    new MulticastTest().init();
}
}
```

上面程序中 init()方法里的第一行粗体字代码创建了一个 DatagramSocket 对象。为了让该对象可以复用同一个网络端口，因此，在创建 DatagramSocket 时并未绑定端口，而是先调用 setReuseAddress(true) 方法启用地址复用，然后才为它绑定端口。

第二行粗体字代码设置该 Socket 发送的数据报会被回送到自身（即该 Socket 可以接收到自己发送的数据报）；第三行粗体字代码将该 Socket 对象添加到指定的多点广播 IP 地址。至于程序中使用 DatagramSocket 发送和接收数据报的代码，与前一个程序并没有区别，故此处不再赘述。

下面将结合多点广播 DatagramSocket 和普通 DatagramSocket 开发一个简单的局域网即时通信工具，局域网内每个用户启动该工具后，都可以看到该局域网内所有的在线用户，该用户也会被其他用户看到，即显示如图 17.9 所示的窗口。

在图 17.9 所示的用户列表中双击任意一个用户，即可启动一个如图 17.10 所示的聊天界面。

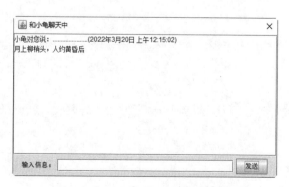

图 17.9　局域网即时通信工具

图 17.10　与指定用户聊天的界面

如果在图 17.9 所示的用户列表中双击"所有人"列表项，则可启动一个与图 17.10 相似的聊天界面，不同的是，通过该界面发送的信息将会被所有人看到。

该程序的实现思路是，每个用户都启动两个 Socket，即一个多点广播 DatagramSocket 和一个普通 DatagramSocket。其中多点广播 DatagramSocket 会周期性地向 230.0.0.1 发送在线信息，且所有用户的多点广播 DatagramSocket 都会加入 230.0.0.1 这个多点广播 IP 地址中，这样每个用户就都可以收到其他用户广播的在线信息了。如果系统经过一段时间后没有收到某个用户广播的在线信息，则从用户列表中删除该用户。此外，多点广播 DatagramSocket 还用于向所有用户发送广播信息。

DatagramSocket 主要用于发送私聊信息，当用户收到其他用户广播来的 DatagramPacket 时，即可获取该用户对应的 SocketAddress，这个 SocketAddress 将作为发送私聊信息的重要依据——本程序让多点广播 DatagramSocket 在 30000 端口监听，而让普通 DatagramSocket 在 30001 端口监听，这样程序就可以根据其他用户广播来的 DatagramPacket 得到其 DatagramSocket 所在的地址。

本程序提供了一个 UserInfo 类，该类封装了用户名、图标、对应的 SocketAddress，以及该用户对应的聊天窗口、失去联系的次数等信息。该类的代码如下。

程序清单：codes\17\17.4\LanTalk\UserInfo.java

```java
public class UserInfo
{
    // 该用户的图标
    private String icon;
    // 该用户的名字
    private String name;
    // 该用户的 DatagramSocket 所在的 IP 地址和端口
    private SocketAddress address;
    // 该用户失去联系的次数
    private int lost;
    // 该用户对应的聊天窗口
    private ChatFrame chatFrame;
    public UserInfo(){}
    // 有参数的构造器
    public UserInfo(String icon, String name,
        SocketAddress address, int lost)
    {
        this.icon = icon;
        this.name = name;
        this.address = address;
        this.lost = lost;
    }
    // 省略所有成员变量的 setter 和 getter 方法
    ...
    // 使用 address 作为该用户的标识，所以根据 address
    // 重写 hashCode() 和 equals() 方法
    public int hashCode()
    {
        return address.hashCode();
    }
    public boolean equals(Object obj)
    {
        if (obj != null && obj.getClass() == UserInfo.class)
        {
            var target = (UserInfo) obj;
            if (address != null)
            {
                return address.equals(target.getAddress());
            }
        }
        return false;
    }
}
```

通过 UserInfo 类的封装，所有客户端只需要维护该 UserInfo 类的列表，程序就可以实现广播、发送私聊信息等功能。本程序底层通信的工具类则需要一个多点广播 DatagramSocket 和一个普通 DatagramSocket，该工具类的代码如下。

程序清单：codes\17\17.4\LanTalk\ComUtil.java

```java
// 聊天交换信息的工具类
public class ComUtil
{
    // 定义本程序通信所使用的字符集
    public static final String CHARSET = "utf-8";
    // 使用常量作为本程序的多点广播 IP 地址
    private static final String BROADCAST_IP
        = "230.0.0.1";
    // 使用常量作为本程序的多点广播目的地端口
    // DatagramSocket 所用的端口为该端口号加 1
    public static final int BROADCAST_PORT = 30000;
    // 定义每个数据报的大小最大为 4KB
    private static final int DATA_LEN = 4096;
    // 定义多点广播所用的 DatagramSocket 实例
    private DatagramSocket socket = null;
    // 定义本程序私聊用的 DatagramSocket 实例
    private DatagramSocket singleSocket = null;
    private SocketAddress group = null;
    private NetworkInterface netInterface;
    // 定义接收网络数据的字节数组
    byte[] inBuff = new byte[DATA_LEN];
    // 以指定的字节数组创建准备接收数据的 DatagramPacket 对象
    private DatagramPacket inPacket =
        new DatagramPacket(inBuff, inBuff.length);
    // 定义一个用于发送的 DatagramPacket 对象
    private DatagramPacket outPacket = null;
    // 聊天的主界面程序
    private LanTalk lanTalk;
    // 构造器，初始化资源
    public ComUtil(LanTalk lanTalk) throws Exception
    {
        this.lanTalk = lanTalk;
        // 创建用于发送和接收数据的 DatagramSocket 对象
        // 由于需要在该端口运行多个客户端，因此要复用该端口
        socket = new DatagramSocket(null); // 先不绑定端口
        socket.setReuseAddress(true); // 在绑定端口之前设置复用该地址
        socket.bind(new InetSocketAddress(BROADCAST_PORT)); // 绑定端口
        // 创建私聊用的 DatagramSocket 对象
        singleSocket = new DatagramSocket(BROADCAST_PORT + 1);
        // 获取本机的网络接口（网卡）
        netInterface = NetworkInterface.getByInetAddress(
            InetAddress.getByName("192.168.1.88"));
        // 设置多点广播数据的 TTL 为 64
        socket.setOption(StandardSocketOptions.IP_MULTICAST_TTL, 64);
        // 设置多点广播所使用的网络接口
        socket.setOption(StandardSocketOptions.
            IP_MULTICAST_IF, netInterface);
        // 设置本 DatagramSocket 发送的数据报会被回送到自身
        socket.setOption(StandardSocketOptions.IP_MULTICAST_LOOP, true);
        // 定义广播的 IP 地址
        var mcastaddr = InetAddress.getByName(BROADCAST_IP);
        // 创建多点广播组
        group = new InetSocketAddress(mcastaddr, 0);
        // 将该 socket 加入指定的多点广播地址
        socket.joinGroup(group, netInterface);
        // 初始化发送用的 DatagramSocket，它包含一个长度为 0 的字节数组
        outPacket = new DatagramPacket(new byte[0],
            0, mcastaddr, BROADCAST_PORT);
        // 启动两个读取网络数据的线程
        new ReadBroad().start();
        Thread.sleep(1);
```

```
            new ReadSingle().start();
    }
    // 广播消息的工具方法
    public void broadCast(String msg)
    {
        try
        {
            // 将 msg 字符串转换成字节数组
            byte[] buff = msg.getBytes(CHARSET);
            // 设置发送用的 DatagramPacket 里的字节数据
            outPacket.setData(buff);
            // 发送数据报
            socket.send(outPacket);
        }
        // 捕捉异常
        catch (IOException ex)
        {
            ex.printStackTrace();
            if (socket != null)
            {
                try
                {
                    // 让该 socket 离开该多点广播 IP 地址
                    socket.leaveGroup(group, netInterface);
                }
                catch (IOException e) { e.printStackTrace();}
                // 关闭该 socket 对象
                socket.close();
            }
            JOptionPane.showMessageDialog(null,
                "发送信息异常，请确认 30000 端口空闲，且网络连接正常！",
                "网络异常", JOptionPane.ERROR_MESSAGE);
            System.exit(1);
        }
    }
    // 定义向单独用户发送信息的方法
    public void sendSingle(String msg, SocketAddress dest)
    {
        try
        {
            // 将 msg 字符串转换成字节数组
            byte[] buff = msg.getBytes(CHARSET);
            var packet = new DatagramPacket(buff, buff.length, dest);
            singleSocket.send(packet);
        }
        // 捕捉异常
        catch (IOException ex)
        {
            ex.printStackTrace();
            if (singleSocket != null)
            {
                // 关闭该 socket 对象
                singleSocket.close();
            }
            JOptionPane.showMessageDialog(null,
                "发送信息异常，请确认 30001 端口空闲，且网络连接正常！",
                "网络异常", JOptionPane.ERROR_MESSAGE);
            System.exit(1);
        }
    }
    // 不断地从 DatagramSocket 中读取数据的线程
    class ReadSingle extends Thread
    {
        // 定义接收网络数据的字节数组
        byte[] singleBuff = new byte[DATA_LEN];
        private DatagramPacket singlePacket =
            new DatagramPacket(singleBuff, singleBuff.length);
        public void run()
```

```
                {
                    while (true)
                    {
                        try
                        {
                            // 读取 socket 中的数据。
                            singleSocket.receive(singlePacket);
                            // 处理读到的信息
                            lanTalk.processMsg(singlePacket, true);
                        }
                        // 捕捉异常
                        catch (IOException ex)
                        {
                            ex.printStackTrace();
                            if (singleSocket != null)
                            {
                                // 关闭该 socket 对象
                                singleSocket.close();
                            }
                            JOptionPane.showMessageDialog(null,
                                "接收信息异常，请确认 30001 端口空闲，且网络连接正常！",
                                "网络异常", JOptionPane.ERROR_MESSAGE);
                            System.exit(1);
                        }
                    }
                }
            }
// 持续读取多点广播 DatagramSocket 的线程
class ReadBroad extends Thread
{
    public void run()
    {
        while (true)
        {
            try
            {
                // 读取 socket 中的数据
                socket.receive(inPacket);
                // 打印输出从 socket 中读取的内容
                var msg = new String(inBuff, 0,
                    inPacket.getLength(), CHARSET);
                // 读到的内容是在线信息
                if (msg.startsWith(YeekuProtocol.PRESENCE)
                    && msg.endsWith(YeekuProtocol.PRESENCE))
                {
                    String userMsg = msg.substring(2,
                        msg.length() - 2);
                    String[] userInfo = userMsg.split(YeekuProtocol
                        .SPLITTER);
                    var user = new UserInfo(userInfo[1],
                        userInfo[0], inPacket.getSocketAddress(), 0);
                    // 控制是否需要添加该用户的旗标
                    var addFlag = true;
                    ArrayList<Integer> delList = new ArrayList<>();
                    // 遍历系统中已有的所有用户，该循环必须完成
                    for (var i = 1; i < lanTalk.getUserNum(); i++)
                    {
                        UserInfo current = lanTalk.getUser(i);
                        // 将所有用户失去联系的次数加 1
                        current.setLost(current.getLost() + 1);
                        // 如果该信息是由指定的用户发送的
                        if (current.equals(user))
                        {
                            current.setLost(0);
                            // 设置该用户无须添加旗标
                            addFlag = false;
                        }
                        if (current.getLost() > 2)
                        {
```

```
                        delList.add(i);
                    }
                }
                // 删除 delList 中所有索引对应的用户
                for (var i = 0; i < delList.size(); i++)
                {
                    lanTalk.removeUser(delList.get(i));
                }
                if (addFlag)
                {
                    // 添加新用户
                    lanTalk.addUser(user);
                }
            }
            // 读到的内容是公聊信息
            else
            {
                // 处理读到的信息
                lanTalk.processMsg(inPacket, false);
            }
        }
        // 捕捉异常
        catch (IOException ex)
        {
            ex.printStackTrace();
            if (socket != null)
            {
                // 关闭该 socket 对象
                socket.close();
            }
            JOptionPane.showMessageDialog(null,
                "接收信息异常，请确认 30000 端口空闲，且网络连接正常！",
                "网络异常", JOptionPane.ERROR_MESSAGE);
            System.exit(1);
        }
    }
}
```

  该类主要实现底层的网络通信功能。该类提供了一个 broadCast()方法，该方法使用多点广播 DatagramSocket 将指定的字符串广播到所有客户端；该类还提供了一个 sendSingle()方法，该方法使用 DatagramSocket 将指定的字符串发送到指定的 SocketAddress，如程序中前两行粗体字代码所示。此外，该类提供了两个内部线程类：ReadSingle 和 ReadBroad，这两个线程类采用循环不断地读取两个 DatagramSocket 中的数据——如果读到的是广播来的在线信息，则保持该用户在线；如果读到的是用户的聊天信息，则直接将该信息显示出来。

  在该类中用到了本程序的一个主类：LanTalk，该类使用 DefaultListModel 来维护用户列表，该类中的每个列表项都是一个 UserInfo。该类还提供了一个 ImageCellRenderer，用于在列表项中绘制出用户图标和用户名字。

程序清单：codes\17\17.4\LanTalk\LanTalk.java

```java
public class LanTalk extends JFrame
{
    private DefaultListModel<UserInfo> listModel
        = new DefaultListModel<>();
    // 定义一个 JList 对象
    private JList<UserInfo> friendsList = new JList<>(listModel);
    // 定义一个用于格式化日期的格式器
    private DateFormat formatter = DateFormat.getDateTimeInstance();
    public LanTalk()
    {
        super("局域网聊天");
        // 设置该 JList 使用 ImageCellRenderer 作为单元格绘制器
        friendsList.setCellRenderer(new ImageCellRenderer());
```

```
        listModel.addElement(new UserInfo("all", "所有人",
            null, -2000)));
        friendsList.addMouseListener(new ChangeMusicListener());
        add(new JScrollPane(friendsList));
        setDefaultCloseOperation(JFrame.EXIT_ON_CLOSE);
        setBounds(2, 2, 160, 600);
    }
    // 根据地址来查询用户
    public UserInfo getUserBySocketAddress(SocketAddress address)
    {
        for (var i = 1; i < getUserNum(); i++)
        {
            UserInfo user = getUser(i);
            if (user.getAddress() != null
                && user.getAddress().equals(address))
            {
                return user;
            }
        }
        return null;
    }
    // ------下面 4 个方法是对 ListModel 的包装------
    // 向用户列表中添加用户
    public void addUser(UserInfo user)
    {
        listModel.addElement(user);
    }
    // 从用户列表中删除用户
    public void removeUser(int pos)
    {
        listModel.removeElementAt(pos);
    }
    // 获取该聊天窗口中的用户数量
    public int getUserNum()
    {
        return listModel.size();
    }
    // 获取指定位置的用户
    public UserInfo getUser(int pos)
    {
        return listModel.elementAt(pos);
    }
    // 实现 JList 上的鼠标双击事件监听器
    class ChangeMusicListener extends MouseAdapter
    {
        public void mouseClicked(MouseEvent e)
        {
            // 如果鼠标的击键次数大于 2
            if (e.getClickCount() >= 2)
            {
                // 取出鼠标双击时选中的列表项
                var user = (UserInfo) friendsList.getSelectedValue();
                // 如果该列表项对应用户的聊天窗口为 null
                if (user.getChatFrame() == null)
                {
                    // 为该用户创建一个聊天窗口，并让该用户引用该窗口
                    user.setChatFrame(new ChatFrame(null, user));
                }
                // 如果该用户的聊天窗口没有显示，则让用户的聊天窗口显示出来
                if (!user.getChatFrame().isShowing())
                {
                    user.getChatFrame().setVisible(true);
                }
            }
        }
    }
    /**
     * 处理网络数据报，该方法将根据聊天信息得到聊天者
     * 并将信息显示在聊天窗口中
```

```
     * @param packet 需要处理的数据报
     * @param single 该信息是否为私聊信息
     */
    public void processMsg(DatagramPacket packet, boolean single)
    {
        // 获取发送该数据报的 SocketAddress
        var srcAddress = (InetSocketAddress) packet.getSocketAddress();
        // 如果是私聊信息，则该 Packet 获取的是 DatagramSocket 的地址
        // 将端口号减 1 对应的才是 DatagramSocket 的地址
        if (single)
        {
            srcAddress = new InetSocketAddress(srcAddress.getHostName(),
                srcAddress.getPort() - 1);
        }
        UserInfo srcUser = getUserBySocketAddress(srcAddress);
        if (srcUser != null)
        {
            // 确定将信息显示到哪个用户对应的聊天窗口中
            UserInfo alertUser = single ? srcUser : getUser(0);
            // 如果该用户对应的聊天窗口为空，则显示该窗口
            if (alertUser.getChatFrame() == null)
            {
                alertUser.setChatFrame(new ChatFrame(null, alertUser));
            }
            // 定义添加的提示信息
            String tipMsg = single ? "对您说： " : "对大家说： ";
            try {
                // 显示提示信息
                alertUser.getChatFrame().addString(srcUser.getName()
                    + tipMsg + "......................("
                    + formatter.format(new Date()) + ")\n"
                    + new String(packet.getData(), 0, packet.getLength(),
                        ComUtil.CHARSET)) + "\n");
            }
            catch (Exception ex) { ex.printStackTrace(); }
            if (!alertUser.getChatFrame().isShowing())
            {
                alertUser.getChatFrame().setVisible(true);
            }
        }
    }
    // 主方法，程序的入口
    public static void main(String[] args)
    {
        var lanTalk = new LanTalk();
        new LoginFrame(lanTalk, "请输入用户名、头像后登录");
    }
}
// 定义用于改变 JList 列表项外观的类
class ImageCellRenderer extends JPanel
    implements ListCellRenderer<UserInfo>
{
    private ImageIcon icon;
    private String name;
    // 定义绘制单元格时的背景色
    private Color background;
    // 定义绘制单元格时的前景色
    private Color foreground;
    @Override
    public Component getListCellRendererComponent(JList list,
        UserInfo userInfo, int index,
        boolean isSelected, boolean cellHasFocus)
    {
        // 设置图标
        icon = new ImageIcon("ico/" + userInfo.getIcon() + ".gif");
        name = userInfo.getName();
        // 设置背景色、前景色
        background = isSelected ? list.getSelectionBackground()
```

```
            : list.getBackground();
        foreground = isSelected ? list.getSelectionForeground()
            : list.getForeground();
        // 返回该 JPanel 对象作为单元格绘制器
        return this;
    }
    // 重写 paintComponent()方法, 改变 JPanel 的外观
    public void paintComponent(Graphics g)
    {
        int imageWidth = icon.getImage().getWidth(null);
        int imageHeight = icon.getImage().getHeight(null);
        g.setColor(background);
        g.fillRect(0, 0, getWidth(), getHeight());
        g.setColor(foreground);
        // 绘制好友图标
        g.drawImage(icon.getImage(), getWidth() / 2 - imageWidth / 2,
            10, null);
        g.setFont(new Font("SansSerif", Font.BOLD, 18));
        // 绘制好友用户名
        g.drawString(name, getWidth() / 2 - name.length() * 10,
            imageHeight + 30 );
    }
    // 通过该方法来设置该 ImageCellRenderer 的最佳大小
    public Dimension getPreferredSize()
    {
        return new Dimension(60, 80);
    }
}
```

上面类中提供的 addUser()和 removeUser()方法被暴露给通信类 ComUtil 使用, 用于向用户列表中添加用户和从用户列表中删除用户。此外, 该类还提供了一个 processMsg()方法, 该方法用于处理从网络上读取的数据报, 并将数据报中的内容取出, 显示在特定的窗口中。

提示:
　　上面讲解的只是本程序的关键类, 本程序还涉及 YeekuProtocol、ChatFrame、LoginFrame 等类。由于篇幅关系, 此处不再给出这些类的源代码, 读者可以参考 codes\17\17.4\LanTalk 路径下的源代码。

17.5　使用代理服务器

　　从 Java 5 开始, Java 在 java.net 包下提供了 Proxy 和 ProxySelector 两个类, 其中 Proxy 代表一个代理服务器, 可以在打开 URLConnection 连接时指定 Proxy, 在创建 Socket 连接时也可以指定 Proxy; ProxySelector 代表一个代理选择器, 它提供了对代理服务器更加灵活的控制, 它可以对 HTTP、HTTPS、FTP、SOCKS 等进行分别设置, 而且还可以设置不需要通过代理服务器的主机和地址。通过使用 ProxySelector, 可以实现与在 Internet Explorer、Firefox 等软件中设置代理服务器类似的效果。

提示:
　　代理服务器的功能就是代理用户来获取网络信息。当使用浏览器直接连接其他 Internet 站点来获取网络信息时, 通常需要先发送请求, 然后等待响应的到来。代理服务器是一台介于浏览器和服务器之间的服务器, 在设置了代理服务器之后, 浏览器不是直接向 Web 服务器发送请求, 而是向代理服务器发送请求的——浏览器请求先被发送到代理服务器, 由代理服务器向真正的 Web 服务器发送请求, 并取回浏览器所需要的信息, 再传给浏览器。大部分代理服务器都具有缓存功能, 它会不断地将新获取的数据存储到其本地存储器上, 如果浏览器所请求的数据在其本地存储器上已经存在且是最新的, 那么它就无须从 Web 服务器取数据, 而是直接将本地存储器上的数据传给浏览器, 这样就能显著提高浏览速度。归纳起来, 代理服务器主要提供如下两个功能。

> ➢ 突破自身 IP 限制，对外隐藏自身 IP 地址。突破 IP 限制包括可以访问国外受限站点，
> 访问国内特定单位、团体的内部资源。
>
> ➢ 提高访问速度。代理服务器提供的缓存功能可以避免每个用户都直接访问远程主机，
> 从而提高了客户端访问速度。

▶▶ 17.5.1 直接使用 Proxy 创建连接

Proxy 有一个构造器：Proxy(Proxy.Type type, SocketAddress sa)，用于创建表示代理服务器的 Proxy 对象。其中，sa 参数指定代理服务器的地址，type 表示该代理服务器的类型。该代理服务器的类型有如下三种。

➢ Proxy.Type.DIRECT：表示直接连接，不使用代理。

➢ Proxy.Type.HTTP：表示支持高级协议代理，如 HTTP 或 FTP。

➢ Proxy.Type.SOCKS：表示 SOCKS（V4 或 V5）代理。

一旦创建了 Proxy 对象，程序就可以在使用 URLConnection 打开连接时，或者创建 Socket 连接时传入一个 Proxy 对象，作为本次连接所使用的代理服务器。

URL 包含了一个 URLConnection openConnection(Proxy proxy)方法，该方法使用指定的代理服务器来打开连接；Socket 则提供了一个 Socket(Proxy proxy)构造器，该构造器使用指定的代理服务器来创建一个没有连接的 Socket 对象。

下面以 URLConnection 为例，介绍如何在 URLConnection 中使用代理服务器。

程序清单：codes\17\17.5\ProxyTest.java

```java
public class ProxyTest
{
    // 下面是代理服务器的地址和端口
    // 换成实际有效的代理服务器的地址和端口
    final String PROXY_ADDR = "129.82.12.188";
    final int PROXY_PORT = 3124;
    // 定义需要访问的网站地址
    String urlStr = "http://www.fkjava.org";
    public void init() throws IOException, MalformedURLException
    {
        var url = new URL(urlStr);
        // 创建一个代理服务器对象
        Proxy proxy = new Proxy(Proxy.Type.HTTP,
            new InetSocketAddress(PROXY_ADDR, PROXY_PORT));
        // 使用指定的代理服务器打开连接
        URLConnection conn = url.openConnection(proxy);
        // 设置超时时长
        conn.setConnectTimeout(3000);
        try (
            // 通过代理服务器读取数据的 Scanner
            var scan = new Scanner(conn.getInputStream(), "utf-8");
            var ps = new PrintStream("index.html"))
        {
            while (scan.hasNextLine())
            {
                String line = scan.nextLine();
                // 在控制台输出网页资源内容
                System.out.println(line);
                // 将网页资源内容输出到指定的输出流
                ps.println(line);
            }
        }
    }
    public static void main(String[] args)
        throws IOException, MalformedURLException
    {
        new ProxyTest().init();
    }
}
```

上面程序中的第一行粗体字代码创建了一个 Proxy 对象，第二行粗体字代码使用 Proxy 对象来打开 URLConnection 连接。接下来程序使用 URLConnection 读取了一份网络资源，此时的 URLConnection 并不是直接连接到 www.fkjava.org 的，而是通过代理服务器来访问该网站的。

▶▶ 17.5.2　使用 ProxySelector 自动选择代理服务器

前面介绍了直接使用 Proxy 对象可以在打开 URLConnection 或 Socket 连接时指定代理服务器，但通过这种方式每次打开连接时都需要显式地设置代理服务器，比较麻烦。如果希望每次打开连接时总是具有默认的代理服务器，则可以借助于 ProxySelector 来实现。

ProxySelector 代表一个代理选择器，它本身是一个抽象类，程序无法创建它的实例，开发者可以考虑通过继承 ProxySelector 来实现自己的代理选择器。实现 ProxySelector 的步骤非常简单，程序只需要定义一个继承 ProxySelector 的类，并让该类实现如下两个抽象方法。

- List<Proxy> select(URI uri)：根据业务需要返回代理服务器列表，如果该方法返回的集合中只包含一个 Proxy，该 Proxy 将会作为默认的代理服务器。
- connectFailed(URI uri, SocketAddress sa, IOException ioe)：当连接代理服务器失败时回调该方法。

在实现了自己的 ProxySelector 类之后，调用 ProxySelector 的 setDefault(ProxySelector ps)静态方法来注册该代理选择器即可。

下面的程序示范了如何让自定义的 ProxySelector 来自动选择代理服务器。

程序清单：codes\17\17.5\ProxySelectorTest.java

```
public class ProxySelectorTest
{
    // 下面是代理服务器的地址和端口
    // 随便一个代理服务器的地址和端口
    final String PROXY_ADDR = "139.82.12.188";
    final int PROXY_PORT = 3124;
    // 定义需要访问的网站地址
    String urlStr = "http://www.fkjava.org";
    public void init() throws IOException, MalformedURLException
    {
        // 注册默认的代理选择器
        ProxySelector.setDefault(new ProxySelector()
        {
            @Override
            public void connectFailed(URI uri,
                SocketAddress sa, IOException ioe)
            {
                System.out.println("无法连接到指定的代理服务器！");
            }
            // 根据业务需要返回特定的对应的代理服务器
            @Override
            public List<Proxy> select(URI uri)
            {
                // 本程序总是返回某个固定的代理服务器
                List<Proxy> result = new ArrayList<>();
                result.add(new Proxy(Proxy.Type.HTTP,
                    new InetSocketAddress(PROXY_ADDR, PROXY_PORT)));
                return result;
            }
        });
        var url = new URL(urlStr);
        // 没有指定代理服务器，直接打开连接
        URLConnection conn = url.openConnection();    // ①
        ...
    }
}
```

上面程序的关键是粗体字代码部分采用匿名内部类实现了一个 ProxySelector，这个 ProxySelector 的 select()方法总是返回一个固定的代理服务器。也就是说，程序默认总会使用该代理服务器。因此，程序在①号代码处打开连接时，虽然没有指定代理服务器，但实际上程序依然会使用代理服务器——如果用户设置了一个无效的代理服务器,系统将会在连接失败时回调 ProxySelector 的 connectFailed()方法,这可以说明代理选择器起作用了。

此外,Java 为 ProxySelector 提供了一个实现类:sun.net.spi.DefaultProxySelector(这是一个未公开 API,应尽量避免直接使用该 API),系统已经将 DefaultProxySelector 注册成默认的代理选择器,因此程序可调用 ProxySelector.getDefault()方法来获取 DefaultProxySelector 实例。

DefaultProxySelector 继承了 ProxySelector,当然也实现了两个抽象方法,它的实现策略如下。

➢ connectFailed():如果连接失败,它基本不会进行其他处理。

➢ select():DefaultProxySelector 会根据系统属性来决定使用哪个代理服务器。ProxySelector 会检测系统属性与 URL 之间的匹配,然后决定使用相应的属性值作为代理服务器。关于代理服务器常用的属性有如下三个。

- http.proxyHost:设置 HTTP 访问所使用的代理服务器的主机地址。该属性名的前缀可以改为 https、ftp 等,分别用于设置 HTTPS 访问和 FTP 访问所使用的代理服务器的主机地址。

- http.proxyPort:设置 HTTP 访问所使用的代理服务器的端口。该属性名的前缀可以改为 https、ftp 等,分别用于设置 HTTPS 访问和 FTP 访问所使用的代理服务器的端口。

- http.nonProxyHosts:设置 HTTP 访问中不需要使用代理服务器的主机,支持使用"*"通配符;支持指定多个地址,多个地址之间用竖线(|)分隔。

下面的程序示范了通过改变系统属性来改变默认的代理服务器。

程序清单:codes\17\17.5\DefaultProxySelectorTest.java

```java
public class DefaultProxySelectorTest
{
    // 定义需要访问的网站地址
    static String urlStr = "http://www.crazyit.org";
    public static void main(String[] args) throws Exception
    {
        // 获取系统的默认属性
        Properties props = System.getProperties();
        // 通过系统属性设置HTTP访问所使用的代理服务器的主机地址、端口
        props.setProperty("http.proxyHost", "192.168.10.96");
        props.setProperty("http.proxyPort", "8080");
        // 通过系统属性设置HTTP访问无须使用代理服务器的主机
        // 可以使用"*"通配符,多个地址之间用|分隔
        props.setProperty("http.nonProxyHosts", "localhost|192.168.10.*");
        // 通过系统属性设置HTTPS访问所使用的代理服务器的主机地址、端口
        props.setProperty("https.proxyHost", "192.168.10.97");
        props.setProperty("https.proxyPort", "443");
        /* DefaultProxySelector 不支持 https.nonProxyHosts 属性
         DefaultProxySelector 直接按 http.nonProxyHosts 的设置规则处理 */
        // 通过系统属性设置FTP访问所使用的代理服务器的主机地址、端口
        props.setProperty("ftp.proxyHost", "192.168.10.98");
        props.setProperty("ftp.proxyPort", "2121");
        // 通过系统属性设置FTP访问无须使用代理服务器的主机
        props.setProperty("ftp.nonProxyHosts", "localhost|192.168.10.*");
        // 通过系统属性设置SOCKS代理服务器的主机地址、端口
        props.setProperty("socks.ProxyHost", "192.168.10.99");
        props.setProperty("socks.ProxyPort", "1080");
        // 获取系统默认的代理选择器
        ProxySelector selector = ProxySelector.getDefault();    // ①
        System.out.println("系统默认的代理选择器: " + selector);
        // 根据URI动态决定所使用的代理服务器
        System.out.println("系统为 ftp://www.crazyit.org 选择的代理服务器为: "
            +ProxySelector.getDefault().select(new URI("ftp://www.crazyit.org")));// ②
        var url = new URL(urlStr);
        // 直接打开连接,默认的代理选择器会使用 http.proxyHost、http.proxyPort 等系统属性
        // 设置的代理服务器
        // 如果无法连接代理服务器,则默认的代理选择器会尝试直接连接
        URLConnection conn = url.openConnection();    // ③
```

```
              // 设置超时时长
              conn.setConnectTimeout(3000);
              try (
                  var scan = new Scanner(conn.getInputStream(), "utf-8"))
              {
                  // 读取远程主机的内容
                  while (scan.hasNextLine())
                  {
                      System.out.println(scan.nextLine());
                  }
              }
          }
      }
```

上面程序中①号粗体字代码返回系统默认注册的 ProxySelector，即返回 DefaultProxySelector 实例。程序中前三行粗体字代码设置 HTTP 访问的代理服务器属性，其中前两行代码设置代理服务器的地址和端口，第三行代码设置 HTTP 访问哪些主机时不需要使用代理服务器。程序在③号粗体字代码处直接打开一个 URLConnection，系统会在打开该 URLConnection 时使用代理服务器。程序在②号粗体字代码处让默认的 ProxySelector 为 ftp://www.crazyit.org 选择代理服务器，它将使用通过 ftp.proxyHost 属性设置的代理服务器。

运行上面的程序，由于 192.168.10.96 通常并不是有效的代理服务器（如果读者的机器恰好可以使用 192.168.10.96:8080 代理服务器，则另当别论），因此程序将会等待几秒钟——无法连接到指定的代理服务器——默认的代理选择器的 connectFailed() 方法被回调，该方法会尝试不使用代理服务器，直接连接远程资源。

17.6　使用 HTTP Client 进行网络通信

从 Java 9 开始引入孵化阶段的 HTTP Client 模块，经过 Java 10 的增强，Java 11 正式标准化了 HTTP Client 模块。HTTP Client 主要包含两个部分：①用于发送基于 HTTP 协议的 GET、POST、PUT、DELETE 请求的 HTTP Client 部分；②支持 Web Socket 的客户端 API。

相比传统的 HttpURLConnection，HTTP Client 使用起来更方便，而且 HTTP Client 还支持现在流行的异步通信。通过 HTTP Client 的支持，可以方便地开发 RESTful 服务的客户端。

不管是 HttpURLConnection 还是 HTTP Client，它们的使用原理基本是相似的，都是要先向服务器端发送 HTTP 请求，然后获取并解析服务器响应。在使用 HTTP Client 时涉及如下核心 API。

➢ HttpClient：HTTP Client 的核心对象，用于发送请求和接收响应。Java 为创建该类的实例提供了 HttpClient.Builder 接口。

➢ HttpRequest：代表请求对象。Java 为创建该类的实例提供了 HttpRequest.Builder 接口。

➢ HttpResponse：代表响应对象。

为了封装请求参数和处理响应数据，HTTP Client 还提供了如下两个 API。

➢ HttpRequest.BodyPublishers：用于创建 HttpRequest.BodyPublisher 的工厂类，HttpRequest.BodyPublisher 代表请求参数，请求参数可以来自字符串、字节数组、文件和输入流等。

➢ HttpResponse.BodyHandlers：用于创建 HttpResponse.BodyHandler 的工厂类，HttpResponse.BodyHandler 代表对响应体的转换处理，该对象可以将服务器响应转换成字节数组、字符串、文件、输入流或逐行输入等。

需要说明的是，当程序使用 HttpResponse.BodyHandler 对服务器响应进行转换时，需要根据服务器响应的内容进行转换。比如服务器响应的内容本身是图片、视频等二进制数据，那么就不要尝试将服务器响应转换成字符串或逐行输入——HttpResponse.BodyHandler 并不能改变响应数据本身，它只能简化响应数据的处理。

归纳起来，使用 HTTP Client 发送请求的步骤如下。

① 创建 HttpClient 对象。

② 创建 HttpRequest 对象作为请求对象。如果有需要，可以使用 HttpRequest.BodyPublisher 为请求本身添加请求参数。

③ 调用 HttpClient 的 send() 或 sendAsync() 方法发送请求，其中 sendAsync() 方法用于发送异步请求。在调用这两个方法发送请求时，需要传入 HttpResponse.BodyHandler 对象，指定对响应数据进行转换处理。

下面通过例子具体讲解 HTTP Client 的用法。

▶▶ 17.6.1　发送同步 GET 请求

发送同步 GET 请求是最简单的情况，因为请求参数被直接附在请求的 URL 后面，无须使用 HttpRequest.BodyPublisher 添加请求参数。

下面的程序示范了使用 HttpClient 发送同步 GET 请求的步骤和详细过程。

程序清单：codes\17\17.6\GetTest.java

```java
public class GetTest
{
    public static void main(String[] args) throws Exception
    {
        // ①创建 HttpClient 对象
        HttpClient client = HttpClient.newBuilder()
            // 指定 HTTP 协议的版本
            .version(HttpClient.Version.HTTP_2)
            // 指定重定向策略
            .followRedirects(HttpClient.Redirect.NORMAL)
            // 指定超时时长
            .connectTimeout(Duration.ofSeconds(20))
            // 如果有必要，可通过该方法指定代理服务器的地址
//          .proxy(ProxySelector.of(new InetSocketAddress("proxy.crazyit.com", 80)))
            .build();
        // ②创建 HttpRequest 对象
        HttpRequest request = HttpRequest.newBuilder()
            // 执行请求的 URL
            .uri(URI.create("http://localhost:8888/foo/secret.jsp"))
            // 指定请求超时时长
            .timeout(Duration.ofMinutes(2))
            // 指定请求头
            .header("Content-Type", "text/html")
            // 创建 GET 请求
            .GET()
            .build();
        // HttpResponse.BodyHandlers.ofString()指定将服务器响应转换成字符串
        HttpResponse.BodyHandler<String> bh = HttpResponse.BodyHandlers.ofString();
        // ③发送请求，获取服务器响应
        HttpResponse<String> response = client.send(request, bh);
        // 获取服务器响应的状态码
        System.out.println("响应的状态码:" + response.statusCode());
        System.out.println("响应头:" + response.headers());
        System.out.println("响应体:" + response.body());
    }
}
```

上面程序中的三行粗体字代码代表使用 HttpClient 发送请求的三个关键步骤。程序调用 send() 方法发送同步 GET 请求时，指定使用 HttpResponse.BodyHandler<String> 转换响应数据，因此服务器响应体的数据是字符串。

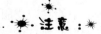：

该程序需要服务器端应用的支持，读者应先将 codes\17\17.6\ 目录下的 foo 应用部署到 Tomcat 9 的 webapps 目录下，然后再测试该程序。

运行上面的程序，将会看到如下输出：

```
响应的状态码:200
响应头:java.net.http.HttpHeaders@6b0032f9 { {
content-length=[45], content-type=[text/html;charset=utf-8],
date=[Sun, 06 Jan 2019 16:18:29 GMT],
set-cookie=[JSESSIONID=8154753CB0FBFE8AE67244D7F2CF782D;
Path=/foo; HttpOnly]} }
响应体:
您没有被授权访问该页面
```

▶▶ 17.6.2 发送带请求体的请求

HTTP Client 除可发送 GET 请求之外，也可发送 HTTP 协议支持的各种请求，只需调用 HttpRequest.Builder 对象的如下方法来创建对应的请求即可。

- ➤ DELETE()：创建 DELETE 请求。
- ➤ GET()：创建 GET 请求
- ➤ method(String method, HttpRequest.BodyPublisher bodyPublisher)：创建 method 参数指定的各种请求。其中 bodyPublisher 参数用于设置请求体（包含请求参数）；method 参数必须是 DELETE、GET、POST、PUT、HEAD、PATCH 等有效的方法，否则将会引发 IllegalArgumentException 异常。
- ➤ POST(HttpRequest.BodyPublisher bodyPublisher)：创建 POST 请求。其中 bodyPublisher 参数用于设置请求体（包含请求参数）。
- ➤ PUT(HttpRequest.BodyPublisher bodyPublisher)：创建 PUT 请求。其中 bodyPublisher 参数用于设置请求体（包含请求参数）。

> **提示：**
> 　　对于 RESTful 客户端而言，GET、POST、PUT、DELETE 是 4 种最重要的请求方法，其中 GET 请求方法用于获取实体数据；POST 请求方法用于添加实体；PUT 请求方法用于修改实体；DELETE 请求方法用于删除实体。

从上面的方法可以看出，不管发送哪种请求，如果要设置请求体，都需要通过 HttpRequest.BodyPublisher 参数进行设置，HTTP Client 提供了 HttpRequest.BodyPublishers 来创建该对象，这些请求体数据可来自字符串、文件、字节数组、二进制流等。

如下代码创建了请求体参数来自字符串的 POST 请求：

```
HttpRequest request = HttpRequest.newBuilder()
    .uri(URI.create("https://www.crazyit.org/"))
    // 指定以提交表单的方式编码请求体
    .header("Content-Type", "application/x-www-form-urlencoded")
    // 通过字符串创建请求体，然后作为 POST 请求的请求参数
    .POST(HttpRequest.BodyPublishers.ofString("name=crazyit.org&pass=leegang"))
    .build();
```

上面的粗体字代码调用 ofString()方法通过字符串来创建请求体。

如下代码创建了请求体参数来自文件的 PUT 请求：

```
HttpRequest request = HttpRequest.newBuilder()
    .uri(URI.create("https://www.crazyit.org/"))
    // 设置请求内容类型为 JSON
    .header("Content-Type", "application/json")
    // 通过文件创建请求体，然后作为 PUT 请求的请求参数
    .PUT(BodyPublishers.ofFile(Paths.get("file.json")))
    .build();
```

上面的粗体字代码调用 ofFile()方法通过文件来创建请求体。

如下代码创建了请求体参数来自字节数组的 POST 请求：

```
HttpRequest request = HttpRequest.newBuilder()
    .uri(URI.create("https://foo.com/"))
    // 通过字节数组创建请求体，然后作为 POST 请求的请求参数
    .POST(BodyPublishers.ofByteArray(new byte[] { ... }))
    .build();
```

上面的粗体字代码调用 ofByteArray()方法通过字节数组来创建请求体。

此外，HTTP Client 还提供了 ofInputStream()方法通过二进制流来创建请求体。

下面的程序示范了使用带请求体的 POST 请求来提交登录请求，当用户登录后使用 GET 请求访问前面的 secret.jsp 页面时，应该可以访问到登录后的资源。

为了有效管理用户登录后与服务器端的 Session，程序需要为 HttpClient 对象设置一个 Cookie 处理器，此处使用 Java 默认的 Cookie 处理器即可。

程序清单：codes\17\17.6\PostTest.java

```java
public class PostTest
{
    public static void main(String[] args) throws Exception
    {
        // 为 CookieHandler 设置默认的 Cookie 管理器
        CookieHandler.setDefault(new CookieManager());
        HttpClient client = HttpClient.newBuilder()
            .version(HttpClient.Version.HTTP_2)
            .followRedirects(HttpClient.Redirect.NORMAL)
            .connectTimeout(Duration.ofSeconds(20))
            // 设置默认的 Cookie 处理器
            .cookieHandler(CookieHandler.getDefault())
            .build();
        // 创建发送 POST 请求的 request
        HttpRequest request = HttpRequest.newBuilder()
            .uri(URI.create("http://localhost:8888/foo/login.jsp"))
            .timeout(Duration.ofMinutes(2))
            // 指定以提交表单的方式编码请求体
            .header("Content-Type", "application/x-www-form-urlencoded")
            // 通过字符串创建请求体，然后作为 POST 请求的请求参数
            .POST(HttpRequest.BodyPublishers.ofString("name=crazyit.org&pass=leegang"))
            .build();
        // HttpResponse.BodyHandlers.ofString()指定将服务器响应转换成字符串
        HttpResponse<String> response = client.send(request,
            HttpResponse.BodyHandlers.ofString());
        System.out.println("POST 请求的响应码:" + response.statusCode());
        System.out.println("POST 请求的响应体:" + response.body());
        // 创建发送 GET 请求的 request
        request = HttpRequest.newBuilder()
            .uri(URI.create("http://localhost:8888/foo/secret.jsp"))
            .timeout(Duration.ofMinutes(2))
            .header("Content-Type", "text/html")
            .GET()
            .build();
        // HttpResponse.BodyHandlers.ofString()指定将服务器响应转换成字符串
        response = client.send(request, HttpResponse.BodyHandlers.ofString());
        System.out.println("GET 请求的响应码:" + response.statusCode());
        System.out.println("GET 请求的响应体:" + response.body());
    }
}
```

上面程序中的第一行粗体字代码为 HttpClient 设置了默认的 Cookie 处理器，这样该 HttpClient 对象才能维护与服务器端的 Session 状态（Web 应用的登录状态一般被保存在 Session 中）。程序中第二行粗体字代码创建了 POST 请求，并指定通过字符串创建请求体，这样该 HttpClient 对象即可向服务器端发送登录的 POST 请求。

运行上面的程序，可以看到如下输出结果：

```
POST 请求的响应码:200
POST 请求的响应体:
```

```
恭喜您，登录成功！

GET 请求的响应码:200
GET 请求的响应体:
<!DOCTYPE html>
<html>
<head>
    <meta http-equiv="Content-Type" content="text/html; charset=utf-8" /
    <title> 安全资源 </title>
</head>
<body>
    安全资源，只有登录用户<br/>
    且用户名是 crazyit.org 才可访问该资源
</body>
</html>
```

从上面的输出结果可以看出，程序成功地使用 POST 请求发送了登录请求，该 HTTP Client 登录成功，因此该 HTTP Client 可以成功地访问"安全资源"。

▶▶ 17.6.3 发送异步请求

相比 HttpURLConnection，HTTP Client 支持发送异步请求。

只要发送网络请求，就有可能存在网络延迟、等待服务器响应等时间开销。如果调用 send()方法发送同步请求，在服务器响应到来之前，该方法不能返回，当前线程也会在该 send()方法处被阻塞——这就是同步请求的缺点；如果调用 sendAsync()方法发送异步请求，该方法不会阻塞当前线程，程序执行了 sendAsync()方法后会立即向下执行。

程序使用 sendAsync()方法发送请求后，该方法会立即返回一个 CompletableFuture 对象，它代表一个将要完成的任务——但具体何时完成，不确定。因此，程序要为 CompletableFuture 设置消费监听器，当 CompletableFuture 代表的任务完成时，该监听器就会被激发。

下面改写上面的程序，使用 sendAsync()方法发送异步请求。

程序清单：codes\17\17.6\AsyncTest.java

```java
public class AsyncTest
{
    public static void main(String[] args) throws Exception
    {
        // 为 CookieHandler 设置默认的 Cookie 管理器
        CookieHandler.setDefault(new CookieManager());
        HttpClient client = HttpClient.newBuilder()
            .version(HttpClient.Version.HTTP_2)
            .followRedirects(HttpClient.Redirect.NORMAL)
            .connectTimeout(Duration.ofSeconds(20))
            // 设置默认的 Cookie 处理器
            .cookieHandler(CookieHandler.getDefault())
            .build();
        // 创建发送 POST 请求的 request
        HttpRequest request = HttpRequest.newBuilder()
            .uri(URI.create("http://localhost:8888/foo/login.jsp"))
            .timeout(Duration.ofMinutes(2))
            // 指定以提交表单的方式编码请求体
            .header("Content-Type", "application/x-www-form-urlencoded")
            // 通过字符串创建请求体，然后作为 POST 请求的请求参数
            .POST(HttpRequest.BodyPublishers.ofString("name=crazyit.org&pass=leegang"))
            .build();
        // 创建发送 GET 请求的 request
        HttpRequest getReq = HttpRequest.newBuilder()
            .uri(URI.create("http://localhost:8888/foo/secret.jsp"))
            .timeout(Duration.ofMinutes(2))
            .header("Content-Type", "text/html")
            .GET()
            .build();
        // 发送异步的 POST 请求，返回 CompletableFuture 对象
```

```
client.sendAsync(request, HttpResponse.BodyHandlers.ofString())
    // 当 CompletableFuture 代表的任务完成时，传入的 Lambda 表达式对该返回值进行转换
    .thenApply(resp -> new Object[] {resp.statusCode(), resp.body()})
    // 当 CompletableFuture 代表的任务完成时，传入的 Lambda 表达式处理该返回值
    .thenAccept(rt -> {
        System.out.println("POST 请求的响应码:" + rt[0]);
        System.out.println("POST 请求的响应体:" + rt[1]);
        // 发送异步的 GET 请求，返回 CompletableFuture 对象
        client.sendAsync(getReq, HttpResponse.BodyHandlers.ofString())
            // 当 CompletableFuture 代表的任务完成时，传入的 Lambda 表达式处理该返回值
            .thenAccept(resp -> {
                System.out.println("GET 请求的响应码:" + resp.statusCode());
                System.out.println("GET 请求的响应体:" + resp.body());
            });
    });
System.out.println("--程序结束--");
Thread.sleep(1000);
    }
}
```

上面程序中的第一行粗体字代码使用 sendAsync()方法发送异步的 POST 请求，该方法的返回值是一个 CompletableFuture 对象，因此程序又调用 thenApply()、thenAccept()方法来处理 POST 请求的返回值。

上面程序中的第二行粗体字代码使用 sendAsync()方法发送异步的 GET 请求，该方法同样返回一个 CompletableFuture 对象。上面的程序使用 sendAsync()方法发送了两个异步请求，但这两个请求不会阻塞当前线程，因此运行该程序时将会看到先输出 "--程序结束--"，然后才会输出 POST 请求的响应和 GET 请求的响应。

上面程序中最后一行代码让当前线程暂停 1000ms，因为本程序使用了 sendAsync()方法发送异步请求，而异步请求不会阻塞当前线程，因此程序会一直向下执行。如果没有这行暂停线程的代码，程序会执行完成，这样就无法看到服务器响应了（在服务器响应到来之前，程序已经执行结束）。

▶▶ 17.6.4　WebSocket 客户端支持

WebSocket 就像普通的 Socket 一样，只不过 WebSocket 是与 Web 应用之间建立的 Socket 连接，而且通常都是以异步方式进行通信的。

由于 WebSocket 非常简单，因此 HTTP Client 只为 WebSocket 提供了以下三个接口。

- ➤ WebSocket：代表 WebSocket 客户端，提供了一系列 sendXxx()方法发送数据。
- ➤ WebSocket.Builder：用于创建 WebSocket 对象，在创建 WebSocket 对象时需要传入一个监听器，该监听器负责监听、处理服务器端发送回来的消息。
- ➤ WebSocket.Listener：WebSocket 的监听器。

程序要实现 WebSocket 监听器，就需要实现 WebSocket.Listener 监听器接口，并实现该接口中的如下方法。

- ➤ onBinary(WebSocket webSocket, ByteBuffer data, boolean last)：当接收到服务器端发送回来的二进制数据时激发该方法。
- ➤ onClose(WebSocket webSocket, int statusCode, String reason)：当 WebSocket 被关闭时激发该方法。
- ➤ onError(WebSocket webSocket, Throwable error)：当连接出现错误时激发该方法。
- ➤ onOpen(WebSocket webSocket)：当 WebSocket 客户端与服务器端打开连接时激发该方法。
- ➤ onPing(WebSocket webSocket, ByteBuffer message)：当接收到服务器端发送回来的 Ping 消息时激发该方法。
- ➤ onPong(WebSocket webSocket, ByteBuffer message)：当接收到服务器端发送回来的 Pong 消息时激发该方法。
- ➤ onText(WebSocket webSocket, CharSequence data, boolean last)：当接收到服务器端发送回来的文本数据时激发该方法。

通过上面的介绍可以看出，通过 Java 来实现 WebSocket 客户端非常简单，只需要如下两步。

① 定义一个 WebSocket.Listener 对象作为监听器，根据需要重写该监听器中指定的方法。

② 使用 WebSocket.Listener 对象作为监听器，使用 WebSocketBuilder 创建 WebSocket 客户端。

下面的程序就是最简单的 WebSocket 客户端的示例程序。

程序清单：codes\17\17.6\WebSocketTest.java

```java
public class WebSocketTest
{
    public static void main(String[] args) throws Exception
    {
        // 创建 WebSocket.Listener 监听器对象
        WebSocket.Listener listener = new WebSocket.Listener()
        {
            // 与服务器端打开连接时激发该方法
            @Override
            public void onOpen(WebSocket webSocket)
            {
                System.out.println("已打开连接");
                webSocket.sendText("我是疯狂软件教育中心!", true);
                // 请求获取下一次的消息
                webSocket.request(1);
            }
            // 当接收到服务器端发送回来的文本消息时激发该方法
            @Override
            public CompletionStage<?> onText(WebSocket webSocket,
                CharSequence message, boolean last)
            {
                System.out.println(message);
                // 请求获取下一次的消息
                webSocket.request(1);
                return null;
            }
        };
        HttpClient client = HttpClient.newHttpClient();
        // 传入监听器作为参数，创建 WebSocket 客户端
        client.newWebSocketBuilder().buildAsync(
            URI.create("ws://127.0.0.1:8888/foo/simpleSocket"), listener);
        Thread.sleep(5000);
    }
}
```

上面程序的开始部分创建了一个 WebSocket.Listener 监听器，前两行粗体字代码重写了该监听器中的 onOpen() 和 onText() 方法，这意味着该监听器只处理与服务器端建立连接和接收到服务器端发送回来的文本消息这两个事件。

程序中最后一行粗体字代码传入 WebSocket.Listener 对象作为监听器，创建 WebSocket 客户端，这样程序就可通过该 WebSocket 向服务器端发送数据了。

提示： --

由于 WebSocket 已经成为主流的技术规范，因此在 Java EE 规范中也加入了 WebSocket 支持，而且 Tomcat 9 作为 Java Web 服务器，提供了对 WebSocket 的支持。

基于 Java EE 规范来开发 WebSocket 服务器端非常简单，此处直接给出该 WebSocket 服务器端程序代码。

程序清单：codes\17\17.6\foo\WEB-INF\classes\SimpleEndpoint.java

```java
package org.fkjava.web;
```

```
import javax.websocket.*;
import javax.websocket.server.*;

// 使用@ServerEndpoint注解修饰的类将会作为WebSocket服务器端
@ServerEndpoint(value="/simpleSocket")
public class SimpleEndpoint
{
    @OnOpen // 该注解修饰的方法将会在客户端连接时被激发
    public void start(Session session)
    {
        System.out.println("客户端连接进来了, session id:"
            + session.getId());
    }
    @OnMessage // 该注解修饰的方法将会在客户端消息到达时被激发
    public void message(String message, Session session) throws Exception
    {
        System.out.println("接收到消息了:" + message);
        RemoteEndpoint.Basic remote = session.getBasicRemote();
        remote.sendText("收到! 收到! 欢迎加入WebSocket的世界! ");
    }
    @OnClose // 该注解修饰的方法将会在客户端连接关闭时被激发
    public void end(Session session, CloseReason closeReason)
    {
        System.out.println("客户端连接关闭了, session id:"
            + session.getId());
    }
    @OnError // 该注解修饰的方法将会在客户端连接出错时被激发
    public void error(Session session, Throwable throwable)
    {
        System.err.println("客户端连接出错了, session id:"
            + session.getId());
    }
}
```

关于上面这段 WebSocket 服务器端的 Java 代码，此处就不详细解释了。如果读者需要深入学习 WebSocket 服务器端的 Java 开发过程，请参考《轻量级 Java EE 企业应用实战》。

> **提示:**
> 上面的 WebSocket 服务器端程序必须被部署在 Java Web 服务器中才有效，因此，本 示例需要将 foo 整个文件夹复制到 Tomcat 9 的 webapps 目录下，然后启动 Tomcat。

在 Web 服务器中部署 foo 应用，并启动 Web 服务器，然后运行上面的 WebSocketTest 程序，将会 看到如下输出:

```
已打开连接
收到! 收到! 欢迎加入WebSocket的世界!
```

在 Tomcat 服务器的控制台中将看到如下输出:

```
客户端连接进来了, session id:0
接收到消息了:我是疯狂软件教育中心!
发送完成! ! !
```

▶▶ 17.6.5　基于 WebSocket 的多人实时聊天

下面将会实现一个基于 WebSocket 的多人实时聊天应用。在这个应用中，每个客户端都与服务器端 建立一个 WebSocket，客户端可随时通过 WebSocket 把数据发送到服务器端；当服务器端接收到任何一 个客户端发送过来的消息之后，再将该消息依次向每个客户端发送一遍。

图 17.11 显示了基于 WebSocket 的多人实时聊天示意图。

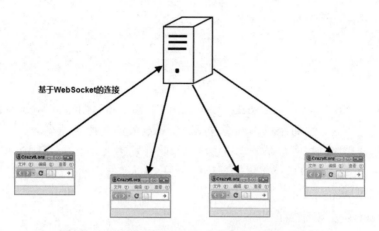

图 17.11 基于 WebSocket 的多人实时聊天示意图

本应用的客户端程序代码并不复杂，同样只要使用 WebSocket 建立与远程服务器的连接，再通过 sendText()发送消息，并通过监听器的 onText()方法来接收消息即可。下面是 WebSocket 客户端程序代码。

程序清单：codes\17\17.6\WebSocketChat.java

```java
public class WebSocketChat
{
    public static void main(String[] args) throws Exception
    {
        // 创建 WebSocket.Listener 监听器对象
        WebSocket.Listener listener = new WebSocket.Listener()
        {
            // 与服务器端打开连接时激发该方法
            @Override
            public void onOpen(WebSocket webSocket)
            {
                System.out.println("已打开连接");
                // 请求获取下一次的消息
                webSocket.request(1);
            }
            // 当接收到服务器端发送回来的文本消息时激发该方法
            @Override
            public CompletionStage<?> onText(WebSocket webSocket,
                CharSequence message, boolean last)
            {
                System.out.println(message);
                // 请求获取下一次的消息
                webSocket.request(1);
                return null;
            }
        };
        HttpClient client = HttpClient.newHttpClient();
        // 传入监听器作为参数，创建 WebSocket 客户端
        client.newWebSocketBuilder().buildAsync(
            URI.create("ws://127.0.0.1:8888/foo/chatSocket"), listener)
            .thenAccept(webSocket -> {
                try
                {
                    // 创建 BufferedReader 对象
                    BufferedReader br = new BufferedReader(new InputStreamReader(
                        System.in));
                    String line = null;
                    // 不断地读取用户键盘输入，并将用户输入通过 WebSocket 发送到服务器端
                    while ((line = br.readLine()) != null)
                    {
                        webSocket.sendText(line, true);
                    }
                }
                catch (IOException ex)
                {
```

```
                    ex.printStackTrace();
                }
            })
            .join();
    }
}
```

上面的程序同样先定义了一个 WebSocket.Listener 监听器，然后创建了 WebSocket 对象，接下来程序不断地读取用户键盘输入，并将用户输入通过 WebSocket 发送到服务器端。

本应用的服务器端程序同样需要基于 Tomcat 9，因此开发起来并不难。但由于该服务器端程序需要在接收到 WebSocket 消息后将消息"广播"到每个 WebSocket 客户端，因此需要在服务器端程序中定义一个集合来管理所有 WebSocket 客户端的 Session。

下面是 WebSocket 服务器端程序代码。

程序清单：codes\17\17.6\foo\WEB-INF\classes\ChatEndpoint.java

```java
// 使用@ServerEndpoint注解修饰的类将会作为 WebSocket 服务器端
@ServerEndpoint(value="/chatSocket")
public class ChatEndpoint
{
    static List<Session> clients = Collections
        .synchronizedList(new ArrayList<Session>());
    @OnOpen // 该注解修饰的方法将会在客户端连接时被激发
    public void start(Session session)
    {
        // 每当有客户端连接进来时，就收集该客户端对应的 session
        clients.add(session);
    }
    @OnMessage // 该注解修饰的方法将会在客户端消息到达时被激发
    public void message(String message, Session session)
        throws Exception
    {
        // 在接收到消息后，将消息向所有的客户端发送一遍
        for (Session s : clients)
        {
            RemoteEndpoint.Basic remote = s.getBasicRemote();
            remote.sendText(message);
        }
    }
    @OnClose // 该注解修饰的方法将会在客户端连接关闭时被激发
    public void end(Session session, CloseReason closeReason)
    {
        // 每当有客户端连接关闭时，就删除该客户端对应的 session
        clients.remove(session);
    }
    @OnError // 该注解修饰的方法将会在客户端连接出错时被激发
    public void error(Session session, Throwable throwable)
    {
        // 每当有客户端连接出错时，就删除该客户端对应的 session
        clients.remove(session);
    }
}
```

> **提示：**
> 上面的 WebSocket 服务器端程序必须被部署在 Java Web 服务器中才有效，因此，本示例同样需要将整个 foo 文件夹复制到 Tomcat 9 的 webapps 目录下，然后启动 Tomcat。

在 Web 服务器（如 Tomcat）中部署该 Web 应用，并启动 Web 服务器，多次运行上面的 WebSocketChat 程序即可实现多人聊天——每个 WebSocketChat 程序代表一个聊天用户，如图 17.12 所示。

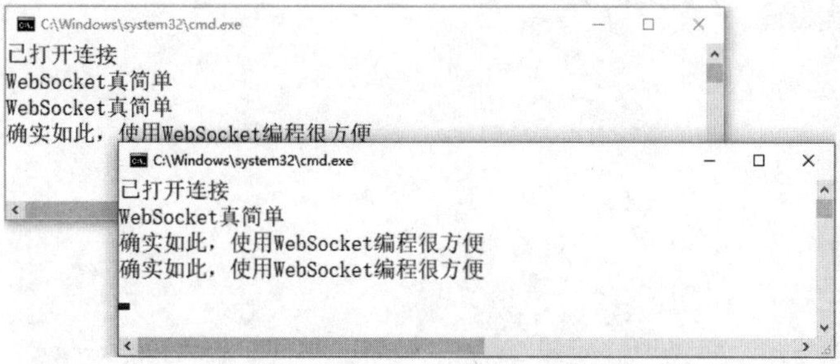

图 17.12　基于 WebSocket 的多人实时聊天

17.7　本章小结

本章重点介绍了 Java 网络编程的相关知识。本章简要介绍了计算机网络的相关知识，并介绍了 IP 地址和端口的概念，这是进行网络编程的基础。本章还介绍了 Java 提供的 InetAddress、URLEncoder、URLDecoder、URLConnection 等工具类的使用，并通过一个多线程下载工具详细介绍了如何使用 URLConnection 访问远程资源。

本章详细介绍了 ServerSocket 和 Socket 两个类，程序可以通过这两个类实现 TCP 服务器端和 TCP 客户端。本章除介绍 Java 传统的网络编程知识外，还介绍了 Java NIO 提供的非阻塞式网络通信，并详细介绍了 Java 提供的 AIO 网络通信。本章还介绍了 Java 提供的 UDP 通信支持类：DatagramSocket 和 DatagramPacket，并通过一个局域网通信工具示范了如何利用它们开发实际的应用。本章最后介绍了如何利用 Proxy 和 ProxySelector 在程序中使用代理服务器，以及如何使用 HTTP Client 进行网络通信。

▶▶本章练习

1．开发仿 FlashGet 的断点续传、多线程下载工具。
2．开发基于 C/S 结构的游戏大厅。
3．扩展 LanTalk 开发局域网内的即时通信、数据传输工具。

第18章
类加载机制与反射

本章要点

- ⬦ 类加载
- ⬦ 类连接的过程
- ⬦ 类初始化的过程
- ⬦ 类加载器以及实现机制
- ⬦ 继承 ClassLoader 实现自定义类加载器
- ⬦ 使用 URLClassLoader
- ⬦ 使用 Class 对象
- ⬦ 方法参数反射
- ⬦ 动态创建 Java 对象
- ⬦ 动态调用方法
- ⬦ 访问并修改 Java 对象的属性值
- ⬦ 使用反射操作数组
- ⬦ 嵌套访问权限
- ⬦ 使用 Proxy 和 InvocationHandler 创建动态代理
- ⬦ AOP 入门
- ⬦ Class 类的泛型
- ⬦ 通过反射获取泛型类型

本章将会深入介绍 Java 类的加载、连接和初始化知识，并重点介绍 Java 反射的相关内容。读者在阅读本章中关于类的加载、连接和初始化知识时，可能会感觉这些知识比较底层，但掌握这些底层的运行原理会让读者对 Java 程序的运行有更好的把握。而且 Java 类加载器除根类加载器之外，其他类加载器都是使用 Java 语言编写的，所以程序员完全可以开发自己的类加载器，通过使用自定义的类加载器来完成一些特定的功能。

本章将重点介绍 java.lang.reflect 包下的接口和类，包括 Class、Method、Field、Constructor 和 Array 等，这些类分别代表类、方法、成员变量、构造器和数组，Java 程序可以使用这些类动态地获取某个对象、某个类的运行时信息，并可以动态地创建 Java 对象，动态地调用 Java 方法，访问并修改指定对象的成员变量的值。本章还将介绍该包下的 Type 和 ParameterizedType 两个接口，其中 Type 是 Class 类所实现的接口，ParameterizedType 则代表一种带泛型参数的类型。

本章将介绍使用 Proxy 和 InvocationHandler 来创建 JDK 动态代理，并会通过 JDK 动态代理向读者介绍高层次解耦的方法，还会讲解 JDK 动态代理和 AOP（Aspect Orient Programming，面向切面编程）之间的内在关系。

18.1　类的加载、连接和初始化

系统可能会在第一次使用某个类时加载该类，也可能会采用预加载机制来加载某个类。本节将会详细介绍类的加载、连接和初始化过程中的每个细节。

▶▶ 18.1.1　JVM 和类

当调用 java 命令运行某个 Java 程序时，该命令将会启动一个 Java 虚拟机（JVM）进程，不管该 Java 程序有多么复杂，该程序启动了多少个线程，它们都处于该 JVM 进程里。正如前面所介绍的，同一个 JVM 的所有线程、所有变量都处于同一个进程里，它们都使用该 JVM 进程的内存区。当系统出现以下几种情况时，JVM 进程将被终止。

➤ 程序运行到最后正常结束。

➤ 程序运行到使用 System.exit() 或 Runtime.getRuntime().exit() 的代码处结束。

➤ 程序在运行过程中遇到未捕捉的异常或错误而结束。

➤ 程序所在的平台强制结束了 JVM 进程。

从上面的介绍可以看出，当 Java 程序运行结束时，JVM 进程结束，该进程在内存中的状态将会丢失。下面以类的类变量来说明这个问题。下面的程序定义了一个包含类变量的类。

程序清单：codes\18\18.1\A.java

```
public class A
{
    // 定义该类的类变量
    public static int a = 6;
}
```

上面程序中的粗体字代码定义了一个类变量 a，接下来定义一个类创建 A 类的实例，并访问 A 对象的类变量 a。

程序清单：codes\18\18.1\ATest1.java

```
public class ATest1
{
    public static void main(String[] args)
    {
        // 创建 A 类的实例
        var a = new A();
        // 让 a 实例的类变量 a 的值自加
        a.a++;
```

```
        System.out.println(a.a);
    }
}
```

下面的程序也创建了 A 对象，并访问其类变量 a 的值。

程序清单：codes\18\18.1\ATest2.java

```
public class ATest2
{
    public static void main(String[] args)
    {
        // 创建 A 类的实例
        var b = new A();
        // 输出 b 实例的类变量 a 的值
        System.out.println(b.a);
    }
}
```

在 ATest1 程序中创建了 A 类的实例，并让该实例的类变量 a 的值自加，程序输出该实例的类变量 a 的值，将看到 7，相信读者对这个结果没有疑问。关键是运行第二个程序 ATest2 时，程序再次创建了 A 对象，并输出 A 对象的类变量 a 的值，此时 a 的值是多少呢？结果依然是 6，并不是 7。这是因为运行 ATest1 和 ATest2 是两次运行 JVM 进程，第一次运行 JVM 进程结束后，它对 A 类所做的修改将全部丢失，第二次运行 JVM 进程时将再次初始化 A 类。

提示：
在疯狂软件教育中心见过一些学员，他们在回答这个问题时会毫不犹豫地说 "7"。他们认为 A 类里的 a 成员变量是静态变量（即类变量），同一个类的所有实例的静态变量共享同一块内存区，因为第一次运行时改变了第一个 A 实例的 a 变量，所以第二次运行时第二个 A 实例的 a 变量也将受到影响。实际上，他们忘记了两次运行 Java 程序处于两个不同的 JVM 进程中，两个 JVM 进程之间并不会共享数据。

▶▶ 18.1.2 类的加载

当程序主动使用某个类时，如果该类还未被加载到内存中，则系统会通过加载、连接、初始化三个步骤对该类进行初始化。如果没有意外，JVM 将会连续完成这三个步骤，所以有时也把这三个步骤统称为类加载或类初始化。

类加载指的是将类的 class 文件读入内存中，并为之创建一个 java.lang.Class 对象。也就是说，当在程序中使用任何类时，系统都会为之建立一个 java.lang.Class 对象。

提示：
前面在介绍面向对象时提到：类是某一类对象的抽象，类是概念层次上的东西。但不知道读者有没有想过：类也是一种对象。就像平常说概念主要用于定义、描述其他事物，但概念本身也是一种事物，那么概念本身也需要被描述——这有点像一个哲学命题。但事实就是这样的，每个类都是一批具有相同特征的对象的抽象（或者说概念），而系统中所有的类实际上也是实例，它们都是 java.lang.Class 的实例。

类的加载由类加载器完成，类加载器通常由 JVM 提供，类加载器也是前面所有程序运行的基础，JVM 提供的类加载器通常被称为系统类加载器。此外，开发者可以通过继承 ClassLoader 基类来创建自己的类加载器。

通过使用不同的类加载器，可以从不同的来源加载类的二进制数据，通常有如下几种来源。

➤ 从本地文件系统中加载 class 文件，这是前面绝大部分示例程序的类加载方式。

➤ 从 JAR 包中加载 class 文件，这种方式也是很常见的，前面在介绍 JDBC 编程时用到的数据库驱动类就被放在了 JAR 文件中，JVM 可以从 JAR 文件中直接加载该 class 文件。

➤ 通过网络加载 class 文件。

> 对一个 Java 源文件进行动态编译，并执行加载。

类加载器通常无须等到"首次使用"一个类时才加载该类，Java 虚拟机规范允许系统预先加载某些类。

▶▶ 18.1.3 类的连接

当类被加载之后，系统为之生成一个对应的 Class 对象，接着将会进入连接阶段，连接阶段负责把类的二进制数据合并到 JRE 中。类的连接又可分为如下三个阶段。

① 验证：验证阶段用于检验被加载的类是否有正确的内部结构，并将其与其他类协调一致。

② 准备：准备阶段负责为类的类变量分配内存，并设置默认的初始值。

③ 解析：解析阶段将类的二进制数据中的符号引用替换成直接引用。

▶▶ 18.1.4 类的初始化

在类的初始化阶段，虚拟机负责对类进行初始化，主要就是对类变量进行初始化。在 Java 类中为类变量指定初始值有两种方式：①在声明类变量时指定初始值；②使用静态初始化块为类变量指定初始值。例如下面的代码片段。

```
public class Test
{
    // 在声明类变量 a 时指定初始值
    static int a = 5;
    static int b;
    static int c;
    static
    {
        // 使用静态初始化块为类变量 b 指定初始值
        b = 6;
    }
    ...
}
```

对于上面的代码，程序为类变量 a、b 都显式指定了初始值，所以这两个类变量的值分别为 5、6。但没有为类变量 c 指定初始值，所以它将采用默认的初始值 0。

在声明类变量时指定初始值，静态初始化块将被当成类的初始化语句，JVM 会按照这些语句在程序中的排列顺序依次执行它们。例如下面的类。

程序清单：codes\18\18.1\Test.java

```
public class Test
{
    static
    {
        // 使用静态初始化块为类变量 b 指定初始值
        b = 6;
        System.out.println("----------");
    }
    // 在声明类变量 a 时指定初始值
    static int a = 5;
    static int b = 9;            // ①
    static int c;
    public static void main(String[] args)
    {
        System.out.println(Test.b);
    }
}
```

上面的代码先在静态初始化块中为类变量 b 赋值，此时类变量 b 的值为 6；接着程序向下执行，执行到①号粗体字代码处，这行代码也属于该类的初始化语句，所以程序再次为类变量 b 赋值。也就是说，当 Test 类初始化结束后，该类的类变量 b 的值为 9。

JVM 初始化一个类包含如下几个步骤。

① 假如这个类还没有被加载和连接，则程序先加载并连接该类。

② 假如该类的直接父类还没有被初始化，则先初始化其直接父类。

③ 假如类中有初始化语句，则系统依次执行这些初始化语句。

当执行第 2 个步骤时，系统对直接父类的初始化步骤也遵循这里的步骤 1~3；如果该直接父类又有直接父类，则系统再次重复这 3 个步骤来先初始化这个父类……依此类推，所以 JVM 最先初始化的总是 java.lang.Object 类。当程序主动使用任何一个类时，系统会保证该类及其所有父类（包括直接父类和间接父类）都会被初始化。关于这一点请参考 5.9.3 节的内容。

▶▶ 18.1.5 类初始化的时机

当 Java 程序首次通过下面 6 种方式来使用某个类或接口时，系统就会初始化该类或接口。

➢ 创建类的实例。为某个类创建实例的方式包括：使用 new 操作符来创建实例；通过反射来创建实例；通过反序列化的方式来创建实例。

➢ 调用某个类的类方法（静态方法）。

➢ 访问某个类或接口的类变量，或者为该类变量赋值。

➢ 使用反射方式强制创建某个类或接口对应的 java.lang.Class 对象。例如 Class.forName("Person") 代码，如果系统还未初始化 Person 类，则这句代码将会导致该 Person 类被初始化，并返回 Person 类对应的 java.lang.Class 对象。关于 Class 的 forName() 方法请参考 18.3 节。

➢ 初始化某个类的子类。当初始化某个类的子类时，该子类的所有父类都会被初始化。

➢ 直接使用 java.exe 命令来运行某个主类。当运行某个主类时，程序会先初始化该主类。

此外，下面几种情形需要特别指出。

对于一个 final 修饰的类变量，如果该类变量的值在编译时就可以确定下来，那么这个类变量相当于"宏变量"。Java 编译器会在编译时直接把这个类变量出现的地方替换成它的值，因此，即使程序使用该类变量，也不会导致该类的初始化。例如下面示例程序的结果。

程序清单：codes\18\18.1\CompileConstantTest.java

```java
class MyTest
{
    static
    {
        System.out.println("静态初始化块...");
    }
    // 使用一个字符串直接量为 static final 修饰的类变量赋值
    static final String compileConstant = "疯狂 Java 讲义";
}
public class CompileConstantTest
{
    public static void main(String[] args)
    {
        // 访问、输出 MyTest 中的 compileConstant 类变量
        System.out.println(MyTest.compileConstant);    // ①
    }
}
```

上面程序的 MyTest 类中有一个 compileConstant 类变量，该类变量使用了 final 修饰，而且它的值在编译时就可以确定下来，因此 compileConstant 会被当成"宏变量"处理。程序中所有使用 compileConstant 的地方都会在编译时被直接替换成它的值——也就是说，上面程序中①号粗体字代码的 compileConstant 在编译时就会被替换成"疯狂 Java 讲义"，所以该行代码不会导致初始化 MyTest 类。

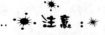

注意：

如果某个类变量（也叫静态变量）使用了 final 修饰，而且它的值可以在编译时就确定下来，那么程序的其他地方使用该类变量时，实际上并没有使用该类变量，而是相当于使用常量。

反之，如果 final 修饰的类变量的值不能在编译时确定下来，则必须等到运行时才可以确定该类变量的值。如果通过该类来访问它的类变量，则会导致该类被初始化。例如，将上面程序中定义 compileConstant 的代码改为如下：

```
// 采用系统当前时间为static final 修饰的类变量赋值
static final String compileConstant =
    System.currentTimeMillis() + "";
```

因为上面定义的 compileConstant 类变量的值必须在运行时才可以确定下来，所以①号粗体字代码必须保留对 MyTest 类的类变量的引用，这行代码就变成了使用 MyTest 的类变量，这将导致 MyTest 类被初始化。

当使用 ClassLoader 类的 loadClass()方法来加载某个类时，该方法只是加载该类，并不会执行该类的初始化。使用 Class 的 forName()静态方法才会强制初始化该类。例如如下代码。

程序清单：codes\18\18.1\ClassLoaderTest.java

```
class Tester
{
    static
    {
        System.out.println("Tester 类的静态初始化块...");
    }
}
public class ClassLoaderTest
{
    public static void main(String[] args)
        throws ClassNotFoundException
    {
        ClassLoader cl = ClassLoader.getSystemClassLoader();
        // 下面的语句仅仅是加载 Tester 类
        cl.loadClass("Tester");
        System.out.println("系统加载 Tester 类");
        // 下面的语句才会初始化 Tester 类
        Class.forName("Tester");
    }
}
```

上面程序中的两行粗体字代码都用到了 Tester 类，但第一行粗体字代码只是加载 Tester 类，并不会初始化 Tester 类。运行上面的程序，会看到如下运行结果：

```
系统加载 Tester 类
Tester 类的静态初始化块...
```

从上面的运行结果可以看出，必须等到执行 Class.forName("Tester")时才会对 Tester 类进行初始化。

18.2 类加载器

类加载器负责将 class 文件（可能在磁盘上，也可能在网络上）加载到内存中，并为之生成对应的 java.lang.Class 对象。尽管在 Java 开发中无须过分关心类加载机制，但所有的编程人员都应该了解其工作机制，明白如何做才能让其更好地满足自己的需要。

▶▶ 18.2.1 类加载机制

类加载器负责加载所有的类，系统为所有被载入内存中的类生成一个 java.lang.Class 实例。一旦一个类被载入 JVM 中，同一个类就不会被再次载入了。现在的问题是，怎么样才算"同一个类"？

正如一个对象有一个唯一的标识一样，一个被载入 JVM 中的类也有一个唯一的标识。在 Java 中，一个类用其全限定类名（包括包名和类名）作为唯一的标识；但在 JVM 中，一个类用其全限定类名和其类加载器作为唯一的标识。例如，如果在 pg 包中有一个名为 Person 的类，由类加载器 ClassLoader 的实例 kl 负责加载，则该 Person 类对应的 Class 对象在 JVM 中表示为（Person、pg、kl）。这意味着由两个类加载器加载的同名类:(Person、pg、kl)和(Person、pg、kl2)是不同的,它们所加载的类也是完全不同、互不兼容的。

当 JVM 启动时,会形成由三个类加载器组成的初始类加载器层次结构。

➤ Bootstrap ClassLoader:根类加载器。

➤ Extension ClassLoader:扩展类加载器。

➤ System ClassLoader:系统类加载器。

Bootstrap ClassLoader 被称为引导(或者,原始或根)类加载器,它负责加载 Java 的核心类。在 Oracle 官方 JVM 中,当执行 java.exe 命令时,使用-Xbootclasspath 或-D 选项指定 sun.boot.class.path 系统属性值可以指定加载附加的类。

JVM 的类加载机制主要有如下三种。

➤ 全盘负责。所谓全盘负责,就是当一个类加载器负责加载某个 Class 时,该 Class 所依赖的和所引用的其他 Class 也将由该类加载器负责载入,除非显式使用另一个类加载器来载入。

➤ 父类委托。所谓父类委托,就是先让 parent(父)类加载器试图加载该 Class,只有当父类加载器无法加载该类时,才尝试从自己的类路径中加载该类。

➤ 缓存机制。缓存机制将会保证所有加载过的 Class 都会被缓存,当程序中需要使用某个 Class 时,类加载器先从缓存区中搜索该 Class,只有当缓存区中不存在该 Class 对象时,系统才会读取该类对应的二进制数据,并将其转换成 Class 对象,存入缓存区中。这就是在修改了 Class 后,必须重新启动 JVM,程序所做的修改才会生效的原因。

> ⚡️**注意**⚡️
>
> 类加载器之间的父子关系并不是类继承上的父子关系,这里的父子关系是类加载器实例之间的关系。

除可以使用 Java 提供的类加载器之外,开发者也可以实现自己的类加载器,自定义的类加载器通过继承 ClassLoader 来实现。JVM 中 4 种类加载器的层次结构如图 18.1 所示。

下面的程序示范了访问 JVM 的类加载器。

图 18.1 JVM 中 4 种类加载器的层次结构

程序清单:codes\18\18.2\ClassLoaderPropTest.java

```java
public class ClassLoaderPropTest
{
    public static void main(String[] args)
        throws IOException
    {
        // 获取系统类加载器
        ClassLoader systemLoader = ClassLoader.getSystemClassLoader();
        System.out.println("系统类加载器: " + systemLoader);
        /*
        获取系统类加载器的加载路径——通常由 CLASSPATH 环境变量指定
        如果操作系统没有指定 CLASSPATH 环境变量,则默认以当前路径作为
        系统类加载器的加载路径
        */
        Enumeration<URL> em1 = systemLoader.getResources("");
        while (em1.hasMoreElements())
        {
            System.out.println(em1.nextElement());
        }
        // 获取系统类加载器的父类加载器,得到扩展类加载器
        ClassLoader extensionLader = systemLoader.getParent();
```

```
        System.out.println("扩展类加载器: " + extensionLader);
        System.out.println("扩展类加载器的加载路径: "
            + System.getProperty("java.ext.dirs"));
        System.out.println("扩展类加载器的parent: "
            + extensionLader.getParent());
    }
}
```

运行上面的程序，会看到如下运行结果：

```
系统类加载器: jdk.internal.loader.ClassLoaders$AppClassLoader@33909752
ile:/G:/publish/codes/18/18.2/
扩展类加载器: jdk.internal.loader.ClassLoaders$PlatformClassLoader@1be6f5c3
扩展类加载器的加载路径: null
扩展类加载器的parent: null
```

从上面的运行结果可以看出，系统类加载器的加载路径是程序运行的当前路径，扩展类加载器的加载路径为 null（与 Java 8 的有区别），但此处看到扩展类加载器的父类加载器为 null，并不是根类加载器。这是因为根类加载器并没有继承 ClassLoader 抽象类，所以扩展类加载器的 getParent() 方法返回 null。但实际上，扩展类加载器的父类加载器是根类加载器，只不过根类加载器并不是用 Java 实现的。

从运行结果可以看出，系统类加载器是 AppClassLoader 的实例，扩展类加载器是 PlatformClassLoader 的实例。实际上，这两个类都是 URLClassLoader 类的实例。

 注意：

> JVM 的根类加载器并不是用 Java 实现的，而且由于程序通常无须访问根类加载器，因此在访问扩展类加载器的父类加载器时返回 null。

使用类加载器加载 Class 大致要经过如下 8 个步骤。

① 检测该 Class 是否被载入过（即在缓存区中是否有此 Class），如果是，则直接跳到第 8 步，否则接着执行第 2 步。

② 如果父类加载器不存在（如果没有父类加载器，则要么 parent 一定是根类加载器，要么其本身就是根类加载器），则跳到第 4 步执行；如果父类加载器存在，则接着执行第 3 步。

③ 请求使用父类加载器来载入目标类，如果成功载入，则跳到第 8 步，否则接着执行第 5 步。

④ 请求使用根类加载器来载入目标类，如果成功载入，则跳到第 8 步，否则跳到第 7 步。

⑤ 当前类加载器尝试查找 class 文件（在与此 ClassLoader 相关的类路径中查找），如果找到，则执行第 6 步，否则跳到第 7 步。

⑥ 从文件中载入 Class，成功载入后跳到第 8 步。

⑦ 抛出 ClassNotFoundException 异常。

⑧ 返回对应的 java.lang.Class 对象。

其中，第 5 步和第 6 步允许重写 ClassLoader 的 findClass() 方法来实现自己的载入策略，甚至允许重写 loadClass() 方法来实现自己的载入过程。

▶▶ 18.2.2　创建并使用自定义的类加载器

JVM 中除根类加载器之外，所有的类加载器都是 ClassLoader 子类的实例，开发者可以通过扩展 ClassLoader 的子类，并重写该 ClassLoader 所包含的方法来实现自定义的类加载器。查阅 API 文档中关于 ClassLoader 的方法，不难发现，ClassLoader 中包含了大量的 protected 方法——这些方法都可被子类重写。

ClassLoader 类有如下两个关键方法。

➤ loadClass(String name, boolean resolve)：该方法为 ClassLoader 的入口点，其根据指定的名称来加载类，系统就是调用 ClassLoader 的该方法来获取指定类对应的 Class 对象的。

➤ findClass(String name)：根据指定的名称来查找类。

如果需要实现自定义的 ClassLoader，则可以通过重写以上两个方法来实现——通常推荐重写 findClass()方法，而不是重写 loadClass()方法。loadClass()方法的执行步骤如下：

① 使用 findLoadedClass(String)方法来检查是否已经加载类，如果已经加载，则直接返回。

② 在父类加载器上调用 loadClass()方法。如果父类加载器为 null，则使用根类加载器来加载。

③ 调用 findClass(String)方法查找类。

从上面的步骤中可以看出，重写 findClass()方法可以避免覆盖默认类加载器的父类委托和缓冲机制两种策略；如果重写 loadClass()方法，则实现逻辑更为复杂。

在 ClassLoader 中还有一个核心方法：Class defineClass(String name, byte[] b, int off, int len)，该方法负责将指定类的字节码文件（即 class 文件，如 Hello.class）读入字节数组 byte[] b 内，并把它转换为 Class 对象。该字节码文件可以来源于文件、网络等。

defineClass()方法管理着 JVM 的许多复杂的实现，它负责将字节码分析成运行时数据结构，并校验有效性等。不过，不用担心，程序员无须重写该方法。实际上，该方法是使用 final 修饰的，即使想重写它也没有机会。

此外，ClassLoader 中还包含如下一些普通方法。

➤ findSystemClass(String name)：从本地文件系统中装入文件。它在本地文件系统中查找类文件，如果找到，就使用 defineClass()方法将原始字节转换成 Class 对象，以将该文件转换成类。

➤ static getSystemClassLoader()：这是一个静态方法，用于返回系统类加载器。

➤ getParent()：获取该类加载器的父类加载器。

➤ resolveClass(Class<?> c)：链接指定的类。类加载器可以使用此方法来链接类 c。读者无须理会关于此方法更多的细节。

➤ findLoadedClass(String name)：如果该 Java 虚拟机已加载了名为 name 的类，则直接返回该类对应的 Class 实例，否则返回 null。该方法是 Java 类加载缓存机制的体现。

下面的程序开发了一个自定义的 ClassLoader，该 ClassLoader 通过重写 findClass()方法来实现自定义的类加载机制。这个 ClassLoader 可以在加载类之前先编译该类的源文件，从而实现在运行 Java 程序之前先编译该程序的目标，这样即可通过该 ClassLoader 直接运行 Java 源文件。

程序清单：codes\18\18.2\CompileClassLoader.java

```java
public class CompileClassLoader extends ClassLoader
{
    // 读取一个文件的内容
    private byte[] getBytes(String filename)
        throws IOException
    {
        var file = new File(filename);
        long len = file.length();
        var raw = new byte[(int)len];
        try (
            var fin = new FileInputStream(file))
        {
            // 一次读取 class 文件的全部二进制数据
            int r = fin.read(raw);
            if (r != len)
                throw new IOException("无法读取全部文件: "
                    + r + " != " + len);
            return raw;
        }
    }
    // 定义编译指定 Java 文件的方法
    private boolean compile(String javaFile) throws IOException
    {
        System.out.println("CompileClassLoader:正在编译 "
```

```
            + javaFile + "...");
        // 调用系统的 javac 命令
        Process p = Runtime.getRuntime().exec("javac " + javaFile);
        try
        {
            // 其他线程都在等待这个线程完成
            p.waitFor();
        }
        catch (InterruptedException ie)
        {
            System.out.println(ie);
        }
        // 获取 javac 线程的退出值
        int ret = p.exitValue();
        // 返回编译是否成功
        return ret == 0;
    }
    // 重写 ClassLoader 的 findClass()方法
    protected Class<?> findClass(String name)
        throws ClassNotFoundException
    {
        Class clazz = null;
        // 将包路径中的点（.）替换成斜线（/）
        String fileStub = name.replace(".", "/");
        String javaFilename = fileStub + ".java";
        String classFilename = fileStub + ".class";
        var javaFile = new File(javaFilename);
        var classFile = new File(classFilename);
        // 当指定的 Java 源文件存在, 但 class 文件不存在, 或者 Java 源文件
        // 的修改时间比 class 文件的修改时间晚时, 重新编译
        if (javaFile.exists() && (!classFile.exists()
            || javaFile.lastModified() > classFile.lastModified()))
        {
            try
            {
                // 如果编译失败, 或者该 class 文件不存在
                if (!compile(javaFilename) || !classFile.exists())
                {
                    throw new ClassNotFoundException(
                        "ClassNotFoundExcetpion:" + javaFilename);
                }
            }
            catch (IOException ex)
            {
                ex.printStackTrace();
            }
        }
        // 如果 class 文件存在, 系统负责将该文件转换成 Class 对象
        if (classFile.exists())
        {
            try
            {
                // 将 class 文件的二进制数据读入数组中
                byte[] raw = getBytes(classFilename);
                // 调用 ClassLoader 的 defineClass()方法将二进制数据转换成 Class 对象
                clazz = defineClass(name, raw, 0, raw.length);
            }
            catch (IOException ie)
            {
                ie.printStackTrace();
            }
        }
        // 如果 clazz 为 null, 则表明加载失败, 抛出异常
        if (clazz == null)
        {
            throw new ClassNotFoundException(name);
        }
        return clazz;
    }
```

```
    // 定义一个主方法
    public static void main(String[] args) throws Exception
    {
        // 如果在运行该程序时没有参数，即没有目标类
        if (args.length < 1)
        {
            System.out.println("缺少目标类，请按如下格式运行 Java 源文件：");
            System.out.println("java CompileClassLoader ClassName");
        }
        // 第一个参数是需要运行的类
        String progClass = args[0];
        // 剩下的参数将作为运行目标类时的参数
        // 将这些参数复制到一个新数组中
        var progArgs = new String[args.length-1];
        System.arraycopy(args, 1, progArgs, 0, progArgs.length);
        var ccl = new CompileClassLoader();
        // 加载需要运行的类
        Class<?> clazz = ccl.loadClass(progClass);
        // 获取需要运行的类的主方法
        Method main = clazz.getMethod("main", (new String[0]).getClass());
        Object argsArray[] = {progArgs};
        main.invoke(null, argsArray);
    }
}
```

上面程序中的前两行粗体字代码重写了 findClass()方法，通过重写该方法就可以实现自定义的类加载机制。在本类的 findClass()方法中先检查需要加载的类的 class 文件是否存在，如果不存在，则先编译 Java 源文件，然后再调用 ClassLoader 的 defineClass()方法来加载这个 class 文件，并生成相应的 Class 对象。

> **提示：** --
> 上面程序的 main()方法中的粗体字代码使用了反射来调用方法。关于使用反射调用方法的内容，请参考本章 18.4 节的内容。

接下来可以随意提供一个简单的主类，无须编译该主类就可以使用上面的 CompileClassLoader 来运行它。

程序清单： codes\18\18.2\Hello.java

```
public class Hello
{
    public static void main(String[] args)
    {
        for (var arg : args)
        {
            System.out.println("运行 Hello 的参数：" + arg);
        }
    }
}
```

无须编译 Hello.java，可以直接使用如下命令来运行该 Hello.java 程序。

```
java CompileClassLoader Hello 疯狂 Java 讲义
```

运行结果如下：

```
CompileClassLoader:正在编译 Hello.java...
运行 Hello 的参数：疯狂 Java 讲义
```

本示例程序提供的类加载器的功能比较简单，仅仅提供了在运行之前先编译 Java 源文件的功能。实际上，使用自定义的类加载器，可以实现如下常见功能。

➤ 在执行代码前自动验证数字签名。
➤ 根据用户提供的密码解密代码，可以实现代码混淆器来避免反编译 class 文件。

> ➤ 根据用户需求来动态加载类。
> ➤ 根据应用的需要把其他数据以字节码的形式加载到应用中。

▶▶ 18.2.3　URLClassLoader 类

Java 为 ClassLoader 提供了一个 URLClassLoader 实现类，该类也是系统类加载器和扩展类加载器的父类（此处的父类，就是指类与类之间的继承关系）。URLClassLoader 的功能比较强大，它既可以从本地文件系统中获取二进制文件来加载类，也可以从远程主机上获取二进制文件来加载类。

在应用程序中可以直接使用 URLClassLoader 来加载类，URLClassLoader 类提供了如下两个构造器。

> ➤ URLClassLoader(URL[] urls)：使用默认的父类加载器创建一个 ClassLoader 对象，该对象将从 urls 所指定的系列路径中查询并加载类。
> ➤ URLClassLoader(URL[] urls, ClassLoader parent)：使用指定的父类加载器创建一个 ClassLoader 对象，其他功能与上一个构造器相同。

一旦得到了 URLClassLoader 对象，就可以调用该对象的 loadClass()方法来加载指定的类。下面的程序示范了如何直接从文件系统中加载 MySQL 驱动，并使用该驱动来获取数据库连接。通过这种方式来获取数据库连接，可以无须将 MySQL 驱动添加到 CLASSPATH 环境变量中。

程序清单：codes\18\18.2\URLClassLoaderTest.java

```java
public class URLClassLoaderTest
{
    private static Connection conn;
    // 定义一个获取数据库连接的方法
    public static Connection getConn(String url,
        String user, String pass) throws Exception
    {
        if (conn == null)
        {
            // 创建一个 URL 数组
            URL[] urls = {new URL(
                "file:mysql-connector-java-8.0.28.jar")};
            // 以默认的 ClassLoader 作为父 ClassLoader, 创建 URLClassLoader
            var myClassLoader = new URLClassLoader(urls);
            // 加载 MySQL 的 JDBC 驱动, 并创建默认实例
            var driver = (Driver) myClassLoader
                .loadClass("com.mysql.jdbc.Driver").getConstructor().newInstance();
            // 创建一个设置 JDBC 连接属性的 Properties 对象
            var props = new Properties();
            // 至少需要为该对象传入 user 和 password 两个属性
            props.setProperty("user", user);
            props.setProperty("password", pass);
            // 调用 Driver 对象的 connect()方法来获取数据库连接
            conn = driver.connect(url, props);
        }
        return conn;
    }
    public static void main(String[] args) throws Exception
    {
        System.out.println(getConn(
            "jdbc:mysql://localhost:3306/mysql?serverTimezone=UTC ",
            "root", "32147"));
    }
}
```

上面程序中的前两行粗体字代码创建了一个 URLClassLoader 对象，该对象使用默认的父类加载器，该父类加载器的加载路径是当前路径下的 mysql-connector-java-8.0.28.jar 文件，将 MySQL 驱动复制到该路径下，即可保证该 ClassLoader 可以正常加载到 com.mysql.jdbc.Driver 类。

程序的第三行粗体字代码使用 ClassLoader 的 loadClass()方法加载指定的类，并调用 Class 对象的 newInstance()方法创建了一个该类的默认实例——也就是得到 com.mysql.jdbc.Driver 类的对象。当然，

该对象的实现类实现了 java.sql.Driver 接口，所以程序将其强制类型转换为 Driver。程序的最后一行粗体字代码通过 Driver 而不是 DriverManager 来获取数据库连接。关于 Driver 接口的用法，读者可以自行查阅 API 文档。

正如在前面所看到的，在创建 URLClassLoader 时传入一个 URL 数组参数，该 ClassLoader 就可以从这一系列 URL 指定的资源中加载指定的类。这里的 URL 可以以 file:为前缀，表明从本地文件系统中加载；可以以 http:为前缀，表明从互联网上通过 HTTP 访问来加载；也可以以 ftp:为前缀，表明从互联网上通过 FTP 访问来加载……功能非常强大。

18.3 通过反射查看类信息

Java 程序中的许多对象在运行时都会出现两种类型：编译时类型和运行时类型。例如 Person p = new Student();代码，这行代码将会生成一个 p 变量，该变量的编译时类型为 Person，运行时类型为 Student。此外，还有更极端的情形，程序在运行时接收到外部传入的一个对象，该对象的编译时类型为 Object，但程序又需要调用该对象运行时类型的方法。

为了解决该问题，程序需要在运行时发现对象和类的真实信息。解决该问题有以下两种做法。

➤ 第一种做法：假设在编译时和运行时都完全知道类型的具体信息，在这种情况下，可以先使用 instanceof 运算符进行判断，然后利用强制类型转换将其转换成其运行时类型的变量即可。关于这种方式请参考 5.7 节的内容。

➤ 第二种做法：在编译时根本无法预知该对象和类可能属于哪些类，程序只依靠运行时信息来发现该对象和类的真实信息，这就需要使用反射。

18.3.1 获得 Class 对象

前面已经介绍过了，每个类被加载之后，系统就会为该类生成一个对应的 Class 对象，通过该 Class 对象就可以访问到 JVM 中的这个类。在 Java 程序中获得 Class 对象通常有如下三种方式。

➤ 使用 Class 类的 forName(String clazzName)静态方法。该方法需要传入字符串参数，该字符串参数的值是某个类的全限定类名（必须添加完整的包名）。

➤ 调用某个类的 class 属性来获取该类对应的 Class 对象。例如，Person.class 将会返回 Person 类对应的 Class 对象。

➤ 调用某个对象的 getClass()方法。该方法是 java.lang.Object 类中的一个方法，所以所有的 Java 对象都可以调用该方法，该方法将会返回该对象所属类对应的 Class 对象。

上面的第一种方式和第二种方式都是直接根据类来获取该类的 Class 对象的，但相比之下，第二种方式有如下两种优势。

➤ 代码更安全。程序在编译阶段就可以检查需要访问的 Class 对象是否存在。

➤ 程序的性能更好。因为这种方式无须调用方法，所以程序的性能更好。

也就是说，大部分时候都应该使用第二种方式来获取指定类的 Class 对象。但如果程序只能获得一个字符串（比如从配置文件或注解中读取配置信息时），如"java.lang.String"，若需要获取该字符串对应的 Class 对象，则只能使用第一种方式——当使用 Class 的 forName(String clazzName)方法来获取 Class 对象时，该方法可能抛出一个 ClassNotFoundException 异常。

一旦获得了某个类所对应的 Class 对象，程序就可以调用 Class 对象的方法来获取该对象和该类的真实信息了。

18.3.2 从 Class 中获取信息

Class 类提供了大量的实例方法来获取该 Class 对象所对应类的详细信息。Class 类中大致包含了如下方法，其中每个方法都可能有多个重载的版本，读者应该查阅 API 文档来掌握它们。

下面 4 个方法用于获取 Class 所对应类中包含的构造器。

➢ Connstructor<T> getConstructor(Class<?>... parameterTypes)：返回该 Class 对象所对应类的、带指定形参列表的 public 构造器。

➢ Constructor<?>[] getConstructors()：返回该 Class 对象所对应类的所有 public 构造器。

➢ Constructor<T> getDeclaredConstructor(Class<?>... parameterTypes)：返回该 Class 对象所对应类的、带指定形参列表的构造器，与构造器的访问权限无关。

➢ Constructor<?>[] getDeclaredConstructors()：返回该 Class 对象所对应类的所有构造器，与构造器的访问权限无关。

下面 4 个方法用于获取 Class 所对应类中包含的方法。

➢ Method getMethod(String name, Class<?>... parameterTypes)：返回该 Class 对象所对应类的、带指定形参列表的 public 方法。

➢ Method[] getMethods()：返回该 Class 对象所表示的类的所有 public 方法。

➢ Method getDeclaredMethod(String name, Class<?>... parameterTypes)：返回该 Class 对象所对应类的、带指定形参列表的方法，与方法的访问权限无关。

➢ Method[] getDeclaredMethods()：返回该 Class 对象所对应类的全部方法，与方法的访问权限无关。

如下 4 个方法用于访问 Class 所对应类中包含的成员变量。

➢ Field getField(String name)：返回该 Class 对象所对应类的、指定名称的 public 成员变量。

➢ Field[] getFields()：返回该 Class 对象所对应类的所有 public 成员变量。

➢ Field getDeclaredField(String name)：返回该 Class 对象所对应类的、指定名称的成员变量，与成员变量的访问权限无关。

➢ Field[] getDeclaredFields()：返回该 Class 对象所对应类的全部成员变量，与成员变量的访问权限无关。

如下几个方法用于访问 Class 所对应类上的 Annotation（注解）。

➢ <A extends Annotation> A getAnnotation(Class<A> annotationClass)：尝试获取该 Class 对象所对应类上存在的、指定类型的 Annotation；如果该类型的 Annotation 不存在，则返回 null。

➢ <A extends Annotation> A getDeclaredAnnotation(Class<A> annotationClass)：这是 Java 8 新增的方法，该方法尝试获取直接修饰该 Class 对象所对应类的、指定类型的 Annotation；如果该类型的 Annotation 不存在，则返回 null。

➢ Annotation[] getAnnotations()：返回修饰该 Class 对象所对应类上存在的所有 Annotation。

➢ Annotation[] getDeclaredAnnotations()：返回直接修饰该 Class 所对应类的所有 Annotation。

➢ <A extends Annotation> A[] getAnnotationsByType(Class<A> annotationClass)：该方法的功能与前面介绍的 getAnnotation()方法的功能基本相似。但由于 Java 8 增加了重复注解的功能，因此需要使用该方法获取修饰该类的、指定类型的多个 Annotation。

➢ <A extends Annotation> A[] getDeclaredAnnotationsByType(Class<A> annotationClass)：该方法的功能与前面介绍的 getDeclaredAnnotations()方法的功能基本相似。但由于 Java 8 增加了重复注解的功能，因此需要使用该方法获取直接修饰该类的、指定类型的多个 Annotation。

如下方法用于访问该 Class 对象所对应类中包含的内部类。

➢ Class<?>[] getDeclaredClasses()：返回该 Class 对象所对应类中包含的全部内部类。

如下方法用于访问该 Class 对象对应的类所在的外部类。

➢ Class<?> getDeclaringClass()：返回该 Class 对象对应的类所在的外部类。

如下方法用于访问该 Class 对象对应的类所实现的接口。

➢ Class<?>[] getInterfaces()：返回该 Class 对象对应的类所实现的全部接口。

如下方法用于访问该 Class 对象对应的类所继承的父类。

➢ Class<? super T> getSuperclass()：返回该 Class 对象所对应类的超类的 Class 对象。

如下方法用于获取 Class 对象所对应类的修饰符、所在的包、类名等基本信息。

➢ int getModifiers()：返回该类或接口的所有修饰符。修饰符由 public、protected、private、final、static、abstract 等对应的常量组成，对于返回的整数应使用 Modifier 工具类的方法来解码，才可以获取真实的修饰符。

➢ Package getPackage()：获取该类的包。

➢ String getName()：以字符串形式返回该 Class 对象所表示的类的名称。

➢ String getSimpleName()：以字符串形式返回该 Class 对象所表示的类的简称。

此外，Class 对象还可调用如下几个判断方法来判断该类是否为接口、枚举、注解类型等。

➢ boolean isAnnotation()：返回该 Class 对象是否表示一个注解类型（由@interface 定义）。

➢ boolean isAnnotationPresent(Class<? extends Annotation> annotationClass)：判断该 Class 对象是否使用了 Annotation 修饰。

➢ boolean isAnonymousClass()：返回该 Class 对象是否是一个匿名类。

➢ boolean isArray()：返回该 Class 对象是否表示一个数组类。

➢ boolean isEnum()：返回该 Class 对象是否表示一个枚举（由 enum 关键字定义）。

➢ boolean isInterface()：返回该 Class 对象是否表示一个接口（使用 interface 定义）。

➢ boolean isInstance(Object obj)：判断 obj 是否是该 Class 对象的实例，该方法可以完全代替 instanceof 操作符。

在上面的多个 getMethod()方法和 getConstructor()方法中，都需要传入多个类型为 Class<?>的参数，用于获取指定的方法或指定的构造器。关于这个参数的作用介绍如下。

假设某个类内包含如下三个 info 方法签名。

➢ public void info()

➢ public void info(String str)

➢ public void info(String str, Integer num)

这三个同名方法属于重载方法，它们的方法名相同，但参数列表不同。在 Java 语言中要确定一个方法光有方法名是不行的，如果仅仅指定 info 方法——实际上，可以是上面三个方法中的任意一个！如果需要确定一个方法，则应该由方法名和形参列表来确定——由于形参名没有任何实际意义，所以只能由形参类型来确定。例如，若想指定第二个info 方法，则必须指定方法名为info,形参列表为String.class。因此，在程序中获取该方法使用如下代码：

```
// 前一个参数指定方法名, 后面的个数可变的 Class 参数指定形参类型列表
clazz.getMethod("info", String.class)
```

如果需要获取第三个 info 方法，则使用如下代码：

```
// 前一个参数指定方法名, 后面的个数可变的 Class 参数指定形参类型列表
clazz.getMethod("info", String.class, Integer.class)
```

在获取构造器时无须传入构造器名——同一个类的所有构造器的名字都是相同的,所以要确定一个构造器，只要指定形参列表即可。

下面的程序示范了如何通过 Class 对象来获取其所对应类的详细信息。

程序清单：codes\18\18.3\ClassTest.java

```
// 定义可重复的注解
@Repeatable(Annos.class)
@interface Anno {}
@Retention(value = RetentionPolicy.RUNTIME)
@interface Annos {
    Anno[] value();
}
// 使用 4 个注解修饰该类
@SuppressWarnings(value = "unchecked")
@Deprecated
```

```
// 使用重复注解修饰该类
@Anno
@Anno
public class ClassTest
{
    // 为该类定义一个私有的构造器
    private ClassTest()
    {
    }
    // 定义一个有参数的构造器
    public ClassTest(String name)
    {
        System.out.println("执行有参数的构造器");
    }
    // 定义一个无参数的 info 方法
    public void info()
    {
        System.out.println("执行无参数的 info 方法");
    }
    // 定义一个有参数的 info 方法
    public void info(String str)
    {
        System.out.println("执行有参数的 info 方法"
            + ", 其 str 参数值: " + str);
    }
    // 定义一个测试用的内部类
    class Inner
    {
    }
    public static void main(String[] args)
        throws Exception
    {
        // 下面的代码可以获取 ClassTest 对应的 Class
        Class<ClassTest> clazz = ClassTest.class;
        // 获取该 Class 对象所对应类的全部构造器
        Constructor[] ctors = clazz.getDeclaredConstructors();
        System.out.println("ClassTest 的全部构造器如下: ");
        for (var c : ctors)
        {
            System.out.println(c);
        }
        // 获取该 Class 对象所对应类的全部 public 构造器
        Constructor[] publicCtors = clazz.getConstructors();
        System.out.println("ClassTest 的全部 public 构造器如下: ");
        for (var c : publicCtors)
        {
            System.out.println(c);
        }
        // 获取该 Class 对象所对应类的全部 public 方法
        Method[] mtds = clazz.getMethods();
        System.out.println("ClassTest 的全部 public 方法如下: ");
        for (var md : mtds)
        {
            System.out.println(md);
        }
        // 获取该 Class 对象所对应类的指定方法
        System.out.println("ClassTest 里带一个字符串参数的 info 方法为: "
            + clazz.getMethod("info", String.class));
        // 获取该 Class 对象所对应类的全部注解
        Annotation[] anns = clazz.getAnnotations();
        System.out.println("ClassTest 的全部 Annotation 如下: ");
        for (var an : anns)
        {
            System.out.println(an);
        }
        System.out.println("该 Class 元素上的@SuppressWarnings 注解为: "
            + Arrays.toString(clazz.getAnnotationsByType(SuppressWarnings.class)));
```

```
    System.out.println("该 Class 元素上的@Anno 注解为: "
        + Arrays.toString(clazz.getAnnotationsByType(Anno.class)));
    // 获取该 Class 对象所对应类的全部内部类
    Class<?>[] inners = clazz.getDeclaredClasses();
    System.out.println("ClassTest 的全部内部类如下: ");
    for (var c : inners)
    {
        System.out.println(c);
    }
    // 使用 Class.forName()方法加载 ClassTest 的 Inner 内部类
    Class inClazz = Class.forName("ClassTest$Inner");
    // 通过 getDeclaringClass()方法访问该类所在的外部类
    System.out.println("inClazz 对应类的外部类为: " +
        inClazz.getDeclaringClass());
    System.out.println("ClassTest 的包为: " + clazz.getPackage());
    System.out.println("ClassTest 的父类为: " + clazz.getSuperclass());
    }
}
```

对于上面的程序无须过多解释，程序在获取了 ClassTest 类所对应的 Class 对象后，通过调用该 Class 对象的不同方法来得到其详细信息。运行该程序，会看到如图 18.2 所示的运行结果。

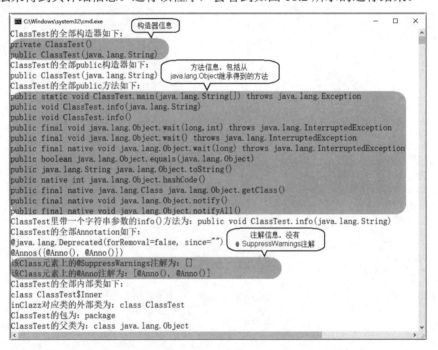

图 18.2 使用 Class 对象查看 ClassTest 的内部信息

从图 18.2 所示的运行结果来看，Class 提供的功能非常丰富，其可以获取该类中包含的构造器、方法、内部类、注解等信息，也可以获取该类中包含的成员变量（Field）信息——通过 getFields()或 getField(String name)方法。

值得指出的是，虽然在定义 ClassTest 类时使用了@SuppressWarnings 注解修饰，但程序在运行时无法分析出该类里包含的该注解，这是因为@SuppressWarnings 使用了@Retention(value=SOURCE)修饰，这表明@SuppressWarnings 只能被保留在源代码级别上，而通过 ClassTest.class 获取的是该类的运行时 Class 对象，所以程序无法访问到@SuppressWarnings 注解。

 **注意** :

对于只能在源代码级别上保留的注解，使用运行时获得的 Class 对象将无法访问到该注解对象。

通过 Class 对象可以得到大量的 Method、Constructor、Field 等对象，这些对象分别代表该类所包含的方法、构造器和成员变量等，程序还可以通过这些对象来执行实际的功能，例如调用方法、创建实例等。

▶▶ 18.3.3　方法参数反射

Java 8 在 java.lang.reflect 包下新增了一个 Executable 抽象基类，该对象代表可执行的类成员，该类派生了 Constructor、Method 两个子类。

Executable 基类提供了大量的方法来获取修饰该方法或构造器的注解信息；还提供了 isVarArgs()方法来判断该方法或构造器是否包含个数可变的形参，以及 getModifiers()方法来获取该方法或构造器的修饰符。此外，Executable 提供了如下两个方法来获取该方法或构造器的形参个数及所有形参。

➢ int getParameterCount()：获取该方法或构造器的形参个数。

➢ Parameter[] getParameters()：获取该方法或构造器的所有形参。

上面第二个方法返回了一个 Parameter[]数组。Parameter 也是 Java 8 新增的 API，每个 Parameter 对象都代表方法或构造器的一个参数。Parameter 也提供了大量的方法来获取声明该参数的泛型信息，还提供了如下常用方法来获取参数信息。

➢ getModifiers()：获取修饰该形参的修饰符。

➢ String getName()：获取形参名。

➢ Type getParameterizedType()：获取带泛型的形参类型。

➢ Class<?> getType()：获取形参类型。

➢ boolean isNamePresent()：该方法返回该类的 class 文件中是否包含了方法的形参名信息。

➢ boolean isVarArgs()：该方法用于判断该参数是否为个数可变的形参。

需要指出的是，在使用 javac 命令编译 Java 源文件时，默认生成的 class 文件并不包含方法的形参名信息，因此调用 isNamePresent()方法将会返回 false，调用 getName()方法也不能得到该参数的形参名。如果希望使用 javac 命令编译 Java 源文件时可以保留形参名信息，则需要为该命令指定-parameters 选项。

如下程序示范了方法参数反射功能。

程序清单：codes\18\18.3\MethodParameterTest.java

```java
class Test
{
    public void replace(String str, List<String> list){}
}
public class MethodParameterTest
{
    public static void main(String[] args) throws Exception
    {
        // 获取 String 类
        Class<Test> clazz = Test.class;
        // 获取 String 类的带两个参数的 replace()方法
        Method replace = clazz.getMethod("replace",
            String.class, List.class);
        // 获取指定方法的参数个数
        System.out.println("replace 方法参数个数: " + replace.getParameterCount());
        // 获取 replace 的所有参数信息
        Parameter[] parameters = replace.getParameters();
        var index = 1;
        // 遍历所有参数
        for (var p : parameters)
        {
            if (p.isNamePresent())
            {
                System.out.println("---第" + index++ + "个参数信息---");
                System.out.println("参数名: " + p.getName());
                System.out.println("形参类型: " + p.getType());
```

```
            System.out.println("泛型类型: " + p.getParameterizedType());
        }
    }
}
```

上面的程序先定义了一个包含简单的 Test 类，该类中包含一个 replace(String str, List<String> list)方法，程序中第一行粗体字代码获取了该方法的所有参数信息，接下来程序中的三行粗体字代码分别用于获取该方法的形参名、形参类型和泛型信息。

由于上面程序中最后三行粗体字代码位于 p.isNamePresent()条件为 true 的执行体内，也就是说，只有当该类的 class 文件中包含形参名信息时，程序才会执行执行体内的三行粗体字代码。因此需要使用如下命令来编译该程序：

```
javac -parameters -d . MethodParameterTest.java
```

上面命令中的-parameters 选项用于控制 javac 命令保留方法的形参名信息。
运行该程序，即可看到如下输出结果：

```
replace 方法参数个数: 2
---第 1 个参数信息---
参数名: str
形参类型: class java.lang.String
泛型类型: class java.lang.String
---第 2 个参数信息---
参数名: list
形参类型: interface java.util.List
泛型类型: java.util.List<java.lang.String>
```

18.4 使用反射生成并操作对象

使用 Class 对象可以获得该类中的方法（由 Method 对象表示）、构造器（由 Constructor 对象表示）、成员变量（由 Field 对象表示），这三个类都位于 java.lang.reflect 包下，并实现了 java.lang.reflect.Member 接口。程序可以通过 Method 对象来执行对应的方法，通过 Constructor 对象来调用对应的构造器创建实例，通过 Field 对象来直接访问并修改对象的成员变量的值。

▶▶ 18.4.1 创建对象

通过反射来生成对象，需要先使用 Class 对象获取指定的 Constructor 对象，再调用 Constructor 对象的 newInstance()方法来创建该 Class 对象所对应类的实例。通过这种方式可以选择使用指定的构造器来创建实例。

在很多 Java EE 框架中都需要根据配置文件信息来创建 Java 对象，从配置文件中读取的只是某个类的字符串类名，如果程序需要根据该字符串来创建对应的实例，就必须使用反射。

下面的程序实现了一个简单的对象池，该对象池会根据配置文件来读取 key-value 对，然后创建这些对象，并将这些对象放入一个 HashMap 中。

程序清单：codes\18\18.4\ObjectPoolFactory.java

```
public class ObjectPoolFactory
{
    // 定义一个对象池，前面是对象名，后面是实际对象
    private Map<String, Object> objectPool = new HashMap<>();
    // 定义一个创建对象的方法
    // 该方法只需要传入一个字符串类名，程序可以根据该类名生成 Java 对象
    private Object createObject(String clazzName)
        throws Exception, IllegalAccessException, ClassNotFoundException
    {
        // 根据字符串来获取对应的 Class 对象
        Class<?> clazz = Class.forName(clazzName);
```

```
        // 使用 clazz 对应类的默认构造器来创建实例
        return clazz.getConstructor().newInstance();
    }
    // 该方法根据指定文件来初始化对象池
    // 它会根据配置文件来创建对象
    public void initPool(String fileName)
        throws InstantiationException, IllegalAccessException, ClassNotFoundException
    {
        try (
            var fis = new FileInputStream(fileName))
        {
            var props = new Properties();
            props.load(fis);
            for (String name : props.stringPropertyNames())
            {
                // 每取出一个 key-value 对，就根据 value 创建一个对象
                // 调用 createObject() 方法创建对象，并将对象添加到对象池中
                objectPool.put(name, createObject(props.getProperty(name)));
            }
        }
        catch (Exception ex)
        {
            System.out.println("读取" + fileName + "异常");
        }
    }
    public Object getObject(String name)
    {
        // 从 objectPool 中取出指定 name 对应的对象
        return objectPool.get(name);
    }
    public static void main(String[] args) throws Exception
    {
        var pf = new ObjectPoolFactory();
        pf.initPool("obj.txt");
        System.out.println(pf.getObject("a"));        // ①
        System.out.println(pf.getObject("b"));        // ②
    }
}
```

上面程序中 createObject()方法里的两行粗体字代码就是根据字符串来创建 Java 对象的关键代码，程序调用 Class 对象的 newInstance()方法即可创建一个 Java 对象。程序中的 initPool()方法会读取属性文件，为属性文件中的每个 key-value 对都创建一个 Java 对象，其中 value 是该 Java 对象的实现类，key 是该 Java 对象放入对象池中的名字。为该程序提供如下属性配置文件。

程序清单：codes\18\18.4\obj.txt

```
a=java.util.Date
b=javax.swing.JFrame
```

编译、运行上面的 ObjectPoolFactory 程序，运行到 main 方法中的①号代码处，将看到输出系统当前时间——这表明对象池中已经有了一个名为 a 的对象，该对象是一个 java.util.Date 对象。运行到②号代码处，将看到输出一个 JFrame 对象。

> **提示：**
> 这种使用配置文件来配置对象，然后由程序根据配置文件来创建对象的方式非常有用，大名鼎鼎的 Spring 框架就采用这种方式大大简化了 Java EE 应用的开发。当然，Spring 采用的是 XML 配置文件——毕竟使用属性文件能配置的信息太有限了，而使用 XML 配置文件能配置的信息就丰富多了。

如果不想利用默认构造器来创建 Java 对象，而是想利用指定的构造器来创建 Java 对象，则需要使用 Constructor 对象，每个 Constructor 对象都对应一个构造器。为了利用指定的构造器来创建 Java 对象，需要如下三个步骤。

① 获取该类的 Class 对象。

② 利用 Class 对象的 getConstructor()方法来获取指定的构造器。

③ 调用 Constructor 的 newInstance()方法来创建 Java 对象。

下面的程序利用反射来创建一个 JFrame 对象，而且使用指定的构造器。

程序清单：codes\18\18.4\CreateJFrame.java

```java
public class CreateJFrame
{
    public static void main(String[] args)
        throws Exception
    {
        // 获取 JFrame 对应的 Class 对象
        Class<?> jframeClazz = Class.forName("javax.swing.JFrame");
        // 获取 JFrame 中带一个字符串参数的构造器
        Constructor ctor = jframeClazz.getConstructor(String.class);
        // 调用 Constructor 的 newInstance()方法创建对象
        Object obj = ctor.newInstance("测试窗口");
        // 输出 JFrame 对象
        System.out.println(obj);
    }
}
```

上面程序中第一行粗体字代码用于获取 JFrame 类中指定的构造器。前面已经提到：如果要唯一地确定某类中的构造器，只要指定构造器的形参列表即可。第一行粗体字代码在获取构造器时传入了一个 String 类型，即表明想获取只有一个字符串参数的构造器。

程序中第二行粗体字代码使用指定构造器的 newInstance()方法来创建一个 Java 对象，当调用 Constructor 对象的 newInstance()方法时通常需要传入参数，因为调用 Constructor 的 newInstance()方法实际上等于调用其对应的构造器，传给 newInstance()方法的参数将作为其对应构造器的参数。

对于上面的 CreateJFrame.java 中已知 java.swing.JFrame 类的情形，通常没有必要使用反射来创建该对象，毕竟通过反射创建对象时性能要稍低一些。实际上，只有当程序需要动态创建某个类的对象时才会考虑使用反射，通常在开发通用性比较强的框架、基础平台时可能会大量使用反射。

▶▶ 18.4.2　调用方法

当获得某个类对应的 Class 对象后，就可以通过该 Class 对象的 getMethods()方法或者 getMethod()方法来获取全部方法或指定的方法——这两个方法的返回值都是 Method 数组或者 Method 对象。

每个 Method 对象都对应一个方法，在获得 Method 对象后，程序就可通过该 Method 来调用其对应的方法。在 Method 中包含一个 invoke()方法，该方法的签名如下。

➤ Object invoke(Object obj, Object... args)：该方法中的 obj 是执行该方法的主调，后面的 args 是执行该方法时传入的实参。

下面的程序对前面的对象池工厂进行加强，允许在配置文件中增加配置对象的成员变量的值，对象池工厂会读取为该对象配置的成员变量的值，并利用该对象对应的 setter 方法设置成员变量的值。

程序清单：codes\18\18.4\ExtendedObjectPoolFactory.java

```java
public class ExtendedObjectPoolFactory
{
    // 定义一个对象池，前面是对象名，后面是实际对象
    private Map<String, Object> objectPool = new HashMap<>();
    private Properties config = new Properties();
    // 从指定的属性文件中初始化 Properties 对象
    public void init(String fileName)
    {
        try (
            var fis = new FileInputStream(fileName))
        {
            config.load(fis);
        }
        catch (IOException ex)
        {
```

```
            System.out.println("读取" + fileName + "异常");
        }
    }
    // 定义一个创建对象的方法
    // 该方法只需要传入一个字符串类名，程序可以根据该类名生成 Java 对象
    private Object createObject(String clazzName)
        throws Exception
    {
        // 根据字符串来获取对应的 Class 对象
        Class<?> clazz = Class.forName(clazzName);
        // 使用 clazz 对应类的默认构造器来创建实例
        return clazz.getConstructor().newInstance();
    }
    // 该方法根据指定文件来初始化对象池
    // 它会根据配置文件来创建对象
    public void initPool() throws Exception
    {
        for (var name : config.stringPropertyNames())
        {
            // 每取出一个 key-value 对，如果 key 中不包含百分号（%）
            // 就表明根据 value 来创建一个对象
            // 调用 createObject() 方法创建对象，并将对象添加到对象池中
            if (!name.contains("%"))
            {
                objectPool.put(name, createObject(config.getProperty(name)));
            }
        }
    }
    // 该方法将会根据属性文件来调用指定对象的 setter 方法
    public void initProperty() throws InvocationTargetException,
        IllegalAccessException, NoSuchMethodException
    {
        for (var name : config.stringPropertyNames())
        {
            // 每取出一个 key-value 对，如果 key 中包含百分号（%）
            // 即可认为该 key 用于控制调用对象的 setter 方法设置值
            // %前半为对象名字，后半控制 setter 方法名
            if (name.contains("%"))
            {
                // 将配置文件中的 key 按%分割
                String[] objAndProp = name.split("%");
                // 取出调用 setter 方法的参数值
                Object target = getObject(objAndProp[0]);
                // 获取 setter 方法名：set + "首字母大写" + 剩下部分
                String mtdName = "set"
                    + objAndProp[1].substring(0, 1).toUpperCase()
                    + objAndProp[1].substring(1);
                // 通过 target 的 getClass() 方法获取它的实现类所对应的 Class 对象
                Class<?> targetClass = target.getClass();
                // 获取希望调用的 setter 方法
                Method mtd = targetClass.getMethod(mtdName, String.class);
                // 通过 Method 的 invoke() 方法执行 setter 方法
                // 将 config.getProperty(name) 的值作为调用 setter 方法的参数
                mtd.invoke(target, config.getProperty(name));
            }
        }
    }
    public Object getObject(String name)
    {
        // 从 objectPool 中取出指定 name 对应的对象
        return objectPool.get(name);
    }
    public static void main(String[] args) throws Exception
    {
        var epf = new ExtendedObjectPoolFactory();
        epf.init("extObj.txt");
        epf.initPool();
        epf.initProperty();
```

```
            System.out.println(epf.getObject("a"));
        }
    }
```

上面程序中 initProperty() 方法里的第一行粗体字代码获取目标类中包含一个 String 参数的 setter 方法，第二行粗体字代码通过调用 Method 的 invoke() 方法来执行该 setter 方法，该方法执行完成后，就相当于执行了目标对象的 setter 方法。为上面的程序提供如下配置文件。

程序清单：codes\18\18.4\extObj.txt

```
a=javax.swing.JFrame
b=javax.swing.JLabel
#set the title of a
a%title=Test Title
```

上面配置文件中的 a%title=Test Title 行表明希望调用 a 对象的 setTitle() 方法，调用该方法的参数值为 Test Title。编译、运行上面的 ExtendedObjectPoolFactory.java 程序，可以看到输出一个 JFrame 窗口，该窗口的标题为 Test Title。

 提示：

> Spring 框架就是通过这种方式将成员变量的值以及依赖对象等都放在配置文件中进行管理的，从而实现了较好的解耦。这也是 Spring 框架的 IoC 的秘密。

当通过 Method 的 invoke() 方法来调用对应的方法时，Java 会要求程序必须有调用该方法的权限。如果程序确实需要调用某个对象的 private 方法，则可以先调用 Method 对象的如下方法。

➢ setAccessible(boolean flag)：将 Method 对象的 accessible 设置为指定的布尔值。当值为 true 时，指示该 Method 在使用时应该取消 Java 语言的访问权限检查；当值为 false 时，指示该 Method 在使用时要实施 Java 语言的访问权限检查。

 注意：

> 实际上，setAccessible() 方法并不属于 Method，而是属于它的父类 AccessibleObject。因此 Method、Constructor、Field 都可调用该方法，从而实现通过反射来调用 private 方法、private 构造器和 private 成员变量，下一节将会让读者看到这种示例。也就是说，它们可以通过调用该方法来取消访问权限检查，通过反射即可访问 private 成员。

▶▶ 18.4.3 访问成员变量的值

通过 Class 对象的 getFields() 或 getField() 方法可以获取该类所包含的全部成员变量或指定的成员变量。Field 提供了如下两组方法来读取或设置成员变量的值。

➢ getXxx(Object obj)：获取 obj 对象的该成员变量的值。此处的 Xxx 对应 8 种基本数据类型，如果该成员变量的类型是引用类型，则取消 get 后面的 Xxx。

➢ setXxx(Object obj, Xxx val)：将 obj 对象的该成员变量的值设为 val。此处的 Xxx 对应 8 种基本数据类型，如果该成员变量的类型是引用类型，则取消 set 后面的 Xxx。

使用这两个方法可以随意地访问指定对象的所有成员变量，包括 private 修饰的成员变量。

程序清单：codes\18\18.4\FieldTest.java

```
class Person
{
    private String name;
    private int age;
    public String toString()
    {
        return "Person [name=" + name +
            ", age=" + age + "]";
    }
}
public class FieldTest
```

```
    {
        public static void main(String[] args)
            throws Exception
        {
            // 创建一个 Person 对象
            var p = new Person();
            // 获取 Person 类对应的 Class 对象
            Class<Person> personClazz = Person.class;
            // 获取 Person 类的名为 name 的成员变量
            // 使用 getDeclaredField() 方法表明可获取各种访问控制符的成员变量
            Field nameField = personClazz.getDeclaredField("name");
            // 设置通过反射访问该成员变量时取消访问权限检查
            nameField.setAccessible(true);
            // 调用 set() 方法为 p 对象的 name 成员变量设置值
            nameField.set(p, "Yeeku.H.Lee");
            // 获取 Person 类的名为 age 的成员变量
            Field ageField = personClazz.getDeclaredField("age");
            // 设置通过反射访问该成员变量时取消访问权限检查
            ageField.setAccessible(true);
            // 调用 setInt() 方法为 p 对象的 age 成员变量设置值
            ageField.setInt(p, 30);
            System.out.println(p);
        }
    }
```

上面程序中先定义了一个 Person 类，该类中包含两个 private 成员变量：name 和 age。在通常情况下，只能在 Person 类中访问这两个成员变量，但本程序 FieldTest 的 main()方法中 6 行粗体字代码通过反射修改了 Person 对象的 name、age 两个成员变量的值。

第一行粗体字代码使用 getDeclaredField()方法获取了名为 name 的成员变量，注意此处使用的不是 getField()方法，因为 getField()方法只能获取 public 访问控制的成员变量，而 getDeclaredField()方法则可以获取所有的成员变量；第二行粗体字代码通过反射访问该成员变量时不受访问权限的控制；第三行粗体字代码修改了 Person 对象的 name 成员变量的值。修改 Person 对象的 age 成员变量的值的方式与此完全相同。

编译、运行上面的程序，会看到如下输出结果：

```
Person [name=Yeeku.H.Lee, age=30]
```

▶▶ 18.4.4 操作数组

在 java.lang.reflect 包下还提供了一个 Array 类，Array 对象可以代表所有的数组。程序可以通过使用 Array 来动态地创建数组、操作数组元素等。

Array 提供了如下几类方法。

➢ static Object newInstance(Class<?> componentType, int... length)：创建一个具有指定的元素类型、指定维度的新数组。

➢ static xxx getXxx(Object array, int index)：返回 array 数组中第 index 个元素。其中 xxx 是各种基本数据类型，如果数组元素的类型是引用类型，则该方法变为 get(Object array, int index)。

➢ static void setXxx(Object array, int index, xxx val)：将 array 数组中第 index 个元素的值设为 val。其中 xxx 是各种基本数据类型，如果数组元素的类型是引用类型，则该方法变成 set(Object array, int index, Object val)。

下面的程序示范了如何使用 Array 来生成数组，为指定的数组元素赋值，并获取指定的数组元素的方式。

程序清单：codes\18\18.4\ArrayTest1.java

```
public class ArrayTest1
{
    public static void main(String args[])
    {
```

```
        try
        {
            // 创建一个元素类型为 String, 长度为 10 的数组
            Object arr = Array.newInstance(String.class, 10);
            // 依次为 arr 数组中 index 为 5、6 的元素赋值
            Array.set(arr, 5, "疯狂 Java 讲义");
            Array.set(arr, 6, "轻量级 Java EE 企业应用实战");
            // 依次取出 arr 数组中 index 为 5、6 的元素的值
            Object book1 = Array.get(arr, 5);
            Object book2 = Array.get(arr, 6);
            // 输出 arr 数组中 index 为 5、6 的元素
            System.out.println(book1);
            System.out.println(book2);
        }
        catch (Throwable e)
        {
            System.err.println(e);
        }
    }
}
```

上面程序中的三行粗体字代码分别是通过 Array 创建数组、为数组元素设置值、访问数组元素的值的示例代码，程序通过使用 Array 就可以动态地创建并操作数组。

下面的程序比上面的程序稍微复杂一点，下面的程序使用 Array 类创建了一个三维数组。

程序清单：codes\18\18.4\ArrayTest2.java

```
public class ArrayTest2
{
    public static void main(String args[])
    {
        /*
            创建一个三维数组
            根据前面介绍数组时所讲的: 三维数组也是一维数组
            它是数组元素是二维数组的一维数组
            因此可以认为 arr 是长度为 3 的一维数组
        */
        Object arr = Array.newInstance(String.class, 3, 4, 10);
        // 获取 arr 数组中 index 为 2 的元素, 该元素应该是二维数组
        Object arrObj = Array.get(arr, 2);
        // 使用 Array 为二维数组的元素赋值, 二维数组的元素是一维数组
        // 所以传入 Array 的 set() 方法的第三个参数是一维数组
        Array.set(arrObj, 2, new String[]
        {
            "疯狂 Java 讲义",
            "轻量级 Java EE 企业应用实战"
        });
        // 获取 arrObj 数组中 index 为 3 的元素, 该元素应该是一维数组
        Object anArr = Array.get(arrObj, 3);
        Array.set(anArr, 8, "疯狂 Android 讲义");
        // 将 arr 强制类型转换为三维数组
        var cast = (String[][][]) arr;
        // 获取 cast 三维数组中指定元素的值
        System.out.println(cast[2][3][8]);
        System.out.println(cast[2][2][0]);
        System.out.println(cast[2][2][1]);
    }
}
```

上面程序的第一行粗体字代码使用 Array 创建了一个三维数组。程序中较难理解的地方是第二段粗体字代码部分，使用 Array 为 arrObj 的指定元素赋值，相当于为二维数组的元素赋值。由于二维数组的元素是一维数组，所以程序传入的参数是一个一维数组对象。

运行上面的程序，将看到 cast[2][3][8]、cast[2][2][0]、cast[2][2][1] 元素都有值，这些值就是程序通过反射传入的数组元素值。

▶▶ 18.4.5 嵌套访问权限

在 Java 11 之前，外部类可以访问内部类的 private 成员，内部类之间也可相互访问对方的 private 成员；但如果外部类通过反射访问内部类的 private 成员，或者内部类之间通过反射访问对方的 private 成员，这就不行了。看如下程序。

程序清单：codes\18\18.4\NestTest.java

```java
public class NestTest
{
    public class InA
    {
        // 内部类的两个 private 成员
        private int age = 2;
        private void foo()
        {
            System.out.println("private 的 foo 方法");
        }
    }
    public class InB
    {
        // 内部类的两个 private 成员
        private String name = "疯狂 Java";
        private void bar() throws Exception
        {
            InA a = new InA();
            // 访问另一个内部类的 private 成员，完全没问题
            a.age = 20;
            System.out.println(a.age);
            a.foo();
            System.out.println("private 的 bar 方法");
            // 通过反射访问另一个内部类的 private 成员
            // 在 Java 11 之前报错，在 Java 11 之后没有问题
            Field f = InA.class.getDeclaredField("age");
            f.set(a, 29);               // ①
            System.out.println(f.get(a));     // ②
            Method m = InA.class.getDeclaredMethod("foo");
            m.invoke(a);                // ③
        }
    }
    public void info() throws Exception
    {
        InB b = new InB();
        // 外部类访问内部类的 private 成员，完全没问题
        b.name = "crazyit.org";
        System.out.println(b.name);
        b.bar();
        // 外部类通过反射访问内部类的 private 成员
        // 在 Java 11 之前报错，在 Java 11 之后没有问题
        Field f = InB.class.getDeclaredField("name");
        f.set(b, "fkjava.org");          // ④
        System.out.println(f.get(b));      // ⑤
        Method m = InB.class.getDeclaredMethod("bar");
        m.invoke(b);              // ⑥
    }
    public static void main(String[] args) throws Exception
    {
        new NestTest().info();
    }
}
```

如果使用 Java 11 之前的 JDK 编译、运行上面的程序，将会看到程序在①号粗体字代码处引发异常，这说明内部类 B 不能通过反射访问内部类 A 的 private 成员；后面的②③④⑤⑥号粗体字代码同样会引发这个异常。但是在①号粗体字代码之前，内部类 B 可以（不使用反射）访问内部类 A 的 private 成员。这就是 Java 11 之前存在的问题：通过反射访问和不通过反射访问时，Java 的访问权限并不一致。

为了解决这个问题，Java 11 引入了嵌套上下文的概念。通过嵌套访问权限的支持，Java 11 统一了通过反射访问和不通过反射访问时权限不一致的问题。因此，如果使用 Java 11 编译、运行上面的程序，将可以看到程序成功运行。

与之对应的是，Java 11 为 Class 类新增了如下方法。

- ➤ Class<?> getNestHost()：返回该类所属的嵌套属主。
- ➤ boolean isNestmateOf(Class<?> c)：判断该类是否为 c 的嵌套同伴（Nestmate）。只要两个类有相同的嵌套属主，它们就是嵌套同伴。
- ➤ Class<?>[] getNestMembers()：获取该类的所有嵌套成员。

例如，在上面程序的 main()方法中增加如下代码。

```
// 获取 NestTest 的嵌套属主类。由于它自身就是外部类，因此返回它自身（NestTest）
System.out.println(NestTest.class.getNestHost());
// 获取 NestTest.InA 的嵌套属主类，返回 NestTest 类
System.out.println(Class.forName("NestTest$InA").getNestHost());
// 获取 NestTest 的所有嵌套成员，将会看到 NestTest、InA、InB 三个嵌套成员
System.out.println(Arrays.toString(NestTest.class.getNestMembers()));
// 判断 NestTest.InA 是否为 NestTest.InB 的嵌套同伴，返回 true
System.out.println(Class.forName("NestTest$InA")
    .isNestmateOf(Class.forName("NestTest$InB")));
```

运行上面的代码，可以看到如下输出结果：

```
class NestTest
class NestTest
[class NestTest, class NestTest$InB, class NestTest$InA]
true
```

通过上面的输出结果可以看出，对于外部类而言，它的嵌套属主就是它自身；对于内部类而言，它的嵌套属主就是它所在的外部类。

18.5　使用反射生成 JDK 动态代理

在 Java 的 java.lang.reflect 包下提供了一个 Proxy 类和一个 InvocationHandler 接口，通过使用这个类和这个接口可以生成 JDK 动态代理类或动态代理对象。

▶▶ 18.5.1　使用 Proxy 和 InvocationHandler 创建动态代理

Proxy 提供了用于创建动态代理类和动态代理对象的静态方法，它也是所有动态代理类的父类。如果在程序中为一个或多个接口动态地生成实现类，就可以使用 Proxy 来创建动态代理类；如果需要为一个或多个接口动态地创建实例，也可以使用 Proxy 来创建动态代理实例。

Proxy 提供了如下两个方法来创建动态代理类和动态代理实例。

- ➤ static Class<?> getProxyClass(ClassLoader loader, Class<?>... interfaces)：创建一个动态代理类所对应的 Class 对象，该代理类将实现 interfaces 所指定的多个接口。第一个参数 ClassLoader 指定生成动态代理类的类加载器。
- ➤ static Object newProxyInstance(ClassLoader loader,Class<?>[] interfaces, InvocationHandler h)：直接创建一个动态代理对象，该代理对象的实现类实现了 interfaces 所指定的系列接口，当执行代理对象的每个方法时都会被替换成执行 InvocationHandler 对象的 invoke()方法。

实际上，即使采用第一个方法生成了动态代理类，如果程序需要通过该代理类来创建对象，也依然需要传入一个 InvocationHandler 对象。也就是说，系统生成的每个代理对象都有一个与之关联的 InvocationHandler 对象。

提示：

计算机是很"蠢"的，当程序使用反射方式为指定的接口生成系列动态代理对象，这些动态代理对象的实现类实现了一个或多个接口时，动态代理对象就需要实现一个或多个接口中定义的所有方法，但问题是：系统怎么知道如何实现这些方法？这个时候就轮到 InvocationHandler 对象登场了——当执行动态代理对象中的方法时，实际上会被替换成调用 InvocationHandler 对象的 invoke()方法。

在程序中可以采用先生成一个动态代理类,然后通过动态代理类创建动态代理对象的方式来生成一个动态代理对象。代码片段如下：

```java
// 创建一个 InvocationHandler 对象
var handler = new MyInvocationHandler(...);
// 使用 Proxy 生成一个动态代理类 proxyClass
Class proxyClass = Proxy.getProxyClass(Foo.class.getClassLoader(), Foo.class);
// 获取 proxyClass 类中带一个 InvocationHandler 参数的构造器
Constructor ctor = proxyClass.getConstructor(MyInvocationHandler.class);
// 调用 ctor 的 newInstance()方法来创建动态代理实例
var f = (Foo) ctor.newInstance(handler);
```

上面的代码也可以被简化成如下代码：

```java
// 创建一个 InvocationHandler 对象
var handler = new MyInvocationHandler(...);
// 使用 Proxy 直接生成一个动态代理对象
var f = (Foo) Proxy.newProxyInstance(Foo.class.getClassLoader(),
    new Class[]{Foo.class}, handler);
```

下面的程序示范了使用 Proxy 和 InvocationHandler 来生成动态代理对象。

程序清单：codes\18\18.5\ProxyTest.java

```java
interface Person
{
    void walk();
    void sayHello(String name);
}
class MyInvokationHandler implements InvocationHandler
{
    /*
    当执行动态代理对象的所有方法时，都会被替换成执行如下 invoke()方法
    其中：
    proxy 代表动态代理对象
    method 代表正在执行的方法
    args 代表调用目标方法时传入的实参
    */
    public Object invoke(Object proxy, Method method, Object[] args)
    {
        System.out.println("----正在执行的方法:" + method);
        if (args != null)
        {
            System.out.println("下面是执行该方法时传入的实参：");
            for (var val : args)
            {
                System.out.println(val);
            }
        }
        else
        {
            System.out.println("调用该方法没有实参！");
        }
        return null;
    }
}
public class ProxyTest
{
```

```
    public static void main(String[] args)
        throws Exception
    {
        // 创建一个 InvocationHandler 对象
        var handler = new MyInvokationHandler();
        // 使用指定的 InvocationHandler 来生成一个动态代理对象
        var p = (Person) Proxy.newProxyInstance(Person.class.getClassLoader(),
            new Class[] {Person.class}, handler);
        // 调用动态代理对象的 walk() 和 sayHello() 方法
        p.walk();
        p.sayHello("孙悟空");
    }
}
```

上面的程序首先提供了一个 Person 接口，该接口中包含了 walk() 和 sayHello() 两个抽象方法，然后定义了一个简单的 InvocationHandler 实现类，在定义该实现类时需要重写 invoke() 方法——当调用动态代理对象的所有方法时都会被替换成调用该 invoke() 方法。对该 invoke() 方法中的三个参数解释如下。

➢ proxy：代表动态代理对象。
➢ method：代表正在执行的方法。
➢ args：代表调用目标方法时传入的实参。

上面程序中第一行粗体字代码创建了一个 InvocationHandler 对象，第二行粗体字代码根据 InvocationHandler 对象生成了一个动态代理对象。运行上面的程序，会看到如图 18.3 所示的运行结果。

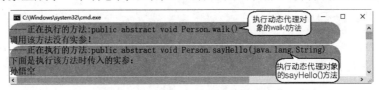

图 18.3 调用动态代理对象的方法

从图 18.3 中可以看出，不管程序是执行动态代理对象的 walk() 方法，还是执行动态代理对象的 sayHello() 方法，实际上都是执行 InvocationHandler 对象的 invoke() 方法。

看完了上面的示例程序，可能有读者会觉得这个程序没有太大的实用价值，难以理解 Java 动态代理的魅力。实际上，在普通编程过程中，确实无须使用动态代理，但在编写框架或底层基础代码时，动态代理的作用就非常大了。

▶▶ 18.5.2 动态代理和 AOP

根据前面介绍的 Proxy 和 InvocationHandler，实在是很难看出这种动态代理的优势。下面介绍一种更实用的动态代理机制。

在开发实际应用的软件系统时，通常会存在相同的代码段重复出现的情况。在这种情况下，对于许多刚开始从事软件开发的人员来说，他们的做法是：选中那些代码，一路复制、粘贴，就可以立即实现系统功能。如果仅仅从软件功能来看，他们确实已经完成了软件开发。

通过这种复制、粘贴的方式开发出来的软件系统结构示意图如图 18.4 所示。

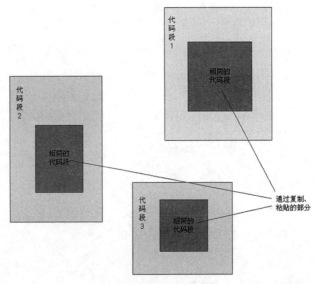

图 18.4 多个地方包含相同代码段的软件系统结构示意图

采用图 18.4 所示的软件系统结构，在软件开发期间可能会觉得无所谓，但如果有一天需要修改程序的这段代码（见深色部分）的实现，则意味着要打开三份源代码进行修改。如果有 100 个地方甚至1000 个地方使用了这个代码段，那么修改、维护这段代码的工作将变成噩梦。

在这种情况下，大部分稍有经验的开发者都会将这个代码段定义成一个方法，然后让另外三个代码段直接调用该方法即可。在这种方式下，软件系统结构示意图如图 18.5 所示。

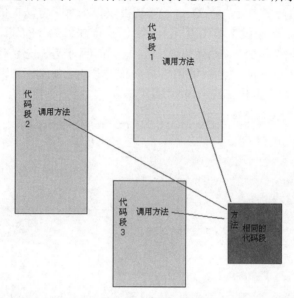

图 18.5　通过方法调用实现代码复用的软件系统结构示意图

对于图 18.5 所示的软件系统结构，如果需要修改深色部分的代码段，则只要修改一个地方即可，而调用该方法的代码段不管有多少个，都完全无须做任何修改，只要被调用方法被修改了，所有调用该方法的地方就会自然发生改变——通过这种方式，大大降低了软件后期维护的复杂性。

但采用这种方式来实现代码复用依然会产生一个重要问题：虽然代码段 1、代码段 2、代码段 3 和深色部分的代码段分离开了，但它们又和一个特定方法耦合了！最理想的情况是：代码段 1、代码段 2和代码段 3 既可以执行深色部分的代码段，又无须在程序中以硬编码方式直接调用这个代码段的方法，这时就可以通过动态代理来达到这种效果。

由于 JDK 动态代理只能为接口创建动态代理，所以下面先提供一个 Dog 接口。Dog 接口的代码非常简单，仅仅在该接口中定义了两个方法。

程序清单：codes\18\18.5\DynaProxy\Dog.java

```java
public interface Dog
{
    // info()方法声明
    void info();
    // run()方法声明
    void run();
}
```

在上面的接口中只是简单地定义了两个方法，并未提供方法实现。如果直接使用 Proxy 为该接口创建动态代理对象，则动态代理对象的所有方法的执行效果又将完全一样。实际情况通常是，软件系统会为该 Dog 接口提供一个或多个实现类。此处先提供一个简单的实现类：GunDog。

程序清单：codes\18\18.5\DynaProxy\GunDog.java

```java
public class GunDog implements Dog
{
    // 实现info()方法，仅仅打印一个字符串
    public void info()
    {
        System.out.println("我是一只猎狗");
```

```
    }
    // 实现 run()方法，仅仅打印一个字符串
    public void run()
    {
        System.out.println("我奔跑迅速");
    }
}
```

上面的代码没有丝毫的特别之处，该 Dog 的实现类仅仅为每个方法提供了一个简单实现。再看需要实现的功能：让代码段 1、代码段 2 和代码段 3 既可以执行深色部分的代码段，又无须在程序中以硬编码方式直接调用这个代码段的方法。此处假设 info()、run()两个方法分别代表代码段 1 和代码段 2，那么要求：程序在执行 info()、run()方法时能调用某个通用方法，但又不想以硬编码方式调用该方法。下面提供一个 DogUtil 类，该类中包含两个通用方法。

程序清单：codes\18\18.5\DynaProxy\DogUtil.java

```
public class DogUtil
{
    // 第一个拦截器方法
    public void method1()
    {
        System.out.println("=====模拟第一个通用方法=====");
    }
    // 第二个拦截器方法
    public void method2()
    {
        System.out.println("=====模拟第二个通用方法=====");
    }
}
```

借助于 Proxy 和 InvocationHandler 就可以实现——当程序调用 info()方法和 run()方法时，系统可以"自动"将 method1()、method2()两个通用方法插入 info()和 run()方法中执行。

这个程序的关键在于下面的 MyInvokationHandler 类，该类是一个 InvocationHandler 实现类，该实现类的 invoke()方法将会作为代理对象的方法实现。

程序清单：codes\18\18.5\DynaProxy\MyInvokationHandler.java

```
public class MyInvokationHandler implements InvocationHandler
{
    // 需要被代理的对象
    private Object target;
    public void setTarget(Object target)
    {
        this.target = target;
    }
    // 当执行动态代理对象的所有方法时，都会被替换成执行如下 invoke()方法
    public Object invoke(Object proxy, Method method, Object[] args)
        throws Exception
    {
        var du = new DogUtil();
        // 执行 DogUtil 对象中的 method1()方法
        du.method1();
        // 以 target 作为主调来执行 method 方法
        Object result = method.invoke(target, args);
        // 执行 DogUtil 对象中的 method2()方法
        du.method2();
        return result;
    }
}
```

上面的程序在实现 invoke()方法时有一行关键代码（以粗体字标出），这行代码通过反射以 target 作为主调来执行 method 方法，这就是回调了 target 对象的原有方法。在粗体字代码之前调用 DogUtil 对象的 method1()方法，在粗体字代码之后调用 DogUtil 对象的 method2()方法。

下面再为程序提供一个 MyProxyFactory 类，该对象专为指定的 target 生成动态代理对象。

程序清单：codes\18\18.5\DynaProxy\MyProxyFactory.java

```
public class MyProxyFactory
{
    // 为指定的 target 生成动态代理对象
    public static Object getProxy(Object target) throws Exception
    {
        // 创建一个 MyInvokationHandler 对象
        var handler = new MyInvokationHandler();
        // 为 MyInvokationHandler 设置 target 对象
        handler.setTarget(target);
        // 创建并返回一个动态代理
        return Proxy.newProxyInstance(target.getClass().getClassLoader(),
            target.getClass().getInterfaces(), handler);
    }
}
```

上面的动态代理工厂类提供了一个 getProxy()方法，该方法为 target 对象生成一个动态代理对象，这个动态代理对象与 target 实现了相同的接口，所以具有相同的 public 方法——从这个意义上来看，动态代理对象可以被当成 target 对象使用。当程序调用动态代理对象的指定方法时，实际上将变为执行 MyInvokationHandler 对象的 invoke()方法。例如，调用动态代理对象的 info()方法，程序将开始执行 invoke()方法，其执行步骤如下：

① 创建 DogUtil 实例。

② 执行 DogUtil 实例的 method1()方法。

③ 使用反射以 target 作为调用者执行 info()方法。

④ 执行 DogUtil 实例的 method2()方法。

看到上面的执行步骤，读者应该已经发现：当使用动态代理对象来代替 target 对象时，动态代理对象的方法就实现了前面的要求——程序在执行 info()、run()方法时既能"插入"method1()和 method2()通用方法，在 GunDog 的方法中又没有以硬编码方式调用 method1()和 method2()方法。

下面提供一个主程序来测试这种动态代理的效果。

程序清单：codes\18\18.5\DynaProxy\Test.java

```
public class Test
{
    public static void main(String[] args)
        throws Exception
    {
        // 创建一个原始的 GunDog 对象，作为 target
        Dog target = new GunDog();
        // 以指定的 target 来创建动态代理对象
        var dog = (Dog) MyProxyFactory.getProxy(target);
        dog.info();
        dog.run();
    }
}
```

上面程序中的 dog 对象实际上是动态代理对象，只是该动态代理对象也实现了 Dog 接口，所以它也可以被当成 Dog 对象使用。程序在执行 dog 的 info()和 run()方法时，实际上会先执行 DogUtil 的 method1()方法，然后执行 target 对象的 info()和 run()方法，最后执行 DogUtil 的 method2()方法。运行上面的程序，会看到如图 18.6 所示的运行结果。

从图 18.6 所示的运行结果来看，采用动态代理可以非常灵活地实现解耦。通常而言，当使用 Proxy 生成一个动态代理时，往往并不会凭空产生一个动态代理，因为没有太大的实际意义。通常都是为指定的目标对象生成动态代理。

这种动态代理在 AOP（Aspect Orient Programming，面向切面编程）中被称为 AOP 代理。AOP 代理可代替目标对象，AOP 代理包含了目标对象的全部方法。但 AOP 代理的方法与目标对象的方法存在差异：AOP 代理的方法可以在执行目标方法之前、之后插入一些通用处理。

AOP 代理的方法与目标对象的方法示意图如图 18.7 所示。

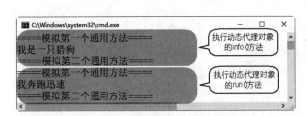

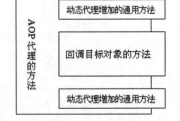

图 18.6　使用动态代理的效果　　　　图 18.7　AOP 代理的方法与目标对象的方法示意图

> **提示：**　关于 AOP 更详细的介绍，读者可以在有一定的 Java 编程经验后参考疯狂 Java 体系的《轻量级 Java EE 企业应用实战》，该书中有关于 AOP 编程更详细、更深入的内容。

▶▶ 18.5.3　Java 17 新增的 invokeDefault 方法

Java 8 允许在接口中定义有方法体的默认方法。为了在动态代理中更精确地执行默认方法，Java 17 为 InvocationHandler 增加了一个 invokeDefault()方法，这个方法专门用于在给定的代理上调用指定的默认方法——这个默认方法既可是在被代理接口中定义的默认方法，也可是直接或间接从被代理接口的祖先接口中继承得到的默认方法。总之，invokeDefault()方法只能调用默认方法，不能调用普通方法。

invokeDefault()方法有两点需要说明：

➢ invokeDefault()方法只能调用默认方法。

➢ invokeDefault()方法只能在给定的代理对象（也就是使用 Proxy 生成的动态代理对象）上调用。

下面看一个例子。

程序清单：codes\18\18.5\InvokeDefault.java

```java
// 定义接口A，该接口中定义了两个方法
interface A
{
    String mtd(String name);
    default void defMtd(String msg)
    {
        System.out.println(msg);
    }
}
class MyInvokationHandler implements InvocationHandler
{
    // 需要被代理的对象
    private Object target;
    public void setTarget(Object target)
    {
        this.target = target;
    }
    // 当执行动态代理对象的所有方法时，都会被替换成执行如下 invoke()方法
    public Object invoke(Object proxy, Method method, Object[] args)
        throws Throwable
    {
        // 如果正在执行的方法是默认方法
        if (method.isDefault())
        {
            // 使用 invokeDefault()调用默认方法，留意调用者是 proxy（代理）
            return InvocationHandler.invokeDefault(proxy, method, args);
        }
        // 非默认方法，依然使用传统调用方式
        return method.invoke(target, args);
    }
}
```

```
public class InvokeDefault
{
    public static void main(String[] args)
    {
        var invocationHandler = new MyInvokationHandler();
        invocationHandler.setTarget(new A(){
            @Override
            public String mtd(String name)
            {
                return name + ", 你好";
            }
            // 重写接口中的默认方法
            @Override
            public void defMtd(String msg)
            {
                System.out.println("重写: " + msg);
            }
        });
        // 生成动态代理
        A a = (A) Proxy.newProxyInstance(A.class.getClassLoader(),
            new Class[]{A.class}, invocationHandler);
        System.out.println(a.mtd("孙悟空"));   // ①
        a.defMtd("普通消息");         // ②
    }
}
```

上面的程序在实现 InvocationHandler 的 invoke()方法时，第一行粗体字代码在判断目标方法是默认方法后，使用 InvocationHandler 的 invokeDefault()方法调用了默认方法；第二行粗体字代码依然使用传统方式来调用目标方法。

程序中①号代码调用动态代理的普通方法（非默认方法），因此，它实际上依然会以普通方式来调用目标方法；程序中②号代码调用动态代理的默认方法，这就会让 InvocationHandler 使用 invokeDefault()方法来调用指定代理的默认方法，也就是 A 接口中的默认方法。

运行上面的程序，可以看到如下输出结果：

```
孙悟空, 你好
普通消息
```

从上面的输出结果可以看到，虽然上面程序中 MyInvocationHandler 的 target 对象重写了 A 接口中的默认方法，但由于程序使用了 invokeDefault()方法来调用默认方法，因此②号代码会表现为调用 A 接口中的默认方法，而不是调用其匿名实现类所重写的方法。

invokeDefault()方法调用的默认方法既可以是被代理接口本身定义的默认方法，也可以是从被代理接口的祖先接口中继承得到的默认方法。总之，只要是默认方法就行。看如下例子。

程序清单：codes\18\18.5\InvokeDefault2.java

```
interface A
{
    default void defMtd(String msg)
    {
        System.out.println("A 接口中的 default 方法: " + msg);
    }
    String m(String name);
}
// 定义 B 接口，继承 A 接口
interface B extends A { }
public class InvokeDefault2
{
    public static void main(String[] args)
    {
        B b = (B) Proxy.newProxyInstance(B.class.getClassLoader(),
            new Class<?>[] { B.class }, (proxy, method, params) -> {
                // 如果正在执行的方法是默认方法
                if (method.isDefault())
                {
```

```
                // 使用 invokeDefault()方法调用默认方法，留意调用者是 proxy（代理）
                return InvocationHandler.invokeDefault(proxy, method, params);
            }
            return null;
        });
        b.defMtd("普通消息");
    }
}
```

上面的程序使用 Proxy 为 B 接口生成动态代理对象，虽然 B 接口中并未定义默认方法，但它可以从其父接口中继承得到一个 defMtd()默认方法。因此，当程序使用 InvocationHandler 的 invokeDefault()方法调用它的默认方法时，实际上会表现为调用其父接口中的 defMtd()方法。运行上面的程序，会看到如下输出结果：

A 接口中的 default 方法：普通消息

如果在 B 接口内重写 A 接口中的 defMtd()方法，也就是在 B 接口内添加如下代码（程序清单同上）：

```
@Override
default void defMtd(String msg)
{
    System.out.println("B 接口重写的 default 方法：" + msg);
}
```

此时 B 接口就有了自己的 defMtd()方法，当程序使用 invokeDefault()方法调用它的默认方法时，会直接表现出 B 接口中 defMtd()方法的行为。运行上面的程序，将看到如下输出结果：

B 接口重写的 default 方法：普通消息

从上面的输出结果可以看到，当使用 invokeDefault()方法调用代理的默认方法时，程序总要执行被代理接口的默认方法——如果在被代理接口中找不到目标默认方法，它会沿着其祖先接口一直上溯，直到找到为止；如果最终没有找到目标默认方法，程序会抛出异常。

 # 18.6 反射和泛型

从 JDK 5 开始，Java 的 Class 类增加了泛型功能，从而允许使用泛型来限制 Class 类。例如，String.class 的类型实际上是 Class<String>。如果 Class 对应的类暂时未知，则使用 Class<?>。通过在反射中使用泛型，可以避免使用反射生成的对象需要强制类型转换。

▶▶ 18.6.1 泛型和 Class 类

使用 Class<T>泛型可以避免强制类型转换。例如，下面提供一个简单的对象工厂，该对象工厂可以根据指定的类来提供该类的实例。

程序清单：codes\18\18.6\CrazyitObjectFactory.java

```
public class CrazyitObjectFactory
{
    public static Object getInstance(String clsName)
    {
        try
        {
            // 创建指定的类所对应的 Class 对象
            Class cls = Class.forName(clsName);
            // 返回使用该 Class 对象创建的实例
            return cls.getConstructor().newInstance();
        }
        catch (Exception e)
        {
            e.printStackTrace();
            return null;
        }
    }
}
```

上面程序中两行粗体字代码根据指定的字符串类型创建了一个新对象，但这个新对象的类型是 Object。因此，当需要使用 CrazyitObjectFactory 的 getInstance()方法来创建对象时，将会看到如下代码：

```
// 获取实例后需要强制类型转换
var d = (Date) Crazyit.getInstance("java.util.Date");
```

甚至出现如下代码：

```
var f = (JFrame) Crazyit.getInstance("java.util.Date");
```

上面的代码在编译时不会有任何问题，但在运行时将抛出 ClassCastException 异常，因为程序试图将一个 Date 对象转换成 JFrame 对象。

如果将上面的 CrazyitObjectFactory 工厂类改写成使用泛型后的 Class，就可以避免出现这种情况。

程序清单：codes\18\18.6\CrazyitObjectFactory2.java

```
public class CrazyitObjectFactory2
{
    public static <T> T getInstance(Class<T> cls)
    {
        try
        {
            return cls.getConstructor().newInstance();
        }
        catch (Exception e)
        {
            e.printStackTrace();
            return null;
        }
    }
    public static void main(String[] args)
    {
        // 获取实例后不需要强制类型转换
        Date d = CrazyitObjectFactory2.getInstance(Date.class);
        JFrame f = CrazyitObjectFactory2.getInstance(JFrame.class);
    }
}
```

在上面程序的 getInstance()方法中传入一个 Class<T>参数，这是一个泛型化的 Class 对象，调用该 Class 对象的 newInstance()方法将返回一个 T 对象，如程序中粗体字代码所示。接下来，当使用 CrazyitObjectFactory2 工厂类的 getInstance()方法来产生对象时，不需要强制类型转换，系统会执行更严格的检查，不会出现 ClassCastException 运行时异常。

前面在介绍使用 Array 类来创建数组时，曾经看到如下代码：

```
// 使用 Array 的 newInstance()方法来创建一个数组
Object arr = Array.newInstance(String.class, 10);
```

其实上面的代码使用起来并不是非常方便，因为 newInstance()方法返回的确实是一个 String[]数组，而不是简单的 Object 对象。如果需要将 arr 对象当成 String[]数组使用，则必须进行强制类型转换——这是不安全的操作。提示：

> **提示：**
> 奇怪的是，Array 的 newInstance()方法签名为如下形式：
> ```
> public static Object newInstance(Class<?> componentType, int... dimensions)
> ```
> 在这个方法签名中使用了 Class<?>泛型，但并没有真正利用这个泛型；如果将该方法签名改为如下形式：
> ```
> public static <T> T[] newInstance(Class<T> componentType, int length)
> ```
> 这样就可以在调用该方法后无须进行强制类型转换了。不过，这个方法暂时只能创建一维数组，也就不能利用个数可变参数的优势了。

为了示范泛型的优势，可以对 Array 的 newInstance()方法进行包装。

程序清单：codes\18\18.6\CrazyitArray.java

```java
public class CrazyitArray
{
    // 对 Array 的 newInstance() 方法进行包装
    @SuppressWarnings("unchecked")
    public static <T> T[] newInstance(Class<T> componentType, int length)
    {
        return (T[]) Array.newInstance(componentType, length);  // ①
    }
    public static void main(String[] args)
    {
        // 使用 CrazyitArray 的 newInstance() 方法创建一维数组
        String[] arr = CrazyitArray.newInstance(String.class, 10);
        // 使用 CrazyitArray 的 newInstance() 方法创建二维数组
        // 在这种情况下，只要设置数组元素的类型是 int[] 即可
        int[][] intArr = CrazyitArray.newInstance(int[].class, 5);
        arr[5] = "疯狂 Java 讲义";
        // intArr 是二维数组，初始化该数组的第二个元素
        // 二维数组的元素必须是一维数组
        intArr[1] = new int[] {23, 12};
        System.out.println(arr[5]);
        System.out.println(intArr[1][1]);
    }
}
```

上面程序中粗体字代码定义的 newInstance() 方法对 Array 类提供的 newInstance() 方法进行了包装，将方法签名改成了 public static <T> T[] newInstance(Class<T> componentType, int length)，这就保证程序通过该 newInstance() 方法创建数组时的返回值就是数组对象，而不是 Object 对象，从而避免了强制类型转换。

> **提示：** ————————————————
> 程序在①号代码处将会有一个 unchecked 编译警告，所以程序使用了 @SuppressWarnings 来抑制这个警告信息。

▶▶ 18.6.2　使用反射来获取泛型信息

通过指定的类所对应的 Class 对象，可以获得该类中包含的所有成员变量——不管该成员变量是使用 private 修饰的，还是使用 public 修饰的。在获得了成员变量所对应的 Field 对象后，就可以很容易地获得该成员变量的数据类型，即使用如下代码来获得指定成员变量的类型。

```java
// 获取成员变量 f 的类型
Class<?> a = f.getType();
```

但这种方式只对普通类型的成员变量有效。如果该成员变量的类型带有泛型，如 Map<String, Integer> 类型，则不能准确地得到该成员变量的泛型参数。

为了获得指定成员变量的泛型类型，应先使用如下方法来获取该成员变量的泛型类型。

```java
// 获取成员变量 f 的泛型类型
Type gType = f.getGenericType();
```

然后将 Type 对象强制类型转换为 ParameterizedType 对象，ParameterizedType 代表被参数化的类型，也就是增加了泛型限制的类型。ParameterizedType 类提供了如下两个方法。

➢ getRawType()：返回没有泛型信息的原始类型。

➢ getActualTypeArguments()：返回泛型参数的类型。

下面是一个获取泛型类型的完整程序。

程序清单：codes\18\18.6\GenericTest.java

```java
public class GenericTest
{
```

```
    private Map<String, Integer> score;
    public static void main(String[] args)
        throws Exception
    {
        Class<GenericTest> clazz = GenericTest.class;
        Field f = clazz.getDeclaredField("score");
        // 直接使用 getType()方法获取类型只对普通类型的成员变量有效
        Class<?> a = f.getType();
        // 下面将看到仅输出 java.util.Map
        System.out.println("score 的类型是: " + a);
        // 获取成员变量 f 的泛型类型
        Type gType = f.getGenericType();
        // 如果 gType 类型是 ParameterizedType 对象
        if (gType instanceof ParameterizedType)
        {
            // 强制类型转换
            var pType = (ParameterizedType) gType;
            // 获取原始类型
            Type rType = pType.getRawType();
            System.out.println("原始类型是: " + rType);
            // 获取泛型类型的泛型参数
            Type[] tArgs = pType.getActualTypeArguments();
            System.out.println("泛型信息是: ");
            for (var i = 0; i < tArgs.length; i++)
            {
                System.out.println("第" + i + "个泛型类型是: " + tArgs[i]);
            }
        }
        else
        {
            System.out.println("获取泛型类型出错! ");
        }
    }
}
```

上面程序中的粗体字代码就是获取泛型类型的关键代码。运行上面的程序，将看到如下运行结果：

```
score 的类型是: interface java.util.Map
原始类型是: interface java.util.Map
泛型信息是:
第 0 个泛型类型是: class java.lang.String
第 1 个泛型类型是: class java.lang.Integer
```

从上面的运行结果可以看出，使用 getType()方法只能获取普通类型的成员变量的数据类型；对于增加了泛型的成员变量，应该使用 getGenericType()方法来获取其类型。

> **提示：**
> Type 也是 java.lang.reflect 包下的一个接口，该接口代表所有类型的公共高级接口，Class 是 Type 接口的实现类。Type 包括原始类型、参数化类型、数组类型、类型变量和基本类型等。

18.7　本章小结

本章详细介绍了 Java 反射的相关知识。本章内容对于普通的 Java 学习者而言，确实显得有点深入，并且会感觉不太实用。但随着知识的慢慢积累，当读者希望开发出更多基础的、适应性更广的、灵活性更强的代码时，就会想到使用反射知识了。本章从类的加载、初始化开始，深入介绍了 Java 类加载器的原理和机制。本章重点介绍了 Class、Method、Field、Constructor、Type、ParameterizedType 等类和接口的用法，包括动态创建 Java 实例和动态调用 Java 对象的方法。本章介绍的两个对象工厂实际上就是 Spring 框架的核心，希望读者用心揣摩。

本章还介绍了利用 Proxy 和 InvocationHandler 来创建 JDK 动态代理，并详细介绍了 JDK 动态代理和 AOP 之间的关系，这也是 Java 灵活性的重要方面，对于提高系统解耦也十分重要，希望读者能用心掌握。

▶▶本章练习

1．开发一个工具类，该工具类提供一个 eval()方法，实现 JavaScript 中 eval()函数的功能——可以动态运行一行或多行程序代码。例如 eval("System.out.println(\"aa\")")，将输出 aa。

2．开发一个对象工厂池，这个对象工厂池不仅可以管理对象的 String 类型成员变量的值，而且可以管理容器中对象的其他类型成员变量的值，甚至可以将对象的成员变量设置成引用容器中的其他对象〔这就是 Spring 所提出的控制反转（IoC）〕。

附录 A　Java 模块化系统

面世二十多年的 Java，已经发展成为一门影响深远的编程语言，无数平台、系统都采用 Java 语言编写。但 Java 也越来越庞大，逐渐发展成一头"臃肿"的大象：无论是运行一个大型的系统平台，还是运行一个小小的工具软件，JVM 总要加载整个 Java 运行时环境。对于 Java 8 而言，位于 JDK 安装目录下 jre\lib 下的 rt.jar 就超过 60MB，而位于 JDK 安装目录下 lib 目录下的 tools.jar 也达到 17.3MB。即使程序只需要使用 Java 的部分核心功能，JVM 也需要完整地加载数百 MB 的 JRE 环境。

为了给 Java"瘦身"，让 Java 实现轻量化，Java 9 正式推出了模块化系统（项目代号为 Jigsaw），Java 正式被拆分成 N 个模块，并允许 Java 程序可以根据需要选择只加载程序必需的 Java 模块，这样就可以让 Java 以轻量化的方式来运行。

> **提示：**
> Java 7 已经提出了模块化的概念，但由于其过于复杂，Java 7、Java 8 一直未能真正推出。Java 模块化直到 Java 9 才真正成熟。

对于 Java 而言，模块化系统是一次真正的自我革新，这种革新使"古老而庞大"的 Java 语言重新焕发年轻的活力。

A.1　理解模块化系统

在 Java 9 之前，一个 Java 程序通常会以 N 个包的形式进行组织，每个包下可包含 N 个 Java 类型（类、接口、枚举和注解），这种程序组织结构本身就存在以下问题。

- ➤ 包只是充当命名空间的角色，包中的公共类型可以在所有其他包中访问；包并没有真正充当访问权限的界定边界。
- ➤ Java 程序运行时只能看到程序加载系列 JAR 包，无法真正确定不同 JAR 包中是否包含多个相同类型的不同副本，而 Java 程序运行默认加载类路径中遇到的第一个 JAR 包所包含的 Java 类型。
- ➤ Java 程序运行时经常由于缺失某个 JAR 包而导致 ClassNotFoundException 异常，有时候也会因为包含错误的 JAR 版本而导致运行时错误。

另外，庞大而臃肿的 JRE 库也是一个问题，无论所运行的 Java 软件多么小，系统总需要下载、启动整个 JRE，这样既增加了系统开销，又降低了程序运行性能。

Java 模块化系统致力于解决以上问题，模块化系统从两方面进行规范。

- ➤ 模块化系统将整个 JDK、JRE 本身分解成多个相对独立的模块，这样应用程序可根据需要只加载必需的模块。
- ➤ 应用程序、框架、库本身可以被分解成相对独立的模块，模块与模块相对独立，而且模块可作为访问权限的界定边界。

每个模块都有如图 A.1 所示的结构。

从图 A.1 中可以看出，模块是一个比"包"更大的程序单元，一个模块可以包含多个包，而每个包下又可包含 N 个 Java 类型（类、接口、

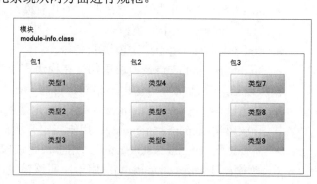

图 A.1　模块的结构

枚举和注解）。

此外，模块也可作为访问权限的界定边界，模块可通过模块描述文件指定哪些包需要被暴露出来、哪些包需要被隐藏。对于被隐藏的包，即使它所包含的 Java 类型使用了 public 修饰，这些 Java 类型也依然不能被其他模块访问。

A.2　创建模块

从 Java 9 开始，javac 命令增加了几个选项，允许它一次编译一个或多个模块。如果需要一次编译多个模块，则必须将每个模块的源代码都保存在与模块名称相同的目录下。实际上，即使只有一个模块，最好也遵循此命名约定。

下面将会按此约定来示范开发一个模块。首先在当前工作目录下新建 3 个子目录。

➤ src：用于保存源代码。

➤ mods：用于保存所生成的字节码文件。

➤ lib：用于保存模块生成的 JAR 包。

此处打算新建一个名为 org.cimodule 的模块，因此在 src 目录下新建一个名为 org.cimodule 的文件夹。

 提示：
模块名看上去与包名有点相似，模块名同样应该每个字母都小写。模块并不保存在对应的文件结构下，只要将其保存在与模块同名的目录下即可。比如 org.cimodule 模块，只要将源文件保存在名为 org.cimodule 的目录下即可，不需要保存在 org\cimodule 目录下。

接下来在 src\org.cimodule 目录下新建一个模块描述文件——一个名为 module-info.java 的 Java 文件（编译后会生成 module-info.class 文件），该文件专门定义模块名、访问权限、模块依赖等相关信息。

提示：
这个模块描述文件其实就相当于一个 XML 配置文件，但 Java 没有打算采用其他文件格式，而是直接使用 Java 文件本身作为模块描述文件。

module-info.java 与前面介绍的 Java 源代码完全不同，它只是用于定义模块，不再定义任何 Java 类、接口、枚举或注解。module-info.java 文件的完整语法格式如下：

```
[open] module <modulename>
{
    <module-statement>;
    <module-statement>;
    ...
}
```

关于上面语法格式的解释如下：

➤ module 是一个关键字，表明此处正在定义模块。

➤ open 修饰符是可选的，它声明一个开放模块。开放模块导出所有的包，以便其他模块可通过反射来访问该模块中的类型。

➤ <modulename>用于指定模块的名称。

➤ <module-statement>是模块语句。在模块声明中可以包含 0~N 条模块语句。

模块语句与普通 Java 语句也不相同，目前 Java 支持以下 5 种模块语句。

➤ 导出语句（exports statement）：用于指定暴露该模块中哪些包。

➤ 开放语句（opens statement）：用于指定开放该模块中哪些包。

➤ 需要语句（requires statement）：用于声明该模块需要依赖的其他模块。

➤ 使用语句（uses statement）：用于声明该模块可供使用的服务接口。

➤ 提供语句（provides statement）：用于声明为服务接口提供实现。

下面定义本模块的 module-info.java 文件。由于这是我们的第一个模块，因此该模块描述文件非常简单：只是定义模块名。

程序清单：codes\a01\moduleExample\src\org.cimodule\module-info.java

```
module org.cimodule
{
}
```

　　接下来程序为该模块定义两个 Java 源程序，并将这两个 Java 源程序单独放在不同的包下。第一个 User 类位于 org.crazyit.domain 包下，因此将该源程序保存在 org.cimodule\org\crazyit\domain 目录下，其中 org.cimodule 是模块名，org\crazyit\domain 是包名对应的文件结构。

程序清单：codes\a01\moduleExample\src\org.cimodule\org\crazyit\domain\User.java

```
public class User
{
    public String sayHi(String name)
    {
        System.out.println("--执行 User 的 sayHi 方法--");
        return name + "您好！" + new java.util.Date();
    }
}
```

　　再定义一个 Hello 类，该类位于 org.crazyit.main 包下，因此将该源程序保存在 org.cimodule\org\crazyit\main 目录下。

程序清单：codes\a01\moduleExample\src\org.cimodule\org\crazyit\main\Hello.java

```
public class Hello
{
    public void info()
    {
        System.out.println("Hello 的 info 方法");
    }
    public static void main(String[] args)
    {
        // 获取 Hello 类
        Class<Hello> cls = Hello.class;
        // 获取 Hello 类所在的模块
        Module mod = cls.getModule();
        // 输出模块名
        System.out.println(mod.getName());
        new Hello().info();
        // 创建 User 对象的实例，并调用它的方法
        System.out.println(new User().sayHi("孙悟空"));
    }
}
```

　　上面程序中的粗体字代码可通过 Class 对象获取 Hello 类所在的模块。此外，上面两个 Java 类并没有太多特别的地方，故此处不做过多解释。

　　将该模块示例与 5.4 节所介绍的非模块项目进行对比，不难发现，在添加模块功能之后，项目的文件结构只需做以下两点改变。

➢ 增加一个与模块同名的目录，该模块所包含的包对应的文件结构应该保存在模块目录下；而 Java 源文件依然保存在各自包所对应的文件结构下。

> 在模块目录下增加一个 module-info.java 模块描述文件。

接下来即可使用增强后的 javac 编译器来编译一个或多个模块。下面是 javac 使用的两个选项。

> --module-source-path：指定一个或多个模块的源路径。
> --module-version：指定模块的版本。

在 moduleExample 目录下执行如下命令：

```
javac -d mods --module-source-path src --module-version 1.0 ^
src\org.cimodule\module-info.java src\org.cimodule\org\crazyit\main\Hello.java
```

上面的命令同时编译两个 Java 文件，并指定将生成的模块字节码文件放在 mods 目录下。此外，--module-source-path 指定 javac 到 src 目录下搜索模块，因此在 src 目录下应保存与模块名同名的子文件夹（本例只包含一个 org.cimodule 模块，因此在 src 目录下包含了该文件夹）。

执行上面的命令，将会在 mods 目录下根据 org.cimodule 模块建立一个同名的目录，并在该目录下为 Java 类的包生成对应的文件结构，将 class 文件放入该目录结构下。此时可以在 mods 目录下看到如下文件结构。

```
mods
    org.cimodule
    ├──module-info.class
    └──org
        └──crazyit
            ├──domain
            |    └──User.class
            └──main
                 └──Hello.class
```

上面的 org.cimodule 目录代表了 org.cimodule 模块，module-info.class 就是模块描述文件。

为了运行模块中的 Java 类，从 Java 9 开始，java 命令也得到了增强。java 命令多了如下用法：

```
java [options] -m <模块>[/<主类>] [args...]
```

或者

```
java [options] --module <模块>[/<主类>] [args...]
```

从上面的命令可以看出，--module 和-m 效果相同。

此外，从 Java 9 开始，java 命令还增加了如下有关模块的选项。

> --module-path 或-p <模块路径>：用于指定模块的加载路径。
> --list-modules：列出模块。
> --d 或--describe-module <模块名称>：用于描述指定模块。

执行如下命令：

```
java --module-path mods --list-modules
```

上面的 java 命令通过--module-path 选项告诉系统在 mods 目录下搜索模块；--list-modules 选项说明要列出当前模块。运行上面的命令，可以看到如图 A.2 所示的输出。

从图 A.2 中可以看出，系统前面列出了 JDK 17 内置的各种模块，最后一行列出了版本为 1.0 的 org.cimodule 模块，即刚刚开发的放在 mods 目录下的 org.cimodule 模块。

接下来可使用如下命令来运行程序。

```
java -p mods -m org.cimodule/org.crazyit.main.Hello
```

上面命令中的-p mods 指定 java 命令从 mods 目录下获取模块；-m 是 Java 为模块化增强的新用法，表明要运行模块中的 Java 类，该选项的值应该是<模块>[/<主类>]，如上面的命令所示。执行上面的命令，可以看到如下输出：

```
org.cimodule
Hello 的 info 方法
```

```
--执行 User 的 sayHi 方法--
孙悟空您好！Fri Mar 25 11:30:40 EDT 2022
```

上面第一行输出的就是 Hello 类所在的模块。

图 A.2 列出模块

 ## A.3 使用 jar 命令打包模块

为了支持模块化，Java 同样增强了 jar 命令，开发者可通过 jar 命令打包模块。Java 为 jar 命令增加了如下与模块相关的选项。

➢ --module-version=VERSION：设置模块的版本。

➢ -p 或--module-path：设置模块的加载路径。

--module-version 选项用于设置模块的版本，此处设置的版本会覆盖 javac 命令中使用--module-version 选项指定的版本。例如，执行如下命令：

```
jar -c -v -f lib/org.cimodule-2.0.jar --module-version 2.0 -C mods/org.cimodule .
```

上面的命令将会在 lib 目录下生成一个 org.cimodule-2.0.jar 文件，这就是一个模块化的 JAR 包，其中--module-version 2.0 指定该模块的版本是 2.0。

如果再次使用 java 的--list-modules 选项列出模块，将可以看到 org.cimodule 模块的版本变成了 2.0。

也可以使用 java 命令直接运行打包后的模块 JAR 包，例如如下命令：

```
java -p lib -m org.cimodule/org.crazyit.main.Hello
```

从上面的命令可以看出，运行 JAR 包中的模块与运行目录下的模块基本一样。原来的模块没有打包，直接将模块放在 mods 目录下，因此为 java 命令指定-p mods 选项；现在模块被打包成 JAR 包，放在 lib 目录下，因此为 java 命令指定-p lib 选项，其他的完全一样。

A.4 管理模块的依赖

模块之间的可访问性指的是两个模块之间的双向协议——模块导出指定的包供其他模块调用；反过来，模块也要明确指定需要依赖哪个模块。

模块中所有未导出的包都是模块私有的，它们不能在模块之外被访问；反过来，模块要访问其他模块，必须明确指定依赖哪些模块，未明确指定依赖的模块不能访问。

模块导出使用 exports 语句，exports 语句的完整语法如下：

```
exports <package>;
exports <package> to <module1>, <module2>...;
```

第一种语句用于将 package 导出给任意模块调用；第二种语句用于将 package 只导出给一个或多个模块，这种导出语句被称为"限定（qualified）导出"。

模块还支持 opens 语句，opens 语句的完整语法与 exports 相似，同样支持如下两种用法：

```
opens <package>;
opens <package> to <module1>, <module2>...;
```

第一种语句用于将 package 开放给任意模块调用；第二种语句用于将 package 只开放给一个或多个模块，这种开放语句被称为"限定（qualified）开放"。

导出与开放的区别在于：被导出的包是彻底暴露的，只要访问权限允许，其他模块中的类就完全可以自由访问被导出包中的类型（只要声明了依赖该模块）；被开放的包并不是彻底暴露的，其他模块中的类只能通过反射来访问被开放包中的类型（只要声明了依赖该模块）。

模块依赖使用 requires 语句，requires 语句的完整语法如下：

```
requires [transitive] [static] <module>;
```

requires 语句中的 static 修饰符表示该依赖模块在编译时是必需的，但在运行时则是可选的。比如在模块 P 中声明如下 requires 语句：

```
requires static Q;
```

它表明程序编译模块 P 时必须依赖模块 Q；但模块 P 在运行时，模块 Q 是可选的。

requires 语句中的 transitive 修饰符表明该依赖具有传递性。假如现在有三个模块：P、Q 和 R，模块 P 依赖模块 Q，而在模块 Q 中声明了如下语句：

```
requires transitive R;
```

这意味着模块 Q 对模块 R 的依赖具有传递性，既然模块 P 依赖模块 Q，那么模块 P 也依赖模块 R。

> **提示：**
> 在 Java 模块化系统的表达中，需要（require）、读取（read）和依赖（depend）这三个术语的含义是相同的。对于 P、Q 两个模块，P 读取 Q、P 需要 Q、P 依赖 Q 这三个语句的含义是相同的。

下面的示例将会定义两个模块，其中第一个模块包含两个包，一个包被导出（exports），一个包只是被开放（opens）；另一个模块会声明依赖第一个模块，并通过合适方式来使用第一个模块的两个包中的类。

首先在当前工作目录（moduleDepend）下创建两个子目录。

➢ src：用于保存源代码。

➢ mods：用于保存所生成的字节码文件。

然后创建一个名为 org.cimodule 的模块，因此在 src 目录下新建一个名为 org.cimodule 的文件夹。接下来在 org.cimodule 目录下新建一个 module-info.java 文件，该文件的内容如下。

程序清单：codes\a01\moduleDepend\src\org.cimodule\module-info.java

```
module org.cimodule
{
    exports org.crazyit.user;
    opens org.crazyit.shop;
}
```

上面第一行粗体字代码为该模块声明"导出"org.crazyit.user 包，这意味着该包中所有的类型都可以被其他模块自由访问（只要访问权限允许）；第二行粗体字代码为该模块声明"开放"org.crazyit.shop 包，这意味着该包中所有的类型都可以被其他模块通过反射访问（只要访问权限允许）。

也可以将上面的两行粗体字代码改为如下形式：

```
exports org.crazyit.user to org.fkmodule;
opens org.crazyit.shop to org.fkmodule;
```

上面两行代码分别代表"限定导出"和"限定开放",其中第一行代码表明 org.crazyit.user 只"导出"给 org.fkmodule 模块,因此只有 org.fkmodule 模块中的类型可自由访问 org.crazyit.user 包中的类型,其他模块不行;第二行代码表明 org.crazyit.shop 只"开放"给 org.fkmodule 模块,因此只有 org.fkmodule 模块中的类型可以通过反射访问 org.crazyit.shop 包中的类型,其他模块不行。

接下来在 org.cimodule 模块下添加两个类,即位于 org.crazyit.user 包下的 User 类和位于 org.crazyit.shop 包下的 Item 类。当然,这两个类的源文件也应该放在 src\org.cimodule 路径下对应的文件结构中。由于这两个类的代码比较简单,此处不再给出。

再创建一个名为 org.fkmodule 的模块,因此在 src 目录下新建一个名为 org.fkmodule 的文件夹。由于该模块中的 Main 类打算调用 org.cimodule 模块中的 User 类和 Item 类,因此 org.fkmodule 模块需要依赖 org.cimodule 模块。

在 org.cimodule 目录下新建一个 module-info.java 文件,通过该模块描述文件声明 org.fkmodule 模块依赖 org.cimodule 模块。该模块描述文件的内容如下。

程序清单:codes\a01\moduleDepend\src\org.fkmodule\module-info.java

```
module org.fkmodule
{
    requires org.cimodule;
}
```

上面程序中的粗体字代码声明了 org.fkmodule 模块需要依赖 org.cimodule 模块,这样 org.fkmodule 模块才可使用 org.cimodule 模块中的类型。

接下来在 org.fkmodule 模块下添加一个位于 org.crazyit.main 包下的 Main 类,该 Main 类的代码如下。

程序清单:codes\a01\moduleDepend\src\org.fkmodule\org\fkjava\main\Main.java

```
public class Main
{
    public static void main(String[] args) throws Exception
    {
        // org.crazyit.shop 包中的类只是声明为"导出(exports)"
        // 因此可以自由访问 User 类
        var user = new User();
        System.out.println(user.addUser("yeeku"));
        // org.crazyit.shop 包中的类只是声明为"开放(opens)"
        // 因此只能通过反射访问该包中的 Item 类
        Class<?> clazz = Class.forName("org.crazyit.shop.Item");
        Object im = clazz.getConstructor().newInstance();
        Method mtd = clazz.getMethod("showInfo");
        mtd.invoke(im);
    }
}
```

由于 org.fkmodule 模块声明了依赖 org.cimodule 模块,因此 org.fkmodule 模块中的类型可使用 org.cimodule 模块中的 User 类和 Item 类。但由于 User 类位于 org.crazyit.user 包下,而该包是被"导出"的,因此 Main 类可直接使用 User 类;而 Item 类位于 org.crazyit.shop 包下,而该包只是被"开放"的,因此 Main 类只能通过反射来使用 Item 类。

执行如下命令来编译两个模块:

```
javac -d mods --module-source-path src --module-version 1.0 ^
src\org.cimodule\org\crazyit\shop\Item.java ^
src\org.fkmodule\org\fkjava\main\Main.java
```

执行上面的编译命令时,程序会自动编译 Main.java 和 Item.java 源文件。由于 Main.java 用到了 User 类,因此编译器也会自动编译 User.java 源文件。

编译之后,生成如下文件结构:

```
mods
    org.cimodule
    ├─module-info.class
    └─org
        └─crazyit
            ├─user
            │    └─User.class
            └─shop
                 └─Item.class
    org.fkmodule
    ├─module-info.class
    └─org
        └─fkjava
            └─main
                 └─Main.class
```

从上面的文件结构可以看出,此处在 mods 目录下包含了两个模块:org.cimodule 模块和 org.fkmodule 模块。

执行如下命令来运行 Main 类:

```
java -p mods --module org.fkmodule/org.fkjava.main.Main
```

执行上面的命令,可以看到 org.fkmodule 模块中的 Main 类成功调用了 org.cimodule 模块中的 User 类和 Item 类。

根据上面的介绍可以看出,Java 模块化系统丰富了访问权限的功能。在 Java 8 中,使用 public 修饰的类型,意味着它是真正公共的,可以被任意类型自由调用;但在 Java 9 及以后的版本中,使用 public 修饰的类型,并不一定是真正公共的。public 类型可产生如下三种情形。

➤ public 类型所在的包被导出或开放,该 public 类型可被任意模块访问。

➤ public 类型所在的包被限定导出或开放给指定模块,该 public 类型只能被特定模块访问。

➤ public 类型所在的包没有被导出或开放,该 public 类型只能在当前模块中被访问。

如果程序在 Main 类的 import 部分添加如下导包语句:

```
import java.sql.*;
```

再次使用上面的 javac 命令编译两个模块,将可以看到如下错误提示:

```
src\org.fkmodule\org\fkjava\main\Main.java:6: 错误: 程序包 java.sql 不可见
import java.sql.*;
      ^
  (程序包 java.sql 已在模块 java.sql 中声明,但模块 org.fkmodule 未读取它)
1 个错误
```

从上面的错误提示可以看出,一旦开始使用 Java 模块化系统,我们所开发的模块就不会自动加载整个 JRE,它只加载 JRE 的核心模块:java.base,这样该模块程序运行时就可以减小系统开销。

如果程序需要使用 java.sql 的功能,则需要在该模块的 module-info.java 文件中声明该模块需要依赖 java.sql 模块,这样该模块运行时会同时加载 java.base 模块和 java.sql 模块——依然不需要加载整个 JRE,运行该程序的系统开销同样比较小。

 提示: · — · · — · · — · · — · · — · · — · · — · · — · · — · · — · · — · · — · · — · · — ·

所有 Java 模块在编译、运行时总会自动加载 java.base 模块。

在 org.fkmodule 模块的 module-info.java 文件中增加如下一行:

```
requires java.sql;
```

再次使用上面的 javac 命令来编译两个模块,将可以看到这两个模块都可以编译成功,这意味着 org.fkmodule 编译和运行时都需要依赖 java.sql 模块。

某些时候,如果开发的模块确实需要使用整个 Java SE 的全部功能,则可直接声明依赖 java.se 模块。java.se 模块是一个不包含任何 Java 类型的模块,它只是负责收集并重新导出其他模块的内容。例如,

java.se 模块的 module-info.java 文件的内容片段如下：

```
module java.se {
    requires transitive java.compiler;
    requires transitive java.datatransfer;
    requires transitive java.desktop;
    requires transitive java.instrument;
    requires transitive java.logging;
    requires transitive java.management;
    requires transitive java.management.rmi;
    requires transitive java.naming;
    requires transitive java.net.http;
    requires transitive java.prefs;
    requires transitive java.rmi;
    requires transitive java.scripting;
    requires transitive java.security.jgss;
    requires transitive java.security.sasl;
    requires transitive java.sql;
    requires transitive java.sql.rowset;
    requires transitive java.transaction.xa;
    requires transitive java.xml;
    requires transitive java.xml.crypto;
}
```

像 java.se 这样的模块被称为"聚合模块"。

实际上，开发者同样可以定义自己的"聚合模块"。假设项目中几个模块都依赖另外 9 个模块，此时就可以将这 9 个模块创建成一个聚合模块，然后这些模块只要依赖这个"聚合模块"即可。

A.5 实现服务

从 Java SE 6 开始，Java 提供了一种服务机制，允许服务提供者和服务使用者之间完全解耦。简单来说，就是服务使用者只面向服务接口编程，而并不清楚服务提供者的实现类。

Java 模块化系统则进一步简化了 Java 的服务机制。Java 允许将服务接口定义在一个模块中，并使用 uses 语句来声明该服务接口；然后针对该服务接口提供不同的服务实现类，这些服务实现类可分布在不同的模块中，服务实现模块则使用 provides 语句为服务接口指定实现类。

定义服务接口的模块与定义服务实现的模块是完全分离的，系统可根据需要任意添加、删除一个实现模块——代码无须任何修改，甚至配置文件都无须修改。而服务使用者则更彻底，它只需要面向服务接口编程，只依赖包含服务接口的模块，压根就不知道包含服务实现类的模块。图 A.3 显示了 Java 模块化系统的服务架构示意图。

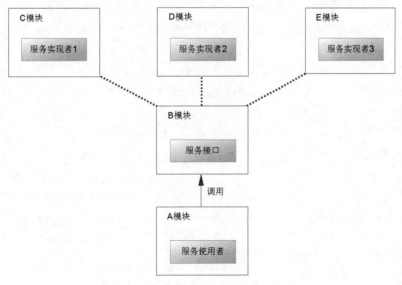

图 A.3 Java 模块化系统的服务架构示意图

从图 A.3 中可以看出，A 模块是服务使用者，B 模块包含服务接口（用 uses 语句声明可使用服务），因此 A 模块需要依赖、调用 B 模块。A 模块不需要依赖任何服务实现者所在的模块，也就是说，A 模块与 C 模块、D 模块、E 模块之间没有任何关系。而且，B 模块与 C 模块、D 模块、E 模块之间也没有任何关系，因此 C 模块、D 模块、E 模块完全可以随时添加或删除，这种操作对系统本身没有任何影响——只是服务接口增加或减少一个实现而已。

下面的示例先定义一个包含 UserService 服务接口的 org.cimodule 模块——在 src 目录下创建 org.cimodule 文件夹，并在该文件夹下创建模块描述文件：module-info.java。该文件的内容如下。

程序清单：codes\a01\moduleService\src\org.cimodule\module-info.java

```
module org.cimodule
{
    // 导出 org.crazyit.oa 包，以便其他包能使用该包下的服务接口
    exports org.crazyit.oa;
    // 声明该模块提供 UserService 服务接口
    uses org.crazyit.oa.UserService;
}
```

上面模块描述文件的第一行导出了 org.crazyit.oa 包，以便其他模块可以使用该包下的 Java 类型。上面的粗体字代码使用 uses 语句声明该模块包含 UserService 服务接口。

接下来为 org.cimodule 模块定义 UserService 服务接口，该接口的代码如下。

程序清单：codes\a01\moduleService\src\org.cimodule\org\crazyit\oa\UserService.java

```
public interface UserService
{
    Integer addUser(String name);
    String getImplName();
    static UserService newInstance()
    {
        // 通过 ServiceLoader 加载所有服务实现者
        return ServiceLoader.load(UserService.class)
            // 返回第一个服务实现者
            .findFirst()
            .orElseThrow(() -> new IllegalArgumentException(
                "找不到默认的服务实现者！"));
    }
    static UserService newInstance(String providerName)
    {
        // 通过 ServiceLoader 加载所有服务实现者
        ServiceLoader<UserService> sl = ServiceLoader.load(UserService.class);
        // 遍历所有服务实现者
        for (var us : sl)
        {
            if (us.getImplName().equalsIgnoreCase(providerName))
            {
                return us;
            }
        }
        throw new IllegalArgumentException("无法找到名为'"
            + providerName + "'的服务实现者！");
    }
}
```

上面的 UserService 接口定义了 addUser()和 getImplName()两个抽象方法，这两个抽象方法将会由该接口的实现类负责实现。此外，在该接口中还定义了两个 newInstance()方法，其中第一个 newInstance()方法总是返回默认的服务实例；第二个 newInstance()方法将根据名称来返回服务实例。

为了实现上面的 newInstance()方法，上面的程序用到一个 ServiceLoader 工具类，该工具类在 Java 6 中就已经提供，从 Java 9 开始，JDK 增强了该工具类的功能，ServiceLoader 会读取系统各模块的 module-info.java 描述文件，获取服务接口的所有服务实现。

例如，上面程序中的如下语句：

```
ServiceLoader<UserService> sl = ServiceLoader.load(UserService.class);
```

上面的代码将会读取系统各模块为 UserService 提供所有实现类，ServiceLoader 本身实现了 Iterable 接口，因此程序可用 foreach 循环来迭代 ServiceLoader 所包含的全部服务实现类。

从上面的代码可以看出，此时 UserService 接口并不清楚系统到底包含多少个服务实现类。只要系统通过模块来提供服务实现者，ServiceLoader 的 load()方法就会自动加载它们。

接下来程序会为 UserService 服务接口提供实现，服务接口的实现类必须遵守如下要求。

➢ 服务实现类包含无参的构造器，ServiceLoader 将通过该无参的构造器来创建服务实现者的实例。在这种情况下，服务实现类必须实现服务接口。

➢ 服务实现类不包含无参的构造器，但服务实现类包含一个无参的、public static 修饰的 provider() 方法，ServiceLoader 将通过该方法来创建服务实现者的实例，因此该方法返回的对象必须实现服务接口。

下面使用 org.cimodule.basic 模块为 UserService 接口提供第一个实现类。在 src 目录下创建 org.cimodule.basic 文件夹，并在该文件夹下创建模块描述文件：module-info.java。该文件的内容如下。

程序清单：codes\a01\moduleService\src\org.cimodule.basic\module-info.java

```
import org.crazyit.oa.UserService;
import org.crazyit.oa.impl.UserServiceImpl;
module org.cimodule.basic
{
    // 指定依赖服务接口所在的模块
    requires org.cimodule;
    // 为 UserService 服务接口提供 UserServiceImpl 实现类
    provides UserService with UserServiceImpl;
}
```

上面模块描述文件的第一行指定该模块依赖 org.cimodule 模块，这样该模块即可使用 org.cimodule 模块下的 UserService 接口（实现类肯定要实现 UserService 接口）。上面的粗体字代码使用 provides 语句声明为 UserService 服务接口使用 UserServiceImpl 实现类——当系统包含该模块时，前面介绍的 ServiceLoader 类就会读取 module-info.java 中的此行声明，为 UserService 服务加载一个服务实现者。

UserServiceImpl 类非常简单，该类由系统自动生成一个无参的构造器，并实现 UserService 接口中的两个抽象方法。UserServiceImpl 类的代码如下。

程序清单：codes\a01\moduleService\src\org.cimodule.basic\org\crazyit\oa\impl\UserServiceImpl.java

```
public class UserServiceImpl implements UserService
{
    static final String IMPL_NAME = "basic user service";
    public Integer addUser(String name)
    {
        System.out.println("普通的 UserService 实现添加用户: " + name);
        return 19;
    }
    @Override
    public String getImplName()
    {
        return IMPL_NAME;
    }
}
```

该 UserServiceImpl 提供了无参的构造器，ServiceLoader 将会使用该构造器创建服务实现者的实例，因此该 UserServiceImpl 必须实现 UserService 接口。

下面使用 org.cimodule.senior 模块为 UserService 接口提供第二个实现类。在 src 目录下创建 org.cimodule.senior 文件夹，并在该文件夹下创建模块描述文件：module-info.java。该文件的内容如下。

程序清单：codes\a01\moduleService\src\org.cimodule.senior\module-info.java

```
import org.crazyit.oa.UserService;
import org.crazyit.oa.senior.UserServiceSenior;
module org.cimodule.senior
{
    // 指定依赖服务接口所在的模块
```

```
    requires org.cimodule;
    // 为 UserService 服务接口提供 UserServiceSenior 实现类
    provides UserService with UserServiceSenior;
}
```

与前面介绍的 org.cimodule.basic 模块类似,模块描述文件的第一行指定该模块依赖 org.cimodule 模块。上面的粗体字代码使用 provides 语句声明为 UserService 服务接口使用 UserServiceSenior 实现类——当系统包含该模块时,ServiceLoader 也会加载 UserServiceSenior 类作为 UserService 服务接口的实现。

该服务实现类 UserServiceSenior 不再提供无参的构造器,而是提供一个 public staic 修饰的、无参的 provider()方法。UserServiceSenior 类的代码如下。

程序清单:codes\a01\moduleService\src\org.cimodule.senior\org\crazyit\oa\senior\UserServiceSenior.java

```java
public class UserServiceSenior implements UserService
{
    static final String IMPL_NAME = "senior user service";
    // 构造器私有
    private UserServiceSenior(){}
    // 通过 static 修饰的、无参的 provider()方法来返回服务实现者对象
    public static UserService provider()
    {
        return new UserServiceSenior();
    }
    public Integer addUser(String name)
    {
        System.out.println("===高级的 UserService 实现添加用户: " + name);
        return 29;
    }
    @Override
    public String getImplName()
    {
        return IMPL_NAME;
    }
}
```

该 UserServiceSenior 并未提供无参的构造器,而是提供了 public static 修饰的、无参的 provider()方法,因此 ServiceLoader 将会使用该 provider()创建服务实现者的实例。由于 provider()方法直接返回 UserServiceSenior 的实例,因此 UserServiceSenior 也必须实现 UserService 接口。

下面使用 org.cimodule.best 模块为 UserService 接口提供第三个实现类。在 src 目录下创建 org.cimodule.best 文件夹,并在该文件夹下创建模块描述文件:module-info.java。该文件的内容如下。

程序清单:codes\a01\moduleService\src\org.cimodule.best\module-info.java

```java
import org.crazyit.oa.UserService;
import org.crazyit.oa.best.UserServiceBest;
module org.cimodule.best
{
    // 指定依赖服务接口所在的模块
    requires org.cimodule;
    // 为 UserService 服务接口提供 UserServiceBest 实现类
    provides UserService with UserServiceBest;
}
```

上面的模块描述文件与前面两个 module-info.java 文件大致相似,此处不再详细解释。

本服务实现类 UserServiceBest 也不提供无参的构造器,而是提供一个 public staic 修饰的、无参的 provider()方法。UserServiceBest 类的代码如下。

程序清单:codes\a01\moduleService\src\org.cimodule.best\org\crazyit\oa\best\UserServiceBest.java

```java
public class UserServiceBest
{
    static final String IMPL_NAME = "best user service";
    // 通过 static 修饰的、无参的 provider 方法来返回服务实现者对象
    public static UserService provider()
    {
        return new UserService()
```

```
    {
        public Integer addUser(String name)
        {
            System.out.println("======最好的 UserService 实现添加用户: " + name);
            return 47;
        }
        @Override
        public String getImplName()
        {
            return IMPL_NAME;
        }
    };
    }
}
```

该 UserServiceBest 并未提供无参的构造器，而是提供了 public static 修饰的、无参的 provider()方法，因此 ServiceLoader 将会使用该 provider()方法创建服务实现者的实例。

此处程序在 provider()方法中使用匿名内部类创建了 UserService 实现类的实例，这也是允许的。在这种情况下，UserServiceBest 不需要实现 UserService 接口。

通过上面的介绍不难看出，org.cimodule 模块负责提供服务接口，该模块的 module-info.java 文件使用 uses org.crazyit.oa.UserService 声明该模块的服务接口；而 org.cimodule.basic、org.cimodule.senior、org.cimodule.best 模块负责为服务接口提供实现，因此这三个模块的 module-info.java 文件都使用 provides 语句为服务接口提供实现类——而 ServiceLoader 则读取 module-info.java 中的 provides 语句，根据它们为服务接口加载实现类。

服务客户端只需要依赖服务接口所在的模块，与服务实现者所在的模块没有任何关联。下面使用 org.fkmodule 模块作为服务客户端。在 src 目录下新建一个 org.fkmodule 文件夹，并在该文件夹下新建一个 module-info.java 模块描述文件。该文件的内容如下。

程序清单：codes\a01\moduleService\src\org.fkmodule\module-info.java

```
module org.fkmodule
{
    // 指定依赖服务接口所在的模块
    requires org.cimodule;
}
```

从上面的粗体字代码可以看出，服务客户端只需要依赖服务接口所在的模块。服务客户端代码可通过 UserService 的 newInstance()方法来获取服务实现者的实例。下面是服务客户端的代码。

程序清单：codes\a01\moduleService\src\org.fkmodule\org\fkjava\oa\client\Client.java

```
public class Client
{
    public static void main(String[] args)
    {
        // 使用默认的服务提供者，具体使用哪个不确定
        UserService us1 = UserService.newInstance();
        System.out.println(us1.addUser("yeeku"));
        // 获取"basic user service"服务实现者
        UserService us2 = UserService.newInstance("basic user service");
        System.out.println(us2.addUser("yeeku"));
        // 获取"senior user service"服务实现者
        UserService us3 = UserService.newInstance("senior user service");
        System.out.println(us3.addUser("yeeku"));
        // 获取"best user service"服务实现者
        UserService us4 = UserService.newInstance("best user service");
        System.out.println(us4.addUser("yeeku"));
    }
}
```

上面的 4 行粗体字代码分别用于获取不同的服务实现者实例，其中第一行粗体字代码获取 UserService 服务接口的“第一个”被找到的服务实现者，因此第一行粗体字代码所返回的服务实现者是不确定的。

使用如下命令来编译所有模块：

```
javac -d mods --module-source-path src ^
src\org.cimodule.basic\org\crazyit\oa\impl\UserServiceImpl.java ^
src\org.cimodule.senior\org\crazyit\oa\senior\UserServiceSenior.java ^
src\org.cimodule.best\org\crazyit\oa\best\UserServiceBest.java ^
src\org.fkmodule\org\fkjava\oa\client\Client.java
```

该命令将会编译该系统的 5 个模块（服务接口一个模块、三个服务实现类各自一个模块、服务客户端一个模块），此时系统为 UserService 服务接口提供了三个服务实现类，正如上面 Client 程序的后三行粗体字代码所对应的服务实现类。

在保证 5 个模块都在的情况下，通过如下命令执行服务客户端模块的 Client 程序。

```
java -p mods -m org.fkmodule/org.fkjava.oa.client.Client
```

程序将会产生如下输出：

```
===高级的 UserService 实现添加用户：yeeku
29
普通的 UserService 实现添加用户：yeeku
19
===高级的 UserService 实现添加用户：yeeku
29
======最好的 UserService 实现添加用户：yeeku
47
```

从上面的第一行输出可以看到：UserService 的 newInstance()方法默认返回的 UserServiceSenior 实现类；后面的输出则清楚地显示了三个模块分别为 UserService 接口提供的服务实现类。

读者可以试着删除 org.cimodule.basic、org.cimodule.senior、org.cimodule.best 三个模块的其中一个或多个，再次运行上面的 Client 程序，将会看到程序并不会受到太大的影响——只是 UserService 少了一个或多个服务实现者而已，因此只要把对应的 newInstance()代码删除即可。

由此可见，通过模块管理服务接口和服务实现者非常方便，服务接口与服务实现者实现了彻底解耦，服务客户端也与服务实现者实现了彻底解耦，因此系统可以随时根据需要添加或删除服务实现者模块。